科学出版社"十三五"普通高等教育本科规划教材

特种经济动物生产学

（第二版）

熊家军　主编

科学出版社

北　京

内 容 简 介

全书共分为22章,第一章介绍了特种经济动物驯化与繁育系统理论知识,第二章到第二十二章详细介绍了国内外常见的特种经济动物的种类与品种、生物学特征、营养与饲料、育种与繁殖、饲养管理、环境要求和养殖场设计建造及其产品生产性能与采收加工等基本理论与生产技术。全书具有系统性、科学性、先进性和实用性等特色,内容丰富,信息量大,除了书中文字图片内容外,对一些基础性和常识性的内容采用了二维码扫描拓展阅读的方式。

本书可用作农林院校经济动物饲养、动物科学、动物医学及畜牧兽医专业的教材,也可作为特种经济动物生产单位及相关专业科技人员的参考书。

图书在版编目(CIP)数据

特种经济动物生产学/熊家军主编.—2版.—北京:科学出版社,2018.2
科学出版社"十三五"普通高等教育本科规划教材
ISBN 978-7-03-053912-0

Ⅰ.①特… Ⅱ.①熊 Ⅲ.①经济动物-饲养管理-高等学校-教材
Ⅳ.①S865

中国版本图书馆 CIP 数据核字(2017)第 166465 号

责任编辑:丛 楠 韩书云 / 责任校对:郑金红
责任印制:赵 博 / 封面设计:铭轩堂

科 学 出 版 社 出版
北京东黄城根北街 16 号
邮政编码:100717
http://www.sciencep.com

北京盛通数码印刷有限公司 印刷
科学出版社发行 各地新华书店经销

*

2009 年 5 月第 一 版 开本:787×1092 1/16
2018 年 2 月第 二 版 印张:23
2024 年 1 月第九次印刷 字数:445 000

定价:65.00 元
(如有印装质量问题,我社负责调换)

《特种经济动物生产学》(第二版)编委会名单

主　编　　熊家军（华中农业大学）

副主编　　（按姓氏拼音排序）

鞠贵春（吉林农业大学）

李和平（东北林业大学）

刘国世（中国农业大学）

任战军（西北农林科技大学）

参编人员　（按姓氏拼音排序）

崔　凯（青岛农业大学）

方星星（南京农业大学）

付立霞（扬州大学）

傅祥伟（中国农业大学）

韩　庆（湖南文理学院）

霍鲜鲜（内蒙古农业大学）

鞠贵春（吉林农业大学）

李和平（东北林业大学）

李顺才（河北科技师范学院）

梁爱心（华中农业大学）

刘国世（中国农业大学）

马泽芳（青岛农业大学）

茆达干（南京农业大学）

任战军（西北农林科技大学）

唐晓惠（西藏农牧学院）

肖定福（湖南农业大学）

熊家军（华中农业大学）

徐怀亮（四川农业大学）

杨桂芹（沈阳农业大学）

杨胜林（贵州大学）

周光斌（四川农业大学）

审　阅　　张　玉（内蒙古农业大学）

《特种经济动物生产学》(第一版)编委会名单

第二版前言

《特种经济动物生产学》(第一版)自 2009 年出版以来，得到多方面的热情关注，在我国高等农业院校被较多采用，据本教材使用反馈，一些学校还专门增设了特种经济动物生产学这门课程，这是对本教材的肯定。但近年来，随着我国农业结构调整和农村体制改革，农村经济结构发生了巨大变化，畜牧业发展水平迅猛，中国农业现代化步伐逐步加快，也是我国特种经济动物生产快速发展时期，国内外特种经济动物生产的科技发展均有长足的进步，本书需要与时俱进，尽可能全面反映这方面的发展。同时，对第一版在使用过程中反映出来的问题，也要修订，因此，编者提出编写第二版的设想，2015 年秋经过华中农业大学与科学出版社沟通申请，决定将本书第二版作为普通高等教育"十三五"规划教材出版。

由于特种经济动物生产学这门课程的特殊性，所涉及的经济动物种类繁多，各类经济动物驯化程度不一致，人工养殖技术和水平高低有别，而且没有什么现成的教材可以借鉴，又是多学科交叉，因此对于本书的编排体例想法很多，经过本书编委会成员多次商讨，最后决定本书第二版编写的基本宗旨是删繁就简、去旧纳新，即保持第一版的基本框架，修改或删除与特种经济动物生产不相适应的内容，各章节编排体例尽可能一致，此次参加编写的主要人员还是原班人马，个别第一版编写人员由于工作的变动和研究方向的变化没有参加第二版的修订，同时增加了部分高校教学、科研与生产经验丰富的老师参加本教材的编写，最后由主编进行统稿。

本书再版得到了编者及其所在单位领导和专家的大力支持，在本书的编写过程中，编者在总结研究成果和实践经验的同时，也广泛参阅和引用了国内外有关著作和文献，在此一并表示衷心的感谢。

虽然本书编者竭尽全力，但由于编者水平有限，有些经济动物种类可查阅的资料也有限，在新版中不足之处仍然在所难免，诚请读者一如既往地给予批评和指正。

编 者
2016 年 11 月

第一版前言

随着我国改革开放的进一步深入，农民、农村和农业与过去相比较，已经发生了翻天覆地的变化，特别是从 20 世纪 90 年代以来，中国农业产业多元化发展的势头更是锐不可当，特种经济动物产业正是产生和发展于这种大环境之下。与传统的动物(畜禽)生产相比，特种经济动物生产具有投资少、见效快、附加值高的特点。特种经济动物产业的迅速发展加快了动物生产、加工业的发展，拓宽了农民增收的途径，在我国农业产业化结构调整中具有重要地位，符合当前我国效益农业和可持续农业的战略方针，其持续健康的发展必将为我国社会主义新农村建设发挥重要作用。

特种经济动物生产学是一门新兴的学科，各高等院校目前也正努力把特种经济动物饲养专业纳入院校的学科改革和专业结构调整的内容，为了满足特种经济动物生产对人才的需求，编者邀请国内部分院校从事特种经济动物研究和生产、具有丰富教学经验的十多位专家反复商讨并结合其科研教学和生产实践，同时参考大量国内外最新资料，经过大家一年多的努力，编著了这本《特种经济动物生产学》。

本书第一章根据特种经济动物生产过程中的共性介绍了特种经济动物生产的理论基础。为了节约篇幅，突出重点，第二章至第十二章根据我国南北方地域差别和特种经济动物生物学特性，选取具有典型代表性的特种经济动物种类(如毛皮动物、药用动物、特种经济禽类、特种水产动物和食用动物等)，详细介绍了其生物学特性、品种特性、营养与饲料、繁殖技术、饲养管理、产品初加工等方面的知识。在本书的最后一章，把国内市场上其他常见的一些特种经济动物种类分为不同的小节进行了系统的介绍。本书的特点就是在学习的过程中既能掌握特种经济动物生产的共性，又能详细了解每一种特种经济动物生产的个性。作为一部高等院校教材，本书注意选择了不同区域有代表性、经济效益好的动物种类。因此，在教学过程中可结合实际情况酌情调整讲授内容和学时，选择适合当地饲养的特种经济动物种类进行重点讲授。

本书是所有编者集体智慧的结晶，在编写过程中坚持内容的科学性、先进性、针对性、灵活性，力争反映国内外经济动物生产的最新科研成果和生产实践技术，突出理论知识的应用和实践动手能力的培养。可作为特种经济动物饲养、畜牧兽医专业学生的基本教材，亦可作为广大经济动物养殖场和相关专业技术人员必备的参考书。

在本书编写过程中，得到许多同仁的关心和支持，并且在书中引用了一些专家、学者的研究成果及相关的书刊资料，在此一并表示诚挚的感谢。

由于特种经济动物种类较多，涉及内容较广，编写时间仓促，加之作者水平有限，错漏和不妥之处在所难免，恳请广大读者批评指正。

编　者
2009 年 1 月于武汉

目　录

绪　　论

一、特种经济动物的概念和特点

(一)特种经济动物的概念

特种经济动物简称"经济动物"，是指一类具有特定经济用途与经济价值、驯化程度不同和人工规模化饲养繁育的动物。特种经济动物并不单纯指哪一类或哪一种动物，它包括至少三层含义：首先，能向社会提供珍贵、经济价值较高的特殊产品；其次，在驯化程度上不及家畜、家禽等家养动物，但已能够人工驯养；最后，驯养的动物种群能正常繁殖并具有足够的数量规模，也就是能人工规模化饲养繁育。如果不符合上述内涵的话，就不能算作真正意义上的特种经济动物。

(二)特种经济动物的特点

1. 产品具有特定经济用途　特种经济动物能够为人类提供特定产品，具有特殊的经济用途和经济价值，如药用价值(如鹿茸、麝香、全蝎等)、毛皮价值(如貂皮、狐皮、獭兔皮等)、观赏价值(如金鱼、画眉、鹦鹉等)和食用价值(如鸽肉、牛蛙、鹿肉等)等。

2. 驯化程度较低　与家畜、家禽等家养动物相比，特种经济动物的驯养历史较短，驯化程度较低，饲养过程中应激性较强，要求的饲养管理技术特殊。

3. 能够人工规模化饲养　这是与野生动物最大的区别，野生动物由于长期的生存竞争，表现出对原产地地域的特殊适应性，绝大多数野生动物在人工养殖以后，表现为生长发育受阻，繁殖性能下降或停滞，只能暂养成活，养殖群体难以自我繁殖延续，人工养殖的经济价值难以体现。野生动物只有经过人工长期的驯化，解决高效繁殖和快速生长的技术难题，动物群体才能自我繁殖，形成一定的繁殖群体，也就是说能规模化饲养，才能转变为特种经济动物。

4. 种类繁多，分布地域性明显　特种经济动物的种类繁多，分布广泛，不同种类动物的生物学特性有很大差异，导致其适合饲养的地区具有明显的区域性，饲养管理方式也有很大差异。在我国，貂、狐、貉等毛皮动物适合于北方寒冷地区饲养，蛤蚧、鳄鱼和蛇类等适合于南方地区饲养。但某些驯化程度较高、适应性较强的动物如鹿、经济禽类等在各地均可饲养。随着人工饲养过程中驯化程度的提高，特种经济动物的适应区域可逐渐扩大。

5. 季节性繁殖　大多数特种经济动物在人工饲养条件下繁殖仍具有明显的季节性。由于驯化时间短、驯化程度低，其生长发育和繁殖大多保持着原始栖息环境下的特点。例如，哺乳动物一般在食物最丰富的季节产仔，大多数鸟类在春季繁殖等。

二、特种经济动物的分类

特种经济动物的种类多且分布范围广，为了便于生产管理和科学研究，人们习惯于将特种经济动物按不同的分类原则进行分类。

(一)按照特种经济动物的经济用途分类

1. 毛皮动物　　以生产毛皮为主要产品而饲养的动物,如水貂、貉、狐、海狸鼠、水獭、艾虎、獭兔等。

2. 药用动物　　身体的全部或局部器官有较高药用价值的一类动物,如鹿、麝、熊、毒蛇、蜈蚣、蝎子、蟾蜍、海马、蚯蚓和土鳖等。

3. 食用动物　　肉用和蛋用价值较高的一类动物,如肉兔、肉犬、肉鸽、雉鸡、鹌鹑、鹧鸪、鸵鸟、番鸭、野鸭、甲鱼、黄鳝、泥鳅、牛蛙、蜗牛等。

4. 观赏伴侣动物　　观赏价值较高、家庭伴侣(宠物)类动物,如宠物犬、宠物猫、观赏鸟、观赏兔、观赏鱼、观赏龟和蜥蜴等。

5. 饲料类动物　　活体和其加工品可作为动物性蛋白质饲料的一类动物,如黄粉虫、蝇蛆、蚯蚓、蚕蛹和蜗牛等。

6. 实验动物类　　人工饲养和繁育,对其携带的微生物进行控制,遗传背景明确或来源清楚的,用于科研、教学、生产及其他科学实验的动物,如大鼠、小鼠、豚鼠、兔、青蛙、蟾蜍、比格犬、恒河猴等。

7. 特殊用途动物　　经过驯化繁育后满足人类特殊领域(如狩猎、工业和军事等)需要的动物,如狩猎犬、导盲犬、军警犬、猎鹰、白蜡虫、蚕等。

这种分类方法的优点是动物的用途显而易见,缺点是如果同一动物有多种用途,则可同时归属于不同的类。例如,犬有肉用、实验用、药用、皮用、观赏和特殊用途等;鹿有药用、肉用、皮用和观赏4种用途;蚯蚓既可药用,又可作饲料用。

(二)按照动物的自然属性分类

1. 特种兽类动物　　药用价值、毛皮价值和肉用价值等很高的哺乳动物,如鹿、水貂、貉、狐、麝鼠等。

2. 特种禽类动物　　具有较高经济价值的鸟类动物,如鹌鹑、雉鸡、乌骨鸡、鹦鹉、鹧鸪等。

3. 特种水产动物　　经济价值较高的非传统养殖的水生动物,如金鱼、热带鱼等观赏鱼类及龟、鳖、黄鳝和泥鳅等。

4. 其他类动物　　主要环节动物、节肢动物和爬行动物等经济价值较高的一类动物,如蚯蚓、蝎子、蜜蜂等。

三、特种经济动物生产的意义

1. 提供特定产品,满足人们特殊需求　　随着生活水平的提高,人们对动物产品需求的种类增多,数量增加,质量提高。特种经济动物生产能够提供数量更多、质量更优的特定产品,如毛皮及肉食、动物药材和玩赏动物等,能满足人类不断增长的物质和精神文化生活需要。

2. 发展农业经济,促进农业现代化建设　　特种经济动物产品增值效益高,饲养种类、方式、规模灵活多样,既可小规模饲养,也可规模化经营;既可在农村散户饲养,也可集约化饲养;可为闲散劳动力提供更多的就业机会。特种经济动物的许多产品是我国传统的出口产品,其中不少种类是备受国外消费者青睐的名、优、特产品,出口创汇能力强。发展特种经济动物养殖业有利于农业产业结构调整，增加农民收入，发展农业经济，促进农业现代化建设。

3. 保护野生动物资源，促进生态文明建设　　人工驯养特种经济动物，有利于保护特种经济动物的野生资源，实现野生动物资源可持续利用和保护的有机结合，对维护生态平衡、促进生态文明建设具有重要的作用。

4. 带动相关产业发展　　特种经济动物生产的发展，能带动特种经济动物饲料和兽药及特种经济动物产品加工业(如皮革、医药、化工等行业)的发展，同时也能带动相关产业如运输业、旅游业、餐饮业等的发展。

四、我国特种经济动物养殖现状及存在的问题

(一)我国特种经济动物养殖业的现状

我国目前饲养的特种经济动物主要指国家林业局在 2003 年发布的可以用于从事商业性经营、驯养繁殖技术成熟的 54 种陆生野生动物，还包括一些畜禽的特殊品种(如乌骨鸡、肉鸽和观赏犬等)和因特殊需要驯养繁殖利用的陆生野生动物。

随着人们生活水平的提高及特色多元化生活需求的增长，特种动物产业对促进现代农业化建设、优化农业产业结构、增加农民收入、提升人们健康水平及满足老年社会健康产业需求等具有重大意义。特种经济动物产业发展同传统畜牧产业相比还有一定距离，但目前已是现代畜牧业的重要组成部分，已经成为很多欠发达地区经济发展的优势产业。据统计，2015年我国貂、狐、貉、茸鹿等饲养总量有 1.4 亿只，兔有 5 亿只，珍禽有 2.6 亿羽，蜜蜂有 900万群，蚕种有 1600 万张，分别占世界特种动物饲养总量的 64%、45%、72%、13%和82%。其中茸鹿约 120 万只(梅花鹿约占 90%)，主要饲养在东北和西北地区，在全国其他地区均有不同规模的饲养。目前年出栏家兔 5 亿只，兔肉 66 万 t，分别占世界总产量的 45%和 42%，主产区在四川、山东、江苏、河北、河南、重庆、福建、浙江、山西、内蒙古等 10 省(自治区、直辖市)(占全国养殖的 90%)。雉鸡在全国养殖单位有 1000 多家，每年养殖近 3000 万只，主要分布在福建、上海、江苏、四川、湖北、湖南等南方的省(自治区、直辖市)，大型雉鸡养殖场年出栏近 500 万只。全国火鸡养殖量为 100 万只左右，养殖区域主要集中在山东、河北、河南、湖北、江苏、内蒙古、黑龙江、新疆等地。鹧鸪养殖量在 5000 万只左右，养殖区域主要集中在广东、福建、浙江、上海、江西等南方的省(自治区、直辖市)。野鸭养殖量超过 1000 万只，养殖区域主要集中在东北、江苏、安徽、江西、北京、上海、广州、成都等地，野鸭养殖已形成了一定的规模，初步形成了繁殖、饲养、加工的产业链。乌骨鸡养殖规模已超过 1.8 亿只，小型养殖在全国大多数省区均有分布，大型养殖企业则主要集中在江西、北京、天津、上海、福建、山东、广东等省(自治区、直辖市)。我国 20 世纪 80 年代开始引进法国珍珠鸡，1988 年发展到 50 万只，目前不少地方尤其是广东等地饲养较多，大约 300 万只；贵妃鸡属于观赏与肉用型珍禽，目前我国大约养殖 1200 万只，仅广东、香港、澳门年供应量就有 300 万只，当前全国均有养殖。肉鸽是一个新兴的特种禽类，我国目前肉鸽存栏量有 3000 万～3500 万对，上市肉鸽 4.5 亿～5 亿只，全国具有一定规模的养鸽场有 1200 多家，主要分布在山东、新疆、辽宁、河南、河北等地。鹌鹑的肉、蛋均营养丰富，饲料报酬高，是我国养殖量较大、经济效益较好的特种珍禽之一。其中肉用鹌鹑养殖主要集中在江苏、浙

江、上海、广东等经济发达地区,年出栏在 3 亿只以上;蛋鹌主产区集中在江西、山东、陕西、河南、湖北、河北等省(自治区、直辖市),年养殖量在 5 亿只以上,产蛋量达 80 万 t。孔雀、大雁、鸵鸟等的养殖主要分布在湖北、广西、广东、吉林、福建、江苏等地,养殖规模相对较小,万只以上的养殖场约 20 家。我国蜜蜂饲养的蜂群数居世界第一位(约 900 万群蜂),每年出口的王浆高居世界第一位,蜂蜜居前三位。蜜蜂对人类的贡献首选应是为植物授粉,而这个功能的开发是未来产业发展的机会和方向。蚕的养殖历史悠久,目前从江浙转移到广西、贵州,蚕种 1600 万张。新丝绸之路的发展给产业带来了新的机遇,文化产业和休闲旅游经济为蚕业提供了新的动力。除此之外,在我国已经初具规模的还有野猪、竹鼠、海狸鼠、麝香鼠、果子狸、林蛙、牛蛙、龟鳖、蝎子、蛇、蜗牛、水蛭等,这些小规模饲养的特种经济动物也为我国现代化农业产业的发展贡献出了一份力量。

(二)我国特种经济动物养殖业存在的问题

近十年来,特种经济动物产业在我国取得了很大的成绩,但与国外先进水平相比,仍然存在很大差距,目前尚有很多困扰该产业健康发展的问题。这些问题主要体现在以下几方面。

1. 对特种经济动物养殖行业认识不足,养殖盲目性大　　由于特种经济动物本身的特殊性,大多数种类的经济动物产业发展还不够充分,人们对该行业的认识也与现实有一定差距,但特种经济动物养殖行业具有高回报率,受该行业高利润的诱惑,出现了炒作多于实质的现象,有些种类的经济动物养殖技术还不成熟,有的还处于野生动物初步驯化阶段就出现盲目发展,生产中也不注意专业技术及市场信息的补充和更新,导致养殖风险加大。目前,我国特种经济动物养殖除了国家允许饲养和利用的品种外,在市场上还能见到一些经济性状不明显、开发难度较大或是根本不存在产品市场的品种,甚至国家重点保护的野生动物也被当作特种经济动物来推广,这对特种经济动物养殖行业的发展造成了不良的影响。

2. 种源缺乏,育种和良种繁育体系极不均衡　　就全国总体看,特种经济动物的育种和良种繁育体系发展极不均衡,也极不完善,除极少数品种如貂、狐、兔、鹌鹑、肉鸽等有良种繁育体系外,大多数品种严重缺乏良种繁育体系。即使有良种繁育体系的种类,到了扩大生产商品这一阶段,大多数养殖场采用自繁自养和乱杂乱配的方式扩大规模,没有选育选配,造成品种退化,生产水平严重降低。

3. 养殖技术水平低下,疾病防控问题突出　　特种经济动物养殖的发展历史短,品种繁多,而且专业的研究机构和人员严重缺乏,导致生产中很多的技术问题没有办法解决,加之养殖水平低,饲养环境差,大部分品种没有可依据的生产标准,且采用原始传统的饲养方法,饲养管理粗放,营养水平不能满足生长和生产的需要,生产潜力不能发挥,产品数量下降,质量降低。

由于饲养管理技术落后,绝大多数特种经济动物缺乏配套的饲料、兽药,特种经济动物疾病防控不力,导致多年来特种动物疫病广泛蔓延,在生产上造成不应有的损失。

4. 产品综合加工开发利用不足　　特种经济动物产品综合加工利用落后是造成特种经济动物生产不稳定的重要因素,也是我国特种经济动物养殖业受国际市场调节而出现被动局面的主要因素。目前,我国的特种经济动物的生产主要以小规模分散饲养为主,技术水平落后,产品单一,尤其是产品深加工技术和经济动物产品综合开发利用未得到充分发展,这在很大程度上限制了产业的发展。特种经济动物养殖业的出路是优质产品的深加工和产品综合开发,通过产品的深加工和综合开发,形成系统的产业链,这样特种经济动物生产不仅能适应市场的需求变化，也可提高市场的竞争能力。

5. 研究机构与研究人员缺乏，跟不上产业迅速的发展　　我国在改革开放后，特种经济动物产业从无到有，从小到大，经历了一个非常迅速的发展历程。从我国特种经济动物产业现状看，一些特种经济动物产业已经发展到相当规模，但与之相匹配的研究机构和研究人员发展速度却滞后于产业的发展，目前专门从事特种经济动物研究的机构，全国也就那么几家，专业研究人员不过几百人，研究经费严重不足。这就导致特种经济动物产业在发展过程中出现的问题难以有效解决，严重地制约了特种经济动物产业的健康和可持续发展。

五、发展特种经济动物养殖的应对措施和发展对策

特种经济动物产业高利润和高风险是并存的，很多种类的特种经济动物生产技术和家畜、家禽相比还存在很大差距，产业相对较小，市场需求不稳定，产品综合开发加工利用不完善，要发展特种经济动物养殖产业，必须要加强认识，想好应对之策。

1. 选择合适的特种经济动物种类　　第一，要参考《国家林业局关于发布商业性经营利用驯养繁殖技术成熟的梅花鹿等54种陆生野生动物名单的通知》发布的允许经营利用的物种名单，同时需按照国家有关法律、法规等相关规定，办理相关的许可手续。第二，要选择饲养技术成熟、种源充足和供求市场都很大的常规物种。第三，要选择具有综合开发价值的特种经济动物种类。第四，要选择适合于本地区生长的物种。第五，还要考虑社会文化和习俗的发展与变化，因地制宜，避免选择那些饲养技术尚不成熟、会破坏野生动物资源的新奇特物种。

2. 建立良种繁育体系，规范品种市场　　根据不同特种经济动物发展现状和发展水平，结合不同地区的品种资源优势，对特种经济动物发展较快的地区重点扶持，组建原种场，定期从国内外引进良种，进行扩繁培育良种。在各省（自治区、直辖市）建立特种经济动物品种评定机构，对品种质量加强监督，杜绝特种经济动物的假种、劣种在市场蔓延，保护广大特种经济动物养殖者的利益。

3. 完善相关配套技术服务体系，推广特种经济动物生产新技术　　特种经济动物养殖业的快速发展，必然导致相应的饲料、兽药种类和市场需求量扩大。开发和生产特种经济动物专用饲料和兽药，建立完善的饲料、兽药生产、供应及配套技术综合服务体系，可最大限度地发挥特种经济动物生产的潜力，增加经济效益，减少不必要的经济损失，保证特种经济动物养殖业稳定健康发展。

近年来，广大养殖工作者和科研工作者研究总结了不少特种经济动物生产新技术，如鹿、貉、貂、狐品种改良技术，鹿、狐的人工授精技术，狐、貉、貂的提前取皮技术，疫病防治及产品深加工、系列产品开发技术等，对促进产业发展发挥了很大作用。

4. 整顿管理体制，规范销售渠道　　特种经济动物生产和产品加工业及其产品市场的管理法制尚不健全，行业规范性管理发展滞后，致使少数投机商乘虚而入，大肆炒种、倒种，严重扰乱了市场秩序，导致市场混乱。同时，由于缺乏统一的引导和管理，行业内还存在许多盲目竞争的现象。因此，加强法制管理已势在必行，对国家一、二类重点保护的野生动物，应按《中华人民共和国野生动物保护法》规范管理，限制饲养；对市场行情好、经济价值较高、有市场且饲养技术成熟且已形成产业化的特种经济动物，应逐步向有条件的地区推广和饲养。

制定特种经济动物产品标准，规范销售渠道，建立产、加、销一体化的经营体系。开发

研究适应市场需求的名、优、新产品，建立产、加、销联合体组织，为特种经济动物养殖业提供产前、产中、产后全程服务。

5. 加大特种经济动物科研投入，解决产业发展中出现的各种问题 科技是第一生产力，一个产业的发展必须有强大的科技投入，产业才可能健康可持续地发展。特种经济动物产业与家畜、家禽产业相比是一个新兴的小产业，近年来，国家有关部门和地方政府开始在科技上加大投入，在政策上也给予专门扶持，生产企业也重视科研在生产中的重要作用，这就为特种经济动物产业健康可持续发展奠定了良好的开端。

6. 在发展中要注意动物福利对我国特种经济动物养殖业发展的影响 在动物生产和产品开发中，人们越来越注重动物的福利，动物福利对动物产品贸易的影响越来越明显。因为世界贸易组织的规则中有明确的动物福利条款，如果肉用动物在饲养、运输、屠宰过程中不按动物福利的标准执行，检验指标就会出问题，从而影响肉类食品的出口。这对从事畜禽养殖业的人员在改进技术、增强认识和提高产品的质量等方面提出了新的要求。和畜禽产品一样，动物福利同样影响着特种经济动物产品的国际贸易，特种经济动物产品加工要符合这些规则的要求。

动物福利是集约化生产方式的产物。我国特种经济动物养殖业目前正向着规模化、集约化的方向发展，但动物福利问题尚未引起人们的重视。从动物生产上看，对动物福利的影响主要包括管理人员的技能、管理水平和方法、畜舍环境条件等三方面。针对我国特种经济动物的养殖现状，亟待解决的动物福利问题主要包括动物笼舍的合理设计、科学的饲养管理方法、动物处死和产品加工方法等。

我国在发展特种经济动物养殖业时只注重追求利润的最大化，很少考虑到动物福利问题，这必将影响到今后我国特种经济动物产品在国际市场上的竞争力。在世界经济一体化的时代，只有及时了解国际行业的发展动态，才能促进我国特种经济动物养殖业的顺利发展。

（熊家军）

第一章　特种经济动物驯化与繁殖

第一节　特种经济动物资源与保护

一、动物资源

动物资源从广义上讲是指生物圈中一切动物的总和。其通常指的是在目前的社会经济技术条件下，人类可以利用与可能利用的动物，包括陆地、湖泊、海洋中的一般动物和一些珍稀濒危动物。例如，驯养动物资源有牛、马、羊、猪、驴、骡、骆驼、家禽、兔及珍贵毛皮动物等，水生动物资源有鱼类资源、海兽与鲸等，野生动物资源有野生兽类和鸟类等。

动物资源与人类的经济生活关系密切，是人类所需优良蛋白质等营养物质、生活需求的重要来源之一。它可为人类提供肉、蛋、乳、毛、皮、畜力等，可为人类社会发展的食品、轻纺、医药等工业提供重要原料，而且野生动物资源在维持生物圈的生态平衡中起着重要作用。

我国地域广阔，地貌多变，可分为三级阶梯，山地分布较为广泛，江河众多，植被类型形态多样，为形成储备丰富的野生动物资源奠定了基础。气候作为另一关键因素，同样对野生动物物种生存产生显著影响，直接限制野生动物的生活和分布，我国地处欧亚大陆东南部，纵跨寒温带、温带、暖温带、亚热带到热带，以及西部高原的冻原带等多个温度带，气候主要具有三个特点：一是季风气候特征明显；二是大陆性气候强；三是气候类型多种多样。植被随气候条件相应变化，动物生活的外界环境多种多样。复杂的地理环境，丰富的气候变化，种种因素使我国成为世界上野生动物资源种类最丰富的国家之一。

我国野生动物资源物种丰富，在世界上排在前位，四大种群种数(哺乳类、鸟类、爬行类及两栖类)总共约 2656 种，占世界全部种数的 10.5%，但随着时间的推移，对物种研究的不断深入，新的物种也不断被发现，野生动物数据也在不断更新之中。目前鸟类有 1371 种，其中特有鸟类种数为 69 种；兽类(哺乳类)有 575 种，占世界哺乳类总数的 10%以上，我国特有的哺乳类动物有 73 种，占我国哺乳类总数的 12.7%；爬行类有 412 种，占世界爬行类总数的 6.5%，其中我国特有的爬行类种数有 26 种，占我国爬行类总数的 6.3%；两栖类有 298 种，占世界两栖类总数的 7%，其中我国特有的两栖类种数有 30 种，占我国两栖类总数的 10.1%。我国特有的野生动物资源物种包括大熊猫、金丝猴、朱鹮、扬子鳄等。

二、特种经济动物资源

我国特种经济动物资源十分丰富，据不完全统计，目前人工驯养的特种经济动物种类包括 52 个种、140 多个亚种、1200 多个品种或类型。

我国幅员辽阔，特种经济动物资源分布广泛且种类繁多，发展潜力很大。合理而有效地利用这些资源，迅速提高其生产水平和科学技术水平，是实现特种经济动物生产规模化和产业化的根本任务。在 20 世纪 50 年代开展了有关特种经济动物资源的利用研究，先后成立了中国农业科学院蚕业研究所(1951 年)、毛皮兽研究所(1959 年)、蜜蜂研究所(1958 年)、吉林特产试验站(1956 年)和吉林特产学院(1958 年)。在"变野生为家养、家植"的政策指导下，我国开展了珍贵、稀有、经济价值高的特种经济动物资源的收集、保存、利用工作，先后对东北、华北、西北地区特种经济动物资源调查，收集了梅花鹿、马鹿、白唇鹿、驯鹿、麋鹿、林麝、马麝、藏獒、狍、猪獾、紫貂、水貂、赤狐、蓝狐、乌苏里貉、白貉、麝鼠、艾虎、中国白兔、果子狸、丹顶鹤、天鹅、大雁、雉鸡、绿头野鸭等特种经济动物资源 20 多种。"茸鹿驯化放养""紫貂笼养繁殖""雉鸡引种驯化""林麝养殖技术"等多项技术受到政府高度重视。

特种经济动物资源的研究推动了我国特种经济动物养殖业的发展。茸鹿饲养数量由 1951 年的 2100 只发展到 2015 年的 120 万只，形成了 3000 万只的雉鸡饲养产业。自 20 世纪 80 年代开始，加强了蚕品种资源的基础研究，先后对部分种质资源进行了多项性状调查和评价，阐明了多项性状相关性和遗传规律；发掘出 20 多项特殊性状的优良素材 300 余份，创建了 7 类新种质。1986 年，以蜜蜂形态、生态、生物学特性为依据，将中华蜜蜂分为东方亚种、西藏亚种、阿坝亚种和海南亚种等 5 个亚种和生态类型。

1999 年中国农业科学院特产研究所开始建设"特种经济动物种质资源共享平台"，隶属于国家家养动物种质资源平台，该平台建有中国特种动物种质资源网，2016 年度，从国内外收集、引进种质资源近万份，完成活体更新 5 万余份。截止到 2017 年，平台拥有包括鹿类动物、貂、狐、貉、兔、麝、狍、鸭、雉、鹌鹑、鹧鸪、蚕、蜂、竹鼠和豪猪等特种经济动物资源的参建单位 66 家，制定特种经济动物种质规范 96 份，制定特种经济动物标准 10 个，保存的种质资源的种类及数目：鹿类动物 81 品种（类型）；毛皮动物 3090 个品种（类型），其中主要包括貂 600 个，狐 2040 个，兔 423 个；麝 15 个品种（类型）；狍 3 个品种（类型）；特种经济禽类 21 个品种（类型），其中野鸭 6 个，雉鸡 6 个，鹌鹑 6 个，鹧鸪 3 个；蚕 302 个品种（类型）；蜂 669 个品种（类型）；虫类 536 个品种（类型）。收集保存活体资源近 10 万份。

2001 年，研究人员通过开展相关研究，发现了特种经济动物优良性状资源 118 份，并创建了一批具有国内外领先水平的种质，如蚕的抗氟种质、蜜蜂的抗螨种质、鹿的抗腐蹄病种质、狐的优质毛绒种质、林麝的高泌香种质等。

2014 年 9 月，世界最大的特种经济动物基因库在中国农业科学院建成，为我国动物遗传资源保存利用提供了基础支撑。中国农业科学院特产研究所依托项目"国家特种经济动物遗传资源库建设与创新利用"，历时 36 年，整合了我国农业、林业、教学、科研等领域特种经济动物种质资源，涵盖鹿类动物、毛皮动物、特禽及其他特种经济动物种质资源 509 个品种，保存于 69 家特种经济动物资源单位的保存场、专业实验室等。该项目还建立了完善的特种经济动物种质资源数据库和信息检索系统，通过中国特种经济动物种质资源网（www.spanimal.com）进行检索，实现全方位信息共享。

三、动物资源保护方法

目前，我国人工驯养的特种经济动物有许多是国家野生动物保护的种类，因此特种经济动物的资源保护与利用，应该根据《中华人民共和国野生动物保护法》和有关法律、法规的规定进行，充分落实国家对野生动物实行的加强资源保护、积极驯养繁殖、合理开发利用方针，只有这样，国家才可依法保护开发利用野生动物资源的单位和个人的合法权益。

特种经济动物资源保护与合理利用是一项需要采用法律的、行政的、经济的和舆论的综合手段来完成的十分复杂的工作。具体方法措施主要有以下几种。

(一)划定保护区或建立保种基地

划定保护区能够很好地保护物种的多样性，保护动物的栖息地是保护动物的根本性措施，而保护动物栖息地最主要的途径就是建立自然保护区。通过建立自然保护区，不仅可以保护濒危动物及其栖息地，还可以使其他种类的野生动植物得到很好的保护。目前，我国已建立了数百处濒危动物类型的自然保护区，使相当一部分濒危动物物种得到了切实有效的保护。例如，野驴、野牛、亚洲象、白唇鹿、羚牛、梅花鹿、马鹿、金丝猴、大鸨、朱鹮等的数量已经有了明显的增加。但该措施存在保护区面积大、防范偷猎难度大的缺点。建立保种基地的措施，能够很好地保护地方品种，但投资大、时间长，容易出现近亲繁殖、物种衰退等现象。

(二)驯养繁殖

积极开展驯养繁殖是保护、发展和合理利用经济动物野生资源的一条最为有效的途径。人工驯养与繁育经济动物种群，既可以防止或延缓濒危种群的灭绝，又可以满足人类生产生活的需要，同时减小对野外种群猎捕的压力，还可以为再引入提供种源，重建或壮大野外种群。目前，通过人工驯养对动物资源实施保护与合理利用的方式主要有三种：一是具有一定规模的人工驯养或养殖场，这些经济动物驯养场是有关部门、单位或个人出于生产建设需要，对具有一定成熟养殖技术的野生动物(如特种经济动物)开展的具有一定规模的养殖，如养鹿场、养熊场、养猴场、养蛇场、龟鳖场、养鸟场、养麝场等，用于生产实验动物或者野生动物及其产品。二是驯养濒危动物的国家动物园系统，其除用于展览目的外，还肩负着野生动物的保护与驯养繁殖工作。三是改革开放以后国家和地方建立的濒危动物繁育、救护中心，其专门从事濒危动物的驯养繁殖和救护工作。例如，国家为了拯救大熊猫、朱鹮、扬子鳄、东北虎等极度濒危动物，投资设立了多处繁殖研究中心；为了实施野马、麋鹿再引进工程，建立了多处人工繁殖基地；为了保护、发展濒危动物资源，成立了多处综合性的濒危动物驯养繁殖中心。各地为救护濒危动物，也相继建立或指定了一个或多个濒危动物救护中心，这些救护中心的职能之一就是驯养繁殖濒危动物。

(三)实施再引进工程

通过实施再引进工程，发展和壮大野生动物种群是保护、壮大极度濒危动物野生种群的重要手段。再引进就是在某个物种曾经分布但现已灭绝的地区，再引入该物种的活体用于建立新的种群；或者是向某物种现存的极小的野生种群补充新的活体，以充实该野生种群并促进其发展壮大。我国已实施并取得成功的典范就是麋鹿的再引进工程。

(四)动物资源监测和科学研究

开展动物资源监测和科学研究是保护和可持续利用濒危动物资源的必要步骤。通过动物资源监测，可以了解濒危动物野生种群数量消长、分布区的变迁，为国家制定有关保护、管理、利用政策提供科学依据。开展濒危动物的生物学研究，有利于了解濒危动物的致危因素，研究解决濒危动物的救护问题。试管动物、克隆、冷冻保存等生物技术新成果的问世，为动物遗传资源的保护和利用开辟了新途径。

（五）动物资源保护法律体系

提高法律保护地位，加大执法力度。针对不同物种的禁止、限制或合理商业性开发利用的法律体制，是动物资源保护的法律保障。

（六）国际合作与交流

开展国际合作，引进资金及先进的经验、技术和设备也是实现动物资源保护的重要途径。濒危动物是全世界的共同财产，对其保护管理更是当今国际社会关注的焦点之一。我国是发展中国家，濒危动物保护管理资金严重不足，技术、设备和保护管理方法也需进一步提高，需要从发达国家引进资金、技术和设备，需要向有关国家学习先进经验。在一定范围内，离开了国际合作，有些保护管理和科研工作就难以开展，有些种类的濒危动物就得不到及时有效的保护。

第二节　特种经济动物驯化

驯化是指动物适应新环境条件的复杂过程。其标准是在新的环境条件下，不但能够生存、繁殖、正常生长发育，而且能够保持其原有的基本特征和特性。其中，在个体发育的早期阶段，通过人工饲养管理而创造出新的、特殊的营养物质代谢的条件，并使被驯化动物不受敌害的侵袭，不受寄生虫、传染病菌的感染等，就是成功驯化的最重要时期和关键措施。动物的行为与生产性能往往有着密切的关系，掌握动物的行为规律和特点，通过人工定向驯化，可促进生产性能的提高，所以说驯化是在驯养的基础上，通过选择达到对动物行为的控制与利用的目的。因此，掌握和实施动物驯化的技术手段，就有可能使动物按照人类要求的方向产生变异。实践已经证明，对动物的驯化是完全可能的，而且根据人类经济活动的不断发展，动物驯化的种类也将不断增多。

对于特种经济动物驯化养殖而言，可以说它是一项既新兴又古老的事业。说它新兴是由于目前人工驯养的很多特种经济动物仍属于国家规定的野生动物范畴，说它古老是由于诸多特种经济动物的驯养历史悠久、经验丰富，并已有相当一部分已经属于家畜、家禽的范畴。例如，梅花鹿、马鹿，我国自商周时代就开始驯养。据文字记载，商纣王曾筑"大三里，高千尺"的鹿台，到了春秋战国时期就已经有了较大规模的鹿苑，养鹿开始规模化，可谓历史久远。但是，梅花鹿和马鹿目前仍分别属于国家一、二级保护的野生动物，而且其驯化程度与家畜相比仍有一定的差距。

一、特种经济动物驯化的途径

（一）直接适应

引种动物进入的新环境，如果属于引种动物反应范围内的条件时，就可以通过直接适应达到驯化的目的。从引种个体本身在新环境下的直接适应开始，经过后代每一世代个体发育过程中不断对新环境的直接适应，到基本适应新环境条件为止。

(二)定向地改变遗传基础

引种动物进入的新环境，如果超越了动物反应范围，动物就不能很好地适应此种新环境条件而表现出种种反应。此时可以通过选择的作用和交配制度的改变，淘汰不适应的个体，选留适应的个体繁殖，从而逐渐改变群体的遗传结构，使引入的动物群体在基本保持原有特性的前提下，遗传基础发生定向改变。

二、特种经济动物驯化的方式与方法

特种经济动物的驯化是人类充分利用自然资源的一种重要而特殊的技术手段，通过对动物的驯化来达到对动物的全面控制和再生产。综合各种特种经济动物人工驯养情况，按照不同的目的和要求，驯化方式与方法主要包括以下5种情况。

(一)早期发育阶段的驯化

幼龄动物的性格具有较大的可塑性，利用这一特点在动物早期发育阶段进行人工驯化往往会取得较好的效果。例如，在仔鹿生后30日龄以内开始进行人工哺乳驯化的效果较好，而母鹿哺乳30日龄以后再对仔鹿进行人工哺乳驯化就不易被接受。将生后30日龄以内未开眼的黄鼬与母鼬隔离进行人工饲养，就能很好地进行人工饲养；反之，仔鼬一旦接受母鼬哺乳，其野性行为即使经过几年的人工驯化也难以改变。

(二)个体驯化与集群驯化

个体驯化是对每一个动物个体的单独驯化，又称单体驯化。例如，马戏团对动物表演技能的驯化，需要对每一个动物训练出一套独特的表演技能；农民对役用幼龄动物的使役驯化；动物园对饲养在笼舍营单独生活的动物克服惊慌与激怒情绪的驯化等，均属于个体驯化范畴。集群驯化是在统一的信号指引下，使群体中的每一个动物都建立起共有的条件反射，形成一致性的群体活动。对于特种经济动物养殖场的生产实践来讲，集群驯化更具有实用意义。例如，摄食、饮水和放牧等都可以通过集群驯化，使动物群体在统一信号指引下定时地共同活动，以方便饲养管理。另外，在驯养实践中，对个别集群活动性能较差的个体，可进行补充性个体驯化。

(三)直接驯化与间接驯化

直接驯化是对动物进行的单独或集体驯化，驯化是直接针对动物进行的。间接驯化是利用同种的或异种的个体之间在驯化程度上的差异，或已驯化动物和未驯化动物之间的差异而进行的，即在不同驯化程度的动物之间建立起行为上的联系，从而产生统一性活动的效果。例如，让驯化程度很高的母鹿带领着未经驯化的仔鹿群去放牧，这样就可以利用幼龄动物"仿随学习"的行为特点，通过"母鹿带仔放牧法"，在放牧过程中，仔鹿模仿学习不断提高了驯化程度，从而达到了对仔鹿的间接驯化。

(四)性活动期的驯化

动物在性活动期,由于体内性激素水平升高,往往出现易惊恐、激怒、求偶、殴斗、食欲降低、离群独走等特殊的行为特征,这给饲养管理工作带来了很多的困难。因此,在生产实践中必须根据动物此期生理上和行为上的特点,进行有针对性的特别驯化才能避免不必要的生产损失。例如,对初次参加配种的动物进行配种训练;利用特定信号驯化建立动物配种期的条件反射,引导动物定时交配、饮食、休息等,形成配种期的规律性活动。

(五)生活环境的驯化

动物进入新的生活环境需要适应。特种经济动物的人工环境大都是在模拟野生环境的基础上,根据生产需要而创造出来的一种环境。驯化的人工环境一般应该为空气温湿度稳定、食物充足,能明显改善动物的繁殖成活率。当人工提供的生活环境不能满足动物的生活条件时,则会出现引种当代不能存活、不能繁殖或后代发育不良等,以致驯化失败。

三、特种经济动物驯化的关键技术

特种经济动物人工驯化的总体目标是促进其产品生产数量增加、质量提升,驯化过程中其生活习性、生理机能和形态构造等的改变都是在人工控制下向着有利于该目标的方向发展。由于目前我国驯养的特种经济动物种类繁多,而且各自的进化水平又参差不一,在人工驯化过程中的技术水平和所遇到的问题也各不相同,这里仅就驯化中的几个关键技术问题加以简要描述。

(一)人工生活环境的创造

驯化过程中,为动物创造的人工生活环境是否合适直接关系到驯化工作的成功与否。野生状态下,动物往往根据自身生活要求,主动地选择适合生存的野外环境,在一定程度上也可以创造自己的生活环境。但是,在人工驯养条件下,人们给动物提供、创造的各种生活条件的总和即人工生活环境,与动物所处的野生环境不可能完全一致,动物就必须被动地适应人工生活环境。因此,对于动物和人类生产需要而言,良好的人工生活环境应该是在模拟动物野生环境的基础上,又根据人类生产要求而加以创造形成的。一般来讲,由于人工环境气候稳定、食物充足、敌害减少,动物的繁殖成活率会明显提高。当然,如果饲养场人工环境仅是单纯形式上的模仿,缺乏对所驯养动物生物学特性的了解,创造的人工环境不能满足其主要生活习性的要求时,反倒可能出现驯养个体不能存活、不能繁殖或后代发育不良等现象。

(二)食性的训练

食性是动物在长期的进化过程中形成的,很难改变。不同种类的动物食性存在差异,甚至同一种动物不同季节、不同生长发育阶段的食性也有所差别。但经过适口性及营养需要等方面的研究,在满足动物生理需要的前提下,食性也可在一定范围内有所改变。在动物驯养的生产实践中,要善于根据各种饲料进行对比实验,筛选出适宜理想的饲料配方,降低饲养成本,提高产品质量。

(三)群居性的形成

动物群居性的形成可以给人工驯养管理带来很大的便利性。野生条件下营群体生活的特种经济动物,在人工驯化条件下群居性就很容易形成。例如,梅花鹿、马鹿就可以集群放牧。但对于野生条件下营独居生活的那些特种经济动物而言,在人工驯化时形成群居性就相对困难。不过,人工饲养实践已经证明,独居生活的动物也可以通过人工驯化而产生群居性。例如,在野外营独居生活的麝,可以通过人工驯养过程中的群性驯化,实现集群饲喂、定点排泄。有些种类的动物,成年个体集群较困难,但可以考虑在幼龄时期集群饲养,也可以给人工饲养管理带来一些方便。

(四)休眠期的打破

特种经济动物中的很多变温动物具有休眠的习性,这是野生条件下其对逆境的一种保护性适应。但在人工驯养条件下,可以通过对诸如温度等环境因子的控制、食物供应等技术措施而打破其休眠,使其不进入休眠状态而继续生长、发育和繁殖,实现缩短生产周期、增加产量的目的。例如,打破一个世代中两次休眠的"土鳖虫快速繁育法",就实现了土鳖虫生产周期缩短一半、成倍增加产量的目的。

(五)就巢性的克服

就巢性是禽(鸟)类的一种生物学特性。在野生条件下,其就巢性较强。在人工驯养条件下,通过驯化,特种禽(鸟)类的就巢性可逐渐降低,产卵率也会明显提高。例如,年产卵仅20枚左右的野生鹌鹑,就巢性较强,但是在人工驯养条件下,通过克服就巢性,年产卵量已经提高到300枚以上。然而,有的特种禽(鸟)类虽已经过长期的人工驯养,但就巢性依然很强,较难克服,因此这种禽(鸟)的主要选择目标就应侧重在克服就巢性上。例如,乌骨鸡虽经数百年人工驯养,但就巢性依然很强,大约每产10枚卵就出现"抱窝"行为,且长达20d以上,所以年产卵仅50枚左右,因而欲克服其就巢性就需要探讨有效的方法。

(六)刺激发情、排卵的改变和胚胎潜伏期的缩短

有些哺乳类野生动物具有刺激发情、刺激排卵和胚胎潜伏期的生物学特性。这就使妊娠期拖得相对较长,也就使人工驯养条件下人工授精等繁殖技术的应用受到限制;也使其对繁殖和妊娠期的人工驯养条件要求相对较高,否则就会造成不孕、胚胎吸收或早期流产,对繁殖效果造成很大的影响。目前,针对这类动物这方面的研究还很不够,虽然经过多年的人工驯养,但人工驯养条件下的繁殖力与野生状态的相比仍没有明显的提高。例如,紫貂的发情交配期在每年的6~8月,妊娠期为229~276d,受精卵在翌年2~3月才着床发育,可见受精卵有较长的滞育期,而真正的胚胎发育时期仅1个月左右;小灵猫的妊娠期在80~116d变动,也说明其具有很长时间的胚胎潜伏期。

第三节　特种经济动物驯养繁育

特种经济动物繁育是其生产中的关键技术环节。发展特种经济动物养殖业的中心任务就

是通过人工驯养使其数量不断增加、质量逐步提高，以满足国民经济发展对其产品数量和质量的需要。数量的增多和质量的提高都必须通过繁育才能得以实现。特种经济动物种类繁多，繁育理论虽存在着共性，但繁育技术、方法又各具特殊性。然而，归根结底，特种经济动物繁育的意义在于针对不同动物种类研究其繁育的客观规律，并通过采用相应的繁育技术措施，使其在人工驯养条件下保持较高的繁育效率，并逐步得以遗传改良，以保证数量和质量按计划增长与发展。

特种经济动物种类繁多，针对不同种类研究其繁殖规律与技术并在生产实践中加以合理应用，可以大大提高其繁殖效率。绝大多数特种经济动物的驯化程度还不够高，其繁殖仍然在很大程度上受到所处生活环境条件的严格影响。以特种经济动物中的哺乳动物为例，如果生活环境条件不能满足其基本生活要求时，往往会出现性腺发育不良，发情和配种能力下降，不能受孕或受胎率降低，胚胎不能着床、胚胎吸收或流产（对具有胚胎游离潜伏期的动物尤为明显），产后泌乳不足，仔兽生活力衰弱低下等。生活环境条件对野外和人工驯养的特种经济动物都具有严格的影响，做好特种经济动物人工繁殖的首要前提就是对其生殖生态学要有足够的了解和认识。

一、特种经济动物的繁殖方式

动物受精卵的发育主要有胎生、卵生和卵胎生三种方式。在进行特种经济动物繁殖时必须认识所驯养动物的繁殖方式。

（一）胎生

动物的受精卵在动物体内的子宫里发育的过程叫胎生。胎生动物的受精卵一般都很微小，卵黄质少；精卵在母体的输卵管上端完成受精，然后发育成早期胚，并下降到子宫，此后就植入母体的子宫内壁，借胎盘和母体联系，吸收母体血液中的营养及氧气，把二氧化碳及废物交送母体血液排出；待胎儿成熟，子宫收缩把幼体排出体外，形成一个独立的新生命。哺乳类动物中除鸭嘴兽、针鼹是卵生外，其他的都是胎生动物。人工驯养的哺乳类脊椎动物，如梅花鹿、马鹿、狐、貉、水貂、麝、獭兔、麝鼠、犬、熊等特种经济动物均属胎生。

（二）卵生

动物的受精卵在母体外独立发育的过程叫卵生。卵生动物把卵或受精卵排出体外（如鸟类），或掩埋于土、砂中（如蝗虫、龟、某些蛇类等），或留在树皮空隙中（如蝉），或排在水域中（如鱼、蛙等），然后借成体孵化或太阳辐射热孵化发育成幼虫或幼体。卵生的特点是在胚胎发育中，全靠卵自身所含的卵黄作为营养。卵生在动物中很普遍，如鸟类、绝大多数爬行类和鱼类。人工驯养的特种经济动物如雉鸡、野鸭、鸽、鹌鹑、鹧鸪等均属卵生。

（三）卵胎生

卵胎生是动物的卵在体内受精、体内发育的一种生殖形式。卵胎生动物的受精卵虽在母体内发育成新个体，但胚体与母体在结构及生理功能的关系并不密切；其发育时所需营养，仍依靠卵自身所贮存的卵黄，与母体没有物质交换关系，或只在胚胎发育的后期才与母体进行气体交换和有很少的营养联系；幼体一旦成熟，母体的生殖道即收缩将幼体连同卵膜排出体外。因此，卵胎生动物的胚胎可受到母体的适当保护，孵化存活率比卵生者较有保障。这是动物对不良环境长期适应形成的一种繁殖方式。卵胎生的动物有某些毒蛇(如蝮蛇、海蛇)、部分鲨(如锥齿鲨、星鲨)、一些鱼类(如孔雀鱼、大肚鱼)和胎生蜥、铜石龙蜥等。

二、特种经济动物繁殖的季节性与主要影响因素

绝大多数特种经济动物的繁殖具有明显的季节性，其季节性繁殖是长期生活在野生状态下，对环境变化规律的一种适应性自然选择的结果。这主要是大自然的季节因素对繁殖机能的影响，具体表现在光照时间和强度、温度高低和采食饲料的营养水平变化等方面，其中光照的影响较大。当然，动物季节性繁殖除了环境变化的直接影响外，还与其内分泌机制、营养状况和新陈代谢水平等内部因素有关。这里只对直接影响特种经济动物繁殖的光照、温度和食物三个重要环境因素进行叙述。

1. 光照　　光照能促进动物的各种生理活动，其中最主要的作用之一就是能促进动物季节性的性活动。春夏配种的动物，由于日照增长和温度升高而刺激其生殖机能，如野猪、雪貂、马、驴和一般食肉动物(如水貂、狐、貉)及所有鸟类(如雉鸡)，通常称为长日照动物；秋冬配种的动物，由于日照缩短和温度降低而促进其性活动，如鹿、绵羊、山羊和一般野生反刍动物，通常称为短日照动物。对于短日照雄性动物，在长日照季节适当缩短光照，可提高其繁殖性能；长日照动物，在春夏长日照时期精液质量最高，性行为的反应最明显，秋冬季日照缩短，精子浓度下降。光照对雌性动物的繁殖性能也具有明显的影响，对于短日照动物，缩短光照，可诱其发情；对于长日照动物，延长光照可诱其发情。对于有季节性性活动的动物，雄性在配种季节的精液品质显著提高，性欲也特别旺盛。鸟类对光照的反应比较敏感，春季光照递增期对鸟类的精子生成有促进作用，在秋季递减期则受到抑制。另外，一般完全变态的昆虫，它们的生活史经过卵—幼虫—蛹—成虫 4 个发育阶段，其中蛹羽化为成虫的阶段便是受光周期的控制或影响；有些昆虫则是以卵或蛹的形式来过冬的，而且只有到春天才能进行孵化，这也是受光周期的影响。

在饲养管理实践中，利用人工光照处理，可以改变动物的季节性性活动。例如，在春季将光照逐渐缩短至与秋季相同，可使秋季发情的动物在春季配种；将原来居住在南半球的新西兰赤鹿运至北半球的中国，其繁殖季节就会逐渐适应北半球的光周期变化，反之亦然。日照长短对动物季节性繁殖影响的生殖机制可参见相关资料。

2. 温度　　除了光照之外，温度的季节性变化也影响着动物的性活动，特别是高温对许多动物的繁殖有不良的影响。虽然动物的繁殖受许多生理过程的调节和控制，但是高温影响动物的健康状况、采食量和内分泌活动，还可引起动物体温升高而使体内酶的活性与代谢过程发生紊乱。因此，直接或间接地对精子和卵子的生成及胚胎的发育产生了不良的影响。

高温会使许多雄性动物的精液质量下降。对雄性动物而言，高温引起睾丸温度升高是繁殖力下降的主要原因。雄性哺乳动物的阴囊具有特殊的热调节能力，提睾肌和阴囊肉膜的舒展或收缩，可增加或减少散热面积，而且阴囊皮肤还具有很强的蒸发能力，这些保证了在一般气候条件下睾丸温度低于体温而有利于精子生成的要求，阴囊一般较体温低 4～7℃。在高温环境中，如果不能避免阴囊温度的升高，就会导致睾丸温度升高，引起生殖上皮变性，使精细管和附睾中的精子受到伤害而出现畸形精子。

高温对雌性动物的不良作用主要是在配种前后的一段时间内，特别是在配种后胚胎附植于子宫前，是引起胚胎死亡的关键时期。妊娠期高温可引起初生仔兽的体型变小、生活力衰退、死亡率增加。高温导致雌雄动物体温升高、采食量减少而引起营养不良、减少对胎儿的养分供应、代谢机能和酶活性的改变等，可能是高温对雌性动物繁殖力产生不良作用的根源。高温导致动物内分泌平衡失调也是对繁殖力产生不良作用的因素，特别是甲状腺素分泌减少的影响较为明显。

3. 食物　　在自然状态生存的动物，食物对动物生殖的季节性具有明显的影响。无论是肉食性、草食性，还是杂食性动物，其繁殖季节都是在每年食物条件最优越的时期。在繁殖季节里不仅气候条件适宜繁殖，其食物也最丰富。在温带地区，动物大都在春季或秋季这两季里进行繁殖，这主要是由于：春季各种植物萌发生长，小动物也出蛰活动，动植物食物丰富且营养价值高；秋季果实丰富，动物体肥健壮，也是食物条件极好的季节，有利于动物觅食、增强体质和进行繁殖。在热带地区，动物同样会因有"旱季"和"雨季"之分，而表现出繁殖的季节性。旱季由于干旱和缺少食物，动物繁殖活动大都处于低潮；而雨季是生命活动的高潮期，大多数种类的动物都是在雨季进行繁殖。在寒带地区（如北极区），只有到了夏季才有阳光的长时间照射，土壤表层化冻，动物的活动活跃起来，觅食、交配、产仔、育幼等均在短时期内完成。

三、特种经济动物繁殖期的特殊表现及繁殖管理

大多数人工驯养的特种经济动物仍具有相当程度的野外生态习性，特别是在繁殖季节，其行为和食性表现尤为突出，因而在人工驯养条件下一定要充分了解所驯养动物种类的繁殖行为和食性等特征，以便于进行繁殖季节的合理管理，避免造成不必要的生产损失。

（一）繁殖期的特殊表现

特种经济动物在繁殖季节到来时，由于自身机体内性激素水平的升高，往往在许多方面表现出与其他生理时期完全不同的特殊表现，主要表现在行为和食性的变化上。

1. 行为变化　　特种经济动物到了性活动期大都会出现兴奋、性情暴躁、易激怒、好殴斗等行为变化，即通常所说的"性激动"。特别是雄性动物在求偶过程中与同性相遇，会因为相互争偶尔发生激烈的争斗，人工驯养条件下，如不严密看管往往会出现伤残甚至死亡而造成损失；有的雌性动物在性腺发育不成熟时往往会拒绝雄性的交配行为，对追逐的雄性也进行反抗、殴斗，有时也会造成伤残。例如，鹿在生茸期表现得很温顺，在圈舍内人可以接近，然而到了发情季节，特别是公鹿极度兴奋，性情暴躁，常常出现用蹄扒地、或顶木桩或围墙，并磨角吼叫等反常行为，颈部增粗且行动时强度增大，喜欢泥浴并发出求偶叫声，此期就连饲养员也很难接近，而且养殖场也时有公鹿伤人的情况发生。另外，动物在育幼期内也有类似的行为。

2. 食性变化　　特种经济动物在性活动期内的食欲普遍下降，主要消耗机体内贮存的营养物质。例如，公鹿在配种季节食欲明显减退，采食量显著减少，身体消瘦，到了发情旺期采食更少，甚至绝食，公鹿整个配种期体重下降 15%～20%，性欲旺盛的壮龄公鹿体力消耗更大。有很多动物在性活动期间甚至会出现食性上的改变。例如，有蹄类草食性动物在性活

动期出现捕食草地上啮齿类动物的现象；食植物的鸟类在性活动期有时也捕食昆虫类；很多肉食性动物在性活动期内也采食部分植物性食物。这些现象可能是动物性活动期内为补充体内维生素的不足而出现的暂时食性变化。总之，繁殖季节动物在食性上的变化是与繁殖机能密切相关的，当不能满足要求时(特别是在人工驯养条件下)，就会使繁殖力降低。

(二)繁殖管理

由于特种经济动物在繁殖季节内生理、行为和食性上的特殊性，要求人工驯养条件下的饲养管理也应该采取相应措施。对于特种经济动物而言，一般情况下可将其繁殖期划分为配种前期、配种期和配种后期三个阶段，这里仅对各个时期的饲养管理工作措施要点加以叙述。

1. 配种前期　习惯上也称作"准备配种期"。在此时期，动物表现为食欲旺盛，而且体质也较健壮。此期的饲养管理就要按照对配种体况的要求，使动物达到或保持良好的配种体况，通常绝大多数种类动物的配种体况标准为"中上等肥满度的健康体质"。人工驯养条件下，此期在饲料中应增加蛋白质的含量，并补充各种维生素，还可采取与日常食性有所不同的饲喂措施，以促使其达到配种体况。人们在特种经济动物(如兽类、鸟类、两栖类)饲养实践中已经积累了不少的经验。此外，准备配种期还应重视对欲参加配种动物的人工驯化工作，即对参加配种的动物进行有计划的训练。特别是初次参加配种的动物往往驯化工作难度较大，更应引起重视。通过人为地训练，使动物熟悉配种活动的环境、通路、指挥信号(灯光、音响、颜色或其他指挥工具)，克服惊恐、碰撞和奔跑等不利配种的情况。而对于不参加配种的动物，为了防止其繁殖期的性激动，可在准备配种期采取适当减少精料的办法，并尽量减少和避免外界刺激，以防引起这些动物的骚动、体力消耗或伤亡。

2. 配种期　此时期动物性腺发育已成熟且体内性激素水平已达高潮，极易受外界刺激而产生性冲动；而且此期动物的食欲普遍降低，大多喜饮水和洗浴；动物也会因发情和交配活动而使体力有很大的消耗，机体抵抗力下降而易产生疾病、创伤和死亡。因此，加强配种期的饲养管理极其重要。在饲养管理措施上，应按照种用与非种用、年龄、体质状况等单独组群；重点加强种用动物的饲养管理，在饲料的数量和质量上都应优于非种用动物；在饲料量上要少而精，并可考虑对配种能力较差的动物给予一定量的催情饲料；粗饲料应选择适口性强和维生素含量较高的饲料(如青刈大豆、胡萝卜、瓜类)；密切观察动物的表现，进行适时配种，更要注意初次参配动物的发情表现，防止拒配、假配等；力求保持配种期的环境安静，尽量避免外来干扰；应配备专门人员看护观察，防止动物间争斗等不良行为的发生和采取及时的防范措施。

3. 配种后期　雌性动物在完成交配之后，如果交配成功便进入后续的妊娠、产仔和哺幼时期；雄性动物此期便处于恢复体力的阶段。在配种期结束后的配种后期，不同种类的动物存在很大的区别，很难统一划分，因此不能一概而论，应针对具体动物种类采取相应的饲养管理措施。一般来讲，动物在配种后期无论是生理上还是行为和食性上都与配种期明显不同，雄性动物往往处于体力恢复阶段，管理上应注重饲料的营养而使其尽快增膘复壮；而雌性动物则处于妊娠(怀孕)阶段，应特别加强对雌性动物的饲养管理工作，争取较高的产仔率和后代有强壮的体质，此期如果饲养管理不当，则可能出现胚胎滞育、胚胎吸收、流产或产仔数减少等情况，特别是对于有胚胎潜伏期的这类动物，更应重视雌性动物的饲养管理，以免造成生产损失。此期还可以实行雌、雄分群管理。

四、提高特种经济动物繁殖力的有关措施

繁殖力是特种经济动物养殖业的主要生产指标之一。提高繁殖力首先应该做到保证动物的正常繁殖力，研究和采用更先进的繁殖技术，争取最大可能地提高繁殖力。如果饲养管理技术措施不当，不但不能提高动物的繁殖力，反而有可能比野生环境条件下的还要低，其最根本的原因是动物在人工驯养的环境中不能适应，从而导致内分泌机能失调等，妨碍了正常繁殖机能的发挥。要想解决动物人工驯养条件下繁殖力低的问题，除了要加强一般性饲养管理和繁殖技术工作外，还要对实现其繁殖活动的内因（如遗传基础、配子质量、新陈代谢等）和外因（如营养、环境、妊娠、产仔等因素）的综合作用有足够的认识，只有正确认识影响繁殖力的各种因素，抓住主要环节并采取必要的技术措施，才有可能使动物的繁殖力有一个新的提高。这里仅介绍几种特种经济动物生产中提高繁殖力的特殊措施。

（一）加强驯化

前面已述，通过人工驯化可使特种经济动物逐步适应人工环境，改善其行为表现和生理机能。在性活动期，动物会因体内性激素水平的升高，在行为上出现易激怒、好殴斗、食欲降低等表现，这些表现会给人工养殖的管理工作带来很多困难，因此，对它们应采取合理的驯化措施，不仅能保障其神经、内分泌系统对生殖器官的机能进行正常调节，还要使其能保持或提高正常的繁殖机能。例如，野生状态下的鹌鹑，抱窝习性很强，每年产蛋仅 20 枚左右；而在人工驯养条件下，通过长期克服抱窝性的驯化，其产卵力已经提高了十几倍，达到了年产蛋 300 枚以上。另外，对于特种经济动物中具有诱导发情和刺激排卵特性的动物，由于当环境不安定时，雌雄虽然交配，但刺激程度未能诱发排卵，受精率低而导致动物空怀或产仔数减少，因此对于这类动物更应注重繁殖期的驯化。总之，加强繁殖期的驯化，不仅是提高繁殖力的一项基本措施，而更重要的是，驯化也是开展多种新的繁殖技术应用的前期基础。

（二）调控环境因子

特种经济动物在人工驯养条件下如果不能正常繁殖，说明其所处的人工生活环境条件没有达到基本要求，这时可以考虑通过改善（或补充）单个或复合环境因子来恢复或提高其繁殖力。光照、温度、营养等是最重要的环境因子。例如，在配种前给水貂增加光照，配种期内提高环境温度，可使其妊娠期缩短；通过增减来控制不同饲养时期的光照，可使一年一胎的水貂在两年内产三胎，提高了水貂的繁殖力。对于有休眠习性的特种经济动物，在人工驯养中可根据不同情况的需要，有针对性地通过补充生活条件如食物、光照、温度、湿度、氧供应等，打破其休眠，以加快生长发育速度和提高繁殖效率。例如，在人工饲养条件下，通过控制温度、湿度和改善营养条件，可打破土鳖虫的冬眠习性而促其连续地生长发育，使生长周期由 23～33 个月缩短到 11 个月左右，实现了人工快速繁殖，大大提高了产量。

（三）调控激素水平

应用外源激素，改变生活习性，促进性腺发育，促使动物同期发情、超数排卵，促进胚胎着床，防止胚胎吸收和流产，都是通过调控激素水平提高动物繁殖力的重要措施。在特种经济动物驯养中，应用外源激素调整动物内分泌机能，从而提高繁殖力已经有很多成功的经验。例如，通过注射垂体激素，促进种鱼的性腺发育而提前产卵，可以培育出大量的鱼苗；通过注射雄性激素而使鸟（禽）类克服就巢性和提高产卵量，典型的实例就是乌骨鸡，具有很强的就巢习性，每年仅产蛋 50 枚左右，如果人工注射丙酸睾丸素，可以很快解除其就巢性，使之恢复产卵，从而使年产卵率提高到 100 枚以上。

五、特种经济动物生产中繁殖新技术的应用

目前，许多特种经济动物种类在人工驯养中遇到了一些一直难以解决的困难，长期处于徘徊不前的局面。遇到这些问题就应该吸收邻近科学的先进理论技术并结合自身特点来解决，特别是首先应该从繁殖理论和技术上进行研究以寻找出路。

（一）发情鉴定技术

通过发情鉴定，可以判定动物发情的真假、发情是否正常、发情的阶段、预测排卵的时间，做到适时配种；对不正常的发情，能够判定发生的原因，及时采取相应措施，促进妊娠。特种经济动物大都属于季节性发情动物，特别是有些动物还是季节性一次发情的动物，因而，发情鉴定尤为重要，否则将可能造成动物当年空怀和生产损失。例如，试情法在梅花鹿、马鹿、毛皮动物发情鉴定中的应用就很普遍。

（二）发情控制技术

通过应用某些激素或药物及饲养管理措施，人为控制雌性动物个体或群体发情并排卵，如诱导发情、同期发情、超数排卵等都属于发情控制技术。例如，蓝狐、马鹿等的同期发情技术已在生产中有所应用。产卵很少的蛤蚧和生产小白花蛇入药的银环蛇如果能借助超数排卵技术来提高产量，就会给生产带来巨大的利益。

（三）人工授精技术

在人工条件下利用器械采集种用雄性动物的精液，经过品质检验、稀释保存等适当处理后，再用器械将合格精液输送到发情雌性动物生殖道的适当部位，使之受孕的配种方法，就是通常所说的人工授精技术。目前马鹿、梅花鹿、狐等动物的人工授精技术已经相当普及。另外，对于用常规繁殖方法在种源、人工饲养和繁殖上有很多困难的特种经济动物而言，人工授精技术就显得尤为重要。

（四）妊娠诊断

妊娠诊断尤其是早期诊断，是减少空怀、缩短产仔间隔、避免生产损失、提高繁殖力的重要措施。例如，水貂、狐、貉等毛皮兽养殖中，如果能及早判定母兽是否怀孕，那么就可以及早做出对空怀母兽是否淘汰处理的决定，以减少不必要的饲养成本。

（五）胚胎移植技术

将一头良种雌性动物配种后的早期胚胎取出，移植到另一头生理状况相近的雌性动物体内，使之受孕并发育为新个体的技术就是胚胎移植技术。特种经济动物胚胎移植技术虽有成功的报道，如马鹿胚胎移植，但尚没有普及应用。

（六）性别控制技术

动物的性别控制技术是通过对动物的正常生殖过程进行人为干预，使成年雌性动物产出人们期望性别后代的一门生物技术。性别控制技术在动物生产中意义重大。首先，通过控制后代的性别比例，可充分发挥受性别限制的生产性状（如产茸、泌乳）和受性别影响的生产性状（如生长速度、肉质等）的最大经济效益。其次，控制后代的性别比例可增加选种强度，加快育种进程。性别控制可以通过精子分离或胚胎性别鉴别来实现。特种经济动物的性别控制技术已经有取得研究成果的报道，如鹿的性别控制技术，但目前尚没有应用于生产。

（七）繁殖障碍防治技术

动物繁殖障碍一般包括先天性繁殖障碍、繁殖技术性不育、环境气候性不育、营养性不育、卵巢功能障碍、管理利用性不育等。在驯养实践中，应采取先进的繁殖技术措施，避免繁殖障碍，最大限度地发挥动物的繁殖力。

六、特种经济动物的引种关键技术

特种经济动物的引种是指从异地（包括外地或国外）把优良品种、品系、类群或种群引入本地，直接驯养、推广或作为育种材料的工作，可直接引入种用活体，也可引入良种精液或受精卵（胚胎）。另外，特种经济动物引种还可以通过从野外捕获等手段引入活体，通过对所捕获野生动物的驯化使其适应人工养殖环境而达到引种的目的。但是由于该引种方式涉及的问题较多，故在此不做表述。

引种是特种经济动物养殖的一个重要环节，包括一系列的技术工作。由于引种而人为地改变了动物的生活环境，对动物来说是一场生命力和适应性的严峻考验，同时也是对引种技术水平的实际检验。忽视引种过程中的任一技术环节都有可能导致引种工作的失败，因而应切实做好下列几项技术工作。

（一）生物学特性调查

引种前对特种经济动物的生物学特性进行调查是一项基础性的技术工作。由于绝大多数特种经济动物的驯化程度还不高，仍然具有野生状态下的生活习性，因而只有充分摸清其野生状态下的生活规律，才能知道在人工驯养条件下应该为其创造哪些生活环境与条件，以保证其正常的生活、繁殖、生长发育、生产等。对特种经济动物而言，栖息环境、食性和行为是首要而必须摸清的生态习性。

1. 栖息环境调查　　主要调查了解野生状态下动物的生活条件、栖息地范围和特点、四季气候和景观变化对动物的影响等，依此来确定引种动物的人工养殖的方式、圈舍建筑类型与设备条件及经营管理模式等。例如，动物在越冬期内栖息环境温度就很重要，就北方养殖场而言，如果越冬棚舍或巢箱的温度还不如背风向阳的林间栖息地或天然的树洞、土穴，动物就有可能因为寒冷而导致营养代谢发生改变，内分泌机能失调，甚至影响动物的生活、繁殖和生长发育，严重时可能造成动物大量死亡。尤其是变温动物冬眠期的环境温度更应密切注意。

2. 食性调查　　每一种动物都有其自身的食性特点，而且往往在不同季节和不同发育阶段存在着食性的变化，甚至有的动物在某些时期还具有特殊的食性。对于种类繁多的特种经济动物而言，调查了解各自的食性特点直接关系到人工养殖的成功与否。如果不把所要引种动物的食性特点调查清楚，盲目地进行人工养殖就很难取得成功。例如，麝喜食松萝；乌骨鸡喜食颗粒食物；蝎子喜食流质食物；蛤蚧则吃活食；梅花鹿春季喜采食嫩叶、幼芽，夏季则以青绿枝叶为主，秋季喜食橡籽，冬季除采食地面的枯枝落叶之外，还喜啃食一些树皮；蛤士蟆(林蛙)在蝌蚪期以浮游生物和水草为食，成蛙阶段却要以活的虫类为食；黑熊冬眠后要采食一些有泻泄作用的植物，以排出它在漫长的冬季直肠中积存的干硬粪便。

3. 行为调查　　首先，要了解所要引种的动物是群居性还是独居性动物，以确定人工条件下应采取群养还是分养。其次，要了解动物的昼夜、季节性活动规律。动物的昼夜活动包括捕食、饮水、运动和休息等，有的动物为昼出性，有的为夜出性，也有的为晨昏性；动物的季节活动包括生长发育、生殖、休眠、蜕皮、换毛或换羽等，有的春季繁殖，有的秋季繁殖，有的冬眠，有的夏眠，形成季节性活动周期。对动物行为的了解是人工养殖条件下制订年周期(或日周期)饲养管理制度的重要依据。

(二)检疫

切实加强引种动物检疫，严格实行隔离观察制度，防止疫病传入，是引种工作必须重视的一个技术环节。如果检疫不严，有可能带进当地原先没有的传染病，给生产带来巨大损失。鹿的布氏杆菌病、驯鹿的结核病、野猪的囊虫病、雉鸡的结核病都较普遍，在引种之前必须严格检疫，运回后也应与原饲养的动物群隔离，等隔离观察之后再合群。

(三)运输

由于特种经济动物的驯化程度较低，比运输家畜、家禽的难度要大，因而在运输时要尽量缩短时间，尽量避免时走时停和中途变换运输工具。一般来说，成年动物比幼龄动物难运输；雄性动物比雌性动物难运输；独居性的比群居性的难运输；肉食性的比草食性的难运输。在运输时应根据季节、体型大小、生理及行为特征等，采取相应的技术措施。

1. 运输季节　　为了使引种动物在生活环境上的变化不过于突然，在引入时间上应注意引种地与引入地季节的差异。一般，温暖地区引入寒冷地区，宜于夏季抵达；寒冷地区引入温暖地区，则宜于冬季抵达。

2. 装运动物　　特种经济动物大多胆小易惊，装运动物时，除了力求避免对机体的损伤之外，还应注意尽量减少精神损伤。由于精神损伤在外表上没有痕迹，不易观察和发现，往往被忽略，很多没有外伤的动物，其死亡原因多属于此。

3. 运输方式　　综合引种动物的特点，选取合适的运输方式。遮光运输，对动物运输笼或运输棚严密遮光，不留孔隙，以使动物保持安静、减少活动、降低能量消耗，避免因透光孔隙而引起动物探头、冲撞和拥挤不安。一般只有在喂食和给水时，才给予较大面积的光量，保障动物顺利地摄食和饮水。麻醉运输，个别运输困难的动物或运输路程较近时可用此法。用口服、肌内注射或喷雾等方法将动物麻醉，待动物苏醒时即已运输到目的地。淋水湿运，多应用于鱼类、两栖类及某些爬行类动物的运输。增水缩食，陆生动物的运输不但要保证充足的饮水，而且食物的质量要高，饲喂量不宜过多，既要保持良好食欲，又要防止过饱。代谢率较高的鸟类及小型兽类应适当增加饲喂次数。有些代谢率较低的耐饥动物饲喂次数可适当减少。短日程运输时甚至可以停喂。

（四）适应性锻炼与选育

对引入的动物，在改善饲养管理条件、加强管理措施的同时，还应加强适应性锻炼，以增强其对新环境的适应能力。对新环境的适应性，不同个体间存在差异，在选育时应选择适应性强的个体、淘汰那些不适应的个体；在选配时应避免近亲交配、生活力下降和退化现象的出现。

（李和平）

第二章　水　　貂

水貂是珍贵的毛皮动物，水貂皮是国际"三大珍贵裘皮"之一，在国际裘皮市场中占有十分重要的地位，其贸易额占裘皮动物贸易总额的70%左右，水貂皮有"裘皮之王"的美称。

水貂的人工饲养最早出现在北美洲，1867年美国人Charles在威斯康星州建立水貂饲养场，1882年饲养150只水貂。第一次世界大战后，欧洲各国如挪威（1927年）、俄罗斯（1928年）、瑞典（1930年）等相继引种饲养。饲养水平处于国际领先水平的国家主要有丹麦和美国。

我国的水貂饲养业始于1956年，根据国务院下达"关于创办野生动物饲养业"的指示，商业部于1956年建立了第一批养殖场，从苏联引进种貂和技术设备，在山东烟台、辽宁金州、吉林大安、黑龙江横道河子和密山、河南太康等地建立了毛皮动物饲养场。1962年，国家对全国养兽场进行了一次整顿和调整，根据国际毛皮市场情况和国内外经验，把重点逐步转移到水貂的养殖。我国饲养水貂的品种基本上都是从国外引入的，20世纪50年代从苏联引进标准貂，70年代从北欧引进标准貂和彩貂，80年代引进北美黑貂和从丹麦引进深咖啡貂、浅咖啡貂及红眼白貂，2003年以后引进世界著名的短毛黑貂，2013年开始引入彩貂。大连名威貂业有限公司培育出了金州黑色标准貂和明华黑水貂两个品种。

近几十年，我国水貂种兽数成倍增长，至20世纪80年代，我国水貂皮产量已占世界总产量的10%以上，居中等地位。自2007年以来，我国已成为全球最大的裘皮加工中心，加工量占到全球的75%左右，国内裘皮加工布局基本形成，加工多数分布在中原与东南沿海一些城市。水貂饲养业经过了持续几年的高速发展后，2014年后逐渐步入缓慢增长期。

第一节　水貂的生物学特性

一、水貂的分类与分布

水貂隶属于哺乳纲（Mammalia）、食肉目（Carnivora）、鼬科（Mustelidae）、鼬属（Mustela），是小型珍贵毛皮动物。在野生状态下，有美洲水貂（M. vison）和欧洲水貂（M. lutreola）两种。现在世界各地人工饲养的均为美洲水貂的后裔。

美洲水貂主要分布在北美洲的阿拉斯加到墨西哥湾，拉布拉多到加利福尼亚，以及苏联的西伯利亚等地区。美洲水貂共有11个亚种，其中经济价值较高、与家养水貂关系最密切的有三个亚种（M. n. vison，M. n. melampepus，M. n. jngens）。

二、形态特征

1. 外形特点　　水貂的外形与黄鼬相似，体躯细长，头颈部粗短，耳壳小，四肢短，趾基间有微蹼，尾较长，肛门两侧各有一臊腺。

2. 被毛特点　　野生水貂被毛颜色多为浅褐色，家养水貂经多代选育，毛色加深，多为黑褐色，称标准色水貂。经多年人工培育，出现许多突变种，有白色、米黄色、银色、咖啡色、蓝宝石色、珍珠色、紫罗兰等几十种色型，这些水貂称为彩色水貂(彩貂)。

3. 笼养水貂的体重与体尺　　水貂的体重与体尺随品种不同差异较大，一般的成年公貂体重为 1.8～2.5kg(个别达到 3.5kg 以上)，体长 40～45cm，尾长 18～22cm。成年母貂体重为 0.8～1.3kg，体长 34～38cm，尾长 15～17cm。针毛长 1.9～2.4cm，绒毛长 1.2～1.4cm。

三、生活习性

1. 栖息环境　　水貂主要分布在北美洲和欧洲，生活在北纬 23.5°以北的高纬度地区，在长期的自然选择过程中，水貂对高纬度地区的自然光周期产生适应性，并遗传下来。

水貂一般栖居于河旁、浅水湖岸或林中小溪等近水处，利用天然洞穴营巢，巢洞长约 1.5m，洞口则开设于有草木遮盖的岸边或水下，巢内铺有鸟兽羽毛和干草。

2. 食性　　水貂在野生情况下主要以捕捉小型啮齿类、鸟类、爬行类、两栖类、鱼类等动物及某些昆虫为食。食物种类随季节而变化，冬季食物中，哺乳类占一半以上，夏季蝼蛄约占 1/3，有贮食习性。

3. 习性　　水貂听觉、嗅觉灵敏，活动敏捷，善于游泳和潜水，常在夜间以偷袭方式猎取食物，水貂性情凶残孤僻，除繁殖季节外，均单独散居。水貂每年换毛两次，春、秋两季各换毛一次。

4. 繁殖特性　　水貂的繁殖具有明显的季节性，每年只繁殖一次，2～3 月发情交配，4～5 月产仔哺乳，一般每胎产仔 5～6 只。出生后 9～10 月龄性成熟，2～10 年有生殖能力，寿命为 12～15 年。

5. 天敌　　水貂的天敌有野犬、狐狸、山狸、猫头鹰和其他猛禽、猛兽。

第二节　水貂的饲养品种

随着养貂业的迅速发展、水貂育种工作的加强，已经培育出多个水貂品种。现将主要水貂的品种特性及生产性能介绍如下。

一、我国培育的品种

1. 金州黑色标准貂　　由辽宁金州珍贵毛皮动物公司(现大连名威貂业有限公司)，历时 10 年(1988～1998 年)培育的品种。具有体型硕大，体躯略疏松，毛绒品质优良，生长发育快，繁殖力高，遗传性稳定，耐粗饲，抗病力和适应性强等优良特征。成年公貂体重 2.46kg，体长 48cm；成年母貂体重 1.14kg，体长 40cm。

2. 明华黑水貂　　由大连名威貂业有限公司，历时 10 年(2003～2013 年)培育的品种。2014 通过农业部鉴定。明华黑水貂体躯大而长，头稍宽大、呈楔形，嘴略钝，毛色深黑、光泽度强，背腹毛色趋于一致。针毛短、平、齐、细、密，绒毛浓厚、柔软致密，针绒毛比例为 1：(0.88～0.89)。适应性强，遗传性能稳定。成年公貂体重 2.25kg，体长 44.32cm；成年母貂体重 1.24kg，体长 40.55cm。

二、国外引入的品种

1. 标准水貂

(1)美国短毛黑水貂 由美国引进,被毛呈深黑色,毛绒短而平齐,鼻、眼部色泽深,真皮层内黑色素聚集,出生时即可与其他标准貂相区别,体躯紧凑,体型清秀,背腹毛色一致。成年公貂体重 2.0kg 以上,体长 47cm 以上,皮张长度 71cm 以上,母貂繁殖平均每胎成活率 4 只以上。

(2)加拿大黑色标准水貂 体型与美国短毛漆黑色水貂相近,但毛色不如美国短毛漆黑色水貂深,体躯较紧凑,体型修长,背腹毛色不太一致。

(3)丹麦标准色水貂 与金州黑色标准水貂体型相近,疏松型体躯,毛色黑褐,针毛粗糙,针绒毛长度比例较大,背腹毛色不尽一致,但其适应性强,繁殖力高。

(4)丹麦深棕色貂 从丹麦引入,通称马赫根尼,暗环境下与黑褐色水貂毛色相似,但在光亮环境下,针毛黑褐色,绒毛深咖啡色,且随光照角度和亮度不同,毛色也随着变化,其毛色属国际市场的流行色。

(5)丹麦浅棕色貂 1998 年从丹麦引入,体型较大,棕褐色针毛,浅棕咖啡色绒毛,活体颜色较深,棕色鲜艳。

咖啡色水貂毛被呈浅褐或深褐色,体型较大,繁殖力高,被毛粗糙。这种水貂在组合色型上占有重要地位。冬蓝色水貂、玫瑰色貂、红眼白貂等组合色型貂都具有咖啡色水貂基因。

2. 彩色水貂 彩色水貂是黑褐色水貂的突变型。彩貂皮多数色泽鲜艳,绚丽多彩,有较高的经济价值。

(1)蓝色水貂系列

1)蓝宝石水貂:又称青玉色貂。毛被呈金属灰色,接近于天蓝色。银蓝青玉色貂的毛色较深,近于灰褐色。体躯紧凑,体型清秀。 其生活力、繁殖力较低。

2)银蓝色水貂:又称铂金色水貂,是最早出现的毛色突变种。毛被呈类似于浅褐色的金属灰色,毛色深浅变化较大,分深银蓝色和浅银蓝色,体躯疏松,体型较大,被毛较粗,繁殖力高,适应性强,在彩色水貂的组合色型上占有重要地位。

3)蓝色水貂:又称阿留申貂,体躯紧凑,体型清秀,毛被深灰色,针毛深灰色,绒毛浅蓝色。这种水貂体质较弱,抗病力差,阿留申病感染率高。培育组合色型水貂时常用此种貂,如蓝宝石貂、冬蓝色水貂等。

(2)黄色水貂系列

1)米黄色水貂:毛被呈浅棕黄色至浅米黄色,眼呈粉红色,体躯疏松,体型较大,繁殖性能良好。培育组合型彩貂时用此貂。

2)珍珠色水貂:体躯、体型同米黄色水貂。毛色为棕灰色,眼呈粉红色。

(3)白色水貂系列

1)丹麦红眼白貂:由丹麦引进,毛被乳白色,眼呈粉红色,繁殖性能较好,胎平均成活率 4 只左右。体型较大,针毛短平齐。

2)吉林白水貂:是由中国农业科学院特产研究所从 1966 年开始,经过 15 年的杂交育种,特别是选用深咖啡色貂和黑色貂两个母本,同时又经过 8 年选育提高,远血缘选配而培育的品种。

吉林白水貂全身呈现均匀一致的乳白色，被毛丰厚灵活，具有较强的光泽，针毛平齐，分布均匀，毛挺直，头形圆大，嘴略钝，粉红色眼睛，体躯粗大而长，具有耐粗饲、生长发育较快、抗病力较强、生产性能较稳定等优点。

（4）黑十字水貂系列

1）黑十字水貂：毛色特征黑白两色相间，黑色毛在背线和肩部构成明显的黑十字图案，毛绒丰厚而富有光泽，针毛平齐，针绒毛层次分明，毛皮成熟较早，11月中下旬可取皮。体侧混杂有较多黑色毛，整个毛色图案较新颖美观。生产性能良好，每胎平均成活率 4.5 只左右。

2）彩色十字水貂：彩色十字水貂是黑十字水貂与彩貂杂交选育而成，其基本毛色是在各种彩貂颜色的基础上头背部兼具十字貂的黑褐色色斑。

第三节　水貂的繁殖与育种

一、水貂的繁殖生理特点

（一）性成熟

水貂 9～10 月龄时，公貂的睾丸和母貂的卵巢可产生具有受精能力的精子和卵子，即达到性成熟。

（二）性周期

水貂是季节性多次发情的动物，母貂在每个繁殖季节有 2～4 个发情周期，每个发情周期为 6～9d，其中发情持续期为 1～3d，此期母貂易于接受交配，间情期为 5～6d。每年春分以后，随着光照时数的增加，睾丸开始逐渐萎缩，进入退化期。秋分以后，随着光照时数的缩短，睾丸开始发育，初期发展缓慢。冬至以后，发育迅速。冬毛成熟后，睾丸迅速发育，到 2 月时，睾丸重量可达 2.0～2.5g，体积增大，形成精子，并分泌雄性激素，出现求偶现象。3 月上中旬是公貂性欲旺期，3 月下旬配种能力下降，又进入退化期。在发情季节，公貂发情是呈连续性的过程。母貂秋分以后卵巢中的卵泡开始发育，每一个卵泡内最终形成一个卵子。当卵泡的直径达 1.0mm 时，母貂就出现发情和求偶现象。4 月下旬至 5 月上旬，卵巢重量逐渐减少。

（三）诱发（刺激）性排卵

水貂属于刺激性排卵动物。交配刺激后，通过中枢神经反射作用传到丘脑下部，丘脑下部分泌促性腺释放激素作用于脑下垂体，垂体分泌黄体生成素（LH）和少量的促卵泡素（FSH），促使卵泡迅速发育，经 36～52h，卵泡发育到直径 1.5～1.75mm 成熟时，即可破裂排出卵子。母貂第一次排卵后有 5～6d 的排卵不应期。出现排卵不应期的原因是前批成熟卵泡排卵的同时，其他处于不同发育阶段的卵泡自行萎缩退化，下一批新的卵泡则需要一定的时间重新发育成熟。在此期无论交配刺激还是注射生殖激素都不能引起排卵。在黄体休眠期过后，进入下一个发情期时，新的一批卵泡又开始发育成熟，并分泌卵泡激素，无论前次排卵是否受精，仍可通过交配刺激再次排卵。排卵后卵细胞在 12h 内到达受精部位（输卵管上段壶腹部）。精子在母体生殖道内具有受精能力的时间为 48～60h。在 1 个发情周期里，能够成熟而排出的卵细胞数量为 8.7(3～17) 个，但是胎平均产仔数一般 6～7 只，很难达到 8 只以上。

二、水貂繁殖技术

(一) 发情鉴定

进入配种期前应对每只母貂做好发情鉴定工作，以便掌握全群母貂的发情情况，提前发现由于饲养管理不当造成的水貂生殖系统发育不良，以便及时采取弥补措施。发情鉴定以外生殖器官检查为主，结合放对试情、阴道黏液涂片、观察活动表现等。发情鉴定方法可概括为看、检、放三个字。

1. 看　　主要是观察母貂行为表现。发情母貂食欲下降，活动加强，呈现兴奋状态，时而嗅舔生殖器，排尿频繁，有的发出"咕、咕"的求偶叫声。对那些因被咬伤或高度惊恐而难配的母貂及隐性发情的母貂，宜采用此方法。

2. 检　　就是检查母貂的外生殖器特征。未发情母貂的特点为阴门紧闭，阴毛成束状。发情母貂的特点为，依其阴门肿胀程度、色泽、阴门的形状及黏液变化情况，通常分为三期。第一期(+)：阴毛略分开，阴唇微开，刚开始充血肿胀，呈淡粉红色。第二期(++)：阴毛倒向四周，阴唇外翻，明显肿胀，呈粉红或乳白色，有较多黏液，此期是配种适期。第三期(+++)：阴唇仍肿胀外翻，但有皱纹、较干燥，呈苍白色，有时稍变紫。当公貂放入母貂笼时，发情母貂无敌对行为，公貂爬跨时，母貂翘尾，抬后臀，接受交配。未发情母貂与公貂撕斗、尖叫或在貂笼一角回避公貂追逐，此时应立即放回原笼。

3. 放　　就是放对试情。发情母貂放对时有求偶表现，有的虽然害怕和躲避公貂，但不会主动攻击公貂。未发情的母貂放对时表现敌对行为，拒绝公貂爬跨，向公貂头部进攻，并发出刺耳的尖叫声。放对试情是检查母貂发情程度的最准确方法，但要选择好试情公貂，试情公貂应以性欲较强但性情温和、求偶行为明显、交配不十分急切的为好。性情暴躁、交配急切的公貂不易引起母貂的好感，其对母貂的粗暴扑咬，还容易引起母貂惊恐和性抑制。放对试情的时间不宜过长，否则公貂长时间扑咬母貂也易造成母貂性抑制，影响发情鉴定的准确性。

对公貂的发情鉴定，分别在 11 月中旬和翌年 1 月上旬各进行 1 次。用手触摸睾丸，淘汰单睾、隐睾及患睾丸炎的公貂。对母貂的发情鉴定分别在 1 月末、2 月中旬及配种前各鉴定 1 次。

个别母貂有隐性发情或发情征候不明显的现象。一般进入发情旺期 (3 月中旬) 后仍看不到外阴部有变化时，通过抽取母貂阴道分泌物在显微镜下观察，在发情的每个阶段，阴道分泌物细胞数量和种类不同，如果发现大量的角化上皮细胞即发情，应及时放对。

(二) 配种技术

1. 配种阶段的划分及配种方式　　在北纬 23.5° 以北地区最佳配种时期为 3 月 5～20 日，配种期依地区、个体和饲养管理条件有所不同，但多半在 2 月末至 3 月下旬，历时 20～25d，多数母貂配种旺期为 3 月中旬，日照时数达 11.5～125h 为交配旺期。开始交配的日期不宜过早。

(1) 配种阶段的划分　　为了顺利达成交配，将整个配种期划分为如下几个阶段。

1) 初配阶段：3 月 5～12 日，对发情程度好的母貂进行初配。此期主要是驯化小公貂学会配种，尽量提高公貂利用率，每天每只公貂只配 1 次。

2) 复配阶段：3 月 13～20 日，主要对初配阶段已交配的母貂进行复配，对尚未初配的母貂进行初配的同时连日复配，要求所有母貂尽量达成 2 次或 2 次以上的交配。

(2) 配种方式　　水貂的配种方式可分为同期复配和异期复配两种，在 3 月 12 日以前达成初配的母貂，采取异期复配的配种方式，即初配后间隔 8～10d 再复配。3 月 13 日以后达成初配的母貂，采取连续复配的配种方式，即初配后 3d 内或第三天再复配 1 次。对个别没有把握的，可间隔 7～9d 再补配 1 次。究竟采取哪一种方式，主要根据母貂个体发情时间的早晚和配种的具体情况而定。总之，应以顺利地达成交配为前提，最后 1 次复配日期应落在该场的配种旺期。①同期复配：在一个发情周期内连续两天或间隔一天交配 2 次（1+1 或 1+2）称为同期复配。个别母貂由于初配后不再接受第 2 次交配，因而自然形成 1 次交配。一般性欲强的母貂和繁殖力高的初产母貂第二年复配率较低。②异期复配：在两个或两个以上的发情周期里进行 2 次或 2 次以上的交配，称为异期复配。异期复配可分为：两个发情周期两次配种（1+8），两个周期三次配种（1+8+1 或 1+8+2）。

在配种期里，凡是被公貂爬跨而未达成交配的母貂，应尽量在 2d 内达成交配，在 2d 内仍未达成交配，可等下一次发情周期到来时再放对交配，因为母貂交配后出现排卵不应期（5～6d），所以应在初配后的 1～2d 或 8～10d 进行复配，不应该在初配后的 3～6d 内复配，无规律的交配方式容易造成空怀。实践证明，采用 1+8+1 或 1+8、1+1 的配种方式效果较好。对每只母貂究竟采取哪种配种方式，主要根据发情时间的早晚和实配的时间而定。

2. 放对及配种过程中的观察和护理　　初配阶段放对时间一般在 6:30～8:30，复配阶段在 5:30～8:30。上下午都是先放对后喂食，两次放对之间至少间隔 4h。

放对时将母貂抓至公貂笼门前，来回逗引，如果公貂有求偶表现，发出"咕、咕"叫声，即打开笼门，将母貂头颈部送入笼内，等公貂叼住颈背部后，将母貂顺手放于公貂腹下，放开手，关好笼门让其交配。放对后细心观察母貂的行为，发情好的母貂，多半在被公貂叼住颈部时能很快把尾巴翘向一侧，还能听到求偶声，不扑咬而顺从公貂，当公貂做置入配种动作时也不反抗，这时母貂多半能达成交配。如果放对后公母貂有敌对表现，互相撕咬挣扎，母貂常躲于笼网一角发出刺耳的尖叫声或向公貂扑咬时，应立即分开或调整公貂。抓貂时要抓尾部或头颈部，严禁抓胸部和腹部。

放对时注意区别真配与假配，防止咬伤和误交。真配时，公貂以前肢紧抱母貂，腹部紧贴母貂臀部，后躯与笼底呈锐角，并总保持弓形。假配时公貂后躯不能长时间保持弓形，与笼网底不呈锐角，从笼外观察，可见到公貂阴茎露出体外。公貂射精时两眼迷离，用力拥抱母貂，后肢强直颤抖，母貂伴有呻吟声，俯卧或躺卧交配时都能射精。交配时间为 30～50min，有的长达 2～4h，水貂交配时间在 15min 以上有效。交配结束时，把母貂放回原笼内，同时填好配种记录。在正常饲养管理情况下，配种工作基本顺利，但有个别母貂难于交配。难配原因很多，应分析具体原因，采取相应的有效措施。

3. 种公貂的训练、利用及精液品质检查　　公貂在配种中起着主要作用，公貂利用率的高低直接影响配种进度和繁殖效果。公貂利用率应达到 90% 以上，如果低于 70%，当年配种工作将受到影响。

为了促使公貂早期参加配种，提高公貂利用率，在配种前 1 周对公貂进行异性刺激。配种开始时，使发情好、性情温顺的母貂能成功交配 1 次，并在第二天继续与另一只母貂交配。初期训练的重点是幼龄公貂。在配种期公貂一般能配 10～15 次，有的多达 25 次。原则上初配阶段每只公貂每天只配 1 次,连续配 3～4 次停放 1d。复配阶段 1d 可配 2 次,两次间隔 4～5h,连续 2d 交配 4 次者,停放 1d。

训练公貂不能急于求成,只要公貂睾丸发育正常,性欲不减,就要持之以恒。在放对试情时只要能听到“咕、咕”叫声,还会爬跨的公貂,每天坚持放对,选发情好、性情较温顺的母貂,经过几天的训练,一般都能交配成功。在训练公貂交配过程中要注意保护公貂不被母貂惊吓和咬伤,更不能使母貂粗暴地扑打公貂,以防止产生性抑制而失去种用价值。

凡是已交配过的公貂,都要进行精液品质检查。在初配和复配阶段各检查 1 次,镜检在室内(室温 20℃以上)进行,一般将载玻片压在刚结束交配的母貂阴门上,蘸取一点精液置于 100～400 倍显微镜下镜检,主要检查精子活力、形态和密度等情况。对于无精或精液品质不良的公貂应予淘汰。

(三)妊娠

貂妊娠期是水貂最后一次受配到分娩的时期,平均 47d,一般为 37～81d。水貂的妊娠期分为三个阶段:①卵裂期,交配后 6～8d,这时形成的胚泡已经移到子宫角。②滞育期(潜伏期或游离期),胚泡到达子宫角至附植前的阶段,一般为 6～31d。③胚胎期(胎儿发育期),胚泡植入子宫壁后到产仔这个时期,就叫胚胎期。此期胚胎迅速发育,经 30d 左右就能产仔。

(四)产仔及保活技术

1. 产仔　　水貂产仔期多在 4 月中旬至 5 月中旬,尤其是 5 月 1 日前后 5d 是产仔旺期,可占总产仔数的 75%～84%。

(1)临产表现及产仔　　临产前母貂拔掉乳房周围的毛,露出乳头,产前活动减少,长卧于产箱内,不时发出“咕、咕”的叫声,叼草铺窝,多数母貂产前拒食 1 顿或 2 顿,产仔时间多在夜间或清晨,顺产时持续时间为 0.5～4h,每 5～20min 娩出 1 只仔貂。

母貂难产时,食欲突然下降或拒食,精神不振,焦躁不安,不断取蹲坐排便姿势或舔舐外阴部。有的母貂表现为惊恐不安,频繁出入产箱,时常回视后腹部,可见羊水或恶露流出,但不见胎儿娩出。发现难产并确认子宫口已开张,可以催产,肌内注射(肌注)催产素 0.3～0.6ml,间隔 2h 后再注射 1 次,经 3h 后仍不见胎儿产出时,可进行人工助产或剖宫取胎。

(2)产后检查　　判断产仔的主要依据,是听产箱内仔貂的叫声和查看母貂产后食胎盘所排出的油黑色粪便。第一次检查在母貂排出油黑色的粪便后进行,看仔貂是否健康和吃上奶,方法是将母貂引出窝箱后,用产箱的草搓手,以免带入异味,检查时动作要快、轻、准,不要破坏窝形。检查最好在母貂走出窝箱采食时进行。

健康仔貂全身干燥,体重 8～11g。同窝仔貂发育均匀,身体温暖,抱团卧在一起,拿在手中挣扎有力,全身紧凑,圆胖红润。

不正常的仔貂,胎毛潮湿,身体发凉,在窝内各自分散乱爬,握在手中挣扎无力,同窝大小相差明显。吃过奶的仔貂鼻镜发亮,腹部饱满;没吃上奶的仔貂要查找原因。

2. 保活技术　　初生仔貂早期死亡的原因很多,但主要还是妊娠期的饲养管理问题,仔貂早期死亡原因如下。

(1)死胎、烂胎　　在妊娠期喂变质饲料,饲料单一或营养不全所致。在母貂妊娠期一定要把好饲料关,饲料一定要新鲜,凡是质量没有把握的饲料不能利用。

(2)饿死　　仔貂在产后24h内吃不上初乳，会造成全窝饿死。母性不强也容易使仔貂饿死。妊娠期饲料单一，动物性饲料供给不足或营养不全价，都会导致缺奶，从而导致仔貂大批死亡。

(3)冻死　　如果产箱保温不好，仔貂容易冻死。掉在地上冻僵的仔貂，如及时采取急救措施，多数可以复活。其他还有压死、咬死、红爪病、脓疱症等原因引起的早期死亡。

(4)仔貂代养　　胎产8只以上的母貂，如果乳量不足，母性不强或有恶癖，就要将其仔貂部分或全部转给乳量充足、母性强、产仔期相差不超过1～2d的其他母貂代养。代养是先把代养母貂引到产箱外面，再将代养的仔貂放入箱内，或者将仔貂放在产箱出入口的附近，让母貂叼入窝内。注意饲养员的手上不要沾染异味，移仔前应用拟代养小室内的草将手搓擦。

(5)催乳和补饲　　仔貂在30日龄前主要是由母貂来护理，此期的生长发育取决于母乳的质量。在一般情况下，1只母貂平均能哺乳7～8只仔貂。产仔泌乳期要密切注意母乳的数量和质量，遇有仔貂因缺乳或乳汁质量不佳而影响生长发育者，也要适时代养。仔貂生后20～30日龄尚未睁眼的情况下，便开始吃母貂叼入窝箱内的饲料。生后20日龄时要及时补饲。仔貂从30日龄起，吃食速度很快，为了避免仔貂之间争食，可以将饲料放在几个食盆里。

综上所述，仔貂赖以生存的条件是先天发育良好，生后健康，母貂母性正常且有丰富的乳汁作为营养，窝箱的温度适宜，环境安静和舒适，能保证幼貂的成活率和正常生长发育。

三、水貂育种

(一)标准水貂的选种与繁育

1. 标准水貂的选种方法　　根据育种工作的需要，可分3个阶段进行选种。

(1)初选　　在6～7月仔貂分窝前后进行，经产母貂主要根据繁殖能力，幼龄貂主要根据发育情况进行。成年公貂选择配种早、性情温顺、性欲旺盛、交配能力强、配种次数8次以上、精液品质好、所配母貂空怀率低、产仔数多的留种；成年母貂选择发情早、交配顺利、妊娠期在55d以内、产仔早(5月5日以前)、胎产仔数多(6只以上)、母性强、泌乳量充足、幼貂发育正常的留种；幼貂选择5月5日前出生、发育正常、谱系清楚、采食较早的仔貂留种。初选时符合条件的经产母貂全部选留，育成貂选留数比计划留种数多40%。

(2)复选　　在9～10月进行。成年貂根据体质恢复和换毛情况，幼貂根据生长发育和换毛情况进行，成年貂除个别有病和体质恢复较差者外，一般作为种貂。育成貂选择发育正常，体质健壮，体型大和换毛早的个体留种。复选的数量比计划留种数多20%。10月下旬对所有留种貂进行阿留申病血检，把阳性貂全部淘汰。

(3)精选　　在11月中旬进行，根据选种条件和综合鉴定情况，对所有种貂全部进行1次精选，最后按生产计划定群，精选时把毛皮品质列为重点。种貂的性别比例一般为：国内标准貂的雌雄比为1：(3.5～4)，白彩貂为1：(2.5～3)，其他彩貂为1：(3～3.5)；国外多为1：(5～6)。

2. 标准水貂的繁育方法

(1)纯种繁育　　水貂类型已具备育种要求、不需要再进行重大改良时，可采用纯种繁殖，以保持和巩固本类型的优良性状，逐年进行选优去劣，不断扩大种群。采用纯种繁育提高水貂品质和培育新型水貂,最基本的方法是进行品系和品族繁育。

品系不仅来源相同,而且性状相似,并与类型标准相符。品系的奠基公貂叫系祖,系祖应是貂群中最优秀的个体,并且有独特的优良性状,其余性状也应具备种貂指标的要求,而且有良好的遗传性能。具体做法是先选择 1 只或几只近亲的具有优良品质的公貂作为品系繁育的原始材料,让这些优良公貂同从貂群中选出的最好的母貂进行同质选配,经过 3~4 代的近交,可以获得与系祖同样优良的甚至超过系祖的一定数量的种貂群。培育品系必须进行严格选择,后代中不符合要求的要严格淘汰。

(2)杂交繁育 通常用于杂交的母本多半采用本地水貂,因本地水貂数量多,适应性强,繁殖力高,采用的父本(改良者)多为引入公貂。选择两个亲本时,应具备本类型特征的纯种,特别是引进的父本,应具有良好的遗传性能。在养貂业中常用级进杂交,此法可以较快地改良原有品质较差的种貂群。一般级进杂交 3~4 代,杂交效果较明显。

3. 种群选配

(1)种群选配的意义 种群选配是研究和制订与配个体的种群特性和配种关系。在水貂的育种过程中,其相同类型和不同类型间,不同品质个体间交配,其后代的基因表现型是大不相同的。有计划地选配,可以更好地组合后代的基因型,塑造更符合育种目标所要求的貂群或利用其杂交优势,提高生产效率。选配是选种工作的继续,两者有机的结合,才能为育种工作奠定良好的基础。

(2)种群选配的原则 为了做好选配工作和制订选配计划,应注意如下事项。

要根据育种目标进行综合考虑,育种工作应有明确目标,各项具体工作应根据育种目标进行。为了更好地完成育种目标规定的各项任务,不仅要考虑与配个体的品质和相互间的亲缘关系,还要考虑相配个体的种群特性及对它们后代的作用和影响。在分析个体和种群特性的基础上,应力求增强其优良性状和克服不良缺陷。

1)尽量选择亲和力好的种群和个体来交配。无论是种群间还是个体间,都应用选配组合后裔表现良好、质量明显提高的种群和个体来交配,以期达到育种的目的。

2)公貂的品质等级要高于母貂。因公貂具有带动和改进整个貂群的作用,而且留种数量较少,所以其质量等级要高于母貂,对特级、一级公貂应充分利用,二级公貂则控制使用。公貂的最低等级要同于母貂,绝不能低于母貂。

3)相同缺点或相反缺点者不宜选配。选配中具有相同缺点或相反缺点的公母貂不能交配,以免加重其缺点的发展。

4)不要任意近交。近交只宜控制在育种核心群中进行。一般繁殖群不宜近交,以防止因近交繁殖而导致的退化。同一公貂在同一种群内使用年限不宜过长,应注意种群的血缘更新工作。

5)搞好同质选配。优良的公母貂一般情况下都应进行同质选配,在后代中巩固其优良品质。一般只有对品质欠优的母貂或为了特殊的育种目的才采用异质选配。杂交改良中也不应用杂交后代的公母貂来作种貂。

6)个体选配的注意事项。个体选配中在体型的选配上,不宜选过大的公貂与过小的母貂交配;年龄选配上,不宜用小公貂与小母貂交配等。

7)不同色型间不宜乱配。不同色型的彩貂之间及彩貂与标准貂之间,非育种需要不宜交配。否则,交配后所生的杂种貂不仅种用价值降低,其杂色的商品皮也会因毛皮不正而影响经济效益。

(二)彩色水貂的选种和繁育

1. 彩色水貂的选种方法　　彩色水貂的选种方法基本上与标准貂相同,但彩色水貂的选种要注意质量性状,以个体的毛色表现型为基础进行选种。要求毛色纯正,具有本品种的标准特征。

2. 彩色水貂的繁育方法　　彩色水貂的每一种色型都是由 1 对或几对基因控制,只要了解亲本的基因型,就可以有计划地培育出彩色水貂。水貂毛色是一种较明显的质量性状,每种毛色基本上受 1 对或几对基因所控制。在彩色水貂选育工作中,只要掌握基因型,就可以根据生产的需要,有计划地进行新色型的基因组合。从杂交后代表现型的比例,分析其是显性还是隐性基因,是 1 对还是两对以上基因的杂交。在了解其基因的显隐性及对数以后,可以预测在后代可能出现的各种表现型的比例。

由于水貂的隐性基因只有在纯合时才能显出彩色,因此,要保持某种彩色水貂的毛色,必须在该色型个体间进行交配。此外,用不同色型之间或标准水貂之间的杂交方法也可以培育出不同色型的彩色水貂。

3. 彩色水貂的繁育原则　　一般情况下是以同色型的纯繁为主,在近交繁殖有退化趋向或血缘关系过近时,采用杂交分离的办法疏远血缘关系和更新复壮。

单隐性和双隐性遗传基因的彩色水貂间,有 1 对相同隐性基因者可相互杂交,杂交后代用双隐性彩色水貂回交,这样可以使后代全部是彩色水貂,既增加了双隐性彩色水貂的扩繁速度,又不至于影响经济效益。尤其是某些繁殖力低的彩色水貂更适宜采取此方法。例如,蓝宝石水貂毛皮价值昂贵,但其纯繁时繁殖力低,采用蓝宝石貂与银蓝貂杂交,杂种后代的银蓝色母貂再用蓝宝石公貂回交,后代中将有 50%的蓝宝石貂。

不同毛色的单隐性遗传基因彩色水貂之间一般不进行杂交繁育,因为此种杂交方式虽然能培育出双隐性的彩貂,但分离比例太低,且在杂交过程中生产出许多毛色不正的杂种黑褐色貂皮,影响经济效益。3 对隐性毛色遗传的彩貂培育费时费力,分离的比例更低,在生产上没有实际的经济意义,故一般也没有必要通过杂交的方式来繁育。

第四节　水貂的营养与饲养管理

一、水貂的饲料及其加工调制

(一)水貂饲料的种类及其营养价值

水貂的饲料依其来源及营养成分可分为动物性饲料、谷物类饲料和添加饲料等。

1. 动物性饲料　　包括海杂鱼类、肉类、鱼和肉类副产品、乳及蛋类等饲料。

(1)海杂鱼类饲料　　海杂鱼是水貂主要的动物性蛋白质饲料,占整个动物性饲料的比例达 70%～80%。虽然多数海杂鱼所含的蛋白质并非全价性,但多种海杂鱼搭配,能使氨基酸互补而提高其全价性。海杂鱼的营养成分依其种类、年龄、捕获季节及产地等条件有很大差异。适于喂水貂的海杂鱼主要是含脂率较低的鱼类,如小黄花鱼、比目鱼、红娘鱼、海鲶鱼、马面鲀等。不新鲜的鲐鲅鱼、竹荚鱼等含有大量的组胺,容易引起水貂中毒,所以以鱼类作为水貂的饲料时，应注意鱼的新鲜程度。在海杂鱼中，常遇到河豚等有毒鱼，要注意去除有毒部分，如用河豚作饲料，应将鱼皮去净。

(2)肉类饲料 主要有家畜、家禽肉及加工副产品，取皮期产生的狐肉等。肉类饲料是水貂营养价值高的全价蛋白质的重要来源，它含有与水貂机体相似数量和比例的全部必需氨基酸，还有脂肪、维生素和无机盐等营养物质。一般在种貂繁殖期和幼貂育成前期补给，占动物性饲料的 10%~20%，最多不超过动物性饲料的 50%。肉类饲料种类多，适口性强，各种动物的肉，只要新鲜、无病、无毒均可被利用。

(3)鱼和肉类副产品饲料 包括鱼头、鱼骨架等海杂鱼加工副产品和鸡头、鸡骨架、鸭骨架、肠等禽类加工副产品，以及屠宰的内脏等副产品类。

鱼和肉类副产品饲料也是水貂动物性蛋白质和脂肪、无机盐来源的一部分，但这类饲料除了肝、肾、心脏外，大部分蛋白质的生物学价值不高。其原因是矿物质和结缔组织含量高，某些必需氨基酸含量过低或比例不当。一般在幼貂育成期和冬毛生长期用量较大，占动物性饲料的 20%~30%。

(4)乳和蛋类饲料 乳和蛋类饲料是营养价值高和消化率高的全价蛋白质饲料，只在种貂繁殖期和幼貂育成前期补给，占动物性饲料的 2%~4%。

2. 谷物类饲料 谷物类饲料以膨化玉米粉为主，混以少许大豆粉或大豆饼粉。膨化的玉米味香，适口性强，消化率高。谷物类饲料是含碳水化合物的高能量饲料，以膨化后的干粉计算占日粮的 5%~8%。

3. 添加饲料

(1)酵母 酵母富含全价蛋白质和 B 族维生素，且有促进营养物质吸收的功能，是常年添加的饲料。日粮中的添加量为 3~4g。

(2)羽毛粉 羽毛粉富含角质蛋白和含硫氨基酸，有预防食毛症和自咬症的良好作用。常年日粮中补给量为 1g，冬毛生长期可增加至 1.5~2g。

(3)食盐 食盐主要补给氯和钠元素，是水貂不可缺少的补给饲料，日粮中常年补给量为 0.5g。

(4)氯化钴 氯化钴对水貂的繁殖有重要的作用，缺钴会导致其繁殖力降低。故在水貂繁殖期日粮中补加氯化钴 1mg。

(5)维生素 维生素主要包括脂溶性维生素和水溶性维生素。除复合维生素 B 在繁殖期日粮中补加 5mg 外，其他维生素均常年补给。补给量为：维生素 A 1500IU，维生素 E 10mg，维生素 B_1 10mg，维生素 C 25mg。

(二)饲料的加工与调制

1. 饲料的加工

(1)鱼类和肉类饲料的加工 新鲜的海杂鱼类易生喂，生喂可提高其蛋白质的消化率和利用率。冷冻的海杂鱼要彻底解冻，剔除其中有毒的鱼类(如河豚)和杂质，用清水冲洗干净后，用绞肉机绞碎。因淡水鱼中含有硫胺素酶，所以饲喂淡水鱼时一定要熟喂。新鲜的肉类饲料也适合绞碎生喂，肉类副产品中的软下水类(如肺、肠等)则应熟制饲喂。鱼类饲料如果品质稍差但仍可饲喂时，可先用清水洗涤，后用 0.05%的高锰酸钾水溶液浸泡消毒 5~10min，然后再用清水洗涤后利用。

(2)乳类和蛋类饲料的加工 新鲜的乳要加热至 70～80℃，保持 15min 后冷却待用。奶粉按 1∶7 加水稀释后待用。蛋类均需熟制后饲喂,这样可以防止维生素 H(生物素)被破坏,还可以杀灭副伤寒菌类,防止其疾病的传播。

(3)谷物性饲料的加工 谷物饲料首先去掉粗糙的外壳,粉碎成细粉状,最好几种谷物搭配混合使用(如玉米面、大豆面、小麦面按 2∶1∶1 的比例混合)。谷物性饲料必须熟制后利用,这样可以提高消化率和预防胃肠膨胀病的发生,采用膨化熟制的办法最好。膨化后的熟谷物饲料再经粉碎,使用前充分加水软化待用。没有膨化条件的,可采用蒸窝头、发糕或煮成粥利用,大豆可制成豆汁利用。

(4)添加饲料的加工

1)酵母:常用的有饲料酵母、药用酵母、面包酵母和啤酒酵母。药用酵母和饲料酵母是经过高温处理的死菌酵母,可直接加入饲料中使用。而面包酵母和啤酒酵母是活菌酵母,喂前一般要加热杀死活酵母菌。其方法是把酵母加入冷水搅匀,加热至 70～80℃,并保持 15min。加热时温度不宜过高或时间过长,以防止破坏酵母中的维生素。如果杀菌不彻底时,酵母菌混入饲料中易使饲料发酵,导致水貂胃肠膨胀。酵母要严防受潮,受潮发霉变质的酵母,不能用来饲喂水貂。

2)维生素制剂:鱼肝油和维生素 E 属于脂溶性维生素,使用含量高的脂溶性维生素时,应先用植物油溶解稀释后加入饲料,并将 2d 的量集中 1d 使用,便于在饲料中搅拌均匀。维生素 B_1、维生素 B_2、维生素 C 属于水溶性维生素,应当先用温水(40℃)溶解稀释后再加入饲料中。

3)食盐:称量要准确。可按 1∶(5～10)的比例制成盐水,按量混入饲料搅拌均匀。也可将盐水拌于谷物饲料中饲喂。

2. 饲料的调制 把加工好的饲料准备齐全后,进行绞碎混合调制。先绞肉、鱼类饲料,再绞谷物饲料,后绞果蔬类饲料。将绞碎的各种饲料直接放在搅拌槽、罐内充分搅拌,添加的饲料更要搅拌均匀。调制均匀的混合饲料,应迅速按量分发。

在调制过程中,要注意以下几点。

第一,严格按饲料配方规定的种类和数量准确称量,不能随便改动。

第二,按规定时间加工各类饲料和调制混合饲料,不得随意提前,混合饲料调制后及时分发。

第三,应最大限度地避免多种饲料混合,防止因拮抗关系而引起的营养物质破坏或损失。例如,碱性的骨粉不宜与多种维生素混合等。

第四,严禁温差大的饲料互相配合,尤其是夏天更应注意,以防止饲料腐败变质。

第五,水的添加量要准确,保持饲料的适宜稠度。

第六,饲料调制后,绞肉机及其他加工用具每天都要彻底洗刷,定期消毒。

二、水貂的饲养标准

(一)水貂饲养时期的划分

由于水貂具有季节性繁殖和换毛的特性,因此,可根据水貂不同生物学时期的生理特点将一年划分为几个不同的饲养时期(表2-1)。此乃人为划分,各饲养时期间密切联系,不能截然分开。

表 2-1　水貂生物学时期的划分

生物学时期	时间	生物学时期	时间
准备配种期	9月下旬至翌年2月	种貂恢复期	4~8月(公)，7~8月(母)
配种期	3月上中旬	育盛期	6~9月
妊娠期	3月下旬至5月中旬	冬毛生长期	10~12月
产仔泌乳期	4月下旬至6月下旬		

(二)各饲养时期的饲养标准

我国现行的一般标准是，根据水貂在不同生物学时期所需的代谢能，以kJ为单位，规定各类饲料所占总代谢能的比例，并标明日粮中所含的可消化蛋白质的数量，详见表2-2和表2-3。

表 2-2　成年水貂的饲养标准

饲养时期	月份	代谢能/kJ	可消化蛋白质/g	占代谢能的比例/%			
				肉、鱼类	乳、蛋类	谷物	果、蔬
准备配种期	12~2	1045.0~1128.0	20~28	65~70	—	25~30	4~5
配种期	3	961.4~1045.0	23~28	70~75	5	15~20	2~4
妊娠期	4~5	1086.8~1254.0	25~35	60~65	10~15	15~20	2~4
泌乳期	5~6	1045.0*	25~35	60~65	10~15	15~20	3~5
恢复期	♂4~8 ♀7~8	1045.0	20~28	65~70	—	25~30	4~5
冬毛生长期	9~11	1045.0~1254.0	30~35	65~70	—	25~30	4~5

*在1045 kJ的基础上，根据仔貂数、日龄及采食量不断调整

表 2-3　幼貂的饲养标准

月龄	代谢能/kJ	可消化蛋白质/g
1.5~2.0	627.0~836.0	15~18
2.0~3.0	836.0~1254.0	18~30
3.0~6.0(冬毛生长期)	1672.0~1379.4	35~30
6.0~7.0(准备配种期)	1254.0~1086.8	30~26

目前，在我国水貂生产实践中，常采用以代谢能为单位的饲养标准。换算成按日需饲料量，制订出配料方案(表2-4)，供参考。

表 2-4　按重量计算的日粮配合

饲养时期	日粮		日粮配合比例/%					
	总量/g	可消化蛋白质/g	肉、鱼类	乳蛋类	熟制谷物	蔬菜	麦芽	水或豆汁
准备配种期	250~220	20~28	50~60	—	12~15	10~12	5~8	10~15
配种期	200~250	23~28	60~65	5	10~12	7~10	5~6	10~15
妊娠期	200~300	25~35	55~60	5~10	10~12	10~12	4~5	5~10
泌乳期	250或不限量	25~35	55~60	10~15	10~12	10~12	4	5~10
幼貂育成期	150或不限量	20~35	55~60	—	10~15	12~14	—	10~20
维持期	250~300	20~28	55~60	—	15~20	12~14	—	12~15
冬毛生长期	280~300	30~35	55~60	—	12~15	10~14	—	15~18

三、水貂的饲养管理

水貂的饲养方式有庭院式、小区式、场区式，不同的饲养方式饲养管理存在区别。但饲养管理的基本原理是一致的。

(一)准备配种期的饲养管理

准备配种期饲养管理的主要任务包括：①做好选种工作；②调整种貂体况；③促进种貂生殖系统的发育；④确保种貂的换毛与安全越冬。准备配种期的饲养管理要点如下。

1. 体况调整　　饲养上主要是进一步调整营养，平衡体况，使种貂体况适中或略偏上。在日粮标准的掌握上，虽然数量不需要增加，但质量则需要适当提高。

准备配种期的大部分时间处在寒冷季节。一般日喂两次，早饲 40% 的饲料量，晚饲 60% 的饲料量。在饲料加工上，颗粒可大些，稠度浓些。在十分寒冷的天气里，可用温水拌料，并立即饲喂。

(1)体况鉴定　　常用的体况鉴定方法有 3 种。

1)目测法：逗引水貂立起观察。中等体况者，腹部平展或略显有横褶，躯体较均匀，运动灵活自如，食欲正常。过瘦者，后腹部明显凹陷，躯体纤细，脊背隆起，肋骨明显，多作跳跃式运动，采食迅猛。过肥者，后腹部突、圆，甚至脂肪堆积下垂，行动笨拙，反应迟钝，食欲不强。应用此法，要每周鉴定一次。

2)称重法：1 月和 2 月每半月称重一次。中等体况的公貂，体重为 1800～2000g，全群平均在 2000g 以下。母貂体重为 800～1000g，群平均在 850g 以下。公母貂体重分别超过 2200g 和 1100g 时，即过肥。公母貂体重分别平均不足 1700g 和 700g，即过瘦。由于体型的影响，体重不能绝对反映体况的高低。因此，常将称重法与目测法结合起来应用。

3)体重指数法：即用单位体长的体重来测定体况。其计算方法是

$$体重指数(g/cm)=体重/体长$$

母貂临近配种的体重指数在 24～26g/cm 时，其繁殖力最高。

(2)体况调整　　体况鉴定后，应对过肥、过瘦者分别标记，并分别采取降膘和追肥措施，以调整其达到中等体况。

1)降膘办法：主要是设法使种貂增加运动，消耗脂肪。同时，减少日粮的脂肪含量，适当减少饲料量。对明显过肥者，可每周断饲 1～2 次。

2)追肥办法：可增加日粮中优质动物性饲料的比例和饲料总量，也可单独补饲，使其吃饱。同时，加足垫草，加强保温。对因病消瘦者，必须从治疗入手。

2. 促进发情

(1)增加光照　　在饲养管理上，禁止人为改变光照时间，但可适当增加光照强度，使种貂接受较多的太阳光直射。可将种貂饲养于南侧笼舍，通过食物控制其到笼网上运动，以增加光照。

(2)增加运动　　在准备配种期，要经常逗引水貂运动，以增强体质，能正常参加配种。

(3)加强异性刺激　　通过雌、雄的异性刺激能提高中枢神经的兴奋性，刺激生殖系统的发育，增强性欲。方法是，从配种前 10d 开始，每天将母貂用串笼送入公貂笼内，或将其养在公貂的邻舍，或手提母貂在公貂笼外逗引。异性刺激不可开始过早，以免过早降低公貂的

食欲和体质。

3. 发情检查　　发情检查的目的是准确掌握水貂的发情周期规律，以做到适时配种。从 1 月起，母貂群活跃的时候，每 5d 或 1 周观察一次母貂的外阴部，记录发生的变化。一般在 1 月末，母貂发情率应达 70%，2 月末达 90% 以上。根据发情状况确定配种日期，并在 1 月初进行第一次病毒性肠炎和犬瘟热疫苗接种。

(二)配种期的饲养管理

1. 饲喂制度　　饲喂制度要与放对、配种协调兼顾，合理安排。在配种前半期，在早饲后放对，中午补饲，下午放对，下班前晚饲。要保证水貂有一定的采食、消化及休息时间。同时，要供应充足而清洁的饮水。现在有许多养貂场生产水貂每天只饲喂一次。配种过程中种貂的体力消耗很大，所以配种期的饲料要求营养全价、适口性好、容积小、易于消化。

2. 配种期的管理要点

1)搞好清洁卫生，保证饮水充足，配种期频繁配种的公貂饮水量增多。

2)防止水貂逃跑和咬伤：由于抓捕频繁，操作时应防止跑貂。

3)禁止强制放对交配。

4)给公貂适当的休息时间。

5)认真做好配种记录和登记，对于已配种的母貂应做好配种记录，并把结束配种的母貂归入妊娠母貂群饲养。

(三)妊娠期的饲养管理

妊娠期是水貂生产的关键时期之一。此期饲养管理的好坏，将直接影响母貂产仔和仔貂的成活。

1. 妊娠期的饲养

1)日粮配合要注意蛋白质、维生素和矿物质等营养物质的供给。

2)饲料要新鲜、安全、多样化，并保持稳定，禁止使用发霉变质、含生殖激素的畜禽副产品。

3)在满足妊娠母貂营养需要的前提下，要掌握饲料量，防止妊娠母貂过肥。

2. 妊娠期的管理要点　　妊娠期机体会发生复杂的生理变化，在这个时期母貂既要保持自身的新陈代谢，又要满足胎儿生长发育的营养需要，为产仔泌乳做准备。要求饲料全价、稳定、新鲜、可口、易消化。后期饲料中蛋白质水平应适当提高，产前一段时间适当减少饲料供应。

1)经常观察母貂的行为及粪尿状态，发现问题，及时解决。

2)保持饲养场内笼舍及饲料加工车间的卫生，严格防疫和消毒程序。

3)保持饲养场内安静，谢绝参观。各种不正常的声音会造成种貂惊恐不安，导致空怀、流产、早产、难产，频繁不安地叼仔、食仔、拒捕等现象的发生。

4)产前 1 周，对母貂的产箱进行全面检查，添足垫草，絮好窝形。

(四)产仔泌乳期的饲养管理

1. 产仔泌乳期的饲养

(1)日粮配合　　总的要求是营养丰富而全价，新鲜而稳定，适口性强而易于消化。

(2)饲喂制度　　一般日喂 2～3 次。对一部分仔貂应予补饲。饲喂时要按产期的早晚、仔貂的数目合理分配饲料量。

（3）仔貂的护理　　①对未吃到初乳的仔貂，应设法以家畜的初乳代替；②20日龄以上、窝产仔数多的仔貂，可用鱼、肉、肝、蛋糕加少许鱼肝油、酵母进行补喂，每日1次。

（4）饮水　　保证饮水充足而清洁。

2. 产仔泌乳期的管理要点

1）昼夜值班，值班人员每2h巡查一次。

2）加强产仔保活。

3）防止寒潮袭击，注意加草保温。

4）保持环境安静，环境不安静会引起母貂弃仔、咬仔、食仔。饲养人员动作要轻，晚上禁用手电筒乱晃乱照。

5）严格卫生防疫，及时清理污物。随着仔貂的生长，天气越来越暖，饲料也易变质，仔貂开始采食，如采食变质的饲料容易得胃肠炎及其他疾病；要保持饲料和笼舍卫生，每日及时清理食具。

（五）幼貂育成期的饲养管理

1. 离乳分群　　仔貂在40～45日龄离乳分群。离乳前，要做好笼舍的建造、检修、清扫、消毒、垫草等准备工作。离乳的方法是，一次性将全窝仔貂离乳，每2～3只同性别的仔貂放于同一笼舍内饲养，7～10d后分开饲养。

2. 进行种貂的初选　　结合幼貂断乳分窝，对母貂和幼貂进行全年第1次选种工作，故又称初选或窝选。

3. 加强卫生防疫及消毒，消灭"四害"工作　　在7月初进行第二次疫苗接种；对犬瘟热、病毒性肠炎等主要传染病实行疫苗预防接种；注意饮水供给及防暑降温。

（六）冬毛生长期的饲养管理

1. 冬毛生长期取皮貂的饲养　　日粮标准为1086.8～1337.6kJ，动物性饲料高于75%，适量添加维生素和微量元素添加剂。可加少许芝麻或芝麻油，以增强毛绒的光泽度和华美度。日粮总量为300～400g，蛋白质含量约35g。

2. 冬毛生长期取皮貂的管理要点

（1）光照　　水貂生长冬毛是短日照反应，因此，禁止增加任何形式的人工光照，可把皮貂养于较暗的棚舍里。

（2）护理毛绒　　秋分开始换毛以后，在小室中添加少量垫草，以起自然梳理毛绒的作用。同时要保持笼舍卫生，防止污物沾染毛绒。另外，要注意检修笼舍，以防锐物损伤毛绒。10月开始检查换毛情况，遇有绒毛缠结的，要及时梳理除去。

第五节　水貂场的环境要求与圈舍设计建造

一、环境要求

场址的选择是一项科学性和技术性较强的工作，场址选择的合理与否直接影响到水貂的生产。在建场前，必须根据建场总体规划的要求，认真进行全面勘察和合理布局，切不可草率定点建场或主观行事。场址的选择，应以自然环境条件适合于水貂生物学特性为宗旨，并以稳定的饲料来源为基础，根据生产规模及发展远景规划，全面考虑其布局。重点应考虑饲料、水和防疫条件，同时也要兼顾交通、电等其他条件。水貂场的用水量很大，因此，场地应选在地上或地下水源充足和水质好的地方。水貂饮用水最好采用深井水或泉水，湖水、死水池塘的水容易被污染，不宜供饮用。饲养场尽量不占耕地，最好利用贫瘠土地或非耕地，用地面积应与水貂群的数量及发展需要相适应。土质以沙土、砂壤土为宜。

貂舍要求地势较高、地面干燥、背风向阳的地方。低洼泥泞、不利排出污水的沼泽地带，常有云雾弥漫和风沙侵袭严重的地区，不宜建场。

水貂的繁殖和换毛与光周期密切相关，而光周期的变化幅度和地理纬度相关。因此，在建场时必须考虑当地的纬度，北纬30°以南地区不适宜发展水貂饲养业。在低纬度地区饲养时，其繁殖机能将受到抑制，生产性能和毛皮质量也会下降。

二、场地规划与布局

场址选好后，建场前应对水貂场各部分建筑进行全面规划和设计，使场内各种建筑布局合理。水貂场一般分为三个功能区，即管理区、生产区和疫病防治管理区。

（一）管理区

水貂场的经营管理活动与社会联系极为密切。这个区位置的确定，应有效利用原有的道路和输电线路，充分考虑饲料和其他生产资料的供应、产品的销售及与居民点的联系。水貂场的运输与社会联系频繁，造成疫病传播的机会较多，故场外运输应严格与场内运输分开。在场外管理的运输车辆严禁进入生产区，车库应设在管理区。除饲料库外，其他仓库需设在管理区。管理区与生产区应加以隔离。外来人员只能在管理区活动，不能进入生产区。

（二）生产区

生产区是水貂场的核心区域，是水貂场建设的重点区域，生产区可分区规划与施工。为保证防疫安全，应将种貂和皮貂分开，设在不同地段，分区饲养管理。

与饲料有关的建筑物，应配置在地势较高处，并且应保证卫生与安全。水貂场的垫草用量大，堆放位置设在生产区的下风向，要考虑防火的安全性，与其他建筑物要保持一定的距离。

贮粪场的设置，应方便貂粪运出，注意减少对环境和水貂场的污染。

（三）疫病防治管理区

为防止疫病传播，该区应设在生产区的下风向与地势较低处，与棚舍保持300m的距离。病貂隔离舍应单独设置院墙、通道和出入口。该区的污水与废弃物应严格处理，防止疫病蔓延和对环境的污染。

三、水貂场的主要建筑和设备

水貂场的主要建筑和设备包括貂棚、貂笼和小室(窝箱)、饲料贮藏室、饲料加工室、毛皮加工室、兽医室和综合化验室等。

(一)貂棚

貂棚是安放水貂笼箱的建筑,有遮挡雨雪及防止烈日暴晒的作用。结构简单,只需棚柱、棚梁和棚顶,不需要建造四壁,貂棚可用石棉瓦、钢筋、水泥、木材等作材料。修建时根据当地情况,就地取材,灵活设计。棚舍既要符合水貂的生物学特性,又要坚固耐用,操作方便。

水貂棚舍的规格,通常小型水貂场棚长25～50m,大型水貂场棚长50～92m,棚宽3.5～4m,棚间距3.5～4m,棚顶离地面3m,棚檐高1.4～1.7m,要求日光不直射貂笼(图2-1,图2-2)。

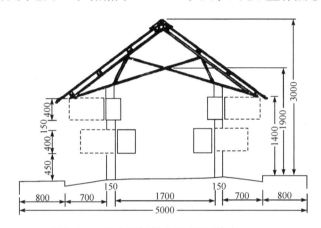

图2-1　一般水貂场棚舍示意图(单位:mm)

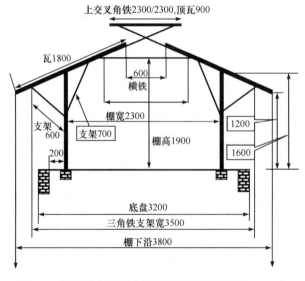

图2-2　风沙较大地区水貂场棚舍示意图(单位:mm)

(二)貂笼和小室

貂笼和小室是水貂活动、采食、排便、交配、产仔和哺乳的场所,多用电焊网编制笼子,坚固耐用,而且美观。

1. 貂笼和小室的规格　　貂笼的长×宽×高(下同)为90cm×45cm×60cm。小室(窝箱)是水貂休息和产仔、哺乳的地方，规格为 52cm×32cm×40cm（图 2-3）。现代的小室多以电焊网编制。

2. 貂笼的安置　传统的貂笼离地面 40cm 以上，笼与笼的间距为 5～10cm，以免相互咬伤。现代的貂笼离地面 65cm 以上，多以单层笼饲养。笼门应灵活，在貂笼和窝箱内切勿露出钉头或铁丝头，以防伤毛皮。大型的水貂场一般采用自动饮水，无自动饮水装置的水貂场，笼内要备有饮水盒，并固定在笼内侧壁上。为避免水貂拱翻食盒，应在笼门里边做一食盒固定架。

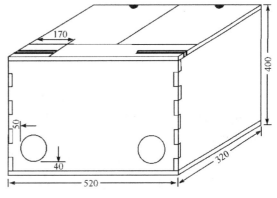

图 2-3　水貂小室（窝箱）（单位：mm）

（三）饲料加工室

饲料加工室是冲洗、蒸煮和调制饲料的地方，室内应具备洗涤饲料、熟制饲料的设备或器具，包括洗涤机、绞肉机、蒸煮设备等。室内地面及四周墙壁须用水泥抹光（或铺贴瓷砖），并设下水道，以利于洗刷、清扫和排出污水，保持清洁。

（四）饲料贮藏室

饲料贮藏室包括干饲料室和冷冻库。干饲料室要求阴凉、干燥、通风、无鼠虫。冷冻室主要用来贮藏鲜动物性饲料，库温控制在 -15℃ 以下。小型水貂场可修建简易冷藏室或购置低温冰柜。

（五）毛皮加工室

毛皮加工室用于剥取貂皮并进行初步加工。加工室内设有剥皮机、刮油机、洗皮转鼓和转笼等。毛皮烘干应在专门的烘干室内进行，室内温度控制在 20～25℃。

毛皮加工室旁还应建毛皮验质室。室内设验质案板，案板表面刷成浅蓝色，案板上部距案面 70cm 高处，安装 4 只 40W 的日光灯管，门和窗户备有门帘和窗帘，供检验皮张时遮挡自然光线用。

（六）兽医室和综合化验室

兽医室负责水貂场的卫生防疫和疫病诊断治疗，综合化验室负责饲料的质量鉴定、毒物分析，并结合生产开展有关科研活动等。

在水貂场大门及各区域入口处，应设相关的消毒设施，如车辆消毒池，人的脚踏消毒槽或喷雾消毒室、更衣换鞋间等。貂棚四周修建围墙，墙高 1.5m 左右。

第六节　水貂产品的采收加工

（鞠贵春）

第三章　狐

　　狐生产的狐皮是毛皮业的三大支柱之一，是比较流行的高档裘皮原料。狐的人工饲养在北美和俄罗斯较早，但规模化养殖的历史也不过100多年。1860年，加拿大开始试养由野外捕获的银黑狐，1883年，人工繁殖获得成功。1894年，在爱德华王子岛上创办了第一个养狐场。1912年后，加拿大各地建立了许多养狐场，实行了规模化养殖。到1924年，养狐场发展到1500处，银黑狐年终存栏数达3.5万多只。以后挪威（1914年）、日本（1915年）、瑞典（1924年）、俄罗斯（1927年）等国先后从北美引种，将银黑狐从北美洲传到了亚洲和欧洲。挪威在1973年曾经是世界上最大的狐皮生产国。目前，北欧养狐业十分发达，其中芬兰居领先地位，其次是俄罗斯和挪威等国。

　　在我国，1956年根据国务院"关于创办野生动物饲养业"的指示精神，开始从苏联引进水貂、银黑狐、北极狐等种兽，先后在我国东北和西北地区创建饲养场。自改革开放以来，我国又从美国、英国、挪威、丹麦、瑞典等国引进银黑狐和北极狐。近20年来，我国的养狐业有了长足的发展，在东北和西北地区养狐省份也大大增加。但从20世纪90年代后，我国人工养殖的狐狸品种退化严重，毛皮质量下降，大大地影响了生产效益和广大养殖户的经济收入。而芬兰已经培育出大体型北极狐，其皮张的质量和尺码远远超过我国地产北极狐。因此，我国每年从芬兰引进大体型种狐数量累计数万只，通过人工授精技术进行扩繁与改良本地狐，取得了显著的效益。近几年来，世界裘皮市场上已出现40余种彩色狐狸皮，彩色狐的培育正在蓬勃发展中。

第一节　狐的生物学特性

一、狐的分类与分布

　　狐属于哺乳纲（Mammalia）、食肉目（Carnivora）、犬科（Canidae）动物。目前人工饲养的狐狸主要有银黑狐（*Vulpes falva*）和北极狐（*Alopex lagopus*）等，它们分属于狐属（*Vulpes*）和北极狐属（*Alopex*）。世界上现存狐属9种，其中3种分布于我国。北极狐属的北极狐产于亚洲、欧洲和北美洲北部近北冰洋一带，以及北美洲南部沼泽地区和部分森林沼泽地区。野生北极狐有两种毛色类型：一种为白色北极狐，其毛色在冬季为白色，在夏季变深；另一种是浅蓝色北极狐，其毛色有较大变异，由浅黄色到深褐色，从浅灰、浅蓝到接近黑色，它有时可生下白色北极狐。

二、狐的外形特征

　　狐外形似犬，体型纤长，但耳较高而尖，直立，四肢较短，吻尖，尾长而蓬松，略超过体长之半。尾形粗大，覆毛长而蓬松，躯体覆有长的针毛，冬毛具有丰盛的底纹。足掌长，有浓密短毛。不同狐的形态和体型差别不大，但其毛色和体型大小有较明显的差别。

三、狐的生活习性

1. 栖息特性　狐在野生时，栖息在森林、草原、丘陵、荒原和林丛河流、湖泊岸边等地。常以天然树洞、土穴、石头缝为巢。

2. 活动规律　野生狐昼伏夜出，白天隐藏在洞穴内休息，晚间出来活动。

3. 食性特点　狐以肉食为主，也食一些植物。狐在野生状态下主要以鱼、蛙、虾、蟹、鼠类、鸟类、昆虫类小型动物为食，有时也采食一些植物。

4. 繁殖规律　狐属季节性发情动物，每年发情一次。不同种狐发情期不同，同一种狐分布在不同地区，发情期也不一致。幼龄狐一般 9～10 月达到性成熟。北极狐的寿命为 8～10 年，繁殖年限为 4～5 年；赤狐分别为 10～14 年和 6～8 年；银狐分别为 10～12 年和 5～6 年。

四、换毛规律

成年狐每年换毛 1 次，每年的 3～4 月开始，先从头、前肢开始，其次是颈、肩、背、体侧、腹部，最后是臀部与尾根部绒毛一片片脱落，在 7～8 月全部脱完，新的针绒毛开始同时生长，11 月形成长而厚的被毛。

第二节　狐的主要养殖品种

一、北极狐

北极狐又称蓝狐，主要分布于欧亚大陆和北美洲北部的高纬度地区。北极狐吻部短，四肢短小，体圆而粗，被毛丰厚，耳宽而圆。北极狐体长 60～70cm，尾长 25～30cm，有两种基本毛色，一种冬季呈白色，其他季节毛色加深；另一种常呈浅蓝色，但毛色变异较大，从浅黄色至深褐色。

二、银黑狐

银黑狐又称银狐，原产于北美和西伯利亚，是野生状态狐的一种毛色突变种。银黑狐体型稍大于北极狐，吻部、双耳背部和四肢毛色为黑褐色。银黑狐针毛颜色有全白、全黑和白色加黑色 3 种，体长 60～75cm，体重 5～8kg。

三、赤狐

赤狐又名火狐狸，是狐属动物中分布最广、数量最多的一种。体重 5～8kg，体长 60～90cm，体高 40～50cm，尾长 40～60cm。赤狐体型纤长，脸颊长，四肢短小，嘴尖，耳直立，尾较长。赤狐的毛色变异幅度很大，标准者头、躯、尾呈红棕色，腹部毛色较淡呈黄白色，四肢毛呈淡褐色或棕色，尾尖呈白色。

四、彩狐

彩狐是银黑狐、赤狐和北极狐在野生状态下或人工饲养条件下的毛色变种。

第三节　狐的育种与繁殖

一、狐的育种与选种

育种是通过不断改良和扩大现有良种，增加优秀个体的数量，培育新的品种，最终改进毛皮质量。最早关于狐的育种工作的记载可追溯到 19 世纪中叶，距今已有 150 多年的历史。在此过程中，人们利用不同的选种手段和育种方式，使其生产性能和产品品质逐步向人们所需要的方向发展。以银黑狐为例，早在 1883 年最初繁殖成功时并不像现在这样，经过一个多世纪以来精心选育才成现在的标准型，不仅毛皮质量在原来的基础上大大改进，而且体型大而健壮，繁殖力也大幅提高。

目前，我国毛皮动物育种大多根据个体表型特征进行种狐选择，体型和毛皮质量是主要的选择依据。只根据体型较大或毛皮质量较好选择是不够的，个体之间的性状差异只有 10%～30%由遗传因素决定，大部分受环境因素的影响，所以还需要通过繁殖力指数分析进行育种才能获得优质的毛皮动物种群。提高种狐的选择效率有很多方法，如使用 Sampo 等专为毛皮动物设计的计算机育种软件。

(一)记录个体信息

种狐个体信息都要通过建立身份识别(ID)卡进行记录、保存和使用。饲养场对种狐数据统计的时间越长，可用于评估的可靠信息就越多，表型指标的使用也就越准确。在饲养场，根据长期的数据统计，在动物毛皮成熟之前就可以根据计算的指数对好的性状加以选择。

种狐 ID 卡的基本信息包括遗传谱系、出生日期、饲养笼编号、等级评定结果、多种特征指数及往年的繁殖情况等。仔狐 ID 卡的基本信息包括遗传谱系、性别、出生日期、饲养笼编号、出生窝产仔数及性比、繁殖力指数及表型指数等。仔兽的各种指数大小取决于双亲。所以 ID 卡的信息也反映了仔狐母本的繁殖力情况。

(二)动物分等

动物分等的特征包括动物体大小、体型、毛色及其纯度、针毛覆盖率、底绒密度及毛皮整体外观。所有性状都可根据质量分为 1～5 等，1 等用来表示性状较差、体型较小、毛色亮的个体，5 等用来表示性状较好、体型较大和毛色暗的个体。通过分等即对动物表型进行评价，可以将饲养场具有优良性状及较差性状的个体同其他动物区分开来。

(三)皮张筛选

在皮张筛选中，我们可以获得毛皮质量、尺寸、毛色及毛色纯度(一致性)等方面的信息。皮张筛选评估的是制成的皮张，所以皮张特性的评估准确性比动物分等要高。皮张筛选使用的是取皮后的皮张特征信息，数据只能在下一年选种时使用。

（四）选种

选种是在狐群中根据狐的个体表现和遗传性能，把真正优良的狐选出来，留作种狐，用它进行繁殖后代。经过长期的选优去劣，不断提高狐群的品质。种狐的种用价值，是对种狐的最终要求，也是最重要的。测定种狐的种用价值，鉴定种狐的遗传型要根据来自其亲属的遗传信息，包括系谱测定、同胞测定和后裔测定等。

1. 系谱测定　　　系谱是某只狐祖先及其性能的记载。系谱测定是通过查阅各代祖先的生产性能、发育表现及其他材料，来估计该狐的近似种用价值，同时还可了解该狐祖先的近交情况。系谱测定首先应注意的是父母代，然后是祖父母代。

2. 同胞测定　　　同胞分全同胞和半同胞。同胞测定是根据其同胞的成绩，来对个体本身做出种用价值的评定。

3. 后裔测定　　　后裔测定是根据其后代的成绩对这一个体本身做出种用价值的评定。这是评定狐种用价值最可靠的方法，因为选种的目的就是要选出能产生优良后代的种狐。

（五）选种应遵循的原则

选种就是要选出好的个体留种。什么样的个体才算是好的，却有不同的标准；同时标准中的某些指标也并不是一成不变的，如裘皮色泽，它受裘皮市场需求的影响。不同物种（品种、品系）有不同的选种标准，不同育种目的有不同的选种标准。作为一只种狐，首先要求它本身生产性能高、体质外形好、发育正常，其次还要求它繁殖性能好、合乎品种标准、种用价值高。

选种应考虑以下 6 种基本要素：产仔数高、体型和皮毛质量较好、健康、温顺、来自成熟早的动物种群、来自发情期短且集中的繁殖种群。

对于多年的种狐，最好的种母狐要在两年以上的母狐中选择。第二、第三次产仔的母狐，仔狐质量最好，并淘汰第二年产仔数仍很少的母狐。此外，注意淘汰母性差的个体。母性特征通常看母狐三周大仔狐的数量，以蓝狐为例：20%的死亡率是正常水平。最好再仔细观察乳房的发育情况、脱毛情况、整洁度及哺乳期仔狐遗失的情况。对于成年公狐，能否留为种狐最重要的是看与其交配或人工授精的母狐空怀的比例。对于当年种狐，留种公狐必须是种群中最优秀的，其父本和母本必须为同种类型。种狐窝产仔数的水平要高于平均值。蓝狐当年母狐的下限为 6 只，银狐为 3 只；当年公狐产出的窝产仔数要再多 2~3 只。

二、狐的繁殖

（一）狐的性成熟

性成熟是指幼狐长到 9~11 月龄，生殖器官生长发育基本完成，开始产生具有生殖能力的性细胞（精子和卵子）并分泌性激素。从这个时期起狐就具备了繁殖后代的能力。狐的性成熟期受许多因素的影响，如遗传、营养、健康等，一般情况下公狐的性成熟期比母狐稍早。

（二）狐的性周期

狐属于季节性单次发情动物，每年只有在繁殖季节里才能表现出发情、交配、排卵、射精、受孕等性行为。而在非繁殖季节，公狐的睾丸和母狐的卵巢都处于静止状态。公母狐生殖器官和性行为的的这种周期性变化称为性周期。在性周期内生殖器官和性行为表现出以下繁殖特点。

公狐的睾丸在 5～8 月处于静止状态，在夏季睾丸很小，重量仅为 1.2～2g，直径 5～10mm，质地坚硬，精原细胞不能发育产生成熟精子，阴囊布满被毛并贴于腹侧，外观不明显。8 月末至 9 月初，睾丸开始逐渐发育，到 11 月睾丸明显增大。翌年 1 月时重量达到 3.7～4.3g，并可见到成熟的精子，但此时尚不能配种，因为前列腺的发育比睾丸还迟。1～2 月初睾丸直径可达 2.5cm 左右，质地松软，富有弹性，附睾中有成熟精子。此时，阴囊被毛稀疏，松弛下垂，明显易见，有性欲要求，可进行配种。整个配种期延续 60～70d，到后期公狐性欲逐渐降低，性情暴躁。由 3 月底到 4 月上旬睾丸逐渐萎缩，性欲也随之减退，至 5 月恢复原来的大小。

母狐的生殖器官在夏季(6～8 月)也处于静止状态，卵巢、子宫和阴道在夏季处于萎缩状态。8 月末至 10 月中旬卵巢的体积逐渐增大，卵泡开始发育，黄体开始退化，到 11 月黄体消失，卵泡逐渐增大，翌年 1 月后发情排卵。子宫和阴道也随卵巢的发育而变化，此期体积、重量也明显增大。

(三)狐的发情与排卵

不同品种的狐发情时间不同，银黑狐 1 月末至 3 月中旬发情，发情旺期在 2 月；北极狐 2 月末至 4 月发情，发情旺期在 3 月；赤狐 1～2 月发情。应该注意的是发情配种时期还受气候、光照及饲养管理条件的影响，特别是光照时间与配种关系密切。因此，不同纬度地区要根据所养狐的品种及其自然条件和管理水平确定出最适配种日期，以减少空怀。

(四)狐的繁殖表现与发情鉴定

1. 公狐的性欲　　进入春季繁殖期的公狐表现出活泼好动，采食量有所下降，排尿次数增多，尿中"狐香"味加浓，对放进同一笼的母狐表现出较大的兴趣。采食量减少，趋向异性，对母狐较为亲近，时常扒笼观望邻笼的母狐，并发出"咕、咕"的叫声，有急躁表现。

2. 母狐的发情鉴定　　主要以外生殖器官形态变化检查为主，以阴道细胞检查和测情仪检查为辅，以试情为准，采用综合方法进行发情鉴定。

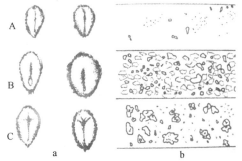

图 3-1　各发情阶段外阴和阴道细胞学变化
A. 发情前期；B. 发情期；C. 发情后期；
a. 外阴形态；b. 阴道细胞

(1)外部观察法　　母狐发情时，食欲下降，兴奋，鸣叫，尿频，有气味，温顺；出现站立反射，接受爬跨。当母狐外阴部肿胀到最大后，颜色暗红，有皱褶，松软，有分泌物流出时，为配种最佳时机。母狐发情期表现分三个阶段(图 3-1)。

1)发情前期：阴毛分开，显露阴门，阴门肿胀，阴蒂增大，阴道涂片多数为白细胞，有少量有核角化细胞。银狐持续为 2～7d；北极狐为 4～6d。

2)发情期：发情初期，阴门肿胀明显，几乎呈圆形，有弹性，阴蒂更大，粉红色，阴道涂片中的无核角化细胞与有核角化细胞数量相近，银狐持续 1～2d，北极狐为 2～3d；发情旺期，阴门肿胀呈圆形、阴蒂外翻、弹性变小、颜色变深，有乳白色黏液分泌，阴道涂片中白细胞和有核角化细胞均有，无核角化细胞最多，银狐持续 2～3d，北极狐为 3～5d，此期必须配种。

3)发情后期：阴门逐渐恢复正常，当公狐走近，摇头尖叫，拒绝公狐爬跨。

(2)试情法　　应用公狐对母狐试情，根据母狐在性欲上的反应情况来判断其发情程度。

若母狐接受公狐的爬跨，则说明其已经发情。

(3)阴道电阻值测定法 发情时，狐阴道内电阻发生变化。电阻值最高时，发情进入高峰；最高值之后电阻值下降时，卵巢排卵。阴道内电阻变化，有4种类型曲线(图3-2)。发情检测器由探子和仪表组成，探子可以拆卸，前端有正负极金属环；仪表由液晶显示器和手柄(内装一块9V电池)组成。发情检测器检测操作方法：提尾，让狐头部朝地，外阴和肛门朝上。先用0.1%新洁尔灭将外阴消毒，然后把检测器探子与狐背部成45°角向上插入阴道内，然后再水平向前推进，直到子宫颈外，然后手按开关，液晶显示器马上显示阴道电阻值。一般最佳输精时间，北极狐为阴道电阻下降的第二天，银狐为电阻下降的当天。

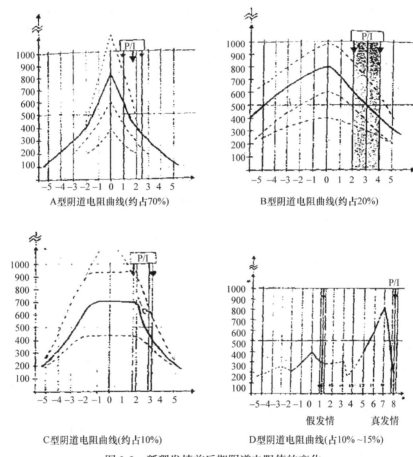

图3-2 狐狸发情前后期阴道电阻值的变化

P/I. 交配和输精适宜时间；纵坐标为阴道电阻值；横坐标为发情前后天数

(4)阴道内细胞学检测法 用棉签缓慢插入阴道子宫颈处，取母狐阴道深部的分泌物涂片后镜检，观察阴道内细胞的类型和比例。阴道内细胞由圆形细胞和角化细胞组成，角化细胞又分为有核角化细胞和无核角化细胞。

判定方法为阴道分泌物涂片中角化细胞占95%以上时，狐进入发情期(接受交配)。无核角化细胞占最大比例时，为最佳输精时机。实际上，狐发情时间为5～8d，无核角化细胞占最大比例是很难确定的，因此这种方法只能判断狐是否发情，很难确定排卵期，即最佳输精时机。

狐应以外阴变化、行为观察和发情检测器检测法相结合来确定母狐的配种(尤其是人工授精)时间，只有在其他方法无法判断发情及最佳输精时机时才采用阴道内细胞学检测法。

（五）狐的配种

狐的配种日期因所在地区的地理位置、日照长短、气候和饲养管理条件及幼狐出生早晚等因素而异。合理的饲养管理、适宜的繁殖体况配种会提早；反之则会推迟。幼龄种狐比成龄种狐配种要晚 1～2 周。此外，配种期间长途运输或饲养管理条件突然改变，都会使配种延后。狐具体的配种日期应根据发情鉴定的结果来确定。狐在自然界的配种日期为 12 月到翌年 3 月。笼养的银黑狐配种日期为 1 月中旬至 3 月下旬；北极狐为 2 月中旬至 4 月下旬。过早或过晚发情的母狐，一般空怀率较高。

1. 狐的配种方法 包括自然交配和人工授精（详见本章第四节）两种。狐在自然交配时，公狐比母狐主动。交配前公母狐玩耍一段时间，公狐用嘴部嗅闻母狐的外阴部，母狐站立不动，将尾巴歪向一侧，等候公狐交配。公狐很快举起两前肢爬跨于母狐后背上，将鼠蹊部紧贴于母狐臀部。公狐射精时两前肢紧抱母狐腰部，公狐腰荐部与地面成直角，臀部用力向前推进，睾丸向上抖动，后肢微微颤动，尾根部下陷且轻轻扇动；母狐发出低微的叫声。射精后，公狐立即从母狐身上转身滑下，背向母狐，出现"连裆"现象，"连裆"时间通常为 20～40min，短者几分钟，长者 1～2h。自然交配又可分为以下两种。

（1）合笼饲养交配 指在整个配种季节，将选配好的公母狐放在同一个笼饲养，任其自由交配。其优点是节省人力，工作量小。但使用种公狐较多，造成饲料浪费，且不易掌握母狐的预产期，也无法掌握公狐交配能力的好坏，不能检查精液品质，多不采用。

（2）人工放对配种 在准确断定母狐发情后，把母狐放入公狐笼内，将公母狐放在一起交配称为放对。狐在交配期间易受外界的干扰，因此对环境的要求较高。只有在环境安静、气温较低、空气新鲜的条件下，才能保证狐性欲旺盛，顺利完成交配。交配活动应选择在双方性欲最旺盛的早晨或傍晚进行，初配阶段最好在清晨饲喂前放对，初配过后可以在早饲后 1h 或下午放对。

狐的交配时间因品种和个体不同存在一定的差异。银黑狐和彩狐一般为 15～20min；北极狐为 20～30min。当发现 1h 仍未达成交配，要立即更换公狐。

2. 母狐的配种方式

（1）一次配种法 母狐只交配一次，不再接受交配。这种方式受胎率只能达到 70%。

（2）两次配种法（1+1 或 1+0+1） 母狐初配后，次日或隔日复配一次。这种方式多用于发情较晚或发情时间短（即复配一次不再接受交配）的母狐。

（3）隔日复配法（1+0+1+1） 母狐初配后停配 1d，再连续 2d 复配 2 次。这种方式适于发情和排卵时间持续长的母狐，如北极狐。

（4）连续重复配种法（1+1+1 或 1+2） 即在发情母狐第一次交配后，于第二天和第三天连续复配 2 次。在繁殖后期，母狐初配后，也可在第二天复配两次（上、下午各一次）。这种方法受胎率高。

（六）妊娠

银狐妊娠期为 50～61d，北极狐为 50～58d，平均妊娠期为 51～52d。母狐妊娠后，采食量增加，喜睡而不愿活动，毛色光亮，性情温顺。妊娠前期胚胎发育慢而后期胎儿发育较快，前 30d 时约为 1g，35d 时约为 5g，40d 时约为 10g，48d 时为 65～70g。妊娠后 20～25d，可看到母狐的腹部膨大，稍微下垂。临产前，母狐侧卧时可见到胎动，乳房发育迅速，乳头突出，颜色变深，有拔乳房周围的毛或衔草垫窝的现象。

（七）分娩

银狐一般在 3 月下旬至 4 月下旬产仔，而北极狐多在 4 月中旬至 6 月中旬产仔。银狐平均胎产仔数为 4～5 只，北极狐为 8～10 只。银狐出生重为 80～130g，北极狐为 60～80g。

临产前，母狐除拔毛和衔草垫窝之外，还会表现出突然拒食、运动量减少、常卧于产箱、舔其外阴部或啃咬小室等分娩症状。狐的产仔多在夜间或清晨。母狐从阵缩开始，随着子宫壁的收缩，将胎儿推向子宫口，子宫口扩大，随之母狐产生努责，外阴部出现胎胞，胎胞落地被胎儿冲破或被母狐咬破流出羊水，母狐舔舐羊水和仔狐，吃掉胎衣。每产一仔间隔 10～15min，产程为 1～2h，有时达 3～4h。

健康仔狐大小均匀，全身干燥，叫声有力，成堆抱团而卧，体躯温暖，被毛色深；手抓时挣扎有力，全身紧凑。而弱仔个别大小相差悬殊，胎毛潮湿，叫声嘶哑，在窝内各自分散，体躯发凉；用手抓时挣扎无力，腹部干瘪或松软。母狐一般不需助产，产出仔狐后母狐立即咬断仔狐脐带，舔干胎毛，吃掉胎衣，个别初产狐不会护理，往往不食胎衣。初生狐两眼紧闭，听觉较差，无牙齿，胎毛稀疏，呈灰黑色。产后 1～2h，仔狐身上胎毛干后，即可爬行寻找乳头吮吸，平均每 3～4h 吃乳一次。生后 14～16h 睁眼，并长出门齿和犬齿。18～19 日龄时，开始吃饲料。

第四节　狐的营养及饲养管理

一、狐的营养需要

狐需要蛋白质、脂肪、碳水化合物、矿物质、维生素等各种营养物质，以保证狐正常繁殖、生长的前提下，最大限度地获取被毛丰厚、毛色光亮的皮张。

不同生理阶段对各种营养物质的需要量不同（表 3-1），而且个体间因性别、体重、年龄等的差异，热能和各营养物质的需要量也不完全一致。

表 3-1　狐各生理阶段典型饲粮营养水平推荐值

养分	育成前期	冬毛生长期	繁殖期	泌乳期
代谢能/(MJ/kg)	13.3	11.5	11.3	13.6
粗蛋白质/%	32.0	28.0	30.0	35.0
粗脂肪/%	10.0	8.0	7.0	8.0
赖氨酸/%	1.66	1.40	1.56	1.82
蛋氨酸/%	0.70	0.90	0.96	1.12
钙/%	1.2	1.0	1.0	1.4
磷/%	0.8	0.6	0.6	1.0
食盐/%	0.5	0.5	0.5	0.5

资料来源：白秀娟，2007

二、狐的饲养标准

狐的饲养标准见表 3-2。

表 3-2　狐的饲养标准

饲养时期	代谢能/(MJ/kg)	饲料量/(g/只)	粗蛋白质/(g/只)	重量比/%				
				海杂鱼	肉类	谷物窝头	蔬菜	乳类+水
准备配种期	2.2～2.3	540～550	60～63	50～52	5～6	13～14	12～13	13～15
配种期	2.1～2.2	500	60～65	57～60	5	12～13	10～12	10～12
妊娠期	2.2～2.3	530	65～70	52～55	5～6	10～11	10～12	12～16
产仔泌乳期	2.7～2.9	620～800	73～75	53～55	7～8	11～12	12～13	15～18

饲养时期	添加饲料/(g/只)								
	酵母/(g/只)	食盐/(g/只)	骨粉/(g/只)	添加剂/(g/只)	维生素B_1/(mg/只)	维生素C/(mg/只)	维生素E/(mg/只)	鱼肝油/(IU/只)	脑/(g/只)
准备配种期	7	1.5	5	1.5	2	20	20	1500	5
配种期	6	1.5	5	1.5	3	25	25	1800	—
妊娠期	8	1.5	10～12	1.5	5	35	25	2000	—
产仔泌乳期	8	2.5	5	2.0	5	30	—	1500	—

资料来源：朴厚坤等，2006

三、狐生产时期的划分

为了获得数量多、质量好的毛皮，必须根据狐的生物学特性和生理需要，以饲养优良品种为基础，全面科学地做好狐的繁育和饲养管理工作，创造一个有利于狐繁育和换毛的自然环境条件和饲养管理条件。根据实践经验，现将狐一年划分为准备配种期、配种期、妊娠期、产仔泌乳期、幼狐生长期、皮狐冬毛生长期和种狐恢复期等 7 个生产时期(表 3-3)。

表 3-3　狐狸生产时期的划分

性别	狐种	准备配种期	配种期	妊娠期	产仔泌乳期	幼狐育成期		种狐恢复期
						生长期	冬毛生长期	
♂	北极狐	9月下旬至翌年2月下旬	2月下旬至4月上旬	—	—	6月中旬至9月下旬	9月下旬至12月下旬	4月中旬至9月下旬
	银黑狐	9月下旬至翌年1月下旬	1月下旬至3月下旬	—	—	5月上旬至9月下旬	9月下旬至12月下旬	3月下旬至9月下旬
♀	北极狐	9月下旬至翌年2月下旬	2月下旬至4月上旬	3月上旬至6月上旬	4月下旬至7月中旬	6月中旬至9月下旬	9月下旬至12月下旬	6月中旬至9月下旬
	银黑狐	9月下旬至翌年1月下旬	1月下旬至4月上旬	1月下旬至5月下旬	4月下旬至5月下旬	5月上旬至9月下旬	9月下旬至12月下旬	5月中旬至9月下旬

资料来源：佟煦仁和谭书岩，2007

四、狐的饲养管理

因饲养的各种狐发情期不完全相同，故在同一时期内有配种、妊娠、产仔泌乳、幼狐育成期同时存在。在选择优良的狐品种的前提下，应注意正确识别公母狐的发情特点，搞好配种，提高受胎率，以尽可能地提高其繁殖力和仔狐成活率。各个不同生产时期的饲养管理关键要点如下。

(一)准备配种期的饲养管理

准备配种期又分为准备配种前期和准备配种后期。

1. 准备配种前期　　饲养管理以促进生殖器官发育，毛绒生长和保证健康体况安全越冬为目的。

(1)种、皮狐分群饲养　　东西走向棚舍宜分群饲养,方便管理;种狐冬至前可养在北侧,冬至后移入南侧光照较充足的位置;皮狐养在北侧光照较低的地方。种狐饲料蛋白质水平较高,但能量水平较低,保持中等略偏上的体况,目的是促冬毛成熟和性器官发育。皮狐饲料蛋白质水平较高,但能量水平也高。皮狐的饲养目的是促冬毛成熟和育肥。

(2)适时选种　　秋分季节,如果北极狐全身毛被变白,银狐夏毛长成冬毛,可考虑留种。秋分前后为选种、引种的最佳时期,重点观察狐头、面部的换毛情况。

(3)冬毛成熟及时取皮和终选定群　　种狐精选时检查外生殖器官。检查公狐睾丸大小、弹性、下降至阴囊的情况;检查母狐外生殖器的位置和形状。淘汰隐睾、单睾和两睾丸粘连的公狐和阴门形状、位置异常的畸形母狐。11月将最后准备留作种用的种狐群再仔细地核查一遍,要将个别换毛不够好的、体型不够大的、发育不够壮的、毛色不够好的,经产狐中奶汁不好的、护仔不强的、有吃仔记录的、有自咬症状的狐坚决剔除。

2. 准备配种后期　　重点是调控种狐繁殖体况,保持中上等水平,其次是保证光照,严格种狐疫苗免疫,促进性器官生长发育。

(1)调控种狐繁殖体况　　瘦狐增料、肥狐减料。饲养人员要根据群体平均体况调整饲料量,控制种狐的平均肥度,进行群体体况调整;饲养员根据种狐个体体况分配饲料量,进行个体体况调整。

种狐体况鉴定一般在12月开始进行,有以下三种方法。

1)触摸法:用手触摸狐的背部、肋骨和后腹。过肥的狐背平、肋骨不明显,后腹圆、肚皮肉厚;过瘦的狐脊椎和肋骨突起,后腹空松;中等体况介于两者之间。

2)体重确定法:银狐中等体况一般达到公狐 6～7kg,母狐 5.5～6.5kg;芬兰原种北极狐,公狐体重 12～15kg,母狐 8～10kg;地产北极狐 5～6kg。可采用体重指数法来确定其肥瘦,银狐体重指数为 90～100,即 1cm 体长的体重为 90～100g;北极狐的体重指数以 100～110 为宜,此方法比较准确。

3)目测法:观察狐体躯,特别是后躯是否丰满,运动是否灵活,皮毛是否光亮,以及精神状态等来判定狐的体况。

(2)保证光照　　冬至以后增加棚舍光照度对促进种狐性器官发育有利。

(3)严格种狐疫苗免疫　　1月,应注射犬瘟热、病毒性肠炎、脑炎、阴道加德纳氏菌和绿脓杆菌疫苗。

(4)促进性器官生长发育　　冬至开始给种狐添喂一些全价蛋白质饲料(奶、蛋、瘦肉、心脏、肝、脾、肾、鲜血等),保证维生素 A、维生素 E 的供给,均衡饲养。白天应逗引种公狐运动,提高身体素质。采取公母狐交换笼舍、隔笼引诱等方法进行性刺激。每周向饲料中加入少许葱、蒜、韭菜等 2～3 次,也能起到性刺激作用。

此外,寒冷季节是治疗螨、癣等皮肤病的适机,至配种前尚未治愈的个体不宜留种。

准备配种期饲料中各类物质的配备比例见表 3-2 和表 3-4。

表 3-4　狐各个时期的日粮组成

时期	鱼肉类/%	谷物(熟料)/%	蔬菜/%	水/%	日粮量/g
准备配种期	55～60	15～20	10～15	15～20	500～800
配种期	60～65	15～20	10～15	15～20	500
妊娠期	60～65	15～20	5～10	15～20	500～550
幼狐育成期	60～65	20～25	5～10	15～20	500～1500
冬毛生长期	55～60	20～30	5～10	15～20	500～1500

(二)配种期的饲养管理

主要工作是保证全部母狐都达到发情配种，保证配种质量。因此，母狐适时配种和加强种公母狐的饲养管理是这一时期的工作重点。

(1)种狐的日粮要求营养丰富、适口性强、容易消化　此期种狐食欲普遍下降，要供给种狐营养丰富、适口性好、易消化的新鲜动物性饲料(表 3-2)，适当增加饲料中微量元素和维生素的比例。公狐中午补喂一次，牛肉 50g、鸡蛋 50g，加少量白糖煮开。

(2)对母狐进行准确的发情鉴定　准确的发情鉴定是确保狐在发情期适时配种的关键，也是提高产胎率和产仔数的前提。所以要严格掌握发情期，发情鉴定具体方法见本章第三节。

(3)采用适宜的配种方法　银狐一般采用自然交配；银蓝狐杂交采用人工授精；北极狐自然交配和人工授精并用，以人工授精为主。适时初、复配，保证交配质量。对母公狐配种结束后 3～5d 要检查是否重复发情。若发现阴门又出现肿胀，说明前期配种失败，应进行第二次配种。

(4)保证公狐精液质量　对每只种公狐经常进行精液品质检查，提高母狐受胎率。种公狐合理利用，公母狐适宜比为银狐 1∶(3～4)，北极狐为 1∶4；人工授精时为 1∶(20～30)。每周采精 2～3 次，最多隔日采精一次。

(5)加强养殖场管理　随时注意关好笼门，防止种狐跑掉，严防咬伤，保证狐场安静，保持狐笼舍、地面、食具等清洁卫生，并要定期消毒。

(三)妊娠期的饲养管理

妊娠期饲养管理的中心任务是保证胚胎正常发育。妊娠期的营养水平是全年最高时期，要注意供给营养全价、品质优良、易于消化、适口性强的饲料。喂量要适宜，注意调控母狐体况，并依据妊娠期的进程，逐步提高水平。切忌饲喂霉烂变质和冰冻的饲料，以防造成流产。同时还要搞好狐舍及饲养用具的卫生和消毒，保持狐舍的安静，尽量减少惊吓等强应激因素的发生。保证充足、洁净的饮水。注意垫草保温。

1. 妊娠后期营养需要增加　配种后一个月内为妊娠前期，胚胎发育很缓慢，仅有 1g 左右重，营养需求无需增加。妊娠后期胎儿生长发育速度加快，母体营养需要增加，应供给母体自身、胎儿和产后哺乳丰富的营养。但喂量要适宜，避免因胎儿体大而难产。

妊娠前 4 周，给食量一般控制在 0.55～0.60kg。妊娠后期由于胎儿生长加快，饲料日给量可提高到 0.6～0.7kg，动物性饲料比例占 70%左右。40d 后每只受孕母狐补饲牛奶 50g，鸡蛋一个。

2. 妊娠期母狐喜静厌惊　要避免噪声等不良刺激。饲养人员要定群饲养，穿着也要经常固定。谢绝外来人员参观。

3. 妊娠母狐抗病力降低　尤其易患消化道、生殖道疾病。妊娠母狐患病容易造成妊娠中断，务必以预防为主。发现母狐患病要尽早尽快治疗。

(四)产仔泌乳期的饲养管理

银狐的产仔期多集中在 3 月下旬至 4 月下旬。北极狐的产仔期一般在 4 月中旬至 6 月上旬。产仔泌乳期饲养管理的主要任务是产仔保活，确保仔狐多成活、快速发育。其成败直接影响到母狐的泌乳力和持续时间及仔狐的成活率。

母狐哺乳期的日粮应维持在妊娠期的水平，饲料种类上尽可能多样化，要适当增加蛋、奶和肝等容易消化的全价饲料。母狐产仔初期食欲较差，最好是少喂勤添。母狐产后一周左右，食欲会迅速增加，应根据其胎产仔数和仔狐的日龄及母狐的食欲情况，每天按比例增加饲料量(表 3-2，表 3-4)。

产仔前后可实行值班制，发现母狐产仔做好记录，给产仔母狐添加饮水，抢救落地仔狐，及时处置难产母狐。

1. 采取措施产仔保活　　仔狐生活力强、母狐有良好母性、充盈的母乳、适宜的窝温、安全的环境是确保仔狐存活的 5 个条件，重点是促进母狐泌乳。

(1)仔狐生活力　　仔狐生活力强表现在仔狐体重适宜，仔狐健康无疾患，仔狐毛被干燥，仔狐体温适宜，仔狐具吮乳能力。

(2)母性　　母狐需有正常的母性，无弃仔、食仔的恶癖。母狐母性的发挥，以产后身体无异常病患、乳腺发育和泌乳正常为基础。母性与仔狐日龄相关，哺乳后期变得较差。个别母狐母性过强，有过度舔舐仔狐的行为。环境的应激会使母狐惊恐，引起母狐母性异常。

(3)母乳　　母狐泌乳与仔狐日龄有关。母乳是仔狐三周龄前唯一的食物，没有母乳，仔狐会饿死。母狐的泌乳量、乳汁质量，个体间有差别。繁殖期饲养、选种、环境应激都会影响母狐泌乳。

(4)窝温　　初生 1 周内适宜窝温 30～35℃，仔狐活力最强；20℃以上时，活力正常；20℃以下时，活力下降；仔狐体温降至 12℃时，即呈僵蛰状态。仔狐 3 周龄以后，忌窝内温度过高。

(5)环境　　产仔母狐胆小怕惊，要营造安静的环境。气候的变化会影响窝温和母狐的母性。其他动物窜入场内会造成母狐惊恐。

2. 产仔检查

(1)初检　　母狐排出食胎衣粪便后可以进行产仔检查。检查仔狐的健康和吮乳情况，以及母狐的健康和泌乳情况。健康仔狐大小均匀，身体温暖、干燥，而低于 50g 难以成活。吃到充足初乳的仔狐腹部饱满，否则腹部干瘪。

通过仔狐吮乳检查可间接判断母乳情况,必要时才捕捉检查。健康母狐产后食欲很快恢复，产后食欲减退为患病表现，要及时对症治疗。不少母狐产后子宫恶露不净，因腹痛而不护仔，可用催产素治疗。母狐缺乳，但乳腺发育较好时，可用催乳片(4～5 片/次，3～4 次)催乳。

(2)复检　　以"听""看"为主，听仔狐叫声、看母狐行为。检查重点仍是母狐泌乳和仔狐的生长发育。遇有母乳品质欠佳、仔狐生长发育不良者，要及时代养。

代养：母狐弃仔或缺乳时，仔狐趁生活力强时抓紧代养。仔狐代养前最好吃上母狐初乳，代养要求母狐间产仔日期相近，代养时避免异味。

3. 仔狐补饲　　为了提高仔狐成活率和断乳重，仔狐从 3 周龄开始补饲，每日中午补饲易消化的粥状饲料，补饲时可将新鲜的鱼、肝、蛋、乳等调成糊状，让仔狐采食，补饲后放回原窝。分窝前老幼狐同补，分窝后幼狐单补。

4. 预防仔狐患病　　仔狐采食饲料后，母狐不再为其舔舐粪便，产窝变脏，如不及时清理,极易发生仔狐胃肠炎。同时,天气变化的应激,也易诱发仔狐患病。

5. 适时断乳　　仔狐 40~45 日龄断乳。母狐得授乳症时,可提前分窝。过早分窝影响仔狐发育,过晚分窝影响母狐恢复。生产中可根据仔狐的生长发育情况灵活掌握,身体强壮的、有独立生活能力的应早分窝。身体较弱的应推迟分窝时间。

(五)幼狐育成期的饲养管理

仔狐分窝后进入育成期,由于该阶段仔狐生长发育较快,后期毛绒生长迅速,需要大量的营养物质,采取饲料不限量、喂稠食的方法,增加干物质营养采食量,以保证仔狐的正常生长发育。

7~8 月是促进仔狐发育的关键时期,防暑降温,防止高温应激对食欲的抑制。而留种母狐(尤其是芬兰原种纯繁狐、杂交改良狐)秋分前不要过量饲喂,以免体型过大,大体型母狐繁殖性能降低。育成期疾病多发,要特别注意卫生防疫。

1. 促进幼狐生长发育　　地产、改良和芬兰原种纯繁北极狐生长发育速度不同(表 3-5),要根据每只个体类型、性别、狐龄、体况、食欲等区别对待(表 3-2,表 3-4)。提高饲料的稠度,干、鲜饲料混合搭配最利于增加饲料中干物质的含量。而喂稠食时要增加饮水。

表 3-5　银狐、北极狐体重(g)增长

月龄	银狐		地产北极狐		纯繁北极狐	改良北极狐
	公	母	公	母		
初生	100	90	80	60	100	90
1	730	670	690	635	—	1 395
2	1 850	1 650	1 640	1 640	2 541	3 328
3	3 140	2 740	3 060	2 720	5 331	4 892
4	4 310	3 700	4 110	3 620	7 870	5 833
5	5 210	4 450	4 860	4 280	10 287	6 752
6	5 660	4 840	5 310	4 640	12 510	7 860
7	5 960	5 080	5 460	4 790	—	8 228

2. 幼狐逐步分窝　　幼狐分窝后刚开始独立生活,有 1~2 周的不适应期,对养或合养效果好。

3. 做好卫生防疫工作　　幼狐育成期正处于夏季炎热季节,要搞好环境卫生和消毒工作,以预防疫病发生。适时疫苗免疫接种。幼狐必须在分窝后第三周内适时接种犬瘟热、病毒性肠炎和传染性脑(肝)炎三种疫苗。

4. 严防幼狐中暑　　严格控制食盐喂量,供应充足饮水。遇到气候高温时,可向幼狐身体、笼舍、地面喷水降温;加强遮阴防晒;驱赶熟睡幼狐运动。

5. 进行种狐初选　　将繁殖性能好的适龄狐和出生早、遗传性状好的幼狐初选(窝选)留种。给淘汰的老种狐和出生晚的幼狐埋植褪黑激素,以期促进冬皮成熟,提前取皮。

(六)种、皮狐冬毛生长期的饲养管理

秋分以后种、皮狐同时进入冬毛生长期,种狐又是准备配种前期。冬毛生长期日粮蛋白

质必须满足需要，皮狐还应提高能量催肥。要搞好笼舍卫生，避免出现缠结毛皮、寄生虫病皮，影响皮张质量。

一般在 11 月底、12 月初，毛皮成熟，适时进行宰杀取皮。毛皮成熟的标志为绒毛丰厚、针毛直立、被毛有光泽，尾毛蓬松；翻开毛被观察，皮板颜色变白，全身冬毛全部成熟（主要观察头、臀部）。正式取皮前，最好先试剥几只观察，确定毛皮成熟情况。

（七）种狐恢复期的饲养管理

恢复期的主要任务是保证产狐在繁殖过程中的体质消耗得以充分的补给和恢复，为以后的生产打下良好的基础。为此，恢复期的前 1 个月的日喂量要保持与繁殖期相同的水平，待体况恢复期后，逐渐转入维持期饲养。

种公狐恢复期时间较长，而种母狐恢复期时间很短，体况恢复与换冬毛同步。所以，更要注重种母狐的饲养管理。

1. 恢复期种狐的选种

（1）初选　　种狐初选与仔狐分窝同时进行，要选留繁殖力强的个体。患过生殖道疾病的、有食仔咬仔恶癖的、产后无乳缺乳的个体不宜留种。母性好、哺乳好，只是产仔数少的母狐，应酌情选留。

（2）复选、终选　　注重秋季换毛和冬季冬毛成熟情况，选留秋季换毛和冬毛成熟早的个体。并且选留中等体况以上、健康的个体。

2. 加强恢复期种狐的饲养管理

（1）防治授乳症和乳腺炎　　断乳母狐均有不同程度的授乳症，体质和抗病力均降低，要特别细心饲喂。刚断乳的母狐要少喂饲料，以防乳汁充盈而得淤滞性乳腺炎。患有乳腺炎的母狐要及时治疗。患过乳腺炎的母狐翌年最好不要留种。

（2）恢复种狐体况　　种母狐断乳后饲养标准不要马上降低，最好和幼狐吃同样的饲料。个别高产母狐体况太差时，要特殊对待。应补饲精饲料。种母狐恢复期应坚持到秋分季节。

五、提高狐生产力的技术措施

（一）狐的人工授精技术

狐人工授精室的面积以 $20m^2$ 左右为宜，由精液处理室和采精输精室组成。卫生状况良好，空气新鲜，室内安静，室温保持在 18～22℃。设立人工授精室，有利于实际操作及人工授精的质量和效益的提高。

1. 采精　　狐狸采精方法有电刺激采精法、按摩采精法和按摩与假阴道相结合的采精法。按摩采精法简易、效率高、对人和动物安全，是商业性人工授精所采用的采精方法。

按摩采精需对动物进行保定，即两人配合，一人保定动物，另一人采精。具体操作方法：将狐用颈钳或保定架保定，用 0.1%新洁尔灭对阴茎及其周围部位进行消毒，然后让狐狸于操作台上呈自然站立姿势。操作者以拇指、食指和中指握阴茎根部（勃起后阴茎球的上方），前后轻轻滑动，待阴茎球稍有突起时将阴茎由公狐两后腿之间拉向后方，上下按摩数次；另一只手握集精杯，时刻准备接取精液。银狐需按摩阴茎龟头尖端，按摩时动作宜轻勿重，忌粗暴，快慢适宜。操作者动作熟练时，可根据动物的反应适当调整按摩手法，如果公狐表现十分安静驯服，北极狐仅需 2～5min、银狐 5～10min 便可采到高质量的精液。

公狐采精频率可连续采精 2～3d，休息 1～2d；或隔日采精，一周采精 2～3 次。如精液来源紧张或育种需要也可每周连续采精 2～3d。

2. 精液品质检查　　狐每次采精量为 0.5～2.5ml，精子数为 3 亿～6 亿个。要求对精子的密度、活率及形态进行检查，当活率低于 0.7、畸形精子占 20% 以上时，精液不能使用。

3. 精液的稀释与保存　　采集的精液要根据有效精子总数和输精母狐数多少确定稀释倍数。稀释后的精液放在 30～37℃ 水浴锅或保温筒中保存，一般不超过 2h。0～5℃ 冰箱内低温保存，但不能超过 3d；由于狐输精有效精子数高，而冻精会使有效精子数降低一半以上，因此，一般不采用冻精。生产中主要采用常温保存方法，稀释后在 2～3h 输精。精液稀释液配方如下。

(1)柠檬酸钠稀释液　　柠檬酸钠 3.8g，蒸馏水 100ml，青霉素 1000IU/ml，链霉素 1000μg/ml。

(2)伊里尼(IVT)变温稀释液　　基础液：柠檬酸钠 2g，$NaHCO_3$ 0.21g，KCl 0.04g，葡萄糖 0.3g，氨苯磺胺 0.3g，蒸馏水 100ml。稀释液：基础液 90ml，卵黄 10ml，青霉素 1000IU/ml，链霉素 1000IU/ml。

(3)氨基乙酸稀释液　　氨基乙酸 1.82g，柠檬酸钠 0.72g，卵黄 5ml，蒸馏水 100ml，青霉素 1000IU/ml。

4. 子宫内输精　　狐采用腹外把握子宫颈的子宫内输精方法，其产仔率和产仔数与自然交配的结果相当。

子宫内输精需两人配合操作，一人保定动物，另一人输精。此法受孕率高，为国外养殖场普遍采用。技术熟练的输精员可在 1～2min 完成输精，但对初学者有一定的难度。

子宫内输精过程(图 3-3)：用颈钳保定母狐或主人直接固定母狐颈部，使之自然站于输精台上。保定人员一手握住尾根部，使尾朝背前方。用 0.1% 新洁尔灭对外阴部及其周围进行消毒。输精员把阴道套管插入阴道内，其前端抵达子宫颈；左手于下腹部以虎口上托，以拇指、食指和中指找到阴道插管的前端；再以拇指、食指和中指固定子宫颈；右手持金属输精器通过阴道插管插入，前端抵子宫颈；调整输精器寻找子宫颈口位置；左右手配合，将输精器前端轻轻插入子宫内 1cm 深左右；推动注射器，把精液注入子宫内。保定者将尾部向上提起，头朝下；同时，输精员轻轻拉出输精器，输精结束。如果输精手法得当，生殖道无畸形，输精过程中母狐就表现安静。输精量要求为 0.7～1.0ml；精子活率 0.7 以上；输入有效精子数为 $50×10^6$～$150×10^6$ 个；输精次数为 2～3 次，连续或隔天输精均可。

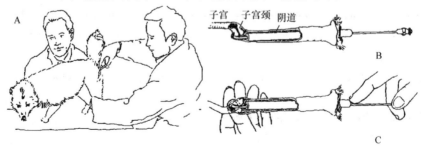

图 3-3　狐人工输精操作
A. 狐的保定；B. 阴道插管和输精器在阴道内的位置；C. 输精器末端进入子宫内

输精效果判定：拉出输精器时手感觉有阻力；输精器拉出时无血液，且精液不倒流；镜检输精器内残留精液，精子活力符合输精标准。

输精最佳时机，以人为能观察到狐外阴部已到发情持续期，即母狐完全能接受试情公狐交配为准。也可使用阴道电阻测定仪(测情仪)进行辅助鉴定。

(二)褪黑激素在狐促进毛皮早熟和繁殖调控中的应用

褪黑激素植入物是用人工合成的褪黑激素(melatonin,MT)制成的一种体内缓释植入物,可用特制的埋植器埋植于动物的皮下。我国于1993年初解决了用国产化工原料人工合成褪黑激素和制造褪黑激素植入物的技术,使我国成为继美国和苏联之后第三个规模生产褪黑激素植入物的国家。该技术是国际毛皮兽养殖业公认的一项先进技术,于1985年首先在北美的毛皮兽养殖场应用。

1)用于促进冬皮提前成熟,节省饲料费用,降低生产成本。夏季皮下埋植褪黑激素20mg,成年狐的冬皮可提前2~3个月成熟,当年生幼狐冬皮提前1个多月成熟。

2)用于人工调控银狐和北极狐的繁殖季节同步,规模化生产蓝霜狐(银北极狐)。其是属间杂交,因北极狐产仔数高于银狐,故一般多采用公银狐与母北极狐进行杂交生产蓝霜狐,但因银狐和北极狐发情期不同步,很难规模化生产。当冬季11~12月给银狐皮下埋植褪黑激素植入物20mg时,其生精时间延迟到4月末,与北极狐繁殖期同步,实现了蓝霜狐的规模化生产。

3)埋植褪黑激素有增强动物免疫力的作用,使狐狸死亡率下降。

(三)胚胎移植

银狐和北极狐胚胎移植已经在国内外获得成功,但规模化推广尚需时日。通过胚胎移植可提高银狐产仔数及芬兰纯种北极狐的成活率,为纯种北极狐和银狐的引种简化为冷冻胚胎的引进打下基础。胚胎移植需要供、受体同期发情,这样受体子宫内的生理状况才能与供体相同,移植到受体的胚胎才有可能同步发育。制约犬科动物胚胎移植应用的因素,即与胚胎移植技术相关的超数排卵、同期发情及胚胎冷冻保存技术都没有成功实现,只是利用自然同期发情的供、受体是不能够满足胚胎移植需要的。由于犬科动物为季节性单次发情,其生殖生理特点与其他哺乳动物有所不同,对发情周期中激素的变化还不是很了解,用激素诱导发情相对其他动物较困难。

第五节 狐场的环境要求和圈舍设计建造

一、环境要求

参见第二章第五节。

二、圈舍设计建造

(一)圈舍的定位

建筑狐圈舍的基本原则是结构要简单、轻便和结实。每趟笼舍过道应修水泥地面或者铺红砖地面。为了有利于排水,圈舍应建设成"人"字形。为了避免雨水流入贮粪池,建设狐圈舍时可以把屋檐适当加长,即使屋檐加长30~60cm,也要在圈舍沿外侧安装上收集雨水或者融化雪水的雨水槽,雨水槽沿着圈舍的纵长方向每米倾斜5mm。这样的设计有利于雨水从排水槽中排出，雨水槽的末端连接到排水沟，与排污沟分开，雨水直接排放到场区外面。这样减少了流入贮粪池的雨水量，达到了雨污分离的效果，可以大大减少污水生成量，降低了污水溢出排水沟的概率，还能保持圈舍间空地的干燥，这是保持养殖场干燥的最好方法。狐笼舍间修建水泥或红砖作业道，应略高于贮粪池的高度，便于冲洗笼舍的水排出。

如果圈舍间的空地低洼不平，雨水就会囤积在低洼处，囤积的水超过笼舍下面贮粪池的高度时，水就会流入池中，增加了污水的总量。可以采取这样的措施：一是用渗透性好的土铺平圈舍间的空地；二是提高笼舍下面贮粪池的高度，通常高于圈舍间的空地 30cm 左右，降雨量大的地区或低洼地应进一步增加。这样即使落入圈舍间空地的雨水不能及时渗透或者排出，也不会流入贮粪池中。在圈舍间空地上铺上草坪，既可以清新空气，又可以防止水土流失，蓄养水分，有助于减少污水形成。

此外，还可以把狐的圈舍建在梯形的水泥地基上，坡度为 5°～15°，圈舍下面不需要建设贮粪池。笼舍可以直接安置在水泥地面上，狐粪排出后直接落到水泥地上，经水冲洗后粪污一并流入排水沟，排水沟通到临时贮粪池。这样清理狐粪可以减少粪便分解释放出来的有害气体，以及粪便中的病菌等扩散到空气中感染狐和工作人员，不用人工清理粪便就减少了养殖场工作人员的数量，同时主要是减少了清理运输粪便过程中对环境造成的污染。例如，在运输粪便的过程中，一些粪便从车上掉下来，最终随着雨水冲走。虽然这种清理排泄物的方法用水量大，需要处理的污水量增加了很多，但污水经过处理达标后还可以循环利用，可以减少对水资源的浪费。

(二)圈舍的形式

1. 笼舍　　狐宜用笼舍饲养，其笼要放在棚内，一般一个笼舍养一只狐。狐的笼舍由笼和木箱组成。狐笼一般采用镀锌铁丝编织而成，笼底用 12 号或 14 号铁丝，笼眼方格为 2cm×2cm。笼的一端连接木箱(即巢窝)，木箱长×宽×高为 60cm×50cm×55cm，箱笼间放活动隔板，出入口长×高为 20cm×25cm，木箱的一侧可做成活板，以便随时取下来清扫里面的脏物，笼内侧悬挂一只水桶，供狐饮水用。

2. 小室和产箱　　在狐笼一端连接小室或产箱，小室和产箱可用木板、砖或水泥板制成，产箱一般可做成长 0.8m、深 0.5m、高 0.5m。公狐小室可以小些，长 0.5m、深 0.5m、高 0.45m。产箱板厚为 2.0cm。木板要光滑，木板衔接处尽量无缝隙，或用纸或布将缝隙糊严密，以不能漏风为好，并且在产箱门内要有一挡板。

3. 狐棚　　狐棚是安放狐笼箱的简易建筑，有遮挡雨雪及防止暴晒的作用。结构简单，只需棚柱、棚梁和棚顶，不需要建造四壁。可用砖瓦或钢筋水泥等制作。修建时根据当地情况，就地取材，因料设计。狐棚既符合狐的生物学特性，又坚固耐用，操作方便。狐棚方向是东北到西南走向，使夏天能遮挡直射阳光，冬天能获得长时间的温暖光照。一般长 50～100m，宽 4～5m(两排笼舍)和 8～10m(四排笼舍)，脊高 2.2～2.5m，檐高以 1.3～1.5m 为宜。

(三)饮水系统

狐的饮水应该采用自动饮水系统，全年适用。奶嘴式供水系统不容易漏水，这样可以减少场内污水量，同时流入贮粪池中水的量也减少了。狐的食盒通过铁丝固定在笼子上，清洗时可以卸下来，方便清洗，清洗时用水少，减少污水的生成量。另外，狐圈舍的山墙与周围排水沟要有一定的距离，距离过近则会导致场外干净水与场内污水混合，结果使污水总量大大增加，增加了污水处理的难度和工作量，同时也增加了不必要的污水处理费用。

（四）贮粪池的建设

养狐场修建水泥贮粪池，可以避免粪尿与土壤直接接触，减少狐粪尿中的有机物等渗入笼舍下的土壤中，污染地表水和地下水，而且有利于粪便清理。水泥贮粪池修建于笼舍下方，要有一定的坡度，外侧低于内侧，外侧与圈舍间空地连接部位要修建接排水沟，排水沟高于圈舍间的空地高度，贮粪池排水沟的一端与场内污水的排水沟相连接，狐的尿液及清理粪便时生成的污水等从排水沟流入污水处理处。这样能减少污水的生成量。

有些养狐场不但建设贮粪池，而且在贮粪池上面铺设地基来减少环境污染。在贮粪池上面铺设不同厚度的灰炭及不同层灰炭之后，清理粪便的时候可以将氮、磷一起清理走，起到减少环境污染的作用。通常我们在贮粪池上铺一层干草也可以阻挡狐粪便中的物质和尿随着水从贮粪池中流走。有一些养狐场使用接粪盒来收集狐粪尿，接粪盒的环保效果和经济实用性有待进一步证实，因此也不建议大规模应用。

减少养狐场污水污染的最好方法是修建双重环绕排水沟，以分离养殖场内部和外部的水。养殖场内部的水通过场内排水沟流入污水处理处，为了阻止养殖场外面的地表水流入场区内或者穿越场区流淌，最好在整个养殖场的周围挖上排水沟，这样养殖场外面的水就会通过场外排水沟排走。

养殖场内部修建水泥排水沟和水泥地面，排水沟的设计要充分满足排水的要求，彻底避免场内混有狐粪尿的污水四处流淌污染场内土壤的问题。每栋圈舍附近最好有两个排水口，一个排水口与狐圈舍屋檐雨水槽的排水管相连，雨水直接排出场外，不与场内污水混合，或者收集起来用于冲洗笼舍，减少水资源的浪费；另一个排水口与贮粪池相连，冲洗圈舍的污水等直接流入排水沟，最终流入养殖场内部的污水处理处。如果利用地下排水沟排水，要对其定期清理，因为地下排水沟容易堵塞。狐场其他房屋屋顶的水最好通过排水槽直接排放到养殖场外层的排水沟中，这样可使污水量减少 1/3～2/3，大大减轻了养殖场的污水处理工作。此外，养殖场内人员的生活污水不要与场内狐的生活污水混合，场内不同来源的水富含污染物不同，污水处理的方法也不同，污水处理投入的资金就不同。

（五）绿化环境，减少空气污染

养殖场的绿化也是必不可少的，应当根据养殖场的占地面积和厂房分布适当地种植一些树木。养殖场在生产中会产生大量的粉尘和细菌等，狐粪在降解过程中也会释放出大量有害气体，植物可以吸收、过滤空气中的灰尘、有害成分、细菌，防止养狐场的气味传播到更远处，缩小了空气污染的范围。树林还可以降低环境温度，夏季有利于狐的降温防暑。养殖场绿化种植的树种是有选择的，不同品种的树净化空气的效果是不同的，而且树的高度、树叶的形状和大小与吸收空气中有害成分的多少成正比关系。

第六节　狐产品的生产性能与采收加工

（刘国世　傅祥伟）

第四章 貉

貉别名狸、貉子、土狗、毛狗等，是一种珍贵的经济动物，与水貂、狐一起被称为当前三大黄金毛皮动物。貉毛皮色泽美观，毛绒丰厚，板质坚韧耐用，历来是国内外市场畅销的高档裘皮之一，具有较高的经济价值。貉的背部和尾部的大针毛富有弹性，是制作高级画笔、毛笔、毛刷、胡刷等制品的最佳原料。貉肉细嫩鲜美，营养丰富，不仅是可口的野味食品，还可入药，是高级滋补营养品。貉胆囊(汁)干燥后可代替熊胆入药。貉油除可食用外，还是制作高级化妆品的原料。貉粪是高效优质的肥料。

我国从1957年开始进行貉的引种和驯养繁殖工作，20世纪60年代初人工繁殖获得成功。在20世纪70年代，由于我国东北地区的乌苏里貉绒丰厚，质量较好，备受市场青睐，再加上国际市场貉皮走俏，至1988年，仅东北地区人工饲养种貉就已达30万只，年产貉皮近百万张，一跃成为当时世界第一养貉大国。20世纪90年代，受亚洲金融危机的影响，国际裘皮市场疲软，养貉业下滑。到2000年下半年，随着亚洲金融经济复苏，我国养貉业出现转机，价格回升，饲养量增加，重新掀起群众性的养貉热，据不完全统计，2013年我国养貉总量已达1300万只。

第一节 貉的生物学特征

一、貉的分类与分布

貉(*Nyctereutes procyonoides* Gray)，属食肉目(Carnivora)、犬科(Canidae)、貉属(*Nyctereutes*)，主要分布在中国、俄罗斯、蒙古、朝鲜、日本、越南、丹麦、芬兰等国家。据衣川义雄(1941)的报道，产于我国的貉可分为7个亚种，分别为乌苏里貉、朝鲜貉、阿穆尔貉、江西貉、闽越貉、湖北貉、云南貉。目前我国人工饲养的以经济价值较高的乌苏里貉为主，也有朝鲜貉和阿穆尔貉。

貉在我国分布很广，几乎遍及各省、自治区。商业上，习惯根据其毛皮质量特点和产区，以长江为界分为北貉和南貉。分布在黑龙江省及内蒙古自治区北部的北貉体型大，其绒毛长而密，光泽油亮，呈青灰色或灰黄色，尾短，紧密，皮毛品质居全国之首；而分布于吉林、辽宁、河北、山西等省及西北地区的北貉，体型略小，针毛细而尖，绒毛色泽光润，被毛灰黄，有黑色毛尖。总体上北貉皮毛品质要优于南貉。南貉主要分布于江苏、浙江、安徽、湖北、湖南、江西、河南、四川、贵州、云南、陕西、福建等省、自治区，其体型要小于北貉，毛色鲜艳美观，毛色差异较大，但其针毛体型要小于北貉，针毛短、底绒松薄。

二、貉的外形特征

(一)外貌

貉的外貌似狐，但较肥胖、短粗，尾短，四肢也短小。头部大小与狐接近，其面部狭长，颧弓扩张，鼻骨狭长，后端达到上颌骨眼眶支末端的同一水平线，额骨中央无显著凹陷。吻部灰棕色，两颊横生淡色长毛。眼的周围尤其是下眼生黑色长毛，突出于两头侧，构成明显的八字形黑纹，常向后延伸到耳下方或略后。趾行性，以趾着地。前后肢均有发达的足垫，足垫无毛。前足5趾，第一趾较短，高悬不能着地；后足4趾，缺第一趾。爪短粗，不能伸缩。

貉的被毛长而蓬松，底绒丰厚，尾毛蓬松。背毛基部呈淡黄色或略带橘黄色，针毛尖端为黑色，底绒黑灰色。两耳周围及背部中央掺杂较多黑色的针毛梢，由头顶直到尾基或尾尖形成界线不明显的黑色纵纹。体侧毛色较浅，呈灰黄或棕黄色，腹部毛色最浅，呈白黄或白灰色，针毛细短，无黑色毛梢。四肢毛的颜色较深，呈黑色或咖啡色，也有黑褐色。尾的背毛为灰棕色。中央针毛有明显的黑色毛梢，形成纵纹，尾腹面毛色较浅。

成年公貉体重5.4~10kg，体长58~67cm，体高28~38cm，尾长1~23cm；成年母貉体重5.3~9.5kg，体长57~65cm，体高25~35cm，尾长11~20cm。

(二)毛色与色型

貉的毛色因种类不同而表现不同，同一亚种的毛色变异范围很大，即使同一饲养场，饲养管理水平相同的条件下，毛色也不相同。

1. 乌苏里貉的色型　　颈背部针毛尖，呈黑色，主体部分呈黄白色或略带橘黄色，底绒呈灰色。两耳后侧及背中央掺杂较多的黑色针毛尖，由头顶伸延到尾尖，有的形成明显的黑色纵带。体侧毛色较浅，两颊横生淡色长毛，眼睛周围呈黑色，长毛突出于头的两侧，构成明显的八字形黑纹。

2. 其他色型

(1)黑十字型　　从颈背开始，沿脊背呈现一条明显的黑色毛带，一直延伸到尾部，前肢、两肩也呈现明显的黑色毛带，与脊背黑带相交，构成鲜明的黑十字。这种毛皮颇受欢迎。

(2)黑八字型　　体躯上部覆盖的黑毛尖，呈现八字型。

(3)黑色型　　除下腹部毛呈灰色外，其余全呈黑色，这种色型极少。

(4)白色型　　全身呈白色毛，或稍有微红色，这种貉是貉的白化型，或称毛色突变型。

3. 笼养条件下乌苏里貉的毛色变异　　家养乌苏里貉的毛色变异非常明显，大体可归纳为如下几种类型。

(1)黑毛尖、灰底绒　　这种类型的特点是黑色毛尖的针毛覆盖面大，整个背部及两侧呈现灰黑色或黑色，底绒呈灰色、深灰色、浅灰色或红灰色。其毛皮价值较高，在国际裘皮市场备受欢迎。

(2)红毛尖、白底绒　　这种类型的特点是针毛多呈现红毛尖，覆盖面大，外表多呈现红褐色，重者类似草狐皮或浅色赤狐皮，吹开或拨开针毛，可见到白色、黄白色或黄褐色底绒。

(3)白毛尖　　这种类型的主要特点是白毛尖十分明显，覆盖分布面很大，与黑毛尖和黄毛尖相混杂，其整体趋向白色，底绒呈现灰色、浅灰色或白色。

三、貉的生活习性

1. 栖息地　　野生貉对各种环境有较强的适应性，多生活在河谷、草原、湖泊和河流附近的丛林中。喜欢停留在旧的采伐地、小河边及林缘。多利用隐蔽程度较好的天然石缝、树洞、墓穴及狐狸、獾等兽类遗弃的洞穴作为巢穴。

2. 食性　　野生貉的食性很复杂，主要捕食啮齿类、两栖类、爬行类、昆虫、鸟类及鱼、蚌、虾、蟹等。也食用浆果、作物籽实和植物的根、茎、叶及人类遗弃的剩饭和畜禽类粪便等。家养条件下，可采食成本低、营养全价的配合饲料。

3. 性格特点　　野生貉的性情温顺，听觉不灵敏，行动较缓，喜欢群居，通常成对穴居，尤其是双亲可以较长时期与其仔貉同穴而居。貉一般在傍晚和夜间出来活动采食，并有在洞穴附近的固定地点排粪的习性。分布在北方尤其是东北地区的貉，在冬季(立冬、小雪至翌年2月上旬)为了抵御严寒和食物缺乏，常隐居于洞穴中，进行非持续性冬眠。

4. 换毛特点　　貉1年换1次毛。从2月下旬起，绒毛逐渐上窜，3月后才开始脱落，4～5月，越冬时的绒毛成片脱掉，并陆续再生出细小的绒毛，6～7月针毛逐渐脱落，8月针毛基本脱完并迅速长出冬毛，约在11月，被毛生长基本完成。当年幼貉与成貉一样，冬毛均在此期成熟。

5. 寿命与繁殖特点　　野生貉的寿命为8～16年，繁殖年龄为7～10年，繁殖最佳年龄为3～5年，每年的2～4月发情配种，发情期为10～12d，发情旺期为2～4d。个别貉可在1月和4月发情配种，怀孕期60d左右，胎平均产仔6～10只，哺乳期为50～55d。

第二节　貉的育种与繁殖

一、貉的育种

貉育种的目的在于，如何运用动物遗传学的基本原理和有关生物科学技术，改良所饲养貉的遗传性，培育出在体型、毛皮品质和色泽上适应人们需求的新品种或新类型。

貉皮属大毛细皮类，其特性是张幅较大、毛长、绒厚、耐磨、保温、色型单一、背腹毛差异大等。貉的育种均需从某一个或某几个性状上来进行选择和改良。育种首先要分清主次，针对市场的要求，选择几个重要的经济性状；同时要明确每一性状的选育方向，并且在一定时期内坚持不变，这样才能加速改良的进展，提高育种效果。

在貉的育种上主要应注意对如下性状的选择和改良。

1. 被毛长度　　在所饲养的毛皮动物中，貉的被毛可以说是最长的，其背部针毛可达11cm；绒毛可达8cm。毛长会使毛皮的被毛不挺立、不灵活、易粘连。因此，貉被毛长度这一性状，应向短毛的方向选育。

2. 被毛密度　　毛的密度与毛皮的保温性和美观程度密切相关。被毛过稀，则毛皮的保温性差，毛绒不挺，欠美观。貉被毛密度与水貂和狐相似，因此，在育种上不是迫切考虑的性状，但也应巩固其遗传性。

3. 被毛颜色和色型　　貉的野生型毛色个体间差异较大，由青灰色渐变至棕黄色。按目前人们对貉皮毛色的要求，颜色越深(接近青灰色)越好。因此，毛色应朝这个方向选育。20世纪80年代在野生型貉中发现的一种毛色为白色的突变型，已培育成为一个新色型，即吉林白貉。近年来在山东又发现一种毛色为红褐色的突变型，目前正在培育研究中。对于野生型貉中未来可能出现的其他毛色突变的个体，应注意保护、收集和培育，以丰富貉的色型，满足人们的需求。

4. 背腹毛差异 貉尤其是产于东北地区的貉背腹毛差异(长度、密度、颜色)较大,从而影响到毛皮的有效利用。迄今的研究表明,貉背腹毛的差异与其体矮、四肢短有关。因此,可通过间接地选择体高这一性状,来缩小背腹毛的差异。

5. 体型(体重) 体型大则皮张大,这一性状无疑应向体型大的方向培育。

二、貉的繁殖

(一)性成熟

野生貉的性成熟时间为8～10月龄。笼养貉比野生貉提前1个月左右,即8～9月龄就可以达到性成熟,而且公貉比母貉略提前,并依营养、气候等因素的不同,个体间有所差异。

(二)发情季节

貉属于季节性单次发情动物,其发情季节在春季,从1月末到3月底4月初,发情旺期在2月中旬至3月上旬。在发情季节里,公貉能在较长时间内处于发情状态,性欲旺盛;母貉每个繁殖季节只有1个发情周期,发情期为10～12d,发情旺期(排卵和配种期)为2～4d。

(三)发情表现

1. 公貉的发情表现 成年貉的生殖器官呈季节性变化,成年公貉的睾丸在静止期(5～10月)处于萎缩状态,仅豌豆粒大小,质地坚硬,阴囊上布满被毛,紧贴于腹侧,外观不明显。9月下旬,睾丸开始缓慢发育,到11月下旬直径达到16～18mm。冬至以后睾丸发育加快,1月下旬至2月上旬直径可达到25～30mm,触摸时有松软感,富有弹性,阴囊出现下垂,附睾中能找到成熟的精子。到2月中旬开始有性欲要求,表现出明显的性行为。进入发情交配期的公貉,性情活泼,趋向异性,有时侧身往笼舍边角处淋尿,发出"咯、咯"的求偶声。放对时,有交配、爬跨能力。公貉在配种期较长时间处于发情状态,一般可持续20～32d。随着发情时间的延长,性欲逐渐减弱,配种能力逐渐降低。4月中旬后,睾丸开始萎缩,5月又恢复到豌豆粒大小。幼公貉的性器官随着体型的增长而不断发育,直至性成熟,以后年周期的变化和成年貉相同。

2. 母貉的发情表现 母貉的生殖系统从9月下旬(秋分前后)开始发育,结束非繁殖期的静止状态,到1月下旬或2月上旬在卵巢内能产生成熟的卵泡和卵子,进入发情期。此时母貉表现为性情温顺,喜接近公貉。当公貉试图交配时,做出配合的姿势,迎合公貉交配。发情期一般持续12d左右。受配母貉进入妊娠期;非妊娠貉又恢复到休情期。

(四)配种

1. 发情鉴定 公貉于2月初至4月15日前后处于发情期。其发情鉴定可根据其行为变化及睾丸发育程度进行,发情公貉睾丸膨大,并下降到阴囊中,触摸时松软而有弹性。活泼好动,在笼中频繁走动,不时排尿,发出"咕、咕"的求偶声。

母貉发情较公貉略迟些,其发情鉴定可根据母貉的行为变化、外生殖器官变化及放对试情进行鉴定。

2. 公貉配种能力 貉交配一般是公貉主动。放对后嗅闻母貉外阴部,发情母貉则将尾巴歪向一侧,静候公貉交配。公貉的配种能力(交配次数和射精量)有较明显的差异,一般公貉可交配 3 只或 4 只母貉,交配 5～12 次。性欲旺盛的公貉在整个配种期中可交配 5～7 只母貉,最高可达 14 只,有效交配次数可达 17～25 次。

3. 配种方法　确认已发情的母貉,可将其放进公貉的笼内,让公母貉自由达成交配。一般每日可放对两次(上、下午各 1 次)。天气温暖时,利用早晨和下午放对,天气凉爽时,应多放对。放对后如果在 30～40min 仍未达成交配,应立即更换公貉,直到达成交配为止。由于母貉在发情期内多次排卵,因此初配后应连日或隔日复配 2 次或 3 次,产仔数、产仔率都会随着配种次数增加而有所增加。一般达成初配的母貉,可复配 1 次或 2 次,最多不超过 3 次。

(五)妊娠、产仔

貉的妊娠期平均为 60d,产仔期从 4 月中旬到 6 月中旬,多集中于 4 月下旬至 5 月上旬。母貉受孕后食欲增加,随着妊娠期的增长,母貉行动变得迟缓,老实温和。妊娠 4～5 周时,腹部明显增大,触摸时感到腹肌很紧绷,乳头增大。到 6～7 周时,腹部下垂,行动迟缓。临产前,母貉拔掉乳房周围的毛绒,蜷缩于小室内,多数减食或拒食。母貉产仔多在夜间或清晨,产仔时间持续 4～8h。胎产仔数 6～12 只。

(六)哺乳与仔貉发育

母貉有乳头 3 对或 4 对,对称地分布于腹部两侧,产前母貉拔掉乳房周围的毛绒,使乳头裸露,以便于仔貉吮乳。仔貉毛绒干燥后,便可爬行寻找乳头吮乳。初生仔貉体重 120～127g,长 8～12cm,全身只长有特别稀疏的黑色胎毛。9～13 日龄睁眼。15 日龄时体重已接近 300g,体长 20cm 左右。14～20 日龄,仔貉已长出牙齿,并逐渐锋利。20～25 日龄开始采食少量人工饲料,25～30 日龄可走出小室活动,约 30 日龄退换胎毛,45～60 日龄即可断乳分窝。

第三节　貉的营养与饲养管理

一、貉的营养需要与饲养标准

对貉的营养需要,国内外尚未进行深入研究,报道较少。现根据国内有关学者推荐的饲养标准及国家林业局 2013 年发布的《野生动物饲养管理技术规程　貉》(LY/T2019—2013)中相关标准整理如下(表 4-1～表 4-7)。

表 4-1　貉准备配种期的饲养标准

时期	热量/kJ	日粮量/[g/(d·只)]	重量比/%				添加饲料/[g/(d·只)]				维生素
			鱼肉	鱼肉副产品	熟谷物	蔬菜	酵母	麦芽	食盐	骨粉	
前期	2090～1672	500～550	17	8	70	5	—	—	2.5	5～10	维生素 A 500IU,
后期	1463～1672	300～350	22	3	65	10	8	10	2.5	5～10	维生素 B 2～3mg

表 4-2　貉配种期的饲养标准

性别	日粮量/[g/(d·只)]	重量比/%				添加饲料/[g/(d·只)]						维生素			
		鱼肉	鱼肉副产品	熟谷物	蔬菜	酵母	麦芽	乳品	蛋类	食盐	骨粉	维生素A/[IU/(d·只)]	复合维生素/[mg/(d·只)]	维生素C/[mg/(d·只)]	维生素E/[mg/(d·只)]
公貉	500~550	20	15	60	5	15	15	50	50	2.5	8	1000	5	5	5
母貉	450~500	20	15	60	5	10	15	—	—	2.5	10	1000	5	5	5

表 4-3　母貉妊娠期的饲养标准

时期	日粮标准			重量比/%				添加饲料/[g/(d·只)]					维生素			
	热量/kJ	可消化蛋白质/(g/100kJ)	日粮量/[g/(d·只)]	鱼肉类	鱼肉副产品	熟谷物	蔬菜	酵母	麦芽	乳品	食盐	骨粉	维生素A/[IU/(d·只)]	维生素B/[mg/(d·只)]	维生素C/[mg/(d·只)]	维生素E/[mg/(d·只)]
前期	1883~2301	2.39	500~550	25	10	55	10	15	15	—	3	15	1000	5	—	5
中期	2501~2720	2.34	550~600	25	10	55	10	15	15	—	3	15	1000	5	—	5
后期	2929~3347	2.39	600~700	30	5	55	10	15	15	50	3	15	1000	5	5	5

表 4-4　母貉产仔泌乳期的饲养标准

日粮标准		重量比/%				添加饲料/[g/(d·只)]					维生素	
热量/kJ	日粮量/[g/(d·只)]	鱼肉类	鱼肉副产品	熟谷物	蔬菜	酵母	麦芽	乳品	食盐	骨粉	维生素A/[IU/(d·只)]	维生素B/[mg/(d·只)]
2717	800~1000	30	5	55	10	15	15	200	3	20	1000	5

表 4-5　成年貉恢复期的饲养标准

日粮标准		重量比/%				添加饲料/[g/(d·只)]		
热量/kJ	日粮量/[g/(d·只)]	鱼肉类	鱼肉副产品	熟谷物	蔬菜	麦芽	食盐	骨粉
1883~2717	500~1000	10	5	70	15	5	2.5	5

表 4-6　幼龄貉育成期的饲养标准

日粮标准		重量比/%				添加饲料/[g/(d·只)]				维生素	
热量/kJ	日粮量/[g/(d·只)]	鱼肉类	鱼肉副产品	熟谷物	蔬菜	酵母	乳品	食盐	骨粉	维生素A/[IU/(d·只)]	维生素E/[mg/(d·只)]
2090~3344	不限,随日龄递增	10~25	10~15	50~60	15	5~8	50	2~2.5	10~15	800	3

表 4-7　皮用貉的饲养标准

日粮标准		重量比/%				添加饲料/[g/(d·只)]	
热量/kJ	日粮量/[g/(d·只)]	鱼肉类	鱼肉副产品	熟谷物	蔬菜	酵母	食盐
2090~2508	450~550	5~10	10~15	60~70	15	5	2.5

二、貉饲养管理时期的划分

在貉的饲养过程中，依据貉在一年内不同的生理特点而划分的饲养期，称为貉的生物学时期(表4-8)。

表 4-8　貉生物学时期的划分

类别	月份										
	12	1	2	3	4	5	6	7	8	9	10	11
成年公貉	准备配种后期		配种期		恢复期						准备配种前期
成年母貉	准备配种后期		配种期		妊娠、泌乳期			恢复期			准备配种前期
幼貉					哺乳期			育成期			冬毛生长期

必须强调，貉各生物学时期有着内在的联系，不能把各个生产时期截然分开。如在准备配种期饲养管理不当，尽管配种期加强了饲养管理，增加了很多动物性饲料，也很难取得好的成效。疏忽了任何时期的饲养管理必将使生产受到严重损失，每一个时期都以前一时期为基础，各个时期都是有机联系起来的，只有重视每一时期的管理工作，貉的生产才能取得良好成绩。

三、貉准备配种期的饲养管理

(一)饲养

准备配种期饲养管理的中心任务是为貉提供各种需要的营养物质，特别是生殖器官生长发育所需要的营养物质，以促进性器官的发育；同时注意调整种貉的体况，为顺利完成配种任务打好基础。一般根据光周期变化及生殖器官的相应发育情况，把此期划分为前后两个时期进行饲养。

准备配种前期一般为8月中旬至11月。应满足其对各种营养物质的需要，并继续补充繁殖所消耗的营养物质；供给冬毛生长所需要的营养物质，贮备越冬的营养物质等，以维持自身新陈代谢，以及满足当年幼貉的生长发育。为貉提供的日粮应以吃饱为原则，过少不能满足需要，过多会造成浪费。此期动物性饲料的比例应不低于15%，可适当提高饲料的脂肪含量，以利于提高肥度。到11月末时，种貉的体况应得到恢复，母貉应达到5.5kg以上，公貉应达6kg以上。10月日喂2次，11月可日喂1次，供足饮水。

准备配种后期一般为12月至翌年1月。此期冬毛的生长发育已经完成，当年幼貉已生长发育为成貉，因此，饲养的主要任务是平衡营养，调整体况，促进生殖器官的发育和生殖细胞的成熟。

进入准备配种后期，应及时根据种貉的体况对日粮进行调整，适当增加全价动物性饲料、饲料种类，以增强互补作用。同时，要对貉补充一定数量的维生素，喂给适量的酵母、麦芽、维生素A、维生素E等，可对种貉生殖器官的发育和机能发挥起到良好的促进作用。此外，从1月开始每隔2～3d可少量补喂一些刺激发情的饲料，如大蒜、葱等。

貉的日粮从12月开始，日喂1次；1月起日喂2次，全天按早饲40%、晚饲60%的比例饲喂。

（二）管理

1. 防寒保暖 准备配种后期气候寒冷，为减少貉抵御外界寒冷而消耗的营养物质，必须注意小室的保温工作，保证小室内有干燥、柔软的垫草，并用油毡纸、塑料布等堵住小室的孔隙，经常检查清理小室，勤换垫草。

2. 保证采食量和充足饮水 准备配种后期，天气寒冷，饲料在室外很快结冰，影响貉的采食。因此，在投喂饲料时应适当提高温度，使貉可以吃到温暖的食物。此外，貉的需水量也应得到满足，每天至少供应 2 次。

3. 搞好卫生 有的貉习惯在小室中排粪便和往小室中叼饲料，使小室底面和垫草被弄得潮湿污秽，容易引起疾病并造成貉毛绒缠绕。因此，应经常打扫笼舍和小室卫生，使小室干燥、清洁。

4. 加强驯化工作 准备配种期要加强驯化，特别是多逗引貉在笼中运动。这样做既可以增强貉的体质，又有利于消除貉的惊恐感，提高繁殖力。

5. 注意貉体况的调整 种貉体况与其发情、配种、产仔等密切相关，身体过肥或过瘦均不利于繁殖。因此，在准备配种期必须重视种貉体况的营养平衡工作，使种貉具有标准体况。在生产实际工作中，鉴别种貉体况的方法主要以眼观、手摸为主，并结合称重资料进行。其体况分为肥胖、适中、较瘦。

（1）肥胖体况 被毛平顺光滑，脊背平宽，体粗腹大，行动迟缓，不爱活动；用手触摸不到脊椎骨和肋骨，甚至脊背中间有沟，全身脂肪非常发达。公貉如果肥胖，一般性欲较低；母貉如果脂肪过多，其卵巢也被过多的脂肪包埋，影响卵子正常发育。对于检查发现过肥的种貉，要适当增加其运动量或少给饲料，减少小室垫草；如果全群肥胖，可改变日粮组成，减少日粮中脂肪的含量，降低日粮总量。

（2）适中体况 被毛平顺光亮，体躯均匀，行动灵活，肌肉丰满，腹部圆平；用手摸脊背和肋骨时，既不挡手又可触摸到脊椎骨和肋骨。一般要求公貉体况保持在中上水平，体重为 6.5～9.0kg；母貉体况应保持在中等水平。

（3）较瘦体况 全身被毛粗糙，蓬乱而无光泽，肌肉不丰满，缺乏弹性；用手摸脊背和肋骨时，感到突出挡手。对于较瘦体况的种貉，要适当增加营养，以求在进入配种期时达到最佳体况。

（三）做好配种前的准备工作

应周密做好配种前的一切准备工作。维修好笼舍并用喷灯消毒一次，编制配种计划和方案，准备好配种用具，并开展技术培训工作。

上述工作就绪后，应将饲料和管理工作正式转入配种期的饲养和管理日程上。在配种前，种公母貉的性器官要用 0.1%高锰酸钾水洗一次，以防交配时带菌而引起子宫内膜炎。准备配种后期，应留意经产母貉的发情鉴定工作，因为经产母貉发情期有逐年提前的趋势。要做好记录，做到心中有数，以使发情的母貉能及时交配。

四、貉配种期的饲养管理

貉的配种期较长，一般为 2～3 个月。此期饲养管理的中心任务是使所有种母貉都能适时受配，同时确保配种质量，使受配母貂尽可能全部受孕。为达此目的，除适时配种外，还必须搞好饲养管理的各项工作。

公貂在配种期内有时一天要交配 1～2 次，在整个配种期内完成 3～4 头母貂 6～10 次的配种任务，营养消耗量很大，加之在整个配种期中由于性兴奋使食欲下降、体重减轻。因此，配种期内应对种貂特别是种公貂加强营养，悉心管理，才能使其有旺盛持久的配种能力。

(一) 饲养

此期饲养的中心任务是使公貂有旺盛持久的配种能力和良好的精液品质，使母貂能正常发情，适时完成交配。此期由于公母貂性欲冲动，精神兴奋，表现不安，运动量加大，加之食欲下降，因此，应供给优质全价、适口性好、易于消化的饲料，并适当提高日粮中动物性饲料的比例，如蛋、脑、鲜肉、肝、乳，同时加喂复合维生素及矿物质。日粮能量标准为 1650～2090kJ，每 418kJ 代谢能中可消化蛋白质不低于 10g，日粮量 500～600g，维生素 E 15mg/(d·只)。由于种公貂配种期性欲强，高度兴奋活跃，体力消耗较大，采食不正常，每天中午要补饲一次营养丰富的饲料，或给 0.5～1 个鸡蛋。

配种期投给饲料的体积过大，某种程度上会降低公貂活跃性而影响交配能力。配种期每天可实行 1～2 次喂食制，喂食前后 30min 不能放对。如在早饲前放对，公貂的补充饲料应在午前喂；早饲后放对，应在饲喂后 0.5h 进行。

(二) 管理

1. 防止跑貂　配种期由于公母貂性欲冲动，精神不安，故应随时注意检查笼舍的牢固性，严防跑貂。在对母貂发情鉴定和放对操作时，方法要正确，注意力要集中，以免造成人、貂皆伤。

2. 做好发情鉴定和配种记录　在配种期首先要进行母貂的发情鉴定，以便掌握放对的最佳时机。发情检查一般 2～3d 一次，对接近发情期者，要天天检查或放对。对首次参加配种的公貂要进行精液品质检查，以确保配种质量。

养貂场在进行商品貂生产时，1 只母貂可与多只公貂交配，这样可增加受孕机会；在进行种貂生产时，1 只母貂只能与同 1 只公貂交配，以保证所产仔貂谱系清楚。1 只母貂一般要进行 2～3 次交配，过多交配则易使带进阴道、子宫异物的概率增大，引起子宫内膜炎，进而造成空怀或流产。配种期间要做好配种记录，记录公母貂编号、每次放对日期、交配时间、交配次数及交配情况等。

3. 加强饮水　配种期公母貂运动量增大，加之气温逐渐由寒变暖，貂的饮水量日益增加。每天要经常保持水盆里有足够的饮水，或每天供水 4 次以上。

4. 区别发情和发病貂　貂在配种期因性欲冲动，食欲下降，公貂在放对初期，母貂临近发情时期，有的连续几日不吃，要注意同发生疾病或有外伤貂的区别，以便对病、伤貂及时治疗。要经常观察群貂的食欲、粪便、精神、活动等情况，做到心中有数。

5. 保证配种环境　貂胆小易惊，种貂在配种期间，要保证饲养场安静。放对后要注意公母貂的行为，防止咬伤，若发现其互相有敌意，要及时把它们分开。另外，要搞好食具、笼舍和地面卫生工作，特别是温度较高地区，更应重视卫生防疫工作。

五、貉妊娠期的饲养管理

貉妊娠期平均约两个月,全群可持续 3～5 个月。此期是决定生产成败、效益高低的关键时期,饲养管理的中心任务是保证胎儿的正常生长发育,做好保胎工作。

(一)饲养

貉在妊娠期的营养水平是全年最高的。如果饲养不当,会造成胚胎被吸收、死胎、烂胎、流产等妊娠中断现象而影响生产。妊娠期饲养的好坏,不仅关系到胎产仔数的多少,还关系到仔貉出生后的健康状况。

在日粮配合上,要做到营养全价,品质新鲜,适口性强,易于消化。腐败变质或可疑的饲料绝对不能喂。饲料品种应尽可能多样化,以达到营养均衡的目的。喂量要适当,可随妊娠天数的增加而递增。妊娠头 10d,总能量不能过高,要根据妊娠的进程逐步提高营养水平,既要满足母貉的营养需要,又要防止过肥。给妊娠母貉的饲料可适当调稀些。在饲喂总量不过分增多的情况下,后期最好日喂 3 次。饲喂量最好根据妊娠母貉的体况及妊娠时间等区别对待,不要平均分食。

(二)管理

此期内管理的重点是给妊娠母貉创造一个舒适安静的环境,以保证胎儿正常发育。

1. 保持安静 妊娠期内应禁止外人参观,饲喂时动作要轻捷,不要在场内大声喧哗,目的是避免妊娠母貉过于惊恐。

2. 保证充足饮水 母貉妊娠期需水量增大,每天充足清洁卫生饮水不能少于 3 次。

3. 搞好环境卫生 搞好笼舍卫生,每天洗刷食具,每周消毒 1～2 次。同时要保持小室里经常有清洁、干燥和充足的垫草,以防寒流侵袭引起感冒。饲养人员每天都要注意观察貉群动态,发现有病不食者,要及时请兽医治疗,使其尽早恢复食欲,免得影响胎儿发育。

4. 做好产前准备 预产期前 5～10d 要做好产箱的清理、消毒及垫草保温工作。对已到预产期的貉更要注意观察,看其有无临产征候,乳房周围的毛是否拔好,有无难产的表现等,如有应采取相应措施。

5. 加强防逃 母貉妊娠期内,饲养员要注意笼舍的维修,防止跑貉。

6. 注意妊娠反应 个别母貉会有妊娠反应,表现吃食少或拒食,可以每天补饮 5%～10%的葡萄糖,数日后就会恢复正常。

六、貉产仔泌乳期的饲养管理

貉产仔泌乳期一般在 4～6 月,全群可持续 2～3 个月。此期饲养管理的中心任务是确保仔貉成活及正常的生长发育,以达到丰产丰收的目的,这是取得良好生产效益的关键环节。因此,在饲养上要增加营养,使母貉能分泌足够的乳汁;在管理上要创造舒适、安静的环境。

(一)饲养

日粮配合与饲喂方法基本与妊娠期相同。为促进泌乳,可在日粮中补充适当数量的乳类饲料，如牛奶、羊奶及奶粉等。如无乳类饲料，可用豆汁代替，也可多补充些蛋类饲料。饲料加工要细，浓度可小些，不要控制饲料量，应视同窝仔貉的多少、日龄的大小区别分食，让其自由采食，以不剩食为准，日喂 2 次或 3 次。

(二)管理

1. 保证母貉的充足饮水　　哺乳期必须供给貉充足、清洁的饮水。同时由于天气渐热，渴感增强，饮水有防暑降温的作用。

2. 做好产后检查　　母貉产后应立即检查，最多不超过 12h。主要目的是看仔貉是否吃上了母乳。吃上母乳的仔貉嘴巴黑，肚腹增大，集中群卧，安静，不嘶叫；未吃上母乳者，仔貉分散在产箱内，肚腹小，不安地嘶叫。还应观察有无脐带缠身或脐带未咬断、胎衣未剥离、死胎现象及产仔数等。

3. 精心护理仔貉　　小室内要有充足、干燥的垫草，以利于保暖。对乳汁不足的母貉，一是加强营养，二是以药物催乳，可喂给 4~5 片催乳片，连续喂 3~4 次，经喂催乳片后，乳汁仍不足时，需将仔貉部分或全部取出，寻找保姆貉，20~28d 便开始吃人工补充饲料，此时仔貉可自行走出小室外觅食。当仔貉开始吃食后，母貉即不再舔食仔貉粪便，仔貉的粪便排在小室里，污染了小室和貉体。所以要注意小室卫生，及时清除仔貉粪便及被污染的垫草，并添加适量干垫草。

采食后的仔貉要供给新鲜、易消化的饲料，最好是在饲料中添加有助于消化的药物，如乳酶生、胃蛋白酶等，以防止仔貉消化不良。饲料要稀一些，便于仔貉舔食，以后随着日龄的增长可以稠些。不同日龄仔貉的补饲量见表 4-9。

表 4-9　不同日龄仔貉的补饲量

仔貉日龄	20	30	40	50
补饲量/[g/(d·只)]	20~60	80~120	120~180	200~270

30 日龄以上的仔貉很活跃，此期应将笼舍的缝隙堵严，以防仔貉串到其他相邻的笼舍内而被母貉咬伤、咬死。

哺乳后期，由于仔貉吮乳量加大，母貉泌乳量日渐下降，仔貉因争夺乳汁，很容易咬伤母貉乳头，因而导致母貉乳腺疾病的发生。发生乳腺炎的母貉一般表现不安，在笼舍内跑动，常避离仔貉吃奶，不予护理仔貉；而仔貉则不停发出饥饿的叫声；抓出母貉检查，可见乳头红肿，有伤痕或有肿块，严重的可化脓溃疡。发现这种情况，应将母、仔分开。如已超过 40 日龄，可分窝饲养。有乳腺炎的母貉应及时给予治疗，并在年末淘汰取皮。

4. 适时断乳分窝　　断乳分窝是将发育到一定程度、已具有独立生活能力的仔貉与母貉分开饲养的过程。仔貉断乳一般在 40~50 日龄进行，但是在母貉泌乳量不足时，可在 40 日龄内断乳。具体断乳时间主要依据仔貉的发育情况和母貉的哺乳能力而定。过早断乳会影响仔貉的发育，过晚断乳会消耗母貉体质，影响下一年生产。

5. 保持环境安静　　在母貉哺乳期内，尤其是产后 25d 内，一定要保持饲养环境内的安静，以免造成母貉惊恐不安、吃仔或泌乳量下降。

七、成年貉恢复期的饲养管理

(一)饲养

恢复期对于公貉是指从配种结束(3月)至生殖器官再度开始发育(9月)之间的时期;对于母貉则是指仔貉断奶分窝(7月初)至9月这段时间。此期公母貉经过繁殖期的营养消耗,身体较消瘦,食欲较差,采食量少,体重处于全年最低水平。因此,恢复期饲养管理的中心任务是给公母貉补充营养,增加肥度,恢复体况,并为越冬及冬毛生长贮备足够的营养,为下一年的繁殖打好基础。

为促进种貉体况的恢复,在公貉配种后20d内,母貉断奶后20d内,应分别继续给予配种期和产仔泌乳期的日粮,以后再逐步喂给恢复期的日粮。

恢复期的日粮中动物性饲料比例应不低于15%,谷物性饲料尽可能多样化,能加入20%～25%的豆面更好,以改善配合日粮的适口性,使公母貉尽可能多采食一些饲料。8～9月日粮供给量应适当增加,使其多蓄积脂肪,以利于越冬。

(二)管理

种貉恢复期经历的时间较长,气温差别很大,应根据不同时期的生理特点和气候特点,认真做好以下各项管理工作。

1. 加强卫生防疫 炎热的夏秋季节,各种饲料要妥善保管,严防腐败变质。饲料加工时必须清洗干净,各种用具要经常洗刷干净,并定期消毒,地面笼舍要随时清扫和洗刷,不能积存粪尿。

2. 保证供给饮水 天气炎热要保证供给饮水,并定期饮用万分之一的高锰酸钾水溶液。

3. 防暑降温 貉的耐热性较强,但在异常炎热的夏季也要注意防暑降温。除加强供水外,还要将笼舍遮蔽阳光,防止阳光直射发生日射病。

4. 防寒保暖 在寒冷的地区,进入冬季后,就应及时给足够的垫草,以防寒保暖。

5. 预防无意识地延长光照或缩短光照 养貉严禁随意开灯或遮光,以免因光周期的改变而影响貉的正常发情。

6. 搞好梳毛工作 在毛绒生长或成熟季节,如发现毛绒有缠结现象,应及时梳整,从而减少毛绒粘连而影响毛皮质量的现象。

八、幼貉育成期的饲养管理

幼貉育成期是指仔貉断奶后,进入独立生活的体成熟阶段,一般为6月下旬至10月底或11月初。此期是幼貉继续生长发育的关键时期,也是逐渐形成冬毛的阶段。最终幼貉体型的大小、毛皮质量的好坏,关键在于育成期的饲养管理。要做好育成期的饲养管理工作,首先要掌握幼龄的生长发育特点,然后根据其生长发育规律,适时提供幼貉生长发育必需的营养物质和环境条件才能促进其正常生长发育。

(一)仔、幼貉的生长发育特点

仔貉出生时体长8～12cm,体重120g左右,身被黑色稀短的胎毛。仔、幼貉生长发育十分迅速，至 60 日龄断奶分窝时，体重可增加十几倍，体长可增加 3 倍左右；至 5~6 月龄长至成年貉大小。仔、幼貉在不同日龄时的体重和体长增长速度分别见表 4-10 和表 4-11。仔、幼貉生长发育有一定的规律性，体重和体长的增长在 90~120 日龄之前最快，120~150 日龄后生长强度降低，150~180 日龄生长基本停止，已达体成熟。

表 4-10　不同日龄仔、幼貉的体重（g）

性别	日龄									
	1(初生重)	15	30	45	60(断奶重)	90	120	150	180	210
公	120.1	295.3	541.9	917.8	1370.6	2724.1	4058.3	4769.2	5445.0	5538.5
母	117.2	294.5	538.6	888.6	1382.5	2783.1	4184.9	4957.6	5654.3	5545.5

表 4-11　不同日龄仔、幼貉的体长（cm）

性别	日龄						
	10	20	30	40	50	60	70
公	18.20	23.10	27.21	32.34	35.95	40.50	44.38
母	18.63	22.73	26.78	31.98	35.83	40.52	43.17

（二）幼貉育成期的饲养

此期饲养管理的主要任务是使幼貉在数量上保证成活率，尽量保持分窝时的只数，在质量上要达到要求的体型和毛皮质量，从而获得张幅大、质量好的毛皮和培育出优良的种用幼貉。

幼貉断奶后前 2 个月是决定其体型大小的关键时期，如在此期内营养不良，极易造成生长发育受阻，即使以后加强营养也很难弥补。因此，此期应供给优质、全价、能量含量较高的日粮，同时还要特别注意补给钙、磷等矿物质饲料及维生素，以促进幼貉骨骼和肌肉的迅速生长发育。幼貉生长发育旺期，日粮中蛋白质的供给应保持在 50~55g/(d·只)，以后随生长发育速度的减慢逐渐降低，但不能低于 30~40g/(d·只)。蛋白质不足或营养不全价，将会严重影响幼貉的生长发育。

幼貉育成期每日喂 2~3 次，日喂 3 次时，早、午、晚分别占全天日粮量的 30%、20% 和 50%，让貉自由采食，能吃多少给多少，以不剩食为准。

（三）幼貉育成期的管理

1. 断乳初期的管理　　刚断奶的幼貉，由于不适应新的环境，常发出嘶叫，表现出行动不安、怕人等。一般应先将同性别、体质体长相近的幼貉 2~4 只放在同一个笼内饲养 1~2 周后，再进行单笼饲养。

2. 定期称重　　幼貉体重的变化是其生长发育快慢的指标之一。为了及时掌握幼貉的发育情况，每月至少进行一次称重，目的是了解和衡量育成期饲养管理的好坏。此外，作为幼貉发育的评定指标，还应考虑毛绒发育情况和牙齿的更换情况及体型等。

3. 做好选种工作　　挑选一部分幼貉留种，原则上要挑选产期早、繁殖力高、毛色符合标准的幼貉作种用。挑选出来的种貉要单独组群饲养管理。

4. 加强日常管理　幼貉育成期正处于炎热夏季，气温较高，管理上要特别注意防暑和防病。除保证供给饮水外，还可在地面洒水降温，对太阳直射的笼舍要遮阴。饲料要保证卫生，腐败变质的饲料绝不能饲喂，水盒、食具要及时清洗，小室内粪便及残食要随时清除，以防止肠炎和其他疾病的发生。7月要接种病毒性肠炎和犬瘟热及其他疫病的疫苗。

九、皮用貉冬毛生长期的饲养管理

皮用貉除选种后剩下的当年幼貉外，还包括一部分被淘汰的种貉，在毛皮成熟期都要屠宰取皮。为了获得优质的毛皮，饲养上主要是保证正常生命活动及毛绒生长成熟的营养需要。皮用貉的饲养标准可稍低于种用貉，以降低饲养成本。但日粮中要保证供给充足的蛋白质，特别是要供给含硫氨基酸多的蛋白质饲料，如羽毛粉等，以保证冬毛的正常生长。如果蛋白质不足，就会使冬毛生长缓慢，底绒发空，严重降低毛皮质量。日粮中矿物质含量不能过高，否则可使毛绒脆弱无弹性。日粮中应适当提高脂肪的含量，不但有利于节省蛋白质饲料，而且貉体内蓄积一定数量的脂肪，对提高毛绒光泽度和增大皮张张幅都有促进作用。此外，应注意添加维生素 B_2，因为当维生素 B_2 缺乏时，绒毛颜色会变浅，影响毛皮质量。

皮用貉在管理上的主要任务是提高毛皮质量。皮用貉 10 月就应在小室内铺垫草，以利于梳毛。此外要加强笼舍卫生管理，分食时注意不要使饲料沾污毛绒，以防毛绒缠结。

第四节　貉饲养场建设

一、貉饲养场的环境要求

参见第二章第五节。

二、貉饲养场建筑设计建造

(一) 棚舍

貉的棚舍是为遮挡风、雨、雪和防止烈日暴晒的简易建筑。棚舍的建筑样式与使用材料同水貂棚舍相近。貉棚舍一般檐高 1.5～2m，宽 2～4m。宽 2m 时，可做成一面坡式的；宽在 4m 以上时，可做成"人"字架式的。长度可视饲养头数及地形、地势条件而定。两棚间距 3～4m，以利于光照。

貂、貉和狐的棚舍可以相互调换使用，只是当改变饲养品种时，仅将笼和小室变换一下即可。

(二) 笼舍和小室

貉笼一般采用钢筋或角钢制成骨架，然后固定铁丝网片。笼底一般用 12 号铁丝编织成，网眼不大于 3cm×3cm；四周用 14 号铁丝编织，网眼不大于 2.5cm×2.5cm。貉笼分种貉笼和皮貉笼两种。种貉笼稍大些，一般为长×宽×高=(90～120)cm×70cm×(70～80)cm；皮貉笼稍小些，一般为长×宽×高=70cm×60cm×50cm。笼舍行距为 1～1.5m，间距为 5～10cm。

小室可用木材、竹子或砖制成。种貉小室一般为长×深×高=(60～80)cm×(50～

60)cm×(45～50)cm；皮貉最好也备有小室，一般为长×深×高=40cm×40cm×35cm。在种貉的小室与网笼相通的出入口处，必须设有插门，以备产仔检查或捕捉时隔离用。出入口直径为20～23cm。小室出入口下方要设高出小室底5cm的挡板，以便于小室保温、垫草，并能防止仔貉爬出。

我国一些地区的养貉户采用铁丝网笼加砖砌小室，笼的两侧面也用砖砌成，很适用。砖砌小室安静，貉不易受到惊扰，保暖性能好，还有利于夏季防暑。但缺点是这种笼舍太小，貉在拘禁条件下养殖，极大地限制了貉群的个体间接触和交流，会造成貉与貉之间生疏和恐惧，对其不利。另外，运动量和光照都感到不足，对貉的繁殖和生长发育会有一定影响。

貉除了笼养外，还可以圈养。但由于圈养卫生条件控制不佳，易出现毛绒缠结，对生产不利，故不常用。

三、貉饲养场环境调控

貉饲养场在建设之初，需要在布局规划时就考虑到外界对貉场的影响，各个功能区之间的相互影响，以及貉场对外界的污染。

貉饲养场与居民区、屠宰场、畜禽市场、畜牧产品加工厂等污染源应保持至少 500m 的距离，与当地水源保持 1km 以上的距离，且应设在居民区主导风向的下风区或侧风区。饲养场内的规划可分为 3 条平行线来建设，布局时按办公区、生活区为上线，生产区为中线，污物处理区为下线来划分，各个功能区相对独立，不能交叉使用。在日常管理时要严格控制外人参观，外来者应着防疫服经消毒后方可入场；饲养人员进、出场应更换工作服和靴子，工作服应定期消毒；饲养场门口及饲养区入口应设消毒槽；应定期驱虫、灭鼠、清理污物。养貉场污水应净化处理后方可排出场外；貉的粪便应进行无害化处理后运出场外。

对病死貉尸体也要实行无害化处理。对病貉应隔离，设专人护理，对其进行治疗。疑似传染病感染貉在隔离后，需进行消毒，紧急预防接种。当发生严重传染病时，除严格隔离病貉外，需立即划区封锁，严重时应扑杀。

第五节　貉产品的生产性能与采收加工

（崔　凯）

第五章　犬

　　人类养犬的历史是漫长的，大约距今 3.5 万年以前，人类就已经成功地驯养家犬。在这漫长的发展过程中，养犬者根据人类自身的需求不断培育出适应人类不同要求的品种类型犬只，早期犬的品种繁育是建立在犬自然倾向及狩猎、畜牧、守卫、生活伴侣等各种用途基础上的，甚至在 19 世纪早期，多数犬仅仅是体形与大小不等的杂种犬。后来狩猎者为追求优秀的猎犬进行了杂交试验。目前，我们所见到的一些优秀品种除少数是古老的品种外，绝大多数都是 19 世纪及以后人工选择杂交的产物。

　　我国具有悠久的养犬历史，至明清(公元 1368～1912 年)时期，我国养犬业得到很大的发展，并培育出许多世界公认的著名犬品种，如北京犬、狮子犬、哈巴狗、拉萨袖狗、沙皮犬、中国冠毛犬、藏獒等。犬是多功能动物，在犬的发展过程中，一个品种的兴与衰，一个新品种的诞生和发展，无不体现出这个品种是否对人类有更多的利用价值。犬的用途大致可以概括如下：①狩猎；②牧畜；③护卫；④救援；⑤导盲；⑥拉拽；⑦竞技；⑧伴侣；⑨搜索；⑩实验；⑪赛展；⑫食用。犬的功能和用途是多方面的，除了以上用途之外，还可以用犬来报警、送物取物、捕鼠、捕蚁等。随着社会养犬业的不断发展，人类应用犬的渠道将会日益拓宽。

第一节　犬的生物学特征

一、分类与分布

　　犬属于脊椎动物亚门(Vertebrata)、哺乳纲(Mammalia)、肉食目(Carnivora)、裂脚亚目(Fissipeda)、犬科(Canidae)、犬属(*Canis*)、犬种(*Canis familaris lineaus*)，广泛分布于世界各地。

二、外形特征

　　犬的品种繁多，体态各异，大小不一，但犬在外形上基本是相似的，犬体是两侧对称的，可分为头、躯干、四肢三部分。

　　1. 头　　犬的头部包括颅部和面部，有嘴、鼻、眼和耳。头部外形有其品种特征，按其长度可分为长头型(如苏俄牧羊犬)、中头型和短头型(如巴哥犬)。不同品种的犬，耳廓也有不同形状，有直立耳(如德国牧羊犬)、半直立耳(如喜乐蒂牧羊犬、苏格兰牧羊犬)、垂耳(如巴哥犬、波音达犬)、蝙蝠耳(如法国斗牛犬)、纽扣耳、蔷薇耳(如灵提)、断形耳等。

　　2. 躯干　　犬的躯干包括颈部、胸部、腰腹部和尾部。犬的颈部肌肉丰满，长度大约与头的长度相等(短头型犬除外)。胸部分为鬐甲、背部和胸廓。发育良好者，鬐甲应高；背部平直而宽阔；胸廓呈椭圆形，容量大且具活动性；腰部短、宽，肌肉发达，稍微凸起。尾部是犬的品种特征之一，有卷尾(如北京犬、秋田犬、藏獒等)、松鼠尾(如爱尔兰水獭猎犬)、钩状尾(如大丹犬、伯瑞犬等)、螺旋尾(如斗牛犬、波士顿狸等)、直立尾(如拳师犬、罗威纳犬等)、旗状尾(如爱尔兰雪达犬)、剑状尾(如德国牧羊犬、哈士奇等)、水平尾(如腊肠犬)和镰状尾(如比格犬)。

3. 四肢　　犬的四肢包括前肢和后肢。一般前脚 5 趾,后肢拇指退化只剩 4 趾。运动型猎犬的体格健壮、四肢较长而灵活,而观赏犬的四肢较短,体型大多矮小。

三、生活习性

(一)杂食性

犬是偏爱肉食的杂食动物,但仍保持着肉食动物的某些特点,如上下颌各长着一对尖锐的犬齿;吃食时总是囫囵吞下;消化道短,食物通过消化道的时间也短;靠嗅觉选择食物,以及适应于一饥一饱的习性,因此,对成年犬可以一天只喂一顿。现在驯养的犬给以植物性饲料为主的配合饲料或者日粮仍然能正常生长、繁殖。

(二)适应性强

犬能承受炎热酷暑和严寒冬季的气候,尤其是对严寒的耐受能力强,即使冰天雪地也丝毫不影响其活动。但犬对高温忍受力较差,犬的正常体温(肛温)为 39～40℃,高于人类。犬无汗腺,主要通过呼吸排出体内多余热量,如犬张口伸舌时,则表明环境温度太高,应及时采取降温措施。如果环境骤然变化,犬身体抵抗力降低,极易诱发疾病。

(三)行为特征

1. 群居,有明显的序位排列　　犬有强烈的群居的社会本能,每只犬总要把自己投身到一个群里(它把人也当作同类),否则就觉得流离失所,心理不能平衡。犬的这种社会性本能在生后随生长而发展,生后 20 多天与同窝幼犬间的游戏,到断乳后便超出窝的范围结交新伙伴,这时正是买犬或换主人的好时机,否则,它会遭受如同"换群"的挫折,如果几经换群就会伤害它的个性发展。假如幼犬超过 3 月龄仍然关在犬舍里很少与人接触,那么它以后就很难成为有用的作业犬。

犬是群居动物,群内有首领和序位排列,序位的高低往往要经过斗争决定。犬的争斗,主要是决定高低而不是拼死活,所以,弱者一方最后会逃避或者仰卧肚腹以示投降。强者见此容态自然罢休。决定序位后,犬会相对遵守各自的排序,包括在摄食、交配、领地等方面,低序位犬只服从或避让高序位犬,使自己处于屈从低位。

2. 有标志行为和领域行为　　犬漫游时经常排尿作"嗅迹标志",并不停地搜寻嗅迹。公犬成年后,在外出游散步时,遇到转角或树干,总是习惯性地停下来,抬起一后肢排尿,然后继续前进。母犬在发情期也有类似现象,排尿前四处嗅一嗅,然后蹲下排尿。公犬比母犬更喜欢漫游,并且更善于利用这种标志。因为母犬在性冲动时分泌一种能使公犬兴奋的物质经尿排出,这种"嗅迹标志"行为使公犬知道母犬发情的信息,于是公犬极力追踪母犬进行交配。

犬具有极强的领地行为,有守卫自己领地的习性。犬在其生活和活动场所经常撒尿做标记,以显示自己占据这个地方。当别的犬进入其领地,犬将做出猛烈的驱赶行为,以保护自己的领地。犬不仅对饲养地视为领地,同时也把饲养人员(或自己的主人)和自己的食具作为领地,表现出极强的占有欲,视为自己的势力范围而加以保护。

3. 犬有到固定地点排便的习惯　犬有爱好清洁、厌恶潮湿的习性，因此它不在吃住的地方排便，喜欢排在墙角、潮湿、荫蔽、有粪便气味处。

4. 犬的休息时间是间歇性的　犬在野生时是夜行性动物，白天睡觉，晚上活动。经过人类的长时间驯化后，与人类基本保持一致，但犬的睡眠与人类不同，不是一觉睡到天亮，而是分无数次阶段性进行，睡觉时始终保持着警惕状态。犬一天累计睡觉时间可达到14～15h。

(四)性格特点

犬的神经系统发达，反应灵敏，容易建立起条件反射。经过训练的犬，可根据主人的语言、命令、表情和手势等，做出各种各样的动作、表演，完成一定的任务。犬的时间观念和记忆力都很强。在时间观念方面，每到喂食的时间，犬都会自动来到喂食的地方，表现出异常的兴奋。如果喂食稍晚，就会以低声的呻吟或扒门来提醒你。在记忆力方面，犬对主人和住所，甚至主人的声音都有很强的记忆能力。犬的记忆能力和归家本领很强，一只犬即使多年不见也能很好地记得主人的声音。犬对主人的忠诚和依恋是任何其他动物所无法比拟的，犬对主人绝对服从，有强烈的责任心，总是千方百计地完成主人交给的任务。

(五)感觉特点

1. 犬的嗅觉灵敏　犬的嗅黏膜面积达160cm²，其内有2亿多个嗅觉细胞，为人类的40倍，能辨别空气中的细微气味。犬在辨别食物时，总是首先表现为嗅觉行为，如丢给犬食物时，犬总是先嗅几遍，然后才确定是否吃掉。初生仔犬也是依靠嗅觉来寻找母乳的。

2. 犬的听觉敏锐　犬通过敏锐的听觉系统可分辨极为细小与高频的声音，且对声源的分辨能力也很强。晚上即使睡觉时，犬对半径在1000m之内的各种声音也能分辨清楚。

3. 犬的味觉迟钝　犬的味觉细胞位于舌上，但感觉不灵敏，不能靠味觉辨别新鲜或腐败等不同种类的食物，仅能靠灵敏的嗅觉来完成这些食物的辨别。所以，在配制犬食时要特别注意食物气味的调理。

4. 犬的视觉不发达　犬眼的调节能力只及人眼的1/5～1/3。对于固定目标，犬在50m以外就不能辨别主人的动作；对于运动的目标，犬可以感觉到825m远的距离。犬是色盲，对颜色辨别能力很差，外界环境在犬的眼睛中均为黑白的，但暗视能力发达，在夜晚微弱光线下，辨别物体的能力很强，故具夜行性。老年犬一般会出现白内障。

(六)寿命

犬的寿命一般为10～15岁，最高纪录达34岁，2～5岁时为壮年时期，7岁后开始衰老，10岁时生殖能力停止。

第二节　常见犬的品种

目前，我们所见到的一些优秀品种除少数是古老的品种外，绝大多数都是19世纪人工选择杂交的产物。世界上犬的品种很多，据不完全统计，约有400种(有的文献记载为850种)。我国是世界上犬品种资源最丰富的国家之一，据《中国畜禽遗传资源目录》(2006年编)记载，我国现有犬的地方种11个(藏獒、西藏狮子犬、西藏㹴、拉萨狮子犬、中国冠毛犬、松狮犬、中国沙皮犬、山东细犬、下司犬、重庆犬、昆明犬），引进品种有 96 个，培育品种 1 个，其中，藏獒和山东细犬被列入《国家畜禽遗传资源保护名录》。下面就饲养数量较大的名犬，特别是中国名犬加以简介。

一、北京犬

1. 起源与历史　　北京犬，又称宫廷狮子犬，原产于中国，在宋朝时该犬被称为罗红犬或罗江犬，在元朝称为金丝犬，在明、清两朝称为牡丹犬。据研究，该犬在我国已饲养了几个世纪，过去只在宫廷内饲养、繁殖，所以血统较纯。1860 年英、法联军侵占北京时，曾从颐和园万寿山慈禧太后所养的犬中掠走 5 只，并将 2 只献给维多利亚女王。现在饲养于英、美两国的北京犬，多数为那时输入英国的后裔。其自 1893 年参加世界名犬大赛后，名声大振，获得众多的喜爱者。

2. 体形外貌　　北京犬身高 20~25cm，体重 3.2~5.5kg。北京犬头部宽大，两耳间宽阔平坦，两额间宽阔；鼻短而阔，色黑，鼻孔大、开阔；额段深，吻部宽短，多皱纹，闭嘴时看不见齿和舌；下颌坚实，宽阔而突出，钳式咬合。眼睛大而圆，微凸，色黑，明亮。肢短，前腕与爪之间弓状弯曲。颈短而粗。身躯短而有力，肋骨适度张开，胸宽，后躯渐细并下垂。背部水平。被毛较长，毛色有白色、红色、黑色、褐色、奶油色等单色毛色和分布均匀的杂色。

3. 性格与用途　　北京犬小巧玲珑，俊秀，它不仅形如狮子，也具有狮子般的勇气，顽强而独立的性格，故又称为"狮子犬"。北京犬气质高贵、聪慧、机灵、勇敢、倔强，性情温顺可爱，对主人极有感情，对陌生人则猜疑。

4. 注意事项　　北京犬扁鼻大眼，易生眼疾及呼吸系统疾病，因此平时要多加注意，防止温差变化过大。需要经常护理梳刷被毛，也需要大量爱抚，不过要防止娇惯。在照顾良好的情况下，可活 14~16 年。

二、藏獒

1. 起源与历史　　原产于我国西藏，是数千年前便活跃在喜马拉雅山麓、青藏高原地区，最古老、最稀有的犬种之一，也是世界猛犬的祖先。马可波罗曾形容该犬"拥有如骡般的高大体魄与如狮子般雄壮的声音之犬"。目前它的足迹遍及全球。

2. 体形外貌　　藏獒属大型犬，体重 70~95kg，身高超过 70cm。藏獒头部大而方，额面较宽，眼睛黑黄色。耳末端稍圆低垂，耳部被毛短而柔顺。藏獒体格强健，四肢发达，尾巴高扬并卷曲于背上，可长达 20~30cm；颜色以黑为多，也有黄色、白色、青色和灰色等。

3. 性格与用途　　该犬耐寒、怕热，在-30℃以下的冰雪中仍可安然入睡。藏獒性格刚毅，力大凶猛，野性尚存，偏肉食，抗病力强，护领地，护食物，善攻击，但对主人亲热至极，温顺、忠实。因此，它既是优良的护卫犬和看门犬，又可作为斗犬来使用。

4. 注意事项　　该犬护食，护领地，对陌生人怀有强烈的敌意。需要大量而剧烈的运动。

三、中国沙皮犬

1. 起源与历史　　中国沙皮犬又称大沥犬、斗犬，原产于我国广东省南海市大沥乡。被毛短而硬，似砂纸而得名，相传 2000 年前就有人饲养，100 年前由香港输入英国，公开展出，1971 年输入美国，并成立了"中国沙皮犬俱乐部"。

2. 体形外貌 中国沙皮犬身高 35～45cm，体重 15～25kg，毛色呈黄色或黄褐色，头肥大笨拙似河马，嘴长大，唇宽厚，面部有许多皱褶，头、颈、肩、皮肤厚韧松弛，多皱褶，富有弹性，用手可抓起 10～20cm，幼犬可达 30cm，耳呈圆三角形，半立半垂，尾似辣椒状向上翘起，胸深宽，臀平直，两前肢间距离大，肘稍外展，后肢强健有力，脚趾并拢似虎蹄。

3. 性格与用途 该犬外形笨拙，但却非常机警、聪慧，勇猛善斗，有贵族气派。对主人非常驯服、忠诚，爱清洁，讲卫生。

4. 注意事项 某些其他品种犬已具有免疫性的疾病，沙皮犬依旧容易感染。沙皮犬极易患眼睑内翻症，购买时应予以注意。

四、山东细犬

1. 起源与历史 山东细犬产于我国山东省和河北省，在山东聊城、梁山一带数量较多，是典型的利用视觉追踪猎物的狩猎犬种，已有 1000 多年的历史。

2. 体形外貌 山东细犬体高 58～67cm，体重 16～26kg。细犬被毛特别短且细密，紧贴皮肤，一般毛长 1cm 左右，有着绸缎般的光彩；头呈长楔形，吻尖细而长，耳朵不大，薄而下垂；胸深腰细，腹收起；四肢细长，前直后弓，后肢肌肉发达，蹄瓣紧密坚硬，足垫厚实；尾细长，自然下垂，稍有弯度。

3. 性格与用途 此犬不只是优秀的猎犬，还是忠诚的看家犬。山东细犬爆发力强、跳得高、跑得快、柔韧灵活，毫不逊色于国外著名的跑犬。但目前细犬的数量已经很少，亟待开发拯救。

五、昆明犬

1. 起源与历史 原产于中国昆明。本犬是中国人民解放军选用优良狼种犬杂交，经 40 余年不懈努力而育成的一个新的优良品种犬。

2. 体形外貌 公犬体重 35～40kg，母犬 30～35kg；公犬身高 65～70cm，母犬 60～65cm。昆明犬外形匀称，体质结实，身体的长和高接近，呈方形，外形匀称，体质结实。四肢细，关节强健，前肢直立，后肢稍向后弯曲，前后肢多有狼爪。尾形为剑状尾或钩状尾，尾长而自然下垂，但不低于飞节。昆明犬毛短，毛色现有青灰、草黄、黑背 3 个品系。

3. 性格与用途 该犬接受训练科目快，依恋性强，忠于主人。追踪、鉴别、搜索等科目的能力稳定，对高原、高寒、高温和高湿地区有较强的适应能力，特别适应于山地作业。昆明犬既是看家的良犬，更是警犬和军犬的优良品种。

六、德国牧羊犬

1. 起源与历史 德国牧羊犬曾叫狼犬、黑背。该犬是 1880 年德国陆军部官员从各地精心选出的优秀牧羊犬，并经改良培育而成。之后将其送到军队中充当军犬，从而开创犬在军队中服役的先河。近年来，该犬在我国也受到公众的欢迎，其影响远远超过了任何一种外来品种的犬。

2. 体形外貌 德国牧羊犬体型较大。体高 56～66cm，体重 31～38kg。德国牧羊犬可分为长毛、短毛与粗毛 3 种。但以短毛牧羊犬较多，且不需要特殊梳理，便于饲养管理，适于工作。长毛种需要经常梳理，勤于打扮，管理较为费事，但因其漂亮优雅，也越来越为世人所喜爱。

3. 性格与用途　　优秀的德国牧羊犬聪明，自信，勇敢但不敌对，感情丰富，在任何情况下都服从主人的命令，被广泛地用于看家、守卫、警用、军用、牧羊、导盲和救护等各个领域，具有"万能工作犬"之称。

4. 注意事项　　有过度护卫倾向。不喜欢悠闲的生活，喜欢工作。长毛型每日需刷毛。

七、西施犬

1. 起源与历史　　西施犬又称狮子犬。因其产于中国，外形像狮子，故又称中国狮子犬。又因其被毛华丽、纯真可爱，故以中国古代美人西施的名字命名。西施犬现为世界名犬，在各国均有众多的爱好者。

2. 体形外貌　　西施犬身高 27cm 以下，体重 4.5～8kg。此犬被毛长而浓密，不卷曲，毛色颇多，但以头部、尾部有白色者较佳。头宽而圆，眼大距离宽，常被鬃毛遮挡；吻短鼻黑，耳大且下垂，饰毛较多，尾部饰毛多，向背部卷曲；胸宽背平，前肢垂直，关节弯曲，后肢短而强健。西施犬与拉萨犬外貌极为相似，不易区分，因此在 1934 年有关养犬俱乐部规定：鼻子及四肢较长者称拉萨犬，头圆鼻短腿短者称西施犬。

3. 性格与用途　　该犬聪明活泼，文静机灵，饶富雅趣，带点高傲，但很喜欢与儿童及主人在一起，也能独自守家。因此，它既是一种室内看家犬，又是男女老幼均喜欢的玩赏犬。

4. 注意事项　　每天要花费很长时间帮它整理被毛，以防缠结。头上的毛最好以蝴蝶结的形式绑起来，以免引起眼疾。

八、喜乐蒂牧羊犬

1. 起源与历史　　喜乐蒂牧羊犬又称谢德蓝牧羊犬。喜乐蒂是该犬的昵称，因其产于英国谢德蓝群岛而得名。

2. 体形外貌　　喜乐蒂牧羊犬身高为 33～41cm，体重 6.0～7.0kg。该犬上毛长粗，下毛短而柔软；颈长胸深，背部平直，腰呈拱形；颈、前胸及尾部有装饰毛；毛色有黑色混杂白色及黑色两种。头呈楔形，吻部长，三角形小耳，呈半竖立状，杏仁眼，呈暗褐色，尾下垂。

3. 性格与用途　　个性温和，活泼好动，易于训练，属智慧型犬种，过去多作为牧羊犬饲养，目前主要用作玩赏犬和看门犬。

九、拉布拉多犬

1. 起源与历史　　拉布拉多犬又叫拉布拉多寻血犬、拉布拉多寻回犬等，原产于加拿大拉布拉多半岛。在世界十大最受欢迎的纯种犬当中，经常榜上有名。

2. 体形外貌　　拉布拉多犬身高为公 56～62cm、母 54～59cm；体重公 27～34kg、母 25～32kg。被毛短而密生，具有很好的防雨御寒性能，适于在冰天雪地工作，毛色有黑黄、巧克力色等；头大额小，鼻宽吻长，耳根偏后，小耳下垂，紧贴头部，眼中等，呈褐色、黄色或浅褐色等；胸深肋宽，背直结实；四肢强健但不过粗，脚趾并拢呈圆形。尾短粗，下垂多毛。

3. 性格与用途　　此犬嗅觉敏锐，警觉活泼，尽职尽责，是优秀的衔取犬，如加强训练，也是出色的警犬和导盲犬。最近拉布拉多犬作为护卫犬和警犬，成绩突出而名誉大振。

十、金毛狩猎犬

1. 起源与历史　金毛狩猎犬又称金毛寻回犬或金毛猎犬，原产于英国。其祖先是俄罗斯追踪犬，1858 年随杂技表演而输入英国，并与英国当地纯种猎犬杂交而成。金毛狩猎犬在欧美颇受欢迎。

2. 体形外貌　金毛狩猎犬公犬体高 56～61cm，体重 29.5～33.7kg；母犬体高 51～56cm，体重 25～29.5kg。全身有金黄色细长的毛被，胸前、腋下及尾根部的毛发尤为丰厚，为具有防水作用的被毛，但头部毛较短。头圆，吻长有力。两眼之间距离较宽，眼睛中等大，呈暗褐色。耳根与眼睛平行，微朝后，两耳下垂。躯干粗壮，胸深厚，四肢有力，尾垂于后。

3. 性格与用途　该犬外貌整洁，性格温顺，勇敢，聪慧，易于训练，性情顽强，忠诚于恋人。多被用作狩猎犬、护卫犬，也可作为导盲犬应用。因其具对小孩有耐心及聪明活泼等优良特点，现逐步发展为广受欢迎的家庭犬。

此外，在国内市场上常见的名贵犬品种还有西藏狮子犬、拉萨狮子犬、中国冠毛犬、松狮犬、巴哥犬、下司犬、重庆犬、泰迪犬、拳师犬、斗牛犬、杜宾犬、大丹犬、纽芬兰犬、博美、寻血猎犬、贵宾犬、巴哥犬、苏俄牧羊犬等 100 多种。

第三节　犬的育种与繁殖

一、犬的选种选配

（一）犬的选种

在犬的选种工作中，为了不致片面，选种应以全面鉴定为基础，在各方面都达标准的前提下，集中力量选择几个主要的性状，这样才能加速遗传进展。因此，犬的选种一定要选择体质健壮、生长发育快、遗传无退化现象、神经类型稳定、抗病力强、繁殖率高的公母犬作种用。

1. 选种条件

1）合乎本品种标准要求，即种犬体质、外形、体重、繁殖、抗病力等要符合本品种要求。

2）被毛紧披，体成线条，膝距适中，头形端正，耳宽长，头部较肩部略高，肩胛肉丰富，颈长短适度，背平直，胸围宽，腹部紧，尾部摆动有力，鼻镜湿润有凉感。

3）种公犬要求雄性强，生殖器官发育正常，精力充沛，另外，还要根据其后代品质进行检查，选后代数量多、品种好的种公犬。

4）种母犬看是否产仔多，带仔好，泌乳能力强，母性好，乳头不得少于 4 对。母性好主要表现在分娩之前会絮窝，产后能定时哺乳。有吃仔和在窝内拉屎尿的母犬一定不能要。在圈养条件下，一般适龄母犬每年发情两次，产两胎，胎产仔 4～6 只。

2. 选种方法

（1）初选　选优良犬种的第 2～5 代的后代。断奶后转入育种群。为了避免近交亲配，初选时可采用同一公犬所产生的后代，选公不选母、选母不选公的办法，种犬要有记录卡。

（2）复选　将选出的育种群每隔半年再选择一次，选择生长发育良好、身体健壮、外生殖器无缺陷的留作种用,其余不合格的转入待发。

(3)定种　　犬交配生产之后看其交配的受孕率、产仔的多少及仔犬的成活率如何,再进一步选择,将生产性能好的留作种用。生产性能差的转入商品犬群。

(二)犬的选配

选配是人们有意识、有计划地选择公母犬的配对,以组合后代的遗传基础,达到培育或利用良种的目的。在育种工作中,选配是选种不可替代的,它创造必要的变异,使理想的性状固定下来,把握变异的方向。

二、犬的繁殖特点

(一)性成熟

母犬的初次发情标志其已性成熟,一般发生于生后 6~12 月龄,小型犬较大型犬略为早熟。母犬可以交配的月龄是 18 月龄以后(即第三次发情)。公犬性成熟在 12~16 月龄,可交配的年龄是 18 月龄至 2 岁。小型品种可提前。国外的品种协会一般均要求达到 18 月龄或 24 月龄才交配,否则,所生后代不予登记。母犬的繁殖力可维持到 8~9 岁,公犬可达到 10 岁。

(二)母犬的发情周期

犬是季节性单次发情动物,正常情况下,每年春季的 3~5 月和秋季的 9~11 月各发情 1 次,发情持续为 3 周之久,个别的持续 4~5 周。犬的发情期比一般家畜长约 10 倍,表现为各期都比较长,以发情期尤为突出。

1. 发情前期　　发情前期指从阴道开始排出血样分泌物起到开始愿意接受交配为止的一段时期,平均为 9d(5~15d)。这时期的主要生理特征是:阴门水肿,其体积增大,阴门下角悬垂有液体小滴,其水分使周围毛发及尾根毛发湿润,并可能粘在一起。2~4d 后阴门有血样黏液流出,此时母犬表现不安,对周围环境反应冷漠,不服从饲养员的命令。有些母犬相互爬跨,饮水量增加,排尿频繁,此时对公犬不感兴趣,甚至在公犬接近时攻击公犬。此期对年龄较大的母犬来说,开始时外部特征不太明显,因此对大龄犬要注意观察,避免错过交配日期。

2. 发情期　　发情期指开始接受交配之日起到最后接受交配之日的这段时间。时间约为 9d(7~12d)。这时期的主要生理特征是:外阴红肿,阴道分泌物由血红色转变为无色透明或淡黄色。母犬此时愿意亲近并吸引公犬。母犬屁股对着公犬头部、腰部凹陷,骨盆区抬高以露出会阴区,尾巴弯向一侧,阴门开张。母犬一般在发情开始后 2~3d 排卵,排卵时间受年龄影响,青年母犬排卵较早,老龄母犬排卵较迟,在开始排卵后这段时间是最佳交配时间。

3. 发情后期　　发情后期指最后一次接受交配到黄体退化的一段时期,平均为 75d(70~90d)。在发情后期,阴门水肿迅速消失,阴道仅少量黏液排出。母犬表现为安静、松弛,对公犬的吸引作用很快降低。

4. 乏情期　　卵巢没有生理活动的一段较长时间:平均为 3 个月左右。正常情况下,乏情期阴道不排黏液。

（三）公犬的发情表现

公犬本身不受季节限制，只要母犬允许，任何时候都可交配，也就是说，繁殖时期取决于母犬的发情、排卵时期。公犬全年均可发情，但多数是闻到母犬阴道排出的气味而导致发情。尤其是在附近的母犬发情，阴道流出分泌物，其特殊气味刺激公犬，引起公犬食欲减退、兴奋不安、狂叫不已。

三、犬的繁育方法

（一）最适配种时间

犬排卵时间因个体不同而异，新排出的卵只有经过 2～5d 的成熟分裂后才能够受精。一般情况下，精子在母犬生殖道内存活的时间为 268h，保持受精能力为 134h。因此，在发情第一天进入母犬生殖道的精子在发情期的大部分时间都有受精能力。

犬在单独圈养或人工授精的情况下，确定最适配种时间非常重要，可采用不同的方法进行发情鉴定，如观察母犬的行为、阴道黏液及进行阴道细胞学检查等来确定最适配种时间。

通常母犬是在开始发情后 2～3d 开始排卵，因此，最适配种时间是母犬首次对公犬表现亲近后的 3～5d，或首次接受交配后的 2～3d，接受交配是发情最可靠的反映。母犬最适配种时间详见表 5-1。

表 5-1　母犬最佳配种时间

类型	特征	最佳配种时间
行为	1）首次对公犬表现兴趣	3～5d 后
	2）首次接受交配	
	3）愿意把尾倒向一侧	2～3d 后
临床表现与生化反应	1）阴道排出血红色黏液	13（8～14）d 后
	2）黏液由红色变黄色	2～3d 后
	3）葡萄糖反应（检验是否有葡萄糖）	第二次阳性反应时
阴道细胞涂片	1）无核表皮细胞	100%时
	2）白细胞	重新出现时
	3）角化指数（CI）	超过80%时
	4）嗜酸性细胞指数（EI）	60%时

注：角化指数=（角化细胞总数/上皮细胞总数）×100%；嗜酸性细胞指数=（嗜酸性细胞总数/上皮细胞总数）×100%

（二）配种方法

犬的配种方法有两种：一种是自然交配法，另一种是人工授精法。

1. 自然交配法　　自然交配就是公母犬直接交配。一般采取用同一公犬 2～3 次交配，也就是进行复配，每次交配要间隔 12～24h；另一种方法就是双亲交配法，用二公一母交配，一只公犬交配完之后间隔 12～24h，再用另一只公犬进行交配。

如果有的发情母犬拒绝交配，可换另一只公犬试试，因为有些母犬有选择公犬的习性。如仍配不上，可将公母犬同关在一间犬舍让其互相熟悉，直到配上为止。是否配上可通过检查母犬阴户外翻程度确定，如外翻很明显，则证明已配上。

在自然交配中，公犬的射精过程分三次完成。第一次是在阴茎尚未完全勃起时，主要由尿道球腺分泌物组成，体积为 0.4～2.9ml；第二次是在阴茎前后抽动刚停止时，是乳白色较浓的液体，是由副睾射出的，其中含有较多的精子，体积为 0.7～2.5ml；第三次是在公犬刚完全扭转 180°角，头朝向与雌犬相反的方向时，其成分是前列腺分泌物，体积为 10～30ml。公犬一次交配完之后，性欲消失，休息片刻后，公犬性欲恢复，可再次进行配种，如不加控制，公犬一天可交配 5 次。

2. 人工授精法　　1780 年，意大利生物学者斯帕兰兹尼用 19g 精液给母犬输精，经过 62d 产出 3 只仔犬，这是用犬进行人工授精的开端，同时也正是由于这一成功的实验揭开了家畜人工授精历史的序幕。犬常用的采精方法有按摩采精法、假阴道采精法和电刺激采精法。犬的采精频度应每周 2～3 次，也可隔日采精，且在采精时要注意公犬的性表现和精液品质的变化。全精液稀释液的种类很多，不同品种犬的精液保存，所用的稀释液也不同。现在常用的、廉价的稀释液为煮沸而冷却的鲜牛奶、卵黄-柠檬酸钠、2.9%柠檬酸钠等。输精可借用羊的输精器或自制。自制可用 10ml 注射器安上胶皮管，也可用直径 10mm、长 200mm 的尖头 5ml 吸管。输精时常将母犬倒立，其后躯用人的两肢保定，另一人将输精管缓慢插入阴道往子宫外口注入精液。输精后为避免精液逆流，可按原姿势保持 10min 左右。并且以右手食指戴上灭菌的指套伸入阴道内，有节奏地上下颤动 2min（频率 0.8s/次），模拟自然交配的"栓结"作用，以有利于防止精液倒流。根据母犬体型大小及精液品质，确定输精量，一般为 1.5～10ml，有效精子数应为每毫升 0.6 亿～2.0 亿个。母犬每个发情期输精 2 次即可。新鲜精液活力要求在 0.6 以上，低温保存者经升温后不宜低于 0.5。

四、犬的妊娠与产仔

(一)胚胎的早期发育

排卵后卵子进入输卵管并与精子结合，即受精。在排卵后 24～48h，受精卵转移到输卵管中部，在 72h 后开始分裂，在 96h、120h、144h、168h 和 192h，受精卵分别发育到 2 个、2～5 个、8 个、8～16 个、16 个细胞，并转移到输卵管子宫端，在 204～216h 后，桑椹胚进入子宫。在子宫里，桑椹胚很快发育成囊胚，再经约一周的发育，即在配种后 17～22d，胚胎附植在子宫里，即胚胎与母体间建立了胎盘联系，从而可从母体血液中吸收营养，并把代谢废物排入母体血液中。

(二)妊娠期与妊娠表现

如果从第一次交配算起，妊娠期平均为 60d（58～63d），因此，知道第一次交配的日子，有利于预测分娩日期。根据犬的第一次交配时间，我们可以大致地推算出犬的预产期，其方法为：从交配的那一天开始算起，1～2 月交配，其预产期为月+2、日+4；3～6 月、8～11 月交配，其预产期为月+2、日+2；7 月、12 月交配，其预产期为月+2、日+1。

交配后判断母犬是否妊娠的方法很多，如有触摸法、血液学检查法、阴道样品涂片法等，但在实际生产中应用较多的是靠眼看手摸：看母犬外阴唇外翻程度，外翻明显的可能已经配上，若交配后仍呈自然闭合状态，则未配上，已配上的母犬食欲旺盛，在交配后 15～20d，母犬的胸部乳头红肿，30d 后腹部开始逐渐膨大，用手轻按腹部，可触到瘤状物。通常在交配后 10d 内，以静为宜。适宜的运动方法是由人牵着散步。妊娠 40d 后也需要安静，一般在妊娠 58～63d 分娩者较多。

(三) 犬的分娩

1. 分娩前的准备工作　犬妊娠 50d 后，就要准备产床和产箱，并把犬转移到产床或产箱中去，以便其熟悉和适应产箱周围环境。产箱应安置于安静、温暖、空气新鲜、不太干燥并且远离其他犬的地方，产箱高度以生下的小犬爬不出来为宜。产箱底部可铺上软草或报纸，并定时更换，在产箱的一边开一出入口。预产期前 2～3d，应当少喂一些，避免饲喂容易引起便秘的食物。

2. 分娩预兆　随着胎儿发育成熟和分娩期的临近，母犬的生理机能、行为特征和体温都会发生变化，这些变化就是分娩预兆(表 5-2)。犬的分娩多在夜间或清晨，根据分娩预兆可大致判断分娩的时间，从而有利于做好母犬分娩的接产工作。

表 5-2　母犬分娩预兆

分娩预兆	至分娩时间		
	平均	范围	出现频率/%
胎动	2 周	1d～3 周	12.6
腹壁扩大	11d	1d～3 周	10.7
懒惰	10d	1d～3 周	12.6
造窝	3.5d	30min～2 周	45.6
呕吐	3.5d	45min～2 周	13.2
吼叫	2.5d	8h～1 周	14.9
乳头出现乳汁	2d	15min～1 周	19.3
尿频	2d	15min～1 周	16.9
不安	30h	1.5h～2 周	57.7
前肢刮地	24h	30min～1 周	32.0
食欲降低	20h	3h～1 周	37.1
寻求保护	20h	1h～2d	15.1
体温降低	19h	8～30h	22.6
排出红色或黏性液	12h	1min～4 周	34.6
呼吸加快	12h	15min～2d	30.8
舔阴门区	12h	1min～2d	13.8
呻吟或哀号	10h	2min～4d	21.3

资料来源: 曹文广, 1994

3. 分娩过程　尽管分娩是一个连续性的过程，但为了描述方便，可把分娩过程分为分娩前期、中期和后期三个阶段。

(1)分娩前期(又称为开口期)　其子宫开始收缩到子宫颈完全张开的这段时期，这个时期首先破水的是尿膜，尿膜破裂，尿水流出；其次破水的是羊膜，羊膜破裂流出羊水，胎水从阴道流出。

(2)产出期(中期)　胎儿进入产道，子宫肌、腹肌进一步收缩，腹内压急剧升高，在子宫收缩和强烈努责推动下，胎儿自产道排出体外。此时可见母犬阴部膨胀，从阴道排出一个椭圆形的胎膜，膜内包着一个仔犬胎儿。

（3）后期　　　胎儿产后胎膜排出期，一般持续时间为 5～10min。

（四）母犬的助产

母犬出现分娩症状时，用温水、肥皂水将母犬外阴部、肛门及尾根、后躯洗净擦干。再用 1%的来苏水溶液清洗外阴部。助产人员的手臂应用 0.5%的新洁尔灭溶液消毒。母犬分娩多数可自然产出，若有下列异常现象，应及时采取相应措施助产。

1. 母犬不撕破胎膜　　　当胎儿露出阴门后，母犬不主动去撕破胎膜时，要及时帮助其把胎膜撕破。撕破胎膜要掌握时机，不要过早，避免胎水过早流失造成产出困难。

2. 母犬产力不足　　　有些母犬特别是初产母犬和年老的母犬，由于生理原因出现阵缩、努责微弱，无力产出胎儿，此时要使用催产素，同时用手指压迫阴道刺激母犬反射性地增强努责。

3. 胎儿过大或产道狭窄　　　出现这种情况必须采取牵引术进行助产，方法是消毒外阴部，向产道注入充足的润滑剂。先用手指触及胎儿掌握胎儿的情况，再用两手指夹住胎儿，随着母犬的努责慢慢拉出，同时从外部压迫产道帮助挤出胎儿，或使用分娩钳拉出胎儿，使用分娩钳时应尽量避免损伤产道。

4. 胎位不正　　　犬正常的胎位是两前肢平伸将头夹在中间，朝外伏卧。产出的顺序是前肢、头、胸腹和后躯，正常胎位的分娩一般不会出现难产，而且有 40%左右以尾部朝外的胎位分娩也属正常。当胎位不正引起产出困难时，就要进行整复纠正，方法是用手指伸进产道，并将胎儿推回，然后纠正胎位。手指触及不到时，可使用分娩钳。

正常助产如果没有效果，就可能发生难产，应及时做进一步处理，必要时应进行剖宫产。

五、提高犬繁殖力的措施

犬的繁殖是犬业生产的重要环节，繁殖力的高低则是衡量繁殖工作好坏的一个重要标志，只有采取综合措施，才能切实有效地提高犬的繁殖力。

1. 抓好种犬的选种配种工作　　　俗话说"好种出好苗"，所以种犬的好坏直接影响其繁殖力。一定要选择那些无退化现象、神经类型稳定、体质健康、生长发育快、抗病力强、繁殖力高的公母犬作为种用犬。

2. 科学的饲养管理　　　加强种犬的饲养管理是保证犬正常繁殖力的基础。应根据犬的不同品种、类型、年龄、生理状态、生产性能等喂以不同的营养物质。

3. 防止妊娠母犬流产和减少胚胎死亡，提高仔犬成活率　　　胚胎死亡是影响产仔数等繁殖力指标的一个重要因素，因此要适时输入高质量的精液，加强饲养管理，改进犬房结构，做好环境的消毒工作，切实减少胚胎的死亡和防止妊娠母犬流产。同时需把好断奶关，按时对幼犬进行分窝，加强管理，把好疾病关。此外，加强饲养人员的责任心，培养良好的职业道德，对于切实减少胚胎死亡和防止妊娠母犬流产、提高仔犬成活率是必要的手段。

4. 推广繁殖新技术　　　随着科学技术的发展，犬的繁殖技术不断研究成功并用于生产，人工授精、冷冻精液、诱导发情、同期发情、超数排卵、胚胎移植、遗传工程和生殖激素的运用，都为提高犬的繁殖力发挥了很大的作用。

5. 做好繁殖组织和管理工作　　　提高繁殖力不单纯是技术问题，还必须与严密的组织措施相结合。

第四节　犬的营养与饲养管理

一、犬的营养需要和饲养标准

目前在美国常用的犬营养需要标准是美国国家科学研究委员会(NRC)1985年和1986年的版本，它是基于犬生长的最低营养需要量。另外一个重要的参考标准是1974年的NRC标准，因为该标准对营养建议量留有一个约20%的安全界限。因此美国玩赏动物食品研究所等单位目前仍然继续应用1974年版本的NRC标准。另外，美国饲料管理协会(AAFCO)于1997年提出的犬饲养标准(表5-3)，各项指标均以饲料中的营养浓度表示，计算配方较方便，可参考使用。我国除部队、公安部门饲养的军犬和警犬及杂技团饲养的玩赏犬营养标准较高外，其他犬营养水平都比较低，我国到目前为止没有制定犬的营养标准，为了使犬能够健康生长，必须根据营养需要，参照国外标准，将各种饲料按一定比例配合在一起，制成营养比较全面的日粮。

表 5-3　AAFCO 犬饲料营养标准(1997 年)

营养成分	生长和繁殖犬 最低需要量	成年犬维持 最低需要量	最大用量	营养成分	生长和繁殖犬 最低需要量	成年犬维持 最低需要量	最大用量
蛋白质/%	22.0	18.0		镁/%	0.04	0.04	0.30
精氨酸/%	0.62	0.51		铁/(mg/kg)	80	80	3 000
组氨酸/%	0.22	0.18		铜/(mg/kg)	7.3	7.3	250.0
异亮氨酸/%	0.45	0.37		锰/(mg/kg)	5.0	5.0	
亮氨酸/%	0.72	0.59		锌/(mg/kg)	120	120	1 000
赖氨酸/%	0.77	0.63		碘/(mg/kg)	1.5	1.5	50.0
蛋氨酸+胱氨酸/%	0.53	0.43		硒/(mg/kg)	0.11	0.11	2.00
苯丙氨酸+酪氨酸/%	0.89	0.73		维生素A/(IU/kg)	5 000	5 000	250 000
苏氨酸/%	0.58	0.48		维生素D$_3$/(IU/kg)	500	500	5 000
色氨酸/%	0.20	0.15		维生素E/(IU/kg)	50	50	100
缬氨酸/%	0.48	0.39		维生素B$_1$/(mg/kg)	1.0	1.0	
脂肪/%	8.0	5.0		维生素B$_2$/(mg/kg)	2.2	2.2	
亚油酸/%	1.0	1.0		泛酸/(mg/kg)	10	10	
钙/%	1.0	0.6	2.5	烟酸/(mg/kg)	11.4	11.4	
磷/%	0.8	0.5	1.6	维生素B$_6$/(mg/kg)	1.0	1.0	
钙磷比	1:1	1:1	2:1	叶酸/(mg/kg)	0.18	0.18	
钾/%	0.6	0.6		维生素B$_{12}$/(mg/kg)	0.022	0.022	
钠/%	0.30	0.06		胆碱/(mg/kg)	1 200	1 200	
氯/%	0.45	0.09					

注：假设饲料代谢能为 3.5MJ/kg 干物质，如高于 4.0MJ/kg 干物质，应予以矫正

二、犬的日粮配合

虽然犬属于肉食类哺乳动物，但它具有杂食性，完全可以利用不同原料为犬配制一种全价饲料，满足犬的需要。在配合日粮时可参照表5-4进行。

表5-4　日粮干物质应含养分

状态	最低代谢能/(kJ/g)	蛋白质/%	脂肪/%	粗纤维/%	钙/%	磷/%	钠/%
维持	3.50	12～15	>8	<5	0.5～0.9	0.4～0.8	0.2～0.5
发育、妊娠、哺乳	3.90	>29	≥17	<5	1.0～1.8	0.8～1.6	0.3～0.9
应激	4.20	>25	>23	≤4	0.8～1.5	0.6～1.2	0.3～0.6
老龄	3.75	14～21	>10	<4	0.5～0.8	0.4～0.7	0.2～0.4

要根据犬对营养的需求配制犬日粮，同时还要考虑饲料原料的种类和来源、营养成分和适口性，犬的消化、生理特点，饲料加工方式、饲喂方式及配制量、使用量和贮存等方面的因素。

在养犬的数量少（如家庭豢养的玩赏犬、护卫犬等）、饲料的来源广、种类经常变化的情况下，犬的日粮中各种营养成分的掌握要求不是十分严格，更多的是从适口性方面考虑。

由于犬的日粮中原料成分经常变化，只要保证犬能采食到足够的食物，犬也极少发生某种营养成分的缺乏和失衡。犬饲养场（户）在配制犬的日粮时，主要考虑饲料的营养，必须要求饲料的原料来源稳定，要准确掌握、计算营养成分和原料种类的比例接近和达到营养全价。常用的计算方法有"试差法"和"四角法"。通过计算制订出犬的日粮配方。

三、犬的一般饲养管理原则

由于养犬的用途、数量、品种的不同，以及受经济价值的影响，其要求也是不同的。如果养犬是为了巡逻、警戒、玩赏或肉用，饲养的质量高及数量多，饲养管理就显得非常重要。实行科学养犬，提高养犬的生产水平，就必须考虑犬的生物学特征和不同生产阶段的生理特点。针对性地采取有效的饲养管理与护理措施，才能收到事半功倍的效果。

(一)饲料合理多样，科学配制日粮

为了保证各类犬获得其生长与生产所需营养物质，应根据各犬群的生理阶段及体况和具体表现，按饲养标准的规定，分别拟定一个合理使用饲料、保证营养水平的饲养方案。例如，妊娠期体况较好的母犬，供给高能量水平的日粮，易导致胚胎早期死亡；而对体况较差的妊娠母犬则需能量较多；对不同时期生长发育的幼犬及未成年的犬，能量的供给也是不一样的。故应根据各类犬群制订不同的饲养方案。配合饲料时应尽量做到饲料原料多样化，做到多种饲料原料合理搭配，这样不仅能提高饲料的适口性，还能使各种营养物质得到相互补充，从而提高饲料的营养价值。不同的饲喂方法，对饲料的利用率有一定的影响。自由采食的犬肥胖，限量饲养可提高饲料的利用率。

(二)建立稳定的生活制度

根据犬的习性做到饲喂六定(定时、定量、定温、定质、定食具、定场所)的稳定生活制度。

1. 定时　　定时是指每天饲喂时间要固定。定时饲喂能使犬形成条件反射,促进消化腺定时活动,有利于提高饲料的利用率。一般成年犬每日喂 2 次,1 岁以内的犬每日喂 3 次,3 个月以内的仔犬每日喂 4 次,2 个月以内的仔犬每日喂 5 次,1 个月以内的仔犬每日喂 6 次。孕犬、哺乳犬和病犬可酌情掌握。

2. 定量　　定量是指每天饲喂的饲料量要相对稳定,不可时多时少,避免犬只饱一顿或饥一顿的现象。喂得过多,引起消化不良;喂得太少使犬感到饥饿,不能安静休息。但要注意不同个体间的食量可能有很大差异,还要靠饲喂者自己的观察来确定。

3. 定温　　定温是指根据不同季节的气温变化,调节饲料及饮水的温度。饲料和饮水的温度不能过高或过低,一般宜掌握在 35~40℃,但冬、夏有别,要做到"冬暖、夏凉、春秋温"。饲喂饲料的温度过高或过低,会影响犬的食欲及引起消化道等疾病。

4. 定质　　定质是指日粮的配制不要变动太大,喂用的饲料质量一定要保持清洁新鲜,防止吃霉烂腐败的饲料,变更饲料时要逐步改变。

5. 定食具　　定食具是指每只犬食具专用,不得串换食具。用后清洗干净,放置时防止苍蝇乱飞乱落,保持清洁,定期煮沸消毒。防止传染疾病。

6. 定场所　　定场所是指犬在固定的地点睡觉、进食的习性。犬床要固定,不可随意改变位置,饲喂场所要相对固定,不可到处乱喂,有些犬在更换饲喂场所以后常拒食或食欲明显下降。

(三)充分运动,增强体质

对犬正确地实行散放和运动,可以培养犬的良好习性,增强犬的体质和各种器官的机能,以及调整犬的神经活动等。这不仅是日常管理的必要内容,还与训练和使用有着密切的关系。在一定意义上讲,散放和运动本身也是一种训练。有的训练员往往因忽视这一点,给训练和使用带来不好影响。因此,要把散放、运动与训练、使用结合起来。运动的方式应视运动的目的不同而异。运动量因品种、年龄和不同的个体而异,室内犬一般每日 2~3 次,每次至少20min。夏天运动量要小些,冬天可适当增加。

(四)注意环境卫生

环境卫生主要指犬舍的卫生,不仅包括环境的温湿度、器具的消毒,还包括犬饮用水要用清洁的自来水或井水,不能用厨房里的泔水和地表水,以免引起食物中毒、寄生虫病和消化器官疾病;圈舍的排水沟要保持畅通;圈舍周围的粪便和污物要及时清理、运走,并集中堆放在指定地点;犬粪应进行深埋或堆积发酵等无害化处理;夏季要注意消灭蚊、蝇等。

(五)搞好犬体卫生

犬体的卫生工作必须经常认真地去做,这对于犬的健康有重要意义。如果不保持犬体卫生,在犬的皮肤上存有污垢,会使新陈代谢的作用减弱,容易传染皮肤病,甚至使犬的抵抗力下降,体质衰弱,影响犬的优良品质的发挥。养在自然环境下的犬本来是一年两次换毛(春、秋),而养在室内的犬则打乱了这一规律而变成了长年不断地换毛。为了保持室内整洁和使犬体保持清洁、健康和更加美丽,不论长毛犬还是短毛犬,都应对其被毛做必要的日常梳理、修剪和洗浴。做到定期免疫、定期驱虫。

(六)加强犬的训练与调教

训练与调教是指依据犬的生物学特性,对犬施以影响,使犬形成良好的行为习惯和服从性,培养犬健康的性格,塑造犬健康的心理,开发、培养和巩固犬为人类服务能力的过程。在家庭生活中,通过训练的观赏犬可以完成如衔取飞盘、跳跃木架、就地打滚、拱足感谢等表演动作,给人们生活带来无穷的乐趣。

(七)勤观察

勤观察是指要密切注意犬的动态,及早地发现疾病和隐患,及时纠正饲养管理中的失误。

1. 观食欲　　在喂食时,健康犬对主人和投料的声音极熟,一到时间就会找食,这样的食欲是健康犬的重要标志。对于不走近食槽的犬、不采食的犬、采食慢或中间退槽的犬,应在背上做上记号,饲喂结束后,立即诊察,进行处置。

2. 观饮水　　一般情况下,健康犬饮水时反应敏捷,饮水适量;而病弱犬则反应迟钝。当犬舍内温度过高、饲料中含盐量过高、饲料发霉时,犬的饮水量增多。

3. 观粪尿　　清扫犬舍时要注意观察粪便的形状与颜色是否正常。成年犬一般每天排粪1~2次,粪成长条形,呈灰褐色。若粪便过稀或不成形,则是摄入水分过多或消化不良的表现;粪便呈浅黄色泡沫样或黄绿色、恶臭,则大部分是肠炎引起的。

4. 观动作　　健康犬精神活泼、好动,特别是仔犬,见到主人时,很快围上来,与饲养人员进行戏耍,不停地跳跃,或啃舔主人的鞋、手等。如动作不活泼、离群、呆立、精神不振等,则是不健康的标志。有跛行等症状的也要仔细观察。

四、种公犬的饲养管理

种公犬的最初配种年龄以满 2 岁、性器官完全发育成熟时为佳。在配种期,公犬代谢旺盛,活动量较大,需要较多的能量。应在配种期前 10~15d 逐渐将饲粮营养水平提高到配种期的水平(消化能 14MJ/kg,粗蛋白质 16%~18%),饲喂量则根据其体重大小和配种任务而定。采用均衡较高水平的饲养方法,配种季节进一步加强营养,饲料中蛋白质、维生素 A、维生素 E 及矿物质含量略高于一般犬。可加喂鸡蛋、肉类等。饲喂保持六定,不可喂得过饱,供给充足清洁的饮水。小型犬比大型犬的饲料应加大蛋白质类饲料如肉奶蛋的补饲,以补充配种的体力消耗。对种公犬的管理应从以下几个方面进行。

1)为避免种公犬之间打斗,减少外界干扰,使其有安静的环境,保障其食欲正常,性欲旺盛,种公犬必须单圈饲养。

2)加强犬只运动,定期把犬赶出犬舍,让其在运动场上活动。

3)种公犬体况适中是犬繁殖配种最基本的条件,如果种公犬的体况过肥或过瘦,对犬的繁殖均有不利影响,因此,定期观察种公犬的体况,不要让其过肥或过瘦。

4)对犬要定期梳洗,减少皮肤病的发生。

5)对种公犬的配种要合理安排,配种次数不要太多。配种次数一般控制在每周配 1 条犬,每日配 1 次，年配种 20 次以内最佳，最多不超过 40 次。要注意种公犬生殖器官的保健护理，经常保持清洁卫生，以防感染疾病。配种之后休息，并加强营养。

五、种母犬的饲养管理

(一)妊娠母犬的饲养管理

母犬的妊娠期为 60d 左右，在妊娠期中为满足母犬本身和胎儿的营养需要，首先要加强营养，喂优质饲料保证胎儿发育和母体健康，妊娠头一个月胎儿较小，不必给母犬特殊的饲养措施。但要注意按时喂食，不可早一餐，晚一餐。一般妊娠母犬在妊娠初期都有不同程度的妊娠反应，如呕吐、食欲不好，此时，应调配适口性好的饲料饲喂，一个月后，胎儿发育迅速，对各种营养物质需要量增加，这时除了维持食物正常供给量外，还应该适当增加肉类、鱼类、豆类、牛奶、杂食和新鲜蔬菜等营养丰富的饲料。到妊娠后期还应该注意补充钙或骨粉和适量的鱼肝油，以促进胎儿的发育。当胎儿长大，腹腔胀满时，即 35～45d 时，应改喂每天三餐，至临产时每天四餐，少食多餐，避免采食过量，引起消化不良，并减轻腹压。不喂发霉变质的饲料，不喂冷饮冷食，以免刺激肠胃甚至引起流产。在管理上应注意以下几点。

1)妊娠母犬应每天适当运动。妊娠前期每天运动 2h 左右，后期采用自由活动方式。严禁抽打，跨越障碍物，避免做剧烈运动。避免流产、胎儿死亡和早产现象的发生。

2)妊娠母犬的卫生，经常给母犬刷拭身体，保持犬体卫生。母犬在妊娠 20～30d 时，可驱虫 1 次。在分娩前几天以肥皂水擦洗乳房再用清水洗净擦干。长毛犬乳头周围的毛在产前应剪去。

3)妊娠后期，要让犬多晒太阳，一方面可杀死体表细菌，促进血液循环；另一方面，母犬皮毛中的麦角固醇和 7-脱氢固醇在紫外线的照射下，能产生维生素 D 元，促进骨质生成，对孕犬腹中的胎儿有极大好处。

4)在妊娠期间，如果发现母犬患病，要及时请兽医治疗，不可自己乱投药，以免引起流产和胎儿畸形。

5)妊娠 50d 后准备产箱(木质结构，冬季垫草)和必要的接产器具。

(二)哺乳母犬的饲养管理

哺乳母犬不仅要满足自身的营养需要，还要保证泌乳的需要，除分娩后最初几天母犬食欲不好外，在整个哺乳期间要加强饲料量，每天喂三次，而且营养要求比较丰富，还要经常检查母犬的喂奶情况，如发现仔犬哀鸣、四处乱爬、寻找母乳时，说明母犬泌乳不足，除了给母犬增加营养外，还可饲喂红糖水、牛奶等，或将亚麻仁煮熟，同食物一起饲喂母犬，以增加泌乳能力，并对仔犬进行人工哺乳。在管理上主要从以下几个方面注意。

1)经常给母犬做清洁和梳理工作。经常检查乳房，可防止乳房炎的发生，最好每天用消毒药水擦洗乳房。

2)每天适当运动，创造安静的环境。禁止各种剧烈运动，特别是不准打骂惊吓，以免激怒母犬，造成踩死、吞食仔犬现象的发生。

3)经常检查乳房的膨胀情况，以防乳腺炎的发生。每天最好用消毒剂浸过的棉球擦拭乳房 1 次。对泌乳不足或缺乳的母犬，除加强营养外，还要喂给有催乳作用的药物，并经常按摩乳房，促进乳房发育。

（三）空怀母犬的饲养管理

空怀期母犬处于上次生产后的恢复和下次生产的准备阶段，其营养可保持维持状态的水平。母犬排卵数的多少，虽与遗传有关，但也取决于饲养管理的好坏。在一般情况下，成年母犬在一个发情期内约排 20 枚卵，而实际产仔仅 10 只以下，如能切实加强饲养管理，还有相当潜力。俗话说："空怀母犬八成膘，容易怀胎产仔高。"母犬太肥或太瘦，都会引起不发情，排卵少，卵子活力弱，易出现空怀等情况。因此，在营养供给上要全面、丰富，给以足够数量和优质的蛋白质，并充分重视补给无机盐，如钙、磷、钠及维生素 A、维生素 D、维生素 E 等，使其保持适度的体况。对那些体况较弱和产仔多的母犬，在配种前应加强营养，逐渐过渡到妊娠母犬的营养水平，这样可促进多排卵。在管理上主要从以下几个方面注意。

1）加强户外活动。为母犬提供一个干燥、清洁、温湿度适宜、空气新鲜的环境，让犬多接触阳光、充足的运动、适宜的阳光和新鲜的空气，对促进发情和排卵有重要意义。

2）注意防寒保暖。寒冷的冬季和炎热的夏季对犬的健康都有不利影响，甚至影响发情配种。

3）抓住时机，适时配种。空怀母犬发情滴血后，要细心观察，注意发情进展和行为变化，以便适时配种。必要时，可用公犬诱情（公母犬关在一起），或皮下注射孕马血清、绒毛膜促性腺激素等催情，也可收到一定效果。

六、仔犬的饲养管理

从出生到断奶（45 日龄左右）的小犬称仔犬，此期间仔犬被毛稀疏，皮下脂肪少，保温能力差，大脑尚未发育完全，体温调节能力低，适应性差，特别怕冷。因此，对仔犬的饲养管理要特别精细。

（一）初生仔犬的护理

1. 注意脐带断端，发现异常尽快处置　　新生仔犬的脐带断端一般在 24h 后即干燥，1 周左右脱落。初生仔犬脐带断后，仔犬间互相舔吮可导致感染，所以尤其要注意脐带部感染或发病。另外，当发现脐血管闭锁不全有血液渗出，或脐尿管闭锁不全有尿液流出时，应及时进行结扎，或找兽医治疗。

2. 尽快吃到初乳　　初乳是指母犬分娩后头 3d 分泌的乳汁。初乳中含有丰富的免疫球蛋白，达 15%（常乳中仅 0.05%～0.11%），维生素 A、维生素 C 是常乳的 9 倍，维生素 D 是常乳的 3 倍，还有较多的镁、抗氧化物及酶类、激素等，具有轻泻、抗病、促进胎便排除等作用，尽早吃到初乳，可增强仔犬的机体免疫力，促进其健康发育，提高成活率。

3. 保温防压　　仔犬保温和调温的能力比较差，因此易受到冻害，特别是冬季，对环境的温度要求比较高，一般仔犬对环境要求：第一周 29～32℃，第二周 23～26℃，第三周 23～26℃，第四周 23℃。仔犬箱应放在圈舍比较暖和的地方，12～13d 的仔犬由于未睁开眼睛，行动缓慢，易被母犬压死，饲养员应昼夜值班，加强防护。

4. 固定乳头　　仔犬刚刚出生就强弱不同，任其自由哺乳，常发生争斗，瘦小的仔犬就不能吃饱乳汁，因此，从生下刚开始就由人工辅助固定乳头，养成习惯，把瘦小的仔犬放在排乳汁较多的前部乳头上。

5. 寄养与人工哺乳　　如遇母犬产仔过多，仔犬常吃不上乳，或因其他原因造成母犬无乳，为了让仔犬正常生长发育，这时就可施行人工哺乳，或把仔犬放到保姆犬处寄养。寄养时，应选择泌乳充分、分娩时间大致相同的哺乳犬作为"保姆犬"，挤一些奶汁涂抹在要寄养的仔犬身体上，或把待寄犬与保姆犬的仔犬放在同一窝中相混，然后把保姆犬赶去哺乳即可。

人工哺乳可用瓶盛装 37℃左右的浓牛奶或人工乳喂给。生后 10d 内，白天每 3h 一次，夜间 4～6h 一次，每昼夜每只犬除人工乳以外，还要进行补饲。

(二)哺乳期仔犬的饲养管理

1. 补乳和补饲　　随着仔犬的生长，其需奶量日益增加，母乳不能满足需要，则需补乳。补乳以牛奶和羊奶为好。奶温 27～30℃，15d 内每天补喂 50ml，15～19d 仔犬每天补给 100ml，20d 的仔犬则为每天 200ml，每天分 3～4 次喂给。20 日龄以上，补乳的同时应开始补饲，以锻炼其采食能力，早期可在牛奶中加少量的米汤、稀粥，25d 后可加一些浓稠的肉汤，并逐渐过渡到补饲期。补饲食物有牛奶、鸡蛋、碎肉、粥。可拌成半流质，加适量的鱼肝油、酵母、骨粉或钙片，每天喂 4～5 次。

2. 细心观察仔犬的发育情况　　每天应观察仔犬哺乳的情况，排粪、生长发育状况。同时称重，做好记录。一般母犬产仔 4～6 只，泌乳比较正常时，仔犬早期生长发育比较缓慢，在仔犬生后 5d 内，每天平均增重不得少于 50g，6～10d 日增重不得少于 70g。从第 11 天起，由于母乳不足，仔犬体重每天增加的平均数开始下降。此时如果能迅速采取合理的补乳措施，仔犬的体重会保持直线上升；在仔犬断奶前 5d 内，平均日增重可达 115g 左右。到断奶时，发育好的仔犬，体重比出生时可增加 8 倍以上。

3. 擦拭与洗澡　　擦拭与洗澡是日常管理的重要内容之一。初生仔犬身体上所粘污的脏物，母犬能及时将之舔除，但随着仔犬的生长，母犬则不愿舔了。为了保持仔犬的身体清洁、预防皮肤病、除去犬的不良气味、防止跳蚤和虱子等的寄生，应每天用软和的布片、卫生纸擦拭污物，而且应定期给仔犬洗澡。

4. 日光浴　　仔犬出生后 3～4d 后，在无风暖和的日子里，将仔犬和母犬一同抱到室外避风向阳处晒太阳，每日 2～3 次，每次 20～30min。

5. 运动　　12 日龄左右仔犬睁眼后、自己可以站稳时，可以让其在室内外自由活动，加强体质锻炼，活动时间和活动量视其体质发育状况而定。

6. 修剪趾甲　　仔犬趾甲生长快，过长会有不适感，且易在哺乳时抓伤其他仔犬及母犬乳房，因此应经常进行趾甲修剪。

七、幼犬的饲养管理

从生理的角度来说，幼犬通常是指 45 日龄到性成熟阶段的犬。此期犬性情活泼好动、甚至贪玩，消化器官发育尚不发达，免疫系统发育不全，体温调节能力差，对饲养员及生存环境依赖性较大，因此在饲养管理方面与成年犬存在着较大的不同。了解幼犬的生理行为特性，制订科学合理的饲养管理措施，对于保证幼犬正常的生长发育尤为重要。

(一)断奶

视仔犬生长发育情况，一般在 45 日龄断奶。这时母犬奶量显著减少，仔犬食量日渐增大，而且仔犬牙齿已经长出，能采食其他饲料，如不及时断奶，会伤害母犬乳头，也不利于仔犬的生长发育。断奶一般采用分步断奶法，先把强壮的仔犬断奶，后断较弱小犬的奶，断奶时，一般将断奶仔犬从母犬处取走，放到离母犬有一定距离的仔犬舍内，使母犬听不到仔犬的吵叫声。舍内应清洁干燥，室温以 25℃ 左右为宜，并铺以柔软合适的垫料。喂以营养丰富而易消化的食物。

(二)断奶仔犬的饲养管理

仔犬断奶后的 1～3 周，通常由于生活条件突然改变而烦躁不安，食欲减退，增重缓慢，甚至体重减轻，或发生疾病。这在哺乳期开食晚、吃补饲料较少的仔犬表现得尤为明显。为了过好断奶关，要做到饲料、饲养制度及环境的"两维持"和"三过渡"。即维持在原圈培育并维持原来的饲料，做到饲料、饲养制度和环境条件的逐渐过渡。断乳仔犬饲料的营养水平、饲料配合、调制和饲喂方法，都应与断乳前相同，继续饲喂 1～2 周，再逐渐改喂断乳幼犬饲粮，使仔犬有个适应过程。断奶后头 4～5d 要适当控制仔犬的采食量，防止消化不良而下痢。断奶仔犬一昼夜宜喂 6～8 次，以后逐渐减少饲喂次数，3 月龄时改为日喂 4 次。为了减轻仔犬断奶后因失去母犬而引起的不安，最好采取不调离原圈舍，不分群，而仅将母犬牵走的办法。如需调圈分群，应在断奶半个月后仔犬食欲及粪便正常的情况下进行。为了避免并圈分群后的不安和互相打斗，最好在分群前 3～5d 令仔犬同槽进食或一起运动，使彼此熟悉，然后根据仔犬的性别、品种、个体大小、吃食快慢进行分群。

(三)断奶幼犬的营养需要，科学饲喂

幼犬是处于生长发育最为旺盛的时期，对营养物质的质及量都有较高的要求，但此期幼犬消化器官尚不发达，所以保证幼犬充足的营养需要显得尤为重要。一般来说，幼犬在前 3 个月主要是躯体及体重的增长；在 4～6 月龄阶段，主要是体长的增长；7 月龄后主要是体高的增长，因此应根据幼犬发育的不同阶段来确定幼犬的营养需求。从幼犬脱离母体而进入独立生活以后，均需供给幼犬充足而又丰富的蛋白质、脂肪、碳水化合物、矿物质及维生素，通常使用全价配合饲料对幼犬进行饲喂以满足幼犬的营养需要。由于幼犬阶段体躯骨骼增长较快，常采用猪肝、蔬菜、肉汤等营养食物做成的消化性和适口性好的流质食物对幼犬进行补充饲喂，以满足幼犬阶段对钙、磷、维生素 D 等矿物质及维生素的大量需求，可防止幼犬佝偻病或软骨病的发生。在幼犬阶级性行为出现之前，鉴于幼犬天生的群居和游戏行为，最好采用群体饲喂方式，可促进幼犬的食欲。又由于幼犬的消化机能尚不完善，应对幼犬采用少喂多餐的饲喂方式，一般 4 月龄之前 4 餐/d，4～6 月龄 3 餐/d，6 月龄后至少 2 餐/d。同时，做到定时、定温、定量、定场所、定质、定餐具。

(四)幼犬的科学管理

管理的好坏不仅与幼犬体质发育有着相当大的关系，还对于幼犬神经系统活动的正常发育具有直接的影响。

1. 幼犬的生活环境　　幼犬喜欢群居游戏，需要较大面积的幼犬犬舍，一般每头幼犬至少需要 4m² 的活动空间。犬舍地面最好以水泥地面为主，犬舍内铺垫垫草和铺设犬床，既保证犬舍内适宜的温度，又有利于犬舍内的环境卫生。如条件允许，可在犬舍内安装空调等设

备。除此之外，消除必要的噪声及有害气体，对促进幼犬正常生长发育是有必要的。

2. 分窝管理　　为了防止幼犬间因阶级行为而出现相互的争斗，应及时对幼犬进行分窝管理，一般 3 月龄前可采取整窝管理的方式；3 月龄后应及时进行分窝管理。在分窝初期，应严格观察及安慰幼犬，以免因分窝造成幼犬的孤独心理。

3. 加强运动　　幼犬的运动时间应根据幼犬的体质及环境而定，一般 3 月龄以下，幼犬每日连续散放运动时间不宜超过 1h，随着月龄段的增长可不断增加幼犬散放运动的时间和强度，一般以幼犬不产生疲劳为宜。散放可以采取自由散放或骑车带犬运动等方式，但在散放过程中，应严格观察幼犬，防止乱捡异物或其他安全事故的发生，培养幼犬良好的行为习惯，可保证幼犬的散放安全。

4.保证良好的卫生　　做好幼犬的卫生是预防幼犬疾病、增进健康的重要措施。对幼犬经常梳刷和洗澡，除可保持犬体的卫生外，对于促进幼犬血液循环及新陈代谢、调节幼犬体温、增强犬的抗病力都具有好处。

5. 预防接种　　因为新生幼犬可通过胎盘、母乳获得一定量的免疫抗体，可以保护幼犬在一定时间内免受某些传染源的侵袭。但又会受到初乳摄入时间及量的影响，通常 8 周龄左右幼犬体内的母源抗体浓度已低于免疫保护所需要的浓度。而对"犬瘟热"和"犬细小病毒病"起免疫作用的母源抗体在 6～7 周时已经下降到较低的水平，此时可接种小犬二联苗。但此时仍有别的母源抗体在发挥作用，所以不能注射六联苗，但可于 50 日龄至 3 月龄第 1 次接种，以后每 4 周接种 1 次，肌内注射，连续 3 次。狂犬病疫苗 3 月龄时接种，每年 1 次。以后每年追加 1 次六联苗+狂犬苗。

6. 及时驱虫　　幼犬 20 日龄首次驱虫，每月 1 次直至半岁，半岁开始每季度 1 次，成年后每半年 1 次。经常对粪便进行检查化验，加强内、外寄生虫的驱除。

第五节　犬舍的设计建造与用具

（李顺才　熊家军）

第六章　熊

熊，中大型兽类，是现代生存的陆生食肉目动物中体型最大的兽类。我国熊类资源比较丰富，是世界上熊类资源最丰富的国家之一，世界上除大洋洲和非洲南部外，其他各地均有熊类分布。

中国既是熊类分布的主要地区，又是熊产品的生产、消费大国，对于熊类资源的开发利用较早，熊胆作为传统中医药的主要成分已有 2000 多年的应用历史。但是熊的集约化养殖始于 1984 年，自朝鲜引进活熊取胆汁技术以后，便开始进行熊的圈养繁殖。养熊业发展的初期主要是从野外捕捉或从动物园引入，然后在饲养场中进行驯化和饲养，通过外科手术的方法从活体抽取胆汁，并加工成为熊胆粉进入市场。但是，直到 20 世纪 90 年代出现了无管引流技术获取胆汁以后，熊的养殖技术才趋于成熟，养殖规模也逐渐扩大。近年来，我国一些大型黑熊养殖场的设施及设备条件已经相当先进，养殖管理、人工繁育、胆汁引流、疾病防治等技术也经历了多次革新，种群数量和熊胆粉产量维持相对稳定。目前，国内黑熊养殖企业数量从 90 年代初的 480 多家减少至较规范的 70 家左右。养熊场数量虽然减少，但规模和技术水平却逐渐增大和提高，黑熊养殖规模在 200 只以上的企业有 10 多家，主要集中在黑龙江、吉林、福建、四川和云南等省。

熊类主要产品有熊胆、熊掌、熊骨、熊肉、熊皮和熊脂。熊胆具有非常重要的药用价值；熊掌自古以来一直是名贵的佳肴；熊骨是名贵的中药材，具有类似虎骨的功效；熊肉具有很好的滋补功效；熊皮可做铺毯；熊脂也可入药，近年来也被用作工业原料。因此，熊的养殖具有较好的市场前景。

第一节　熊的生物学特征

一、熊的动物学分类

熊在动物分类上属哺乳动物纲（Mammalia）、食肉目（Carnivora）、熊科（Ursidae），有 5 属 8 种。熊科分为三个亚科，即熊猫亚科（Ailurinae）、眼镜熊亚科（Tremarctinae）和熊亚科（Ursinae）。熊亚科，即所谓的真正的熊，包括马来熊属（*Helarctos*）、懒熊属（*Melursus*）和熊属（*Ursus*）。

二、熊的生活习性

由于熊科动物分布极其广泛，在不同分布地点，其生物学特性有差别，本书中的熊生物学特性主要以我国人工养殖的主要种——黑熊进行叙述。

1. 栖息环境　林栖兽类，多栖息于海拔较高的阔叶林、针阔混交林、草甸、草原、山涧谷地、苔藓沼泽地，尤其喜在有大树、林间空地、食物丰富和有水源的地方活动。除冬眠及繁殖以外，无固定巢穴，有垂直迁徙现象，夏季生活在高山上，冬季可下至山的低处生活。

2. 冬眠习性　亚洲黑熊是典型的林栖动物，北方的黑熊有冬眠习性，每年于 10 月底或 11 月初开始在树洞、岩洞和地洞、圆木或石下、河堤边、暗沟和浅洼地建立巢穴。秋天会大量进食，为冬眠储存能量，整个冬季蛰伏于洞中，处于半睡眠状态，冬眠期间自动降低体温、心率，以降低体内的新陈代谢。至第二年 3～4 月出洞。一个洞穴只住单个成年熊一只，雌熊与 3 岁以内的仔熊同居一穴。

3. 食性特点　　食性为以植物性食物为主的杂食性，主要吃青菜、树叶、嫩草、块根、野果、种子和农作物。动物性食物主要有蠕虫、昆虫、蚂蚁、兔子、雏鸟、鸟卵、蜂蜜、鱼类和啮齿类等，有时会到林缘农田偷吃玉米等农作物。

4. 行为特点　　主要在白天活动，夜间休息。听觉和嗅觉敏感，视觉较差，平时动作笨拙，行走缓慢，但遇危险时奔跑迅速。能游泳、善爬树，也能直立行走和人样坐定。

5. 性格特征　　性格孤僻，但较为温顺，不主动攻击人类，但受伤或护仔时则异常凶猛，除交配期外，一般雌雄分居。

6. 繁殖特点　　熊的性成熟年龄为 3～4 岁，5 岁才成年，和其他食肉目动物一样，为季节性发情配种，大约每年春末夏初为其发情配种季节。黑熊妊娠期为 210d，棕熊妊娠期为 180～250d，每胎产 1～4 仔，多为 2～3 仔。熊仔初生时体重较小，生后一个月左右开始睁眼，三个月断奶，年产一胎。

7. 黑熊的寿命　　黑熊的寿命较长，生长在野外的黑熊，寿命最长有 25～30 年，前提是不被人类及其他天敌杀害，也没被逮去进行活熊取胆，但是在饲养条件下最高年龄可超过 50 岁。

第二节　常见熊的饲养种类

熊，大型陆生食肉动物之一，体型粗壮肥大，四肢粗壮，前后肢皆为五趾，爪长且锋利，头部较大，眼、耳较小，吻部细长，臼齿发达，颈部粗短，尾巴短小，毛被厚密，毛色多均匀一致。善于爬树，多能游泳，有冬眠习性。

目前主要存在熊科动物 8 种，分别是北极熊、棕熊、亚洲黑熊、美洲黑熊、马来熊（太阳熊）、眼镜熊、懒熊和大熊猫，在我国主要分布有棕熊、亚洲黑熊、马来熊和大熊猫。

一、北极熊

北极熊属的北极熊（*Ursus maritimus*）又名白熊，主要分布于欧、亚、北美最北部的沿岸地区及一些岛屿，是大型熊类。北极熊体型较大，雄性北极熊体重为 300～800kg，雌性为 150～300kg，在冬季来临前，体重可达 650kg。成年北极熊直立身高达 2.8m，肩高 1.6m。熊掌宽 25cm，熊爪超过 10cm。北极熊头部相对棕熊较长而脸小，耳小而圆，颈细长，足宽大，肢掌多毛，皮肤呈黑色，北极熊的毛是无色透明的中空小管子，外观上通常为白色，但在夏季由于氧化可能会变成淡黄色、褐色或灰色。

二、棕熊

熊属的棕熊（*Ursus arctos*）广泛分布于欧亚大陆，以及北美洲大陆的大部分地区，是陆地上食肉目体型最大的哺乳动物之一，体长 1.5～2.8m，肩高 0.9～1.5m，雄性体重 135～545kg，雌性体重 80～250kg。头大而圆，体型健硕，肩背隆起。被毛粗密，冬季可达 10cm；颜色各异，如金色、棕色、黑色和棕黑等。前臂十分有力，前爪的爪尖最长能到 15cm。由于爪尖不能像猫科动物那样收回到爪鞘里，这些爪尖相对比较粗钝。前臂在挥击的时候力量强大，"粗钝"的爪子可以造成极大破坏。

主要栖息在寒温带针叶林中，多在白天活动，行走缓慢，没有固定的栖息场所，平时单独行动。食性较杂，植物包括各种根茎、块茎、草料、谷物及果实等，喜吃蜜，动物包括蚂蚁、蚁卵、昆虫、啮齿类、有蹄类、鱼和腐肉等。在冬眠时体温、心跳和排毒系统都会停止运作，以减少热量及钙质的流失，防止失温及骨质疏松。奔跑时速度可达 56km/h。冬眠期间产仔，每胎 1~4 仔，春季雌熊常带小熊在林中玩耍。

三、亚洲黑熊

熊属的亚洲黑熊（Ursus thibetanus）也称作狗熊，是亚洲也是我国较为常见的种类。国内黑熊主要分布在东北、华北、华南、西南和台湾等地，有 5 个亚种：普通黑熊（U. t. thibetanus）、西南黑熊（U. t. mupinesis）、东北黑熊（U. t. ussuricus）、长毛黑熊（U. t. laniger）和台湾黑熊（U. t. formosanus）。黑熊胸部有一较宽白色"V"字形纹，是鉴别黑熊的一个重要标志，其余毛发为黑色，光泽发亮。头部较宽，眼睛小，鼻端裸出，耳较大，颈部短且粗，颈部两侧毛长，形成两个簇状毛丛，肩部隆起，臀部较大，尾巴较短。四肢粗壮，前后肢均为 5 趾，且前爪略长于后爪，足垫宽厚肥大。黑熊身体粗壮，体重一般不超过 200kg，体长 1.5~2m，肩宽 65~80cm。雌雄有三对乳头，雄熊有骨质性阴茎。黑熊被毛一般每年脱换一次。

四、美洲黑熊

熊属的美洲黑熊（Ursus americanus）广泛分布于北美洲，是现存数量最多的熊。在熊科中体型排行第三，小于北极熊和棕熊。体型硕大，四肢粗短。体长 1.2~1.9m，肩高 0.7~1m，雄性重 60~225kg，雌性重 40~150kg，公熊比母熊大很多。它们的体色有很多种，东北部的美洲黑熊颜色偏深，以黑色为多；生活在西北部的颜色则偏浅，毛色有棕色、浅棕、金色；生活在加拿大不列颠哥伦比亚省中岸的黑熊甚至有奶白色的个体，被称为"白灵熊"；阿拉斯加的美洲黑熊则有蓝灰色体毛的成员，因此也被人称为"冰河熊"。

五、马来熊

马来熊属的马来熊（Ursus malayanus）又称太阳熊，分布于缅甸和我国云南往南直至苏门答腊与婆罗洲。头颈短圆，眼小，耳小，尾短。四肢粗壮，前后脚各有 5 趾。前爪较后爪长大，并向内撇。全身毛色呈油亮黑色，头部的额鼻和吻部呈深乳黄色或棕黄色，至头逐渐过渡到头毛基的棕褐色，眼圈为褐灰色，胸部也有白色"V"形斑纹，多呈深棕色并有红棕色。马来熊毛短绒稀，夏季的背毛长 14mm，向前逐渐变短，至鼻尖附近，毛长已不足 5mm，肩部有两个左右对称的毛璇。四肢内侧面完全无毛。马来熊是熊类中个体最小者，一般体重为 20~30kg，体长 110~140cm。雌熊有两对乳头，雄熊具骨质性阴茎。

六、眼镜熊

眼镜熊属的眼镜熊（Tremarctos ornatus）分布于南美的委内瑞拉西部山区、秘鲁、哥伦比亚、厄瓜多尔和玻利维亚西部。眼睛周围有一圈或粗或细的奶白色纹，将眼睛上的黑斑隔开，这圈奶白色的纹路往往会在喉部汇集，并顺着喉咙继续向下延伸，形成胸斑。眼镜熊只有 13 对肋骨，而不是像其他熊科动物那样有 14 对。具有黑色的体毛，脸部和前胸部为白色。雄性眼镜熊一般最重可达 130kg，雌性为 60kg 左右。身长 150~180cm，体重 64~155kg。眼镜熊的毛发中等长度, 全身的毛色为黑、红棕或深棕色, 十分厚密粗糙。口鼻部分和多数熊科动物一样, 颜色较浅。

七、懒熊

懒熊属的懒熊(*Ursus ursinus*)分布于印度南部和斯里兰卡森林中。懒熊胸部有个特别的 "V" 字形白色花纹, 吻部稍白, 鼻子呈黑色。懒熊的吻部长, 上有嘴唇, 唇内无门牙。前脚向内弯曲, 长约 11cm, 脚爪是弯曲的并且无法缩回脚掌。雄性懒熊重 80~140kg, 雌性懒熊重 55~95kg。懒熊尾长 15~18cm, 是熊科中最长的。懒熊体长 150~190cm, 全身覆盖长而蓬松的毛发, 毛色浅的有赤褐色, 深的可至黑色。

八、大熊猫

大熊猫(*Ailuropoda melanoleuca*)为中国国家一级保护动物, 主要分布在四川、陕西和甘肃。全身毛色黑白分明, 眼睛、耳朵和四肢毛色常为黑色; 身体肥硕, 头圆大, 尾较短, 身体长 1.2~1.8m, 尾长 10~20cm, 肩高 65~70cm, 臀高 64~65cm, 人工饲养下体重为 80~120kg, 野生情况下为 60~73kg, 雄性个体略大于雌性; 前后爪各有 5 趾, 但前掌有一从腕骨中长出的籽骨, 又称"第六趾"。

第三节　熊 的 繁 殖

黑熊是目前我国分布最广、最常见, 也是最适合人工饲养的熊类, 1984 年就开始集约化养殖, 目前养殖企业较规范的有 70 家左右, 养殖规模在 200 只以上的企业有十多家。以下均以黑熊为例进行介绍。

一、性成熟与发情特征

1. 性成熟和配种年龄　　熊属于季节性发情动物, 黑熊发情期为每年的 6~8 月, 幼熊要长到 3~5 岁才会性成熟, 且雄性通常比雌性晚一年。圈养时雌熊 3 岁以上即能参加配种, 公熊一般要 4 岁以上才能参加配种。

2. 发情特征

(1)雄熊发情特征　　雄熊发情时会出现烦躁不安, 来回走动, 并发出吼声, 食量减少, 甚至出现废食现象, 睾丸膨大并出现下垂, 时常露出呈水红色的阴茎, 尿频而少。同圈内有数头公熊, 则公熊之间发生激烈争斗, 胜利者可获得交配权, 败者躲到角落中不敢露面。

(2)雌熊发情特征　　雌熊发情时会出现情绪不安, 食量减少甚至停止, 尿频, 喜欢搔抓阴部, 阴唇变红且颜色逐渐加深, 并出现肿大, 阴唇在发情盛期会张开并外翻, 伴随有黏液附着, 主动接近雄熊, 喜欢让雄熊舔其外阴部。

二、交配

发情期公熊追逐发情高潮期的母熊, 跟在母熊身后, 二者相互嬉戏, 拥抱摔跤, 用嘴舔对方的生殖器。常常在追逐 4~5d 后才能交配上, 交配大多数发生在早晨 7 点之前。交配时公熊咬住母熊的颈背侧, 两前肢抱住母熊腹部, 呈现坐姿, 每次交配持续 20~30min, 一般持续 7~10d, 交配期过后, 母熊拒绝公熊交配, 并出现强烈的攻击行为。

三、配种方式

熊的配种方式主要包括单公单母配种和单公多母配种。单公单母配种是将一头公熊和一头母熊合笼饲养，进行自然交配，配种结束后再将它们分开；单公多母配种是指将一头公熊和几头(一般为2～3头)母熊合笼饲养，进行自然交配，母熊受孕后单独饲养。

四、妊娠

母熊妊娠期为190～210d，母熊在怀孕期的早期腹围不明显，喜独居，食欲和采食量增加，嗜睡；怀孕后期下腹部略有下垂，食欲不稳，行动小心迟缓。在产前一个月，应将母熊转入产房，并准备好产箱(长×宽×高=1m×0.5m×0.5m，铺上松软垫物)，母熊在产前15d食欲会明显减退，产前10d左右不吃不喝，分娩前有做窝行为。

五、产仔

熊的产仔期比较集中，一般在每年的1～2月，产仔时间多为凌晨，产后母熊通常将胎衣吃下，将幼熊抱入怀中，不食不动。每胎一般产2～3只，出生的幼熊体重200～300g，体长20～25cm，出生后眼、耳均闭塞，无牙齿，体毛短，皮肤裸露，出生10d后长出黄色绒毛，然后慢慢变成黑灰色夹杂少量白色，20d头可抬起，耳穴张开，45d开始睁开眼睛，对声音有反应，同时长出上门齿和犬齿，70d后开始随母行走，90d后应与母熊分开，单独喂食。

第四节　熊的饲料及饲养管理

黑熊是以植物性食物为主的杂食性动物，其胃为单室有腺胃。黑熊在野外食性很广，摄取营养比较全面，在人工养殖条件下，食物来源受到限制，目前国内大多数养熊场的饲料主要以植物性饲料为主，适当加以营养价值高的动物性饲料及添加剂调配而成。

一、熊的饲料来源

熊的饲料种类很多，一般根据其来源和营养成分主要分为植物性饲料、动物性饲料和添加剂饲料。

(一)植物性饲料

植物性饲料主要包括谷物性饲料和青绿多汁饲料。谷物性饲料主要包括玉米、高粱、大豆、麦麸、大麦、豆饼和豆粕等，此类饲料能值高且蛋白质丰富，适口性好；青绿多汁饲料主要包括白菜、甜菜叶、胡萝卜、南瓜、马铃薯、甘蓝、苜蓿和三叶草等，此类饲料水分含量高，含有多种矿物质、维生素和蛋白质，适口性好，容易消化吸收。

(二)动物性饲料

动物性饲料主要包括肉类、蛋类、乳类、干性动物饲料(如鱼粉、蚯蚓粉、蚂蚁粉等)、蜂蜜、畜禽副产品等。此类饲料的蛋白质、维生素、钙、磷含量均较丰富，且消化率高。

（三）添加剂饲料

添加剂饲料主要包括维生素添加剂和矿物质添加剂。常量矿物质添加剂主要为食盐、磷酸氢钙粉、石粉、蛋壳粉、贝壳粉、骨粉等；微量元素添加剂包括铁、铜、锌等。维生素添加剂主要为复合维生素。

二、熊的饲养管理

熊的饲养管理主要分为三个阶段，即幼熊、育成熊和成年熊的饲养管理。

（一）幼熊的饲养管理

幼熊，即 6 月龄以前的熊。

1. 饲养　　在母熊哺乳情况下，从幼熊第 2 月龄开始补给一些食物，满 2 月龄后视情况实施断乳。仔熊出生后，有时会出现母性不强、产后缺乳或无乳、弃仔等情况，应对幼熊进行人工哺乳。哺乳期幼熊应补喂鲜牛奶、白糖等，40 日龄后逐渐喂给新鲜、营养全价、容易消化的配合饲料、水果和蔬菜等，并以鲜奶或其他乳制品调制成流食饲喂，便于吸收。

幼熊断乳后，参考日粮配方如下：脱脂奶粉 20%，玉米粉 23%，小麦粉 20%，豆粕粉 15%，鱼粉 12%，酵母粉 4%，白糖 3.5%，食盐 0.5%，维生素添加剂 1%，矿物质添加剂 1%。将以上饲料煮成粥状饲喂。

2. 管理　　幼熊圈舍应将温度恒定在 15～20℃为宜，干燥，通风良好，光照充足。3 月龄以前的幼熊以散养为宜，让其充分运动，3 月龄后可单笼饲养。

（二）育成熊的饲养管理

育成熊，即 6 月龄至 3 岁的熊。

1. 饲养　　由于育成熊生长发育快、代谢旺盛、消化机能已健全，因此对营养物质的需要量也变大。育成熊参考日粮配方为：玉米面 62%，麦麸 7%，豆粕粉 20%，鱼粉 8%，磷酸氢钙粉 0.5%，食盐 0.5%，微量元素添加剂 1%，维生素添加剂 1%。

2. 管理　　育成熊一般采用单笼饲养，笼舍要有足够的空间且坚固耐用，育成期是熊调教驯化的关键时期，因此在此时期要注重对熊的驯化工作。

（三）成年熊的饲养管理

成年熊，即 3 岁以上的熊。成年熊的饲养主要可划分为配种、妊娠、产仔泌乳、取胆等时期，不同时期，其饲养管理略有不同。

1. 配种期　　配种期熊的活动十分频繁，交配次数较多。因此在配种期，应选择品质新鲜、易消化、营养丰富和适口性强的饲料，以保证充足的蛋白质和维生素，并适当控制饲料的体积，做到既满足熊的营养需要，又不使熊胃肠填得太满，以提高精液品质和怀孕率。

（1）饲养　　日粮供给量一般为 3～3.5kg/头。其参考配方为：玉米粉 57%，大米粉 8%，麦麸 12%，豆粕粉 15%，鱼粉 5%，骨粉 0.5%，食盐 0.5%，微量元素添加剂 1%，维生素添加剂 1%。有条件的还可以补充蜂蜜水和水果等。配种期一般每日喂 2 次精料，3 次多汁饲料。

（2）管理　　要合理安排喂饲时间和放对时间，喂饲前后 1h 内不能放对。严格控制放对时间，并且要保证公熊和母熊都有充足的休息时间。

2. 妊娠期　　在妊娠期，既要保证母熊获得充足的营养物质以满足自身新陈代谢的需要，又要为胎儿生长发育提供营养和为产后泌乳储备营养。因此在日粮配合上要做到饲料新鲜、营养全价、适口性强和易于消化，在饲料种类上应尽可能做到多样化。

（1）饲养　　由于胎儿在妊娠前期处于器官发生和形成阶段，对饲料要求较严格。应注重日粮的质量，避免因营养不全而引起胚胎死亡或先天性畸形。胎儿在妊娠后期生长发育较快，所需营养物质较多，由于其骨骼正在发育形成，因此需要大量的蛋白质和矿物质。此外，妊娠后期在保证日粮质量的前提下，应侧重饲料数量，日粮容积应适当小些。为促进产后泌乳，临产前应饲喂一些豆浆、鲜牛奶或奶粉水。

妊娠前期参考配方：玉米面56%，豆粕粉22%，鱼粉10%，果蔬类8%，骨粉1%，食盐1%，维生素添加剂1%，矿物质添加剂1%。妊娠后期日粮配方：玉米面53%，豆粕粉23%，鱼粉12%，果蔬类7%，骨粉2%，食盐1%，维生素添加剂1%，矿物质添加剂1%。

（2）管理　　妊娠期要保持环境安静，禁止外人参观，以防止母熊惊恐而造成流产。要做好笼舍的消毒清洁工作。保证笼舍采光良好，并做好冬季保温工作。妊娠后期还要做好产前的准备工作。

3. 产仔泌乳期

（1）饲养　　仔熊生长发育的好坏、繁殖成活率的高低与产仔泌乳期的饲养管理有十分密切的关系。仔熊在哺乳期主要靠母乳生活，随着仔熊的生长发育，对母乳的需要量也增加，因此，哺乳期母熊的营养消耗极为严重，为满足幼熊生长发育的需要及补充自身的体能消耗，饲料中应含有大量的蛋白质、脂肪、矿物质和维生素等营养物质以满足母熊需要。产仔泌乳期要保证饲料营养全价，易于吸收，种类多样和适口性好。

日粮标准：粗蛋白质20%～25%。参考配方：玉米面52%，豆粕粉17%，鱼粉15%，果类与蔬菜10%，骨粉3%，食盐1%，维生素添加剂1%，矿物质添加剂1%。

（2）管理　　产仔泌乳期母熊异常凶猛，不许任何人接近。为了防止造成伤害事故，饲养人员应固定，严禁外人参观及进入产房，保证环境安静，产后应及时补充牛奶等易消化的流质饲料。要保持一定温度，做好通风和干燥工作。每天要逐渐增加喂量和饲喂次数以满足母熊开始采食后食量逐渐增加的需求，在幼熊3月龄后即可视情况断乳。

4. 取胆期　　在此时期，由于引流大量胆汁，会增加熊体内多种营养物质的消耗，因此，饲喂过程中要考虑补充其营养消耗。

（1）饲养　　日粮配合上要增加蛋白质补充料、维生素添加剂和抗菌药物的喂量，以增强机体的抵抗能力。

（2）管理　　每日引流胆汁70～250ml，取胆年限可达5～12年。引流胆汁应空腹进行。取胆期包括手术至拆线前的"特别饲养期"和拆线后的"常规饲养期"两个阶段。一般手术后7～8d伤口愈合良好，9～20d即可拆线。在特别饲养期，要做到严格消毒、精心饲养、控制活动，以防感染等。

特别饲养期要保持环境卫生，冲刷笼舍地面要严防把水溅到熊体手术部位上，以防伤口感染。定期对笼舍及墙壁、地面进行消毒。防止导管松动引起病菌侵入体内以引发疾病。夏季室温应保持在30℃以下，注意做好通风、降温工作；冬季室温保持在10～15℃，做好保温工作，不能使温度低于7℃。

第五节　养熊场的环境要求和圈舍设计建造

一、环境要求

为建造更适合熊生长繁殖的场所，在地址选择上，一般选择向阳、平缓的坡地，土壤最好为沙土壤，地势开阔，具有良好的通风性，水源充足且水质较好，饲料来源充足，交通便利，并且要满足公共卫生要求。

二、笼舍设计建造

我国目前多采用笼养或圈养模式。圈养，即采用圈舍养殖，主要适合群体饲养，如动物园及幼熊和繁殖熊的饲养；笼养，即笼舍养殖，主要适合单养，一般多用于人工取熊胆。

（一）圈舍

基本建筑包括熊舍和运动场两部分，为钢筋混凝土结构。

熊舍要求为封闭式坚固的房舍，面积为 $10\sim20\text{m}^2$。运动场与熊舍之间设有提式或推拉式铁门，用钢筋制成，便于饲养人员进出。此外，熊舍还应装有铁筋及铁丝网的通气透光窗。室内设有食槽和给水设备，采用水泥地面或铺设地板，地面要有一定坡度，并设有排水沟，以便于清扫、刷洗。

运动场不封顶，面积一般为 $50\sim100\text{m}^2$，场中设有水池、假山和一些运动娱乐设施，最好能铺设草皮或有遮阴设备，以保证熊在场内运动、乘凉和配种等。

整个圈舍围墙高 4m，墙厚 $30\sim50\text{cm}$，如果在熊圈四周挖设壕沟，可以将围墙高度降至 1.5m。

（二）笼舍

这种饲养方式成本相对较低，饲养密度大；但由于运动空间很小，不利于熊的生长发育，通常对取胆熊采取此种饲养方式。

以黑熊为例，笼舍长 $150\sim180\text{cm}$，宽 $80\sim120\text{cm}$，高 $80\sim100\text{cm}$，笼脚高 $50\sim70\text{cm}$。笼的框架用 $4\text{cm}\times4\text{cm}$ 的角钢，周围用直径不小于 14mm 的圆钢，圆钢间距小于 7cm。在铁笼一端，设有固定食槽的框架。

饲养房舍多为砖瓦平房，要求通风良好，采光充足。地面采用混凝土，设置排水沟，便于清扫。房舍的大小以安放 20 个熊笼为宜。门窗用钢筋建造。房舍周围修建高 4m、厚 $30\sim40\text{m}$ 的围墙。

第六节　熊产品的生产性能与采收加工

（杨胜林）

第七章　鹿

鹿是具有很高药用价值、观赏价值、食用价值和工业价值的珍贵经济动物。鹿产品可作为医疗保健用品的部位多达 30 余种，包括鹿茸、鹿角、鹿鞭和鹿胎等；现代医学研究揭示，鹿产品在调节血压、抑制交感神经机能亢进、抑制单胺氧化还原酶(monoamine oxidase，MAO)活性、刺激核酸和蛋白质合成、脂质过氧化、促进创伤愈合、促性激素样作用及提高机体免疫功能等方面均有明显作用。鹿生性温顺，梅花鹿身披艳丽的服装，深受人们的喜爱，可供观赏和狩猎之用。鹿肉细嫩，味道鲜美，具有低脂肪、高蛋白和易消化的特点，是营养丰富的高级食品。鹿皮质地柔软、轻便、经久耐用，不仅可用于制作皮夹克、皮包和皮鞋等，还用于制作高级汽油的过滤器和作为擦布用来擦拭光学仪器及高档汽车，是轻工业的重要原料。

由于鹿具有很高的经济价值和养鹿业的高额利润，世界养鹿业在 20 世纪 70～90 年代发展迅速，已有几十个国家先后开始养鹿，饲养鹿较多的国家有新西兰、俄罗斯、中国和韩国等。

自 1950 年我国建立了第一个鹿场之后，相继在黑龙江、河北、山西、内蒙古、新疆等地建立专业鹿场。经过 60 余年的波浪式的曲折发展过程，至 2015 年饲养的茸鹿品种主要是梅花鹿、马鹿、坡鹿和水鹿等，总数有 80 余万只。

第一节　鹿的生物学特征

一、分类与分布

鹿在动物分类上隶属脊索动物门(Chokdate)、脊椎动物亚门(Vertebrata)、哺乳纲(Mammalia)、真兽亚纲(Eutheria)、偶蹄目(Artiodactyla)、鹿科(Cervidae)。鹿科共有 3 个亚科 17 属，现存鹿科动物 45 种，我国分布有 9 属 15 种。

二、鹿的外部形态

(一)梅花鹿

梅花鹿为中型鹿，成年公鹿体重 120～150kg，体长 100cm 左右，肩高 95～105cm；成年母鹿体重 70～80kg，体长 75～90cm，肩高 80～95cm。头清秀，耳稍长、直立，眼下有一对泪窝，眶下腺比较发达，呈裂缝状，鼻骨细长。躯干紧凑，四肢匀称、细长，主蹄狭尖，副蹄细小。被毛呈明显的季节性变化，夏毛稀短、鲜艳，呈棕黄色或棕红色；冬毛厚密，呈褐色或栗棕色。颈毛发达，背中央有一条 2～4cm 宽的棕色或暗褐色背线。夏毛背线两侧有 4～6 条排列整齐的白色斑点，体侧斑点呈星状散布，冬毛斑点模糊，甚至消失。腹部及四肢内侧被毛颜色较浅，呈灰白色或近于白色。尾短，背面黑褐色，腹面白色。臀斑白色，呈扇形。公鹿长角，一般呈 4 个杈形，无冰枝。

(二)马鹿

1. 东北马鹿　　东北马鹿属大型鹿。成年公鹿体重 230～320kg，体长 125～135cm，肩高 130～140cm；成年母鹿体重 160～200kg，体长 118～123cm，肩高 115～130cm。肩高背直，体大笨重，眶下腺发达，泪窝明显。四肢较长，后肢和蹄较发达。夏毛红棕色或栗色，冬毛厚密、灰褐色，臀斑夏深冬浅，由棕色变为黄色，界限分明，边缘整齐。尾扁平且短，尾端钝圆。颈部鬣毛较长，有些马鹿有背线。初生仔鹿躯干两侧有与梅花鹿相似的白色斑点，白斑随仔鹿的生长发育而逐渐消失。公鹿长角，茸角多双门桩，呈 5～6 个杈形。

2. 天山马鹿　　天山马鹿属马鹿中体型较大的一种，成年公鹿体重 240～330kg，体长 152～190cm，肩高 130～140cm；成年母鹿体重 160～200kg，体长 120～130cm，肩高 120～125cm。体粗壮，胸深、胸围和腹围较大，头大额宽，四肢强健，泪窝明显。夏毛深灰色，冬毛浅灰色，颈部有长而密的鬣毛，头、颈、四肢和腹部的被毛呈明显的深灰色或灰褐色，在颈上和背上有较明显或不太明显的灰黑色带。臀斑近似棱形，呈白色或浅黄色。公鹿长角，茸角双门桩，呈 7～8 个杈形。

3. 塔里木马鹿　　塔里木马鹿属马鹿中体型较小的一种。成年公鹿体重 200～280kg，体长 105～118cm，肩高 120～135cm；成年母鹿体重 120～160kg，体长 92～98cm，肩高 110～120cm。体型紧凑，肩峰明显；头清秀，眼大耳尖；母鹿外阴部裸露 1/2 左右，公鹿阴茎前有一撮长毛。蹄尖细，副蹄发达。全身毛色较为一致，夏毛深灰色，冬毛棕灰色，臀斑白色，周围有明显的黑带。新生仔鹿被毛似梅花鹿，但颜色浅白。公鹿长角，茸角双门桩，多为 5～6 个杈形。

(三)水鹿

水鹿体型较大，且粗壮。成年公鹿体重 200～250kg，体长 130～140cm；母鹿较矮小，体长 100～130cm。耳大直立，眶下腺发达，泪窝很大。体毛粗硬，呈黑棕色或栗棕色，颈部有长而蓬松的鬣毛，背线黑棕色。尾长，密生长而蓬松的黑色毛。公鹿长角，茸角单门桩，呈 3 个杈型。

(四)白唇鹿

白唇鹿属大型鹿，成年公鹿体重 220～280kg，体长 110～115cm，肩高 120～130cm；成年母鹿体重 140～200kg，体长 130～140cm，肩高 110～130cm。泪窝大而深，头略呈等腰三角形，额宽平，耳尖长、内弯。胸宽而深，尾短。蹄宽阔，行走时低头，4 个蹄关节发出"咯吱、咯吱"的响声，公鹿较母鹿的声音大。通体呈黄褐色或暗褐色，夏毛较冬毛色浅；背线较宽，呈米黄色；但鼻、唇、眼的周围和下颌为白色；臀斑较大呈淡棕色。初生仔鹿可见到隐约的白斑。公鹿长角，茸角单门桩，呈 4～6 个杈形。

(五)海南坡鹿

海南坡鹿体形与梅花鹿相似，成年公鹿体重 70～100kg，成年母鹿 50～70kg。被毛黄棕、红棕或棕褐色；背中线黑褐色，背线两侧各有一列整齐的白斑点。秋末冬初，成年鹿全身长出较密的冬毛，斑点褪去或消失；次年春天，斑点复出。公鹿长角，茸角单门桩。

（六）驼鹿

驼鹿是鹿类动物中最大的一种，形如驼，颈多肉，背上颈下仿佛骆驼，故名为驼鹿。俗称堪达犴，简称犴，有人误称为麋鹿。驼鹿体重400～500kg，体长200～260cm，肩高154～177cm。体躯较短，腿长，尾短，蹄大呈圆形，跑步时呈侧对步；头长大，眼较小，鼻部隆起，喉下部有细长肉垂，嘴宽阔，双唇肥厚，上唇肥大，比下唇长5～6cm，能遮住下唇，无上犬齿。成体被毛暗灰棕色，幼鹿通体浅黄棕色，无白斑。公鹿长角，茸角多呈掌状分枝。

（七）驯鹿

驯鹿属中型鹿，成年公鹿体重150～180kg，体长180cm左右，肩高100～115cm；成年母鹿体重100～150kg，体长160cm左右，肩高90～105cm。头长，嘴粗，唇发达；耳短，形似马耳；眼较大，泪骨狭长，无泪窝。颈短粗，下垂明显，"鼻镜"甚至连鼻孔在内都生长着绒毛。尾短，主蹄圆大，中央裂缝很深，副蹄较大，行走时能接触地面。毛色变异较大，从灰褐色（约占86.6%）、白花色（占4.2%）到纯白色（占9.2%）。从体色整体上看，还有"三白二黑"的特点：小腿、腹部及尾内侧都是白色，而鼻和眼圈为黑色。驯鹿公母均长角，但母鹿茸角比公鹿小，角形的特点是分枝复杂。

（八）麋鹿

麋鹿属大型鹿，3岁以上公鹿体重200～250kg，体长200cm左右，肩高120cm左右；母鹿体重130～145kg，体长180cm左右，肩高70～75cm。头较长；尾细长，末端有丛毛，全长60～75cm；蹄宽大、扁平，强度大，指（趾）间有皮腱膜，指（趾）与地面的夹角约60°，侧蹄发达，也着地，行走时"嗒嗒"有声；冬毛呈灰棕色，夏毛红棕色；背线黑褐色，肩部背线最为明显，至臀部的旋涡处消失；臀斑不明显。初生仔鹿毛色橘红，并有白斑，6～8周后白斑渐渐消失。公鹿长角，茸角向后分枝是麋鹿角独特的形态特征。

三、鹿的习性

1. 生活习性　鹿的生活习性因种类不同而不尽一致，但爱清洁，喜安静，善于奔跑，群居生活在高山草地、林草衔接地带等特性是在漫长的自然进化过程中形成的共同特性，并与环境条件（食物、气候、敌害等）有关。鹿喜欢晨昏活动，白昼夜间休息反刍。鹿喜水，驼鹿、麋鹿常在水中采食、站立或水浴；水鹿雨天活跃，常在水洼里打"泥"；马鹿、梅花鹿喜泥浴。

2. 野性　鹿在自然生存竞争中是弱者，是肉食动物捕食的对象，也是人类猎取的目标。它本身无御敌武器，逃跑是逃避敌害的唯一办法，所以鹿听觉、视觉、嗅觉敏锐，反应灵活，警觉性高，奔跑速度快，跳跃能力强，也就是人们常说的鹿有"野性"。

3. 适应性　鹿的适应性很强，梅花鹿、马鹿能在世界各地生存；但驯化程度不高的鹿则对环境敏感，如我国的白唇鹿，能适应青藏高原地区，引种到内地生活则不好。

4. 生态可塑性　鹿的生态可塑性是指鹿在各种条件下对生存条件所具有的一定的适应能力。鹿的可塑性大，幼鹿可塑性更大。鹿的驯化放牧就是利用这一特性来改变鹿的野性，让其听人呼唤、任人抚摸、驱赶、牵领，达到如牛、羊一样的温顺。

5. 集群性　　鹿的群体大小，因鹿的种类和环境条件而不同。食物丰富、环境安逸，群体相对大，反之则小；鹿群的组成一般以母鹿为主，带领仔鹿和亚成体；在交配季节里，1～2只公鹿带领几只或十几只母鹿和仔鹿。

6. 草食性和反刍性　　鹿是草食性和反刍性的野生动物，能比较广泛地利用各种植物，尤其喜食各种树的嫩枝、嫩叶、嫩芽、果实、种子，还吃草类、地衣、苔藓及各种植物的花、果和蔬菜类。鹿采食后 1.5～2h 开始反刍，与反刍相伴的还有嗳气，反刍和嗳气是健康的标志。

7. 繁殖的季节性　　我国饲养的温带鹿，繁殖有明显的季节性，发情配种集中在 9～11 月，并可以延续到 3 月上旬。产仔集中在 5～7 月。

8. 社会行为　　鹿的社会行为主要包括群体行为、优势序列和嬉戏行为。优势序列是社会行为中的等级制，它使某些个体通过争斗在群体中获得高地位，在采食、休息、蔽阳、交配等方面优先。"王子鹿"就是优势序列中的胜利者，一旦下台，会群起而攻之。

第二节　常见鹿的饲养品种

中国是世界上鹿类动物资源最丰富的国家，近十几年来，中国茸鹿育种取得了巨大成绩，对改良低产茸鹿，促进我国养鹿业发展起到了巨大作用。目前已选育出许多具有高产优质等特点的梅花鹿和马鹿，其中梅花鹿以吉林双阳梅花鹿和辽宁西丰梅花鹿最闻名，马鹿以新疆的天山马鹿和塔里木马鹿著称于海内外(天山马鹿不是人工培育的品种或品系，故在此不介绍)。

一、梅花鹿品种

1. 双阳梅花鹿　　双阳梅花鹿品种是以双阳型梅花鹿为基础采用大群闭锁繁殖方法，历经 23 年(1963～1986 年)培育出的我国和世界上第一个茸用梅花鹿品种，具有产茸量高、遗传性能稳定、耐粗饲和适应性强等特点，成年公鹿平均产鲜茸 3.0kg，最大的达 15.0kg，比其他类型梅花鹿平均产量高25%～30%。1986 年通过品种鉴定，定为双阳梅花鹿，1990 年获得国家科技进步一等奖。

2. 长白山梅花鹿　　长白山梅花鹿品系是在抚松型梅花鹿基础上采用个体表型选择、单公群母配种和闭锁育种等方法，经 18 年(1974～1992 年)培育出的茸用梅花鹿品系，成品茸平均单产达 1.232kg。1993 年通过品系鉴定。

3. 西丰梅花鹿　　西丰梅花鹿品种的培育始于 1974 年，历经 21 年，于 1995 年通过品种鉴定，成品茸平均单产 1.25kg。

4. 敖东梅花鹿　　敖东梅花鹿品种的培育始于 1970 年，历经 30 年，于 2002 年通过品种鉴定，鲜茸平均单产 3.34kg，成品茸平均单产 1.21kg。

5. 兴凯湖梅花鹿　　兴凯湖梅花鹿源于 20 世纪 50 年代苏联赠送给我国的乌苏里梅花鹿，其品种选育始于 1976 年，经 28 年 4 个世代的连续系统选育，于 2004 年 12 月通过品种鉴定，鲜茸平均单产 2.644kg，成品茸平均单产 0.942kg，优质率达 71%。

二、马鹿品种

1. 清原马鹿　　清原马鹿是新疆伊犁的天山马鹿 1972 年引种到辽宁省清原县，经过风土驯化，采用个体表型选择、单公群母配种方法及应用人工授精技术，开展闭锁群继代系统选育，到 1994 年经 22 年连续 4 个世代选育，选育出 1100 只，并于 2004 年通过品种审定。清原马鹿鲜茸和成品茸的平均单产为 8.023kg 和 2.805kg，个体头茬茸鲜重最高为 26.0kg，商品茸优质率为 93%。

2. 塔里木马鹿　　塔里木马鹿品种是新疆生产建设兵团从 1959 年捕捉野生塔里木马鹿仔鹿驯养开始，采用本品种选育方式，实行个体表型选择、等级选配、小群单公群母一配到底、闭锁繁育的方法培育出的高产马鹿新品种，于 1996 年 10 月通过品种鉴定。该品种马鹿俗称"草湖鹿"，公鹿鲜茸和成品茸的平均单产分别为 7.068kg 和 2.57kg，个体的头茬茸鲜重最高为 22.0kg，头茬茸和再生茸合计鲜重为 27.72kg。

3. 乌兰坝马鹿　　乌兰坝马鹿品种的选育始于 1966 年，是内蒙古赤峰市巴林左旗乌兰坝林场在草原牧场放牧型东北马鹿的基础上，历经 30 余年的品种选育而培育出的优良马鹿品种，于 2000 年 10 月通过品种鉴定。该品种马鹿茸型大，呈双门桩；主干圆挺、较长，中部向内弯；眉冰间距小，眉枝短圆、与主干呈钝角。茸皮多呈黄色，茸质致密。生茸佳期为 5～15 岁。头茬鲜茸和成品茸单产分别为 4.562kg 和 1.814kg。畸形茸率占 6.8%。

第三节　鹿的育种与繁殖

一、鹿的选种选配

(一)选种

种鹿的价值不仅在于其本身能生产多少鹿产品，而是在于能否生产品质优良的后代。因此，种鹿品质的好坏，将直接影响鹿群的质量和鹿场的经济效益。所以选种时，须同时具备生产性能高、体质外形好、发育正常、繁殖性能好、合乎品种标准和种用价值高等 6 个方面的条件，才能选作种鹿。

1. 种公鹿的选择

1)系谱和后裔测定选择。按系谱选择时，一般要求三代系谱清楚，各代记录完整可靠，并需有两只以上种鹿的系谱对比观察，选出优良者作为种用。

2)生产性能选择。公鹿的生产性能主要是鹿茸产量和质量，因此公鹿的鹿茸产量、茸型角向、茸皮光泽和毛地均应作为选择种公鹿的重要条件。因为鹿茸的茸重性状属高遗传力性状，所以，选择种公鹿时，首先应考虑每副锯茸的重量，种公鹿的产茸量应比本场同龄公鹿平均单产高 20%～40%甚至以上。

3)年龄选择。公鹿的产茸量与年龄密切相关。公梅花鹿在 7 岁前产茸量与年龄呈正相关；7 岁以后呈负相关。公马鹿产茸高峰的年龄为 10 岁。所以，种公鹿应在 5～7 岁的壮年公鹿群中选择，种公鹿不足时，可适当选择一部分 4 岁公鹿。

4)体质外貌选择。公鹿的体形外貌的好坏与产茸量的高低存在着一定的相关性。体大、颈粗、额宽和茸型角向适宜的鹿产茸量普遍高。所以理想的种公鹿必须具有种类品种或类型的特征，表现出明显的公鹿型，体质健壮、结实、有悍威、精力充沛、性欲旺盛，体型匀称、结构良好，茸角大，茸型美观整齐、分枝发育良好等。

5)生长发育状况选择。主要以体尺、体重为依据选种，其主要指标有初生重、6 月龄和

12 月龄体重、日增重和第一次配种的体重，以及角基距、头深、胸围、体斜长、体直长等体尺指标。体重与鹿茸生长密切相关，在同龄鹿群中，体重大往往鹿茸产量高。

公鹿经选种后，留种率（即留作种用的公鹿数占同龄群公鹿只数的百分数）一般应为 6%～8%。

2. 种母鹿的选择　　母鹿的好坏对后代生产性能的影响是不可低估的，选择好母鹿对于提高繁殖力、增加鹿群数量和质量、提高后代的生产力都是至关重要的。

种母鹿应在 4～9 岁的壮龄母鹿中挑选。理想的母鹿首先应该发情、排卵、妊娠和分娩机能正常，繁殖力高、母性强、性情温顺、泌乳器官发育良好、泌乳力强；其次，良好的母鹿应具有明显的母鹿特征，体形适宜，结构匀称，体质健壮，四肢强健有力，皮肤紧凑，被毛光亮，特别是后躯发达，肢形正常，蹄质坚实，乳房和乳头发育正常，位置端正，繁殖成绩良好，无流产或难产现象。

3. 后备种鹿的选择　　后备种鹿应从生长发育、生产力良好的公母鹿的后代中选择。选择的仔鹿应该强壮、健康、敏捷，特别应该是有长的躯干、发达的骨骼和四肢、宽的胸部和臀部。另外，仔公鹿锥角茸的生长情况与以后鹿茸的生长有一定的关系，可以作为后备种公鹿早选的一个依据。

（二）选配

优良的种鹿并不一定都能产生优良的后代，因为后代的优劣，不仅取决于其双亲本身的品质，还取决于它们的配对是否适宜。选配是根据对茸鹿鉴定等级的标准、生产力和亲缘关系、配合力和遗传能力等，科学地选择互相交配的公母鹿，有意识地组合后代的遗传基因，以避免近亲繁殖，防止茸鹿退化，繁殖出理想的后裔。

茸鹿的选配方法主要为同质选配，即用所谓"卫星鹿"或特级种公鹿去配育种核心群母鹿；对于一般生产群母鹿，也应尽量选好的公鹿配，绝不能使用低于母鹿等级的公鹿来交配。对于有某种缺陷的母鹿，在大多数情况下要采用异质选配，就是用呈显性遗传的优良种公鹿配有缺陷的母鹿，以避免母鹿的缺点在后代身上反映出来。有相同缺陷的公母鹿，不宜互相交配，以免造成缺陷更加恶化。在年龄方面，主要应以壮龄鹿配壮龄鹿、壮龄鹿配老龄鹿或配幼龄鹿。

二、鹿的繁殖生理特点

（一）繁殖的季节性

鹿的繁殖具有一定的季节性，它的发情往往同一定的气候现象相适应，这是鹿类动物在长期进化过程中对生存条件的一种适应。目前已知人工驯养的鹿多在秋季发情（表 7-1），春末夏初产仔。

表 7-1　主要人工驯养鹿种的繁殖时间

鹿品种	发情时间	产仔时间
水鹿	秋季	次年 4～5 月
坡鹿	2～5 月	当年 10～12 月
梅花鹿	9～10 月	次年 5～7 月

续表

鹿品种	发情时间	产仔时间
马鹿	9～10 月	次年 5～6 月
白唇鹿	10 月	次年 5～6 月
麋鹿	6～8 月	次年 4～5 月
驼鹿	9～10 月	次年春末夏初
驯鹿	多在 10 月	次年 5 月末 6 月初

(二)性成熟与体成熟

1. 性成熟　　初生仔鹿生长发育到一定年龄,其性腺(公鹿的睾丸和母鹿的卵巢)能产生有受精能力的精子和卵子,并开始表现性行为(公母鹿出现交配欲,交配后能受胎繁殖),出现各自的第二性征,如公鹿长茸角、母鹿乳房增大等,这种现象称为性成熟。母鹿的性成熟期一般在生后 16～28 月龄。鹿性成熟期的早晚受种类、性别、饲养管理条件和个体的遗传差别等很多因素的影响。一般情况下,梅花鹿早于马鹿;母鹿早于公鹿;高营养水平饲养的鹿早于低营养水平饲养的鹿。

2. 体成熟　　性成熟是鹿在生殖生理上的发育成熟,但就整个机体来讲,特别是消化器官、骨骼和体重等还正处于生长发育阶段,还没有完全达到体成熟。鹿的体成熟才标志着个体本身的各个器官和系统已基本达到了生长发育的完成时期。从性成熟到体成熟还需要经过一定的过渡阶段。鹿的体成熟为 2～3 岁,但因种类、性别、气候条件、饲养管理和个体发育、出生早晚的不同而异。一般而言,梅花鹿早于马鹿;母鹿早于公鹿;气候条件适宜、饲养管理得当、个体发育良好及出生较早的鹿,其体成熟要早。

(三)发情规律及发情表现

1. 母鹿的发情周期和发情表现　　通常把母鹿先后两次发情的时间间隔定义为一个发情周期。茸鹿中除坡鹿是季节性一次发情外,其余均为季节性多次发情,一般有 3～5 个发情周期。在每个发情周期内通常把母鹿接受公鹿交配的时间(以母鹿开始出现静立反射作为发情开始,至拒绝交配时结束)称为发情持续时间。茸鹿的发情周期和发情持续时间见表 7-2。

表 7-2　茸鹿的发情周期和发情持续时间

鹿种	发情周期/d	发情持续时间/h
马鹿(东北亚种)	7～23(平均 12.7)	6～22
马鹿(塔里木亚种)	16～29	18～36
梅花鹿(东北亚种)	7～23(平均 14.4)	18～36
白唇鹿	18～22	
驯鹿	18～25(平均 21.5)	约 50
水鹿(海南亚种)	18～21(平均 20.0)	多为 36～48
驼鹿	25～30	

资料来源:马丽娟,1998,略作修改

根据母鹿在发情过程中生殖器官、生殖腺的变化和行为表现，每个发情周期可以划分为以下4个阶段，但各阶段间没有十分明显的界限。

(1)发情前期　　为发情的准备阶段。卵巢中的黄体萎缩，新的滤泡开始生长；生殖道充血，肿胀轻微，子宫颈口稍有开张，分泌液稍增加；一般无性欲和性行为表现。

(2)发情期　　为发情周期的主要阶段，可分为下列3个阶段。

1)发情初期：发情特征不显著。行为上表现为兴奋不安，摇臀翘尾，游走少食；有时发出"嗯嗯"的轻叫声，逗引同群母鹿并相互尾随；喜欢跟随公鹿一起活动，但公鹿爬跨时，又不愿接受交配。阴唇红肿、充血，但黏液量分泌尚不多，稀薄，牵缕性差。卵巢中的卵泡发育迅速。此时期母梅花鹿可持续4～10h，母马鹿可持续4～9h。

2)发情盛期：发情特征表现明显。母鹿急骤走动，摆尾，尿频；有时发出吼叫声，主动接近公鹿，有的围着公鹿转圈，甚至拱擦公鹿腹部或外阴部；当公鹿爬跨时，母鹿站立不动，臀部向后抵，举尾等待交配；此时期性欲强的成年母鹿甚至追逐爬跨公鹿或同群母鹿，两泪窝开张，分泌出一种强烈难闻的特殊气味。外生殖器明显红肿，黏液分泌量增加，呈黄色透明稀薄液，牵缕性增加。卵巢的卵泡发育成熟并排卵。此时期母梅花鹿可持续8～16h，母马鹿可持续5～9h，是母鹿交配的最佳时期。

3)发情末期：各种发情表现逐渐消退。母鹿逐渐变安静，轻度地逗留、翘尾；遇见公鹿则伸颈、低头、张嘴，有的母鹿甚至咬公鹿；当公鹿追逐爬跨时，母鹿拒绝交配。阴道黏液分泌量明显减少，并变得黏稠。此时期母梅花鹿可持续6～10h，母马鹿可持续3～6h。

(3)发情后期　　母鹿已变得安静，无发情行为表现。卵巢排卵结束，出现了黄体。

(4)休情期　　为母鹿发情期结束后的相对生殖生理静止期。母鹿的性欲已完全消失，精神状态、行为表现及生殖器官已完全恢复正常，卵巢的黄体已发育充分。

排卵发生在母鹿拒绝公鹿爬跨后的3～12h。因此，母鹿应在发情盛期达成交配。个别母鹿(特别是配种初期和初配的育成母鹿)发情时的外阴部变化和行为表现均不明显甚至缺乏，但其卵巢的卵泡仍发育成熟排卵，通常把这种发情称为隐性发情或安静发情，约占1%。此外，也有短促发情和孕后发情的；马鹿在发情配种旺期，还能遇见成批的应激发情，并且大多数正常受孕产仔。

2. 公鹿的发情和发情表现　　公鹿在整个发情季节里的性行为表现都是一致的，没有明显的周期性，并且早于母鹿。发情公鹿喜争斗，顶木质物、母鹿甚至人，磨角盘，扒地、扒坑、扒水、泥浴、长声吼叫、卷唇、边抽动阴茎边淋尿，摆头斜眼、泪窝开张；食欲减退或不食，颈围增粗，皮增厚，缩腹呈倒锥形；经常追逐发情母鹿，嗅闻母鹿尿液和外阴之后卷唇，当发情母鹿未进入发情盛期而逃避时，昂头注目、长声吼叫；公鹿爬跨时两前肢附在母鹿肩侧或肩上，在阴茎插入阴道后，在1s内完成射精动作。公鹿的交配次数，在45～60d的交配期里达40～50次，高峰日达3～5次，个别每小时最多达5次。

三、鹿的繁育方法

(一)鹿的配种

1. 初配适龄与使用年限　　初配适龄是指达到性成熟的鹿必须要达到一定的年龄才能参加配种。一般情况下，公鹿以3.5～4岁开始配种为宜，体质发育好的3岁公鹿也可配种；母鹿初配年龄以2.5～3岁为宜，对于生长发育较好、体重接近成年母鹿的70%时，性成熟后就可配种。

在人工饲养条件下，种公鹿使用年限相对短一些，一般只利用到 8 岁；对种用价值高、配种能力强的种公鹿可适当延长使用年限。母鹿一般只利用到 6～10 岁。

2. 配种方式

(1)群公群母配种　　舍饲条件下，按 1∶(3～5)的公母比例，每 50～60 头鹿组成一个配种群，直到配种结束为止。对中途患病、丧失配种能力和有严重恶癖的公鹿要及时替换。该配种方法简单易行，不易漏配，能充分发挥群体选育优势，且受孕率平均可达 90%以上；但由于种公鹿争偶角斗，体力消耗较大，伤亡也较多，不能进行个体选配，同时也不能充分发挥优良种公鹿的作用。所以群公群母配种法是一种原始的、不完善的自然交配式。目前只有放牧鹿场使用该方法配种。

(2)单公群母配种　　将母鹿组成 15～25 头的小群，放入 1 头种公鹿，直至配种结束。期间可根据种公鹿的体况和配种能力等确定是否替换。该方法要求严格选择种公鹿，并对种公鹿进行精液品质检查，是大多数鹿场采用的一种配种方式，能充分发挥优良种公鹿的作用，避免了公鹿间的争偶角斗，谱系清楚，母鹿受胎率一般达到 90%以上。

(3)单公单母配种　　先采用试情方式找出发情的母鹿，然后将母鹿拨到指定的种公鹿小圈内进行交配。这种方式受胎率较高(90%以上)，仔鹿谱系清楚，有利于鹿的繁育。但鹿场工作量加大，占用圈舍多。

(4)试情配种　　在 25～30 只母鹿圈内，每天定时放入 1 头试情公鹿，当找出发情母鹿后，将母鹿拨入选定的种公鹿圈内配种，配后及时把母鹿拨回原圈舍内。试情配种是近些年来发展的一种配种方法，最大的优点是能充分提高优良种公鹿的利用率，系谱清楚，受胎率高。

(5)人工授精　　详见本节茸鹿现代繁殖技术的应用部分。

(二)妊娠与分娩

1. 妊娠和妊娠表现　　母鹿受配后精子和卵子结合，在子宫体内着床的过程称为妊娠(或受胎)。妊娠母鹿不再发情和排卵；随胎儿的发育，营养需求逐渐增多，食欲和采食量增加，腹围增大，乳房也随着发育变大。到妊娠后期，母鹿会有明显的行为变化，如运动量大大减少，活动变得谨慎和迟缓，易疲劳多躺卧等。

2. 妊娠期　　理论上妊娠期是从受精卵开始发育到胎儿自母体产出的这段时间；但妊娠期的实际计算是从母鹿最后一次有效受配或输精之日起到产仔之日止的这一段时间。鹿类动物妊娠时间(表 7-3)的长短与种类、气候条件、饲养方式、年龄、营养、驯化程度、胎儿的性别和数量有关。

表 7-3　主要鹿种的妊娠期(d)

鹿种	妊娠期	鹿种	妊娠期
梅花鹿	229±6	驯鹿	215～238
东北马鹿	243±6	水鹿	250～270
天山马鹿	224±7	白唇鹿	220～230
塔里木马鹿	240	海南坡鹿	210～240
阿勒泰马鹿	235～262	麋鹿	250～315

3. 分娩 鹿分娩期的早晚主要取决于鹿的配种期。正常的分娩期一般为 5～7 月，旺期为 5 月 15 日到 6 月 15 日，在旺期至少有 80%的妊娠母鹿产仔。鹿的分娩期主要根据配种日期推算，准确率可达 90%左右。梅花鹿可按"交配月减 5，日加 23"的公式推算；如果日加 23 的数值大于 30，则以此数值中减去 30 进 1 个月，余数为日数。马鹿为月减 4，日加 1（东北马鹿），或日加 2（天山马鹿）。

母鹿分娩前主要表现症状是食欲锐减或废食，排尿频繁、举尾，时起时卧，常在圈内徘徊或沿着墙壁行走，表现不安，不时回视腹部，伸懒腰，似有腹痛感。在临产前，母鹿离开鹿群到安静的场所，站立或躺卧产仔。母鹿在分娩前 10d 左右，乳房开始迅速发育和膨胀，乳头增粗，腺体充实；在产前几天乳房可以挤出黏稠的黄色液体；在分娩前 1～2d 有白色乳汁可以挤出。此外，产前母鹿腹部严重下沉，肋部塌陷，尤其在产前 1～2d；母鹿骨盆韧带松弛，外阴部肿大，阴门在妊娠末期明显肿大外露、柔软潮红、皱壁展开，有时流出黏液；分娩前 1～2d，有透明物从阴部流出，垂于阴门外。分娩时大部分为头位分娩，部分尾位分娩的也为正常分娩。正常产程，初产母鹿 3～4h，经产母鹿 0.5～2h，正常尾位 6～8h。

（三）茸鹿现代繁殖技术的应用

近 20 年来，在养鹿业生产中得到应用的茸鹿现代繁殖技术主要有发情控制、发情鉴定、人工授精、提高茸鹿的双胎率及茸鹿的性别控制等技术。其中，马鹿的人工授精技术是一项比较成熟的技术，目前已得到广泛推广应用。

1. 发情控制 发情控制就是利用某些激素制剂，人为调控母鹿的发情规律，促使母鹿按照人们的要求在一定的时间内发情、排卵及配种。主要包括诱导发情（催情）和同期发情技术。

诱导发情可使母鹿在非配种季节发情，适用于发情不明显和发情不正常的母鹿。目前主要采取肌内注射孕马血清促性腺激素（PMSG）或前列腺素（PG）类似物、口服雌激素（含类似物）、孕激素（含类似物）与 PMSG 相结合、PG 类似物与 PMSG 相结合及异性刺激等方法，各种方法的效果有所差异。

同期发情本质上主要是人为地延长黄体期（用孕激素）或中断黄体期（用 PG），然后突然停止用药或同时用药，就可使药物处理的母鹿群的黄体期同期中断，从而达到同期发情的目的。应用较多的是孕酮阴道栓（CLDR）结合 PMSG 的方法，在鹿发情季节（9 月中旬）对母鹿进行埋植 CLDR，并于埋植后 12d 取出 CLDR，同时注射促性腺激素 250～330IU（梅花鹿）或 500～600IU，同期发情率梅花鹿和马鹿分别达 68.6%和 93.3%。

2. 排卵控制 排卵控制就是利用某些激素制剂，人为地调控排卵的数量和时间。对鹿而言，有意义的排卵控制应为超数排卵和提前排卵，超数排卵适用于提高鹿的产仔数，提前排卵有利于开展鹿的人工授精。在这方面，我国目前尚处于起始阶段。

3. 性别控制 公仔鹿的出生率直接影响着鹿场的经济效益。为了提高公仔鹿的出生率，目前主要采用早期胚胎性别鉴定法和 X、Y 精子分离法进行性别控制。胚胎性别鉴定存在着诸多的不利因素，故多不采用。利用 X 精子与 Y 精子 DNA 含量的微小差别，通过荧光染色强度的差异，计算机调控分取，然后利用分离后的性控冻精生产体内胚胎，人为地控制鹿后代的性别。X、Y 精子分离法性控冻精人工授精总受胎率达到 95%（马鹿）和 60%（梅花鹿），性控准确率达到了 100%（马鹿）和 90%以上（梅花鹿）。

4. 性激素免疫法提高双胎率 性激素免疫法提高双胎率的原理是：在发情季节初期，给母鹿注入性激素抗原，因机体主动免疫产生的相应抗体能在血液里和卵巢中产生性激素，从而削弱或阻断了"下丘脑—腺垂体—卵巢"的负反馈作用，致使卵巢额外再增排一个卵子。在配种前 30～40d，对经产梅花鹿母鹿实行颈侧皮下注射双羔素[由垂体促性腺素、绒毛膜促性腺素、释放激素(LRH-3)等激素按一定比例组成]1 次，经 1～3 周，再进行 1 次加强免疫注射，两次剂量为每只3ml或4ml，注药结束后适时配种能明显提高母梅花鹿的双胎率。

5. 母鹿发情鉴定　　　试情方法和直肠触摸(对马鹿)法可判断母鹿处于何种发情阶段，确定最适交配时间，特别是最佳的人工输精时机，对提高受胎率具有重要意义。

(1)公鹿试情法　　　在配种期内选 3～5 岁、睾丸大、性欲高的年轻公鹿(为防止试情公鹿的交配，还必须对试情公鹿采取带试情布，或结扎输精管，或阴茎移位手术等措施)，每天定时(早 5:30～6:00，晚 6:00～7:00，有时午间 11:00～12:00)将 1 头试情公鹿放入母鹿舍内。当试情公鹿追逐并爬跨母鹿，母鹿站立不动接受公鹿爬跨时，即为发情盛期，此时为最适交配时间或最佳的人工输精时机。

(2)直肠检查法　　　直肠检查法就是用手经过直肠直接触摸卵巢，通过卵巢上有无卵泡、卵泡的形状、质地、大小程度，来准确地判定卵泡的发育期。此法判断母鹿是否发情准确可靠，但只适用于马鹿，且因技术熟练程度要求高和鹿只保定困难等，生产中较少应用。

6. 人工授精技术　　　鹿的人工授精技术是近 20 年来才发展起来的鹿类繁殖技术中一项较为先进的技术。目前马鹿主要采用直肠把握法输精，受胎率一般均可达到 85%以上；梅花鹿采用开膣器法，受胎率为 40%～60%。其他驯养鹿类的人工授精研究国内报道较少。

鹿的人工授精技术主要包括采精、精液品质检查、精液的稀释、冷冻精液制备和保存及输精。

鹿的采精方法有假阴道采精法和电刺激采精法。后者应用较多，主要是利用电刺激采精器对麻醉保定后的种公鹿进行采精。电刺激采精器分为电刺激器和直肠探子两部分，电刺激器电压为 0～12V，频率为 50Hz，电流为 0～1A；直肠探子由硬质塑料或有机玻璃等绝缘材料制成，全长450mm，直径12mm。采精过程中，将电极棒插入公鹿直肠深20～25cm，进行由低到高的电压刺激，每次通电 5s，断电 3～5s，直至某一电压时鹿在通电后排精了，则不再上升电压，但继续以 5s 通、3～5s 断电的方式直至精液排完为止。该方法采得的精子量相对较少，其他分泌物较多。

精液品质检查主要包括色泽、气味、射精量、密度、活力、畸形率、顶体完整率和存活时间等。鹿的精液呈乳白色或乳黄色，无腥味或微腥。假阴道法和电刺激法采得的精液量：梅花鹿为 0.6～1ml 和 1～2ml，马鹿为 1～2ml 和 2～5ml。精子密度通常在 8 亿/ml 以上；精子活力为 0.8～0.9(假阴道法)和 0.6～0.8(电刺激法)；用鲜精输精时，精子活力要保证在 0.6以上；制作冻精时，精子活力要保证在 0.7 以上。

经检验合格的精液在制备冻精前，要用营养液进行稀释。精液的稀释倍数主要依据精子的密度和活力来确定，稀释后的精液每个剂量必须保证有效精子数在 3000 万个以上，活力达 0.3 或以上。稀释后的精液在 2～5℃条件下进行平衡，然后制备成冻精。

鹿的精液主要采用细管冻精(-196℃)保存，这种方法能保存冻精 10 年以上。

鹿的输精应用最多的是子宫颈输精法。当母鹿被鉴定出发情后，将解冻的冻精放入输精枪，伸入子宫颈口，通过子宫颈的 4 个皱褶后，在继续伸进2～3cm后输精。通常在发情时输精一次，发情后 6～12h 再输一次；也有在发情后 6～8h 仅输精一次的。

第四节 鹿的营养需要及日粮标准

一、鹿的营养需要

(一) 鹿的能量需要

维持需要是指鹿在既不生长、生产，也不损失体内能量贮存状态下的需要。成年公梅花鹿每日的代谢能 (ME) 维持需要量平均为 $516kJ/W^{0.75}$，是基础代谢的 1.414 倍，维持 ME 的利用效率为 0.707。

生茸期公鹿用于生产鹿茸的 ME 甚少，仅占食入 ME 的 0.098%~0.192%；饲粮能量浓度过高或过低都会影响鹿茸的产量，研究表明，梅花鹿生茸期饲料中能量浓度为 15.884~16.720MJ/kg。越冬期公鹿为了迅速恢复体况，并为换毛、生茸贮备营养，也需要一定的能量；梅花鹿越冬期饲料中能量浓度为 15.884~16.720MJ/kg。

离乳仔鹿生长速度快，能量代谢旺盛，因此对能量的需求较高；育成鹿仍处于生长发育的旺盛阶段，为满足生长发育的需要也必须从饲料中摄取一定的能量。

休闲期空怀母鹿的能量需要大致处于维持需要状态，一只体重 70kg 左右的空怀母梅花鹿每日的维持 ME 需要量约为 $627kJ/W^{0.75}$；经产母鹿在配种前的能量需要也基本维持在这一水平。母鹿妊娠后，体内新陈代谢逐渐增加，但在初期能量需要增加的不多；而后期由于胎儿发育较快，特别是产前的 1~1.5 个月增重为出生重的 80%~85%，故妊娠后期的能量需要比维持需要高 26%~33%。母鹿泌乳期能量代谢强度也有所增加，每日每只母鹿所需的能量为 31.581~36.093MJ，比干乳期要高出一倍左右。

(二) 鹿的蛋白质需要

公鹿的蛋白质维持需要量因体重不同而有所差异，但每只鹿每天每千克体重必须由饲料中获得 0.5~0.6g 可消化氮，因此一只 120kg 的成年公鹿每日需可消化粗蛋白 (DCP) 400~500g。饲料中蛋白质水平的高低影响鹿茸的产量和质量；通过对各年龄公梅花鹿生茸期蛋白质需要量的研究结果表明，随年龄的增长，蛋白质的需要量呈递减趋势。配种期种公鹿对蛋白质的需要量较高，一般精饲料中蛋白质水平不应低于 20%。公鹿越冬期每天单位代谢体重对蛋白质的需要量在 1~3 周岁时随年龄增长相应提高，4 周岁后则逐渐降低。

幼鹿生长迅速，蛋白质代谢强度大，体内蛋白质沉积量也高于成年鹿，因此，对蛋白质的需要量较高，3 月龄以上的幼鹿和育成鹿蛋白质需要量占精饲料的 28%。

妊娠母鹿的体增重和胎儿的增重主要是在妊娠后期的 1.5~2 个月完成的，此时期内母体氮的沉积量较大。所以，妊娠母鹿的蛋白质需要量在妊娠的中后期要在维持的基础上增加，妊娠中期和妊娠后期母鹿每日对于可消化蛋白质的需要量分别为 85~90g 和 140~145g。

蛋白质是乳汁的重要成分，乳中不仅蛋白质含量丰富，赖氨酸、亮氨酸、异亮氨酸和缬氨酸含量也较丰富，因此，为满足泌乳母鹿的产乳需要，日泌乳 1.02L 母鹿每日的蛋白质需要量为 248~283g。

梅花鹿的常规营养需要分别见表 7-4~表 7-7。

天山马鹿的常规营养需要见表 7-8。

表 7-4　仔鹿常规营养需要(每头每天)

月龄	平均体重/kg		干物质采食量/kg	总能/MJ	粗蛋白质/g	可消化蛋白质/g	钙/g	磷/g	食盐/g
	公	母							
1～3	10	8	0.3～0.4	4.95～6.60	45.0～60.0	32.0～42.0	3.0～4.0	2.0～2.7	1.5～2.0
4	20	15	0.6～0.8	9.90～13.20	90.0～120.0	63.0～84.0	6.0～8.0	4.0～5.4	3.0～4.0
5	25	20	0.8～1.0	13.20～16.50	120.0～150.0	84.0～105.0	8.0～10.0	5.4～6.7	4.0～5.0
6	30	25	1.0～1.2	16.50～19.80	150.0～180.0	105.0～126.0	10.0～12.0	6.7～8.0	5.0～6.0

资料来源：吉林省地方标准，DB22/T 2258—2015

表 7-5　育成鹿常规营养需要(每头每天)

月龄	平均体重/kg		干物质采食量/kg	总能/MJ	粗蛋白质/g	可消化蛋白质/g	钙/g	磷/g	食盐/g
	公	母							
7～10	45	35	1.4～1.8	23.1～29.7	182.0～234.0	100.0～128.7	14.0～18.0	9.3～12.0	7.0～9.0
11～15	50	40	1.6～2.0	26.4～33.0	224.0～280.0	123.2～154.0	16.0～20.0	10.7～13.3	8.0～10.0
16～18	55	45	1.8～2.2	29.7～36.3	234.0～286.0	128.7～157.3	18.0～22.0	12.0～14.6	9.0～11.0
19～24	70	50	2.0～2.6	33.0～42.9	280.0～364.0	154.0～200.2	20.0～26.0	13.3～17.3	10.0～13.0
25～28	80	55	2.2～3.0	36.3～49.5	286.0～390.0	157.3～214.5	22.0～30.0	14.6～20.0	11.0～15.0

资料来源：吉林省地方标准，DB22/T 2258—2015

表 7-6　成年母鹿常规营养需要(每头每天)

时期	平均体重/kg	干物质采食量/kg	总能/MJ	粗蛋白质/g	可消化蛋白质/g	钙/g	磷/g	食盐/g
配种期	60	2.4	32.0～38.4	312.0	171.6	24.0	16.0	12.0
	65	2.6	38.4～41.6	338.0	185.9	26.0	17.3	13.0
	70	2.8	41.6～44.8	364.0	200.2	28.0	18.6	14.0
妊娠期	60	2.4	32.0～38.4	336.0	184.8	24.0	16.0	12.0
	65	2.6	38.4～41.6	364.0	200.2	26.0	17.3	13.0
	70	2.8	41.6～44.8	392.0	215.6	28.0	18.6	14.0
泌乳期	60	2.4	32.0～38.4	348.0	191.4	24.0	16.0	12.0
	65	2.6	38.4～41.6	377.0	207.4	26.0	17.3	13.0
	70	2.8	41.6～44.8	406.0	223.3	28.0	18.6	14.0

资料来源：吉林省地方标准，DB22/T 2258—2015

表 7-7　成年公鹿常规营养需要(每头每天)

时期	平均体重/kg	干物质采食量/kg	总能/MJ	粗蛋白质/g	可消化蛋白质/g	钙/g	磷/g	食盐/g
配种期	100	2.0	32.2	240.0	132.0	20.0	13.3	10.0
	120	2.4	38.6	288.0	158.4	24.0	16.0	12.0
	130	2.6	41.9	312.0	171.6	26.0	17.3	13.0
恢复期	100	3.0	48.3	360.0	198.0	30.0	20.0	14.0
	120	3.6	58.0	432.0	237.6	36.0	24.0	16.5
	130	3.9	62.8	468.0	257.4	39.0	26.0	19.5

续表

时期	平均体重/kg	干物质采食量/kg	总能/MJ	粗蛋白质/g	可消化蛋白质/g	钙/g	磷/g	食盐/g
生茸期	100	3.8	61.2	532.0	292.6	38.0	25.3	19.0
	120	4.5	72.5	630.0	346.5	45.0	30.0	22.5
	130	4.9	78.9	686.0	377.3	49.0	32.7	24.5

资料来源：吉林省地方标准，DB22/T 2258—2015

表 7-8　天山马鹿不同生产时期营养需要

生产时期	冬季恢复期			生茸前期	生茸期				生茸结束期		发情控制期	
	11 月	12 月	1 月	2 月	3 月	4 月	5 月	6 月	7 月	8 月	9 月	10 月
消化能/kJ	3034	3037	4167	4919	5238	5369	5630	4954	2155	2155	1445	1658
蛋白质/g	477.0	509.0	708.0	975.0	1101.0	1238.0	1293.0	1114.0	436.5	436.5	347.0	410.0
钙/g	38.1	38.3	44.0	47.2	50.6	58.5	59.6	49.8	39.4	33.1	29.3	30.2
磷/g	27.70	29.30	30.20	38.10	47.12	52.00	57.30	47.30	22.60	20.03	23.90	29.00

资料来源：刘涛和赵永旭，2012，略作修改

（三）鹿的微量元素和维生素需要

鹿对维生素和微量元素的需要量虽然很少，但其在鹿的营养上都有特殊作用，也相互作用相互影响，对生长发育、繁殖和生产等具有重要作用。鹿的年龄、性别和生产时期不同，对维生素和微量元素的需要量也不同。梅花鹿的维生素和微量元素需要量分别见表7-9～表 7-11。

表 7-9　仔鹿、育成鹿微量元素及维生素需要（每头每天）

月龄	平均体重/kg 公	平均体重/kg 母	干物质采食量/kg	铜/mg	锰/mg	锌/mg	铁/mg	钴/mg	硒/mg	维生素A/IU	维生素D/IU	维生素E/IU
1～3	10	8	0.3～0.4	3.2	14.4	24.0	16.0	0.16	0.04	500	90	5.0
4～6	25	20	0.6～1.0	7.8	36.0	60.0	40.0	0.40	0.10	1000	180	10.0
7～10	45	35	1.4～1.8	11.7	54.0	90.0	60.0	0.60	0.15	1600	260	16.0
11～15	50	40	1.6～2.0	15.6	72.0	120.0	80.0	0.80	0.20	1800	280	20.0
16～18	55	45	1.8～2.2	17.2	79.2	132.0	92.0	0.90	0.23	2000	300	23.0
19～24	70	50	2.0～2.6	19.5	90.0	150.0	100.0	1.00	0.25	2400	330	25.0
25～28	80	55	2.2～3.0	21.8	100.8	168.0	112.0	1.12	0.28	2800	500	30.0

资料来源：吉林省地方标准，DB22/T 2258—2015

表 7-10　成年母鹿微量元素及维生素需要(每头每天)

时期	平均体重/kg	干物质采食量/kg	铜/mg	锰/mg	锌/mg	铁/mg	钴/mg	硒/mg	维生素A/IU	维生素D/IU	维生素E/IU
配种期	60	2.4	18.7	86.4	144.0	96.0	0.96	0.24	2 400	500	80～120
	65	2.6	20.3	93.6	156.0	104.0	1.04	0.26	2 800	600	80～120
	70	2.8	21.8	100.8	168.0	112.0	1.12	0.28	3 200	700	80～120
妊娠期	60	2.4	18.7	86.4	144.0	96.0	0.96	0.24	2 400	1 000	80～120
	65	2.6	20.3	93.6	156.0	104.0	1.04	0.26	2 800	1 200	80～120
	70	2.8	21.8	100.8	168.0	112.0	1.12	0.28	3 200	1 400	80～120
泌乳期	60	2.4	18.7	86.4	144.0	96.0	0.96	0.24	10 000	750	80～120
	65	2.6	20.3	93.6	156.0	104.0	1.04	0.26	12 000	900	80～120
	70	2.8	21.8	100.8	168.0	112.0	1.12	0.28	14 000	1 000	80～120

资料来源：吉林省地方标准，DB22/T 2258—2015

表 7-11　成年公鹿微量元素及维生素需要(每头每天)

时期	平均体重/kg	干物质采食量/kg	铜/mg	锰/mg	锌/mg	铁/mg	钴/mg	硒/mg	维生素A/IU	维生素D/IU	维生素E/IU
配种期	100	2.0	15.6	72.0	120.0	80.0	0.80	0.20	5 000	700	100～200
	120	2.4	18.7	86.4	144.0	96.0	0.96	0.24	5 800	800	100～200
	130	2.6	20.3	93.6	156.0	104.0	1.04	0.26	7 000	900	100～200
恢复期	100	3.0	23.4	108.0	180.0	120.0	1.20	0.30	8 000	950	100～200
	120	3.6	28.1	129.6	216.0	144.0	1.44	0.36	8 800	1 000	100～200
	130	3.9	30.4	140.4	234.0	156.0	1.56	0.39	10 000	1 100	100～200
生茸期	100	3.8	29.6	136.8	228.0	152.0	1.52	0.38	7 500	800	100～200
	120	4.5	35.1	162.0	270.0	180.0	1.80	0.45	8 200	900	100～200
	130	4.9	38.2	176.4	294.0	196.0	1.96	0.49	10 000	1 200	100～200

资料来源：吉林省地方标准，DB22/T 2258—2015

二、鹿的日粮标准

鹿的日粮由精饲料和粗饲料构成。精饲料的原料以玉米、豆粕、麦麸、大豆等为主，可添加一定量的微量元素和多种维生素。粗饲料为玉米秸、豆秸、板栗叶、杨树叶等。

饲料按规定的时间、数量喂给鹿，每日投喂精、粗饲料各三次；每次均先喂精饲料，后喂粗饲料。精饲料应均匀投喂在饲料槽内，粗饲料应投放在运动场内。配种期的壮龄生产公鹿少喂或停喂精饲料。离乳仔鹿和育成鹿每日多补饲一次精、粗饲料。

梅花鹿的精饲料和粗饲料饲喂标准分别见表 7-12～表 7-17。

天山马鹿的精饲料和粗饲料饲喂标准见表 7-18。

表 7-12 成年公鹿日粮精饲料标准（kg/头）

时期	头锯	二锯	三至六锯	七锯以上
配种期	0.75	0.70	0.30	0.50
越冬期	0.80	0.75	0.70	0.75
生茸前期	0.80～1.50	0.80～1.50	0.80～1.60	1.00～1.80
生茸期	1.50～1.75	1.60～1.80	1.70～2.00	2.00～2.25

资料来源：北京市地方标准，DB11/T 421—2007

表 7-13 成年公鹿日粮精饲料配比

时期	玉米/%	豆粕/%	麦麸/%	熟大豆/%	盐/g	磷酸氢钙/g
配种期	65	20	15	—	20	20
越冬期	70	20	10	—	20	20
生茸前期	50	30	15	5	20	20
生茸期	40	40	10	10	25	25

资料来源：北京市地方标准，DB11/T 421—2007

表 7-14 初配母鹿日粮精饲料标准

时期	日喂量/kg	玉米/%	豆粕/%	麦麸/%	盐/g	磷酸氢钙/g
配种期	0.80	60	30	10	15	15
妊娠期	0.75	62	30	8	15	15
产仔泌乳期	1.00	55	35	10	20	20

资料来源：北京市地方标准，DB11/T 421—2007

表 7-15 成年母鹿日粮精饲料标准

时期	日喂量/kg	玉米/%	饼粕/%	麦麸/%	盐/g	磷酸氢钙/g
配种期	1.0	60	30	10	20	20
妊娠期	0.8	60	30	10	20	20
产仔泌乳期	1.2	55	35	10	25	25

资料来源：北京市地方标准，DB11/T 421—2007

表 7-16 离乳仔鹿和育成鹿日粮标准及配比

月份	日喂量/kg	玉米/%	饼粕/%	麦麸/%	熟大豆/%	盐/g	磷酸氢钙/g
9～10	0.30～0.75	40	40	10	10	10	10
11～12	0.75～0.80	40	40	10	10	15	15
1～2	0.80～0.90	45	35	10	10	15	15
3～4	0.90～1.00	40	40	10	10	15	15
5～8	1.00～1.20	40	40	10	10	15	15

资料来源：北京市地方标准，DB11/T 421—2007

表7-17　鹿的粗饲料日粮标准(kg/只)

鹿别	离乳仔鹿	育成公鹿	成年公鹿	育成母鹿	成年母鹿
日给量	0.5~2.5	3.0~4.0	3.0~4.5	2.5~3.5	3.0~4.0

资料来源：北京市地方标准，DB11/T 421—2007

表7-18　天山马鹿日粮标准

生产时期	精饲料/kg	多汁料/kg	青、粗饲料/kg	石粉或骨粉/g	盐/g
冬季恢复期	2.0~2.5	2.0~3.0	3.0~5.0	30	30
生茸前期	1.5~2.0	2.0~3.0	3.0~5.0	30	30
生茸期	3.0~4.0	3.0~4.0	5.0~6.0	40	25
发情控制期	2.0~2.5	2.0~2.5	4.0~5.0	30	30

资料来源：刘涛和赵永旭，2012，略作修改

第五节　鹿的饲养阶段划分与饲养管理

一、鹿饲养阶段的划分

(一)公鹿饲养阶段的划分

在人工饲养条件下，根据公鹿在不同季节的生理特点和代谢变化规律，生产实践中把公鹿的饲养管理划分为生茸前期、生茸期、配种期和恢复期4个阶段，因生茸前期和恢复期基本上处于冬季，故又称为越冬期。梅花鹿公鹿饲养时期的划分详见表7-19。

表7-19　梅花鹿公鹿饲养时期的划分

	生茸前期	生茸期	配种期	恢复期
北方	1月下旬~3月下旬	4月上旬~8月中旬	8月下旬~11月中旬	11月下旬至翌年1月中旬
南方	1月下旬~3月上旬	3月中旬~8月上旬	8月下旬~12月上旬	12月下旬至翌年1月中旬

马鹿的各个时期比梅花鹿提前一旬左右。

(二)母鹿饲养阶段的划分

母鹿每年有8个月左右的妊娠期，2~3个月的泌乳期，2个月的配种期。根据母鹿在不同时期的生理变化及营养需要等特点，可将母鹿的饲养时期划分为配种与妊娠初期(9~11月)、妊娠期(12~翌年4月)和产仔泌乳期(5~8月)3个阶段。梅花鹿与马鹿的生产时期划分基本相同，只是马鹿的配种时间较梅花鹿提前10d左右。

(三)幼鹿饲养阶段的划分

幼鹿是指从出生到翌年末这段时间小鹿的统称。按照习惯，将仔鹿出生后7~8d称为初生期，也称新生期；3月龄前(断乳前)的小鹿称为仔鹿或哺乳仔鹿；把断乳后至当年年底的幼鹿称为离乳仔鹿；当年所产的仔鹿转入第二年称为育成鹿。因此，把幼鹿的饲养管理分为

哺乳仔鹿期、离乳仔鹿期和育成期 3 个阶段。

二、鹿的饲养管理

(一)公鹿的饲养管理

饲养公鹿的目的就是通过科学、合理的饲养管理，获得高产、优质的鹿茸和种用价值高的种鹿。因此，必须依据公鹿的生物学特点、各生产时期营养需要特点、体质状况特点等进行科学的饲养管理。

1. 茸期的饲养管理　　　茸期日粮组成要多样、全价，精饲料应由多种饲料混合组成；梅花鹿公鹿的精饲料组成和营养水平见表 7-12 和表 7-13。在生茸期，每昼夜应饲喂 3 次，并尽量延长每次的间隔时间。每次先喂精饲料，后喂粗饲料。增加精饲料时需十分谨慎并要缓慢进行，防止因加料过急而发生"顶料"现象。在增加精饲料的同时，应供给足够的优质青粗饲料，3～6 月可日喂 2 次青贮饲料，1 次干粗饲料；6～8 月可日喂 2 次青饲料和 1 次干粗饲料。

管理上首先要对圈舍、保定器及附属设备进行检修，确保牢固，防止突出后伤鹿伤茸；同时要随时观察鹿的脱盘生茸情况，及时去掉压茸的角盘，对有咬茸、打架恶癖的鹿应隔离单独饲喂；生茸期间，严禁外人参观，以防炸群伤茸，本场饲养人员入圈前应给信号。

2. 配种期的饲养管理　　　配种期内由于不是所有的公鹿都参加配种，因此对种用公鹿和非种用公鹿应区别对待。对种公鹿，应加强饲养，日粮配合时应选择适口性强，含糖、维生素、微量元素多的青贮玉米、瓜类、胡萝卜、大葱和甜菜等青绿多汁饲料和优质的干粗饲料；精饲料要求能量充足，蛋白质丰富，营养全价。对非种用公鹿，要设法控制膘情，降低性欲，减少争斗，避免伤亡，并为安全越冬做好准备；为此，在配种期到来之前，根据鹿的膘情和粗饲料质量等情况，适当减少精饲料喂量，必要时停喂一段时间精饲料，但要保证供给大量优质干粗饲料和青饲料。

在管理上种用公鹿和非种用公鹿应分别管理，单独饲养。配种开始以前，应对圈舍进行维修，以防止公鹿因顶撞磨角损坏围栏及圈门而出现跑鹿和串圈的现象。必须把二茬茸锯完，以便减少顶架而引起的伤亡。配种期应设专门人员昼夜监护，经常哄赶鹿群，使发情母鹿及时得到交配的机会。同时值班人员要细致观察配种情况和进程，做好配种记录，防止受配多次的母鹿被公鹿追逼穿坏阴道和穿肛等现象的发生。为防止激烈交配或顶架后的公鹿立即饮水，出现异物性肺炎，水槽应设有水槽盖。配种期应加强圈舍的清扫和消毒，防止因地面石尖或异物损伤鹿只蹄部和四肢，感染疾病。

3. 越冬期的饲养管理　　　越冬期的日粮应以粗饲料为主，精饲料为辅，逐渐加大日粮容积，提高热能饲料的比例，锻炼鹿的消化器官，提高其采食量和胃容量。同时必须供给一定数量的蛋白质，以满足瘤胃微生物生长繁殖的营养需要。在精饲料的配合上，恢复期应逐渐增加禾本科籽实饲料，而在生茸前期则应逐渐增加豆饼或豆科籽实饲料。白天喂精饲料 2 次，喂粗饲料 2～3 次，夜间加喂 1 次粗饲料。

在管理上为了减少体能消耗，增强抗寒能力，保证安全越冬，每天早晨应驱赶鹿群运动和夜间喂鹿。棚舍内要有足够的干草，或铺以豆秸、稻草等。及时清除积雪，做到舍内、走廊无冰雪，防止滑倒摔伤。要保证饮温水。舍内要防风、保温，保持干燥，确保采光良好。进入 2～3 月，应根据鹿的体况继续调整鹿群，将体弱与患病的鹿拨出组群，设专人管理。

(二)母鹿的饲养管理

饲养母鹿的目的是保证母鹿健康，提高母鹿的繁殖力，巩固有益的遗传性，不断提高鹿群的数量和质量。要求必须采取有效的饲养管理措施，保证母鹿能正常发情、排卵和受孕等，且能生产出发育良好的仔鹿。

1. 配种与妊娠初期的饲养管理　　日粮配合应以容积较大的粗饲料和多汁饲料为主，精饲料为辅。日粮中要给予一定量的富含胡萝卜素、维生素 E 的根茎和块根类饲料；精饲料中应以豆饼、玉米、高粱、大豆、麦麸等为主合理配合，并且要补充各种维生素和微量元素。圈养母鹿每天喂 3 次精饲料和 3 次粗饲料。

管理上，为使母鹿尽早发情，仔鹿应适时断乳分群，使母鹿尽快进入体质恢复期。仔鹿断乳后，母鹿应分群管理；注意观察发情配种情况；制止恶癖公鹿顶撞母鹿；刚交配完的公母鹿不能马上饮水；配种母鹿群要设专门人员昼夜值班看管，随时记录交配个体的号码，掌握配种进度；配种结束后，对所有参加配种的母鹿应根据配种日期的先后适当调整鹿群，加强饲养管理。

2. 妊娠期的饲养管理　　妊娠期应始终保持较高的日粮水平，特别是要保证蛋白质和无机盐的供给。在制订日粮时，须考虑到饲料的容积和妊娠期的关系，初期容积可大一些，后期应选择体积小、质量好、适口性强的饲料。临产前半个月时应适当限制饲养，以防止母鹿过肥造成难产。粗饲料主要采用品质良好的落叶、牧草和青干枝叶等，也可加饲发酵饲料和青贮饲料；每天饲喂 2～3 次，白天饲喂 2 次，夜间补饲 1 次粗料，时间间隔应当均匀和固定。饲喂时，精饲料要投放均匀，避免采食时母鹿间的拥挤。

在管理上，严禁饲喂霉败结冻或酸度过大的饲料；每圈鹿只不宜过多，避免妊娠后期因拥挤、碰撞发生流产；保持环境安静，避免各种骚扰，人员进入圈舍也须事先给予信号，防止受惊炸群；鹿圈内不能积雪存冰；每天最好定时驱赶母鹿运动 1h 左右；3～4 月应对所有母鹿都进行一次检查，调整鹿群，将空怀、体质瘦弱和营养不良的母鹿拨出，单独组群饲养。

3. 产仔泌乳期的饲养管理　　在拟定日粮时，应尽量使饲料品种多样化，做到日粮营养全价，比例适宜，适口性强。粗饲料以优质的青绿多汁饲料为主，干粗饲料为辅，每天喂 3 次，其中 2 次青饲料，1 次干粗饲料。精饲料喂量，前期：梅花鹿 1.0kg/(d·只)，马鹿 1.4～1.6kg/(d·只)。中期：梅花鹿 1.1kg/(d·只)，马鹿 1.6～1.8kg/(d·只)。后期：梅花鹿 1.2kg/(d·只)，马鹿 1.8～2.0kg/(d·只)。精饲料每天分 3 次喂给。

此期对母鹿管理的好坏，直接关系到仔鹿的成活和生长发育。产仔前要做好充分准备，如圈舍要全面检修，搭好仔鹿护栏，垫好仔鹿小圈，准备好产仔记录、助产工具、仔鹿饲槽等必需用品。产仔泌乳期间要加强对母鹿的看护，建立昼夜值班制度，发现母鹿难产，要及时助产；发现母鹿拒绝哺乳或者乳汁不足，应将仔鹿用其他母鹿代养或者采取人工哺乳；制止恶癖母鹿扒、咬仔鹿；拨鹿时不要强制驱赶，应以温顺地产完仔或空怀的母鹿带领进行。为避免受惊、炸群，应严禁参观鹿舍。产仔哺乳后期，应结合清扫圈舍和饲喂定时调教和驯化母仔鹿，为离乳分群时顺利拨鹿打下基础。

(三)幼鹿的饲养管理

培育幼鹿的目的就是更新和补充鹿群,提高鹿群的生产力。在培育幼鹿的过程中,要求采用合理的饲养管理方法,保持较高的成活率,使仔鹿生长速度快、体质好,并且幼鹿驯化程度高和生产性能优良。

1. 哺乳仔鹿的饲养管理

(1)初生仔鹿的护理

1)清除黏液及断脐:仔鹿出生时,机体浸遍胎水。正常情况下,母鹿会很快将胎水舔干,使仔鹿在生后 12~20min 即可站立吸吮初乳。但一些母鹿母性不强、分娩后受惊或其他原因不顾仔鹿,使仔鹿机体浸遍的胎液不能及时得到清除,易引起衰弱和疾病。因此必须人为用草或布块将其擦干。初生仔鹿吸吮过 3~4 次初乳以后,需要检查脐带,如未能自然断开,可实行人工断脐带,并进行严格消毒,随之可进行打耳号和产仔登记等工作。

2)哺喂初乳:仔鹿能否吃到初乳是生命力强弱的一个重要标志。仔鹿生后一般在 1~2h 吃到为最好,最晚不超过 8~10h。仔鹿如果吃不到母鹿的初乳,哺喂奶牛的初乳也有一定效果。初乳的日喂量应高于常乳,可喂到体重的 1/6,日喂次数一般不少于 4 次。

3)代养仔鹿:哺乳仔鹿因为各种原因得不到亲本母鹿的直接哺育时,可采取代养方式。选分娩后 1~2d、性情温顺、母性强、泌乳量高的产仔母鹿作为保姆鹿;将欲代养的仔鹿送入保姆鹿的小圈内,如母鹿不扒不咬,而且前去嗅舔,即可认为能接受代养,同时,要注意观察代养仔鹿能否吃到乳汁。在哺过 2~3 次乳以后,就可以认定代养成功。

4)仔鹿的人工哺乳:仔鹿生后因为各种原因吃不到母乳才进行人工哺乳。其主要是利用奶瓶将牛乳、山羊乳等(温度调到 36~38℃)直接喂给仔鹿。哺喂数次后仔鹿即能自己吸吮。在人工哺乳的同时,要用温湿布擦拭仔鹿的肛门周围或拨动鹿尾,促进排出胎粪,仔鹿不排粪便就会死亡。用牛乳人工哺乳仔鹿的喂量见表 7-20。

表 7-20　仔鹿人工哺乳日喂量(ml)

体重	日龄(每日均喂 6 次)						
	1~5	6~10	11~20	21~30	31~40	41~60	61~75
5.5kg 以上	480~960	960~1080	1200	1200	960	600~720	450~600
5.5kg 以下	420~900	840~960	1080	1080	890	450~600	300~520

(2)哺乳仔鹿的补饲与管理　仔鹿生后 15~20d,就可以在保护栏内设补饲槽,定时投放营养丰富的混合精饲料:豆饼 60%,高粱面 30%,细小麦麸 10%,同时加入少量的食盐和碳酸钙。混合精料必须用温水调和搅拌均匀呈粥状。哺乳仔鹿的日补料量见表 7-21。

表 7-21　哺乳仔鹿的日补料量(g)

鹿别	20~30 日龄	30~50 日龄	50~70 日龄	70~90 日龄
	1 次	1 次	2 次	2 次
梅花鹿	50~100	150~200	250~300	300~400
马鹿	100~200	300~400	500~600	600~800

2. 离乳仔鹿的饲养管理　　鹿场均采用一次性离乳分群法，即离乳前逐渐增加补料量和减少母乳的哺喂次数，至 8 月中下旬，一次将仔鹿全部拨出，断乳分群。但对晚生、体弱的仔鹿，可推迟到 9 月 10 日断乳分群。分群时，应按照仔鹿的性别、年龄、体质强弱等情况，每 30～40 只组成一个离乳仔鹿群，饲养在远离母鹿的圈舍里。

离乳初期仔鹿消化机能尚未完善，特别是出生晚、哺乳期短的仔鹿不能很快适应新的饲料。因此，日粮应由营养丰富、容易消化的饲料组成，特别要选择哺乳期内仔鹿习惯采食的多种精粗饲料；饲料量应逐渐增加，防止一次采食饲料过量引起消化不良或消化道疾病；饲料加工调制要精细，将大豆或豆饼制成豆浆、豆沫粥或豆饼粥。根据仔鹿食量小、消化快、采食次数多的特点，初期日喂 4～5 次精粗饲料，夜间补饲 1 次粗饲料，以后逐渐过渡到成年鹿的饲喂次数和营养水平。4～5 月龄的幼鹿便进入越冬季节，还应供给一部分青贮饲料和其他含维生素丰富的多汁饲料，同时应注意矿物质的供给，必要时可补喂维生素和矿物质添加剂。

3. 育成鹿的饲养管理　　育成鹿仍处于生长发育阶段，也是从幼鹿向成年鹿的过渡阶段，此时鹿只虽已具备独立采食和适应各种环境条件的能力，饲养管理也无特殊要求，但营养水平不能降低，因为此期饲养的好坏将决定以后的生产性能。所以，应根据幼鹿可塑性大、生长速度快的特点，有计划地进行定向培育。

育成鹿的日粮配合，应尽可能多喂些青饲料，但在 1 岁以内的后备鹿仍需喂给适量的精饲料。精饲料喂量和营养水平，视青粗饲料的质量和采食量而定。精饲料喂量，梅花鹿为 0.8～1.4kg，马鹿为 1.8～2.3kg。育成鹿的基础粗饲料是树叶、青草；也可用适量的青贮替换干树叶，替换比例视青贮水分含量而定，水分含量在 80%以上，青贮替换干树叶的比例应为 2：3；但在早期不宜过多使用青贮(特别是低质青贮)，否则鹿胃容量不足，有可能影响生长。

育成鹿应按性别和体况分成小群，每群饲养密度不宜过大。育成公鹿在发情季节也有互相爬跨现象，体力消耗大，有时还会穿肛甚至死亡，这种情况在阴雨、降雪或突然转暖等气候骤变的时候，应特别注意看管。育成期还应继续加强驯化；对育成公鹿要适时采取破桃墩基础技术。

三、提高茸鹿生产力的技术措施

1. 品种选育、杂交优势利用及引种改良　　鹿的品种纯化、选育和良种基因扩散，是增茸技术中收效最大、最明显且带有积累性和长效性的根本技术措施。目前我国已选育出 8 个高产鹿品种(品系)，如双阳梅花鹿是在双阳型梅花鹿基础上经过个体表型选择、单公群母配种、大群闭锁繁育等方法选育成功的，鹿茸产量平均单产提高 59.6%。

近年来，鹿的杂交优势利用得到全面开展。例如，天山马鹿(♂)与东北马鹿(♀)杂交的杂种一代，鹿茸单产可提高 53.90%～64.0%，甚至个别超过 1 倍；东北马鹿(♂)与东北梅花鹿(♀)杂交的杂种一代，鹿茸单产可提高 63.0%以上。此外，水鹿与梅花鹿、水鹿与马鹿杂交也不同程度地提高了鹿茸产量。新西兰还进行了北美马鹿与欧洲赤鹿、赤鹿与麋鹿的杂交，产茸量和产肉量均得到了提高。

引种高产公鹿改良低产鹿群，是目前鹿场为提高鹿茸产量普遍采用的增茸措施。特别是随着茸鹿人工授精技术的不断成熟和推广应用，鹿场可以通过引进高产种公鹿的冻精改良低产鹿品种，从而大幅度地提高鹿茸产量。例如，双阳梅花鹿被引种到全国各地，引种单位鹿茸产量可提高 20%以上。

2. 环境调控和控制光照 鹿圈舍的环境湿度和温度均影响鹿茸的产量。在生茸期内，当梅花鹿鹿舍相对湿度从 49%～71%提高到 59%～81%时，鹿茸产量增加(175±18)g。利用塑料大棚覆盖鹿舍以改变温、湿度的试验同样也得到了再生茸产量提高 310%的结果。

对光照时间与鹿茸生长关系的研究结果表明，一年中光照时间由短向长变化期，即春分至夏至，是鹿茸快速生长期，而光照时间由长向短变化期，即立秋至冬至是鹿茸快速骨化停止生长期。据此，我国从 20 世纪 60 年代初进行的控制光照提高鹿茸产量的试验分别得到了提前脱盘生茸和增茸 17.0%～54.7%的结果。

3. 平衡营养与使用添加剂 鹿茸作为器官其生长速度之快在动物界是罕见的，如梅花鹿茸和马鹿茸每天最快生长分别为 0.6cm 和 0.8cm，平均日增重大于 60g 和大于 80g，并且鹿茸中蛋白质含量高达 49.54%～55.26%。因此，高质量的蛋白质饲料是鹿茸生长的基础。对 3～4 岁生茸期梅花鹿饲粮蛋白质水平的研究结果为 17%～24%。据此，通过提高饲料粗蛋白质含量 2.52%～9.1%，可使鹿茸增产 15%～33%。此外，还有报道用草粉、粥料、熟料、糖化饲料、尿素和膨化玉米喂鹿等都不同程度地提高了鹿茸产量。

目前促鹿茸生长添加剂的种类较多，应用得较为普遍，对提高鹿茸产量具有一定的促进作用。如用多维片喂鹿，可增茸 16.9%；用腐殖酸钠、维生素和微量元素喂鹿，可增茸 5.2%～57.65%；用加硒维生素喂鹿，育成鹿和成年鹿可分别增茸 46.22%和 18.31%；用纤维素酶喂鹿，可增茸 15.72%；用增茸灵喂鹿，可增茸 137.5～185.5g。此外，还有中草药-微量元素复合添加剂、促茸生长素添加剂和完达山增茸剂等。

4. 刺激鹿茸生长点 鹿茸生长点位于茸尖的幼嫩组织内，也就是鹿茸的增生带内。其内含有大量的未分化间充质层、前成软骨细胞和成软骨细胞，这些组织具有很强的增生能力，适当刺激可加速其生长。刺激的方法是：在初角茸生长到 3cm 时，从茸尖部纵向切开 1.5～2cm，老龄鹿椎形茸和畸形茸顶部纵向切开 2.0～2.5cm，然后让其自然生长。结果初角茸可增产 1 倍，老龄鹿可增产 380g。此外，幼鹿破桃墩基础是鹿场普遍采用的增茸措施，即在幼鹿的初角茸生长到 3～5cm 时，锯掉 1cm，然后让其自然生长。该方法一般可增产 200%以上，并且经过破桃墩基础的幼鹿，其角基变粗，当年能生长出二杠型或三权型初角茸，更主要的是为以后的增产奠定了基础。这说明处理角柄增茸还存在很大潜力。

5. 应用性激素 鹿茸生长和脱落主要受体内性激素——睾酮和雌二醇制约，即性激素处于低稳水平时鹿茸快速生长，随着性激素水平的上升，鹿茸逐渐骨化。据此，开展了以控制性激素水平上升提高鹿茸产量为目的的性激素应用的深入研究。目前已应用过的性激素有甲基睾丸素、丙酸睾丸素、苯丙酸诺龙和雄激素等，这些性激素均有不同的增茸效果。CA 增茸素是各鹿场普遍使用的一种增产再生茸效果较好的性激素。其使用方法是在锯头茬茸后，给生产公鹿皮下注射 CA 增茸素，梅花鹿和马鹿再生茸可分别增产 13%和 100%～380%，梅花鹿二杠型茸占 60%以上。国外还有人试用黄体生成素释放激素(LH-RH)产生自动免疫的方法进行了增茸试验。

6. 适时收获鹿茸 鹿茸的生长天数、生长状态和侧枝数是确定鹿茸成熟与否的标志和适时收获鹿茸的依据。不论哪种规格的鹿茸都要在顶端饱满时收获，否则，收获过早，影响产量；收获过晚，骨化程度大，影响质量。此外，为了减少鹿茸在收获时的损失，收茸锯条要薄；留茬要适中(1.5～2cm)，留茬过低，影响鹿茸生长，留茬过高，造成浪费。

第六节　鹿茸的采收与加工

鹿茸是公鹿额部生长的已经形成软骨但尚未骨化的嫩角，末端钝圆，外面被有绒状的茸毛，内部是结缔组织和软骨组织，其间遍布血管，也称鹿茸角。茸皮脱去后骨化而形成实心的骨质角，俗称鹿角。鹿茸是一种复杂的器官，将正在生长的鹿茸锯下以后，用显微镜观察其横断面，可明显分为皮肤层、间质层和髓质层。鹿茸由大量的水分、有机物和无机物组成，其有机物包括蛋白质、脂肪、碳水化合物和雄茸胶质、胆固醇、硬骨素等，无机物中主要成分有磷酸钙、碳酸钙及其他无机盐类。雄茸胶质、胆固醇等是构成鹿茸药效的主要成分。鹿茸的化学成分因鹿的种类、收茸时期、加工方法和鹿茸部位的不同而有所差异。

一、鹿茸的生长发育

（一）鹿茸的生长发育规律

鹿茸的生长和鹿角脱换是遵循一定规律进行的。初生仔鹿的额部不表现出隆凸，仅有左右对称的较明显的皱皮毛旋，旋毛稍长、色深。公鹿在生后第二年春季（9～10 月龄）由毛旋处长出骨质突起，逐渐形成角柄（通常称为草桩），长度可达 2.5～3cm（梅花鹿）和 6～8cm（马鹿），直径 1～2cm（梅花鹿）和 3～4cm（马鹿）。角柄的皮肤与头部皮肤无明显差别，它是长茸的基础。到 6～7 月（13～14 月龄），角柄的皮肤变得柔软，形成新的更加柔软的带有细小绒毛的皮肤层。由于角柄内血液循环加强，表面开始膨大，在皮肤内形成具有弹性的柔软茸芽，它是以后鹿茸生长的原基。茸芽迅速生长就形成了鹿茸（初角茸或毛桃），初角茸生长到 2 个月左右时，长度可达 20～30cm（梅花鹿）和 45～50cm（马鹿），通常不出现分枝。初角茸到秋季（9～10 月）生长停止，茸体开始骨化，茸皮自然脱落，茸的顶端逐渐变得尖锐，故称椎角。幼鹿的椎角茸如不锯取，整个冬季不掉，等到来年春季 4 月末或 5 月初就好像折断一样，从角柄上部脱掉。成年公鹿茸角的生长、骨化和脱落同初角公鹿一样，每年都有这一过程，每年都在重复进行着。

（二）脱角过程

公鹿在每年春季（4 月末或 5 月初）脱掉骨质角；人工驯养的鹿，经过锯茸而残留的骨质角脱掉时则叫脱花盘。公鹿生茸前，角基与角盘连接处的破骨细胞、多核细胞表现活性，并逐渐被侵蚀，在角基的内部和外周发生哈佛氏薄板的重吸收，形成重吸收窦，这些窦迅速延伸，最后相互合并，形成分离层，加上机械力的作用，致使角盘脱落。

（三）鹿茸的生长过程

鹿茸生长迅速。脱盘后，角基的上方形成一个创面，周围皮肤向裸面中心生长，逐渐在顶部中心愈合，称为封口；以后不断地向上生长，经 20d 左右鹿茸长到一定高度，梅花鹿茸开始向前方分生眉枝，马鹿茸连续分生眉枝、冰枝（俗称"坐地分枝"）。随着主干继续向粗长生长，至 50d 左右主干顶端膨大，梅花鹿茸开始分生第二侧枝，马鹿茸则分生第三侧枝（中枝）。继续生长至 70d 左右，梅花鹿茸将由主干向后内侧分生第三侧枝，马鹿茸将分生第四侧枝；90d 左右马鹿茸将分生第五侧枝。一般梅花鹿茸可分生 4 个侧枝，马鹿茸可分生 6～7 个侧枝。

从脱盘后至茸干和分枝的生长，再到鹿茸骨化和茸皮脱落，整个生长过程为 100～120d。鹿茸在发情配种前 3～4 周即行骨化；脱茸皮的时间需 1～3 周。

鹿茸的大小和重量每年都有增加，一直增到 11～12 岁。梅花鹿鹿茸在 7～8 岁时达到完全发育，在 11～12 岁时重量无太大变化，到了 13～14 岁以后出现衰老现象，其茸角有所退化。生产上是在鹿茸生长结束前进行锯茸，因此第一次锯茸后当年还能长出再生茸(二茬茸)。再生茸大部分没有固定形状，但如同未经锯掉的头茬茸一样，也有骨化、脱茸皮和脱角过程。

二、鹿茸的采收

(一)鹿茸的种类

鹿茸的种类依鹿的品种、收茸方式、加工方法或茸型的差异分成多种类型及规格。按鹿的品种可分成梅花鹿茸、马鹿茸、水鹿茸、白唇鹿茸、驯鹿茸等。按茸型，梅花鹿茸可分成二杠茸、三杈茸，马鹿茸可分成莲花茸、三杈茸和四杈茸。按收茸方式可分成锯茸和砍头茸。按加工方法又可分为排血茸和带血茸。另外，还有头茬茸、再生茸、初角茸之分。

(二)收茸适期

1. 初角茸　育成公鹿在 6 月中旬前后，初角茸长至 5～10cm 时，应锯尖平槎。平槎后有的个体当年又可长出分枝的初角再生茸，当长至 8 月中、下旬时再分期分批锯取。

2. 梅花鹿锯茸　成年公鹿生长的二杠茸，如果主干与眉枝肥壮、长势良好，应适当延长生长期，使茸向粗、长增长；如果为瘦条茸应酌情早收。成年公鹿生长的三杈茸，如果茸大形佳，茸根不老，上嘴头肥嫩，可适当延长收取时间，收大嘴三杈，嘴头不超过 14cm；对顶沟长的笨篱茸、马蹄茸可适当晚收 1～2d，嘴头长度以不超过 12cm 为宜；对顶沟长的短嘴头茸、嘴头细小和上梢穿尖的三杈茸及兔嘴茸、燕尾茸、茸根呈现黄瓜钉或癞瓜皮的茸，应在嘴头长 8～10cm 提前收取。

3. 梅花鹿砍头茸　砍头茸的收取应较同规格的锯茸适当提前 2～3d 进行。砍二杠茸应在主干肥壮、顶端肥满、主干与眉枝比例相称时收取；砍三杈茸在主干上部粗壮、主干与第二侧枝顶端丰满肥嫩、比例相称、嘴头适度时收取。

4. 马鹿锯茸　成年马鹿生长的三杈茸，若嘴头肥壮、茸大形佳，应尽量收大嘴三杈，嘴头不超过 20cm；若茸挺呈细瘦条者，嘴头不宜过长，应合理早收。成年马鹿生长的四杈茸，若嘴头粗壮，生长潜力大，应以第五侧枝分生前，嘴头粗壮期适时收取为宜。

5. 再生茸　一般在 7 月上旬前锯过茸的 3 岁(二锯)以上的公鹿，到 8 月中旬绝大多数都能长出不同高度的再生茸，应于 8 月中旬前依据茸的老嫩程度分期分批收取。

(三)锯茸方法

1. 锯茸鹿的保定　鹿的保定方法主要有机械法和药物法两种。

1)机械保定设备俗称"吊圈"，由小圈、保定器与连接两者之间的通道组成，由于该法耗费人力、物力较大，且易伤人伤鹿，故这一传统锯茸保定方法在我国仅个别鹿场沿用。

2)药物保定法是通过麻醉枪或金属注射器等将麻醉药物注入鹿体内使鹿肌肉松弛或麻醉，达到保定的目的。注射器目前普遍使用金属吹管注射器。保定药物的种类较多，但我国各鹿场普遍使用的是眠乃宁和睡眠宝或者改良产品，该药具有使用方便、用量小、起效快、卧地稳、安全性好、节省人力等特点，尚具有拮抗药——苏醒灵，可随时将麻醉鹿催醒；用药剂量参考药品说明书。

2. 锯茸　　锯茸方法是否正确不仅关系到鹿茸的产量和质量，还关系到以后鹿茸的再生。锯茸工具可使用骨锯、铁锯和条锯等，要求条薄、锯齿锋利。锯茸时锯口应在角盘上方约 2cm 处将茸锯下。为防止出血过多，锯前应在茸角基部扎上止血带，锯茸结束后，立即在创面上撒布止血粉，经过一定时间后，将止血带绞除。

三、鹿茸的初加工

(马泽芳)

第八章　家　　兔

家兔分为肉用兔、皮用兔、毛用兔、观赏兔(宠物兔)、实验兔。肉用兔,俗称肉兔。兔肉具有"高蛋白、高赖氨酸、高磷脂、高消化率、低脂肪、低胆固醇、低热量、低尿酸"的营养特点,被联合国粮食及农业组织誉为"美容肉""益智肉""保健肉",是《中国营养改善行动计划》倡导的肉类之一。我国是世界上饲养肉兔、生产兔肉和消费兔肉第一大国。皮用兔指獭兔,因其毛皮酷似水獭,故称为獭兔。獭兔皮是裘皮制品的原料之一,獭兔是典型的皮肉兼用兔。毛用兔,也叫安哥拉兔,因其被毛细长,像安哥拉山羊而得名。兔毛产量高,质量好,是高档毛纺原料,安哥拉兔被引到世界各地繁育,选育了法、英、德、中等品系。我国是世界上饲养长毛兔、生产兔毛第一大国。

第一节　家兔的生物学特性

一、分类与分布

家兔是从野生穴兔驯化而来的,隶属于哺乳纲(Mammalia)、兔形目(Lagomorpha)、兔科(Leporidae)、穴兔属(*Oryctolagus*)、穴兔种(*Oryctolagus cuniculus*)。现存的野生穴兔仅分布于地中海周围地区,但家兔饲养于世界各地。

二、外形特征

家兔头大小适中,多呈长方形,也有呈圆形或纺锤形的,以与躯体协调。同一品种中,公兔的额头一般比母兔宽、圆和粗。头部以眼为界,分为颜面区(眼前区域)与脑颅区,颜面区所占比例大,占头长的 2/3 左右。口大嘴尖,上唇中部有一纵裂,将上唇分为相等的左右两部分,门齿外露(俗称兔唇)。口边长有较粗硬的触须。眼睛圆大,有各种颜色。家兔的耳朵大、宽、薄,血管明显,状态各异。家兔的耳朵可自由转动,随时收集外界的声音信息。家兔头型、耳型、眼睛颜色是家兔品种鉴别的重要特征。

家兔的颈粗而短,轮廓明显可见。颈部有明显的皮肤隆起形成的皱褶,即肉髯;肉髯越大,则表明皮肤越松弛。肉髯不是所有品种都有。

家兔胸腔较小,腹部较大,这与其草食性、繁殖力强和活动少有关。兔背腰宽平长,略显弯曲,臀部宽圆,肌肉丰满。公兔睾丸应发育正常。阴茎稍有弯曲,睾丸大小均匀。乳头数目为 3~6 对。

家兔的肢势端正,腿足强健。家兔的前肢短,后肢长而发达,前肢有 5 指,后肢仅 4 趾(第一趾退化),指(趾)端有锐爪。家兔站立和行走时,其指(趾)和部分脚掌均着地,故属趾跖行动物。

不同品种的家兔毛色各异,呈现出千变万化的毛色。家兔被毛色泽是品种鉴别的重要特征之一。家兔被毛浓密、柔软,富有弹性和光泽。

三、生活习性

(一)听觉、嗅觉、味觉灵敏,视觉相对较差

家兔的听觉非常发达。直立双耳转动灵活,能收集判断声音的大小和声音的远近。一旦感觉不安全,立即躲藏避祸。垂耳的兔子听觉稍差一些。

家兔嗅觉也很发达。兔鼻腔黏膜上分布着许多嗅觉细胞,对于气味反应灵敏。兔通过气味变化识别亲子和性别,感受饲料、饮水及其周围环境的变化。

家兔味觉也很发达。兔舌头表面分布着大量的味蕾细胞,辨别饲料、饮水的味道。家兔喜食甜味、微酸、微辣、微苦的饲料,不喜食含药物味的饲料。一般用糖浆等诱食剂掩盖药物味道。

家兔的视力范围近 360°。远视能力较好,近距离的东西看不清。在弱光下能看清东西,在强光和暗光下看不清楚。家兔是色盲,只能分辨绿色、蓝色,其他颜色分辨不清楚。

(二)食性

家兔是单胃草食性动物。家兔牙齿锋利,可以切断和磨碎食物。兔胃是一个豆形弯曲的囊状单胃,占消化道总容积的34%,胃壁薄,收缩力强。兔的肠道长,约为体长的10倍,因此需要充分的蠕动才能使食物顺利通过肠道。兔盲肠特别发达,占消化道总容积的 49%,内含大量微生物,其功能与瘤胃相似。回肠和盲肠连接处形成一个厚壁圆囊,叫圆小囊,是兔的重要免疫器官。这些特点决定了兔能够利用大量的粗饲料。饲料纤维对维护兔的肠道正常消化生理是非常重要的。兔肠壁很薄,发炎时消化道壁渗透性增强,容易诱发腹泻。

家兔采食饲草种类很广泛,喜欢采食植物性饲料,不喜欢采食动物性饲料。家兔喜欢采食颗粒料,不喜欢采食粉料、湿粉料。兔对甜味饲料适口性好,喜欢采食带甜味的饲料。

家兔能有效利用饲料中的营养成分。家兔能充分利用优质饲料中的蛋白质,兔对粗脂肪的消化率比马属动物高得多,但其不适宜被饲喂含脂肪过高的饲料。兔不能有效地消化利用纤维。兔对能量的消化率也低于马。兔耐受饲料中的高钙,并能有效利用植酸磷。兔对霉菌毒素的敏感性高,一旦发生中毒,不易治愈。

(三)食粪特性

家兔的食粪特性是指家兔采食自己排出软粪的本能行为。通常兔排出的粪便有两种类型:一种是硬粪,呈粒状,干燥,表面粗糙,量很大,呈现深浅不一的褐色;另一种是软粪,呈念珠状,质地软,表面细腻光滑,量较少,通常是黑色的。成年兔每天排出的软粪量约50g,约占总粪量的10%。与其他动物的食粪癖不同,这是正常的生理现象,不是病理性行为。兔通过食粪维持消化道内正常的微生物区系。兔在排泄粪便时将一些有益微生物排出体外,导致消化道内微生物区系发生变化,菌群减少,对纤维消化能力降低;食粪后软粪中的微生物重新回到消化道,恢复消化道内有益微生物的数量和质量,保持兔对纤维消化能力不衰退。食粪相当于兔延长了消化道或饲料通过消化道的时间,使得饲料多次消化吸收,提高了饲料中各养分的消化率。通过食粪每只兔每天可以多获得 2g 菌体蛋白质(相当于需要量的 10%)、83%烟酸、100%维生素 B_2、65%泛酸、42%维生素 B_{12}。

在正常情况下，禁止食粪会对兔产生一些不良影响。据测定，禁止食粪 30d 的兔，其体重及消化器官的容积、重量均减轻。

(四)啮齿行为

兔的第一对门齿是恒齿。出生时就有，永不脱换而且不断生长。如果处于完全生长状态，上颌门齿每年生长 10cm，下颌门齿每年生长 12.5cm。由于其不断生长，兔必须借助采食和啃咬硬物不断磨损，才能保持其上下门齿的正常咬合。这种借助啃咬硬物磨牙的习性，称为啮齿行为。

(五)穴居性

穴居性是指家兔具有打洞穴居，并且在洞内产仔的本能行为，这是长期自然选择的结果。在笼养的条件下，需要给繁殖母兔准备产仔箱，令其在箱内产仔。

(六)群居性

家兔在仔幼兔时期群居性较强，成年以后群居性较差。在群养条件下，公母兔之间或同性别间时有殴斗、撕咬现象，尤以公兔为甚。在生产中，对 3 月龄以上的公母兔应及时分笼饲养。

(七)热应激性

由于家兔被毛浓密，汗腺退化，有较强的耐寒而惧怕炎热的特性，家兔最适宜的环境温度为 15～25℃，临界温度为 5℃和 30℃。

(八)夜行性

家兔白天表现得十分安静，夜间则进行采食、饮水、交配等频繁活动。据测定，在自由采食的条件下，家兔夜间采食量占日采食量的 70%左右，饮水量占 60%左右。

(九)嗜睡性

在正常条件下，家兔容易进入睡眠状态。家兔白天多趴卧在笼内静卧睡眠。根据这一特性，除积极搞好日常饲养管理工作外，应尽量保持安静，给家兔创造一个较适宜的环境。

(十)易惊性

家兔胆小怕惊，对外界环境变化非常敏感。一有异常声音或遇到陌生人和动物接近，会引起精神高度紧张，表现出惊慌不安，在笼内乱蹦乱跳或用后足拍击垫板等现象。受到惊吓的妊娠母兔易发生流产、早产、难产或停产；哺乳母兔泌乳量下降，拒绝哺喂仔兔，甚至食仔或踏死仔兔；幼兔出现消化不良、腹泻等症状。

(十一)喜洁性

家兔喜爱清洁干燥的生活环境。不清洁和潮湿的环境条件容易诱发疾病。

第二节　家兔的分类与品种

一、家兔的分类

目前，全世界有 60 多个家兔品种和 200 多个家兔品系，法国、德国是饲养家兔品种比较多的国家，有 50～60 个品种。目前我国所饲养的家兔品种有 20 多个，其中少数是我国自己培育的，多数属于国外引入的品种。

二、常见家兔的品种

（一）肉用品种

1. 中国白兔　　又称菜兔，是我国人民长期饲养和培育的古老地方兔种之一。全国各地均有饲养，以川渝地区饲养最多。

头型清秀，嘴较尖，耳短小直立，无肉髯，四肢细短。被毛短而紧密，大多数被毛白色，也有灰色、黑色、麻黑色、土黄色等其他毛色。板皮较厚。白色兔的眼睛为红色，杂色兔的眼睛为黑褐色。体型较小。成年母兔体重 2.2～2.5kg，公兔体重 1.8～2.0kg。3～4 月龄性成熟，母兔乳头数 5～6 对，年产 4～6 胎，平均每胎产仔 7～9 只，最多达 15 只以上。仔兔初生重 40～50g，30 日龄断奶体重 300～450g，3 月龄体重 1.2～1.3kg。适应性好，抗病力强，耐粗饲。肉质细嫩鲜美。板皮较厚，富有韧性，质地优良。

中国白兔的主要优点是早熟，繁殖力强，是优良的育种材料；肉质鲜嫩味美，适宜制作缠丝兔等美味食品。其主要缺点是体型较小，生长缓慢，产肉力低，皮张面积小，有待于保种和选育。

2. 新西兰白兔　　新西兰兔的毛色有白色、黄色、黑色三种。新西兰白兔最为著名，是美国用美国白兔、弗朗德巨兔、安哥拉兔等杂交选育而成的。20 世纪初育成，以后被引种到世界各地广泛饲养。

新西兰白兔头宽圆而粗短，耳宽厚而直立，颌下有肉髯，臀部丰满，腰肋部肌肉发达，四肢粗壮有力，具有肉用品种的典型特征。被毛纯白，眼呈粉红色。脚底有浓密的粗毛，耐磨，可以防脚皮炎，很适合笼养。新西兰兔体型中等，成年公兔体重 4～5kg，母兔体重 4.5～5.5kg，早期生长发育较快。在良好的饲养条件下，2 月龄体重可达2.0kg，3 月龄体重可达 2.7kg。饲料报酬为(3.0～3.2)：1。繁殖力强，年均产 5 胎以上，每胎平均产仔 7～9 只。屠宰率为 52%～55%。产肉力高，肉质良好，适应性和抗病力较强。

新西兰白兔的主要优点是产肉力高，肉质良好，适应性和抗病力较强。其主要缺点是毛皮品质较差，利用价值低。不耐粗饲，对饲养管理条件要求较高。

3. 喜马拉雅兔　　喜马拉雅兔是我国西藏人民长期饲养和培育的古老地方兔种之一，主要分布于中国喜马拉雅山南北两麓，现在美国、俄罗斯均有分布。

头窄长，体长而紧凑，体质健壮，耐粗饲。被毛白色，短密柔软。眼淡红色，耳、鼻、四肢下部及尾部为纯黑色，"八点黑"。初生兔全白，1 月龄以后才出现"八点黑"特征。成年体重 3.0～4.0kg，国外有 1～2kg 的观赏用兔。性成熟早，5～6 月龄可配种。繁殖率强。

年产 5～6 胎，每胎产仔 7～8 只，初生重 60～70g。

喜马拉雅兔适应性强，耐寒，耐粗饲，繁殖率高，生长发育速度慢，肉用性能低，肉质好。其缺点是群体规模小。

4. 青紫蓝兔　青紫蓝兔因毛色与青紫蓝绒鼠相似而得名，有标准型、美国型和巨型三个类型，原产于法国，现分布很广。

外貌匀称，头适中，颜面较长，嘴钝圆，耳中等、直立而稍向两侧倾斜，眼圆大，呈茶褐或蓝色，体质健壮，四肢粗大。被毛蓝灰色，每根毛纤维自根部向上分为 5 段，即深灰色—乳白色—珠灰色—雪白色—黑色，在微风吹动下，其被毛呈现漩涡。耳尖及尾面黑色，眼圈、尾底及腹部白色，腹毛基部淡灰色。

(1)标准型　标准型青紫蓝兔是法国用蓝色贝韦伦兔、嘎伦兔和喜马拉雅兔杂交育成的皮肉兼用品种。体型小而紧凑，公兔体重 2.5～3.4kg，母兔体重 4.5～3.6kg。耳短直立，无肉髯。被毛呈蓝灰色，有黑白相间的波纹，耳尖、尾面为黑色，眼圈、尾底、腹下、四肢内侧和颈后三角区的毛色较浅，呈灰白色。毛皮品质好，生长速度慢，产肉性能差。

(2)美国型　美国型是美国从英国引进的标准型青紫蓝兔进一步选育而成的皮肉兼用型兔种。体型中等，公兔体重 4.1～5kg，母兔体重 4.5～5.4kg。仔兔初生重 45g，4d 断奶重 0.9～1.0kg，3 月龄体重 2.2～2.3kg。母兔有肉髯，公兔没有。繁殖性能好，生长发育较快。被毛呈蓝灰色，较标准型颜色浅，无黑白相间的波纹。毛皮品质好。

(3)巨型　巨型青紫蓝兔是用弗朗德巨兔和标准型青紫蓝兔杂交而成的肉用品种。体型较大，肌肉丰满。公兔体重 5.4～6.8kg，母兔体重 5.9～7.3kg。早期生长发育慢，3 月龄体重 2kg。公母兔都有较大的肉髯。耳朵较长，有一只耳朵竖起，另一只耳朵下垂。被毛呈蓝灰色，比美国型颜色浅，无黑白相间的波纹。

青紫蓝兔繁殖力高，泌乳力好。耐粗饲，适应性强，板皮厚实，毛色华丽。其缺点是生长速度较慢。

5. 比利时兔　比利时兔是利用比利时贝韦伦野生穴兔驯养而成的大型肉兔品种。

比利时兔头方长，类似马头，俗称"马兔"。眼睛黑色；耳大直立，稍倾向于两侧，耳尖有黑色光亮的毛边；面颊部突出，脑门宽圆，鼻骨隆起。公母兔均有肉髯，但不发达。体躯较长，腹部紧凑，后躯较高，体质结实，体格健壮，肌肉丰满。四肢粗长，善于走动，俗称"竞走兔"。比利时兔毛色酷似野兔。被毛呈黄褐色或栗壳色，毛尖略带黑色，中部灰白，耳尖部有黑色光亮的毛边。成年公兔体重 5.5～6.0kg，母兔体重 6.0～6.5kg，最高可达 7～9kg。繁殖力强，平均每胎产仔 7～8 只，最高可达 16 只。泌乳力强，仔兔成活率高。生长速度快。仔兔初生重 60～70g，最大可达 100g 以上，6 周龄体重 1.2～1.3kg，3 月龄体重可达 2.3～2.8kg。肉质细腻，屠宰率高达 52%。适应性强，耐粗饲，抗病力强。

比利时兔的主要优点是适应性强，繁殖力强，泌乳力高，生长发育快，产肉率高。比利时兔与中国白兔、日本大耳兔杂交，可获得理想的杂种优势。其主要缺点是不适宜于笼养，饲料利用率较低，易患脚癣和脚皮炎等。

6. 加利福尼亚兔　加利福尼亚兔，简称加州兔、八点黑，是由美国加利福尼亚州采用喜马拉雅兔、青紫蓝兔和新西兰白兔杂交育成的皮肉兼用品种，是世界上著名的肉兔品种之一。

体型中等，肩、臀部发育良好，肌肉丰满，具有明显的肉用型品种体型特征。兔头清秀，大小适中，耳小直立，颈粗短；公母兔均有较小的肉髯。四肢细短。毛色为白色，鼻端、两耳、尾及四肢下部为黑色，故称"八点黑"。幼兔色浅，随年龄增长而颜色加深；冬季色深，夏季色淡。眼呈红色。成年公兔体重 3.6～4.5kg，母兔体重 3.9～4.8kg；体长 44～46cm；胸围 35～40cm。繁殖力强，年产 4～6 胎，每胎平均产仔 7～8 只。母性好，泌乳力强，是著名的保姆兔，仔兔发育均匀。早期生长发育快。仔兔初生重 60～70g，40 日龄断奶体重达 1.0～1.2kg，3 月龄体重可达 2.5kg 以上。屠宰率52%以上，肉质鲜嫩。

加州兔种的主要优点是早熟易肥，肌肉丰满，肉质肥嫩，屠宰率高。母兔性情温驯，泌乳力高，是有名的"保姆兔"。其主要缺点是生长速度略低于新西兰兔，断奶前后饲养管理条件要求较高。

7. 德国花巨兔　　德国花巨兔，又称蝶斑兔，是著名的大型皮肉兼用型品种。一种说法认为由英国蝶斑兔引入德国选育而成，另一种说法认为是由比利时兔和弗朗德巨兔等杂交选育而成。

德国花巨兔头大小适中，耳大直立，许多个体颈部有小肉垂。体型高大，体躯长（略呈弓形），腹部离地面较高，骨骼粗壮，体格健壮。体躯被毛底色为白色，口鼻部、眼圈、耳毛、臀部为黑色，由颈部沿背脊至尾根为一齿状黑色背线。体躯两侧有若干对称、大小不等的蝶妆黑斑，故称"蝶斑兔"。现有黑花斑和蓝花斑两种。成年公兔体重 5kg，成年母兔体重 5.4kg，体长 50～60cm，胸围 30～35cm。花巨兔繁殖力高，年产 5～6 窝，每窝产 9～15 只，最多可产到 18 只。但是母性差，泌乳力低，育仔能力差。仔兔发育较快。仔兔初生重 70g，40 日龄断奶重 1.1～1.25kg，90 日龄重 2.5～2.7kg。被毛具有对称的花斑，深受市场欢迎。

德国花巨兔的优点是抗病能力强，仔兔发育较快。其缺点是母性差，哺育仔兔能力差，仔兔本身生活力差，富有神经质，活泼好动，毛色遗传不稳定，纯繁后代出现黑色或蓝色个体。

8. 伊拉肉兔　　伊拉配套系（HYLA）是法国欧洲兔业公司在 20 世纪 70 年代末由 9 个原始品种经不同杂交组合和选育而成。配套杂交模式：A 系公兔与 B 系母兔杂交生产父母代公兔（AB），C 系公兔与 D 系母兔杂交生产父母代母兔（CD），父母代公母兔交配得到商品代兔 ABCD。2000 年首次从法国引入曾祖代。

伊拉肉兔头宽圆而粗短，耳直立，臀部丰满，腰肋部肌肉发达，四肢粗壮有力。眼睛粉红色。

祖代 A 系：除耳、鼻、肢端和尾是黑色外，全身白色；成年体重公兔 5.0kg，母兔 4.7kg。受胎率76%，平均胎产数 8.35 只，断奶成活率89.7%，日增重50g，饲料报酬3.0∶1。

祖代 B 系：除耳、鼻、肢端和尾是黑色外，全身白色；成年体重公兔 4.9kg，母兔 4.3kg。受胎率80%，平均胎产数 9.05 只，断奶成活率89.1%，日增重50g，饲料报酬2.8∶1。

祖代 C 系：兔全身白色；成年体重公兔 4.5kg，母兔 4.3kg。受胎率88.1%，平均胎产数 8.99 只，断奶成活率88.1%。

祖代 D 系：兔全身白色；成年体重公兔 4.6kg，母兔 4.5kg。受胎率81%，平均胎产数 9.33 只，断奶成活率91.9%。

父母代种公兔 AB：除耳、鼻、肢端和尾是黑色外，全身白色；成年体重公兔 5.0kg 以上，母兔 4.7kg 以上。受胎率80%以上，平均胎产数 9.0 只以上，断奶成活率90.0%以上，日增重 50g 以上，饲料报酬在 3.0∶1 以上。

父母代种母兔 CD：兔全身白色；成年体重公兔在 4.6kg 以上，母兔在 4.5kg 以上。受胎率81%以上，平均胎产数 9.0 只以上，断奶成活率在 92.0%以上，日增重50g以上，饲料报酬在 3.0∶1 以上。

商品代兔(ABCD)：除耳、鼻、肢端和尾是黑色外，全身白色。28 日龄断奶重 680g，商品兔 70 日龄体重 2.52kg，日增重 43g，饲料报酬(2.7～2.9)∶1。

伊拉肉兔具有遗传性能稳定、生长发育快、饲料转化率高、抗病力强、产仔率高、出肉率高、肉质鲜嫩等特点。伊拉肉兔具有前期发育快，从第三胎起 70～75 日龄达到 2.5kg 以上，种兔产仔率高，平均胎产 8 只以上，成活率在 95%以上，饲料转化率高。

9. 伊普吕肉兔 伊普吕肉兔配套系(HYPLUS)是法国克里莫股份有限公司采用 8 个品系杂交培育而成。配套杂交模式：A 系公兔与 B 系母兔杂交生产父母代公兔(AB)，C 系公兔与 D 系母兔杂交生产父母代母兔(CD)，父母代公母兔交配得到商品代兔 ABCD。

祖代 A 系：公兔，巨型白色。70 日龄体重 3.25kg，成年体重 6.4～6.5kg。最佳配种周龄为 21～23 周。种质特征：增长速度快，出肉率高，饲料转化率高，消化道疾病耐受性强，肉的品质好。

祖代 B 系：母兔，全身白色，耳、鼻、肢端和尾是黑色。70 日龄体重 3.15kg，成年体重 6.1～6.2kg。最佳配种周龄为 18～19 周。种质特征：饲料转化率高，增长速度快，出肉率高，消化道疾病耐受性强，肉的品质好。

祖代 C 系：公兔，全身白色，耳、鼻、肢端和尾是黑色。70 日龄体重 2.3～2.4kg，成年体重 4.5～4.6kg。最佳配种周龄为 21～23 周。种质特征：繁殖力强，初生重大，仔兔均匀度高。

祖代 D 系：母兔，全身白色。70 日龄体重 2.2～2.3kg，成年体重 4.6～4.7kg。最佳配种周龄为 18～19 周。种质特征：繁殖力强，母性好，泌乳力大，生产持久，断奶体重大。

父母代种公兔 AB：全身白色，耳、鼻、肢端和尾是黑色。70 日龄体重为 3.1～3.2kg。料肉比为 3.1～3.2，胴体出肉率为 58%～59%(预冷，去头和前腿)。最佳配种周龄为 20 周。

父母代种母兔 CD：全身白色，耳、鼻、肢端和尾是黑色。70 日龄体重 2.25～2.35kg。料肉比为 3.1～3.3。最佳配种周龄为 17 周。每窝产仔 10～11 只。

商品代兔(ABCD)：全身白色，耳、鼻、肢端和尾是黑色。70 日龄体重 2.5～2.55kg。料肉比为 3.0～3.2，出肉率为 57%～58%。人工授精窝均产肉 17～18.5kg。

伊普吕肉兔具有繁殖能力强、生产速度快、抗病力强、适应性强、肉质鲜嫩、出肉率高、易于饲养等优良特性。

(二)毛用品种

安哥拉兔是世界上最早、唯一毛用兔品种。引种到世界各地，培育了不同的品系。从毛色来说，有白色、黑色、蓝色、栗色、红色、巧克力色、紫丁香色、灰鼠色、青紫蓝色等 33 种，其中以白色最常见。从被毛组成上来说，分为细毛型、粗毛型两种。习惯上把被毛中的粗毛率在 10%以下的品种称为细毛型长毛兔，粗毛率高于 10%的品种称为粗毛型长毛兔。

1. 浙系长毛兔 浙系长毛兔是由浙江省农业科学院利用中系长毛兔与德系长毛兔杂交选育的，拥有嵊州系、镇海系、平阳系 3 个品系的粗毛型长毛兔。1987 年开始培育，2010 年 7 月通过了国家畜禽遗传资源委员会审定。

浙系长毛兔头部大小适中，呈鼠头或狮子头形，眼红色；颈部肉髯明显；体型长大，肩宽，胸深，背长，臀部圆大，四肢强健。耳型有半耳毛、全耳毛和一撮毛 3 个类型；全身被毛洁白、有光泽，绒毛厚、密，有明显的毛丛结构，颈后、腹毛及脚毛浓密。

(1)嵊州系　　成年公兔体重 5.3kg，母兔 5.5kg；公兔年产毛量 2.1kg，母兔 2.4kg；公兔绒毛长 4.6cm，母兔 4.8cm；公兔粗毛率为 4.3%，母兔 5.0%。

(2)镇海系　　成年公兔体重 5.5kg，母兔 5.6kg；公兔年产毛量 2.0kg，母兔 2.2kg；公兔绒毛长 4.6cm，母兔 4.8cm；公兔粗毛率为 7.3%，母兔 8.1%。

(3)平阳系　　成年公兔体重 4.9kg，母兔 5.1kg；公兔年产毛量 1.8kg，母兔 2.0kg；公兔松毛率 98.7%，母兔 99.2%；公兔绒毛长 4.6cm，母兔 4.8cm；公兔粗毛率为 24.8%，母兔 26.3%（采用手拔毛方式采毛）。

平均胎产仔数 7.3 只，活仔数 6.8 只。浙系长毛兔的优点是具有体型大、产毛量高、兔毛品质优、适应性强等特点，群体规模大，遗传性能稳定。

2. 苏系长毛兔　　苏系长毛兔是由江苏省农业科学院利用德系安哥拉兔、法系安哥拉兔、新西兰白兔和德国大白兔进行品种间杂交选育而成的粗毛型长毛兔。1988 年开始选育，2010 年通过国家畜禽遗传资源委员会审定。

体型较大，耳尖有一撮毛，全身被毛较密，毛色洁白。体重 4300g，母兔平均体重 4500g；公兔年产毛量 957.5g，产毛率 18.8%；母兔年产毛量 1067.5g，产毛率 20.0%。采用拉毛的方法，粗毛率可提高到 30% 以上。产毛量较高，粗毛率高，抗病力强。

3. 皖系长毛兔　　皖系长毛兔是安徽省农业科学院由德系长毛兔、新西兰白兔杂交选育而成的粗毛型长毛兔。1982 年开始培育，2010 年 7 月通过国家畜禽遗传资源委员会审定。

兔头呈圆形，大小适中。眼大明亮，呈红色。两耳直立，耳尖翘毛。体躯匀称，结构紧凑；胸宽深，背腰宽且平直，臀部钝圆；富有弹性，不松弛；乳头 4～5 对；骨骼粗壮结实；四肢强健，行动敏捷；足底毛密。尾毛丰富。被毛白色，浓密而不缠结，柔软、富有弹性，光泽性强，毛长 7～12cm，粗毛密布且突出。体型较大，11 月龄的平均体重达 4.1kg。体躯发育良好，前胸宽阔，骨骼较粗壮，额部、颊部和耳背的绒毛覆盖情况不一致，耳毛以"一撮毛"的偏多。在剪毛情况下，平均年产毛量为 1013g，被毛粗毛率在 11 月龄时达 15.14%。繁殖性能较好，平均每胎产仔 7.1 只，平均产活仔 6.6 只。

皖系长毛兔是我国培育起步最早、选育时间最长、获得成果最多的中等体型、粗毛型长毛兔。该品种繁殖力强，遗传稳定，种群大，种质优良；年产毛量高，接近法国长毛兔；适应性强，更适合我国粗毛型长毛兔生产，毛的品质好。

（三）皮用品种

1. 按照品系来分类

(1)法系獭兔　　法系獭兔体型较长，胸宽深，背宽平，四肢粗壮，头圆颈粗，嘴巴钝圆，无明显肉髯，耳朵短，耳壳厚，呈"V"形竖立，眉须弯曲，毛色有黑、白、蓝三个色型，被毛浓密平齐，分布均匀，粗毛比例小，毛纤维长 1.6～1.8cm。成年体重平均为 4.9kg，体长 54cm，胸围 41cm。母兔初配年龄为 5 月龄，公兔为 6 月龄。胎均产仔 7～8 只，多者达 14 只。母性良好，护仔能力强，泌乳量大。法系獭兔 5～5.5 月龄出栏，体重可达 3.8～4.2kg，皮张面积在 1333cm² 以上，被毛质量好，95% 以上达到一级皮标准。

法系獭兔体型较大，生长发育较快，繁殖能力很强，皮张面积大，毛皮质量好，但被毛粗长。

(2)美系獭兔　　头小嘴尖，眼大而圆，耳中等长且直立，转动灵活；颈部稍长，肉髯明显；胸部较窄，背腰略呈弓形，臀部发达，肌肉丰满。毛色类型较多，有海狸色、白色、黑色、青紫蓝色、加利福尼亚色、巧克力色、红色、蓝色、海豹色等 14 种色型。我国引进的獭兔以白色为主。成年体重平均为 3.6kg，体长 39.6cm，年可繁殖 4～6 胎，胎均产仔 8.7 只；母兔泌乳力较强，母性好，30d 断乳体重 400～550g，5 月龄时在 2.5kg 以上。被毛品质好，粗毛率低，被毛密度较大，5 月龄商品兔每平方厘米被毛密度（背中部）在 1.3 万根左右，最高可达 1.8 万根以上。

美系獭兔的适应性好，抗病力强，容易饲养。但由于引进的年代和地区不同，饲养管理和选育水平的差异，群体参差不齐，平均体重较小，品种退化较严重，应引起足够的重视。

（3）德系獭兔　　德系獭兔体大粗重，头方嘴圆，尤其是公兔更加明显。耳厚而大，四肢粗壮有力，全身结构匀称。体型大，生长速度快，被毛丰厚、平整、弹性好。成年体重平均为 4.1kg，体长 41.7cm。胎均产仔数 6.8 只，初生个体重 54.7g，平均妊娠期 32d。早期生长速度快，6 月龄平均体重 4.1kg。

由于德系獭兔的引进时间较短，其适应性不如美系獭兔，繁殖率较低。德系獭兔体重与体长高于同条件下饲养的美系獭兔。作为父本与美系獭兔杂交，杂交优势明显。

2. 按照色型分类　　獭兔的色型是区别不同獭兔品系的重要标志，也是选种时必须考虑的一个重要因素，同时还是鉴定獭兔毛色和商品价值的主要标准。目前獭兔有白色獭兔、黑色獭兔、红色獭兔、蓝色獭兔、青紫蓝色獭兔、加利福尼亚色獭兔、海狸色獭兔、巧克力色獭兔、海豹色獭兔、水獭色獭兔、蛋白石色獭兔、紫丁香色獭兔等色型，多达 20 余种。

獭兔对饲养管理条件要求较高，不适宜于粗放管理。獭兔疾病的抵抗力较弱，特别易感巴氏杆菌病、球虫病、疥癣病和脚皮炎。

第三节　家兔的育种与繁殖

一、家兔的选种

（一）选种要求

1. 肉兔的选种要求　　肉兔的选种依据主要包括以下 5 点。

（1）体质外貌　　头部短粗紧凑，眼大有神，胸部宽深，背腰宽长平，臀部宽广，腹部紧凑，四肢端正，强壮有力。具有本品种特征和肉用体型特征。凡有驼背、凹腰、窄胸、尖臀、八字腿、牛眼等的不能留作种用。

（2）繁殖性能　　公兔性情活泼，雄性特征明显，生殖器官发育良好；性欲旺盛，配种能力强，精液品质好，受胎率高。凡是隐睾、单睾、阴茎或者包皮糜烂、射精量少、精子活率差的不宜留作种用。母兔性情温顺，母性强；乳头 4 对以上，泌乳力要高；母兔年出栏商品兔 30 只以上。凡是连续空怀 3 次以上，连续 4 胎产仔数不足 20 只，泌乳能力差，断奶窝重小，母性差的不宜留作种用。

（3）生长育肥　　肉兔生长取决于个体初生重、35 日龄断奶重、75 日龄出栏重、90 日龄体重、成年体重及相关阶段日增重、体长、胸围等。育肥主要取决于 35～75 日龄平均日增重。不同品种、不同阶段生长速度、育肥速度不一样，根据育种目标选取生长速度和育肥速度快的个体。例如，塞北兔个体初生重 64g，断奶重 829g，90 日龄体重 2116.5g，180 日龄体重 4786.5g，成年体重 5370g；哺乳期平均日增重 21.86g，断奶到 90 日龄达到 23.41kg。

(4)饲料转化率　　普通肉兔料重比 3.5：1 以下，肉兔配套系料重比 3.2：1 以下。

(5)胴体品质　　肉兔屠宰前活重、胴体重、屠宰率、净肉率要达到品种要求，屠宰率不低于 55%，净肉率不低于 82%，后腿占胴体比例的 1/3。胴体脂肪含量不超过 3%，屠宰后 24h 股二头肌不低于 5.8%。

2. 獭兔的选种要求　　獭兔的选种依据主要包括以下 6 点。

(1)体质外貌　　头部宽大，与体躯各部位比例相称；两耳大小、厚薄适中，直立挺拔；眼睛明亮有神，眼睛颜色应与本品系的标准色型相一致。凡头部狭长，鼻部尖细；耳过大或过薄，竖立无力或出现下垂现象；眼无神、迟钝，眼球颜色与标准色型不一致者，均属严重缺陷，不宜留作种用。体质健壮，各部位发育匀称，肌肉丰满，臀部发达，腰部肥壮，肩部宽广，与体躯结合良好。肩窄、体躯瘦长、后腿呈 X 状、臀部瘦小、骨骼纤细等均属于严重缺陷。体质瘦弱、后肢过高或弓背等，均属不合格的獭兔体形。用手抚摸腰部脊椎骨，无明显颗粒状凸出，用手抓起颈背部皮肤，兔子挣扎有力，说明体质健壮，膘情适宜，是最好的种用体况。四肢强壮有力，肌肉发达，前后肢毛色与体躯主要部位基本一致。黑色、红色、蓝色、青紫蓝色、海狸色、巧克力色、蛋白石色、紫貂色、海豹色、水獭色等獭兔的爪应为暗色；加利福尼亚獭兔的爪最好为暗色或黑色；白色獭兔的爪应为白色或玉色。趾爪的弯曲度随年龄的增长而变化，年龄越老则弯曲度越大。

(2)毛皮性能　　甲级獭兔皮面积在 1100cm² 以上(面积大，商品价值高，成年兔体重达 3kg 以上)。被毛长 1.3～2.2cm，细度为 16～18μm，密度为 16 000～38 000 根/cm²；被毛细度大，丰厚，弹性强，附着度好，不易掉毛；粗毛率低，长度不超过细毛；被毛平整，光泽性强。

(3)繁殖性能　　同肉兔。

(4)生长育肥　　獭兔生长取决于个体初生重、35 日龄断奶重、75 日龄出栏重、90 日龄体重、165 日龄体重及相关阶段日增重、体长、胸围等。育肥主要取决于 35～165 日龄平均日增重。根据育种目标选取生长速度和育肥速度快的个体。

(5)饲料转化率　　料重比为(4～6)：1。

(6)胴体品质　　同肉兔。

3. 毛兔的选种要求　　毛兔的选种依据主要包括以下 4 点。

(1)外貌评定　　头大小适中并与体躯大小相称。眼睛要明亮圆睁，没有泪水和眼垢，眼球颜色应符合品种要求。除垂耳兔、斜耳兔外，家兔两耳应直立，单耳或双耳下垂是不健康的表现。耳朵大小、形状和耳毛的分布也应符合品种或品系的要求。兔颈部较细长，与头、躯体结合良好，肉髯较小。胸部要求宽而深，背腰要求宽广、平直，臀部要求丰满，宽而圆。肢势端正，行走自如，伸展灵活，健壮有力，肌肉发达。

(2)兔毛品质与产毛性能　　兔毛品质主要受毛纤维长度、细度、密度、强度、伸度、弹性、吸湿、色泽及粗毛率和结块率等因素影响。一个育毛期兔毛越长越好，特级兔毛伸直长度不低于 55.1mm；绒毛的细度为 7～30μm，粗毛为 30～120μm；密度不低于 12 000 根/cm²；强度、伸度和弹性越大越好；吸湿性大小合适，不易结块和成毡，粗毛率合适；产毛量高，产毛率和优质毛率越高，兔毛皮质越好。光泽性强，颜色纯正。被毛品质应符合品种特征。

(3)繁殖性能　　同肉兔。

(4)饲料转化率　　料毛比为(55～65)∶1。

(二)选育方法

家兔选种,针对单一性状的选择有个体选择、家系选择、家系内选择、合并选择等,对于多个性状的选择有顺序选择、独立淘汰选择、综合选择等。

(三)选择时间与阶段

1. 肉兔的选择

第一次选择:35日龄时进行。主要以系谱成绩、同窝仔兔数量与发育均匀程度、断奶体重为选择依据。系谱中优良祖先的数量愈多,同窝仔兔数量愈多,发育愈均匀,断奶成活数愈多,断奶个体愈大,则后代获得优良基因的机会就愈多。将符合育种要求的列入育种群,不符合育种要求的转入生产群。

第二次选择:70～90日龄时进行。主要以断奶至70～90日龄的日增重、料重比、抗逆性,90日龄的体重、胸围、体长等为依据选择。应该选留生长发育快、肉品质好、抗病力强的个体留作种用。

第三次选择:120～150日龄时选择。主要以120～150日龄的日增重、料重比、抗逆性,150日龄的体重、胸围、体长等为依据选择。应该选留生长发育快、肉质好、抗病力强、生殖系统无异常的个体留作种用。

第四次选择:一般在12月龄时进行。主要以繁殖性能为依据选择。应该选留发情早、容易受配、产仔数多、泌乳力强、断奶成活率高、母性好的母兔,对多次配种不孕、母性差、泌乳性能不理想、产仔数少的母兔应淘汰。应该选留性欲强、配种力强、精子品质好的公兔。

第五次选择:当种兔的后代已有生产记录时,根据后裔测定进一步调整兔群,把优秀者转入核心群,优良者转入育种群,较差者转入生产群。

2. 獭兔的选择

第一次选择:断奶时进行。同肉兔。

第二次选择:90日龄时进行。主要以断奶至90日龄的日增重、料重比、抗逆性,90日龄的体重和被毛品质等为依据选择。应该选留生长发育快、毛皮品质好、抗病力强的个体留作种用。

第三次选择:165日龄时选择。主要以90～165日龄的日增重、料重比、抗逆性,165日龄的体重和被毛品质等为依据选择。应该选留生长发育快、毛皮品质好、抗病力强、生殖系统无异常的个体留作种用。

第四次选择:同肉兔。

第五次选择:同肉兔。

3. 毛兔的选择

第一次选择:42日龄断奶时进行。同肉兔。

第二次选择:60日龄第一次剪毛时进行。主要以断奶至60日龄的日增重、料毛比、抗逆性,60日龄的体重和兔毛品质等为依据选择。应该选留生长发育快、兔毛品质好、抗病力强的个体留作种用,有发育不良者和结块毛者应淘汰。

第三次选择：135～150 日龄第二次剪毛时选择。主要以 60 日龄至 135～150 日龄的日增重、料毛比、抗逆性，135～150 日龄的体重和产毛量(二刀毛与年产毛量呈中等正相关)、兔毛品质等为依据选择。应该选留生长发育快、兔毛品质好、抗病力强的个体留作种用，有发育不良者和结块毛者应淘汰。

第四次选择：一般在 210～240 日龄第三次剪毛时进行。主要以 135～150 日龄至 210～240 日龄的日增重、料毛比、抗逆性，210～240 日龄的体重和产毛量(三刀毛与年产毛量呈较高的正相关)、兔毛品质等为依据选择。应该选留生长发育快、兔毛品质好、抗病力强的个体留作种用，有发育不良者和结块毛者应淘汰。

第五次选择：一般在 12 月龄进行。同肉兔的第四次选择。

第六次选择：同肉兔的第五次选择。

二、家兔的选配

选配原则根据制订的目标，综合考虑种兔的品质、血缘和年龄关系，进行选配。一般生产中尽量避免近交，种公兔的品质优于母兔，以利充分发挥优良公兔的作用。根据育种目标，可选用同质、异质、年龄、亲缘等选配方法。及时对交配结果进行总结，选择亲和力好的公母兔配种。

三、性成熟与适配年龄

不同体型、不同品种、不同经济用途的家兔，其发情、适配年龄是不一样的。条件相同的情况下，母兔的性成熟早于公兔，饲养条件优良、营养状况好的早于营养状况差的，早春出生的仔兔早于晚秋或冬季出生的仔兔(表 8-1，表 8-2)。

表 8-1　不同体型公母兔性成熟与适配年龄

类别	成年兔体重/kg	性成熟/月龄	适配月龄
大型兔	≥5	5～6	7～8
中型兔	3.5～5	3.5～4.5	5～6
小型兔	≤3.5	3～4	4～6

表 8-2　常见家兔的性成熟和适配年龄

类型	品种	性成熟/月龄	适配月龄
肉用品种	新西兰白兔	4～6	5.5～6.5
	比利时兔	4～6	7～8
	青紫蓝兔	4～6	7～8
	加利福尼亚兔(八点黑)	4～5	6～7
	德国花巨兔	5～6	6～7
	公羊兔(垂耳兔)	5～6	6～7
	弗朗德巨兔	5～6	6～7

续表

类型	品种	性成熟/月龄	适配月龄
肉用品种	日本白兔	4～5	6～7
	哈白兔	5～6	7～8
	塞北兔	5～6	7～8
	安阳灰兔	4～5	6～7
	太行山兔	5～6	7～8
	齐卡肉兔(ZIKA)(父母代)	5～5.5	6～6.5
	艾哥肉兔(ELCO)(父母代)	5～5.5	6～6.5
	伊拉肉兔(HYLA)(父母代)	5～6	6～7
	伊普吕肉兔(Hyplus)(父母代)	5～5.5	6～6.5
	伊高乐肉兔(HYLA)(父母代)	4～5	5～6
皮用品种	獭兔	4～5	5～6
毛用品种	安哥拉兔(德系)	5～8	6～10

四、发情

家兔的繁殖没有明显的季节性，一年四季都能繁殖，但寒冬、酷暑(气温超过 30℃或者低于 10℃的季节)都会影响家兔繁殖。家兔发情周期多为 8～15d，持续期为 2～3d，变动范围很大。

母兔在发情时，主要表现兴奋不安，食欲减退，常用前肢扒箱或以后肢"顿足"，频频排尿，有时还有衔草做窝等现象。发情后性欲旺盛的母兔，还会爬跨其他母兔，甚至还主动靠近公兔，爬跨种公兔或向公兔身上撒尿。当公兔追逐爬跨时，常做愿意接受交配的姿势。母兔发情时，阴部湿润，充血红肿，发情初期为粉红色，中期为大红色，后期为黑紫色。俗话说："粉红早，黑紫迟，大红正当时。"发情中期配种最为合适。

五、配种

家兔在诱导刺激后 10～12h 排卵。自然交配时，当母兔外阴部呈现大红色时配种较为合适；人工输精时，输精的理想时间应在类似交配刺激后 2～8h 较为合适。

家兔的配种方法有自然交配法、人工辅助交配法和人工输精法。

母兔诱导同期发情常用激素诱导或光照控制。配种前 50～60h 皮下注射孕马血清(PMSG催情)20～30IU，或者配种前 7d 和配种后 6d，每天光照 16h、光照强度 60lx。

采用母兔作台畜，待公兔爬跨时用假阴道采精。

根据射精量、精子活率、精子密度，精液 5～10 倍稀释。

采用输精针输精到子宫颈口(输精深度在 11～12cm)。一般情况下，母兔一次输精量为 0.5ml，有效精子数为 1000 万。输精完后肌内注射促排 3 号 0.6～0.8μm/只。

配种后 12d 摸胎。

六、妊娠

家兔的妊娠期为 30～31d。妊娠期的长短因品种、年龄、营养、胚胎数量等情况不同而异。母兔配种后，应尽早进行妊娠检查，以便对兔进行分类饲养管理，未孕母兔及时配种。妊娠检查有以下几种方法。

试情法：在配种后 5～7d，把母兔放在公兔笼中，如接受交配，认为空怀，如拒绝交配，便认为已孕。此种方法检查准确性较差。因为如果母兔交配后未孕，5～7d 也不一定发情，而且已经妊娠的母兔还有可能接受交配。

摸胎法：是用手指隔着母兔腹壁触摸胚胎检查妊娠的方法。一般从母兔配种后 10～12d 开始，最好在早晨饲喂前空腹进行。将母兔放在一个平面上，左手抓住颈部皮领，使之安静，兔头朝向操作者。右手的大拇指与其他四指分开呈"八"字形，手心向上，伸到母兔后腹部触摸，未孕的母兔后腹部柔软，妊娠母兔可触摸到似肉球样、可滑动的、花生米大小的胚泡。

七、产仔

多数母兔在临产前 3～5d，乳房开始肿胀，并可挤出少量乳汁。外阴部肿胀充血，食欲减退，甚至绝食，在临产前数小时或 1～2d，开始衔草絮窝并将胸前、腹部的毛用嘴拉下，衔到窝内絮好。母兔的拉毛与泌乳有直接关系，拉毛早则泌乳早，拉毛多则泌乳多。

母兔产仔多在夜间进行。产仔时母兔多呈犬坐姿势，一边产仔一边咬断脐带，吃掉胎衣，舔干仔兔身上的血迹和黏液。一般产仔需 20～30min，但也有个别母兔在产出一批仔兔后间隔数小时再产下第二批仔兔，所需时间要长一些。

第四节　家兔的营养与饲养管理

一、家兔的营养需要与饲养标准

(一)家兔的营养需要

1. 能量的需要　据报道，3kg 重的成年兔，饲粮消化能维持需要量为 8.79～9.2MJ/kg，妊娠母兔为 10.46～12.13MJ/kg，而泌乳母兔以 10.88～11.3MJ/kg 为宜。为了保持较好的精液品质，公兔的能量需要应在维持需要的基础上增加 20%。当饲粮消化能超过 9MJ/kg 时，生长兔可通过调节采食量实现稳定的能量摄入。一般配合饲料中含有 10.46MJ/kg 的消化能即可满足兔快速生长的需要。毛兔每产 1g 毛需要供应大约 0.11MJ 的消化能。

饲料中碳水化合物(淀粉、非淀粉多糖)是兔主要的能量来源。饲料中的蛋白质(氨基酸)、脂肪和脂肪酸在体内代谢也可产生能量。饲粮中加入适量的脂肪，有助于提高适口性，减少粉尘，在制粒过程中起润滑作用。兔饲粮中添加脂肪含量一般不超过 3%。

饲粮能量不足时，兔消瘦，出现病态，增重减慢，饲料利用率下降，毛兔产毛量下降。由于颗粒饲料容积相对较小，一般能量不会缺乏。能量过高，兔易患消化道疾病，母兔肥胖、发情紊乱、不孕、难产或胎儿死亡率升高，公兔配种能力下降，饲料成本升高。

2. 蛋白质(氨基酸)的需要　成年兔用于维持的蛋白质需要量为 13%。泌乳母兔需要粗蛋白质 17.5%，产皮、产毛兔则需要粗蛋白质 16%（含硫氨基酸 0.7%）以上。生长兔饲粮适宜的粗蛋白质水平为 15%～16%，赖氨酸（Lys）和含硫氨基酸为 0.60%～0.85%。由于兔本身可合成精氨酸（Arg），因此生长兔饲粮含 0.56%的精氨酸（Arg）即可获得良好的增重。种公兔对蛋白质的需要量与同体重的妊娠母兔相同。对于非蛋白氮，幼兔不能利用，成年兔利用率也很低。不同饲料蛋白质的消化率差异很大，所以用可消化蛋白（DCP）显然更合适。生长兔和母兔（妊娠和泌乳）DCP 的维持需要量分别为 $2.9[kg/(W^{0.75} \cdot d)]$ 和 3.7～$3.8[kg/(W^{0.75} \cdot d)]$，分别占总 DCP 需要量的 30%和 25%。Lebas（2008）推荐兔饲粮 DCP 水平一般为 11%～12.5%，集约化繁殖兔 DCP 为 13%～14%。毛兔每产 1g 毛需要 2g 的 DCP。

用 DCP/DE（蛋能比）来表达蛋白质和消化能的需要量更准确。兔的 DCP/DE 的维持需要量为 6.8g/MJ。Lebas（2008）推荐兔的 DCP/DE 为 11.5～12.0g/MJ，而集约化繁殖兔的 DCP/DE 推荐值为 12.7～13.0g/MJ。

当蛋白质不足或质量差时，表现为氮的负平衡，影响营养物质的消化和利用，如兔的生长速度下降，母兔发情不正常，易产生弱胎和死胎，泌乳量下降，公兔精液品质差，兔的换毛期延长，毛兔的产毛量及品质下降；蛋白质过高，饲料成本加大，引起肾损伤，大量的氮排放导致环境污染。

3. 纤维的需要 日粮纤维是家兔饲粮的主要成分。适宜的纤维水平对防止高浓度淀粉进入后肠，导致异常发酵而引起兔腹胀、腹泻有重要的生理作用。生长兔饲粮适宜的粗纤维（CF）水平（g/kgDM）为 140～180，中性洗涤纤维（NDF）为 270～420，酸性洗涤纤维（ADF）为 160～210，总日粮纤维（TDF）为 320～510。为减少肠炎的发生，ADL 最少为 4.5%，ADL/纤维素≥0.4，（半纤维素+果胶）/ADF≤1.3。当 CF 缺乏（<10%）时，虽生长速度快，但易发生消化紊乱。CF 严重缺乏（<6%）时，极易诱发魏氏梭菌病，死亡率明显增加。但 CF 水平过高（>20%），会严重影响营养物质的消化吸收，生产性能下降。

4. 矿物质和维生素的需要 矿物质主要考虑常量元素 Ca、P、Mg、Na、K、Cl 和 S，微量元素 Fe、Zn、Cu、Mn、Co、I、Se 等。兔饲粮中适宜的 Ca、P 含量分别为 1.0%～1.5%、0.5%～0.8%，Ca：P 一般为（1.5～2）：1。泌乳母兔对 Ca 的需要量高于其他类型的兔。因饲草中缺少 Na，所以饲粮中要补充食盐，适宜含量为 0.5%，1%以上对兔的生长有抑制作用。Cl 的需要量为 0.37%～0.47%。因大多植物性饲料中富含 K，因此一般不会缺 K。饲粮中添加一定量的无机硫，可减少兔对含硫氨基酸的需要量。S 对兔毛皮生长有促进作用。Mg 的推荐量为 0.03%～0.04%，一般不缺乏。因消化道微生物可合成维生素 K、维生素 B 和维生素 C，所以维生素主要考虑维生素 A、维生素 D、维生素 E。兔所需的微量元素和维生素适宜需要量见相关饲养标准。

Ca、P 不足，尤其是 P 缺乏，幼兔生长缓慢，患异食癖和佝偻病，成兔易发骨软症，母兔发情异常、不孕、产后瘫痪等。但 P 含量过高，适口性会降低，甚至拒食。为减轻环境污染，应避免饲粮中矿物元素过量。

5. 水的需要 兔的需水量一般为饲粮干物质采食量的 1.5～2.5 倍，占自身体重的 8%～18%。年龄、生理状态、饲粮营养水平、气温等因素均影响兔的需水量。缺水不仅会影响兔的进食量，还会严重影响兔的生产性能，甚至引起母兔食仔和仔、幼兔死亡。饮用水应清洁、新鲜，水质应符合饮用标准。

（二）家兔的饲养标准

现列举我国家兔饲养标准以供参考（表 8-3～表 8-5）。

表 8-3 肉兔不同生理阶段的饲养标准

项目	生长肉兔		妊娠母兔	泌乳母兔	空怀母兔	种公兔
	断奶~2月龄	2月龄至出栏				
消化能/(MJ/kg)	10.5	10.5	10.5	10.8	10.5	10.5
粗蛋白质/%	16.0	16.0	16.5	17.5	16.0	16.0
总赖氨酸/%	0.85	0.75	0.80	0.85	0.70	0.70
总含硫氨基酸/%	0.60	0.55	0.60	0.65	0.55	0.55
精氨酸/%	0.8	0.8	0.8	0.9	0.8	0.8
粗纤维/%	14.0	14.0	13.5	13.5	14.0	14.0
中性洗涤纤维/%	30~33	27~30	27~30	27~30	30~33	30~33
酸性洗涤纤维/%	19~22	16~19	16~19	16~19	19~22	19~22
酸性洗涤木质素/%	5.5	5.5	5.0	5.0	5.5	5.5
淀粉/%	<14	<20	<20	<20	<16	<16
粗脂肪/%	2.0	3.0	2.5	2.5	2.5	2.5
Ca/%	0.6	0.6	1.0	1.1	0.6	0.6
P/%	0.4	0.4	0.6	0.6	0.4	0.4
Na/%	0.22	0.22	0.22	0.22	0.22	0.22
Cl/%	0.25	0.25	0.25	0.25	0.25	0.25
K/%	0.8	0.8	0.8	0.8	0.8	0.8
Mg/%	50	50	100	100	70	70
Cu/(mg/kg)	10	10	20	20	20	20
Zn/(mg/kg)	50	50	60	60	60	60
Fe/(mg/kg)	50	50	100	100	70	70
Mn/(mg/kg)	8	8	10	10	10	10
Se/(mg/kg)	0.05	0.05	0.10	0.10	0.05	0.05
I/(mg/kg)	1.0	1.0	1.1	1.1	1.0	1.0
Co/(mg/kg)	0.25	0.25	0.25	0.25	0.25	0.25
维生素 A/(IU/kg)	6 000	12 000	12 000	12 000	12 000	12 000
维生素 D/(IU/kg)	900	900	1 000	1 000	1 000	1 000
维生素 E/(mg/kg)	50	50	100	100	100	100
维生素 K_3/(mg/kg)	1	1	2	2	2	2
维生素 B_1/(mg/kg)	1.0	1.0	1.2	1.2	1.0	1.0
维生素 B_2/(mg/kg)	3	3	5	5	3	3
维生素 B_6/(mg/kg)	1.0	1.0	1.5	1.5	1.0	1.0
维生素 B_{12}/(μg/kg)	10	10	12	12	10	10
叶酸/(mg/kg)	0.2	0.2	1.5	1.5	0.5	0.5
烟酸/(mg/kg)	30	30	50	50	30	30
泛酸/(mg/kg)	8	8	12	12	8	8
生物素/(μg/kg)	80	80	80	80	80	80
胆碱/(mg/kg)	100	100	200	200	100	100

资料来源：李福昌，2011

表 8-4 獭兔不同生理阶段的饲养标准

项目	1～3月龄生长兔	4月龄至出栏商品兔	哺乳兔	妊娠兔	维持兔
消化能/(MJ/kg)	10.46	9.00～10.46	10.46	9.00～10.46	9.00
粗蛋白质/%	16～17	15～16	17～18	15～16	13
赖氨酸/%	0.80	0.65	0.90	0.60	0.40
含硫氨基酸/%	0.60	0.60	0.60	0.50	0.40
粗纤维/%	12～14	13～15	12～14	14～16	15～18
粗脂肪/%	3	3	3	3	3
Ca/%	0.85	0.65	1.10	0.80	0.40
P/%	0.40	0.35	0.70	0.45	0.30
食盐/%	0.3～0.5	0.3～0.5	0.3～0.5	0.3～0.5	0.3～0.5
Fe/(mg/kg)	70	50	100	50	50
Cu/(mg/kg)	20	10	20	10	5
Zn/(mg/kg)	70	70	70	70	25
Mn/(mg/kg)	10.0	4.0	10.0	4.0	2.5
Co/(mg/kg)	0.15	0.10	0.15	0.10	0.10
I/(mg/kg)	0.20	0.20	0.20	0.20	0.10
Se/(mg/kg)	0.25	0.20	0.20	0.20	0.10
维生素 A/(IU/kg)	10 000	8 000	12 000	12 000	5 000
维生素 D/(IU/kg)	900	900	900	900	900
维生素 E/(mg/kg)	50	50	50	50	50
维生素 K/(mg/kg)	2	2	2	2	2
硫胺素/(mg/kg)	2	0	2	0	0
核黄素/(mg/kg)	6	0	6	0	0
泛酸/(mg/kg)	50	20	50	20	0
吡哆醇/(mg/kg)	2	2	2	0	0
维生素 B$_{12}$/(mg/kg)	0.02	0.01	0.02	0.01	0
烟酸/(mg/kg)	50	50	50	50	0
胆碱/(mg/kg)	10 00	1 000	1 000	1 000	0
生物素/(mg/kg)	0.2	0.2	0.2	0.2	0

资料来源：谷子林，2001

表 8-5 长毛兔不同生理阶段的饲养标准

项目	断奶～3月龄	4～6月龄	妊娠母兔	哺乳母兔	产毛母兔	种公兔
消化能/(MJ/kg)	10.50	10.30	10.30	11.00	10.00～11.30	10.00
粗蛋白质/%	16～17	15～16	16	18	15～16	17
可消化蛋白质/%	12.0～13.0	10.0～11.0	11.5	13.5	11.0	13.0
赖氨酸/%	0.8	0.8	0.8	0.9	0.7	0.8

续表

项目	断奶～3月龄	4～6月龄	妊娠母兔	哺乳母兔	产毛母兔	种公兔
精氨酸/%	0.8	0.8	0.8	0.9	0.7	0.9
(蛋氨酸+胱氨酸)/%	0.7	0.7	0.8	0.8	0.7	0.7
粗纤维/%	14	16	14～15	12～13	13～17	16～17
粗脂肪/%	3	3	3	3	3	3
蛋能比/(g/MJ)	0.7	0.7	0.8	0.8	0.7	0.7
Ca/%	1.0	1.0	1.0	0.2	1.0	1.0
P/%	0.5	0.5	0.5	0.8	0.5	0.5
食盐/%	0.3	0.3	0.3	0.3	0.3	0.3
Fe/(mg/kg)	50～100	50	50	50	50	50
Cu/(mg/kg)	3～5	10	10	10	20	10
Zn/(mg/kg)	50	50	70	70	70	70
Mn/(mg/kg)	30	30	50	50	50	50
Co/(mg/kg)	0.1	0.1	0.1	0.1	0.1	0.1
维生素 A/(IU/kg)	8 000	8 000	8 000	10000	6 000	12 000
维生素 D/(IU/kg)	9 00	900	900	1000	900	1 000
维生素 E/(mg/kg)	50	50	60	60	50	50
烟酸/(mg/kg)	50	50	—	—	50	50
吡哆醇/(mg/kg)	400	400	—	—	300	300
胆碱/(mg/kg)	1 500	1 500	—	—	1 500	1 500
生物素/(mg/kg)	—	—	—	—	25	20

资料来源：张宏福和张子仪，1998

二、家兔颗粒饲料的加工要求

颗粒饲料的加工品质主要受原料组成(含粉碎粒度)、调制效果、制粒过程(压模/压辊)和冷却条件等因素的影响。

兔喜欢采食较硬的颗粒料。颗粒料以直径 3～5mm，长度 6～10mm 为宜。颗粒料太长，兔采食时，一部分料就会掉在地上造成浪费。颗粒料的粉化率不超过 10%。饲料含粉率过高，会引起兔呼吸系统疾病，也会诱发螨类等病的发生。在颗粒饲料生产中，经常添加木质素、糖蜜、膨润土等，提高颗粒的耐久性。原料粉碎得越细、调质时间越长，环模压缩比越高，颗粒料硬度越大。适量添加纤维素物料可增加颗粒饲料硬度。二次成粒能提高颗粒的硬度。不过硬度大但柔韧性差的饲料容易碎。一般要求硬度以 6～10kg 为宜。

三、家兔的一般管理

1. 捉兔方法　　用一只手抓住肩胛部皮领把兔提起，随后另一只手托住臀部，使兔重心落到这只手上。将兔以背部向外的方式倒退离开兔笼，这样既不伤兔也可避免被兔抓伤。

2. 雌雄鉴别 根据生殖孔的形状及其与肛门的距离鉴别。一只手抓住仔兔脖颈部，另一只手的中指和食指夹住尾巴，用大拇指轻轻向兔头方向推压生殖孔。如生殖孔呈尖叶状，下端裂缝延至接近肛门者为母兔；如生殖孔呈圆形，与肛门距离较远者为公兔。幼兔或青年兔可通过公兔的阴茎、阴囊加以鉴别。

3. 年龄鉴别 为了确切地了解兔的年龄，只有查看档案记录。在无据可查的情况下，可根据体表与外形大概估计。例如，青年兔(6～18 月龄)：趾爪短细而平直，有光泽，隐藏在脚毛之中。趾爪红色多，白色少。眼神明亮，行动活泼，皮板薄而紧密，富有弹性，门齿洁白、短小而整齐，齿间隙极小。老年兔(2.5 岁以上)：趾爪粗糙，约一半趾爪露在脚毛之外。趾爪白色多于红色。眼神颓废，行动迟缓。门齿浅黄，厚而长，齿间隙大。壮年兔介于二者之间。

4. 编号 编号在断乳前 3～5d 进行。种兔场编号可以采用"两个字母(代表商标缩写)-两个数字(代表出生年份)-两个数字(代表出生批次，也就是年中周数)-2～3 位数(代表出生序列号)"，如 JY-15-20-159。一般习惯公兔用单号，母兔用双号。具体编号方法有耳号钳法、耳标法、电子标签(条形码、芯片、频射识别)。

四、不同生理阶段家兔的饲养管理

(一)种公兔的饲养管理

种公兔要符合品种的特征，生长发育良好，体格健壮，性欲旺盛，精液品质好，常年保持中等或中等偏上体况。

1. 饲料营养全价而稳定 公兔饲料消化能保持在 10.46MJ/kg，粗蛋白质水平保持在 17%～18%。注意补充维生素 A、维生素 E、维生素 B_1、维生素 B_2、维生素 B_6、维生素 C、叶酸及 Ca、P、Zn 等。一般在配种前 20d 调整饲粮，达到营养水平适中、营养全面、适口性好的要求。切忌用过低营养水平饲粮，导致公兔采食过多而出现"草腹兔"，影响日后配种。对种公兔要实行限制饲养，防止过于肥胖。

2. 公母配比和利用合理 自然交配时，商品兔场公母比例以 1∶(8～10) 为宜，种兔场以 1∶(4～5) 为宜。从开始配种计算，使用年限一般为 2 年，最多不超过 4 年。选作种用的公兔在 3 月龄时应单笼饲养，适当增加其活动空间。笼底板要结实、光滑，间隙以 1.2cm 为宜。公母兔笼应有一定距离。种公兔合理的配种次数为每天 1 次，配 2d，休 1d。配种时一定要把母兔捉到公兔笼内。

若采用人工授精技术，要做好种公兔的管理和使用计划，主要注意以下三点。

(1)科学利用 种兔公母比例可达到 1∶(20～30)。实践证明，5～28 月龄的公兔精液质量较好。因此，要结合精液品质的评定结果，及时淘汰老、弱、病、残等不合格的种公兔。采精安排要合理，以每周采精 2 次为宜。

(2)防止疾病传播 在整个人工授精过程中各环节都必须严格消毒。最好采用物理消毒方法，如煮沸、蒸汽、干燥、紫外线等。不耐高温的器具可用 0.01% $KMnO_4$ 消毒，然后再用无菌生理盐水冲去残余消毒液。生殖器官有炎症的母兔待治愈后输精。授精器套管每兔 1 只，以免交叉感染。

(3)重视记录和分析 为达到最佳经济效益，要对采精、输精、妊娠诊断、产仔等数据定期统计分析，以利选种选配，及时淘汰不合格的种兔。

3. 夏季防暑和冬季保温　　防暑是夏季养好公兔的首要工作。有条件的兔场，通过湿帘-负压抽风、正压送风降温，饲料中添加抗热应激制剂(0.01%维生素C粉)等，以备秋季有良好的配种效果。室温低于5℃也会使种兔性欲减退，冬季加强兔场保温加温。

兔笼保持清洁干燥，经常刷洗消毒。注意对种公兔生殖器官疾病的诊治，如睾丸炎、附睾炎和阴茎炎等。

(二)种母兔的饲养管理

养好种母兔，提高繁殖成活率，是增加生产效益的重要前提。要根据种母兔不同生理阶段的特点采取相应的饲养管理措施。

1. 后备母兔的饲养管理　　后备母兔的营养对以后的繁殖有重要影响，过肥和过瘦都不利。合理的蛋白质能量比及适宜的喂料量是保证标准体重的关键。以饲粮消化能9.5~10.0MJ/kg，粗蛋白质16%较为有利。合理的纤维结构及含量是确保母兔肠道健康和持续健康繁殖的重要因素。实践证明，饲粮中性洗涤纤维(NDF)40%、酸性洗涤纤维(ADF)20%、酸性洗涤木质素(ADL)>6%时，对提高繁殖母兔全期的健康指数较为有利。维生素A、维生素D、维生素E及微量元素Fe、Cu、Zn、Mn等缺乏会严重影响种兔繁殖性能，因此要按照推荐量准确添加，同时要考虑有害重金属含量，以免影响最终产品质量。

后备母兔首次进行人工授精操作时，在授精前6d开始，从限制饲喂改为自由采食，加大饲料供给量，给所有后备母兔造成食物丰富的感觉，以利于同期发情。

2. 妊娠母兔的饲养管理　　妊娠母兔是指母兔从受孕到产仔的时期。此期饲养管理的重点是防流保胎、保证胎儿的正常生长发育和做好产前准备工作。

1)依据母兔的生理和胎儿的生长发育特点进行阶段饲喂。单纯妊娠母兔的营养需要低于哺乳母兔和边妊娠边哺乳的母兔，但在生产上进入繁殖阶段的母兔往往不方便区别用料，而用同一种母兔料，通过喂料量控制不同阶段的种用体况。目的是防止母兔过肥，减少胚胎在附植前后的损失率，保持母兔繁殖力较好。妊娠前期(1~15d)，控制喂料量；妊娠中期(15~20d)，逐渐增加喂料量；妊娠后期(20~28d)，自由采食颗粒料，每只每天的饲喂量一般为150~200g；围产期(28~产后3d)，减少喂料量。防止产前绝食造成的妊娠毒血症，产后消化不良导致便秘，或难产及乳汁分泌过剩造成乳房炎。

2)搞好护理，防止流产。母兔流产多发生于妊娠后15~25d。为防止流产须做到以下几点：①不能无故捕捉母兔，不能接种疫苗；②摸胎时动作要轻柔，不能粗暴，已断定受胎者尽量不要再触及腹部，禁止以试情法诊断妊娠；③兔场保持安静，防止惊吓和有害动物袭击；④严禁饲喂发霉、变质和冰冻饲料，严禁饮用剩水、冰冻水和污水；⑤毛用兔在妊娠期，特别是妊娠后期禁止采毛，以防流产；⑥保持笼舍清洁干燥，防止潮湿污秽。

3)做好产前准备和产后护理。根据预产期提前3d准备好产仔箱，先清理、消毒、日晒，然后铺上柔软的垫草。分娩时保持兔场及周围环境的安静。分娩期间保证有充足的饮水，如果提供糖盐水更佳。母兔产后要及时整理产箱，清除被污染的垫草、毛和死胎，并盖好仔兔。若母兔产前没有拉毛或拉毛不多，应进行人工辅助拉毛，以刺激母兔泌乳和冬季仔兔保暖，夏季要防暑防蚊。对妊娠30d还不分娩的母兔，可进行人工催产。先用普鲁卡因注射液2ml在阴部周围注射，再用1支(2IU)催产素在后腿内侧肌注，几分钟即可产出。

3. 空怀母兔的饲养管理　　配种后12~14d进行摸胎(妊娠检查)，确认未受孕又未哺乳的母兔，其营养需要仅为维持自身繁殖体能，需控制给料量。在下一次人工授精前 6d 起再自由采食。未怀孕但哺乳的母兔，要根据体况变化调整喂料量，以利恢复母兔因哺乳而消耗的体质，保持不肥不瘦的最佳繁殖状态。

对体况正常但不发情的母兔，在增加喂料量和光照时间的同时，可通过哺乳控制或激素应用等方法进行诱导发情。在妊娠和哺乳期尽量不使用疫苗和药物，对未受孕又未哺乳的母兔应将必要的疫苗全部接种，使用必要的预防药物（如预防疥癣）。

4. 哺乳母兔的饲养管理 母兔从产仔至断奶，这一时期称为哺乳期，一般为 28～35d。此期的中心任务是保证哺乳母兔正常泌乳，提高母兔泌乳力和仔兔成活率。

（1）保证充足的营养和饲喂量 此期母兔的营养要满足泌乳、妊娠和自身繁殖生理状态维持的需要。饲粮 DE 应达到 10.5～11MJ/kg，粗蛋白质为 17%～18%，且氨基酸平衡，Ca 为 0.8%，P 为 0.5%。确保母兔自由采食。若饲料营养不足、不平衡或喂量不足，都可能导致泌乳疲劳症或泌乳毒血症。如饲料 DE 水平低，母兔大量采食，超过其自身的消化能力造成胃扩张，消化机能紊乱。母兔产后 1～2d，消化道处于复位期，食欲减退，体质虚弱，消化能力低，一般应少喂。3d 后体质开始恢复，仔兔的哺乳量也随之增加，可适当增加喂料量。1 周后恢复正常给量。

（2）防止乳房炎的发生 首先，产前 3d 要减少喂料量。产后 3～4d 逐渐增加喂量，同时每天喂给磺胺噻唑 0.3～0.5g 和苏打片 1 片，每日 2 次，连喂 3d。其次，笼具要光滑、平整，以防造成母、仔兔损伤，尤其刮伤乳房、乳头等，并注意笼舍及器具的清洁，减少乳房或乳头被污染的机会。最后，要经常检查母兔的泌乳情况。发现乳汁不足，除增加喂料量外，必要时可增喂豆浆、米汤、红糖水等催乳。若仔兔少、乳汁多，应适当减少喂料量，并改饮常水为冷盐水，以防发生乳房炎。如发现乳房有硬块、红肿，应及时采取通乳和热敷等防治措施。

5. 准断奶母兔的饲养管理 母兔产仔 21d 以后泌乳量逐渐下降，腹中胎儿处在关键的胚胎前期，而仔兔采食量快速增加，准备断奶。准断奶母兔的饲料以消化能 10MJ/kg，粗蛋白质 16%较为适宜。适当提高纤维含量，尤其 ADL 含量不得低于 5.5%。要确保仔兔自由采食。准断奶料的合理使用，还可减少断奶仔兔的换料应激，提高成活率。

6. 种母兔群的更新 种母兔更新要在每次人工授精之前至少 15d 进行，让后备母兔充分休息和适应环境非常重要，即在人工授精前半个月尽量不要移动母兔。种兔更新对于保持母兔群的生产力非常重要。种兔年龄结构一般为：0～3 胎龄的种兔占 30%，4～9 胎龄占 50%，10 胎龄以上占 20%。种母兔的淘汰和更新最重要的依据是母兔的健康状况、繁殖和泌乳能力。有呼吸道疾病、传染性皮肤病、生殖器官炎症及乳腺疾病的，连续 3 胎产活仔总数少于 21 只的，或连续两次人工授精不孕的母兔均应淘汰。

（三）仔兔的饲养管理

仔兔的体温调节系统、消化系统、神经系统发育不健全，先天发育不足，生长发育迅速，对营养和环境要求严格。依据生长发育特点分为睡眠期（初生至 12d）和开眼期（睁眼至断奶）两个阶段。此期的中心任务是保证仔兔的正常生长发育，提高断奶成活率。

1. 吃足初乳和定时喂奶 仔兔出生后 6～10h 一定要吃到初乳（母兔产后 1～3d 的乳汁），遇到不会哺乳的母兔，应人工强制哺乳。每次哺乳后，应检查仔兔是否吃饱，吃足乳的仔兔腹部滚圆，肤色红润、光亮，安睡不动。吃乳不足的则瘦小、皮肤皱缩、腹瘪，在窝内不停地爬动，如用手摸，仔兔便会往上蹿，有的还会发出"吱吱"的叫声。一般每天哺乳 1 次，每次 5min。若产仔少，则每天早、晚各哺喂 1 次。产仔多或母兔发生乳房炎时，要及时找适宜的母兔代养，但以分娩期相差不超过 3d 的哺乳母兔为宜。最好用代哺母兔的尿液或乳汁涂在仔兔身上，以免代哺母兔嗅出异味而伤害寄养仔兔。

2. 保温防冻和防鼠害　　仔兔要求环境温度为 30～32℃。冬季保温防寒、夏季防暑、防鼠害是保证仔兔成活率的关键措施。

3. 适时补饲和科学断奶　　从 16 日龄开始诱食，18～20 日龄开始补饲，补饲料一般要求 DE 11.3～12.54MJ/kg，粗蛋白质 20%，CF 8%～10%，加入适量酵母粉、酶制剂、生长促进剂和抗球虫药等。饲喂量从 4～5g/d 逐渐增加到 20～30g/d。目前多用仔兔采食与母兔相同的饲料来进行补饲，但要防止仔兔采食过量。断奶的方式可采用一次性断奶或分批断奶。仔兔断奶应采取断奶不离笼的方法，即断奶后撤出产仔箱，断奶幼兔留在原笼，将妊娠的母兔转移到已经消毒好的空兔场。

（四）幼兔的饲养管理

幼兔生长发育快，消化机能和神经调节机能不健全，抗病力差，加之断奶和第一次年龄换毛的应激，易发多种疾病。

幼兔死亡的主要阶段及原因：①断乳 7d 内，主要原因是断乳体重小、断乳应激、免疫应激，占 20%；②断乳 1～3 周，主要原因是消化道疾病、呼吸道疾病、球虫、兔瘟，占 45%；③断乳 4～7 周，主要原因是消化道疾病、球虫病，占 30%；④断乳 7 周至出栏，主要原因是意外、兔瘟等，占 5%。

提高幼兔成活率的措施：①断乳后，喂给新鲜、易消化、营养价值高的饲料；注意卫生；采取少喂勤添，切忌喂得过饱。②从补饲到断奶后 3 周内采用全价饲料可提高仔幼兔的成活率，减少消化道疾病的发生。③幼兔对环境，尤其是寒流等气候突变很敏感。因此，应为其提供良好的生活环境，饲养密度适中。防惊吓、防风寒、防炎热、防空气污浊、防兽害等。④幼兔阶段多种传染病易发，搞好防疫至关重要。断奶必须注射疫苗和预防球虫病。

五、不同经济类型家兔的饲养管理

（一）商品肉兔的饲养管理

1. 选择优良品种（系）　　商品肉兔生产的种源主要有三种：一是纯种肉兔的后代，如新西兰白兔（新）、加利福尼亚兔（加）、哈白兔等；二是杂种一代兔，如新×加、加×比（比利时兔）、比×青（青紫蓝兔）等；三是肉兔配套系的商品代，如齐卡、艾哥、伊拉、伊普吕、伊高乐配套系，以及我国培育的康大系列肉兔配套系等。

2. 体重和料重比　　商品肉兔生长快，饲养周期短。以新西兰白兔为例，初生时体重仅 50g，3 周龄可达 450g，3～8 周龄日增重可达 30～50g；8 周龄以后，生长速度开始下降，至 10～12 周龄生长曲线变平。随着年龄增长，肉兔体重随之增加，增重速度由快而慢，直至停滞。而随着体重的增加，料重比逐渐增大，如 3 周龄时料重比为 2.0，8 周龄时为 3.0，10 周龄时约为 4.0，12 周龄时增加到 5.0。因此，商品肉兔上市一般不应超过 90d。一般而言，体重达到 2~2.5kg，肥度符合要求时即可出栏。

3. 饲养方式与饲料　　集约化半集约化养兔场，通常采用全价颗粒饲料，实行自由采食和饮水。饲料营养水平：消化能 10~11MJ/kg、粗蛋白质 16%~17%、粗脂肪 2.5%、CF≥14%、Ca 0.5%~1.0%、P 0.3%~0.5%、Lys≥0.8%、Met + Cys≥0.6%。实行笼养，按大小、强弱分群。按笼舍分批育肥，全进全出。

(二)商品獭兔的饲养管理

1. 选择优良品种　　纯种獭兔要求体型大，被毛质量好，繁殖性能优良。目前主要有美系、德系、法系獭兔，美系獭兔的繁殖力最高、毛皮品质好，德系繁殖力最低、毛皮品质较差，但生长快。可以采取二系或三系杂交效果好。

2. 科学饲养　　一般从断奶到 3~3.5 月龄，让兔自由采食，以充分发挥其早期生长发育快的特点，并促进毛囊发育。一般消化能为 11.3~11.7MJ/kg，粗蛋白质为 17%~18%，含硫氨基酸达 0.65%以上，粗脂肪为 3%~5%，粗纤维为 12%~13%。因此，日粮配合中增加优质蛋白质饲料和含硫氨基酸量，提供充足的营养加快被毛生长，3 月龄平均体重可达 2.5kg。此后，则要适当控制营养水平，一般采取限质和限量两种方法。限质法是消化能降至 10.46MJ/kg，粗蛋白质降至 16%，仍然采取自由采食方式。限量法是每天投喂相当于自由采食 80%~90%的饲料，而饲料配方与前期相同。此外，维生素和微量元素如生物素、胆碱、铜等的缺乏，常会导致被毛褪色、脆弱，甚至脱毛，应予注意。

3. 加强管理　　獭兔的管理重在"护皮"。从断奶至2.5月龄，每笼3~5只，之后必须单笼饲养。兔笼内壁要光滑，饮水器设置合理，笼底板不积粪尿，减少水和粪尿对毛被的污染。在不影响日常管理的情况下，尽量为商品獭兔提供一个弱光(光照强度 8lx)的环境。兔螨虫病、脱毛癣和化脓性球菌病都会损伤獭兔板皮，严重的将使兔皮失去商用价值。因此，除应加强主要传染病、常见病的预防外，皮肤病的综合防治应视为重点。加强日常的卫生管理，定期进行药物预防，如螨虫病可用伊维菌素或芬苯达唑，皮肤真菌病可用克霉唑等药物。发现病兔立即隔离、治疗和消毒。饲养人员要搞好预防消毒，防止感染。对患毛癣菌病兔及时淘汰。

4. 适时取皮　　最适取皮时间主要取决于獭兔皮质量、月龄、季节。毛皮成熟的标志是被毛长齐、密度大，毛纤维附着结实，皮板达到一定的厚度，具有相当的韧性和耐磨力。5.5 月龄商品獭兔屠宰取皮。错误的取皮方法、鲜皮处理、保存不当，将造成板皮损伤、变形、发霉、脂肪酸败、破裂等。

(三)商品毛兔的饲养管理

1. 选择适宜品种(系)　　毛兔产毛量的遗传力为 0.5~0.7，属高遗传力性状。高产毛兔的年产毛量可达其体重的 40%以上，因此，选择优良兔种对提高产毛量和质量具有重要意义。浙系长毛兔的年产毛量达 1800g，松毛率在 98%以上。通过杂交优势，长毛兔不仅可以提高 10%~15%的产毛量，而且可以提高兔毛的品质。

2. 科学饲养　　由于公兔产毛量比母兔少 5%~10%，因此，毛兔的营养需要是依据母兔来确定的。在一般饲喂状态下建议消化能以 10.5MJ/kg 为宜。兔毛的蛋白质含量为 93%，含硫氨基酸为 15%左右。因此，提供充足的蛋白质和含硫氨基酸是提高兔毛产量和质量的物质基础。

（1）促进早期增重　　加强早期营养可以促进毛囊分化，提高被毛密度，同时增加体重和体表面积。一般 3 月龄以前，消化能为 10.46MJ/kg，粗蛋白质为 17%～19%，含硫氨基酸为 0.7%～0.8%。若蛋白质水平低于 12%，含硫氨基酸低于 0.4%，产毛量和毛的质量都会下降。

（2）控制体重　　体重一般控制在 4～4.5kg，过大的体重产毛效率低。与前期相比，一般掌握 DE 降低 5%，粗蛋白质降低 1%～1.5%，含硫氨基酸保持不变。也可在营养水平不变，提供自由采食量的 85%～90%。因为成年兔肠道中的微生物能够将无机硫转化为有机硫，所以在饲料中添加一定量(15mg/kg)的硫酸盐可以节省含硫氨基酸。

（3）阶段饲喂　　采毛后的第一个月，大量体热被散发，饲喂量最大。第二个月是兔毛生长最快的阶段，要求饲料质量好、饲喂量充足。第三个月兔毛生长速度开始变慢，要减少饲喂量。

3. 加强剪毛期的管理　　剪毛应选择晴朗的天气进行。气温低时，剪毛后要适当保温。剪毛前后可适当投喂抗应激物质，如维生素 C 或复合维生素。为预防消化道疾病，可在饮水中加入微生态制剂。为预防感冒，可添加一些中草药类的抗感冒药物。对患皮肤病的兔，剪毛前 7～10d 要进行药浴。对剪毛后的毛兔若管理不当，容易诱发呼吸道、消化道及皮肤疾病。

第五节　家兔对环境的要求和兔场设计建造

一、家兔对环境的要求

兔适宜温度，初生仔兔为 30～32℃，幼兔为 18～21℃，成年兔为 15～25℃；临界温度为 5～30℃。兔适宜的相对湿度为 60%～70%，兔场内相对湿度低于 55%或者高于 75%或者高温高湿、高温低湿、低温高湿、低温低湿，都会诱发生病。兔场的气流速度，冬季不超过 0.20～0.25m/s，夏季不超过 0.4m/s。兔场内有毒气体的浓度标准为：氨<30cm^3/m^3，二氧化碳<3500cm^3/m^3，硫化氢<10cm^3/m^3，一氧化碳<24cm^3/m^3。空气中灰尘微粒直径不超过 10μm，微生物种类和数量要少。繁殖母兔配种前 7d 和配种后 6d 每天需要适宜光照 16h、光照强度 60lx；种公兔每天需要适宜光照 8～12h、光照强度 20lx；仔兔、幼兔、肥育兔每天需要适宜光照 8h、光照强度 8lx。噪声不超过 60dB。

二、兔场设计建造

（一）兔场规划

兔场面积大小依据生产性质和规模而定。兔场用地按照每只基础母兔 6～12m^2，建筑面积 1.2～2.4m^2 规划。

（二）兔场建舍要求

1. 兔场大小　　兔场长度可根据场地条件、家兔饲养量及通风换气、清粪机能力确定，一般控制在 35～50m。兔场跨度一般以兔笼排列多少而进行设计。兔笼单列排列的跨度为4～6m；兔笼双列的跨度为8～10m；兔笼三列的跨度为11～12m；兔笼四列的跨度一般为13～17m。长度35m、跨度为11～13m兔场，品字型双层兔笼，三列放置，可以容纳1000笼位。

2. 建场材料 兔场的建筑材料要因地制宜，就地取材，坚固耐用，具有隔热保温，防啃咬、防打洞、防兽害，耐火、耐腐、易清扫、易消毒等特点，宜选用砖、石、水泥、彩钢瓦等。

3. 兔场形式 笼养兔场按墙体结构可分为开放式兔场、半开放式兔场和封闭式兔场等。按舍顶结构可分为钟楼式兔场、半钟楼式兔场、平顶式兔场、单坡式兔场和双坡式兔场等。按兔笼排列形式可分为单列式兔场、双列式兔场和多列式兔场等。还有室外兔场、塑料棚兔场等。

(1)地面 兔场地面要求坚实、平整、不透水、耐冲刷、防潮，多采用水泥地面。砖砌地面虽造价较低，但易吸水，不易消毒，湿度较大。

(2)排污沟 兔场内的排污沟取决于清污设备，如牵引式、水车式、皮带传送式清粪，排污沟构造根据清粪和兔笼架构方式确定，稍宽于兔笼架总宽，深30～50cm，以利清污。兔场外有集粪坑和集粪筐，收集清理出来的粪污，粪尿分离，便于及时清运。尿液从地下管道流入集尿池。

(3)墙体 多采用砖砌墙或彩钢瓦，支撑兔场整体，挡风，保温，隔热，采光，可防兽害。内墙可以是24cm厚，外墙36cm或者50cm厚。

(4)屋顶 屋顶起着挡风、防雨、隔热、保温的作用，所以，建造兔场时应选好屋顶材料，确定适宜厚度。屋顶坡度根据当地风力和降雨量确定，一般不宜低于25°。

(5)门窗 门要结实、保温，能防兽害，方便人、车出入。窗主要用于通风和采光，一般可按采光系数计算，种兔1∶10，育肥兔1∶15；入射角不宜低于25°，透射角不小于5°。寒冷地区南北窗的面积比为(2～4)∶1，炎热地区为(1～2)∶1。

(三)兔场设备

1. 兔笼

(1)种兔形式 母兔笼外带产仔箱。

(2)架构 单层笼、阶梯式两层笼。

(3)兔笼丝质地 镀锌(冷镀、热镀)、不锈钢(304s)。笼丝直径多为2.3mm，网孔一般为(15～20)mm×20mm；笼网丝间隙以1.2cm左右为宜(断奶后的幼兔笼为1.0～1.1cm，成年兔笼为1.2～1.3cm)。左右侧下端笼丝距可以小，上端可以略大。

(4)兔笼大小 基础母笼的宽×深×高为46mm×92mm×40mm，种公兔笼为55mm×75mm×40mm，商品兔笼为50mm×60mm×35mm。

2. 料槽 料槽有饲喂和贮存饲料的作用，可防止饲料扒落与污染。工厂化养兔场多采用自动化喂料机，中小规模养兔采用独立料槽。

3. 饮水器 兔场一般采用自动饮水器，如乳头式饮水器、碗式饮水器。

4. 光照 除了安装照明装置以外，还需要给种兔场安装诱导发情的光照设备。通常在种母兔笼上层安装自动控制的4W左右的灯线，距离母兔1m左右。

5. 风机-湿帘

(1)防暑降温 采用湿帘-负压抽风系统，或者湿帘冷风机、水冷空调、压缩机空调、喷雾等降温。根据家兔通风换气参数、风机性能、湿帘性能确定湿帘、风机的面积大小和个数。

（2）防寒供暖　　采用锅炉-水暖（或者水暖空调）、热风炉、地热热泵、火道等供暖。

6. 机械清粪机　　兔场清粪有牵引式刮粪机、水车式清粪机、皮带传送式清粪机等。

三、环境智能化调控

利用传感器、自动检测、通信和计算机技术，对兔场的光控、温湿度、保温-通风换气等环境因子进行监测管理，实现环境智能化调控。

第六节　家兔产品的采收与加工

（任战军　杨桂芹）

第九章　麝

麝是国家一级重点野生保护动物，雄麝脐部和生殖器间有香囊，能分泌和贮存麝香，是珍贵的野生药用资源动物。历史上，我国曾是麝资源最丰富的国家，麝资源占世界总量的70%以上，且种属最多。麝香产量占全世界的90%以上。

麝分泌的麝香是名贵稀有的中药材，我国人民应用麝香防治疾病已有 2000 多年的悠久历史。从明代药物学家李时珍所著《本草纲目》到现代医学著作，均视麝香为药材之珍品。麝香是一种极名贵的香料，是世界公认的"四大动物香料"（麝香、灵猫香、河狸香、龙涎香）之冠。此外，麝肉细嫩味美，富含蛋白质和低脂肪而位居山珍之首。麝皮坚韧结实，鞣制后可以制作各种皮革制品。但是，随着野生麝资源的急剧减少和我国传统中医药对麝香产品巨大的市场需求，在人工养麝已成为提供天然麝香唯一途径的情况下，根据我国的国情和国际动物福利的有关内容，急需改变落后的饲养方式，提高麝产品生产效率，积极探索和应用先进的生物技术，将胚胎移植、克隆和转基因研究结果应用到麝的繁育上。可以预见未来养麝业将更科学化、规范化和集约化。

第一节　麝的生物学特征

一、分类与分布

麝又名香獐、麝鹿，属偶蹄目（Artiodactyla）、麝科（Moschidae）、麝属（*Moschus*），是东亚特产种，我国分布有林麝（*Moschus berezovskii*）、马麝（*M. sifanicus*）、原麝（*M. moschiferus*）、黑麝（*M. fuscus*）、喜马拉雅麝（*M. leucogaster*）和安徽麝（*M. anhuiensis*）共 6 种，野生麝在世界上仅分布于中国、尼泊尔、不丹、巴基斯坦、孟加拉国、缅甸、老挝、越南、俄罗斯、朝鲜、韩国及蒙古等 12 个国家。

二、外形特征

麝的外形与鹿有许多相似之处，两性无角，头骨眼眶特别发达，眼大而有神。具鼻镜，耳廓大，耳肌发达，听觉灵敏。其后肢明显长于前肢。四肢趾端的蹄窄而尖，侧蹄特别长，适合快速跑动和跳跃。雄麝有一对上犬齿，是用来防卫外界威胁的武器，雌麝无上犬齿。雄麝肚脐和生殖器之间的香腺囊又称麝香腺，发情季节尤为发达，能分泌和贮存麝香。由于不同种类麝的分布不同，造成其外形差异较大。

三、生活习性

1. 栖息地　麝一般栖息于针叶林、针阔叶混交林、疏林灌丛地带的悬崖峭壁和岩石山地，很少见于平地的树林、平原、池沼或荒山秃岭。麝生性机警，敏感胆小，虽然适应能力强，可适应多种多样的森林生活，但其活动易受到人类活动的影响，驯养难度较大。

2. 食性特点 麝类食性有泛食和嫩食两个特点，且食性较广，一般取食大部分植物枝叶嫩尖部分。但麝取食不同植物的比例有着很大的区别，不同种的麝对取食的植物具有选择性。例如，原麝和林麝基本不取食禾本科植物，而马麝在某种程度上是依赖草坡的禾本科植物和枯叶越冬，而原麝多以地衣、寄生檞、灌木枝叶为食。

3. 行为特点 一般情况下麝类在清晨或傍晚后活动频繁，并且雌雄分居，雌麝常常与幼麝在一起。麝类的组织性、领域性及孤居性极强，蹭尾是其雄性特有的尾腺标记行为，与领域标记等有关。它们活动时一般有固定的范围区域和觅食的路线。

4. 繁殖特性 麝为季节性繁殖动物，冬季是麝的交配期，一般 10 月中旬开始发情，为期约三个月。妊娠期为 181(178~189)d，夏初产崽，每胎产 1~3 仔。幼崽在出生前两个月需母麝哺乳与照料，常常隐蔽在灌丛下，6 月龄开始独立生活。幼崽在一岁半左右到达成年期，即性成熟。

第二节 常见麝的种类

一、林麝

主要栖息于针阔混交林，也适于在针叶林和郁闭度较差的阔叶林生境生活。栖息高度可达 2000~3800m，低海拔环境也能生存。主要分布于宁夏以南地区，少量分布在重庆大巴山和金佛山地区，四川及附近地区是林麝在中国的主产区。由于其分布区范围最广，适应多变生活环境，是进化程度较高的一种麝。

林麝是体型最小的麝科动物，体长 60~80cm，尾长 3~5cm，肩高 70cm，平均体重 7kg。雌雄个体相近，体毛呈深褐色及灰褐色等，耳基部及耳内为白色或黄白色，毛色较原麝深，颈部有白色或黄白色圆形斑点延伸出两条黄白色毛带直至胸部。成麝体毛粗硬易断，隔热性能良好。尾巴短，呈指状，几乎无毛，周围含丰富的腺体，具有分泌外激素标记领域的功能。幼麝背部有白色或黄白色的斑点，成年后消失。其他外形特征基本与麝类特征一致。

二、原麝

主要分布在海拔 600~1000m 甚至以上人迹罕至的山地多岩石的针叶林或针阔叶混交林带。在我国分布于吉林、黑龙江、辽宁，在国外分布于西伯利亚东部、蒙古北部和东部。

原麝的外形基本与麝类特征吻合，体长 85cm 左右，肩高 55~60cm，体重 11~13kg。吻短，耳大，体毛呈黑褐色，成体背部隐约有 6 行肉桂黄色斑点。颈部两侧至腋部有两条明显的白色或浅棕色纵纹，从喉部一直延伸到腋下，这一点与其他麝种不同。

三、马麝

多栖息于海拔 3300~4500m 林线上缘的稀疏灌丛间，最高上升到 5000m 左右活动。历史上马麝的分布区最低曾到 1400m 的灌丛，但由于人类干预活动增多和环境的改变，其活动和分布区的海拔范围有上升的趋势。在我国，马麝分布于四川西部和北部的高原、西藏地区及其他高山区域，是我国的特有麝种。

马麝的体型较林麝大，体长 85～90cm，肩高 50～60cm，体重 11～13kg。其颈部有类似于林麝的颈纹，体毛呈棕黄褐色或黑褐色，成麝颈后有黑色块斑呈线形，头部毛细密而短。尾长 5～6cm，大部分裸露，其上布满油脂腺体，仅尾尖有一丛稀疏毛。

四、黑麝

以我国（主要是云南西北部）为核心分布的狭布种，是东喜马拉雅山区的特有种之一。国内仅分布于云南西北部的高黎贡山和碧罗雪山，西藏东南部的察隅，南部的珠穆朗玛峰南坡地区；国外见于缅甸北部、印度东北部和不丹。黑麝通体呈黑褐色，外形与林麝相似，成麝无颈纹，背部有一些不规则的微黄色。

五、喜马拉雅麝

栖息于西藏的少数地区，在海拔 3000～4400m 的混交林、高山草甸地带、亚高山阔叶混交林及高山灌丛、多裸露砾石地带，麝密度较高。

喜马拉雅麝体型较大，与马麝相仿，体长 80～95cm，肩高 50～60cm，体重 11～15kg。其头部较短而宽，颈部与黑麝一样不具颈纹，上体毛色为棕褐色，相对一般麝类较深，与其他麝类不同的是其臀部为鲜艳的黄白色。

第三节 麝的育种与繁殖

一、麝的选种选配

（一）麝的选种

1. 种公麝选种要求 种公麝可按年龄、产香量、体貌等因素筛选。具体选种要求如下。

公麝应在 3.5 岁以上，身体健壮，肥度中上，精力充沛，抗病力强，性温顺，驯化程度较好，产香量高，生殖器官发育完好，睾丸左右匀称、大，精液质佳。其中，最简单有效的选种方法即按产香量高低筛选，应选用产香量比麝群均产香量高 5～10g 的公麝。

体质外貌上，种公麝应具有以下特征：被毛柔软、致密，具有该种类的毛色特征；皮肤紧凑，富于弹性；头部应具有本种类典型的轮廓，紧凑，两耳直立灵活，眼大而隆起，温和光亮，口角较深，唇较坚强有力，鼻梁不过于狭窄，面部下端不宜过锐；颈部与头部、躯干衔接良好，颈厚，且粗壮；肩应有适当的宽度、丰满，胸深，肩脚后方无凹陷；四肢的肌腱发达，粗壮有力，长度适宜，与躯干连接紧密完好。

遗传力上，公麝双亲及后代生产力强、遗传力高，这需要麝场建立严格的登记和配种制度。

2. 种母麝选种要求 选 2.5 岁以上的母麝作用用，核心育种群要从 4～12 岁龄的强壮母麝中挑选。育种用的母麝要求母性强，繁殖早，胎产两仔以上，泌乳量高，乳汁质量好，仔代生长发育好，体貌应具有本种特征。在体形外貌好，骨骼结实，胸腔大，肌肉组织发达，四肢强健有力，乳头和乳房发育良好，泌乳量大，被毛光亮，气质安静的母麝中选择。

3. 种用仔麝选种要求　　　种用仔麝应从遗传力高、生产性能好的公母麝所生的幼崽中选择，到配种年龄再按发育状况选择体貌好的留作种用，仔麝体貌选择标准为：强壮、健康、敏捷；躯体长，骨骼和四肢发达，胸部和臀部宽阔。

（二）麝的选配

选配是选种的继续，可分为个体选配和群体选配两大类，目的是使优良个体得到更多的交配机会，促进群体的改良。

个体选配主要考虑个体的品质和亲缘关系，包括同质选配、异质选配、近交和远交（表 9-1）。

表 9-1　个体选配方法

选配方法	定义	特点及应用
同质选配	挑选同样繁殖力高、产香量好、相同性状的优质麝进行交配，以保留优质性状，期望进一步提高优质性状	将亲本的优良性状稳定地传递给后代，有利于群体优良性状的稳定；然而降低了群体内的变异性，可能导致后代生活力下降
异质选配	挑选性状表现不同的麝进行交配，以期改良后代性状	一方面，可用于育种群繁育兼具父本、母本优良性状的子代；另一方面，生产群中可用异质选配以优改劣
近交	亲缘关系相近个体间的交配	可以稳定优良性状，揭露有害基因，提高麝群同质性，但会引起近交衰退
远交	又称杂交，指亲缘关系较远的个体相互交配	远交可增加杂合子频率，避免近交衰退，产生杂种优势

群体选配包括纯种繁育和杂交繁育。群体内的纯种繁育可以稳固优良性状并使之稳步提高，可用于新品系的建立。杂交繁育在群体内可避免近交衰退，种间和品系间的利用可产生杂种优势和杂交互补，培育新品种。

二、麝的繁殖特点

不同品种的麝繁殖特性大致相同，一般 18 月龄左右性成熟，即生后第二年秋季，因个体发育快慢稍有不同。营养水平好的圈养麝 6～8 个月即可达到性成熟，交配可受孕，有的 1 岁半时还未性成熟。麝类性成熟早于体成熟，虽然达到性成熟的幼龄公麝、母麝具有繁殖能力，但不适合进行配种，因为过早地进行配种和妊娠，会增加弱崽率，影响生产性能。通常公麝初配选择在 3.5 岁进行，母麝选择在 2.5 岁进行，种用麝初配应适当延后一年。

母麝是季节性多次发情，在一个发情季节可有 3～5 个发情周期，性周期为 19～25d，平均 21d，母麝发情配种在 10 月下旬至次年 3 月初，发情旺期为 11～12 月，此期间配种易受孕，每次发情持续 36～60h。妊娠期 178～189d，平均 182d，每年 5～6 月产仔，配种迟的 9 月初产仔，每次产仔 1～3 仔，双仔约占 80%，3 仔极少。公麝发情比母麝开始早，结束迟，一般在 9 月至次年 4 月。

麝的发情主要受饲养条件影响，良好的营养条件可以促进麝的发情，此外，生殖疾病和气候变化也会影响麝的发情。例如，公麝睾丸发育不良和睾丸疾病、母麝的卵巢子宫缺陷会导致种麝发情不明显甚至不发情。9 月开始，光周期缩短，气温下降，麝开始发情，此时长时间的降雨或气温骤升也会影响麝类的发情。

三、麝的繁育方法

（一）麝的发情与鉴定

1. 麝的发情与发情表现 公麝到麝香发育后期表现出性冲动，发情期睾丸长度增加明显。9月中旬，发情的公麝开始出现吼斗现象，整个配种时期，公麝表现出性冲动，不断追逐母麝或其他公麝。公麝追逐母麝时，仰天吹气，振动头和上唇，发出"吠！吠！"的声音，会有泡沫状的唾液沿獠牙流出，扭动身体后部，恫吓母麝。母麝跑走时，公麝便会追逐母麝，发出"哼哼哼"的叫声。因母麝未发情或不能追上交配时，公麝便会站立在那里发出"吱！吱！"的声音。

母麝发情初期，表现不安，摆尾游走，食量减少，阴道黏膜潮红并有黏液流出，阴户略微红胀。此时公麝会追逐母麝，但母麝不接受交配。至发情旺期出现交配欲，如有公麝追逐，母麝便站立不动或将臀部抬起，接受爬跨。母麝阴道黏膜潮红，并有黏液流出，阴门略微红胀。性兴奋时，排尿频繁，臀毛竖立，尾巴翘起暴露出外生殖器，到处嗅闻粪、尿和其他麝。性欲强的，还发出"嘀嘀"或"咩——咩——咩"的叫声。允许公麝接近和爬到它的背上并接受交配。

2. 麝的发情鉴定 公麝发情行为表现显著，发情时处于极度兴奋状态，采食量减少，体质消瘦。可用观察法鉴定。母麝发情也可通过外部观察法进行鉴定。此外，对于一些隐性发情的母麝，发情表现不明显，可结合试情法、阴道检查法、生殖激素检测等方法进行鉴定。

（二）配种方法

麝的配种分为自然交配和人工授精。发情期公麝特别狂暴，不易接近，因此麝的配种一般进行自然交配。麝场应在良好饲养的基础上，加强对配种工作的组织，选择合适的配种方法，顺利地完成麝的配种工作。合理地组织配种工作，是繁殖扩大麝群规模、提高麝群质量的重要措施之一。

配种前的准备：①分群与整群。公麝应按年龄与发育程度进行分群，初配母麝与经产母麝应分开。淘汰麝群中体质差、性欲不高、不宜进行配种的麝。②确定配种群大小。配种群过大或过小都会影响配种质量，应根据具体情况确定配种群大小，一般以 1:（3～6）为宜。③麝圈的检查。如有损坏，应及时修复，垫平配种圈的运动场，确保配种安全进行。

1. 自然交配

1) 单雄群雌配种法：将雌麝按生产性能、体质、年龄、驯化程度等分成若干配种群，每群 3～5 头雌麝，选放种雄麝 1～2 头配种，每隔 2～3d 轮换一次。或一个配种群放一头种雄麝配种。这种方法不但能做到选种选配，利于育种工作的进行，而且充分利用了优良种雄麝，同时便于管理，此法采用较多。

2) 双重配种法：每个配种群 3～6 头雌麝，配给两头种雄麝，晚上将其中一头种雄麝关入单圈喂养，与雌麝群隔离。第二天 7～8 时与另一头种雄麝轮换。13～19 时又各轮换一次，如此多次循环，直到雌麝发情终止。这一配种法不但能使雌麝及时受孕，而且增强了受精卵的异质性，提高了后代的生命力。

3) 单雄单雌配种法：将种公麝与发情的母麝驱赶到配种圈单独放置，进行配种。此法需要对母麝的发情进行鉴定，特别是对于母麝的隐性发情，需要管理人员掌握一定的发情鉴定技术。挑选的种公麝应进行精液检测，以保证配种质量。该方法系谱记录清晰，但工作量较大，需要增加管理人员和严格的配种记录。

4)群雄群雌配种法：按是否替换种公麝分为两种，不替换种公麝法即将种公麝与母麝按1：(3~4)进行合群，直至配种结束。配种期间若出现公麝患病、性欲不高和争斗受伤，应及时将此公麝剔除，一般不再进行补充。替换种公麝法即在配种期间替换全部种公麝 1~2次。将初配的公麝与母麝合圈，引发母麝发情，之后将优质种公麝替换初配公麝，进行配种，配种旺期之后，70%~80%的母麝已完成配种，可将较弱公麝剔除，按雄雌 1：5 的比例直至配种结束。配种结束后，及时将全部公麝赶出，防止公麝继续追逐母麝导致母麝流产。此法简便易行，无需大量的圈舍和设备，公麝充分利用，受配率高，然而，群内系谱不明，近亲繁殖率高，公麝间打斗较频繁，伤亡率较高。

2. 人工授精

1)采精。采用电刺激法：首先将公麝进行麻醉处理，之后将电刺激采精器的探头涂上液体石蜡，缓缓插入已被麻醉的公麝肛门内，直至第四至第五腰椎下，约 15cm，在频率 40Hz电压 6~12V 条件下通电，进行间歇刺激(每间隔 5s 通电 5s)，每通电刺激 5~10min 间隔 2~3min，反复 2~3 次，采出精液。

2)精液品质检验。健康麝的精液为乳白色，微带碱性味，pH 约为 7.1，射精量为 0.3~0.6ml，精子密度约为 4.6 亿/ml，活率在 0.6 以上。达到标准的精液方可使用，同一繁殖季节不同月份采集的精液质量大抵相同。产香量高的麝精液精子活率相对较高。

3)精液的稀释。将采集的精液与成分为 11%蔗糖 100ml，卵黄 10ml，青、链霉素各 5 万IU 的精液稀释液在室温按 1：(2~4)的比例进行稀释。

4)精液的冷冻保存。冷冻稀释液由每 100ml 基础液添加卵黄 15ml、甘油 8ml、青霉素与链霉素各 10 万 IU 制成，基础液成分为三羟甲基氨基甲烷、柠檬酸、果糖和蒸馏水。解冻液为3%的柠檬酸三钠。精子活率达 0.6 以上方可进行冷冻，解冻后活率在 0.3 以上方可进行输精。

5)输精。首先将发情母麝保定，然后采用羊用内窥输精器进行输精，间隔 12h 后再输 1次，每次输精有效精子数应大于 0.6 亿。

3. 配种注意事项

1)配种期工作量大，一定要做好管理记录工作，应建立昼夜值班制度，准确地进行记录和掌握配种进度。

2)掌握麝配种最佳时机，一般从 9 月开始，有利于来年仔麝出生在适宜生长的季节。

3)公麝配种任务不宜过重，否则会降低配种质量。

4)严格监控，一旦出现争斗致伤的情况，应立即拨出受伤种麝。

5)刚配完的麝，生理机能尚未完全恢复，不宜马上饮水，因此要将圈内水槽盖上。

6)配种期结束，及时将公麝从母麝圈中拨出，做好饲喂管理工作，安全过冬。

（三）妊娠与产仔

1. 麝的妊娠　　麝的妊娠期主要受母麝本身体况和饲喂营养水平的影响，平均妊娠期为 181d，母麝体况好和营养水平高，胎儿发育好、出生早，反之，妊娠期延长。此外，麝的品种、驯养方式、胎儿性别与数量、气候条件也会影响麝的妊娠。圈养麝妊娠期较放养和圈养结合的麝平均长 2～3d，怀母羔比怀公羔平均长 2～4d，怀双羔的妊娠期较长，平均为184～188d。根据交配日期和妊娠期，可以推测预产期。

2. 妊娠表现　　母麝妊娠期内行为和体态发生显著变化。妊娠后，母麝不再发情，不接受公麝交配。妊娠初期，母麝的食欲渐增，体重增加，毛皮光亮，喜静，行动变得小心翼翼。妊娠 3～4 个月时，妊娠母麝腹部开始显著增大，食量逐渐达到最高值，行动更加谨慎，运动迟缓，易疲惫，常常趴卧，有时躺卧，因子宫体积增大挤压腹腔而呼吸急促。妊娠5～6 个月时，便到了妊娠后期，此时胎儿迅速发育，母麝腹围显著增加。母麝产前 10d 左右乳房迅速发育，明显增大，从侧面和后面可以看见乳房。临产的母麝不采食，乳房开始分泌乳汁，排尿排粪频繁，表现不安，常在圈内巡视，有闹圈行为。母麝的妊娠表现可用于判断是否妊娠，推测妊娠阶段和预测产期，便于管理人员根据不同的妊娠期做好妊娠期内的管理工作及临产前的准备。

根据麝临产前的表现将临产母麝驱赶到产舍进行分娩，若出现难产应及时人工助产。

3. 麝的产仔　　麝的产仔期为 5～6 月，个别配种较迟的麝于 8 月产仔。仔麝产出时间迟会缩短哺乳期，哺乳期过短直接影响仔麝断奶后和青年期的发育，造成体弱不健壮，甚至不能安全越冬。麝分娩的时间一般为 1～2h，有的长达 3h，最短的 10～15min。若为多胎，间隔 5～20min 产下下一胎。经产母麝生产较快。分娩时间长短还与胎儿在母麝子宫中的位置和大小有关。胎儿产出后母麝吃掉胎衣，舔干幼崽，建立母子关系。幼崽在 10～15min 即可站立，找奶吃，初乳对幼崽至关重要。若母麝不哺乳仔麝，可由母性好的母麝代养。胎儿产出约 20min 后开始排出胎盘，胎盘排出后被母麝吃掉。分娩后，母麝的体态和生理指标逐渐恢复到妊娠前的状态，开始泌乳。

母麝分娩时圈舍应保持安静，工作人员应在不惊扰麝的情况下间隔 40～60min 进行观察，直至仔麝吃上初乳。其中，母麝舔干仔麝身上黏液对建立母子关系尤为重要。仔麝出生后要按仔麝的饲养模式进行管理，做好登记和标记。产房保持干燥、清洁，为保证仔麝成活率，使胆怯怕人和初产母麝不受惊扰而很好护理仔麝，产后可暂不清扫产房，3～7d 以后再进行清扫。

母麝的羊水破裂后 4～6h 仍未完成分娩，视为难产，人工助产应由专业的兽医人员进行，把握助产的时机，保证胎儿的产出与存活。对于助产的母麝应特殊护理，增强饲喂。

4. 难产判定标准　　①仅发现一侧前肢或两肢产出过膝关节，母麝用力努责仍不见胎儿头部。②只见胎儿的头部娩出而不见两前肢。③母麝羊水破后 2～4h 仍不见胎儿任何部位。④胎儿两蹄置于鼻下与嘴巴同时娩出。⑤母麝阴道内流出淡红浆液性液体，有时努责或无努责。

5. 助产注意事项　　①对难产母麝先保定(保定方法同取香时的保定)，使母麝站立，接受助产。②助产者事先应将手指甲剪短磨光，彻底消毒。③助产时手术者必须以 3 个手指伸入产道内，谨慎地检查胎势、胎位及胎向，弄清异常分娩的原因。④若早期羊水流失，可用加胶管的注射器向子宫、阴道内注入无菌液体石蜡，以润滑产道，借助于母麝的努责，缓慢地向外牵引胎儿。

6. 产后母麝管理注意事项　　①经常更换产房内的褥草，保持干燥、清洁，保持产房安静。②母麝产后 2～3h 给少量饮水及新鲜优质的容易消化的饲料。③母麝产仔后若有病，及时治疗，若病重不能站立，立即把仔麝送给其他母麝代乳。若不是很严重，可哺乳一只仔麝，剩余仔麝交予其他母麝代乳。④仔麝 20～30 日龄时，可以大量地吃草和精料了，可以将母麝和仔麝放出产房进行饲喂，注意母麝应逐渐轮流放出，不然会相互咬斗，造成不必要的损失。

7. 仔麝管理注意事项　　①母麝与仔麝应关入产房，避免受天气和其他麝影响。②及时将仔麝进行标记、登记。③及时清除母麝未清除的仔麝呼吸道、鼻孔附近的黏液，防止仔麝窒息死亡。④在距仔麝腹壁 8～10cm 处结扎脐带。⑤擦干初生仔麝的皮肤或让母麝舔干。⑥使仔麝及时吃到初乳。⑦对母性不强或有恶癖的母麝要加强看管，并把仔麝放在产仔箱里，严重的可把仔麝送给代养母麝或进行人工哺乳。

（四）提高麝繁殖力的方法

麝的繁殖能力受遗传因素、环境条件、饲养水平及麝场的繁殖技术影响。其中，改善环境条件和饲养水平可明显改善麝的繁殖能力，科学地进行选种选配可以稳步提升麝群的繁殖能力，繁殖技术的合理应用和新技术的引入是提高麝繁殖力的有效手段。

1. 科学选种选配　　遗传因素致使不同品种或类群的麝繁殖力差别较大，因此科学地进行选种选配可以逐步改善麝群质量，稳步提升繁殖能力。选择优良个体，淘汰有遗传疾病、繁殖能力差的个体，合理地运用近交、远交，稳固优良性状，避免近亲繁殖；优化麝群繁殖年龄，4～7 岁为麝的最佳繁殖年龄，淘汰老龄麝，适时补充育成麝，保证适龄繁殖麝占繁殖麝群的 60%以上，以提高麝的繁殖能力。

2. 创造适宜环境　　环境因素也影响麝的繁殖能力。麝为短日照季节性发情动物，随着光照时间的缩短开始发情，光照时间延长进入乏情期。当气温升高时，公麝射精量减少，精子活力下降，畸形率和死亡率上升；气温过低时，公麝生精能力明显下降甚至不生精。因此，麝的圈舍建设尤为重要，做好通风控温工作，严格执行卫生管理措施，及时发现病麝，做好疾病防治工作。

3. 合理饲养　　麝的繁殖能力受饲养水平影响较大。营养丰富而全价的饲料有利于麝生殖器官的发育，提高麝的繁殖能力。高营养水平的公麝配种能力强，精液品质高，母麝发情好，易受配，并且能够满足妊娠期胎儿、哺乳期仔麝的营养需求。配种前的一段时期内加强对预配母麝的饲养，可提高其发情率和受胎率。特别是对饲料中的蛋白质、矿物质（钙、磷、维生素 A、维生素 E）等元素的添加有利于麝生殖器官的发育和正常发情。对常年体质差和繁殖力低的麝群，营养水平的提高对其改善显得特别显著。

4. 采用辅助繁殖技术　　新的繁殖技术与方法的应用可有效提高麝的繁殖能力。其中，发情鉴定技术、同期发情技术、人工授精技术和精液冷冻技术的联合应用可以充分发挥优良种公麝的特性，扩大其优良性状在麝群中的影响。激素和药物治疗可以明显改善母麝不发情、发情迟、受孕难、习惯性流产等问题。

第四节　麝的饲料与饲养管理

一、麝的饲料

在人工养殖条件下，林麝的食物来源主要依靠人为供给，因此只有参照林麝在自然状态下的食性进行饲料的选择和搭配，才能满足林麝生长发育的需要，这也是人工养殖林麝成功的关键。圈养期还需要根据季节变化和麝的生理时期来适当调整饲养计划。

(一)麝不同季节饲料的搭配

根据青绿饲料的生长情况全年可分为丰草季节和枯草季节。一般在北方地区，每年的3~9月为丰草季节，每年的10月至翌年2月为枯草季节。在丰草季节日粮组合中以青绿饲料喂养为主，每天喂青绿饲料1kg，搭配精料50~75g、矿物质饲料5g左右即可。在枯草季节，粗饲料以青干饲料为主，每天喂给100g，搭配多汁饲料500g，每天喂大豆、玉米粉、麦麸等混合精料100g左右、矿物质饲料5g左右即可。实践证明，每次喂养饲草种类多于5种以上能够供给较为全面的营养成分，经常喂给中药材饲草，注意药用饲草的搭配比例，还可以有效预防疾病。

1. 春季饲料的种类和配制　　麝是草食性反刍动物，早春是北方麝青饲料较缺乏的季节，也是成年母麝妊娠前期和种公麝配种恢复期，饲料供应主要以上一年储存的干叶类饲料和多汁饲料为主，用量为干叶类饲料550~750g/(头·d)和多汁饲料250~350g/(头·d)，有条件的还可以用大棚鲜菜叶类青饲料和常绿植物枝叶进行补饲，再配以适当精饲料90~150g/(头·d)，为母麝早期胚胎发育、公麝泌香打下基础，对个别病弱麝要增加动物性饲料，使其早日康复。

2. 夏季饲料的种类和配制　　5~8月是麝类生产的关键时期，饲料的营养水平对母麝产子和公麝分泌麝香影响很大，此期以青绿饲料、嫩枝叶和药用植物饲料为主，以精饲料、动物饲料和矿物饲料为辅。视体况、泌香量大小灵活掌握投饲量，以不剩食为宜。有些地方也有不用精饲料的。

3. 秋季饲料的种类和配制　　秋季是子麝断乳、母麝体况恢复和公麝准备配种期，应以青绿饲料和多汁饲料为主，断乳母麝增加蛋白质饲料，尽快恢复中等体况，子麝应注意饲料中钙、磷的平衡，种麝饲料中应添加维生素E或添加催情散等营养因子和药物，促使其早日发情。

4. 冬季饲料的种类和配制　　冬季为青饲料缺乏期，育成麝群基本稳定，成年麝进入发情配种期。初冬将鲜桑叶采集保鲜，饲喂效果较好。此期应以青干树叶和青干紫花苜蓿为主要粗饲料，有条件的还可采集常绿灌木的嫩枝，有较好的饲喂效果。多汁饲料来源丰富的萝卜、白菜、瓜类价格低廉，可大量收购储藏。饲喂量为粗饲料550~750g/(头·d)，多汁饲料250~350g/(头·d)，精料100~150g/(头·d)。

(二)麝不同生理时期饲料的搭配

1. 泌香期公麝的饲料搭配　　麝香的成分中总氮含量为9.15%，灰分含量为3.62%以上。为保证公麝泌香期的营养需要，首先要保证蛋白质、糖类、维生素及钙、磷成分含量高的饲料供应；其次要设法提高日粮的品质和适口性，以增加食欲。为此，在精料中增加黄豆和麦麸、绿豆、玉米的比例，并供给足够的青绿饲料，大豆做成豆浆调拌精料，以提高日粮的适口性和消化率。4~7月，供给充足的鲜嫩青饲草，但是为了使麝在泌香期不落膘，保持体况健壮和增加泌香量，精料不减少，每天110g左右。同时要多喂多汁饲料和配制一定量动物性饲料，也可以酌情喂些海带，以补充微量元素碘。

2. 配种期的饲料搭配

(1)种公麝　　配种前期要增加饲料中蛋白质和维生素的比例，可日供精饲料120g左右，豆科植物茎叶、苜蓿等青饲料 400～500g。进入配种期，种公麝体内激素水平达到高峰，体力消耗极大，但食欲明显下降。因此，以胡萝卜为主的多汁饲料日供 500g 以上，干饲料要选最喜食种类，如桑叶、松萝等。配种后期，行为趋向平静，体质显著下降，食欲明显上升。此时期日供精饲料 125g、干饲料 110g、多汁饲料 500g。

（2）母麝　仔麝断乳后，母麝一般都较瘦弱，应尽快恢复母麝体质，参加配种。日粮组合中精料喂量增加到 110g 左右，青粗饲料足量供给，同时重视维生素 A、维生素 D、维生素 E 和无机盐的供给。含蛋白质丰富的饲料有黄豆、苜蓿等。含维生素 A 多的饲料有胡萝卜、青饲料等；含维生素 E 多的饲料有青草类、谷类籽实、大麦芽、苜蓿等。含钙多的食物有豆科植物茎叶、骨粉、贝壳粉、鱼粉等。含磷较多的饲料有小麦麸、玉米、豌豆等。

3. 妊娠期母麝的饲料搭配　母麝妊娠初期，时值严冬，青饲料种类少，粗饲料以干饲料为主。为满足母麝新陈代谢及胎儿生长发育的需要，可日供精饲料 120g、优质干饲料 100g、多汁饲料 500g、矿物饲料 5g、食盐 0.4g。妊娠 3 个月后，胎儿发育加快，母麝食量明显增加。饲喂量在怀孕前期的基础上增加 30% 左右。此时期已至春季，组合日粮应多搭配青草嫩叶和适量多汁饲料，以促进乳腺发育。产前 1 个月视母麝体质情况，适当减少精料，防止胎儿过大而造成难产。

4. 哺乳期母麝的饲料搭配　母麝从 5 月上旬开始产仔，进入哺乳期。泌乳母麝每天需要从饲料中吸收大量的蛋白质、脂肪、矿物质与维生素，用以维持自身需要和转化乳汁，特别是钙、磷的消耗往往超过了饲料中的供给量，如不及时补充，易造成母麝软骨病或泌乳减少，影响仔麝生长。哺乳母麝粗饲料以青绿多汁饲料为主，精料每天喂 120g 左右，新鲜树叶或青草 1kg，奶粉 40～50g，矿物质饲料 5～6g，食盐 0.4g。每头每天喂食量 1.17kg 左右，每天饲喂 4 次，3 次粗饲料，1 次精饲料。

5. 幼麝的饲料搭配　幼麝离乳后全靠饲料获得营养，要供给鲜嫩多汁、易消化的青饲料，并添加适量的鱼粉、酵母、骨粉、维生素 D 及微量元素。其生长初期，钙、磷的比例为（1.5～2.0）：1.0，在生长后期为（1.0～1.2）：1.0。

二、麝的饲养管理

除了在饲料上的搭配要注意以外，还要时刻留意麝的饲养环境和生理状况，根据不同生理阶段做好专业的饲养管理。

（一）种公麝的饲养管理

麝是季节性发情动物，一般从 10 月下旬开始，种公麝先表现出发情症状，它们之间相互追逐打斗，释放性气味，刺激母麝发情。母麝发情一般从 11 月中旬开始到次年 1 月结束，第一次参加繁殖的新麝发情配种较晚，以后逐年提早，少数出生较晚的新麝当年不能参加繁殖配种。

种公麝除了 4～7 月与母麝分开饲养外，其余时间集中混养，在 8～10 月体重增加最快，为发情配种提供足够的营养，进入发情期采食较少，只有平时的 1/3。交配权的取得也很公平，在打斗中优胜方率先获得，打斗的方式通常是两前肢的相互拍打或借助獠牙的撕咬，经常出现被毛成块脱落、皮肤缺损或出现较长的划痕，伤及生命重要器官的能引起死亡，一只眼打瞎的事也时有发生。所以在饲养种公麝时要做到：①8～10 月正是种公麝复膘的季节，要供应充足、优质的青饲料，适当给予豆腐渣或全价配合饲料，满足麝的营养需要，保持良好的繁殖体况。②将成年种公麝的獠牙进行修剪。可用宠物指甲剪、牙科切割机，剪去獠牙的2/3。③对体况较差、肢蹄有病的进行淘汰。④做好驱虫工作。可用伊维菌素2mg/kg体重皮下注射。

(二)母麝的饲养管理

1. 空怀期母麝的饲养管理 麝的哺乳期为 30～40d，哺乳期结束后进入空怀期。一般从7月开始到11月结束。空怀期的饲养管理要点：①抓好复膘工作。供应充足、优质的青饲料，适当给予豆腐渣或全价配合饲料，满足麝的营养需要，保持良好的繁殖体况。②做好修蹄工作。麝舍一般选用坚硬的砖地或水泥地，加之麝奔跑迅速，加速了蹄壳的磨损，影响行走和肢势。平时要注意观察麝的蹄部，发现不正常者要及时修剪。修蹄时使用的工具是修蹄刀和园艺修枝剪，首先用修枝剪剪去过长的角质，然后用修蹄刀把蹄的底部和周围修平。③做好驱虫工作，参照种公麝的饲养管理。④淘汰老弱病残及连续 2 年不能正常怀孕产仔的母麝。

2. 怀孕期母麝的饲养管理 怀孕期一般从11月开始到次年5月结束。这段时期的中心工作是保胎安胎，做好哺乳期的准备工作。怀孕期的饲养管理要点如下。

(1)怀孕期母麝的营养 备足青绿饲料，补充精料，保证母麝和胎儿的营养需要。冬季和早春天气寒冷，牧草生长缓慢，要实行牧草的多样化搭配，如胡萝卜、胡萝卜叶、黑麦草的搭配，要饲喂豆腐渣，在特别寒冷或膘情较差时要补充全价配合饲料。

(2)怀孕期母麝的管理

1)4 月上旬，即清明节前后，应将怀孕母麝实行单间饲养。在关麝的前几天，把场地上所有的麝舍门打开，在麝舍内靠门口的墙上挂水桶和料桶，让麝自由进出适应2～3d后，饲养人员轻手轻脚靠近麝舍，发现舍内是 1 只麝的，把门关上；超过 1 只的可以吹口哨或用其他方法将麝赶出来，只要发现舍内是 1 只麝的就把门关上。一个规模40头的麝场用2d 时间能将整个场地上的麝关完。不能粗暴、野蛮、强行地关麝，防止撞伤或流产等意外事故的发生。

2)麝实行单间饲养后，工作量相应增加，每天早晨和下午要给 2 次青饲料。喂青饲料时，将青饲料放在塑料箱中，然后轻轻放到麝舍内。下次喂青饲料时，可用装好青饲料的塑料箱换出舍内的塑料箱。每天要给予充足的饮水和一定数量的豆腐渣及全价配合饲料。

3)定期清理粪便和垫料，保持舍内干燥、清洁、卫生。

3. 哺乳期母麝的饲养管理 哺乳期一般为 5～7 月。这段时期的中心工作是保证母麝能顺利产仔，有充足的乳汁哺育幼麝，提高幼麝的成活率和整齐度。

(1)饲养 母麝从产前 2～3d 到产后 2d 不喂豆腐渣和精料，防止母麝因乳汁过浓、过多而引起幼麝伤奶。产前2～3d母麝的乳房下垂，由白色转变为粉红色。产后 2d 根据产仔数和母麝的膘情逐步增加豆腐渣和精料的供应。

(2)管理

1)母麝的分娩过程一般不要饲养人员参与(难产除外)，分娩时母麝咬断或拉断脐带，舔去幼麝口、鼻及身躯上的黏液，幼麝不久就能站立并寻找乳头喝奶。

2)产后第 2 天，检查幼麝的健康状况，健康的幼麝抓到手后蹬腿有力，身体不停地扭动，眼大有神，被毛柔软、温暖、有弹性，腹部略饱满，肛门周围平滑干燥。不健康的主要表现在去抓它时不躲避，眼睛蒙眬，皮温下降，腹内空虚，肛周潮湿或肛门外突。

3)初生不健康的幼麝大都由喝不到初乳引起,对这样的幼麝可实行人工喂养。

江南及长江中下游地区是麝的主产地,5～7月降水量丰沛(俗称梅雨季节),温度高、湿度大,在饲养管理上要做到:不要突然变换饲料,包括青饲料和精饲料;被雨水淋湿的青饲料最好要晾干后饲喂;精饲料不能霉变,豆腐渣发现有异味的不能饲喂;麝舍内要保持清洁干燥。

做好防蚊蝇工作,有利于幼麝的存活与生长。

(三)幼麝的饲养管理

一般将从出生到 45 日龄的麝称为幼麝。根据幼麝的用途分为留作种用的幼麝和取麝香用的幼麝,留种的公母比例是 1:3。哺乳母麝虽然有 4 个乳头,但还是给 2 只幼麝哺乳的效果最好。确定留种还是取麝香的时间在幼麝 7 日龄进行,留种的与母麝在一起,取麝香的转群到幼麝饲养室进行人工喂养。

1)根据哺乳期幼麝对不同食物摄食时间的变化规律,对幼麝进行人工喂养时,建议 1 月龄内其食物只选择鲜牛奶或山羊奶,每天可分早晚两次进行;1 周龄时的喂养量最少,以后随周龄的增加逐渐增加喂养量,在 4～5 周龄时喂养量达到最大。5 周龄以后,逐渐减少鲜乳饲喂量,同时增加青饲料投喂量,苦荬菜可作为哺乳期幼麝的主要青饲料。

2)分娩前10d,应做好产房及产仔箱的清理、消毒和保温工作;保证产房干燥、温暖、无"穿堂风"、地表无积水;还应准备好产仔期可能发生异常情况所用的药物、器械和代乳品等。

产仔期,圈舍要保持安静,认真观察母麝临产及舔仔情况,但不要惊扰母麝,对难产的母麝要及时助产,确保母子安全。

仔麝产下后,让母麝尽快舔干仔麝身上的黏液,以促进仔麝的体温调节和母子感情的建立。若母麝未能及时或无力舔黏液,工作人员要尽快地用长竹棍或其他东西将其嘴上的黏液擦掉,不怕人的可直接用干纱布擦,以免仔麝窒息死亡,但切忌带入异味。

3)哺乳:在仔麝出生后要认真安静观察,确保每头仔麝都能尽早吃上初乳。对吃不到乳或吃乳不足的仔麝,应及时采取寄养或用代用乳进行人工哺乳。

A. 寄养,可将仔麝寄养给性情温驯、母性强、产期相近、产单仔的母麝。寄养时将代养母麝的母、仔暂隔离,并将代养母麝的尿液涂抹在代养仔麝的头、臀部。如果代养母麝舔、嗅代养仔麝,让其吮乳,说明代养成功。代养的前几天,应注意观察代养仔麝是否吃上乳、吃足乳。如果代养不成功,可另找母麝代养或人工哺乳。

B. 人工哺乳,用婴儿奶瓶或在注射器安装针头处套上直径约 3mm、长约 4cm 的乳胶管作为哺乳器。使用前应清洗干净,消毒灭菌。代用乳可以是经过低温杀菌处理的鲜牛奶、鲜羊奶或奶粉加适量的开水调制,饲喂时温度应保持在 38～41℃,哺乳时动作要慢,否则乳汁易进入仔麝气管或肺内,导致异物性肺炎。

仔麝在 15 日龄以前很少活动,白天多酣睡,故6～7 时及 15 时左右进行哺乳。仔麝一般不会主动排出粪便及尿液,只有当哺乳时母麝舔其肛门和尿道口才能排出粪便和尿液。因此进行人工哺乳时,要用手或其他物体按摩仔麝的肛门和尿道口使其排粪便和尿,否则易导致仔麝死亡。

4)补料:仔麝出生 1.5 日龄后便开始吃细嫩的饲草与混合精料,此时母麝的泌乳量仍在相应增加,可不另外补饲,任其自由采食。

到 30 日龄左右时，母麝的泌乳量明显下降，已经不能满足仔麝生长的需要。因此，要进行补饲，所补饲料应尽量选择营养丰富、容易消化、适口性好的原料配制，根据仔麝营养需要进行合理搭配、饲喂。

在补料初期，要少喂、勤添，以吃母乳为主，补料为辅；到补料后期（断乳前 10d 左右），逐渐过渡到以补料为主，母乳为辅，直至断奶。

5）断乳：仔麝断乳时，失去母亲照料并从哺乳转到采食饲料，生活环境由母仔相依生活变为母仔分居的独立生存，会产生不同程度的应激。如果断乳方法不当，会引起仔麝烦躁不安、食欲减退、生长发育滞缓，甚至仔麝患病或死亡。

仔麝断奶的时间一般在 90 日龄，最早的也有在 60 日龄断奶的。断奶具体时间要根据仔麝生长发育的情况及泌乳母麝身体情况而定。断乳时可一次性调离母麝，或先将母、仔分隔 1～2d，再合回饲养 1～2d，最后分离母、仔；或在断乳前 3～5d，让仔麝每天只吃 1 次母乳，最后完全分离母、仔。可将母麝调离原圈舍，也可将仔麝调离原圈舍。有资料显示仔麝仍留在原圈生活即留圈断乳是仔麝断乳的最好方法，它能最大限度地减少断乳对仔麝的影响。断乳宜在上午 8 时前进行。

断奶后的饲料是仔麝营养物质的唯一来源。所供给的饲料应与断奶前保持大致相似，更换成育成麝饲料应逐渐进行。仔麝断奶后饲喂次数应适当地增多，一般每天饲喂 3～4 次即可。断奶后的一段时间内，因有少数仔麝不习惯新圈舍环境或依恋母麝而食欲下降、体重减轻，因此应加强饲养管理。

（四）留作种用幼麝的饲养管理

1. 饲养 幼麝从出生到 15 日龄这段时期的粪便几乎被母麝舔食了，舔食的过程促进了幼麝排便，也让母麝知道幼麝的消化状况，如消化不良的幼麝去吃奶时，母麝哺乳时间很短。这是生物进化的结果。

幼麝断奶时间一般在 60 日龄，主要根据幼麝的体重、自由采食程度、母麝的身体状况来参考。一般幼麝体重达到 3～3.5kg、大便颗粒有绿豆大小就可以断奶。

2. 管理 留种的幼麝和哺乳母麝生活在一起，观察母麝的采食状况和幼麝的精神状况，必要时，抓起幼麝观察其肛门及周围的被毛是否正常。

第五节 麝对环境的要求和养麝场设计建造

一、麝对环境的要求

二、养麝场设计建造

（一）圈舍建造要求

圈舍要建在背风向阳、地势平坦干燥、利排水、光照时间长的地方。活动场地面用砖铺设较好，不宜用水泥地面，防止冬季地面太凉、太滑，而夏季地面太热；不宜用土或沙石铺设地面，防止下雨时地面潮湿而滋生病菌，而干燥季节尘土飞扬传染疾病。活动场地面要向排水口倾斜，排水口要比活动场地面低6cm。排水口宽12cm，高6cm，圈门两侧各两个，均通向每栋圈的排水渠。活动场地面要低于投食棚、小舍地面 10～15cm。活动场栽种可供麝食用树 2～4 棵，以便夏天遮阴、采食，但要远离围墙 3m 以上，以防麝逃逸。过道地面一般低于圈舍地面，以利于排水。

(二) 圈舍的形式、规格结构

圈舍多为双列式，过道宽 2.5～3m，门及过道顶部用网孔 3cm×3cm 的铁网封顶。每栋 10 个圈，每圈 10～12 个小舍 (一侧 5～6 个)，一个共用活动场，养公麝 2 头，母麝 5～6 头 (繁殖圈)，或养产香公麝 5～8 头。圈舍墙厚 12cm，小舍屋檐高 2.3～2.5m，在小舍上木椽铺设木板，再铺 4cm 厚的土泥，最后用机瓦、水泥瓦或钢筋混凝土封顶。活动场围墙厚 12～24cm，高 2.3～2.5m，围墙顶部向活动场内设 40cm 宽网孔为 3cm×3cm 的铁网，以防麝逃逸。

(三) 小室

每小室规格为 1.5m×1.8m×2m，开向活动场的小室门为 160cm×60cm，小室门下部 120cm 为木板，上为铁网或木条 (4cm×4cm)；窗宽 90cm，长 100～130cm，以铁网或木条封。在母麝产仔、幼麝断乳、麝调动、病麝单养时，窗内可用黑布帘遮挡。窗口下设 70cm×40cm×50cm 卧床，或放置产仔箱一个，以利母麝、仔麝卧息。小室墙隔中部设有 30cm×60cm 推拉门，以便饲喂、清理卫生时麝躲避，还可用于捕麝笼捕麝。圈两侧小室与另一圈的小室要有推拉门 (30cm×60cm)，用于调麝。小室背墙 150cm 高处设 12cm×6cm 孔眼两个，以利空气流通。小室内为水泥地面，内高外低，以 0～12cm 的斜坡向小室门口倾斜，以利于水排出。

(四) 活动场

小室前面的活动场长 10～12m，宽 9～10m，以便麝在场内活动、卧息。宽敞而合理的活动场使麝能得到充分的活动，可促进麝的新陈代谢，增强体质，同时便于观察。活动场中间设置前高 1.2m、后高 1.15m、跨度 1.5m、长 3～4m 的投食棚一个。活动场过道的墙高 1.2m 以上，做成 6cm×12cm 孔眼的花墙，用于观察。活动场门高 180cm，宽 100cm，与每栋圈的通道相连。

三、环境调控

结合麝的生活习性和身体特点，根据地方气候地理特点，进行合理选址、规划及建筑布局，采用合理的圈舍空间划分和构造设计，以及增加场内绿化以改善圈舍小环境，才能创造出健康的生活环境，利于饲养管理，利于节约能源、资源和减少污染，保护我们的地球大环境。休息室应配备控制通风强度及保温的设备。运动场应配有遮阴遮雨篷。做好圈舍卫生工作，可 1～2 周打扫一次。也应做好自然灾害防患措施。

第六节　麝产品的生产性能与采收加工

(周光斌)

第十章 鸽

鸽又称家鸽、鹁鸽，我国养鸽历史悠久，据史料查证已有 2500 多年的历史，现已培育出不少优良品种，积累了丰富的饲养管理经验。

鸽经过长期培育和筛选，有观赏鸽、信鸽、食用鸽、军用鸽和实验鸽等多种。人们利用鸽子有较强的飞翔能力和归巢能力等特性，培养出不同品种的信鸽。现在信鸽的主要用途是比赛。而服役于军队、效命于疆场的信鸽又叫军用鸽，除传递信息、进行联络外，还有利用军鸽进行侦察，帮助雷达值班和收集资料，甚至有的导弹基地也利用其参加值班。观赏鸽，也是在驯养普通鸽过程中选育出的一些具有奇丽的羽装、羽色及奇特的体态，供人观赏的鸽，观赏鸽历史非常久远，经数千年的变异和选择，全球品种多达 1500 余种。肉鸽也叫乳鸽，是指 4 周龄内的幼鸽。肉鸽具有生长速度快、饲料报酬高、生产周期短、经济价值高等特点。肉鸽的屠宰率为 70%～80%，胸腿肌率为 28%～30%。鸽肉营养丰富，肉质细嫩，味道鲜美，为肉中上品。鸽肉极易消化，营养成分的吸收率很高，既是高蛋白、低脂肪的理想食品，又是高级滋补营养品。此外，鸽肉还有药用之效，常吃鸽肉能增进食欲，增强体质，减轻神经衰弱等症状。本章重点讲肉鸽。

第一节 鸽的生物学特征

一、分类与分布

鸽属于脊椎动物亚门（Vertebrata）、鸟纲（Aves）、鸽形目（Columbiformes）、鸠鸽科（Columbidae）、鸽亚科（Columbinae）、鸽属（*Columba*），是由野生的原鸽（*Columba livia*）经过人类长期驯养而成。鸽目前广泛分布于世界各地。

二、鸽的外形特征

肉鸽的外貌大体可分为头部、颈部、胸部、背部、翼部、腹部、腰部、尾部和脚部等九大部分。鸽的头圆额宽，最前端是喙。鸽喙粗短，略弯。上下喙交界处为嘴角，年龄越大角越厚。嘴角上方为鼻瘤。鼻瘤随年龄的增大而增大。鸽的脸清秀，眼睛位于头的两侧，视觉十分敏锐。颈部长短适中，粗壮强健有劲，活动灵活自如，便于鸽用喙啄食。鸽胸有强大而坚固的胸骨，上面长着强壮有力的胸肌，胸肌牵引双翼而飞翔，鸽的胸围大而稍向前突出。

鸽背部较长、宽而直。腰部末端有尾脂腺。脚部分胫、趾、爪，脚上有 4 趾，第一趾向后，其余 3 趾向前，趾端均有爪（图 10-1）。尾部缩短成小肉块突起，在突起上着生有宽大的 12 根尾羽。

鸽的羽色是表皮细胞所分化的角质化产物。羽色多种多样，五花八门，有纯白、纯黑、纯灰、纯红、绛色、灰二线、黑白相间的"宝石花"，还有"雨点"等。同一种品种，也有几

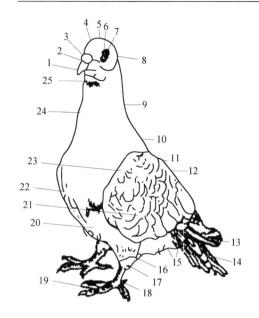

图 10-1　鸽的各部位名称

1. 喙；2. 鼻孔；3. 鼻瘤；4. 前额；5. 头顶；6. 眼环；7. 眼球；8. 后头；9. 颈；10. 肩；11. 背；12. 鞍；13. 主翼羽；14. 尾羽；15. 腹部；16. 跗关节；17. 胫；18. 距；19. 趾；20. 胸；21. 翼；22. 前胸；23. 肩羽；24. 前颈；25. 咽部

种羽色。肉用鸽的体型都比其他类型鸽的体型要大，胸宽而且肌肉丰富，颈粗、背宽，腿部粗壮，不善于飞翔。另外，肉用鸽的喙峰和蜡膜也与信鸽及观赏鸽略有不同，肉用鸽的蜡膜比较小，喙峰也比一般的信鸽小些，比观赏鸽中的短喙要长一些。

三、鸽的生活习性

(一)鸽的适应性强、警惕性高

鸽能适应严寒的寒带和炎热的亚热带等环境，抗病能力也较强。鸽对外来的刺激反应十分敏感，易受惊扰。在家养条件下，如果鸽的巢箱受到鼠、猫等兽害的侵扰，鸽便不再回巢，宁愿夜间栖于屋檐或巢外栖架上。鸽舍如果经常引起鸽群惊慌骚乱，鸽就显得不安。

(二)鸽喜素食

鸽无胆囊，一般情况下以植物性饲料为主，喜食粒料，如豆类、玉米、小麦、绿豆、高粱、稻谷等。一般没有吃熟食的习惯，对青绿饲料和沙粒也比较喜欢。在家养条件下用人工配合颗粒饲料来喂鸽，其也能正常生长发育和繁殖。

(三)鸽的记忆力强

鸽的感觉器官灵敏，记忆力很强，包括对鸽舍、巢窝的记忆，对配偶的记忆，对颜色的识别与记忆，对饲养员的记忆，对呼叫信号的记忆等。在鸽的饲养管理中，利用鸽记忆力强的特性，建立良好的采食条件反射，便于集中投饲、集中管理、简化操作、节省人力。

(四)鸽性好浴

鸽平时喜欢水浴，也喜欢日光浴。在严冬也不例外，很高兴在冷水里洗浴，振翅浴羽。

(五)鸽的配偶行为

鸽是营配偶生活的鸟类，而且是固定单配(1♂：1♀)。肉鸽孵出后，经 4～6 个月的生长发育，便进入性成熟阶段，开始配偶、繁殖。配对后，平时雌雄不离，对配偶感情专一，属于"一夫一妻"制。

(六)公母鸽协作性强

鸽一经配对后，近产蛋时，雌雄双方共同寻找筑巢材料，编织巢窝，轮流孵蛋，轮流用"鸽乳"哺育尚不能行走觅食的雏鸽，直至其独立生活。

(七)鸽属晚成鸟

禽鸟类在幼龄阶段分为早成鸟和晚成鸟两种类型。鸽属晚成鸟类型。初生雏鸽重 20g 左右，软弱无力，头也抬不起来，眼睛不能睁开，自己不能行走和采食，需经亲鸽用自己嗉囊中产出来的鸽乳喂养约 30d 才能独立生活。

(八)鸽喜群居

鸽喜过群居生活，舍养时数十对上百对一起吃食、饮水、休息，不会相互打斗，平安无事，表现出合群特点。但鸽对自己的巢有强烈的占有欲，因而常发生因争巢求偶而引起暂时性斗殴或驱逐对方的行为。

(九)鸽嗜盐性强

家鸽的祖先长期生活在海边，常饮海水，形成嗜盐的习性。经过几千年驯养的家鸽仍保持这种习惯。每只成年家鸽每天需盐量约 0.2g，缺盐会影响繁殖等正常行为，故而家养时应保证盐的供应，但又要防止食盐中毒。

(十)鸽爱清洁，喜干燥

肉鸽喜欢清洁、干燥的环境，不喜欢接触粪便和污土，就是雏鸽也绝不将粪便拉在巢内。鸽喜欢生活在环境干燥的鸽舍，不怕高温与低温，最怕潮湿、闷热、不洁的环境。工厂化笼养亲鸽，应保持笼舍清洁干燥，通风良好，减少疾病，加强管理，促进生产潜能的发挥。

第二节　鸽的常见品种

野生鸽经过驯化，目前品种、品系繁多，据日本《动物大世界百科》称，世上有 5 个鸽种群、250 多个品种。由于本章内容重点在于讲述肉鸽的生产，现将常见肉鸽品种简介如下。

一、石岐鸽

石岐鸽(Shack-Kee pigeon)是我国较大型的肉鸽品种之一，原产于我国广东省中山县石岐镇一带，故命名为石岐鸽。其体型与王鸽相似，但躯体比王鸽长。其标准外形为体长、翼长和尾长，形如芭蕉的花蕾，羽色为灰二线、细雨点，头平、鼻长、细眼、嘴尖、胸圆、胫光，少数鸽子的腿及爪有毛。成年标准体重：雄鸽750g左右，重者可达900g，雌鸽650g左右。石岐鸽年产乳鸽7~9 对，4 周龄乳鸽体重达 500~600g。乳鸽肉味鲜美，骨软肉嫩，肉味带有类似丁香花的味道。该鸽适应性强，耐粗饲，就巢、受精、孵化、育雏等生产性能良好。

二、王鸽

王鸽(king pigeon)原名为皇鸽，也称 K 鸽，是世界上著名的肉用鸽品种之一。该品种于1890 年在美国新泽西州育成，它含有贺姆鸽、鸢鸽、马耳他鸽的血缘，是目前饲养数量最多、分布面最广的品种。按其羽色又可分白王鸽、银王鸽、黑王鸽、绛王鸽等。本书着重介绍常见的白王鸽和银王鸽。

1. 白王鸽　　又称白羽王鸽。白王鸽的培育最初是为了生产商品乳用鸽，后来又培育作展览用。现在白王鸽有观赏型、商品型两个类型。观赏型又称展览型，体重 800～1000g。全身羽毛纯白，头圆，前额突出，嘴细，鼻瘤较小，胸阔圆，背宽粗，尾短而翘，不善飞翔，体态多姿。其繁殖性能较差，每对种鸽年产乳鸽 5 对左右，现今我国不少鸽场喜欢把它作为肉鸽饲养。商品型白王鸽也称商品肉用型白王鸽。成年体重 700～850g，近年来可达800～1020g。其全身羽毛为白色，身体较长，尾平，羽毛结实，尾羽略向上翘。体态丰满结实，体躯宽阔而不短，两腿直立而阔。乳鸽的屠宰率较高，每只净膛重 400～450g，胴体色白，深受广大消费者喜爱。

2. 银王鸽　　又称银羽王鸽。银王鸽羽色并非银色而呈灰壳羽，其头颈、肩部的较深，翼羽上有 2 条具有青铜色光泽的深色羽纹。银王鸽比白王鸽体型稍长，按用途也分为展览型和商品型。展览型银王鸽与同型的白王鸽体型相似，表现为体大、身短、尾翘；商品型银王鸽与同型的白王鸽体型相似，体型较观赏型王鸽小，身体较长，尾部较平。银王鸽生产性能、繁殖力较白王鸽高，且性情温顺，易于养殖。观赏型银王鸽每对种鸽年产乳鸽 6 对，商品型银王鸽每对种鸽年产乳鸽 6～8 对。

三、蒙丹鸽

蒙丹鸽（Montain pigeon），原产于法国和意大利。因其不善飞翔，喜地上行走，行动缓慢也不愿栖息，故又称地鸽。其体型与白王鸽相似，但其尾不上翘，呈方形，胸深而宽，龙骨较短，体大、笨重，繁殖力强。此鸽是优良的肉用鸽，年产乳鸽 6～8 对，成年雄鸽体重可达 750～850g，母鸽体重 700～800g，重者可达 1000g 左右，4 周龄乳鸽体重可达 750g 以上。毛色多样，有纯白色、纯黑色、黄色、灰二线等。现在世界许多国家都育成了自己的蒙丹种，如法国蒙丹、印度蒙丹、美国蒙丹、瑞士蒙丹、意大利蒙丹等。根据外形差异，目前分为毛冠型、平头型、毛脚型、光脚型 4 个类型。

四、贺姆鸽

贺姆鸽（Homer pigeon）属于大型品种，很早就驰誉世界养鸽业。该鸽平头，羽毛坚挺紧密，脚部无毛。羽毛有白色、灰色、黑色、棕色及雨点等多种颜色。成年鸽标准体重为：雄鸽 700～750g，雌鸽 650～700g。年产乳鸽 6～8 对，4 周龄乳鸽重 600g 左右。其乳鸽肥美多肉，嫩滑味甘，并带有玫瑰花香味。其种鸽是培育新品种或改良鸽种的好亲本。其主要缺点是：繁殖性能较王鸽稍差；乳鸽生长速度快，但一过乳鸽期体重增加的速度便明显减慢；育雏期亲鸽及乳鸽的食量均很大。

五、鸾鸽

鸾鸽（Runt pigeon）也称伦脱鸽，原产于西班牙和意大利。该鸽是目前所有肉用鸽品种中体型最大、体重最重的品种。据资料介绍，鸾鸽含有德国蓝色大石鸽和欧洲的球胸鸽血统，体大像来航鸡，性情温驯，不善飞行。西班牙的鸾鸽比意大利的略大，英国将两者进行杂交选育后又引入美国，经不断改良即成为目前美国大型鸾鸽。该鸽成年体重：雄鸽 1400～1500g，雌鸽 1250g 左右；4 周龄的乳鸽体重可达 750～900g，年产乳鸽 6～8 对。此品种的主要特点是体型巨大，呈方形，胸部稍突出，肌肉丰满。该鸽的羽色有黑、灰二线、白、红、黄、棕和蓝等，但以纯黑和灰二线居多。通常用作杂交育种的父本。

六、卡奴鸽

卡奴鸽（Carneaux pigeon）又分为美国白色卡奴鸽和法国红色卡奴鸽两个品系，是肉用和观赏的兼用鸽。卡奴鸽属中型级鸽种，外观雄壮，昂首挺胸，粗腔短翼，胸宽脚矮，嘴尖头圆，眼睛较小，站立姿势挺直，翼短，羽毛紧密，下垂而不着地，尾羽斜向地面。成年雄鸽体重 700～800g，雌鸽 600～700g，4 周龄乳鸽体重 500g 左右。此鸽性情温顺，繁殖力强，年产乳鸽 10 对以上，高产的达 12 对以上，亲鸽就巢性和育雏性能较好，有时可充作保姆鸽，一窝可抚育乳鸽三只，换羽期也不停止生育。该鸽喜欢每天饱食一次，到第二天再食，故饲养此鸽省工、省料、成本低。羽色有纯红、纯白、纯黄三种，还有极少数为黑色和杂色。

七、佛山鸽

佛山鸽（Foshan pigeon）是广东省佛山市育成的新品种，也是我国优良的肉用鸽品种之一。其生产性能好，生长快，繁殖率高，体型健美，平头，目光锐利，颈部粗胖。成年鸽体重 700～800g，体型大的可达 900g。种鸽年产乳鸽 6～7 对，生产性能好，30d 乳鸽体重可达 500～650g。其形成与石岐鸽相似，不同之处是佛山鸽的脚较石岐鸽稍短，尾巴下垂。佛山鸽的羽色多为蓝色，而且多是牛眼（珠色眼），带有深、红、蓝色色彩。但该种鸽目前市场上很少见。

第三节　鸽的育种与繁殖

一、鸽的选种选配

选种选配是保持和改良培育肉用良种鸽的重要工作，也是保证鸽场具有较高经济效益的重要措施。

（一）肉鸽的选种

选种即对饲养的肉鸽品种进行选择，旨在改进所选肉鸽群体的性能，提高后代的生产性能。在肉鸽选种时，对品种的鉴定是选种的基础，准确地鉴定品种的各项性能是选种过程中的重要环节。选种的方法一般包括表型选择、家系选择和估算育种值选择等。

1. 表型选择　　根据个体性状表型值的高低进行选种的方法称为表型选择。这种方法简单易行，效果也较好，在选择强度相同的情况下，个体表型选择对遗传力高的性状如体长、肉质、蛋重等可以得到较好的选择效果。但对个体本身不表现的性状如产蛋量、哺育能力等性状，不论其遗传力是高还是低，都不能采用个体表型选择。

（1）外貌鉴定　　头颈较粗实，头顶较平，额部宽阔，喙短而钝，上下喙吻合良好，眼大光亮有神，虹彩清晰，羽毛紧贴体躯，有光泽。身躯匀称，翅膀发育良好，龙骨直，胸宽而饱满，腿腔粗壮，体型硕大，尾小而窄。羽毛、体型应符合各品种标准。

(2)生产能力鉴定　　繁殖力强，年产乳鸽6对或者7对以上，乳鸽3～4周龄体重达500g以上。当然，不同品种的鸽有不同生产性能指标。

2. 家系选择　　指以家系为单位，根据家系均值的高低判断选留或淘汰。在肉鸽中一般只有全同胞家系。家系的选择常用全同胞选择和后裔选择两种方法。

(1)全同胞选择　　适应于限性性状，如鸽的产蛋量限于母鸽的生产能力，选择公鸽可根据其同胞的生产成绩做出判断；适应于一些难以度量的性状如胸肌率、肌间脂肪沉积量等。由于全同胞选择是在同代进行的，因此，可以缩短世代间隔，但准确性不如后裔选择。

(2)后裔选择　　根据供选个体后代子女的平均表型值来进行选种，能直接衡量亲本性能的优劣。

1)后裔与亲代比较：以第二代母鸽的配对繁殖生产性能同亲代母鸽相比较，如果"女儿鸽"的平均成绩超过"母鸽"的成绩，则说明"父鸽"是良好的种鸽；反之则低劣。

2)后裔与后裔比较：一对种鸽在繁殖数窝后进行拆对，更换另一只母鸽同原来的公鸽交配，然后比较两只母鸽所得后裔的性能，这样便可以判断出母鸽遗传性能的优劣。

3)后裔与群鸽的比较：一对种鸽所产后裔的生产指标与群体平均数作比较，如前者的成绩指标高于群体的平均数，则这对种鸽为优良品种鸽，反之为劣质鸽。

后裔选择最可靠，但所需时间较长。

3. 估算育种值　　家禽的遗传理论学说表明数量遗传的表型值由遗传和环境共同作用，表型值不能完全遗传给后代，表型值中能遗传和固定的部分叫育种值，根据育种值进行选种能更快地提高选择效果。但育种值不能直接度量，需根据肉鸽的个体、祖代、同胞、后裔等不同资料估算育种值，并变换不同加权的遗传力系数进行计算。

(二) 肉鸽的选配

肉鸽的选配指有目的地组织优良公母鸽进行配对，以期获得理想的后代。选配是选种的继续，也是繁殖的基础。在育种生产中，优良的肉鸽不一定能生产出优良的后代，后代的优良与否，不仅取决于父母鸽的品质，还取决于它们的配对是否恰当。所以，要获得优良的后代，除做好种鸽的选种外，还应做好配对工作。根据交配双方的品质和亲缘关系，将个体选配分为品质选配和亲缘选配两种。

1. 品质选配　　鸽子的体型、生物学特性、生产性能、产品质量及遗传品质等称为品质，根据交配双方品质的异同或强弱，品质选配又分为同质选配和异质选配两种。同质选配指选择性状相同、性能表现相近或育种值相似的优秀公母鸽来配对，以期获得与亲代品质相似的优秀后代，交配双方越相似，就越有可能将共同的优秀品质遗传给后代，这样就可使优良性状得到保持和巩固，并在种群中增加这种优良性状的个体。异质选配就是选择不同品质的公母鸽进行交配，这种选配分两种方法，一是选择具有不同优良性状的公母鸽交配，以期将两个优良性状结合起来，获得兼有两种性状品质的后代；二是选择同一优良性状程度不同的公母鸽进行交配，以优改劣，以期达到改良后代品质的目的，因而又称改良选配。

2. 亲缘选配　　根据交配公母鸽的亲缘关系进行的选配称为亲缘选配。若双方有较近的亲缘关系，就称为近亲交配，即为近交；反之称为亲缘交配，也称为远交。近亲交配在育种中的作用较大，在肉鸽的育种中为了提纯复壮及培育具有某些特点的新品系常采用近交的办法。

二、鸽的繁殖特点

(一)肉鸽的繁殖周期

鸽从交配、产卵、孵蛋、出雏到乳鸽成长离巢的这段时间称为繁殖周期。一个周期为45～50d,分为交配期、孵蛋期、育雏期三个阶段。

1. 交配期　　指已成熟的鸽配成一对直至产生感情交配产蛋,需7～10d。

2. 孵蛋期　　指公母鸽配对后,两者交配并产下受精蛋,然后轮流孵化的过程,需17～18d。

3. 育雏期　　指乳鸽自出生至能独立生活的阶段,需21～28d。乳鸽出生后,父母鸽共同照料乳鸽,轮流喂饲。在这期间,鸽又开始交配,在乳鸽2～3周龄后,又产下一窝蛋。

(二)配对行为

5～7月龄的肉鸽已进入性成熟阶段,并表现出各种求偶行为。公母鸽互相接近,公鸽频繁追逐母鸽,在母鸽周围打转,频频点头,不断发出"咕、咕"的叫声。母鸽在公鸽"求爱"动作的刺激下,也变得喜欢接近公鸽,彼此梳理头部和颈部的羽毛,相互亲吻,称为鸽吻。一般配对7～10d便开始产蛋。产蛋前母鸽常蹲伏巢盆内,公鸽衔草,母鸽做巢。母鸽出巢时,公鸽常追逐母鸽回巢,公母鸽形影不离。

(三)营巢行为

筑巢做窝是鸽的天性,公母鸽配对后就会寻找材料筑巢。一般在产蛋前3～4d,公母鸽不分离,母鸽在前面走,公鸽在后面追,这是母鸽快下蛋的一种征兆,俗称"追蛋"。在产蛋前公鸽首先伏巢,伏巢时发出"咕——咕——咕"的叫声,诱导母鸽在此下蛋。当母鸽伏巢后,公鸽则外出寻觅细树枝、草等并将其衔进巢内,供母鸽编织巢窝。产蛋后,在公鸽孵化当班时,母鸽也要外出衔草,加固巢窝。一般种鸽舍中要事先准备好鸽巢,以免延误鸽产蛋时间。另外,要经常检查鸽巢垫料是否充足防止鸽将蛋踩破。

(四)产蛋行为

1. 蛋的形成　　鸽属于刺激性排卵的鸟类,在交配刺激下,卵巢开始排卵,通常每次排两个卵,一个发育较快,另一个稍慢。

2. 产蛋时间　　鸽配对后7～10d即可产蛋。鸽在一个产蛋期中通常产2个蛋。其中第一个蛋多产于15～18时,少数早至13时,或迟至19时。第二个蛋于第三天的中午过后产下。

一般情况下,一个繁殖周期为45～50d,繁殖性能好的母鸽,在哺育乳鸽期间就产下一窝蛋,可使繁殖期缩短为35～45d。如果母鸽产蛋后偷拿走1枚蛋,母鸽会继续产蛋。母鸽产蛋性能带有季节性差异,春季的产蛋率高于其他三季,秋季最低,为此在饲养管理上要重视春季。

(五)孵化行为

孵化是鸽繁殖的本能。孵化的时间多在2个蛋产下后开始,公母鸽都轮流孵蛋。一般母鸽孵蛋时间在下午 4 时左右至第二天上午 9 时左右，公鸽在上午 9 时左右至下午 4 时左右替换母鸽孵蛋。这种轮换时间随地区的不同稍有差别。通常情况下，白天多由公鸽孵蛋，夜间多由母鸽孵蛋，当然这种时间上的分工也不是一成不变的。当一方偶尔离巢时，另一方就会主动接替。有时公鸽偷懒离巢，则母鸽也会追其回巢继续孵化。不同品种鸽所产的蛋，其孵化期基本一致，均为 17～19d，绝大多数为 18d。其中小型鸽的孵化期略短于大型鸽；夏季较冬季稍短。

三、孵化技术

（一）自然孵化

当亲鸽产下第二枚蛋后便开始孵化。在亲鸽抱蛋过程中，应注意和进行以下管理工作。

1. 保持安静的环境　孵蛋期间避免外界干扰和应激因素的产生，必要时给予鸽笼适当遮光，促使亲鸽专心孵化。

2. 选用合适的巢窝垫料　最好使用双层旧麻布，麻布下垫谷壳或木屑或干细沙，以干细沙较为理想，在巢盆中厚度以 2～3cm 为宜。

3. 提供合适的营养　提高抱蛋期间饲料营养水平，保证粗蛋白含量达到 18%～20%，能量水平也相应提高。使亲鸽有强健的体质，为哺育乳鸽打好基础。

4. 保持窝巢清洁　要防止蛋壳粘粪便，因为病菌可能侵入蛋内导致胚胎死亡，如果已粘上粪便可用纱布擦拭干净，如发现有破损蛋要及时捡出。

5. 及时照蛋　在孵化的第 5 天和第 10 天各进行照蛋 1 次。第一次照蛋时，凡发现蛋内有红褐色、呈蜘蛛网状分布的血管，而且形状稳定即为受精蛋，让其继续孵化，若蛋内有血管分布，但呈一条粗线，呈"U"状，则为死精蛋；如透明而无血管则为无精蛋。死精蛋和无精蛋要捡出。孵化第 10 天进行第二次照蛋，如果发现蛋的大部分区域乌黑，另一端因气室增大而形成较透亮的空白区，说明胚胎正在健康发育；如果蛋内黑白不分明，蛋内物质不稳定，转蛋时有波动感，蛋壳呈灰色，即为死胚蛋，要及时剔除。

6. 及时抓好并蛋工作　并蛋是提高肉用鸽繁殖力的有效措施之一。把无精蛋、死精蛋和死胚蛋取出后，按每窝 2 枚蛋合并成一窝，将剩下的蛋并到孵化期相同或相差 1d 的其他窝内去。10d 后并窝为好。如果在 10d 前并窝，那些空窝的产鸽只需 8d 左右就可产蛋，提早产蛋会影响鸽的体力恢复，下一窝可能活力不强，或出现无精蛋、死精蛋、死胚蛋等现象。

7. 掌握出壳日期　第二次照蛋后 7～8d，要注意观察乳鸽的出壳情况。若出壳确有困难，需要人工帮助出壳。一般孵化已到 18d，壳的表面仅啄破一小孔，就需要人工辅助脱壳。孵化期已超过 18d，还未啄壳，可能胚胎已死亡。

8. 应保持适宜的孵化室温　冬天要使房内温度至少保持在 5℃，温度过低，要在房内加温，否则在孵化早期容易冻死。天气火热的夏季，要适当减少垫料，打开门窗，开动排风扇，使室温保持在 32℃以下，否则孵化后期易引起死胎。

（二）人工孵化

采用人工孵化，也就是利用电孵化机代替鸽孵化，一方面可避免孵化时种蛋被压破，防止鸽粪污染，减少胚胎中途死亡等现象，同时也可提高肉鸽孵化率和出雏率，缩短种鸽产蛋周期，加快繁殖速度，提高繁殖率。

1. 入孵前的准备

(1)孵化机　采用小型平面孵化机，入孵前对孵化器做好检修、消毒和试温工作。

(2)种蛋的选择　选择符合品种要求，蛋重大小适中，蛋形正常，蛋壳厚薄均匀的受精蛋作种蛋。

(3)种蛋的消毒　采用甲醛气体熏蒸消毒法，每立方米空间用高锰酸钾 15g、甲醛 30ml 的剂量，在 27～30℃的温度下熏蒸 20min，避免疾病的垂直传播。

2. 孵化的条件　肉鸽种蛋人工孵化的关键是掌握好温度、湿度、翻蛋等条件。

(1)控制温度　温度是肉鸽孵化条件中最重要的条件，只有在适宜的温度下才能保证胚胎的正常物质代谢和生长发育。不同发育阶段的胚胎所需温度略有不同。孵化温度是 1～7d 为 38.7℃，8～14d 为 38.3℃，14d 以后为 38℃。

(2)控制湿度　孵化期相对湿度为 60%～70%，出雏时相对湿度达到 80%，防止出壳粘连。一般来说，孵化前后期湿度要高，中期要低。这样有利于胚胎的物质代谢、气体代谢和水分的吸收、蒸发；也有利于蛋受热均匀及出雏期胚胎的破壳。

(3)按时翻蛋　翻蛋的目的是防止胚胎与壳膜粘连；调节蛋的温度，使胚胎受热均匀；有助于胚胎运动，保持胎位正常；增加卵黄囊血管、尿囊血管与卵黄、蛋白的接触面积，有利于养分的吸收。一般在入孵当天翻蛋 2 次，以后每天翻蛋 6 次，一直到出壳前 2d 停止翻蛋。

3. 胚胎发育情况检查　在孵化第 5 天和第 10 天各照蛋一次，及时剔除无精蛋、死精蛋和死胚蛋。孵化过程中要经常检查胚胎发育的情况是否正常，以便及时检查发现孵化不良的现象，查明原因，采取改进措施。

4. 做好出雏工作　孵化到第 16 天，将蛋转到出雏箱，在出雏箱内孵化 1～2d 就要破壳出雏。出雏时间最好在 24h 左右，过晚或过早出雏都不健壮。出雏完毕后，出雏箱应洗刷、消毒，以备下次出雏时使用。

5. 做好孵化记录　每次孵化应将入孵日期、蛋数、种蛋来源、历次照蛋情况、入孵批次、孵化结果、孵化期内的温度变化等记录下来，以供分析孵化成绩时参考。

第四节　鸽的营养标准

一、肉鸽的营养需要与饲料

要科学地饲养鸽，既保证正常的生长发育，充分发挥鸽的生产潜力，又不浪费饲料，必须对各种营养物质的需要量规定一个标准，即营养标准，以便在实际饲养时遵循。鸽从出壳到成熟，需经乳鸽期、童鸽期、青年鸽期和种鸽期 4 个时期，我们必须熟悉鸽各生长期的营养标准，正确配备鸽的饲粮。

肉鸽的营养标准包括鸽生长发育、生产和繁殖所必需的蛋白质、能量、微量元素和维生素等的含量，以每千克含量或百分含量表示。目前鸽的营养标准尚未建立，对肉鸽的各种营养需要量，没有像鸡、鸭研究得普遍、深透。肉鸽建议营养需要标准见表 10-1 和表 10-2。

表 10-1　肉鸽建议营养需要标准

项目	育雏期种鸽	非育雏期种鸽	幼鸽
代谢能/(kJ/kg)	12 000	11 600	11 900
粗蛋白质/%	17	14	16
蛋能比/(g/MJ)	240	210	230
钙/%	3.0	2.0	0.9
总磷/%	0.6	0.6	0.7
有效磷/%	0.4	0.4	0.6
食盐/%	0.35	0.35	0.30
蛋氨酸/%	0.30	0.37	0.28
赖氨酸/%	0.78	0.56	0.60
(蛋氨酸+胱氨酸)/%	0.57	0.50	0.55
色氨酸/%	0.15	0.13	0.16
维生素 A/IU	2 000	1 500	2 000
维生素 D_3/IU	400	200	250
维生素 E/IU	10	8	10
维生素 B_1/mg	1.5	1.2	1.3
维生素 B_2/mg	4	3	3
泛酸/mg	3	3	3
维生素 B_6/mg	3	3	3
生物素/mg	0.2	0.2	0.2
胆碱/mg	400	200	200
维生素 B_{12}/μg	3	3	3
亚麻酸/%	0.8	0.6	0.5
烟酸/mg	10	8	10
维生素 C/mg	6	2	4

资料来源：陈谊和康鸿明，2002

表 10-2　肉鸽的维生素和氨基酸需要量

名称	需要量	名称	需要量
蛋氨酸/g	1.8	缬氨酸/g	1.2
赖氨酸/g	3.6	苯丙氨酸/g	1.8
亮氨酸/g	1.8	异亮氨酸/g	1.1
色氨酸/g	0.4	维生素 B_{12}/μg	4.8
维生素 A/IU	4000	烟酰胺/mg	24
维生素 D_3/IU	900	生物素/mg	0.04
维生素 B_1/mg	2	叶酸/mg	0.28
维生素 B_2/mg	24	泛酸/mg	7.2
维生素 B_6/mg	2.4	维生素 C/mg	14
维生素 E/mg	20		

资料来源：陈谊和康鸿明，2002

二、肉鸽常用饲料

肉鸽常用饲料大多是没经加工的谷类和豆类籽实及一些维生素、矿物质等添加剂饲料。根据营养需要，不同生长阶段大致的饲料比例见表 10-3。

表 10-3 肉鸽的谷类和豆类籽实饲料比例(%)

生长期	谷类	豆类籽实
非育雏期鸽	85~90	10~15
育雏期种鸽	70~75	25~30
幼鸽	75~80	20~25

(一)能量饲料

在肉鸽日粮中，粗蛋白质含量低于 20%、粗纤维低于 18%的主要提供能量的饲料称为能量饲料。常用的能量饲料有玉米、稻谷、糙米、高粱、大麦、小麦等，其主要成分是碳水化合物。这类饲料的无氮化合物占干物质的 71.6%~80.3%，主要成分为淀粉，占 82%~90%，故其消化率高，适口性好，主要用于补充肉鸽热能需要。

(二)蛋白质饲料

在肉鸽日粮中，饲料干物质中粗蛋白质含量高于 20%、粗纤维含量低于 18%的主要提供蛋白质的饲料称为蛋白质饲料。用于肉鸽养殖的植物性蛋白质饲料主要包括豆科植物的籽实，包括豌豆、蚕豆、绿豆、黑豆等。若采用颗粒饲料还有饼(粕)类，如大豆粕、棉粕、菜粕、花生粕等。豆科籽实饲料的共同特点是蛋白质含量丰富，占 20%~40%，而且蛋白质的品质较好，主要表现在植物蛋白质中最缺乏的限制因子之一的赖氨酸含量高。

植物性蛋白质饲料的安全性大，一般都符合饲料卫生标准，采购时主要观察的标准是水分要低，应具有一定的新鲜度，具有该品种应有的色、嗅、味和组织形态特征，无发霉、变质、结块、异味及异臭。饲喂肉鸽黄豆时需注意，黄豆中含有胰蛋白酶抑制因子、大豆凝集素、胃肠胀气因子、植酸、尿酶和大豆抗原等有害物质，要慎用或少用，以免难于消化而引起下痢。蚕豆粒大，应破碎后饲喂。

其他类饲料常用的有火麻仁、油菜籽、芝麻、花生米等。火麻仁含有大量的脂肪，含蛋白质较高，少量饲喂可起到健胃通便的作用，多喂则引起下痢。但火麻仁是肉鸽饲料中很重要的一种饲料，能增强羽毛光泽，特别是换羽期间在日粮中更不能缺少。没有火麻仁可用油菜籽、芝麻、花生米代替。

(三)维生素与矿物质饲料

维生素是维持机体正常活动所必需的一类低分子有机化合物。鸽对维生素的需要量甚微，但它们在物质代谢中起着重要的作用。大多数维生素不能在鸽体内合成，必须从饲料中或保健砂中摄取。缺乏维生素时则造成物质代谢紊乱，影响肉鸽的生长、产蛋和健康。维生素饲料如群养时也可用青绿饲料补充维生素的不足，笼养时必须添加禽用复合维生素添加剂。

矿物质在肉鸽体内根据其含量分为常量元素和微量元素，主要起调节渗透压、保持酸碱平衡和激活酶系统等作用，又是骨骼、蛋壳、血红蛋白、甲状腺素等的重要成分。矿物质元素对于集约化、工厂化的大规模笼养方式更重要。矿物质饲料可用红土、木炭、壳粉、食盐、河沙、骨粉、黄泥、旧石灰等补充。

(四)添加剂饲料

饲料添加剂是为了某些特殊需要，向各种配合饲料中分别加入具有各种生物活性的物质，主要作用是强化饲料营养价值，保障鸽营养需要和机体健康，促进鸽正常发育和加速生长，提高鸽对饲料的利用效率等。添加剂种类很多，除维生素、微量元素添加剂外，尚有氨基酸添加剂、化学药物、抗生素添加剂、抗氧化剂、防霉剂及增进蛋黄和皮肤颜色的着色剂等。

添加剂用量甚微，必须用扩散剂预先混合才能添加到饲料中，否则混合不均，容易发生营养欠缺、药效不佳或中毒现象。为了保证肉鸽健康，促进生长发育，还应适当加入药物添加剂。

三、鸽保健砂的应用

家养鸽除了饲喂饲料和饮水外，还需要添加保健砂。所谓保健砂，是指多种矿物质和微量元素的混合物。保健砂能补充矿物质、维生素的需要，具有刺激和增强肌胃收缩、参与机械碾碎饲料、促消化、解毒、促进生长发育与繁殖等功能，因此，传统的养鸽必须喂给保健砂。保健砂常用的成分有黄泥、河沙、贝壳粉、蛋壳粉、木炭末、红土、骨粉、食盐、砖末、石膏、旧石灰等。保健砂的配制和使用尚无统一的标准，根据不同地区、不同饲养肉鸽品种可有不同的配方。

配制保健砂时，所用各种配料应纯净、无杂质和霉败变质；在配料时应由少到多，多次搅拌、混合均匀；保健砂应现配现用，保证新鲜，定时定量供给；配制好的保健砂，保存时间以 3～5d 为宜，一般要盛放在塑料容器内保存，不要放在铁质、木质容器内，并要加盖保存。一般肉鸽的保健砂消耗量占饲料量的 5%～10%。

第五节　鸽的饲养管理

一、鸽养育阶段的划分

肉鸽的生长发育阶段不同，其营养需要的水平和饲养管理的方法也不相同。目前对于肉鸽养育阶段的划分尚无统一的标准，根据肉鸽生长发育的特点可暂行划分为几个养育阶段(表10-4)。

表 10-4　肉鸽养育阶段的划分

名称	乳鸽	童鸽	青年鸽(后备鸽)	种鸽(生产鸽)
月龄	0～1	1～2	3～6	6 月龄以上

二、肉鸽的饲养管理

(一)肉鸽的日常管理

1. 根据肉鸽行为表现，科学管理鸽群

(1)惊惧行为　　鸽警觉性很强，各种声音均可引起警觉而惊惧，惊惧时鸽子突然伸颈抬头，不断东张西望，带有紧张情绪，或突然急剧扑飞，发出急促的"咕、咕"声。由于惊惧常造成青年鸽生长受阻，种鸽踩破种蛋、踩伤乳鸽等，所以在生产中要求环境安静，饲养员查笼、并蛋、并仔及捉鸽动作需轻缓，定时灭鼠灭蚊，减少鼠、蚊害。

（2）悲哀行为　　因丧偶、丧子或丧失胚蛋等原因，鸽缩头哀鸣、羽毛蓬松、翅膀下垂、似睡非睡、蹲居角隅，个别鸽一脚站立并有些发抖，食欲降低。在日常管理中应尽量给丧偶鸽选择合适的新配偶，给失胚蛋鸽找来合适的胚蛋让其孵化。

（3）患病行为　　鸽有精神不振、食欲下降或废绝、饮欲不正常、行为异常、粪便异常、羽毛松乱且没有光泽，个别鸽还有行为失调、体温过高或过低、不肯喂仔或孵蛋的表现。管理上要求做好疾病预防工作，仔细查栏，及早发现病鸽，及时治疗，且加强管理。

（4）饥饿和口渴行为　　鸽饥饿时四处张望，在食槽旁转来转去、啄食泥沙、杂物充饥，不顾一切地飞到饲养者身上索食。鸽口渴时张口喘息，在饮水器四周转来转去，不愿采食饲料。

（5）发情行为　　雄鸽追雌鸽，头一仰一缩，尾羽和翼羽散开擦地行走，不时发出"咕、咕"的求爱声，经常在雌鸽周围转来转去。雌鸽会在雄鸽求爱时反复低头、抬头，表示同意雄鸽的求爱，并表现出展翅拖尾等动作，半蹲伏下接受雄鸽交配。在此期间管理上应保持环境安静，减少干扰，及时处理发情周期延长和无发情行为的鸽。

（6）洗澡行为　　鸽在饮水器或水坑周围用嘴啄水，湿润羽毛，下雨时展开全身羽毛，任凭雨淋并频频抖动身体，作洗澡状。

2. 定时和定量饲喂　　肉鸽的饲喂要坚持少给勤添的原则，饲喂必须定时、定质、定量。一般每天定时喂料2～3次，根据实践，童鸽和青年鸽一般每天上、下午各喂一次；肉鸽每日喂料量一般是体重的 1/12～1/10，冬季和哺乳期略有增加。通常 1 对青年鸽半年用料量为20kg，平均每天每只 55g；一对种鸽自孵化之日起，到乳鸽生长至 1.5kg 时约耗料 7.5kg。

3. 提供足够而清洁的饮水　　鸽缺水时，可以导致食欲下降、代谢紊乱、体温升高和呼吸功能障碍等不良后果。鸽饮水要新鲜清洁、经常更换。春季每只每天30～40ml，夏季每只每天 50～60ml，秋、冬季每只每天 20～30ml。饮水温度以自然温度为好，饮水器应经常清洗。根据鸽的健康状况，还可以供给加药饮水，并不定期地与清水轮换，以起到杀菌、防疾的作用。加药饮水的配比见表 10-5。

表 10-5　　加药饮水的配比

药品	水与药的比例	用途
碘酊	1000ml 水加 1 滴	杀菌、消毒
明矾	1000ml 水加 1g	清洁、止泻
硫酸铁	1000ml 水加 0.5 滴	强壮、补血
小苏打	1000ml 水加 1g	清凉、助消化
高锰酸钾	20mg/kg	杀菌、消毒

资料来源：熊家军，2014

4. 保证保健砂的供应　　保健砂一般要保证每天放在鸽舍内或鸽笼内任鸽子自行采食。但有些养鸽者喜欢每周仅喂3～4次。正常情况下，每只成年鸽每天需要 10g 左右的保健砂，青年鸽及非育雏期的亲鸽可少给些，育雏期的亲鸽可多给些。

5. 定时洗浴　　鸽洗浴不仅可以刺激体内激素等的分泌，促进鸽的生长发育，还能使羽毛清洁，防止体外寄生虫寄生。洗浴次数根据季节和气候决定。炎热的夏季每天洗浴 2 次，天气温和时每天洗浴 1 次，寒冷的冬季每周洗浴 1 次或 2 次，且最好在晴天的中午进行。浴池的大小依鸽的数量而定，一般浴池的长×宽×高为 100cm×100cm×18cm，可供 100 只鸽轮流洗浴。浴池的水应为流水式，一边进入清水，一边排出污水，保持池水清洁。

6. 补充人工光照　　　给生产鸽每天光照 16～17h，能够提高产蛋率、蛋的受精率和仔鸽的体重。因为光照会刺激性激素的分泌，促进精子、卵子的成熟和排出，而且晚上有光照，亲鸽能吃料和喂仔，使乳鸽生长快，体重增加。人工光照可用普通灯泡，光线应柔和，不宜太弱或太强。光照控制可通过自动开关或由专人负责，定时开关。

7. 定期消毒与防病　　　鸽舍、食槽和饮水器等需定期消毒。消毒时要防止药液落入饮水和饲料中，防止落到雏鸽身上。鸽舍可用 10%～20%生石灰乳喷洒或刷白墙壁。食槽或饮水器用 0.1%新洁尔灭溶液浸泡 30～60min，再用水清洗干净。鸽舍和鸽场的入口处要设消毒池。鸽群应定期进行防疫隔离与免疫接种。

8. 做好生产记录　　　生产记录对于反映生产情况，指导经营管理，做好选种留种工作有很大作用。常用的有留种登记表、幼鸽动态表、种鸽生产记录表、种鸽生产统计表等。

(二)饲养管理程序

饲养肉鸽应根据规模、鸽场设备条件、市场需要等具体情况，合理安排每天的日常饲养管理和突击性的短期饲养管理工作。

上午：巡视鸽舍和巢箱，观察鸽子的健康状态；育雏鸽第一次添料；清扫鸽舍，清除粪便，清洗水槽并更换饮水。喂料，同时观察食料情况；清洁蛋巢，更换垫料，检查产蛋、孵化及乳鸽的生长情况，做好记录。灌喂育肥仔鸽；隔离治疗病鸽，清除死鸽，对被病鸽、死鸽污染的用具进行消毒。

下午：给育雏鸽添料，更换饮水，添加保健砂。安排水浴或调配饲料、配制保健砂。观察鸽子的生长和孵化，做好登记。喂料，观察采食情况。治疗病鸽。做好生产记录。

傍晚：给育雏鸽添料。检查归巢情况，观察鸽群，隔离病鸽。照蛋、记录孵化情况。治疗病鸽。做好防蛇鼠、防风雨等工作。

养鸽者在观察鸽群健康情况时，如发现鸽精神、行动、采食、饮水、粪便、体态等异常时，应及时予以隔离、治疗或捕杀；因饲养管理不当引起的，应马上予以纠正。各项饲养管理工作在时间上和先后顺序上要保持稳定，不可突然变更和变更太大。应经常注意环境条件的变化，及时采取相应措施以尽可能地满足鸽所需的温度、湿度、光照、通风换气、饲养密度等条件，尽量为鸽提供一个清洁卫生、安静舒适的环境。

要遵守和执行卫生防疫制度。不可让非鸽场人员随便进入鸽场，鸽舍和养鸽用具经常刷洗消毒，不喂霉败、变质、有害、有毒、营养缺乏的饲料，不喂水质不良的水，定期驱除寄生虫，新购入鸽经隔离检疫被确认健康后方可并群。

三、肉鸽各阶段的饲养管理

(一)乳鸽的饲养管理

乳鸽又称幼鸽或雏鸽，指出壳后至离巢出售或育种前的小鸽，大概 1 月龄的鸽。初生乳鸽身体软弱，不会行走和采食，体温调节机能差，抗病力低，活动能力不强，对外界环境适应性差，消化器官尚未发育完善，而身体各器官又处于迅速生长阶段，需要大量的营养物质和精心护理。

1. 及时进行"三调"

(1)调教亲鸽哺喂乳鸽　　发现有个别亲鸽，尤其是初产鸽不会哺喂乳鸽时，要及时给予调教。其方法是将乳鸽的嘴插入亲鸽的嘴里，反复数次，直到亲鸽能帮助乳鸽把嘴插入自己口腔吸吮鸽乳为止。

(2)调换乳鸽的位置　　通常先出壳的乳鸽长得快些，或有个别亲鸽每次先喂同一只乳鸽。发现有此情况，应在乳鸽会站之前将巢盆中乳鸽的位置调一下，这样亲鸽就会先喂小的一只，使乳鸽生长均匀一致。

(3)调并乳鸽　　若一窝只孵出一只雏鸽，或一对乳鸽因中途死亡一只，均可合并到日龄相同或相近的其他单雏或双雏窝内饲养。这样可使不带仔的种鸽提早产蛋、孵化，从而提高繁殖力。另外，这样做也可避免发生因仅剩下一只乳鸽往往被亲鸽喂得过饱而引起嗉囊积食等消化不良现象。

2. 注意饲料更换　　乳鸽一周之后开始由亲鸽喂给乳状食糜料改喂经浸泡的浆粒、谷类、豆类、籽实料。饲料转变易引起消化不良，发生嗉囊炎、肠炎或死亡现象，因此，最好给亲鸽饲喂颗粒较小的谷类、豆类、籽实类，也可以加工成为小颗粒或将谷、豆类籽粒浸泡晾干再喂。为预防起见，每天可给乳鸽喂些酵母之类的健胃药，帮助消化。

3. 及时离亲　　不留种的商品乳鸽，在21d前后就要离开亲鸽进行人工肥育出售。留种用的雏鸽，28d也应及时离巢单养，否则影响亲鸽产蛋和孵化，不利于生产。

4. 乳鸽的人工哺育　　对人工孵化的雏鸽进行人工哺育，可省去亲鸽自然孵化和自然育雏的繁殖活动，能让亲鸽及早进入下一窝产蛋，提高生产效率。

5. 肉用乳鸽的育肥　　肉用鸽一般在4周龄左右上市。一般在乳鸽出售前1～2周进行人工填肥，可提高乳鸽食用的品质。

(1)填肥对象　　一般采用15～20日龄，体重在350～500g，体型大，肌肉丰满，羽毛光泽，皮肤白嫩，健康无伤残的仔鸽进行人工育肥。鸽龄小和体重小的，肥育的日子可以长些。如果体重在25～30日龄甚至以上、体重小于350g、毛粗皮黑、伤残有病的仔鸽，则不能进行人工育肥。

(2)填肥环境　　肥育鸽舍的样式和结构可仿照一般鸽舍，只是高度可适当矮些，窗户可少些、小些，能用窗帘遮光，空气要流通清爽，湿度要低，地面铺砖或水泥，天冷时要能加热保温，保持在25℃上下。

(3)填肥设备　　包括填肥床、填肥笼、漏斗、滴管、浸料盘和拌料桶。

(4)填肥饲料　　常用玉米、糙米、小麦和豆类作填肥饲料。可以适当添加食盐、禽用复合维生素、矿物质和健胃药。为了便于灌喂，蚕豆等大粒籽实类原料应破碎成小粒后使用。为了便于消化吸收，灌喂的颗粒类原料要用水浸透泡软，饲料添加比例一般是能量饲料占75%～80%，豆类占20%～25%。

(5)填肥方法　　每只乳鸽每次填料50～100g。每日强迫填喂2～3次，填喂后让乳鸽安静休息和睡眠。常用的方法有以下5种。

1)手塞喂：这是最简单的方式，与我国老式填鸭所用的方法相仿。此法适用于抢救15～20日龄、失去亲鸽哺喂的少量仔鸽。饲喂时将饲料原料粉碎，然后把几种粉料混在一起加水搓成一个个似花生般大小的颗粒，一只手把仔鸽嘴张开，另一只手拿饲料塞进仔鸽嘴里使其自然吞咽，或用手指把饲料挤入嗉囊内。等到嗉囊鼓满，表明已塞饱了。必要时可再喂些水，也可以试着把鸽嘴硬按在水中使仔鸽自己学会饮水。

2) 嘴吹喂：国外常用这种方法强制肥育肉用仔鸽。其具体做法是吹喂者先把经过浸泡或煮过的粟米、小麦、野豌豆等与适量水一起含在口内，然后用手把鸽嘴掰开，将口内的饲料和水吹进仔鸽的嗉囊内。一般每天吹喂 2～3 次，每次吹一口饲料。吹喂时要注意掌握好气量，避免把过多的气吹入仔鸽嗉囊内而影响消化和健康。为了人的健康卫生，若仔鸽有口腔疾病，就应停止吹喂。若日粮合适和技术熟练，2 周龄时开始吹喂的肉用仔鸽，喂到 6 周龄每只可长到重 560～680g。

3) 漏斗灌喂：此法所需漏斗管长 14cm，粗 1～1.3cm，管口钝圆光滑。漏斗可用金属或塑料制作。其具体做法是将漏斗管插进仔鸽食管底部，把干净并干燥的粟米、高粱、野豌豆、糙米、小麦、裸大麦等籽粒较小、圆滑、易漏下的谷豆通过漏斗口灌入仔鸽嗉囊内。干饲料先喂半饱，灌喂完后可紧接着灌些清水（冬季要灌温水）。漏斗管要保持干燥，免得把饲料黏住。如果是使用粉料，粉粒不能太细、太轻，要粗些、重些，以便顺利流入嗉囊内。如果使用玉米、豌豆、大豆等大粒籽实作饲料，应先破碎成高粱粒大小。插入漏斗管子时，务必不能误入鸽的气管内。

4) 打气泵管注喂：对打气泵管嘴的要求基本上如同对漏斗管的要求。饲料装在打气泵管筒内，用推棒把饲料注入仔鸽嗉囊内。饲料的形状和调制方法应视方便程度和饲养效果来决定。

5) 灌喂机填喂：现在国内外尚无专用于填鸽的灌喂机，故都用填鸭的灌喂机改装而成。其具体做法是先把浸泡好的小粒籽实或碎粒料连同适量的水一起装入灌喂机的盛料漏斗内。然后，左手捉住仔鸽，右手把鸽嘴张开并使之对准灌喂机的出料口，再以右脚踩动开关，饲料及水便会灌入仔鸽嗉囊内；每踩动开关一次，可填喂一只仔鸽。一般一架灌喂机每小时可填喂 300～500 只仔鸽。这个方法操作简单快捷，适于大型或中型商品鸽场强制肥育仔鸽时使用。但填喂时要小心谨慎，动作要轻捷，避免灌喂机的出料口损伤仔鸽的口腔和舌头。

(二) 童鸽的饲养管理

童鸽一般指 30d 离开亲鸽并开始独立生活的幼鸽。饲养童鸽的目的是培育种鸽。

1. 留种初选 留种的童鸽，在离开亲鸽后，进行一次初选。它双亲的成年体重为：雄鸽 750g 以上，雌鸽 600～700g。种蛋品质优良，年产乳鸽 6 对以上，童鸽本身 4 周龄时空腹体重 500g 以上，符合品种特征、生长发育良好、没有缺陷、体重已经达到标准的乳鸽，应套上脚圈和引进系谱记录，然后放入童鸽舍饲养。

2. 提供良好的饲养环境 童鸽由亲鸽笼内哺育转为独立生活，由于生活环境变化很大，童鸽适应能力和抗病能力较差，食欲和消化能力低，易患病，故此阶段鸽的死亡率高。这时候应把童鸽以每群 20～30 对放到育种床饲养 10～15d，然后再转入离地网上饲养，每群 50 对左右。网上平养还能减少童鸽与粪便接触的机会，从而减少疾病传播的机会。舍外要围大于鸽舍面积 2 倍以上的运动场和飞翔空间，并设合适的栖架。运动场要阳光充足，舍内冬暖夏凉。刚离亲的童鸽要注意保暖。下雨时要将鸽赶入舍内，避免雨水淋湿羽毛引起感冒。童鸽饲养密度应以 3 对/m² 为宜。

3. 精心训练采食、饮水 刚离巢的童鸽，有一些不会采食，有些虽然会自寻食物，但往往只能啄起食物，不能吞食。因此，最初几天要将饲料颗粒小、表面粗糙的碎玉米、小麦等撒在饲料盆上，训练幼鸽啄食，或人工塞喂，直到它们能独立采食为止。

童鸽饮水比采食还要迟。能独立吃食的鸽子不一定会自己找水喝，需要强迫饮水，把头轻轻按到水中，使其知道水的味道，反复几次，它就会自动饮水了，直到训练全群都自饮自采为止。

4. 给鸽群增喂预防性药物　　离巢的幼鸽抗病力差，要经常适当加喂钙片、复合维生素 B 液、鱼肝油、酵母片等药物，以预防及治疗软骨病和消化不良等症。

5. 换羽期童鸽的管理　　童鸽 50～60d 开始换羽，此时对外界环境变化较敏感，抗病力较低。易受沙门氏杆菌、球虫等感染，并常感冒和咳嗽。若环境条件很差，管理又跟不上，还易感染毛滴虫病和念珠菌病等，所以这个时期必须精心管理。第一根主翼羽首先脱落，往后每隔 15～20d 又换第二根，与此同时，副主翼羽和其他部位的羽毛也先后脱落更新。此时更要注意饲料的质量，以促进其羽毛换新。在整个饲养期内，50～80 日龄的鸽子发病率和死亡率是最高的。所以，这个时期除精心管理外，还要选择有效的药物交替使用预防，做好鸽群疾病的防治工作。

(三)青年鸽的饲养管理

通常把 2 月龄以上的鸽称为青年鸽，或称育成鸽、后备鸽，这是培育种鸽的关键阶段，青年鸽培育的好坏，直接影响种鸽的生产性能。这个时期鸽的饲养管理应根据青年鸽的生理特点进行。对鸽进行精心的饲养管理，以培养品质优良的种鸽。

1. 适当限饲，防止过肥　　青年鸽仍处于迅速生长阶段，但日趋稳定，器官发育显著，第二性征逐渐明显，爱飞、好斗和争夺栖架，新陈代谢相对加强，这个时期应适当限制饲喂，防止采食过多和过肥，否则常会出现早产、无精蛋多、畸形蛋多等不良现象。公母鸽应分开饲养，防止早熟、早配、争斗，影响生长发育。

2. 防止早配、早产　　青年鸽在 3～5 月龄时，活动能力及适应能力增强，转入稳定生长期，一些个体陆续出现发情，表现出爱飞好斗等现象。因此，3 月龄开始就应把公母鸽分开饲养，防止早熟、早配、争斗、早产等现象，以免影响鸽的生长发育及产鸽的生产性能。

3. 采用离地网养或地面平养方式　　青年鸽活泼好动，是鸽一生中生命力最旺盛的阶段，这时应转入离地网养或地面平养，力求让它们多晒太阳，尽情地运动，以增强其体质。

4. 调整日粮中能量和蛋白质含量　　养至 5～6 月龄的青年鸽，生长发育已趋成熟，主翼羽已经脱换 7～8 根，应调整日粮，增加豆类蛋白质饲料喂量，使其成熟比较一致，开产时间也比较整齐，种蛋质量好。

5. 驱虫和选优去劣　　由于青年鸽多是群养，接触地面和粪便的机会比较多，感染体内外寄生虫也是不可避免的。这时可结合驱虫进行选优配对上笼工作，又能减少对鸽子的应激。

(四)种鸽的饲养管理

后备鸽长至 5～7 月龄，开始配对繁殖的鸽称为种鸽或繁殖鸽。配成对进入产蛋和孵育仔鸽的种鸽称为亲鸽。种鸽在整个生产周期的各个时期具有不同的特点，因此其饲养管理技术也有所不同。

1. 配对期的饲养管理

(1)人工辅助配对　　按人为选择的配偶进行配对。其方法是把要选配的雌雄鸽关在同一个笼子里，笼子两个侧面有隔板，使它们看不见其他鸽子，只能看到指定的配鸽，它们会在共同采食和活动中熟悉。如果配得恰当，2～3d 就会亲热起来，互相理毛，嘴亲嘴。交配成功后即移到群养舍中，或产鸽笼中。

(2)认巢训练　　临产前筑巢做窝是鸽的天性。为让产鸽按人们的要求在指定的地方产蛋，可在此处放一个巢盆，并在巢盆内放一个假蛋，当它愿意在盆内孵化时，将真蛋放进去，换出假蛋孵化。

新配对的产鸽，进入群养鸽舍后很快就会找到合适的巢房并且固定下来。对于几天还找不到巢的配对鸽，可将其关在预定巢房内，采食饮水时放出来，过 3～4d 就会熟悉巢房，并固定下来。

(3)重选配对　　鸽需要重新选择配偶有三种情况：一是配对时双方合不来，二是丧失原来配偶，三是育种需要拆偶后重配。将重配的雌雄鸽放在预定的笼子里，1～2d 后仍打斗的，可在中间隔一层网，让它见到斗不到，但仍用同一采食槽和饮水器，数天后若有亲热动作时，就可以把隔网取出，很亲近说明重配成功。

对丧偶或拆偶的产鸽，重新配对需要时间较长。对于拆偶鸽，应将原雌雄鸽彻底隔开，让其连对方的声音也听不到，待彼此忘却后再按上法重配。

2. 孵化期的饲养管理　　配对成功的种鸽，熟悉鸽笼和巢房后，就开始产蛋，这个阶段的饲养管理需做好以下工作。

(1)准备好巢盒和垫料　　种鸽一经配对，就应在笼子里或群养鸽舍的适当地方放上巢盆，诱导产蛋。母鸽开始有伏巢含草表现时，应立即给巢盆，并加垫料保温。

(2)细致观察　　及时记下各笼产蛋、出壳日期，进行登记编号。如发现产鸽有病，应及时治疗。

(3)布置安静的孵化环境　　应采取措施挡住视线，减少干扰，使鸽专心孵蛋。群养青年鸽不愿孵化的，可把它们关在巢房内，强制它们专心孵蛋。

(4)定期检查　　要定期检查孵蛋、受精、胚胎发育情况，及时剔出无精、死胎蛋，并进行并蛋，使没有蛋孵的产鸽尽早交配产蛋。

(5)助产　　孵化至 17～18d 时，发现雏鸽啄壳已久而仍未出壳时，可以人工助产，以防雏鸽闷死。

3. 哺育期的饲养管理　　详见本章乳鸽的饲养管理部分。

4. 换羽期的饲养管理　　种鸽一般每年夏末秋初换羽一次，部分鸽在春天也有换羽，或受到突然的应激也会换羽。自然换羽时间可长达 1～2 个月。在换羽期间除高产鸽外普遍停产。换羽期间在管理上应重点注意以下两方面的工作。

(1)强制换羽　　鸽子因个体差异，换羽的快慢、早晚不一。笼养鸽换羽早的已经开始发情，换羽晚的还无动于衷；而群养鸽发情早者在鸽群中乱找配偶，引起鸽群混乱。为了避免以上问题，可采取强制换羽技术。

虽然鸽的强制换羽技术尚不成熟，可参照鸡的强制换羽方法，其做法是：降低饲料质量，把蛋白饲料比例降至 10%～12%，同时减少喂量和次数，甚至停料 1～2d，只给饮水，迫使鸽群在比较集中的时间内迅速换羽。待整群鸽换羽完毕，再逐步增加日粮中蛋白质饲料和火麻仁的比例，促进早日产蛋。

（2）整顿鸽群　　换羽期是重新调整和整顿鸽群配对的最佳时期。在这段时间内，全面检查它们的生产情况，结合生产记录资料进行综合评定，把生产性能差的亲鸽予以淘汰，另从种用生长鸽中挑选体格健壮、体形优美的后备种鸽予以补充。此外，在换羽期，对鸽舍、飞棚、巢箱、鸽笼、巢盆等场所和用具进行一次全面彻底的清洁消毒，使种鸽在换羽后有一个清新舒适的环境。

四、提高肉鸽产蛋的技术措施

1. 选择良种　　选择优良种鸽进行饲养繁殖，淘汰劣质低产衰老病残的种鸽。

2. 采用单蛋并窝孵化技术　　鸽一般每一窝产两个蛋，有时也产一个蛋。种鸽在孵化过程中有可能将蛋踩破，此外在孵化 5d 左右时要剔除无精蛋，常形成单蛋。为了提高肉鸽的产蛋力，可把相近日龄单蛋实行并窝孵化，让一部分鸽停止孵化，提前产蛋。

3. 采用仔鸽并窝技术　　一对种鸽可哺育 3 只乳鸽（1～7d），不影响哺育效果，因此可对相近日龄单蛋实行并窝，让一部分种鸽停止哺育，提前产蛋。

4. 让幼鸽及早离巢进行人工强制肥育　　目前，1～7d 乳鸽的人工哺育技术还不太完善，7d 以后的人工哺育技术已经成熟。通过采用人工肥育技术，不仅可以提高乳鸽的上市体重，缩短上市日龄，也可以使种鸽提早产蛋，增加每对种鸽的年产蛋数。

5. 提供营养全面的日粮及保健砂　　在鸽舍中，常有带仔种鸽和非带仔种鸽，为了满足不同的生理需要和提高饲料利用效率，最好给种鸽配制两种日粮。带仔种鸽的日粮配方为：豆类饲料占 35%～40%，能量饲料占 60%～65%，每天喂 4 次，上、下午各喂 2 次，尽可能满足乳鸽生长发育的需要。非带仔种鸽的日粮配方为：豆类饲料占 25%～30%，能量饲料占 70%～75%，每天喂 2 次，上、下午各喂 1 次。保健砂对养鸽起着重要的作用，尤其对生产鸽的哺乳期，保健砂不能中断，并要保持新鲜。

6. 加强综合卫生防疫及免疫技术措施　　确保鸽群健康无病，保证鸽群稳定产蛋。

第六节　鸽对环境的要求和圈舍设计建造

一、鸽对环境的要求

鸽舍应选择地势干燥、通风良好、排水方便、无"三废"污染和无噪声干扰、方位最好向南或者东南、阳光充足、冬暖夏凉、交通方便的位置。鸽舍要求宽敞、明亮、光线好，并且干燥清洁，能防止蛇、鼠、猫等天敌的侵扰。鸽舍大小要根据饲养数量、饲养方式和地形而定。为方便管理，最好一人管理一栋或两人管理一栋，数量以 200～500 对为宜。

二、圈舍设计建造

（一）鸽舍种类

1. 种鸽舍　　专门饲养公母种鸽。舍内隔成小间若干，每小间为 8～10m²，内设固定鸽单笼，可养种鸽 20～40 对。若群养散放，则在舍外设运动场，围以铁丝网，作"飞翔区"，供种鸽运动。

2. 育成舍　　又称童鸽舍、育成鸽舍或后备种鸽舍，专门用于饲养 1～5 月龄青年鸽的鸽舍。舍内分隔成大小相等的若干小间，每间 15m² 左右，可养鸽 120～150 只。舍外放置群养式巢箱及水、食槽、梯形栖架等。舍外设运动场，围以铁丝网。

3. 商品鸽舍　　专门饲养生产商品乳鸽的种鸽舍。一般采用每对亲鸽单独多层笼养的方式，不设运动场。

(二)鸽舍的形式

鸽舍的形式目前尚无统一的标准和规格，可因地制宜。我国常见的有如下几种形式。

(1)群养式鸽舍　　主要适用于青年鸽。一般以单列式平房为多，也可利用旧房改建。一栋鸽舍或一个单间鸽舍内的一群鸽共用一个食槽和同一个饮水器。如果养产鸽则舍内采用旋转柜式鸽笼供其繁殖。单列式平房，每幢宽 5～5.2m，长 12～18m，檐高 2.5m，舍内分隔成 4～6 个小间，每间可养 50 对青年鸽。舍内地面以大红砖或三合土为好，要求地面光滑而整洁，潮湿天气时不冒水。地面要比运动场地面高 30～40cm，以保持栖息环境的干燥。按鸽舍与运动场之间的畅通程度不同，又分以下两种(图 10-2)。

1)封闭式群养鸽舍：鸽舍的四面都有墙体，其中向阳的一面设门窗，鸽通过此窗来进出于鸽舍与运动场之间。此种适用于北方地区。

2)前敞式群养鸽舍：东、西、北三面是墙体，向阳的一面敞开直接通向运动场。此种适用于南方地区。

(2)笼养式鸽舍　　所谓笼养就是把已经配好对的生产种鸽一对一对地分别关养，让它们住、食、饮分开。具有结构简单，造价低廉，鸽群安全，管理方便等优点。这种鸽舍的形式大致有如下两种。

1)双列式内外笼鸽舍：这种鸽舍一般为砖瓦结构，"人"字形屋架，屋顶设钟楼或气楼(图 10-3)，檐南高北低，南高 2.8m，北高 2.5m，两边屋檐各宽 60cm。舍内宽 3m，中央是 0.8～0.9m 宽的走道，走道两头是鸽舍门，供人员进出。走道两侧各安装一排四层的重叠式铁丝网笼。最下层的底离地面 20～50cm。每个笼分两部分：位于墙内侧的一半称内笼，其规格为 50cm×40cm×40cm；位于墙外的部分称外笼，其规格为 60cm×40cm×40cm；内外笼之间有一个中门供鸽出入，中门规格为 20cm×15cm。

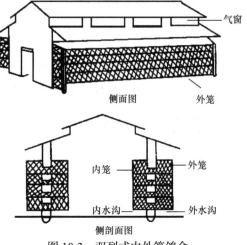

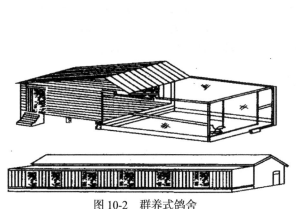

图 10-2　群养式鸽舍　　　　　　　　　　图 10-3　双列式内外笼鸽舍

2)双列式单笼鸽舍：其结构与双列式内外笼鸽舍基本相似。"人"字形屋顶，舍高2～3m，舍正中有一条 1m 左右的工作走道，走道两侧各有一排 3 层或 4 层结构的鸽笼，其规格为 60cm×60cm×55cm。两头是鸽舍大门，南北墙上开窗。这种鸽舍造价较低，目前普遍采用(图 10-4)。

(三)用具与设备

养鸽设备主要包括鸽笼、巢盆、食槽、饮水器、保健砂杯和栖架等。

1. 鸽笼　　鸽笼是产鸽、种鸽所必备的。一般在群养鸽舍内设置柜式鸽笼，一般有 4 层和 3 层不等。图 10-5 所示是四层柜式鸽笼，规格为高×深×宽 35cm×40cm×35cm，脚高 20～30cm，4 层 16 格，每相邻两小格之间开一个小门，合在一起为一个小单元，可养一对种鸽。

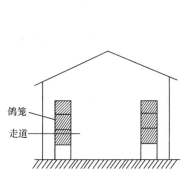

图 10-4　双列式单笼鸽舍

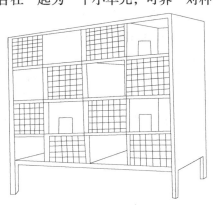

图 10-5　四层柜式鸽笼

2. 巢盆　　巢盆是专供鸽产蛋、孵化和育雏用的小盆。人工鸽巢由巢盆和垫料组成。巢盆可使用方形或圆形的塑料盆，也可专门制作。常用的巢盆有塑料、石膏、木制的巢盆；也有用稻草或麦秆编制的草巢盆。巢盆的直径一般为 20～24cm，深 7～8cm，最好每对鸽配置上下两个巢盆。上巢盆作产蛋孵化用，可靠放于笼子一侧。下巢盆作育雏用，可靠放于笼子底部。巢盆内最好放上柔软、保暖而又通气性能好的垫料，从而有利于提高孵化率。常用的垫料有木屑、稻草、干草、谷壳、麻布片、泡棉等。不论用何种垫料，必须干燥、干净，垫料厚度为 2～3cm。更换垫料要勤。

3. 食槽　　食槽的式样多种多样，应以能使鸽子容易啄食、不浪费饲料、保洁时间长、成本低、操作方便为原则。食槽可用竹筒、木板、铁皮、塑料或纤维板等制作。育成鸽和群养鸽多采用长形食槽，一般长度 100cm，高 6～8cm，底宽 5cm，上口宽 7cm，使用时悬挂于育成笼前或运动场网片上。笼养生产鸽多采用短食槽，一般长 18～20cm，底宽 5cm，上口宽 7cm，前高 8cm，后高 6cm。生产中一对鸽一个食槽，悬挂于笼前小门下方。也可采用专门的饲料桶。

4. 饮水器　　采用铁皮、陶瓷、塑料等材料制成。饮水器应使鸽饮水方便，又必须保持饮水的清洁卫生，防止鸽粪污染。群养鸽多采用养鸡用的塔式自动饮水器，这种饮水器虽然价格比较高，但一次盛水多，饮水不易被污染。

5. 栖架　　栖架是供鸽登高栖息用的，主要用于群养鸽和青年鸽中。栖架制作很简单，可用竹竿和木条制成，其长度可根据鸽舍和运动场的大小而定，通常长 200～400cm，宽 60～100cm，一段在两根木棍或方木上每隔 10～30cm 钉一根 1～1.5cm 粗的竹竿或木条即可。也可做成"人"字形的栖架，安放于鸽舍和运动场之中。

6. 捕鸽罩　　主要用于捕捉鸽。捕鸽罩多用尼龙网或麻绳编网制成，即用一块 100cm×130cm 的网片制成一个漏斗状或长方形的口袋，袋口周围缝于一个用粗铁丝制成的直径约 35cm 的铁丝圈上，并固定于一根 200～300cm 的竹竿顶端即成。捕捉时动作要准、快，尽量减少鸽群惊扰。

7. 水浴盆　　水浴盆是供群养鸽洗澡用的。浴盆可用塑料盆、搪瓷盆或木盆，浴盆大小不等，一般盆径为 40～50cm，高 12～15cm。

8. 保健砂箱(杯)　　保健砂箱(杯)是传统饲养方法饲养肉鸽的必备之物。群养鸽多用木槽饲喂保健砂。笼养鸽应配备专用保健砂杯。一般采用口径 5～6cm、深 5cm 左右的塑料盒盛保健砂，饲养量大的可以直接购买市售保健砂杯。

9. 育种床和肥育床　　育种床无一定规格要求，一般可以长 120cm，宽 65cm，床周边高 40cm，床脚高 30～50cm，由金属结构或竹木制成。育种床上面可加铁丝网或竹丝网盖。此种规格的育种床可育养童鸽 6 对或 7 对。肥育床是用来饲养 20d 左右的商品乳鸽的场所。其结构形式与育种床基本相同，不同点是：肥育床周边高 20cm 即可，床脚的高度比育种床略高些，便于灌喂操作。一个 120cm×65cm 大小的肥育床可饲养雏鸽 20 对左右。

三、环境调控

1. 温度　　鸽舍的温度以 27～32℃为宜。温度过高，鸽易患呼吸道疾病，过冷时易使鸽受凉，引起肺炎或下痢。所以炎热的天气应注意降温，寒冷的天气应注意给鸽群保暖，同时防止寒风直接吹到鸽子身上。

2. 湿度　　湿度对鸽的生活、生长、发育、代谢和孵化等都有直接或间接的影响。鸽舍内理想的相对湿度为 55%～60%。湿度不足时，蛋内水分过多地向外蒸发，雏鸽啄壳困难；湿度太高，会阻止蛋内水分的正常蒸发，影响胚胎发育，特别是对幼鸽影响较大，而且为病原微生物的生长、发育和繁殖提供了有利条件。

3. 通风换气　　若鸽舍内通风不良，有害气体浓度升高，易使肉鸽体质衰弱和患病，胚胎发育不良。良好的通风对鸽舍的降温、控湿、降低有害气体含量起重要作用。

4. 光照　　光照可以促使肉鸽钙磷代谢和骨骼的钙化，杀灭细菌，冬季能使鸽舍升温，同时光照还能促进幼鸽的生长发育。种鸽应采光 16h，可促进产蛋、孵化和乳鸽的生长发育。

<h2 style="text-align:center">第七节　鸽产品的生产性能与采收加工 </h2>

（熊家军　梁爱心）

第十一章 雉 鸡

据考证，远在 3500 年前的殷商时代甲骨文中，就有"雉"字的记载，而明朝李时珍《本草纲目》对"雉"的描述更为详细。我国人民对雉鸡的食用价值认识较早。早在唐朝至清朝，一些宫廷食谱上就记载了很多有关雉鸡的烹饪。在古代，雉鸡的羽毛编制成罗、缎等妇女服饰，汉末至六朝时期的"雉鸡裘"已被贵族用来显耀豪华。雉鸡羽毛还可做成精美的工艺品。雉鸡肉具有多种医疗保健作用。

据资料介绍，美国早在 1881 年就从我国引进华东环颈雉进行驯养，并通过与蒙古环颈雉杂交，培育成现在家养的雉鸡。我国自 20 世纪 80 年代从美国引进的"美国七彩山鸡"生产性能比野生雉鸡大大提高，后来又多次从国外引进，形成规模生产，发展成为一种特禽养殖业。我国东北等地有关单位对本地环颈雉也进行了驯养研究工作，获得了显著成果。

雉鸡肉质细嫩，滋味鲜美，营养丰富。蛋白质含量比家鸡高 38%～45%，脂肪含量则比家鸡低很多。在各种珍禽野味中，雉鸡肉含蛋白质最高，含脂肪最低。同时，雉鸡肉还富含 10 多种氨基酸、维生素。

雉鸡雌雄各异，雄雉尾长，羽色华丽。具有紫绿色的颈部，并有一条鲜明的白色"颈环"，尾羽长而具有横斑，极具观赏价值。美国华人视雉鸡为吉祥之物，养在家里观赏，称之为"龙凤鸟"。雉鸡的皮毛可加工制成观赏标本。雄雉的尾羽可做饰羽工艺品。

第一节 雉鸡的生物学特性

一、分类与分布

雉鸡又名野鸡、山鸡、环颈雉，动物分类学上属脊椎动物亚门(Vertebrata)、鸟纲(Aves)、鸡形目(Galliformes)、雉科(Phasianidae)、雉属(*Phasianus*)。雉鸡分布于欧洲东南部、小亚细亚、中亚、中国、蒙古、朝鲜、俄罗斯西伯利亚东南部及越南北部和缅甸东北部。

二、外部形态

雉鸡体型略小于家鸡，但尾长而且逐渐变尖。公母雉的外貌区别明显。公雉头羽青铜褐色，带有金属荧光；头顶两边各有一束青铜色毛角，脸部皮肤红色，并有红色毛状肉柱突起；颈部有白色颈环；胸部羽毛黄铜红色，有金属反光，上背部黄褐色，羽毛边缘带黑斑纹，背腰两侧和两肩及翅膀黄褐色，羽毛中间带有蓝黑色斑点，尾羽黄褐色；喙灰白色，趾、脚呈灰色，有短距。母雉头顶米黄色，间黑褐色斑纹；脸淡红色，颈部浅栗色，脚趾灰色，喙灰褐色，无距；体重比雄雉小。

雉鸡的产地不同，其羽毛及体重有所差异。例如，美国的七彩山鸡是由中国环颈雉培育而成的，其外形、毛色与美国环颈雉相似。而德国山鸡羽毛为深绿色，比中国环颈雉毛色要深。

三、生活习性

1. 适应性强　　雉鸡适应性和抗病力强，耐高温，抗严寒，从平原到山区，从河流到峡谷，从海拔 300m 的丘陵到 3000m 的高山均有雉鸡栖息生存。夏季能耐 32℃以上的高温，冬季不畏-35℃的严寒。在恶劣环境下也能栖居过夜。

2. 群居性强　　在繁殖期，以雄雉为核心组成相对稳定的"婚配群"，如有其他群的雄雉袭扰，两群即发生强烈争斗。在孵化期，母雉常在隐蔽处筑巢、产蛋和孵化。雏雉出壳后即随母雉活动。雏雉长大后，又重新组成新的群体，到处觅食。群体可大可小。

3. 胆怯而机警　　雉鸡即使在觅食时也不住地抬头张望，观察四周动向，如遇敌害，迅速逃避。人工饲养的雉鸡，一旦听到响声或生产操作动作稍重，雉群受惊就乱飞乱撞，常碰得头破血流。

4. 性情活跃，善于奔走　　雉鸡高飞能力差，只能短距离低飞，而且不能持久。但脚强健，善于到处游走。行走时常常左顾右盼，不时跳跃。

5. 食性杂，食量小，采食次数多　　野生雉鸡植物性食物占食量的 97%，动物性食物仅占 3%。因此，家养雉鸡的食物应给以植物性饲料为主的配合饲料。雉鸡嗉囊较小，食物容纳量少，喜欢少食多餐。尤其是雏雉吃食时，习惯于吃一点就走，转一圈回来再吃。

第二节　雉鸡的品种

据动物学家研究，雉鸡只有 1 个种，分 31 个亚种。分布在我国境内的有 19 个亚种，除 3 个亚种局限于新疆外，其余 16 个亚种（统称灰腰雉）分布于我国各地，堪称我国特产。目前，在世界上人工饲养的雉鸡大都是由分布在我国的雉鸡亚种驯化或杂交培育而成的。

一、东北环颈雉

东北环颈雉又称地产山鸡，是由中国农业科学院特产研究所等单位在 20 世纪 80 年代初由野生雉鸡东北亚种驯化选育而成。雄雉：头青铜褐色，两侧有明显的白色眉纹，颈下白色颈环宽而完整，胸部红铜色，上背部黄褐色，下背及腰部呈浅蓝灰色，两肩及翅膀黄褐色，腹部近似黑色。雌雉：头顶米黄色，颈部浅栗色，胸部沙黄色，上体褐色或棕黄色，下体沙黄色。体型狭长，颈细长，胫长，胸深小。东北雉体重和产蛋性能比美国七彩山鸡低，但肉质优于美国七彩雉。成年公雉体重为 1.1~1.3kg，成年母雉为 0.8~1.0kg，年产蛋量 25~34 枚，高者达 42~48 枚，平均蛋重 25~30g。

二、美国七彩雉

美国七彩雉又叫美国七彩山鸡，是美国从中国引种的华东环颈雉与蒙古环颈雉杂交培育而成的。雄雉：眼上方没有白色眉纹，颈部为墨绿色，颈下白环窄且不完整，胸部红黑色，上背红褐色，下背草黄色，羽色比东北雉深。雌雉：羽色比东北雉略浅。体型钝圆，体重和生产性能比东北雉高。育成公雉体重可达 1.8~2.2kg，性成熟后降至 1.5~1.8kg。育成母雉体重为 1.25kg 左右，产蛋前体重为 1.3~1.6kg，年产蛋量 80~100 枚，平均蛋重 34g。

三、改良雉

改良雉又称左家山鸡，是由中国农业科学院特产研究所在 20 世纪 90 年代初期以美国雉为父本，以地产山鸡(东北雉)为母本杂交选育而成的。雄雉：眼上方有白色眉纹，颈部呈金属墨绿色，白色颈环不太完整，胸部红铜色，上背棕褐色，下背呈黄色或蓝灰色，腹部黑色。雌雉：头顶米黄色，颈部浅栗色，上体棕黄色或沙黄色，下体近乎白色，体形钝圆，体重和生产性能较高。育成公雉体重为 1.5kg 左右，成年公雉为 1.5~1.8kg。育成母雉体重为 1.13kg 左右，成年母雉为 1.14~1.34kg，年平均产蛋量 62 枚，平均蛋重 28~33g。肉质优于东北环颈雉和美国七彩雉。

另外，还包括黑化雉鸡、特大型雉鸡、浅金黄色雉鸡、白羽山鸡、台湾环颈雉等。

第三节 雉鸡的选种选配与繁殖

一、雉鸡的选种选配

(一)种雉的选择

依据外貌品质特征及繁殖性能进行选择。种公雉应选择发育良好，结构匀称，脸绯红，耳羽束发达直立，胸部宽深，羽毛华丽，姿态雄伟，雄性强，体大健壮者留种。母雉要求身体端正、呈椭圆形，羽毛紧贴、有光泽，静止站立尾不着地，两眼有神，体大健壮无缺陷者留种。种用年龄以 1 岁龄为宜，成绩特别突出的种母雉可留 2 年，种公雉可留 3 年。

(二)雉鸡的配种方法

1. 大群配种 在较大数量的母雉群内按 1:5 的公母比例组群，任其自由交配，每群以 100 只左右为宜。大群配种是目前生产场大都采用的方法。这种方法管理简便，节省人力，受精率、孵化率均较高。3 年以上的种公雉体质弱、性欲差，不宜用于大群配种。

2. 小间配种 就是放 1 只公雉和 6~8 只母雉于小间内配种，公母雉均有脚号或翅号，这种方法便于建立系谱，是品种选育和引种观察常用的方法，不适于商品生产用。因为公雉性机能的差异影响配种行为和配偶间的关系，所以受精率不如大群配种高。

3. 人工授精 人工授精技术的应用解决了笼养雉鸡的配种问题，同时还减少了公雉的饲养量(1 只公雉可配 30~50 只母雉)，从而节省了饲料，加快了育种工作的进展，还能减少疾病的传播。人工授精技术还可以克服公母雉之间存在的配种障碍，如因公母雉体重相差悬殊造成自然交配不完全；优秀种公雉腿部受伤或有其他外伤无法进行自然交配等情况。此外，由于冷冻精液的使用，可以使配种不受种公雉生命的限制，也有利于国际或国内地区间优良品种或品系种公雉精液的交换。

二、雉鸡的繁殖特点

1. 性成熟迟，季节性产蛋 雉鸡 10 月龄左右才能达到性成熟，并开始繁殖。公雉比母雉性成熟迟一个月左右。在自然界中，野生雉鸡繁殖期每年 2 月开始，产蛋至 6~7 月。在人工饲养条件下，产蛋期延长至 9～10 月。年产蛋 60～120 枚。雉鸡蛋外形如普通家鸡蛋，呈椭圆形，蛋壳光亮，大多数蛋为橄榄黄色，也有棕绿色等多种。平均蛋重 23～26g，也有达 38g 的，蛋的受精率较高，可达 80%～85%。

2. 性行为　　在繁殖季节，性成熟以后的公雉每日清晨发出清脆的叫声，并拍打翅膀吸引母雉，求偶时颈羽蓬松、尾羽竖立，从侧面接近母雉，围着母雉做弧形快速来回转动，头上下点动。母雉若接受交配，则让公雉爬跨至背上，公雉用嘴啄住其头顶羽毛，进行交配。一般 4 月中旬约有 50% 的成年公母雉接受交配，4 月底开始产蛋。5～7 月交配次数较为频繁，同时产蛋量达到高峰。8 月初后，交配逐渐减少，产蛋量也随之下降，9～10 月产蛋基本结束。

三、雉鸡的繁殖技术

1. 适时放对配种　　过早或过迟放对不利于受精率的提高。放对配种时，应考虑气温、繁殖季节和公雉的争斗地位等因素。一般我国南方 3 月初即可放对，而北方则要延迟 1 个月，在正式放对配种前，可试放 1～2 只公雉进入母雉群，看母雉是否乐意受配。也可根据母雉的鸣唱、筑巢等行为来掌握放对时间。公雉进入母雉群后，经过争斗产生了"领主"或"王子雉"，此后不再随意放入新公雉，以维护"王子雉"的地位，可减少体力消耗，稳定雉鸡群，提高受精率。

2. 放配年龄和利用年限　　雉鸡一般 10 月龄即可放配，其中公雉以 2 岁龄者效果最好。生产场一般只用一个产蛋期，母雉产蛋结束即淘汰。种母雉可留 2 年，种公雉可留 3 年。

3. 公母配比　　雉鸡生产大都采用大群自然交配，雉鸡的公母配比一般为 1∶5，受精率可达 85% 以上。

4. 雉鸡的孵化　　雉鸡人工孵化的程序和方法，基本与家鸡相同，但必须注意以下几个方面的要求。

（1）控制温湿度　　雉鸡的孵化温度要求比家鸡低。一般 1～7d 孵化温度为 37.8℃；8～14d 为 37.6℃；15～20d 为 37.4℃；21～24d 为 36.8～37℃。到 24d 时如有 1/3 的雉鸡胚未出壳，则温度要提高 0.5～1℃。孵化期间可让温度稍有高低变动，以便刺激雉胚发育。

雉鸡的孵化湿度要高于家鸡。1～20d 孵化相对湿度为 60%～65%；21～24d 则为 70%～75%。如湿度达不到要求时，可用毛巾蘸水分散挂在孵化器内，或在孵化器内洒水增湿。

（2）增加晾蛋次数　　一般家禽到孵化后期，才开始晾蛋。但雉鸡从种蛋入孵开始，即要求每天晾蛋一次，每次 10min 左右。这是因为雉鸡一直在自然环境条件下孵化繁殖，驯化家养的时间还不长。专用的孵化机可不晾蛋。

（3）及时落盘　　鸡的孵化期为 23～24d。因此，在 21d 就要将胚蛋移入出雏室。孵化正常时，一般 22d 末就开始啄壳，个别已开始出壳，23.5d 全部出壳，24d 末即清扫出雏器。

第四节　雉鸡的营养需要及饲养标准

一、雉鸡的营养需要

二、雉鸡的饲养标准

饲养标准是配制日粮的依据，但是雉鸡的营养需要随地区、品种、年龄、生产水平的不同而不同。饲养标准中，营养物质的含量只是一个参考值，在应用时，要根据实际情况添加。目前已见的雉鸡的饲养标准有美国 NRC 山鸡饲养标准、法国 AEC 山鸡饲养标准、澳大利亚山鸡饲养标准等标准，但是这些标准在我国生产实践中发现效果均不理想，因此国内有关单位和部门根据国外雉鸡营养标准及其报道，经过反复实践和筛选，研究出了适合我国南方地区(表 11-1)和北方地区(表 11-2)雉鸡的饲养标准推荐值，以供参考。

表 11-1 中国雉鸡各饲养阶段饲养标准推荐值(南方地区)

营养成分	1~5 周龄	6~11 周龄	11 周龄以上	营养成分	1~5 周龄	6~11 周龄	11 周龄以上
代谢能/(MJ/kg)	11.93	12.14	12.14~12.35	碘/(mg/kg)	0.6	0.6	0.6
粗蛋白质/%	26	22	17	硒/(mg/kg)	0.3	0.3	0.3
赖氨酸/%	1.55	1.25	0.85	钴/(mg/kg)	0.2	0.2	0.2
蛋氨酸/%	0.55	0.50	0.40	维生素(另加)			
钙/%	1.20	1.00	1.00	维生素 A/(IU/kg)	6500	6000	6000
有效磷/%	0.60	0.55	0.45	维生素 D/(IU/kg)	3000	2000	2000
食盐/%	0.35	0.35	0.35	维生素 E/(IU/kg)	20	15	15
镁/%	0.06	0.05	0.05	维生素 K/(IU/kg)	1.8	1.3	1.3
微量元素(另加)				硫铵素/(mg/kg)	4	3	3
锰/(mg/kg)	80	80	80	核黄素/(mg/kg)	5.5	4.0	4.0
锌/(mg/kg)	60	60	60	泛酸/(mg/kg)	10	8	8
铁/(mg/kg)	60	60	60	烟酸/(mg/kg)	50	35	35
铜/(mg/kg)	8	8	8	胆碱/(mg/kg)	1300	1000	1000

表 11-2 中国雉鸡各饲养阶段饲养标准推荐值(北方地区)

营养成分	育雏期 (0~4 周龄)	育成前期(4~ 12 周龄)	育成后期 (12 周龄至出售)	休产期	产蛋期
代谢能/(MJ/kg)	12.12~12.54	12.54	12.54	12.12~12.54	12.12
粗蛋白质/%	26~27	22	16	17	22
赖氨酸/%	1.45	1.05	0.75	0.80	0.80
蛋氨酸/%	0.60	0.50	0.38	0.35	0.35
(蛋氨酸+胱氨酸)/%	1.05	0.90	0.72	0.65	0.65
亚油酸/%	1.0	1.0	1.0	1.0	1.0
钙/%	1.30	1.00	1.00	1.00	2.50
磷/%	0.90	0.70	0.70	0.70	1.00
钠/%	0.15	0.15	0.15	0.15	0.15
氯/%	0.11	0.11	0.11	0.11	0.11
碘/(mg/kg)	0.30	0.30	0.30	0.30	0.30
锌/(mg/kg)	62	62	62	62	62
锰/(mg/kg)	95	95	95	70	70
维生素 A/(IU/kg)	15 000	8 000	8 000	8 000	20 000
维生素 D/(IU/kg)	2 000	2 000	2 000	2 000	4 000
核黄素/(IU/kg)	3.5	3.5	3.0	4.0	4.0

续表

营养成分	育雏期 (0～4周龄)	育成前期(4～ 12周龄)	育成后期 (12周龄至出售)	休产期	产蛋期
烟酸/(mg/kg)	60	60	60	60	60
泛酸/(mg/kg)	10	10	10	10	16
胆碱/(mg/kg)	1 500	1 500	1 000	1 000	1 000

　　在使用饲养标准时应注意以下事项：第一，饲养标准必须合理，尽量保证雉鸡在满足营养需要的前提下，降低饲养成本，防止出现营养不良或营养过剩等情况。第二，按饲养标准配制日粮的同时，必须观察实际的饲养效果，并根据饲养效果和雉鸡的反应适当调整日粮。第三，饲养标准应随着雉鸡养殖业的发展与生产水平的提高而不断地进行修订、充实和完善。

第五节　雉鸡的饲养管理

一、雉鸡养育阶段的划分

　　我国饲养的雉鸡，按其生长发育特点及管理上的方便，划分为如表11-3所示的几个饲养阶段。

表 11-3　雉鸡养育阶段的划分

养育阶段	育雏阶段	育成阶段	成年阶段
周龄	0～8	9～19	20 以后

二、雉鸡的饲养管理

　　(一)育雏阶段的饲养管理

　　雉鸡0～8周龄为育雏阶段。雉鸡虽经过驯化家养，但尚未完全改变野性。为使雏雉鸡与人和食物建立良好联系，在其出壳第一次喂料时，最好混入同批少量雏家鸡，有利于消除惊恐。同时，尽量减少捕捉。饲养人员接近时，要事先给声响信号，而且服装色泽要固定。雏雉鸡比较娇嫩，若管理不善，死亡率就很高。因此，在饲养管理上，必须注意以下几个方面。

　　1. 精心饲喂，保证营养　　雏雉鸡食量小，日粮蛋白质水平高，开食可喂玉米拌熟鸡蛋(100只雏雉鸡每天加3～4只蛋)，2日龄即可喂含25%以上粗蛋白质全价料。饲喂时少喂勤添。开始时，每隔2～3h可喂一次，逐渐延长间隔时间，4～14日龄每天喂6次，15～28日龄每天喂5次。4周龄后，每天喂3～4次即可。0～20周龄共需精料6.4～6.5kg。

　　2. 控制环境，加强管理　　雏雉鸡对环境条件要求较严格，初生雏育雏温度保持35℃，后随雏雉鸡日龄增长而降低。一般3d降低1℃。

　　由于雏雉鸡有神经质，稍有动静就会产生惊群，乱窜乱撞，到处奔逃，甚至会损伤自己的头或弄断颈椎。因此，操作时动作要轻，尽量保持环境安静，减少惊扰及预防兽害。

及时调整饲养密度。网上平养或箱式育雏，1～10 日龄可养 50～60 只/m²；10～20 日龄可养 30～40 只/m²；30～40 日龄可养 20 只/m²；45～60 日龄可养 10 只/m²。

雉鸡非常好斗。到 2 周龄时，雉鸡群中就会有啄癖发生。这种恶习比家鸡流行更广，一旦发生很难停止。为此，除在雉鸡舍通风、光照强度、营养是否全面等方面找原因加以改善外，一种方法是在 10～14 日龄即可进行第一次断喙。另一种方法是给雉鸡鼻孔上装金属环，称鼻环。鼻环是装在雉鸡上喙的上面，以便鼻环的针固定在雉鸡的鼻孔里。用一把扁钳子将鼻环固定在雉鸡的鼻孔上时，注意不要钳入组织里，要选择大小合适于雉鸡年龄的鼻环。雉雏在 1 月龄时，就可开始戴鼻环，一直戴到 4 月龄出售时。如留种，则要更换成年种雉鸡的鼻环。鼻环不会妨碍雉鸡的采食等正常活动，而防止啄癖效果较好。

3. 进行第一次断喙 断喙可预防雉鸡发生啄癖。操作方法是：在第二周龄时，结合疏散密度进行第一次断喙。断喙时，用电热断喙机进行，切除喙的 1/3，并充分止血。也可采用剪刀断喙后烫烙止血，或在烧红的铁板上进行简易的烫烙断喙。结合断喙进行新城疫 II 系疫苗滴鼻。

(二)育成阶段的饲养管理

育成阶段是指饲养 9～19 周龄的雉鸡，这一阶段雉鸡生长发育最快。到 7～18 周龄时，其体重可接近成年雉鸡。管理上应注意以下几点。

1. 及时转群 雉鸡 6～8 周龄时，如留作种用，此时就应对雉鸡进行第一次选择。将体形外貌等有严重缺陷的雉鸡淘汰后，即转入青年雉鸡舍饲养。

2. 加强运动，防止飞逃 雉鸡性情活跃，经常奔走跳动，爱活动是青年雉鸡的特点。为使青年雉鸡得到充分发育，培育体质健壮的后备种雉鸡，青年雉鸡舍一般采用半敞开式或棚架式鸡舍，舍外设运动场。并在运动场上架设网罩，也可采用剪翼羽、断翅、装翼箍等办法以防飞逃。

3. 进行第二次断喙，防止啄癖 雉鸡野性较强，喜欢啄异物。青年期喙生长迅速，如果缺乏某种营养或环境不理想，啄癖现象更加严重。为防止啄癖加重，在 8～9 周龄要进行第二次断喙，以后再每隔 4 周左右进行一次修喙。

4. 控制体重，防止过肥 青年期雉鸡，特别是在 8～18 周龄时最容易过肥。为保证其繁殖期能获得较高的产蛋率和受精率，应进行适当限饲。例如，用减少日粮中蛋白质量和能量标准，增加纤维和青绿饲料喂量，减少饲喂次数，增加运动量等方法加以控制。

(三)成年阶段的饲养管理

雉鸡一般养到 20 周龄即称为成年雉鸡。成年雉鸡又可分为繁殖期和非繁殖期。成年种雉鸡除日常饲养管理外，还应着重注意以下几点。

1. 营养调控 进入繁殖期的雉鸡，为保证较高的受精率和种蛋合格率，要求日粮营养全价，蛋白质水平在 21%以上。配制日粮时，鱼粉占 10%～12%，植物性蛋白质饲料占 20%～30%，酵母占 3%～7%，脂肪和鱼类占 2%～3%，青绿饲料占 30%～40%，骨粉等含钙饲料提高到日粮的 5%～7%。

2. 确立"王子雉" 雌雄合群后，雄雉间会进行强烈的争偶、斗架，此过程称为拔王过程。此期必须人为地帮助较强壮的雄雉尽快打败对方，在拔王期间，应人为地帮助确定

"王子雉"的优势地位，使之早确立"王子雉"，早稳群，减少死亡，有利交配。

3. 防暑降温 雉鸡在 6 月中旬到 7 月末的炎热季节，如果受阳光直接照射，则会影响种雉鸡的性活动，减少交配次数，使蛋的受精率下降。因此，必须采取搭棚、种树、洒水等降温措施。

4. 公雉鸡轮换制 一般到繁殖后期，有部分公雉鸡只是争斗而不交配或无繁殖力，则必须及时进行公雉鸡轮换。但对换上的新公雉鸡要加强人工看护。

5. 勤收蛋 雉鸡因驯化较迟，公母雉鸡都有啄蛋的坏习惯，破蛋率较高。因此，收蛋要勤，发现破蛋应及时将蛋壳的内容物清理干净，不留痕迹，避免雉鸡尝到蛋的滋味，造成啄蛋癖。

6. 网室内设置屏障 设置屏障遮住"王子雉"的视线，使被斗败的公雉鸡可频繁地与母雉鸡交配，这是提高群体受精率的一个措施。

三、种雉的饲养管理

（一）种雉的饲养

雉鸡一般在 3～4 月开始交尾，进入繁殖期。为保证较高的孵化率，种雉营养是关键。要求种雉日粮全价，且蛋白质一般达到 21%～22%，所以个别养殖户养殖种雉时，单纯喂给蛋鸡产蛋期料，不但造成雉鸡啄癖且使种蛋缺乏营养而导致胚胎在孵化中期死亡，从而降低了孵化效果。另外，雉鸡产蛋时对脂肪的需要比家鸡高，当母雉进入产蛋高峰期时，在饲料中添加 2%～3%的脂肪，对提高孵化效果有很大作用。

（二）种雉的管理

经产雌雉于 4 月中旬，初产雌雉于 4 月末放入雄雉。每群 100 只左右，雌雄比例以 1：5最佳，密度为 1.2 只/m²。在混群前，在隐蔽处事先设置产蛋箱，可设计成三层阶梯式，每层均成 5°倾斜角，可防止种蛋被粪便污染而影响孵化率。

为防止"王子雉"独霸全群母雉鸡，可在网室内用石棉瓦设置遮挡视线的屏障，以4～5 张/100m²为宜，使其他雄雉均有与雌雉交尾的机会，实践证明，这是提高群体受精率的有效措施。经过一段时间的交尾后，有些雄雉交尾能力严重下降，因此，必须及时更换。按雉鸡的行为学要求，以整群替换种公雉为最好。另外，在 6～7 月，天气炎热，种雉的性活动减弱，可以采取搭棚、种树、洒水等措施来降低环境温度。

四、提高雉鸡生产力的技术措施

（一）应用反季节生产技术提高产蛋量

在自然条件下，雉鸡繁殖产蛋期在每年 3 月。9 月底至翌年 2 月底为休产期，停止产蛋 5个月左右。休产期为"无效饲养"，会造成很大的经济损失。

在休产期采取反季节技术，补充人工光照，初期每天光照 13h，以后每周增加 0.5～1h，直到每天 16h 后恒定下来；同时要注意提高日粮的营养水平，特别是蛋白质的供给，冬季还应加强防寒保暖措施，禽舍温度应保持在 10℃以上。这样，一般每只雉鸡每年产蛋量可达100 枚以上，比传统的生产方式提高产蛋量 32%左右；次年春季孵雉，3～6 月可出售大量的肉用雉鸡、种苗，可获得较大的经济效益。

(二)提高雉鸡种蛋孵化率的综合措施

要想搞好雉鸡的繁育，提高雉鸡种蛋孵化效果是关键。

1. 搞好种雉的饲养管理，提高种蛋质量 培育高产健康的种雉群是提高种蛋受精率的基础。所以，一定要严格按照种雉的饲养标准进行饲养，保证种鸡有足够的营养供应。试验表明，在基础日粮中添加玉米油、棕榈酸、油酸或亚油酸，能提高种蛋孵化率，减少孵化后期胚胎死亡。用植酸酶代替饲料中的磷酸氢钙也可提高受精率和孵化率。对严重影响雏鸡质量和孵化率的一些疾病，要制订科学的免疫程序，严格防疫。

2. 种蛋的选择与贮存 种蛋挑选时，先将砂皮、钢皮、过大、过小、过扁、过圆、污染面积过大的种蛋剔除。一般雉鸡种蛋以蛋形指数 0.83 孵化效果最佳，且蛋壳颜色以橄榄色、褐色蛋壳孵化率高，蓝色最低。刚产出的种蛋不宜马上入孵，要贮存 24h 以上，但最好不超过 5d，因为时间长了，会使胚盘衰老。保存的温度以 15℃ 为最适宜，因为在此温度下胚胎处于完全静止状态。如果保存期超过 5d，需要降低温度，10d 以上应为 12～13℃。保存种蛋的相对湿度应为 70%～80%，并注意通风，防止霉菌在蛋壳表面繁殖。保存种蛋时应大头朝下放在贮蛋盘中。

3. 种蛋及孵化器具的消毒

(1)种蛋的消毒 细菌可以通过蛋壳侵入蛋内，单纯表面消毒无效，但雉鸡产蛋时，为减少应激，一般不能及时收取种蛋，可在种雉舍北侧设置产蛋箱，箱底向北侧有 5°倾斜角，使蛋滚入北侧集蛋槽内，人可在舍外不惊扰雉鸡的情况下及时地收取种蛋从而及时消毒。种蛋入孵前再一次消毒。因为种蛋在保存、运载时受到二次污染，所以入孵前再一次消毒较好。入孵前种蛋的消毒效果好坏，直接影响种蛋的孵化成绩。

(2)孵化器具的消毒 可先用消毒药液先消毒后再与孵化器熏蒸消毒 1 次为好，可按每立方米用甲醛水溶液 30ml、高锰酸钾 15g，在温度 22～25℃、相对湿度 70%～80%的条件下密闭熏蒸 20～30min 为宜。

(3)孵化车间的消毒 定时消毒，每周更换一次消毒药，隔日用火碱拖地，每出一批雏必须彻底清洗车间和用具及工作服并彻底消毒，有条件最好每周进行一次细菌检测，检查卫生及消毒效果。

4. 种蛋的入孵及落盘 入孵时一定要使蛋的大头向上放置，对于气室不明显的要仔细辨别，依贮存期、产蛋期分清批次，认真记录，尽量不要混孵，造成出雏的混乱。落盘时要保证在短时间内快速完成，而且动作要轻、稳，以减少不必要的损失。

5. 适宜的孵化条件 适宜的温度是提高孵化率的首要条件，恒温孵化时，孵化机的温度应保持在 37～37.5℃，出雏机温度为 37℃，孵化期相对湿度为 65%～70%，出雏时应提高到 70%～75%，通风换气对胚胎发育和孵化效果影响很大，如果通风不良，会出现畸形或胎位不正等现象。孵化时，在不影响温度的情况下，通风越畅越好。在孵化期应适时翻蛋，一般 2h 1 次，角度为 90°。

(三)提高繁殖力应采取的措施

种雉鸡繁殖率的高低，直接关系到养殖经济效益的好坏。因为雉鸡人工驯化的历史比较短，所以雉鸡场普遍存在繁殖率低的情况。影响雉鸡繁殖率的主要因素包括产蛋量、种蛋受精率、孵化率和育雏成活率等。因此，在饲养管理工作实践中，只有针对上述因素，并采取综合措施，才能实现提高繁殖力、增加经济效益的目的。

1. 严格进行选种选配，培育高产种雉鸡　　在选配中，个体选配优于群体选配。为充分发挥优良种公母雉鸡的遗传效应，应进行雉鸡的人工授精技术。种雉鸡的选择，采用个体选择、家系选择和家系内选择的综合方法，从而培育高产雉鸡品种。

2. 采取导入杂交的方式改良地产山鸡的生产性能　　地产山鸡虽然产蛋量低，但其抗逆性强，且在狩猎场放养中有较大经济价值。而美国七彩山鸡飞翔能力差，但比较温顺，年产蛋量高。为此，用地产山鸡与美国七彩山鸡杂交后，杂交一代的育雏成活率高，抗逆性强，可提高年平均产蛋量，既保留了地产山鸡抗逆性强的优点，又达到了提高产蛋量的目的。

3. 掌握适宜的配种年龄及利用年限　　雉鸡在出生后 10 月龄即可参加配种，雄雉一般可利用三年，而雌雉只利用两年，且雌雉第二产蛋年的平均产蛋量要高于第一产蛋年。为此，选留经白痢病及结核病病原学检查后确认无病健康的经产雌雉，可以提高产蛋量。

4. 加强种雉营养，精心管理　　日粮中蛋白质水平适当提高，一般可达 18%～20%，相应降低糠麸量，青饲料不足时补喂维生素添加剂和微量元素添加剂。在人工给料时，恢复每日饲喂三次。

5. 雄雌雉鸡合群时间及比例要适当　　如果雄雉放入过早，雌雉尚未发情，而雄雉则有求偶行为，雄雉强烈地追抓雌雉，使雌雉惧怕雄雉，以后即使发情了也不愿接受交尾，从而会降低受精率。合群时雄、雌比例要适宜，一般以 1∶5 最佳，过多过少都会影响受精率。

6. 保护"王子雉"和设置屏障　　确立"王子雉"的地位，以便稳群。但为避免"王子雉"独霸全群母鸡，可在网室内用石棉瓦设置遮挡视线的屏障，使其他雄雉均有与雌雉交尾的机会。

7. 注意防暑降温　　六月中旬后天气开始炎热，雄雉性活动常会下降，交尾次数减少。此时，应当采用网室外遮阴、地面喷水等降温措施，并适当增加饲料中维生素的含量，以提高种蛋的受精率。

8. 严格选择种蛋　　种蛋合格与否，可通过蛋形指数、蛋重、蛋壳颜色、蛋的破损及污损等指标来确定。而蛋形指数及蛋重受遗传因素影响占 70%，受环境因素影响占 30%。因此，提高种蛋的合格率，必须严格按标准进行选择，使优良性状保存下来并得以积累。

第六节　雉鸡对环境的要求及圈舍设计建造

一、雉鸡养殖场建造对环境的要求

1. 场址的选择　　平原地区应选择地势较高、稍向南或东南倾斜的地方建场，山区、丘陵地区应选择山坡的南面或东南建场。土质以沙质土为好，利于雨后排水，避免积水。良好的地势可以使雉鸡舍保持良好的通风、光照和排水，而且能使雉鸡舍冬暖夏凉。

应选在交通便利的地方建场，场址应远离生活饮用水源地、动物屠宰加工场所、动物和动物产品集贸市场、种畜禽场、动物诊疗场所、动物饲养场（养殖小区），远离动物隔离场所、无害化处理场所，远离城镇居民区、文化教育科研等人口集中区域，远离工厂、矿山及噪声污染严重的地区，远离公路、铁路、机场等主要交通干线和高压电线。应与生活饮用水源地、动物屠宰加工场所、动物和动物产品集贸市场之间的距离不小于 500m，与城镇居民区、文化教育科研等人口集中区域及公路、铁路等主要交通干线之间的距离不小于 500m，与其他种畜禽场之间的距离不小于 1000m；与其他动物诊疗场所之间的距离不小于 200m，与其他动物饲养场(养殖小区)之间的距离不小于 500m，与其他动物隔离场所、无害化处理场所、生物安全处理场所之间的距离不小于 3000m。要求水质清洁卫生，应符合 GB5749—2006《生活饮用水卫生标准》的相关规定。

养殖场饲料加工、孵化、育雏、照明等都需要用电，尤其是孵化，停电对其影响很大。因此建场的地方电源必须有可靠的保证，为防止突然停电，养殖场应备有发电机。

选址之前应对场区进行环境影响评价，并具有由环境影响评价资质部门出具的环境质量报告书，环境质量报告书应符合 GB/T19525.2—2004《畜禽场环境质量评价准则》的相关要求。养殖场应有一定的发展空间和种植青绿饲料用地。

2. 养殖场布局 行政区与生活区平行排列于供应区的侧面或在生产区主风向的另一侧面，与生产区应有 200～250m 的距离。既有利于防疫，又有利于生活区的环境卫生。

生产区应建在地势最高的地方，顺着主风向按孵化室、育雏室、育成雉鸡舍和成年雉鸡舍的顺序排列，能减少雏雉和育成雉的发病机会，避免成年雉鸡舍排出的污浊空气侵入和病原的感染。为便于通风和防疫，各雉鸡舍应保持一定的距离，孵化室与育雏室的距离宜为 150～180m，育雏室与育成雉鸡舍的距离宜为 30～35m，育成雉鸡舍与成年雉鸡舍的距离宜为 20～25m。生产区的入口应设有消毒间或消毒池，消毒液应保持有效浓度。每栋雉鸡舍都应设有一间饲养员操作间，其内应设有消毒设施。供应区位于生产区的侧面较为方便。青绿饲料种植区可介于生活区和生产区之间，或者位于生产区的另一端，并与生产区保持一定的距离。

场内通道分为净道和污道，净道用来运送饲料、雉鸡和蛋，污道用来运送粪便、病雉等。病雉隔离区及堆粪场应设置在生产区下风向地势低的地方，尽量远离雉鸡舍，距离在 300m 以上最为适宜。病死雉鸡尸体处理应该符合 GB16548—2006《病害动物和病害动物产品生物安全处理规程》中的规定。养殖场废弃物品及污染物的排放应符合 GB18596—2001《畜禽养殖业污染物排放标准》和 HJ/T81—2001《畜禽养殖业污染防治技术规范》的规定。

二、雉鸡舍建筑及用具

(一)雉鸡舍的建筑

孵化室应为砖混结构，面积应根据孵化规模而定，内设贮蛋室、种蛋消毒室、孵化间、洗涤室和更衣间等。

育雏室应为砖混结构。雉鸡舍门窗有铁丝网或尼龙网防护，网眼规格为 0.5cm×0.5cm。为了防止防护网被雉鸡啄破及鼠害，离地 1m 以内的防护网不能用尼龙网。要做好雉鸡舍的保温、通风工作。地面应为水泥地，在地面应铺上一些锯末或者碎谷壳作垫料，同时要经常检查室内是否有鼠洞。

育成雉鸡舍在构造上应保证育成雉鸡舍干燥透光、清洁卫生、换气良好。窗户的总面积要占雉鸡舍总面积的 1/8 以上，前窗户低而大，后窗户略小。窗户和门应有防护网，网眼规格不大于 2cm×2cm。运动场应为水泥地面，面积是雉鸡舍的 1～2 倍。基部 1m 以下应为铁丝网，上部及顶部可用尼龙网，网眼规格不大于 2cm×2cm。在室外运动场适宜铺上 3～5cm 厚的清洁砂砾，同时应根据饲养场面积的大小在舍内外设置多组栖息架。

(二)成年雉鸡舍建设

成年雉鸡舍的建筑要求基本和育成雉鸡舍相同，不过窗户面积要适度增大，应占雉鸡舍总面积的 1/6 以上。作种用的雉鸡舍在成年雉鸡舍的基础上要设置产蛋箱和遮挡视线的屏障，运动场地以大为宜。

与育成雉舍基本相同，不同的是每幢雉舍北面都留有 1m 宽的过道，每间雉舍都向过道开有后门，其内具有育雏室的保暖条件和保温设备，运动场面积是房舍面积的 10 倍以上。舍内外应根据饲养场面积的大小设置多组栖息架，室外运动场应铺上 3～5cm 厚清洁卫生的砂砾。

(三)附属建筑

附属建筑主要是指饲料加工厂、化验室、办公室及生活用房等，这些建筑的设计与要求可参照普通鸡场内的建筑标准。

(四)雉鸡场的主要设备

1. 孵化器和出雏器　　孵化器和出雏器要求能自动控制温度和湿度，并能自动定时翻蛋。其规格大小可根据生产量而定。附属设备有蛋盘、出雏盘、照蛋器等。个体小规模饲养者可采用水袋式孵化、火炕孵化等。

2. 育雏设备

(1)立体笼式育雏设备　　包括育雏架和育雏筐。育雏架由 12mm 钢筋焊成(分 3 层或 4 层，每层笼间距离为 30cm)；育雏筐由钢筋和电焊网构成，骨架由 6mm 钢筋焊成，规格为 90cm×60cm×28cm，边壁由 1cm×2cm 孔目的电焊网制成，底网孔径为 1cm×6cm。

(2)平面育雏设备　　包括育雏伞和围栏。

(3)饲槽和饮水器　　饲槽最好采购塑料槽，饮水器可用塔式真空饮水器。

(4)自动控温加热设备　　主要包括加热器、电导温计、电子继电器。

3. 饮水具　　中雏、大雏、成年雉鸡用料槽和饮水器。

4. 饲料加工设备　　包括饲料粉碎机和搅拌机等设备。

5. 其他设备　　为预防停电，应备有发电机，大型养殖场还应配有车辆等机动设备。

(唐晓惠)

第十二章 鹌 鹑

鹌鹑是一种野生鸟类，简称鹑。鹌鹑的驯化和饲养起源于日本。1911～1926 年，日本出现专门从事鹌鹑繁殖改良的研究机构，培育出著名的日本鹑。朝鲜和法国紧随其后培育出本国品种。第二次世界大战后，日本的养鹑业一度衰退，20 世纪 70 年代以来，又逐渐发展，饲养数量居世界首位。目前，世界各国都很重视鹌鹑的养殖，尤其是美国、加拿大、意大利、朝鲜和东南亚各国。

我国是野鹌鹑的主要产地，饲养历史悠久，春秋战国时代，"鹑"就被列为六禽之一，成为筵席珍肴；唐宋以后，不少文字记载了它的生态和生活习性；明代起逐步发现其药用价值；清朝康熙年间程石隣著有《鹌鹑谱》，收录了 44 个优良品种，详细记载了饲养方法及宜忌。

我国以生产为目的的养鹑业始于 20 世纪 30 年代，从日本引进到上海养殖，70 年代引进朝鲜鹌鹑，80 年代引进法国肉用品种。鹑蛋与鹑肉营养、口味俱佳，营养物质含量高于其他禽类产品，且具有药用价值，在我国素有"动物人参"的美誉。目前，我国已经成为世界第一养鹑大国，鹌鹑产品总量占世界总量的 1/4。

我国鹌鹑养殖量居世界首位，2012 年我国蛋用鹌鹑存栏约 5 亿只，鹌鹑产蛋量约 80 万 t。蛋鹌鹑主产区主要分布于江西、山东、陕西、河南、湖北、河北等地。我国肉用鹌鹑年出栏约 3 亿只，主要集中于江苏、浙江、上海、广东等经济发达地区。

实验用鹑体型小、世代间隔短、饲养管理容易、对光敏感、抗病力强，作为实验动物进行科学研究，在我国已被广泛使用，目前已培育出无菌鹑、近交系鹑、无特定病原体(SPF)鹑等鹌鹑群体。

第一节 鹌鹑的生物学特征

一、分类与分布

动物学分类属脊椎动物亚门(Vertebrata)、鸟纲(Aves)、鸡形目(Galliformes)、雉科(Phasianidae)、鹌鹑属(*Coturnix*)。野生鹌鹑是候鸟，分布于欧洲，非洲，亚洲北部、中部、西部和南部等，在中国繁殖于新疆西部的莎车、裕民等地至东部的罗布泊，越冬于西藏南部和东南部，有时也到云南西北部的中甸。经过 100 余年的驯化和人工选育，成为高产家禽。

二、外形特征

鹌鹑形似雏鸡，头小，喙短，尾短，无冠、髯、距，体形呈纺锤形，因培育目的不同，体形外貌也随品种、品系、配套系的不同而不同。羽毛茶褐色，背部赤褐色，散布黄色纵直条纹和暗色横纹，头部黑褐色，中央有黄色条纹三条，体重 120～150g。通常雌鹑肛门上部无球状物，不会啼鸣；雄鹌鹑在肛门上部有一蚕豆大小粉红色球状物，会发出"嘎嘎"的啼鸣声。

三、生活习性

1. 鹌鹑胆小，富神经质，怕惊吓　　鹌鹑害怕强光，昼伏夜出，对周围的任何应激均反应强烈，易骚动、惊群和发生啄癖，故鹌鹑适合暗淡的光照，饲养场所要保持安静。

2. 鹌鹑性喜温暖、干燥，畏寒冷，怕潮湿　　鹌鹑生性怕冷也怕热，雏期温度保持 35～37℃，成期适宜环境温度为 20～22℃。温度低于 15℃或高于 30℃，产蛋率都会下降。鹌舍的相对湿度一般要求 50%～60%。

3. 鹌鹑生长发育快，早熟，寿命短，无抱性　　鹌鹑出雏时仅有 7～8g，40 日龄时体重为初生时的 20～25 倍，45～50 日龄性成熟，体重达 120g 左右；但衰老很快，产蛋 1 年后自然死亡率上升。家养鹌鹑失去就巢性，需鸡、鸽代为孵化或人工孵化。

4. 鹌鹑食量小，食性杂，代谢旺　　鹌鹑食量小，每只鹌鹑从孵出到产蛋，仅耗 750g 饲料，但食性杂，喜食颗粒饲料、昆虫与绿色饲料，味觉发达，对饲料质量要求较鸡高，在早晨和傍晚采食频繁，对日粮蛋白质水平要求高。

5. 鹌鹑择偶性强　　鹌鹑基本为单配，当母鹌过多时发生有限的多配偶制。因为对配偶的选择严格，所以受精率较低，鹌鹑的交配行为多为强制性的。

6. 鹌鹑的适应性和抗病力强　　鹌鹑尤耐密集型笼养，便于集约化饲养。

第二节　鹌鹑的品种

按照驯化程度可将鹌鹑分为野生鹌鹑和家养鹌鹑两类。目前，全世界共有野生鹌鹑群体 20 个左右，进一步分为野生普通鹌鹑和野生日本鸣鹑两种。野生普通鹌鹑有欧洲野生鹌鹑、非洲野生鹌鹑和在东亚分布的有关亚种，野生日本鸣鹑为东亚所特有的品种。

我国境内两种野生鹌鹑均有分布，以野生日本鸣鹑居多。野生普通鹌鹑繁殖于新疆，越冬于西藏南部和吕都东南；野生日本鸣鹑主要生活于内蒙古和东北地区。在有些地域，两者的分布也有重叠现象。

家养鹌鹑按照饲养目的分为两类，即商品用鹑和实验用鹑。商品用鹑又按经济用途分为蛋用鹑和肉用鹑。我国蛋用型品种主要有日本鹌鹑、中国白羽鹌鹑、黄羽鹌鹑、朝鲜鹌鹑、自别雌雄配套系、"神丹 1 号"鹌鹑配套系和爱沙尼亚鹌鹑；肉用型品种主要有中国白羽肉鹑、迪法克 BC 系、FM 系肉鹑和莎维麦脱肉鹑。

一、蛋用型鹌鹑

1. 日本鹌鹑　　是公认的培育品种，以体型小、产蛋多、纯度高而著称于世，1911 年由小田厚太郎利用中国野生鹌鹑经 15 年驯化育成，是鹑种的重要基因库。体羽多栗褐色，头部黑褐色，中央有淡色直纹三条，背部赤褐色，均匀散布着黄色直条纹和暗色横纹，腹羽色泽较浅。公鹑脸部、下颌、喉部为赤褐色，胸羽呈砖红色；母鹑脸部淡褐色，下颌灰白色，胸羽浅褐色，上缀有似鸡心状的粗细不等的黑色斑点。初生雏鹑重 6～7g，平均体重成年公鹑约 110g，母鹑约 140g。日采食量 25～30g/只，35～40 日龄开产，年产蛋 250～300

枚，蛋重约 10.5g，平均产蛋率约 80%，产蛋最高纪录为 450 枚。种蛋受精率为 75%～80%。

2. 朝鲜鹌鹑　　由朝鲜采用日本鹌鹑选育而成，按产区可分为龙城系和黄城系。由北京种禽公司种鹌鹑场多年封闭育种，其均匀度与生产性能有较大提高。体型较日本鹌鹑略大，羽色基本相同。成年公鹑体重 125～130g，母鹑约 150g。年产蛋 270～280 枚，平均蛋重 11.5～12g，蛋壳有棕色或青紫色斑块或斑点。肉用仔鹑 35～40 日龄体重达 130g。产蛋鹑日耗料 23～25g/只，料蛋比为 3∶1。

3. 中国白羽鹑　　为北京市种禽公司种鹌鹑场、中国农业大学和南京农业大学等联合育成的白羽鹌鹑新品系。白羽纯系(隐性)的体型似朝鲜鹌鹑，体羽洁白，偶有黄色条斑，母鹑雏期容貌浅色黄斑。屠体皮肤呈白色或淡黄色，外表美观。具有伴性遗传的特性，为自别雌雄配套系的父本。北京市种鹌鹑场饲养成绩：成年母鹑体重 130～140g，40～45 日龄开产，年产蛋 265～300 枚，平均产蛋率为 75%～80%，蛋重 11.5～13.5g，蛋壳有斑块与斑点，日耗料 23～25g/只，料蛋比为 2.73∶1，采种日龄为 90～300d，受精率为 90%。

4. 自别雌雄配套系　　利用隐性基因鹌鹑纯系具有伴性遗传的特性，当隐性白羽或黄羽公鹌鹑与栗羽母鹌鹑杂交时，其子一代可根据胎毛颜色自别雌雄，具有较高的育种与生产价值。这方面我国居领先地位。

隐性白(或黄)羽公鹌鹑与栗羽朝鲜母鹌鹑进行杂交时，由北京市种禽公司、中国农业大学和南京农业大学经 13 批试验论证，子一代初生雏淡黄色羽为雌雏(初级换羽后即呈白色羽)，栗羽则为雄雏，自别准确率为 100%，且杂交雏生活力强，育雏率达 93%以上，雌鹑生产性能较栗羽朝鲜母鹑强。

5. 爱沙尼亚鹌鹑　　体型呈短颈、短尾的圆形，体羽为赭石色与暗褐色相间。公鹑前胸部为赭石色，母鹑胸部为带黑斑的灰褐色。背前部稍高，形成一个峰。母鹑比公鹑重 10%～12%，具飞翔能力，无就巢性。为蛋肉兼用型品种，年产蛋 315 枚，年平均产蛋率 86%，平均开产日龄 47d，日耗料 28.6g/只。肉用仔鹑平均每千克活重耗料 2.83kg，47 日龄平均活重公鹑 170g、母鹑 190g。

二、肉用型鹌鹑

1. 法国巨型肉用鹑　　由法国迪法克公司育成，又称迪法克 FM 系肉鹑。体型大，成年鹑体羽呈黑褐色，间杂有红棕色的直纹羽毛，头部黑褐色，头顶有 3 条淡黄色直纹，尾羽短。公鹑胸羽红棕色，母鹑则为灰白色或淡棕色，并缀有黑色斑点。种鹑生活力与适应性强，饲养期约 5 个月；肉用仔鹑屠宰日龄 45d，0～7 周龄耗料 1kg(含种鹌鹑耗料)，料肉比为 4∶1(含种鹌鹑耗料)，6 周龄活重 240g，4 月龄种鹑体重 350g，产蛋率 60%，孵化率 60%，平均蛋重 13～14.5g。

2. 美国加利福尼亚鹌鹑　　羽毛金黄色或白色，屠体也呈黄色或白色。屠宰日龄 50d，平均活重约 230g。种鹑适应性强，成年母鹑体重可达 300g 以上。

3. 美国法拉安肉用鹌鹑　　为美国培育的巨型肉用鹌鹑品种。成年体重 300g 左右，仔鹑育肥 35 日龄，体重可达 250～300g。生长速度快，屠宰率高，肉质好。

4. 莎维麦脱肉用鹌鹑　　为法国莎维麦脱公司育成。体型硕大，生长发育与生产性能在某些方面已超过迪法克 FM 系肉鹑。生长速度快，5 周龄平均体重超过 220g，料肉比为 2.4∶1，适应性强，疾病少。母鹑 35～45 日龄开产，年产蛋 250 枚以上，蛋重 13.5～14.5g。

成年鹌最大体重超过 450g，在公母配比为 1：2.5 时，种蛋受精率可达 90% 以上，孵化率超过 85%。

5. 中国白羽肉鹌 由北京市种鹌鹑场、长春兽医大学等单位相继从迪法克 FM 系肉鹌中选育而出，体型同迪法克 FM 系肉鹌，黑眼，喙、胫、脚肉色。成年母鹌体重 200～250g，40～50 日龄开产，产蛋率为 70.5%～80%，蛋重 12.3～13.5g，日耗料 28～30g/只，料蛋比为 3.5：1，90～250 日龄采种，受精率为 85%～90%。

第三节 鹌鹑的育种与繁殖

一、鹌鹑的育种

二、鹌鹑的繁育

（一）种鹑的选择

目前多采用外貌、体重结合选择法。种鹑应有系谱或来源，符合该品种或品系的外貌与生长发育标准，不选近亲鹑。公鹑品质的好坏对后代影响极大，孵化后 50d 即可进行选择。要求公鹑性特征明显，强壮，体大，胸宽，腿结实，体重为 115～130g，趾爪伸展良好，爪子尖锐，叫声洪亮，稍长而连续。泄殖腔腺发达，肛门深红色隆起，用手按压出现白色泡沫，说明已发情，具交配能力。

母鹑要求体大、健壮，头小而俊俏，眼大有神，颈细长，体态匀称，活泼好动，羽毛色彩光亮，成熟体重以 140～160g 为宜，产蛋力高。若腹部容积大，两耻骨间两指宽，耻骨顶端与胸骨顶端三指宽，则为高产型。年产蛋率蛋用鹑应达 80% 以上，肉用型在 75% 以上，月产蛋量 24～27 枚甚至以上。

在生产实践中，不可能统计一年的产蛋量后再来选择，通常以开产后 3 个月的平均产蛋率和日产蛋量来决定。

（二）配种

1. 种鹑的配种年龄 母鹑 3 月龄至 1 年均可，公鹑以 4～6 月龄为最好。但在生产实践中，50～60 日龄的公母鹑即开始繁殖，繁殖期 1 年，年年更换。配种时间以鹌鹑早晨和傍晚性欲最旺时进行较好，彼时受精率最高，一般以早上第一次饲喂后交配最好。如有把握进行人工孵化，则一年四季均可繁殖。

2. 配种方法 鹌鹑生性好斗，故其求偶和交配行为与其他禽类不同。目前均采用自然交配的方式配种，人工授精多因技术不熟练或因公鹑精液过少而较难成功，故在生产中很少采用。

鹌鹑的公母配比按照育种或生产的需要进行调配。自然交配时一般小群配种公母比为 1：（2～4），大群配种则为 10：30。公母配比是保证受精率的关键措施之一。公鹑数量不足，受精率会下降；公鹑数量过多，除增加不必要的开支外，还会导致公鹑之间相互争配而干扰鹑群。

鹌鹑的利用年限，公鹑仅为 1 年，种母鹑则为 0.5～2 年，主要受产蛋量、蛋重、受精率及经济效益、育种价值等的影响。生产实践中对蛋用型种鹑采种 8 个月，对肉型母鹑采种仅 6 个月。

(三) 鹌鹑的孵化

1. 种蛋的选择与保存　种蛋品质好坏直接影响孵化效果，也关系到雏鹑的出生和未来的生产性能，因此，必须把好种蛋选择这一关，提高孵化效率。种蛋选择需考虑以下几个方面。

1) 种蛋来源：种蛋应来自品种纯度高、遗传性状稳定、饲养管理完善、没有任何疾病的种鹑群。一旦发现鹑蛋变色，出现蓝色、茶色或青色，应立即剔除。

2) 新鲜程度：一般选择 5d 以内、开产后 4~8 个月的种蛋为最佳。种蛋保存的时间愈短，胚胎的生命力愈强，孵化率也愈高，雏鹑出壳整齐、健康活泼。

3) 蛋形大小：正常的种蛋呈纺锤形或卵圆形，要求大小合适，形状正常。过长、过圆、凹腰、两头尖等畸形蛋要淘汰，蛋重要符合品种标准，过大的蛋受精率低，胚胎后期死亡多，过小的蛋孵出的鹌鹑小而无力，存活率低。

4) 蛋壳厚度：蛋壳结构应致密、坚实，厚薄要适度，蛋壳直接影响种蛋水分的蒸发速度，从而影响胚胎的正常发育。蛋壳粗糙或过薄，水分蒸发快，易破裂，孵化率下降；蛋壳过厚，气体和水分散发受阻，胚胎啄壳困难，导致后期无法破壳而窒息死亡。

5) 蛋壳清洁度：蛋壳必须清洁，表面没有斑点或污物附着。若蛋壳被粪便或污物污染，表面的微生物会迅速繁殖，穿过气孔进入蛋内，引起腐败变质，同时污物也会堵塞气孔，使生长发育中的胚胎缺氧，排不出二氧化碳及代谢产物，造成胚胎死亡。

种蛋应保存在清洁、整齐、无老鼠的蛋库内，最好装有空调机，保持恒温。保存种蛋的适宜温度为 15~18℃，时间 1 周以内，超过 1 周，以 15℃ 为宜；相对湿度 75% 较为合适。种蛋保存一般不超过 1 周。

2. 孵化方法　鹌鹑的孵化有自然孵化和人工孵化两种。家庭小规模饲养可用自然孵化；现代化大规模生产常采用人工孵化。

自然孵化可利用体型小、就巢性强的母鸡进行代孵，一次入孵 30~35 枚种蛋。早晚各喂一次饲料和清洁饮水，每次 10~20min。也可用鸽子代孵，每次入孵 6~8 枚种蛋。出雏后要及时转移雏鹑，避免被鸡或鸽子压死或啄伤。

人工孵化是养鹑生产的一个重要环节，孵化方法和所需条件基本上与鸡蛋相同。目前多采用鸡的孵化器或特禽孵化器进行人工孵化。

选择产出一周内，花斑明显、大小适中、蛋形正常的种蛋消毒后，按钝头朝上置于 25℃ 室内预热 6~8h 后开始孵化。孵化管理如下。

(1) 温度　温度决定胚胎的生长发育，影响雏鹑的成活。鹌鹑尚有野性，整批孵化以采用变温孵化为好，立体孵化器整批孵化时，1~14d 为 38.5℃，15~17d 为 34~36℃。孵化室以 20~25℃ 为宜。

(2) 湿度　湿度也影响胚胎发育。湿度过低，蛋内水分蒸发过多，胚胎与胎膜粘连，孵出的雏鹑身体干瘦、毛短；如果湿度过高，蛋内水分不能正常蒸发，孵出的雏鹑肚脐大，精神差。一般要求孵化器内的相对湿度，前期为 55%~60%，后期为 70%。

(3) 通风换气　胚胎对氧气的要求是前期少，后期多；冬季少，夏季多。孵化器内的通风可通过孵化器上的进出气孔来加以控制。孵化前 8d 要定时打开通风口换气，后 8d 要经常换气。注意防止过堂风或风量太大。

(4)翻蛋 禽类在自然孵化时会不断进行翻蛋,并将窝边的蛋与中央的蛋调换,使蛋均匀受热,利于胚胎发育。因此人工孵化时,必须模仿禽类翻蛋。翻蛋的方法、要求、次数及时间,因孵化器类型及胚龄不同而有别。一般从种蛋入孵开始至出雏前2～3d落盘时,每昼夜翻蛋4～12次。实际生产中,通常白天每小时翻蛋1次,晚上2～3h翻蛋1次。翻蛋角度为90°。

(5)晾蛋 打开孵化箱门,降低蛋温,每次晾蛋结合具体情况灵活掌握,一般每天晾蛋2次,每次时间10～20min,蛋温下降到30～35℃即可。

(6)照蛋 为了了解胚胎的发育状况,孵化过程中一般要进行2次照蛋。第一次照蛋在入孵后5～7d进行,淘汰无精蛋和死胚蛋。第二次照蛋在入孵后12～13d进行,目的是检出死胚蛋。

(7)落盘 种蛋孵化至14～15d时,将蛋由蛋盘移到出雏盘内,叫做落盘。落盘的蛋数不可太少,以免温度太低;也不可太多,导致胚胎热死或闷死。

(8)出雏 如果孵化正常,种蛋16d开始破壳出雏,17d为出雏高峰。一般20h左右出齐。取出的雏鹌放在预先准备好的保温育雏箱内,充分休息和恢复体力。雏鹌出壳后12h开始饮水、喂料,最晚不超过24h。

(9)清盘 出雏完成后及时清理蛋壳、"毛蛋"、垫纸等,将孵化室、孵化器、蛋盘等冲刷干净、晾干。在第二次使用前重新进行消毒。

第四节 鹌鹑的营养与饲养管理

一、鹌鹑的营养需要

鹌鹑体温高,新陈代谢旺盛,生产发育迅速,性成熟早,产蛋多,但消化道短,消化吸收能力与其他禽类相比较差,因此,鹌鹑对日粮营养水平(特别是蛋白质)要求较高。表12-1和表12-2分别列出了美国NRC和法国AEC对鹌鹑营养需要的建议。

表 12-1 美国 NRC 建议的日本鹌鹑的营养需要

营养成分	开食和生长阶段	种鹌鹑
代谢能/(MJ/kg)	12.13	12.13
蛋白质/%	24.00	20.00
精氨酸/%	1.25	1.26
赖氨酸/%	1.30	1.00
(蛋氨酸+胱氨酸)/%	0.75	0.70
蛋氨酸/%	0.50	0.45
亚油酸/%	1.00	1.00
钙/%	0.80	2.50
非植物磷/%	0.30	0.35

注:其余营养物质的需要量参见 NRC, 1994

表 12-2 法国 AEC(1993)建议的鹌鹑日粮营养需要

营养成分	生长鹌鹑		种鹌鹑
	0～3 周龄	4～7 周龄	
代谢能/(MJ/kg)	12.13	12.97	11.72
粗蛋白质/(g/d)	24.50	19.50	20.00
赖氨酸/(g/d)	1.41	1.15	1.10
蛋氨酸/(g/d)	0.44	0.38	0.44
(蛋氨酸+胱氨酸)/(g/d)	0.95	0.84	0.79
钙/(g/d)	1.00	0.90	3.50
磷/(g/d)	0.70	0.65	0.68
有效磷/(g/d)	0.45	0.40	0.43

资料来源：杨宁，2002

二、鹌鹑的饲料

鹌鹑食性杂，大多数家禽可以采食的饲料，鹌鹑都可以利用。从能量饲料谷物类玉米面、麦麸、米糠，到蛋白质饲料豆饼、鱼粉，再到青绿饲料苜蓿草、白菜、胡萝卜，都可以配合在鹌鹑全价饲料中，除此之外，还可以添加一些矿物质饲料如骨粉、碳酸钙、食盐等，添加剂饲料如复合维生素、抗生素及微量元素等。配方时要注意尽量采用纤维少、营养丰富的饲料，品种要多样化，营养成分含量要相对稳定，如需换料要循序渐进，逐渐过渡。

鹌鹑喂料方法有两种：一种是喂干料，自由饮水；另一种是喂湿料，拌料时料和水的比例，夏季为1:3，冬季为1:2，春季为1:2.5。通常一天喂4次，做到定时、定量、定质供应。而9～10周龄的鹌鹑，一般采取自由采食，能吃多少就给多少。

三、鹌鹑的饲养阶段

关于鹌鹑饲养阶段的划分，国内尚无统一标准。为了便于管理，可根据其生理特性，大致分为三个阶段：1～15日龄为雏鹌鹑，16～35日龄为仔鹌鹑，35日龄以后为种鹌鹑或产蛋鹌鹑。

朝鲜鹌鹑的耗料量、体重和饲养密度见表12-3。

表 12-3 朝鲜鹌鹑 1～7 周龄的耗料量、体重和饲养密度

周龄	平均日耗料/g	平均体重/g	增重/g	累计耗料/g	料重比	笼养密度/(只/m²)
1	3.9	19.5	12.5	27.3	1.4	150～180
2	8.2	41.0	21.5	84.7	2.1	120～150
3	11.7	62.0	21.0	166.6	2.7	100～120
4	14.6	84.0	22.0	268.8	3.2	80～100
5	17.4	109.5	25.2	390.4	3.6	60～80
6	19.3	123.0	13.5	525.7	4.3	60～80
7	20.1	130.0	7.0	666.4	5.1	60～70

资料来源：赵万里，1993

四、雏鹌鹑的饲养管理

雏鹌鹑是指 1~15 日龄的鹌鹑。鹌鹑在此阶段生长发育迅速，脱换羽毛、对营养物质的需求较高。育雏阶段的饲养管理主要包括以下几个方面。

（一）保温

雏鹌鹑体温调节机能差，对外界环境适应能力差，个体小，相对体表面积大，散热量较成鹑高，因此对温度非常敏感。

育雏器内温度前 2d 保持在 35~38℃，而后降至 34~35℃，保持一周，以后逐步降低到正常水平。室内温度保持在 20~24℃。温度是否适宜可通过观察雏鹑的状态来知晓，看鹑施温，同时要注意天气变化。

（二）通风与湿度

通风的目的是排出舍内有害气体，更换新鲜空气，要结合育雏室温度确定通风量大小。育雏前阶段（1 周龄），相对湿度保持在 60%~65%，以人不感觉干燥为宜；后阶段（2 周龄）由于鹌鹑体温增加，呼吸量及排粪量增加，育雏室内容易潮湿，因此要及时清除粪便，相对湿度以 55%~60%为宜。

（三）饮水

在孵化过程中，雏鹑会丧失不少水分，或长途运输也会失水，这时应该及时供水，水温18~20℃。除此之外，第一天建议饮用 0.01%的高锰酸钾水，连饮 3d，以后每周饮用一次。如经长途运输，第一天宜饮用 5%葡萄糖水。

（四）开食

雏鹑在出壳后 24h 开食。当雏鹑适应了育雏器的环境，得到饮水恢复体力后就可以喂食。开食料采用混合饲料，可用 0~14d 的专用雏鹑料，自由采食，自由饮水。

（五）饲养密度

饲养密度是指单位面积所容纳雏鹑的数量。虽然鹌鹑有耐密集饲养的特点，但也应该保持适当的密度。饲养密度过大，使成活率降低，雏鹑生长缓慢，易发生啄肛啄羽；密度过小，又会加大育雏成本，不利于保温。因此，应合理安排饲养密度。第一周龄 250~300 只/m²，第二周龄 100 只/m²左右，第三周龄 75~100 只/m²（蛋鹑 100 只/m²，肉鹑 75 只/m²），冬季适当增大密度，夏季相应减少。同时，结合鹌鹑的大小，利用分群适当调整密度。

（六）光照

育雏期间的合理光照，可以增加食欲，促进生长发育；光线不足，推迟开产时间，同时光线中的紫外线还可起到杀菌、消毒、保健的作用。雏鹑出壳后第一周采用 24h 连续光照，以后减少到每天 14~15h，白天不开灯，利用自然光，晚上开灯。

（七）辅料

育雏器内铺设的辅料最理想的是麻袋片，也可用粗布片，禁用报纸或塑料。因为刚孵出的雏鹑腿脚软弱无力，不宜在光滑的辅料上行走，时间长易形成瘸腿。

（八）日常管理

育雏的日常工作要细致、耐心，加强卫生管理。建立育雏舍日常管理规则，保质保量执行，规则主要包括以下几点。

1）观察精神状态。专人 24h 值班，每天早晚观察鹌鹑的精神状态是否良好，采食、饮水是否正常，发现问题，找出原因，立即采取措施。

2）清洗用具。承粪盘每日清扫 1～2 次，饮水器每日清洗消毒 1～2 次。

3）掌握照明时间，检查温度、湿度、通风是否正常。每天日落后开灯，临睡前检查温度是否适宜。

4）观察粪便。正常粪便较干燥，呈小螺丝状。粪便颜色、稀稠与饲料有关。喂鱼粉多时呈黄褐色，喂青饲料时呈褐绿色且较稀，均属正常。如发现粪便呈红色、白色便须检查。

5）淘汰弱雏，隔离病雏，剖检死雏。

6）抽样称重，与标准体重对照。

五、种用和蛋用仔鹌鹑的饲养管理

仔鹑是指 15～40 日龄的鹌鹑。这一阶段生长强度大，骨骼、肌肉、消化系统与生殖系统更为突出。饲养管理的主要任务是控制标准体重和性成熟，进行严格的选择及免疫工作。该阶段的饲养管理主要包括以下几个方面。

1. 光照　仔鹑饲养期间与育雏期相比，需适当"减光"，每日保持10～12h的自然光照即可。若自然光照时间较长，可以遮上窗户，保持光照在规定的时间内。

2. 湿度和通风　仔鹑室内应保持空气新鲜，避免穿堂风，地面要保持干燥，适宜的湿度为55%～60%。

3. 温度　育成期初期温度保持在 23～27℃，中期和后期温度可保持在 20～22℃。

4. 限制饲养　为确保其仔鹌鹑日后的种用价值和产蛋性能，公母鹑最好分开饲养，同时对母鹌鹑限制饲喂，一般从 28 日龄开始。限制既可以降低成本，防止性成熟过早，又可提高产蛋数量、质量及种蛋合格率。限制饲喂方法可以从两个方面着手：一是控制日粮中蛋白质含量为20%；二是控制总喂料量，每日饲喂标准料量的80%。

5. 防疫转群　种用与蛋用仔鹌鹑到40日龄时，约有2%的鹌鹑已经开产，但大多数还需等到 45～55 日龄。在此之前，必须做好各种预防、驱虫工作，并及时转群。转群前注意做好成鹑舍、成鹑饲料等各种准备工作，转群时动作要轻，环境要安静。

六、种鹌鹑和产蛋鹌鹑的饲养管理

成鹑指 40 日龄以后的鹌鹑，饲养目的是获得优质高产的种蛋、种雏及食用蛋。成鹑因生产目的不同分为种用鹑和蛋用鹑，二者除配种技术、笼具规格、饲养密度、饲养标准等有所不同外，其他日常管理基本相似。

(一)母鹑的产蛋规律

母鹑一般 40 日龄左右开始产蛋,一个月后达到产蛋高峰,且产蛋高峰期较长。每天产蛋的时间主要集中在午后至 20 时前,15～16 时产蛋数量最多,因此,一般在第二天早上集中 1 次收蛋为好。

(二)成鹑的饲料与饲喂

产蛋鹑必须使用全价饲料,尤其是对饲料中的能量和蛋白质水平要求较高。能量需达到11.5～11.7MJ/kg,蛋白质为 19.3%～19.5%。冬天可以加入动物、植物油。有研究表明,饲粮中添加中草药或复方制剂有利于提高鹌鹑的产蛋性能,剂量达 1%时还可显著增加蛋重、改善蛋均匀度;丁香罗勒在一定程度上也可提高产蛋性能,但综合效果不如中草药复方制剂。另外,日粮中添加酵母硒和纳米硒也对鹌鹑产蛋后期生产性能、蛋品质、蛋中硒含量及血清抗氧化指标有积极的影响。在生产实践中可以逐步推广这些研究成果。

产蛋鹑每天每只采食饲料 20～24g,饮水 45ml 左右,但随产蛋量、季节等因素而改变。增加饲喂次数对产蛋率也有较大影响,即便是槽内有水、有料,也应经常匀料或添加一些新料,每天 4～5 次。

(三)成鹑的管理

1. 温度　　一般要求控制在 18～24℃,低于 15℃时会影响产蛋,低于 10℃时,则停止产蛋,过低会造成脱毛或死亡。夏天舍内温度高于 35℃时,也会影响产蛋量,伴随采食量减少,呼吸困难。

2. 光照　　光照是影响产蛋率的重要因素,合理的光照可以使鹌鹑早开产,提高产蛋量。光照制度一经确定要保持相对稳定。在鹌鹑达到 5%产蛋率时,光照时间要从每天 14h逐步增加到 16h,每次增加的幅度为 15～30min,幅度不宜过大,否则易导致脱肛和难产;产蛋后期可延长至17h。光照强度以2.5～3W/m² 为宜。另外,红光和紫外线能提早性成熟,提高产蛋率。

3. 湿度　　产蛋鹑最适宜的相对湿度为 50%～55%,鹌鹑本身要散热,排粪也会增加湿度,如果鹑舍湿度过大,微生物会大量滋生而影响鹌鹑的健康与产蛋率,可进行人工通风以降低湿度。

4. 保持环境安静　　鹌鹑比鸡胆小,对环境异常敏感,很容易出现惊群现象,表现为笼内奔跑、跳跃和起飞,造成产蛋率下降,产软壳蛋及难产。因此,饲养员不要大声喧哗,避免过往车辆行驶,谢绝外来人员参观,最大限度地降低应激。

5. 日常管理　　饲养产蛋鹑日常工作包括观察鹑群、清洁卫生和日常记录。食槽、水槽每天清洗一次,每天清粪 1～2 次。门口设消毒池,舍内应有消毒盆。防止鼠、鸟等的侵扰,日常记录应包括存活数、产蛋量、产蛋率、采食量、死亡数、淘汰数、天气情况、值班人员等。

七、肉用仔鹌鹑的饲养管理

肉用仔鹌鹑指肉用型的商品仔鹌鹑及肉用型与蛋用型杂交的仔鹌鹑,甚至包括需要肥育上市的蛋用鹑，专供食肉之用。其饲养管理的主要任务是获得最佳的增重和饲料报酬，以期获得最好的经济效益。饲养管理主要包括以下几个方面。

1. 合理饲喂　肉用鹌鹑在前3周饲养管理与雏鹌鹑相似，后期适当增加能量供给。一般采用自由采食，自由饮水。饲料更换时要逐渐进行，避免影响生长速度，由育雏料过渡到育肥料。野生鹌鹑的脂肪无色素而呈淡白色，为了迎合市场需求，可通过饲料添加天然色素或合成色素来改善产品肉色。

2. 笼具　选用专用的育肥笼具，笼高不低于 12cm，3 周龄入笼肥育，饲养密度以 70～80 只/m² 为宜。

3. 温度　室温保持在 20～25℃，温度太低会增加采食量，降低饲料报酬。

4. 光照　肉用鹑的光照宜采用暗光，光线太强易发生啄癖、惊群等现象；也可采用光照 3h、黑暗 1h 制度，饲养效果更好。

5. 分群　肉用鹑一般采用公母分群饲养，3 周龄后按公母、大小、强弱分群育肥，公母同笼饲养会发生交尾现象，引起骚动，若为单笼饲养则不必分公母。分群还可以提高上市时的整齐度，降低残次率。

6. 上市　肉用鹑一般在 34～42 日龄时屠宰上市，活重 200～240g，蛋用型仔鹌鹑体重达 130g 左右。

第五节　鹌鹑对环境的要求和圈舍设计建造

鹌鹑饲养场所的好坏，直接影响其生产性能的发挥，因此在设计圈舍时要注意以下几个方面。

一、对环境的要求

参见第十一章第六节"雉鸡养殖场建造对环境的要求"。

二、鹑舍设计建造

鹌鹑舍的建筑设计主要包括屋顶、墙壁、地面和内部的饲养笼，还有一些其他的辅助设施，如照明系统、保温系统、通风系统和清粪设施等。主要设施的要求概述如下。

(一)屋顶

鹑舍的屋顶材料要求隔热、保温性能好，并易于排雨。最好使用瓦片建造，先抹泥再挂瓦，如鹑舍宽在 4.5m 以下，屋顶可用单坡式；如宽在 4.5m 以上，则可选双坡式。屋顶要设顶棚，高度以 2～2.7m 为宜，保证冬季保温，夏季防暑。顶棚上设置通风窗，窗上部安装孔径为 1.5cm 的铁丝网，下部安装木板拉门，调节室内空气、温度和湿度。

(二)墙壁和地面

墙壁以砖墙或风火墙为好。砖墙保温性能好，坚固耐用，便于清扫消毒。墙四周开设窗户，窗户镶玻璃，外罩铁线网(1.5cm 孔径)。地面以水泥地为好，既方便打扫、冲洗和消毒，又防虫和老鼠。此外，舍内还应注意排水沟和排水道的合理设置。

(三)饲养笼

饲养室内放置育雏笼、肥育笼、种鹌笼及安排孵化间。饲养笼可用竹木，也可用铁制成，现在多用塑料制品。笼子底部制成网状，孔径大小以能漏下鹌鹑粪便为宜，孔距约 1.2cm，网底后高前低，稍带倾斜度，便于鹌鹑蛋自动滚出。

1. 育雏笼　　主要供 0~3 周龄的雏鹑使用，小型育雏笼的规格一般为 100cm×60cm×30cm，设 2~3 个笼门，可叠 4~5 层，每层下设一承粪板。笼壁和笼顶用木板或塑料制作，正面设玻璃小窗，笼底由 6mm×6mm 或 10mm×10mm 金属编织网制成。热源可采用白炽灯、电热丝(300W、串联、均匀分布)或电热管(板)。配置专用食槽与水槽。

2. 育肥笼　　供 4~6 周龄(种用)仔鹑用(含育肥用)，可与雏鹑套用，与成鹑笼结构相同。也可采用雏鸡的育雏笼，于笼外架设食槽与水槽。

3. 成鹑笼　　可分为重叠式、全阶梯式、半阶梯式和整箱式、拼箱式几类。重叠式多以双列、4~5 层配置，每层长 100cm、宽 60cm、中高 24cm、两侧高 28cm。笼壁棚条间距 2.5cm，底网网眼以 20mm×20mm 或 20mm×15mm 为好。笼前面挂食槽与水槽。顶网用塑料网。每层设 4 个单元，每单元养种公鹑 2 只和母鹑 5~6 只，或产蛋鹑 10 只。产蛋鹑也可采用 6~8 层密饲式笼。

第六节　鹌鹑产品的生产性能与采收加工

（霍鲜鲜）

第十三章 鹧 鸪

20 世纪 30 年代初，美国人成功地驯化了野生石鸡，作为特种经济禽类饲养，至今已有 80 多年。我国从 80 年代开始引进的商品种大多是美国鹧鸪，以肉蛋兼用型品种 Chukar 最为著名，台湾人误音译为"鹧鸪"，从此鹧鸪作为商品名流传，也仅有 30 多年的历史。实际上家养鹧鸪的野生种就是野生石鸡。

鹧鸪肉质细嫩，营养丰富，蛋白质含量为 30.1%，比珍珠鸡、鹌鹑高 6.8%，比肉鸡高 10.6%，脂肪含量为 3.6%，比珍珠鸡低 4.1%，比肉鸡低 4.2%，并含人体所必需的 18 种氨基酸和 64% 的不饱和脂肪酸，是高蛋白、低脂肪、低胆固醇的优质野味营养品，人称"赛飞龙"。它不仅具有良好的营养价值，药用价值也很高，《本草纲目》等记载，鹧鸪有"利五脏、开脾胃、益心神"等作用，经常食用可壮阳补肾、化痰下气、防癌抗癌、延缓衰老、强身健体，是理想的食疗佳品。同时，其体型俊美、羽毛鲜艳、鸣声清脆，极具观赏价值。

鹧鸪生长快、饲养周期短、生产性能好、饲料报酬高、繁殖力强、经济效益好、适应性强，在我国广泛饲养。随着社会不断发展，人们生活水平逐步提高，鹧鸪成为人们改变膳食结构的优先选择，养鸪业也必将成为一项新兴的特禽养殖业。

第一节 鹧鸪的生物学特征

一、分类与分布

鹧鸪（partridge），古称越鸟，又名花鸡、越雉，俗称石鸡、嘎嘎鸡或红腿小竹鸡，动物学分类属鸟纲（Aves）、鸡形目（Galliformes）、雉科（Phasianidae）、石鸡属（Alectoris），分布于世界各地，如欧洲、西伯利亚、阿富汗、伊拉克、伊朗及中国，是集野味、观赏、保健为一体的珍禽品种。

二、养殖品种及外形特征

我国人工饲养的鹧鸪多为美国鹧鸪。鹧鸪体型大于鹌鹑而小于鸡，与肉鸽相当。体长 35～38cm，雄鸪体重 0.60～0.75kg，雌鸪体重 0.5～0.6kg。

刚出壳时毛色似雏鹌鹑，随着日龄增加，绒毛脱落，换上黄褐色的羽毛，缀有长圆形黑色斑点；7 周龄后二次换羽，羽毛逐渐变成灰色，被覆全身，这时喙、眼圈和脚爪均为黑褐色；12 周龄左右三次换羽，在原灰色羽毛上掺杂褐红色覆盖全身，喙、眼圈和脚爪由黑褐色向橘红色转变；在 28 周龄开产前，进行四次换羽，羽毛的颜色差异不大，但显得更加艳丽，一条黑色带纹从前额、双眼一直到颈部，形成护胸的衣领，位于颈羽和上胸部之间，双翼羽毛基部为灰白色，翼尖则有两条黑色条纹，使体侧双翼好像有多条黑色条纹。

雌雄鹧鸪在羽色外貌上几乎一样，但雄性体型较大，头部较宽，颈部较短，双脚有矩，而雌性仅少数单脚有矩，且矩较小。

三、生活习性

1. 早成鸟，好争斗　　鹧鸪是早成鸟，出壳绒毛干后就可走动、觅食、饮水和斗架，而且生性好斗，特别是在繁殖季节。

2. 善飞翔，易应激　　鹧鸪飞翔力较强，但持续时间短，有时还会直飞，最喜欢往山区飞逃。随着日龄增加，飞翔能力增加，持续时间加长。61 日龄时，飞行高度可达240cm，持续时间 10s。但鹧鸪胆小，易受惊，遇到响声或异物出现，则跳跃飞动，发生应激反应，导致生产力下降，甚至死亡。

3. 喜干暖，怕冷湿　　鹧鸪喜欢温暖、干燥的生活环境，对严寒、酷热和潮湿的环境反应敏感。适宜气温20～24℃，相对湿度50%～60%，温度低于5℃或高于30℃，均影响鹧鸪的生长发育和生产性能。

4. 喜光照，厌黑暗　　鹧鸪有趋光性，在黑暗的环境中会朝着有光的地方飞蹿。另外，发挥最佳生产性能的光照时间是每天 14～18h。

5. 喜群居，生长快　　鹧鸪具有一定的群居性，鹧鸪野生种野外生活时每群10～14只，喜好在灌木草丛或旷野岩石间栖息。鹧鸪生长发育快，刚出壳时体重仅为 14～18g，9 周龄时，公鸪体重可达 500g，相当于初生时的 33～38 倍。

6. 食性广，觅食强　　鹧鸪是杂食鸟类，杂草、树叶、籽实、昆虫、水果或人工配合饲料均能采食，对蚱蜢等尤为喜爱，且觅食能力强，活动范围广。

第二节　鹧鸪的繁殖

一、鹧鸪的繁殖特点

1. 季节性繁殖　　鹧鸪野生种属于季节性繁殖，通常在 6～7 月龄开始繁殖。在人工控制条件下，一年四季均可繁殖，年产蛋 80～100 枚，最高可达 150 枚。

2. 性成熟　　雌鹧鸪性成熟早于雄鹧鸪。雌鹧鸪在 214～245 日龄开产，雄鹧鸪晚 2～4 周，因此必须对雄鹧鸪提前增加营养和光照。

3. 雌雄比例　　在人工养殖条件下平养时 1∶3，笼养时 1∶4，受精率可达 92%～96%，孵化率为 84%～91%。

4. 利用年限　　利用年限 2～3 年，第二个年头产蛋量最高。没有特殊情况，产蛋期不允许移动或抓捕鹧鸪，否则会严重影响产蛋量。

二、种鹧鸪的选择

目前我国各地饲养的鹧鸪都是美国鹧鸪，采用纯种繁育，来维持原有生产性能，但是长期同一群饲养繁殖必然会导致生产性能下降，因此种鹧鸪选择时最重要的是避免近亲繁殖，可采取的措施主要有引进和选育新的优良品种。引进指从外地养殖场引进身体强壮、体形匀称、品质优秀、健康无病的鹧鸪，建立基础群。选育指对现有的鹧鸪进行选种。选种时主要采用表型选择，要求如下。

1）外貌基本符合本品种特征。

2）站立时身体平稳，行走时步伐灵活，静止时肩自然向尾部倾斜，倾斜度 40°～45°。

3）体重适中，13 周龄雄鹧鸪体重为 0.60～0.75kg，雌鹧鸪为 0.50～0.55kg，体长 35cm 以上。

4）羽毛丰满有光泽，背宽平，胸阔，二者平行，眼睛圆大有神，喙短稍弯曲，头深宽而长短适中，颈稍长。

5）脚健壮，肌肉丰满，颈硬直，脚趾齐全正常。

6）初产雌鹧鸪耻骨间距宽，雄鹧鸪叫声洪亮，性成熟期早。

三、配种

鹧鸪一般选用自然交配进行繁殖，人工条件较好时也可进行人工授精。

（一）自然交配

生产实践中，配种的最佳时间为春季3～5月，秋季9～11月。自然交配依据饲养方式的不同，公母比例不同。

1. 平面大群散养　　公母比例为 1∶（3～5），受精率达到 90%以上。配种群 50～100 只，混合饲养，自由交配。这种方法常用来繁殖纯系，但无法确知父母，系谱不清，易导致种群质量退化。

2. 小群笼养　　公母比例 1∶（3～4），或 3 雄配 9～12 雌，混合饲养，自由交配。这种方法可提高受精率，能快速分辨出不会交配或性欲低下的雄鸪。

3. 1 雄对 1 雌笼养　　将 1 只雄鸪饲养在一个笼内，捉 1 只雌鸪放入，自由交配，交配后捉出雌鸪，雌鸪每5d轮回配种一次，雄鸪一天配种一次，即1只雄鸪可配5只雌鸪。这种方法可以减少雄鸪的养殖数量，能辨别不射精的雄鸪及不受孕的雌鸪，但会增加雌鸪的应激，操作麻烦。

（二）人工授精

1. 采精　　常采用按摩法进行，一般由两人操作，一人保定，另一人采精。保定人员用双手各握住雄鸪的两条腿，使鸪头向后，尾部朝向采精人员，两腿自然分开，类似自然交配体位，采精人员用剪刀剪去肛门周围的羽毛，用酒精棉球消毒后开始采精。采精时左掌心向下，沿鹧鸪背腰部向尾根部方向按摩，由轻至重，右手握住集精杯，随后左手翻转将尾羽翻向背侧，并将拇指和食指放在泄殖腔上部两侧，右手拇指与食指放在泄殖腔下部两侧柔软部，并快速抖动，触摸该处，然后轻轻向上推压泄殖腔，右手拇指感到雄鸪尾部和泄殖腔下压之感，左手拇指和食指即可在泄殖腔上部两侧作轻轻挤压，精液即可顺利排出。与此同时，迅速用右手夹着的集精杯口承接精液。

采精注意事项：①精液 2～3d 采集 1 次，采精前 3～4h 停水停料，减少粪便对精液的污染；②按摩刺激应适度，避免用力过猛引起生殖器出血，挤压泄殖腔时不要压迫直肠；③采集的精液应立即置于 25～30℃的保温瓶内，并在 30min 内用完。

2. 精液稀释　　使用生理盐水、5%～7%葡萄糖液将精液稀释，稀释倍数为1∶3或1∶4。精液稀释的目的一是加大精液量，增加输精数量；二是补充营养和保护物质，延长精子寿命；三是便于精子的保存和运输。

3. 人工输精　　以浅输精为宜，输精管插入泄殖腔 2～3cm 即可。输精时间在 15～16 时进行，3～4d 输精一次，最好使用原精液，输精后 48h 收集种蛋。

四、孵化与管理

集约化饲养的鹧鸪失去就巢性，采用人工孵化来繁殖。

(一)种蛋的选择、保存与消毒

选择生产性能好、健康无病的种鸪所产的，剔除脏、过大、过小、破损和沙壳蛋。最好选用产后 1 周内的蛋，蛋重 22g 左右，椭圆形，蛋壳表面有大小不等的褐色斑点，蛋壳黄白色，保存种蛋的适宜温度为 13～16℃，相对湿度为 70%～75%，消毒常用 40% 的甲醛溶液 28ml/m²，高锰酸钾 14g/m² 进行熏蒸。

(二)人工孵化与管理

1. 温度　　人工孵化时要严格控制温度，表 13-1 列出了鹧鸪蛋的适宜孵化温度。

表 13-1　鹧鸪蛋的孵化温度(℃)条件

孵化日龄	冬季		夏季	
	孵化室温度	孵化器温度	孵化室温度	孵化器温度
1～20	18～23	37.8	23～28	37.5
21～24	18～23	37.0	23～28	36.5

资料来源：张玉和吴树清，2004

2. 湿度　　鹧鸪孵化的湿度，入孵后 1～7d、8～20d 和 21～24d，相对湿度分别为 55%～60%、50%～55% 和 60%～70%。中期降低湿度是为了排除尿囊液和羊水，后期增加湿度是为了防止雏鸪绒毛粘连，有利于雏鸪出壳。

3. 通风换气　　孵化前 2d，胚胎需要的氧不多，利用蛋内气室和孵化器内的氧即可。3d 以后需要打开孵化器的进出气孔；3～12d，每天打开 2 次，每次 3h；12d 后，要经常打开气孔或打开一半进出气孔。当有种蛋破壳出雏时，将孵化器的通气孔全部打开，避免正在破壳的胚胎或已出壳的雏鸪因缺氧而死亡。

4. 翻蛋　　为了种蛋受热均匀，防止胚胎与蛋壳粘连，从入孵至 20d，每天隔 2h 翻蛋 1 次；21d 后停止翻蛋，避免鹧鸪"晕头"转向，不能破壳而死亡。

5. 晾蛋　　采用分批入孵不需要晾蛋，整批入孵在中后期需要晾蛋，每次晾 10～15min，蛋温降至 32～33℃便可，天热每次晾 30min，23～24d 不再晾蛋。

6. 照蛋　　孵化期间照蛋 2 次，头照在入孵后第 7～8 天，检出无精蛋、死胚蛋；二照在第 20 天，二照后把发育正常的蛋转入出雏器内，继续孵化。

7. 落盘　　20d 或 21d 照蛋后落盘，出雏用的蛋盘要平放，防止挤压，否则会影响出雏。

8. 出雏　　鹧鸪的孵化期为 23～24d，迟的 25d 才出壳。把绒毛已干的雏鸪放入盛雏箱内，箱底加软纸或垫草，保温透气，每只箱装 50～100 只。孵化至 26d 仍不出壳的，一律抛弃。出雏后将孵化器、出雏器、蛋盘、出雏盘、水盘等彻底消毒，以备后用。

第三节　鹧鸪的营养与饲养管理

一、鹧鸪的营养需要

我国对鹧鸪的研究很少，因此成果寥寥，目前尚未制订统一的饲养标准，不同的国家和机构对鹧鸪生理阶段的划分不同，因此测定的营养需要量不同，制订的饲养标准也不同。在生产实践中，要结合自己的具体情况参考相近的饲养标准来进行制作饲料配方，现将上海农业科学院推荐的美国鹧鸪的营养需要量列出供大家参考(表 13-2)。

表 13-2　美国鹧鸪的营养需要量

营养指标	种用				肉用		
	0～2 周龄	3～6 周龄	7～8 周龄	成年	0～2 周龄	3～6 周龄	7～13 周龄
代谢能/(MJ/kg)	11.72	11.73	11.51	11.51	11.93	12.14	12.14
粗蛋白质/%	24	20	16	18	24	21	18
粗脂肪/%	3.0	3.0	3.0	3.0	3.0	3.5	3.5
粗纤维/%	3.0	3.0	4.0	3.5	3.0	3.0	3.5
钙/%	1.0	1.1	1.2	2.8	1.0	1.1	1.1
磷/%	0.65	0.60	0.60	0.65	0.65	0.60	0.60
赖氨酸/%	1.1	1.0	0.7	0.8	1.2	1.1	1.0
蛋氨酸/%	0.40	0.30	0.30	0.35	0.40	0.40	0.35
胱氨酸/%	0.9	0.8	0.8	0.7	0.9	0.8	0.7
色氨酸/%	0.30	0.25	0.20	0.25	0.30	0.25	0.20

资料来源：马玺和赵玉华，2001

二、鹧鸪的饲料

鹧鸪是杂食性鸟类，因此饲料原料中的八大类饲料都可以作为鹧鸪的饲料来源，按照鹧鸪的营养需要，参考相近的饲养标准，结合具体实际情况制订饲喂标准，按照饲料配方技术来设计配合饲料。

在饲料配方设计中，要注意以下几个方面：一是配合饲料的原料品种要尽可能多样化，充分发挥不同饲料间营养物质的互补作用，使饲料利用率达到最大化。二是在选择饲料原料时除了考虑饲料的营养特性外，还要顾及饲料原料的价格，可以利用 Excel 计算软件中的线性规划功能来进行计算机配方设计，力求在满足营养指标平衡的基础上使配合饲料的成本最低。三是要考虑配合饲料的品质和适口性，如果饲料品质和适口性不佳，鹧鸪的采食量会下降，理论上营养物质的满足不能代表实际饲喂中动物摄取的养分。四是要根据鹧鸪的不同生理阶段选择饲料原料进行配合饲料的配制。例如，幼鸪消化系统发育不完善，消化力较弱，在配合饲料中可加入一些昆虫饲料如蚕蛹粉或黄粉虫(切碎)、蝇蛆、蚯蚓(切碎)等昆虫，或者将煮熟的鸡蛋碾碎，按 100 只雏鸪饲喂 2 颗鸡蛋来补充蛋白质，这些种类饲料的蛋白质含量丰富且易于消化，可有效地满足幼鸪的生长需要。另外，从育成期到产蛋期，饲料原料要适当增加一些青绿饲料，如青草、青豆叶、蚕豆叶、瓜秧等，一般占到日粮精饲料量的 5%～20%，提供所需的纤维物质，预防啄癖。

按照鹧鸪的饲养标准，配合饲料中各种饲料原料的大致配比为：谷实类(2～3 种)45%～65%，糠麸类 5%～15%，植物性蛋白质饲料 10%～25%，动物性蛋白质饲料 2%～10%，青绿饲料 5%左右，无机盐 0.5%～5%，其中砂石 2%左右，维生素和微量元素添加剂比普通鸡高 0.5%～1%。

三、鹧鸪的饲养阶段

关于鹧鸪饲养阶段的划分，国内也无统一标准。为了便于管理，根据其生理特性，参照其他禽类的方法，将其大致分为三个阶段：0～6 周为育雏期，7～28 周为育成期，28 周以后为种用期。

四、雏鹧鸪的饲养管理

雏鹧鸪是指 0～6 周龄的鹧鸪。育雏期饲养管理的关键环节如下。

1. 温度　　是最关键的环节，直接关系到雏鸪的成活率。育雏器内温度刚出壳的几天内为 35～36℃，1～2 周龄 33℃，3～5 周龄 28℃，6～7 周龄 26℃。

2. 湿度　　1 周龄相对湿度为 60%～70%，2 周龄保持在 60%～65%，2 周龄以后为 55%～60%。注意湿度过大易感染真菌，湿度过小易患呼吸道疾病。

3. 通风换气　　在保证温度的前提下，进行适当的通风换气，3 周龄前可打开上窗帘进行通风，3 周龄后晴暖无风的日子可开窗透气，注意避免贼风和过堂风。

4. 光照　　出壳后 20h 至 1 周龄，全日光照，光照强度为 4W/m²；1 周后每天 16h 光照，强度为 2W/m²。避免光照太强，否则会引起啄癖。

5. 密度　　不同年龄鹧鸪的饲养密度为，出壳至 10 日龄 80 只/m²，10～28 日龄 50 只/m²，4～6 周龄 30 只/m²，可根据具体饲养空间进行适当调整。

6. 饮水　　鹧鸪出壳 24h 内开始饮水，前 3d 最好饮用温开水，并将 0.02%的土霉素或 0.05%的氯霉素溶于水中一并饮用。注意水质清洁卫生，一经饮水，不能缺少、断水。

7. 开食　　鹧鸪饮水后 0.5～1h 即可开食。首次饲喂将饲料撒在纸上，让雏鸪自由采食。头 3d 不断料，3d 后改用食槽，食槽与水槽要错开，相距不超过 1m。少喂多餐，3～10 日龄的雏鸪，每隔 4h 喂 1 次，每日喂 6 次；10 日龄～4 周龄，每日喂 5 次，后半夜不喂；4 周龄后，每日喂 3～4 次，仅在白天喂食。雏鸪采食量可因日龄、室温、饲料成分、饲养密度、光照强度等因素的影响而变化。雏鸪 0～6 周龄的平均采食量见表 13-3。

表 13-3　雏鸪 0～6 周龄的平均采食量

周龄	1	2	3	4	5	6
日采食量/[g/(d·只)]	8	13	18	21	23	25
累计采食量/(g/只)	56	147	273	420	581	756

8. 消毒 雏鹑进舍前必须对鹑舍、水槽、食槽等进行清洗消毒，进舍后每天打扫卫生。水槽每天清洗 2 次，2d 消毒 1 次（用 0.01%的高锰酸钾溶液）。每天上、下午各清扫粪便 1 次。

9. 断喙 目的是预防啄癖，减少饲料浪费，增加采食量。一般在 5～7 日龄断喙，至 6 周龄再修喙 1 次。断喙前后 1～3d 加喂维生素 K 减少应激，采用断喙机断去 1/4～1/3 上喙。断喙后一周内，饲槽内饲料应多放一些，避免鹑嘴切口碰到饲槽，引起疼痛，拒绝进食。如不断喙，也可穿戴特制塑料鼻环。

五、育成鹌鹑的饲养管理

育成鹌鹑又称中鹌鹑或后备鹌鹑，指 7 周龄到产蛋前，大约 28 周龄，育成后留作种用的鹌鹑。该阶段的饲养管理主要包括以下几个方面。

1. 限制饲养 鹌鹑 7～12 周龄生长速度最快，至 16 周龄体重已达成年鹑的 92%，若不限制饲养，会造成体重过大、过肥，性成熟提前，产蛋后达到标准蛋重时间长，产蛋高峰低，持续时间短，还可能导致难产，产蛋总量降低，种蛋受精率下降，因此限制饲养成功与否直接导致种鹌鹑培育的成败。

鹌鹑野性好斗，易发生啄癖，故限制饲养主要通过限制饲料质量的方法进行，降低配合饲料的能蛋水平，代谢能水平保持在 11.3MJ/kg，粗蛋白质水平保持在 14.5%～15%，但需注意保持必需氨基酸平衡，矿物质和维生素充足。限饲一般从 12 周龄开始至 29 周龄结束。

2. 转群与分群 雏鹌鹑在 9 周龄开始从育雏舍转到育成舍，逐只按照种鹑的标准进行选择，不合格的淘汰作为商品鹌鹑肉用。12 周龄后，公母分群饲养。

3. 光照 一般进行低强度光照，每昼夜光照时间为 14～16h，光照强度为 0.5～1W/m²。白天采用自然光照，光照不足时晚上使用暗光照，颜色以红色和白色为好。也有报道可以采用间歇光照，效果较好，在饲养期内采用 2h 光照、3h 黑暗的循环间歇光照制度。

4. 密度 饲养密度为 7～10 周龄 30 只/m²，10 周龄以后 15 只/m² 左右。

5. 温度 对于育成鹑仍然是重要的影响因素，7 周龄应保持在 26℃，以后每周降低 2℃，直至 20～22℃。

6. 砂浴 笼养条件下鹌鹑易生寄生虫，不但影响生长速度，而且可能传染疾病，砂浴是很好的预防措施，而鹌鹑自身也喜欢砂浴，因此，在饲养笼内放置沙盘，在运动场内设置沙地，让鹌鹑砂浴。如发现寄生虫，可在沙地或沙盘中掺入硫黄粉或除虫菊粉，或用烟蒂水撒入沙中，达到治疗目的。

7. 修喙 在笼养和网养条件下，上喙容易飞长，影响采食，还易碰伤或开裂，应定期修喙。

8. 防疫 坚持以防为主，1 周龄用鸡新城疫 Ⅱ 系疫苗滴鼻，10 周龄肌内注射鸡新城疫 Ⅰ 系疫苗，产蛋前再注射 1 次鸡新城疫 Ⅰ 系疫苗。

六、种用鹌鹑的饲养管理

28 周龄后的鹌鹑接近性成熟，进入种用阶段，称为种用鹌鹑或成鹑。饲养种用鹌鹑的目的就是让其多产蛋，产好蛋，即产蛋率高、受精率高、合格率高、孵化率高。为了达到这个目的，饲养管理方面要做到以下几点。

1. 饲养方式　　可以立体笼养也可平面饲养,各有利弊。前者可控制温度和光照,饲养管理方便;后者经济适用,活动空间大,可以提高受精率。

2. 转群　　28 周龄或雌鹧鸪开产率达 5%时,及时进行转群。转群最好在夜间进行,避免产生大的应激。转群后按照 1 公 3 母或 2 公 8 母组成繁殖小组。

3. 温湿度　　成鸪虽然有一定的体温调节能力,但对环境温湿度仍然敏感,无论是产蛋期还是休产期,温度都不要高于 30℃或低于 5℃,最适温度为 16~18℃,否则影响产蛋量和受精率。相对湿度应保持在 55%~60%。

4. 饲喂方法　　成鸪的饲喂,应尽可能按照产蛋前期、产蛋高峰期、产蛋后期及休产期各个阶段的营养需要制作饲料配方,保证充足的能量和蛋白质,尤其在高峰期供给足够的钙质,整个产蛋期不限饲,高峰期晚上可加喂一餐,有条件的可在配方中添加 15%~20%的青饲料,促进鹧鸪高产。平时要供给充足、干净的饮水,也可在饮水中添加土霉素、维生素或高锰酸钾,预防疾病的发生。严禁饲喂发霉变质的饲料。

5. 光照与密度　　28 周龄后的鹧鸪,饲养密度以 8 只/m² 为宜,光照强度为 3W/m² 较好,灯光挂在离地 2m 的高度。

6. 休产期　　按照育成期饲养水平进行饲喂,日喂 2 次,每次 30~35g,每天光照 8h,其他时间舍外光要用黑布遮挡,避免人为打扰,保证充分休息。在整个休产期要公母分群饲养,减少刺激兴奋。生产中采用产蛋 70d、强制休息 70d 轮回进行,借以提高产蛋量。

七、肉用鹧鸪的饲养管理

肉用鹧鸪专指为市场提供鹧鸪肉的鹧鸪。生产中肉用鹧鸪的来源有 5 个方面:一是初生蛋(初产 10d 内的蛋)所孵出的鹧鸪;二是选种过程中淘汰的雌鸪和多余的雄鸪;三是超过使用年限下架的种用鹧鸪;四是种鸪供应饱和后多余的雌雄鹧鸪;五是专门作肉用饲养的鹧鸪。

1. 饲养特点　　不同来源的肉用鹧鸪,饲养方式不同。12 周龄选种淘汰的鹧鸪,养到 16 周龄后出售;28 周龄淘汰的直接上市出售;下架的种用鹧鸪按照实际情况直接出售或短暂肥育后出售;出壳后即确定为肉用鹧鸪的一般饲喂 90d,体重达到 400~500g 时上市出售。

2. 饲养管理措施　　出壳后就确定为肉用鹧鸪的雏鸪饲养管理方法和种用雏鸪基本一致,只是按照肉用鹧鸪的营养水平来配制饲料,尤其是进入 8~9 周龄后,要逐渐增加高能饲料进行育肥,当体重达到出售体重时上市销售。肉鹧鸪采用一贯制饲养,全进全出,不转群不分群。

第四节　　鹧鸪对环境的要求和圈舍设计建造

针对鹧鸪的生物学特性,依照禽类养殖的特点,饲养鹧鸪与饲养其他家禽相比,选址时对环境的要求、圈舍的设计等条件大同小异,但又有自己的特点。如果小规模饲养,为了节约资金,可以利用现有房舍进行改造,达到养殖要求,安置饲养笼即可。若进行大规模现代化养殖,必须根据养殖规模和发展规划合理选择场址,建筑鹧鸪舍,配备养殖设备,创造防疫条件,提高劳动效率,从而节约成本,获得较高的经济效益。

一、鹧鸪对环境的要求

参见第十一章第六节"雉鸡养殖场建造对环境的要求"。

二、圈舍设计建造

（一）圈舍设计

鹧鸪场圈舍的设计，首先考虑当地的风向，特别是夏、冬季的主导风向；然后考虑地形与各建筑物的朝向；禽舍之间和各个不同区域之间的距离等。一般要设防疫关卡、行政区、生活区及生产区。

1. 防疫关卡 鹧鸪场的大门、生产区，以及鹧鸪舍的入口处都要设置消毒池，安装紫外线灯，鹧鸪场四周与外界之间要挖防疫沟或建围墙。

2. 行政区与生活区的布局 办公室、职工宿舍及其他生活设施和生产区应相隔200～250m甚至以上。

3. 生产区的布局 根据本地主导风向按孵化室、育雏室、中雏舍、后备鹧鸪舍和成鸪舍的顺序设置圈舍，把孵化室、育雏室安排在上风头，其他按照顺序在下风头，最下面设置兽医室和死禽、粪便处理场。饲料加工厂及料库既要接近鹧鸪舍，以利于饲料的运输，又要与鹧鸪舍有一定的距离，防止饲料被污染。同时，为了防止各鹧鸪舍间的交叉感染，相邻舍间应相隔30～50m，而各个区域间相隔100～200m甚至以上。场内道路分设两条，清洁道与污染道互不交叉。

（二）圈舍建造

鹧鸪舍最好背风向阳，坐北朝南，或坐西北朝东南，舍外设有围网的运动场，场内设栖架和砂浴池。鹧鸪舍一般占地面积为15～25m²，屋顶高度为2.5～3m，舍内地面需高出舍外地面30～40cm，窗和门的采光面积占地面面积的1/3，换气窗则占1/10。

鹧鸪舍屋顶及四周墙壁都要隔热保温。屋顶要有顶棚，可用瓦片、镀锌铁皮或陶片等。墙体可用砖砌，地面最好铺水泥或砖。前后开好窗户，以充分利用自然通风，必要时还应安装换气扇。门宜开在东侧或向阳面。小型舍一般屋顶为单坡式，前墙高2.6m，后墙高2.3m。鹧鸪笼置于室内，两侧放三层笼，中间为操作通道，舍内可养鹧鸪250～400只。大型舍屋顶多为双坡式，各排笼之间留1.2m的间隔，中间是地沟，靠窗的两侧留0.9m的通道。顶棚上开小天窗，并安装调节出气口大小的装置，以便使污浊的气体经出气口排出室外，天窗和窗户要增设铁纱网，以防猫、鼠侵袭（图13-1）。

（三）饲养设备

饲养鹧鸪的设备主要有鹧鸪笼、食槽、饮水器、栖架及蛋盘等，鹧鸪笼的种类、大小和形式有多种，分为育雏笼、育成笼和种用笼，目前都可在厂家加工定制。

1. 种用笼 种用笼是专门供种用鹧鸪生活的笼。种用笼用竹、木或铁丝等制成，为了便于收蛋，每层笼的底向下倾斜7°～9°，同前面底边保持3cm的间距。为增加饲养量，可多层笼养，每层笼宽0.4～0.45m，长1m，高0.25m，全高1.7m。笼底网可用1.4～1.6cm的

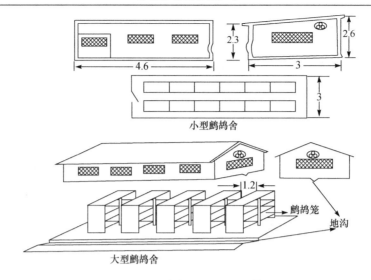

图 13-1　鹧鸪舍（单位：m）（周元军等，2003）

方格网做成。承粪盘比笼宽 10cm。水槽和食槽应固定位置，外挂于笼上。

2. 食槽　　也称料槽或饲料槽。雏鸪开食时，一般用干净的纸或纸盘，3d 后改用长条形食槽。食槽一般长 60cm、宽 4cm、高 3cm，用木头、竹子或镀锌铁皮制成，原则是每只雏鸪要保证有 2～2.5cm 长的食槽，中鸪要适当增加。料槽要平整光滑，方便使用和洗涤。

3. 饮水器　　鹧鸪的饮水器形式多种多样，只要清洁卫生、便于清洗均可使用。平养可用瓦盆、饭罐等作饮水器，上盖一个竹罩（竹篾间距以鹧鸪的头能自由伸进为宜）。有条件的可使用塔形真空饮水器。笼养可用镀锌铁皮制成长形水槽，也可用小鸡的自动饮水器代替。

（霍鲜鲜）

第十四章　野　　鸭

狭义的野鸭是指绿头野鸭，别名为大绿头、大红腿鸭、大麻鸭等，是最常见的大型野鸭，也是除番鸭以外的所有家鸭的祖先，是目前开展人工驯养的主要对象。目前人工饲养的野鸭主要是由野生绿头鸭经人工驯化选育而成的。世界上很多国家都选育自己国家的家养野鸭品种，如德国野鸭、美国野鸭。我国自20世纪80年代开始先后从德国、美国引进数批家养野鸭，进行饲养繁殖、推广，成为我国各地开发特禽养殖的新项目。绿头野鸭肉质鲜嫩，野味十足，美味可口，素来被喻为野味中的上品，是传统的滋补保健食品。《本草纲目》记载，鸭肉"主大补虚劳，最消毒热，利小便，除水肿，消胀满，利脏腑，退疮肿，定惊痫"。

绿头野鸭在良好的饲养管理下，生长速度快，60～70日龄可达到1.3kg的上市体重，肉料比为1∶3。种用绿头野鸭性成熟早，最早145d即可开始产蛋，全年产蛋期长达9个月，年产蛋可达120～150枚，种蛋受精率在90%以上。

绿头野鸭具有水禽的共同特点，羽毛生长快，成年鸭绒羽细密，保暖性好，是开发羽绒制品的上好原料。雄性绿头野鸭有8种羽毛颜色，可作工艺品。

第一节　野鸭的生物学特征

一、分类与分布

野鸭隶属鸟纲(Aves)、雁形目(Anseriformes)、鸭科(Anatidae)，一般分为3亚科9族43属155种。中国仅分布有雁亚科和鸭亚科2亚科8族20属51种，野鸭是广泛分布于除南极大陆外世界各地水域的多种野生鸭类的俗称，野鸭的数量和种类非常多。

二、外貌特征

(一)雏野鸭及其生长过程的形态特征

雏野鸭全身为黑灰色绒羽，脸、肩、背和腹有淡黄色绒羽相间，喙和脚灰色，趾爪黄色。羽毛生长变化有一定规律，15日龄毛色全部变为灰白色，腹羽开始生长；25日龄翼羽生长，背腰两侧下羽毛长齐；30日龄翼尖已见硬毛管，腹羽长齐；40日龄羽毛长齐，翼尖长约4cm；45日龄尾羽羽片展开；50日龄背羽长齐，翼尖羽毛长约8cm；60日龄翼羽伸长到12cm，副翼的镜羽开始生长；70日龄主翼羽长达16cm，镜羽长齐，开始飞翔；80日龄羽毛长齐，翼长达19cm，具有成年鸭的形态特征。

(二)成年野鸭的外貌特征

雄野鸭体型较大，体长55～60cm，体重1.2～1.4kg；头和颈翠绿色带金属光泽(绿头野鸭因此而得名)，颈下有一道白色圈环；体羽棕灰色，胁、腹灰白色，翼羽紫蓝色具白缘；尾羽大部分白色，仅中央 4 枚羽为黑色并向上卷曲如钩状，这 4 枚羽为雄野鸭特有，称为雄性羽，可据此鉴别雌雄。

雌野鸭体型较小，体长 50～56cm，体重约 1kg；全身羽毛呈棕褐色，并缀有暗黑色斑点；胸腹部有黑色条纹；尾毛与家鸭相似，但羽毛亮而紧凑，有大小不等的圆形白麻花纹；颈下无白环，尾羽不上卷。绿头野鸭的腿脚橙黄色，爪黑，故又称为大红腿鸭。

三、生活习性

1. 合群性　　人工驯养的野鸭与野生的祖先一样，喜欢结群活动和群栖，经过训练的野鸭群可以招之即来，挥之即去。野生的野鸭夏季常以小群栖息于水生植物茂盛的淡水河流、湖泊和沼泽。秋季脱换羽毛及迁移时，常集结成数百以至千余只的大群，越冬时集结成百余只的鸭群栖息。绿头野鸭性情温驯，喜结群活动，争斗现象不明显，采食、饮水、休息、睡眠、活动、戏水等多呈群体性，容易饲养。

2. 迁徙性　　绿头野鸭为候鸟，在自然条件下秋天会南迁越冬，在我国则常在长江流域各省越冬；春末经华北至我国东北，到达我国内蒙古和新疆及俄罗斯等地。

3. 杂食性　　野鸭的口叉深，食道大，能吞食较大的食团。鸭舌边缘分布有许多细小乳头，具有过滤作用，能在水中捕捉到小鱼虾，并且有助于将食物磨碎。食性广而杂，采食谷物、种子、浆果、芦苇、野稻、小麦还有小蠕虫、蝌蚪、小鱼虾等。

4. 喜水性　　绿头野鸭善于在水中游泳和戏水，潜水不多，尾脂腺发达，分泌油脂到羽毛上达到疏水来保持体态。鸭善于在水中觅食、嬉戏和求偶交配。通过戏水有利于羽毛的清洁卫生和生长发育。绿头野鸭不宜采用家鸭使用的旱养法，以免羽毛光泽度差，失去绿头野鸭羽毛的外观形象，降低售价。

5. 飞翔能力强　　绿头野鸭翅膀强健，飞翔能力强，善于长途飞行。在 70 日龄后翅膀飞羽长齐，不仅能从陆地飞，还能从水面直接飞起，飞翔较远。在人工集约化养殖时，要注意设置网篷防止外逃，可在出雏后断翅，也可剪翼羽。舍饲时，大日龄野鸭的陆地和水上运动场都要设置防逃网。

6. 胆小易惊　　绿头野鸭虽带有野性，但胆小，富神经质，反应敏捷，易受突然的刺激而惊群。野鸭饲养环境应尽量安静。

7. 换羽特性　　一年换羽 2 次。夏秋间全换(即润羽)和秋冬间部分换羽。换羽序是先胸、腹、两肋、尾羽，头颈次之，最后是背羽。

8. 就巢性　　野鸭一年有春秋两季产蛋，蛋色有灰绿色和纯白色略带肉色，蛋重48.5～50g。孵化由雌鸭担任，孵化期27～28d。

9. 耐寒、适应性强　　野生野鸭在25～40℃都能生存，家养野鸭在0℃左右的气温下仍可在水中自由活动，在 10℃左右的气温时仍可保持高的产蛋率。野鸭抗病力强，疾病发生少，成活率高，更有利于集约化饲养。

第二节　野鸭的种类和品种

我国引进并已经推广饲养的主要品种有美国绿头野鸭和德国绿头野鸭，以及少量捕捉野生野鸭进行驯养的绿头野鸭。

一、引进种

1. 美国绿头野鸭 外貌特征与绿头野鸭相似。成年公鸭 1.6kg，母鸭 1.4kg，雄鸭性成熟期约 150d，母鸭 150～160d 开产，年产蛋量平均 100～150 枚。美国绿头野鸭繁殖季节性强，一年分两个产蛋期，第一产蛋期为 2～6 月，产蛋量占全年产蛋量的 70%～80%。第二产蛋期在 8～10 月，产蛋量比第一期少，蛋重 55～65g，蛋壳呈青色。2 月龄肉用仔鸭活重达 1.2～1.4kg，料肉比为 (2.5～3)：1 时即可上市。

2. 德国绿头野鸭 由德国奥斯特公司培育而成的野鸭品种，外形与野生绿头鸭相似。我国于 1980 年引进该鸭种蛋，进行孵化、饲养、推广，经系统选育后，生产性能有所提高，开产日龄由原来的 210 日龄缩短至 165 日龄，年产蛋量由原来的 60 枚提高到 104 枚，肉仔鸭 70 日龄平均体重由 1.1kg 增至 1.4kg，但在肉质方面有所下降。

二、野生种

<h2 style="text-align:center">第三节　野鸭的育种和繁殖</h2>

一、野鸭的选种选配

种野鸭可通过向外引进或从自留后备鸭中进行选留。一般根据体形外貌和生理特征选择。种用雏鸭应在 6～8 周龄时，选留生长迅速、身体健康的雏鸭。在 19～21 周龄淘汰发育不全、跛脚、伤残和消瘦的个体。成年鸭的选择包括种母鸭和种公鸭的选择。

种母鸭的选择原则是：头部清秀，喙宽而直，颈细长，眼大而明亮，体躯长、宽且深，前胸饱满前突，背长而阔，末端柔而薄，两脚间距宽。母鸭体重不低于 1kg，高产鸭两耻骨间距常在 3 个指头以上，耻骨与胸骨末端的间距常在 4 个指头以上，腹部容积大，头颈略细小。淘汰黄褐色羽毛、翼镜非紫蓝色和体型偏小的个体。

种公鸭的选择原则是：头颈翠绿色明显，头大、颈粗、中等长，喙宽而直，胸部丰满、向前突出，背长而宽，腹深但不垂地，脚粗稍短，两脚间距宽，体型大；雄性羽发达，明显向背部弯曲。活泼好动且灵活，阴茎发育正常，性欲旺盛。颈部粗宽，体重较大的，体重不低于 1.25kg，公鸭一般利用 1～2 年。

二、野鸭的繁殖特点

1. 性成熟 野鸭性成熟时间在 150～160 日龄，受种类、性别、营养水平、外界环境条件等影响。公鸭早于母鸭，公鸭约在 150 日龄性成熟，母鸭在 160 日龄左右，性成熟与光照关系很大，掌握好适时开产很重要，冬季产蛋一定要补足光照时数。

2. 季节性 种野鸭每年有两个产蛋高峰期，第一个产蛋高峰期在 3～6 月，占全年产蛋量的 70%～80%，种蛋受精率与孵化率均较高。第二个产蛋高峰在 9～11 月，产蛋量占全年产蛋量的 30%。蛋壳为青色，偶见白色，蛋重 55～65g。

3. 公母配比 种野鸭以公母配比 1：6 为宜，种蛋受精率可高达 90% 以上。

4. 种野鸭的利用年限　　种野鸭的利用年限一般为 2～3 年，野鸭经过几代后，逐渐失去特性，逐代增加家鸭方向的变异，失去野生状态的矫健步行，应淘汰不作种用。

5. 抱窝　　野鸭在野生状态下具有抱窝的习性，孵化靠母鸭自孵。而在家养条件下，都采用人工孵化，孵化期为 27～28d。

三、野鸭的繁育方法

（一）自然交配

野鸭大群自然交配的受精率较高。野鸭在繁殖期不能与家鸭混养，以防止与家鸭杂交后生产性能退化。公母鸭交配行为多数是在水面上发生并完成的。一旦求偶信号完成，公鸭将爬跨到母鸭背上完成交配。交配过程需要 15～20min。每只公鸭每天可与 8～30 只母鸭交配，晴天与早晨交配较频繁，阴雨天气及上午 10 时以后交配次数减少。种用绿头野鸭在接近 23 时到翌日凌晨 4 时多回到陆地上栖息或产蛋，产蛋时间集中于凌晨 2～5 时，5 时以后又开始下池戏水活动，到晚间才回到陆地上。

（二）人工授精技术

野鸭在人工饲养条件下，如果不交配或受精率低，可采用人工授精技术来提高种蛋的受精率。对野鸭进行人工授精，需要集精杯、塑料注射器、无毒塑料导管和温度计等工具。野鸭的人工授精技术可以参照家鸭的人工授精技术。

（三）人工孵化

绿头野鸭自然孵化需 28d，人工孵化绿头野鸭，可采用传统的家鸭孵化方法及机器孵化方法。

1. 种蛋的选择　　种蛋来源于健康、高产、公母配比适当的野鸭。种蛋要求新鲜，保存时间最好不超过 5d，蛋壳要结构致密，厚薄适度，蛋壳清洁，蛋重符合品种要求。

2. 孵化温度　　野鸭蛋的孵化温度应比相同胚龄的家鸭蛋低约 0.5℃，并要求使用变温孵化，以满足胚胎发育的需要。野鸭孵化的具体温度为：1～15d，37.5～38℃；16～25d，37.2～37.5℃；26～28d，37～37.2℃。

3. 孵化湿度　　入孵的 1～15d，相对湿度为 65%～70%；16～25d，相对湿度可降至60%～65%；26～28d，相对湿度应增加至 65%～70%。

4. 通风　　在不影响孵化温度和湿度的情况下，应注意通风换气。在孵化过程中蛋周围空气中的二氧化碳含量不能超过 0.5%。

5. 翻蛋　　一般 2～3h 翻蛋一次，翻蛋角度±45°，孵化至 26d 转入出雏器内停止翻蛋。

6. 晾蛋　　野鸭蛋脂肪含量较高，孵化后期由于脂肪代谢增强，蛋温急剧增高，不但影响胚胎发育，而且可能"烧死"胚蛋。必须向外排出多余的热量和保持足够的新鲜空气。从 14d 起，每日晾蛋 2～3 次，每次 20～30min。夏季室温较高时，可喷水降温，将 25～30℃的温水喷雾在蛋表面上，使蛋表面见有露珠即可，以提高孵化率和出雏率。

7. 照蛋　　照蛋野鸭在孵化过程中应随时抽检胚蛋，掌握胚蛋发育情况，以便控制和调整孵化条件。第一次照蛋是在野鸭蛋孵化第 7 天进行，检出无精蛋和死胚蛋。此时发育正常的胚胎，其血管鲜红，扩散而较大，胚胎上浮或隐约可见。第二次照蛋是在孵化第 13 天进行，此时尿囊已经合拢。第三次照蛋是在孵化第 25 天进行，此时发育良好的胚胎，除气室外已占满蛋的全部容积，胎儿的颈部紧压气室，因此气室边界弯曲，血管粗大，有时可以见到胎动。

第四节　野鸭的营养与饲养管理

家养野鸭各期的营养需要和饲料要求，目前尚未有一个完善、通用的标准。可根据实际情况参照家鸭的饲养标准拟订。

一、野鸭的营养需要

野鸭的营养需要呈明显的阶段性变化，1～30 日龄营养需求高，31～63 日龄应降低营养水平，饲料中蛋白质含量下降，同时降低代谢能等的营养水平，增加粗饲料，这样可推迟和减轻野性的发生。种野鸭饲料中的蛋白质含量要比蛋鸭饲料高，对钙、磷、锰和锌等微量元素和维生素的需要量比一般家禽要高。不同生长阶段的营养需要见表 14-1 和表 14-2。

表 14-1　野鸭的营养需要

营养	育雏期		育成期			产蛋期	
	0～10d	11～30d	31～70d	71～112d	113～147d	盛产期	中后期
代谢能/(MJ/kg)	12.54	12.12	11.50	10.45	11.29	11.50	11.29
粗蛋白质/%	21	19	16	14	15	18	17
粗纤维/%	3	4	6	11	11	5	5
钙/%	0.9	1.0	1.0	1.0	1.0	3.0	3.2
磷/%	0.5	0.5	0.6	0.6	0.6	0.7	0.7

资料来源：潘琦，2001

表 14-2　肉用仔鸭的营养需要

营养	0～10d	11～30d	31～70d	71～80d
代谢能/(MJ/kg)	12.54	11.70	11.29	11.70
粗蛋白质/%	22	20	15	16
粗纤维/%	3	4	8	4
钙/%	0.9	1.0	1.0	1.0
磷/%	0.5	0.5	0.5	0.5

二、野鸭的饲料配方

野鸭的配方示例见表 14-3。

表 14-3　野鸭各期饲料配方示例(%)

成分	0～4 周龄	4～12 周龄	13 周龄以上	种鸭(繁殖期)
玉米	57.65	60.12	63.00	65.60
豆粕	19.00	14.50	9.00	15.00
麦麸	14.00	20.00	25.87	8.00
鱼粉	7.00	3.00	—	4.00
磷酸氢钙	0.46	1.00	0.78	1.27
石粉	1.24	0.73	0.70	5.48
食盐	0.40	0.40	0.40	0.40
复合维生素	0.05	0.05	0.05	0.05
复合微量元素	0.20	0.20	0.20	0.20
合计	100.00	100.00	100.00	100.00

具体配制饲料时必须重视以下几点。

1)日粮配合必须根据其营养要求,遵循珍禽日粮配合的一般原则进行,并注意根据其在野生状态的食性习惯选择饲料种类,利用不同饲料中营养物质的互补作用。注意饲料的品质、适口性和饲料的理化性质。

2)雏鸭饲料的粗纤维含量不能过高。

3)日粮要相对稳定,切忌突然改变饲料,否则会导致野鸭消化系统的机能紊乱,引起消化障碍等不良后果。

4)应用青绿饲料和小鱼虾。野鸭对动物来源的食物有偏好性,"鸭要腥",因此有必要添加小鱼虾等动物性食物,满足野生食性的需要。

三、野鸭的饲养管理

(一)野鸭养育阶段的划分

种野鸭划分为三个阶段,雏野鸭(0～30 日龄)、育成野鸭(31～140 日龄)和产蛋期(140 日龄至淘汰)。商品野鸭划分为两个阶段:雏野鸭(0～30 日龄)和育成野鸭(31～80 日龄)。

(二)野鸭的生长发育规律与雏野鸭的饲养管理

1. 野鸭的生长发育规律　　刚出壳的雏野鸭,全身为黑色绒毛,肩、背、腹部有淡黄色绒毛相间,脚黑黄色,趾、爪黄色,随着日龄增加,羽毛发生一系列规律性的变化。

15 日龄时,腹羽开始生长,毛色全部变成灰白色。

25 日龄时,翼羽生长,背腰两侧下羽毛长齐。

30 日龄时,翼尖已见硬管毛,腹羽长齐。

40～50 日龄时,翼尖羽毛约 8cm,背部羽毛长齐。

60 日龄时,翼羽长至 12cm,副翼羽上的镜羽开始生长,是采食、生长高峰期。

70 日龄时,主翼羽达 16cm,镜羽长齐,此时期鸭群主要表现为骚动不安,日采食量减少 60%～70%。60～70 日龄为易发敏感期，又称为野性暴发期，容易激发飞翔野性的出现，致使体重下降。

80 日龄时，羽毛长齐，主翼羽达 19cm，公野鸭体重为 1.3kg，母野鸭为 1.1kg。

不同时期应针对性地加强野鸭的饲养管理，不同时期采取不同的管理措施，不断提高生产性能。

2. 育雏期的饲养管理　　野鸭育雏期可采用立体笼养或网上平养。进雏前对新雏鸭舍用 2%～4%的火碱水等消毒药喷洒消毒。旧雏鸭舍需用甲醛溶液熏蒸消毒，提前 24h 预热加温，室温应达到 29℃。饲料桶、饮水桶清净后用消毒水浸泡 8h，再用清水洗净晾干后放入消毒好的育雏室。

1）温度：温度应按雏野鸭的日龄，掌握好由高向低逐渐降温的原则。1～3 日龄 27～29℃；以后每 3d 降 2℃，20 日龄后过渡到常规育雏温度。一般应保证夜间温度比白天高 1～2℃。

实际中要注意观察雏鸭状态，适时调节温度。雏鸭活跃、分布均匀，则温度适宜；雏鸭扎堆，则温度偏低；雏鸭张口呼吸，饮水增加，则温度过高；雏鸭分布不均匀，在一边处打堆，则是有贼风。雏鸭有堆睡习性，须日夜值班，防止压死、闷死。育雏温度可根据各地气温不同、饲养数量和具体条件灵活掌握，判断提供的温度是否合适。

2）湿度：育雏期相对湿度要求为 60%～65%，过高会使雏鸭羽毛潮湿，影响鸭体散热；过低则室内空气干燥，易导致呼吸道疾病。为保持地面干燥应在地面铺垫料。

3）光照：为保证雏鸭有充足的采食时间，满足其快速生长发育的需要，1～3 日龄采用 24h 光照，4～14 日龄采用 16h 光照。光照强度为第一周每 20m² 挂一个 60W 白炽灯，第二周改为 40W，第三周以后采用自然光照。

4）通风：通风的目的是排除舍内的二氧化碳、氨气、硫化氢等有毒有害气体，增加舍内空气中氧气的含量。

5）饮水：雏鸭孵出后 24h 内，进入育雏室半小时后，先喂 0.01%的高锰酸钾水。如果是经长途运输的雏鸭，可先喂 5%葡萄糖水或红糖水及维生素 C，水温 23～25℃。饮水器具每天应清洗消毒一次。

6）开食与饲喂：雏野鸭饮水后即可开食，开食料可用夹生米饭或小米，放在料盘中让雏野鸭自由采食，也可将全价配合饲料用温开水拌湿开食，要做到少给勤添。

7）饲养密度：密度过大，影响生长发育，并易形成僵鸭及挤压死亡；密度过小，则增加饲养成本。平养密度 1 周龄以内 25～30 只/m²，1～2 周龄 20～25 只/m²，2～3 周龄 15～20 只/m²，3～6 周龄 10～15 只/m²；立体笼养可适当增加饲养密度。

8）放水：雏野鸭非常爱戏水，7 日龄后可放在浅水中活动，每天 2 次，上、下午各 1 次，每次 0.5～1h。10 日龄后任其自由下水活动，一般在食后进行。

3. 育成野鸭的饲养管理　　育成期是指 31～70 日龄阶段，此期野鸭生长发育最快，作为肉用野鸭上市，要求精心饲喂，日投料量为其体重的 5%。每次喂料后要下水 5min，在运动场理干羽毛，促使野鸭育肥，体重达 1200g 就可上市销售。在管理上的要求如下。

（1）选择分群　　野鸭由育雏转入育成之前，按体质强弱和体型大小分群。留作种用的公母鸭要分开饲养。70 日龄时按 1∶6 选留公母，并淘汰体弱、病残鸭。进行强弱、大小分群饲养，可促使同一群体内个体间的均衡生长，便于饲养管理，节省生产成本。否则，个体间的差异会逐渐加大，既给饲养管理带来困难，造成饲料浪费，也使生产成本增加，经济效益降低。转群前应将鸭舍消毒后，再铺上垫料，墙拐角处多铺垫草，防止打堆压死。

（2）适时换料　野鸭在育成期生长发育快，耗料多，食欲和消化能力显著增强，耐粗饲，日饲喂 3 次，精料、青料、粗料等合理搭配，让野鸭吃饱吃好。适当减少鱼粉、豆饼的比例，逐渐增加米糠、麦麸类饲料、水草和青绿饲料，以满足其野生状态下的食性。要注意每次换料必须逐渐过渡，使野鸭有一个适应过程，切忌突然改变饲料，而造成肠胃病和消化不良，使体重下降。

（3）适当限饲　此期野鸭的体重增长缓慢，而性成熟加快。为了防止种鸭过早性成熟，提高产蛋量和种蛋合格率，在成熟期应进行限制饲养。限制饲养主要是通过控制饲喂量和饲料质量来实现的。此期日粮中粗蛋白质水平可控制在 11% 左右，喂料量为 90g 左右，喂料次数为每日 2 次，如鸭群饥饿，可多给青绿饲料。进行限制饲养的同时，要结合体重的变化适时地调整，当体重超过标准体重时，可酌情减少或不增加饲料量，也可降低饲料的质量；如体重低于标准体重，也可适当增加饲喂量或调整饲料质量。

（4）填饲育肥　作肉用野鸭上市，要求毛全、膘好，约需饲养到 80 日龄可达上市体重 1200g 左右。因此，野鸭在育雏前期重点是让羽毛快长、长好，在育成后期则喂好、吃好，让体重增加，达到上市时的体重。从 65 日龄人工强迫野鸭吞食大量的高能量饲料，增加每日饲喂量，自由采食，自由下水，延长采食时间。有条件的，育肥野鸭每日每只投放青饲料 20～30g，使其在短期内能迅速长肉和积蓄脂肪。经过 15d 的填饲，体重达 1200g 左右即可上市销售。

（5）免疫预防　野鸭抗病力虽比家鸭强，但一旦暴发传染性疾病，也会引起野鸭的大批死亡。因此在野鸭疾病的防治实践中，疫苗接种仍然是综合预防重大传染性疾病的有效方法之一。常规的免疫程序见表 14-4，各地根据不同地区的实际疫情应作适当的调整。

表 14-4　野鸭免疫程序

日龄	疫苗名称	接种方法
出壳	鸭肝炎弱毒苗，无母源抗体的出壳后 24h 内接种；有母源抗体的 7～10d 接种	皮下或胸肌注射
14	鸭瘟弱毒苗	胸肌注射
42	禽出败灭活菌苗	颈部皮下
60	鸭瘟弱毒苗	胸肌注射
90	禽霍乱油乳剂菌苗	颈部皮下
120	母鸭注射鸭肝炎弱毒苗	胸肌注射
135	母鸭注射鸭肝炎弱毒苗	胸肌注射
280	母鸭停产期注射鸭瘟弱毒苗	胸肌注射
春、秋 （成年经产鸭）	鸭瘟弱毒苗、禽霍乱油乳剂菌苗	胸肌注射

（三）种野鸭的饲养管理

种野鸭 0～30 日龄的饲养管理与肉用野鸭基本相同。公野鸭及不留作种用的仔野鸭经短期育肥供应市场。下面主要介绍青年野鸭和种野鸭产蛋期的饲养管理要点。

1. 青年野鸭的饲养管理　青年野鸭一般指 31～140 日龄的野鸭。此期是种野鸭饲养的关键时期，这一阶段的饲养管理直接影响种鸭的质量。

作为种鸭，首先考虑到在 70 日龄前后进行分群选择，公母鸭按 1 :（6~8）的比例留种。其次要限制饲喂，此期日粮中粗蛋白质水平可控制在 11% 左右，喂料量为 90g 左右，喂料次数为每日 2 次，应酌情增加青绿多汁的饲料，用量约占总喂料量的 15%，以适当控制体重。产蛋前 30~40d 青饲料可增至 55%~70%，粗饲料占 20%~30%，精饲料占 10%~15%，可推迟或减轻野性发生，节约饲料，促进羽毛生长。

在日常管理中要注意每天清理鸭舍，勤换垫草和通风换气，控制光照时间，通常采用自然光照，定期进行鸭舍消毒，保持水源清洁卫生。要确保每只野鸭都有采食位置。定期称测体重，并酌情调整饲料，使种用育成鸭达到标准体重。最后要注意在种鸭产前 3~4 周进行免疫接种。

2. 种野鸭产蛋期的饲养管理　　140 日龄后的野鸭即将开始产蛋，即进入产蛋期的管理。首先要调整饲料，在野鸭不同产蛋时期供给不同蛋白质含量的产蛋料，并根据体重和产蛋量调整日喂量，每日每只种鸭耗料为 100~120g。

种野鸭饲养密度为 4 只/m² 左右，公母比例以 1 : 5 为宜。光照能刺激新陈代谢，促进脑垂体分泌性激素，促进排卵。产蛋期每日光照以 15~16h 为宜，可延长产蛋期，增加产蛋量。产蛋期注意调整饲料蛋白质含量及钙磷比例，以达高产稳产，整个产蛋期的喂量和营养水平应相对稳定，霉变饲料不能使用。

种鸭要有良好的洗浴条件，交配旺期是在早晚，应主动将种鸭轰下水交配。种鸭虽喜水，但应保持鸭舍干燥，及时换上干净的沙土、垫草。

种野鸭舍内应设置产蛋窝，训练种鸭在此产蛋。野鸭多在凌晨 1~4 时产蛋，墙壁四周为产蛋区，产蛋期间应在四周设产蛋窝（每 4 只母鸭 1 个窝），内垫清洁干燥的稻草。定期用 3% 的来苏水溶液或 1% 的烧碱溶液，对圈舍和用具进行消毒。

第五节　野鸭对环境的要求和圈舍设计建造

一、野鸭对环境的要求

参见第十一章第六节"雉鸡养殖场建造对环境的要求"。

二、圈舍设计建造

根据野鸭的生活习性，应在僻静、水源充足、防疫条件好的池塘或河道边，搭建半水半旱的圈棚式鸭舍，要设有水、陆运动场，比例为 1 : 1。从陆上到进入水上运动场之间应有 15°的倾斜度，池水必须经常更换，保证水质清洁。不论建什么形式的鸭舍，运动场周围和顶部都要加金属或尼龙网罩，以防止野鸭飞蹿。

1. 雏鸭舍　　雏鸭舍必须保温且戏水、清粪、清洗方便，雏鸭舍包括室内保温区和室外运动戏水区两部分。室内面积为 20~40m²，采用远红外板、墙壁式烟道或悬挂式铁皮烟道升温保暖。悬挂式烟道使用燃煤。炉门开于侧墙上，炉膛伸入室内，便于充分利用热源，烟道排管也建于室内。室内地面做成倾斜水泥地面，进门口位置最低，便于冲洗地面。

野鸭舍饲养场地应营造适宜的野生环境，自然状态下野鸭喜欢生活在水浅且水生植物丰富的湖泊、河、池塘和水库边。室外运动场面积与室内相同，地面倾斜，到运动场远端形成1～1.5m宽、10～20cm深的戏水浅池，任野雏鸭自由戏水或在陆地场上休息、晒太阳等。运动场边用单砖修建30～40cm高的挡墙，墙外为排水沟和走道。

2. 青年鸭舍　　15～70日龄的野鸭不具飞翔能力，可采用地面平养，不修建天网。舍内面积与陆地运动场、水面活动场比例为1∶1∶1。在有流水的溪沟、湖泊等地岸边修简易育成舍，房舍可大可小，水深不宜超过1m。舍内地面与陆地面均为水泥地面，向水池倾斜，沿陆场与水池交接处修一条排污粪沟，沟深15～20cm，宽20～30cm，沟上铺栅板，避免清洗冲扫舍内与陆场地面的污物污染水场。

陆场与水场接口用鹅卵石修成宽2～3m、坡度2°的斜坡，供绿头野鸭上、下陆场和水场。陆场和水场用40cm高的铁丝焊网作围护栏，水场水下部分用尼龙网下底围住。如无自然水源，可采取修建人工水池的方法，人工水池深60cm，有排水道，池边为排粪沟，换水方便。换水时要放尽污水，将池底鸭粪、毛、污物清理彻底，并进行消毒处理。

3. 种鸭舍　　80日龄以后的野鸭到整个产蛋期都有良好的飞翔能力，此阶段的种野鸭舍必须用尼龙网封闭固定，防止飞蹿。网高2m左右，水下沉入网防潜蹿。舍内面积与运动场面积、水场面积比为1∶2∶20，沿岸边修一排粪沟，让冲洗后的污物排出养殖区外。运动场上修建饮水池和食槽，产蛋舍内放置产蛋箱。

第六节　野鸭产品的采收加工

（韩　庆）

第十五章　蛇

　　蛇是一类"特化"的爬行动物，是蜥蜴在进化过程中高度特化的一个分支，在种系发生上与蜥蜴的亲缘关系较密切。蛇是肉食性动物，在生态系统中充当次级消费者，通过大量捕食昆虫及鼠类等而有益于农牧业生产。许多蛇类具有较高的药用价值。早在东汉年间出版的《神农本草经》就已有蛇蜕入药的记载，此后历代本草均有记述，到明代李时珍《本草纲目》中记载了蛇类中药材17种，经赵尔宓(1978)考证，《本草纲目》中共载有12种蛇的药用价值。据20世纪80年代全国中药资源调查结果，目前我国药用蛇类共有5科24属62种。蛇肉是一种名贵的菜肴，不但质地细腻，味道鲜美可口，而且营养十分丰富，有强壮补益的功能。蛇皮制成腰带、钱包等是国际市场上受人欢迎的名贵商品。蛇的观赏价值很高，根据观赏方式和角度不同，蛇类可用于生态观赏、艺术观赏和工艺观赏等，通过蛇类的展出，可普及蛇类知识，加强人们的环保意识等。此外，蛇类在地震预测研究、仿生学研究方面均具有较大的经济价值。

　　我国是世界上最早开始人工养蛇的国家，早在唐朝就有"养蛇户"养蛇的记载。我国真正人工养蛇，出现在1949年中华人民共和国成立之后，由于蛇和医药密切关联，一些高等医学院校对蛇类的基础理论开展研究，对蛇类人工养殖工作的开展起到架桥铺路的作用。20世纪50年代，江西省贵溪县最早办起了五步蛇养殖场，70年代江西、广东、湖北、湖南等地又相继建立了银环蛇养殖场。20世纪80年代，国内有关专家学者进行了人工养殖和开发利用技术的研究，全国各地均兴建了不同规模的养蛇场。养蛇场主要分布在江西、广西、浙江、安徽、湖北、江苏、辽宁、山东等地。经过多年探索，我国的蛇类人工驯养技术取得了一些进展，积累了一定的经验，目前养殖成功的种类有眼镜蛇、眼镜王蛇、滑鼠蛇、灰鼠蛇、蟒蛇、乌梢蛇等，这些种类在人工驯养技术、养殖规模和模式、饲料开发等方面，达到或接近成熟水平。

第一节　蛇的生物学特征

一、分类与分布

　　蛇属脊索动物门(Chordata)、脊椎动物亚门(Vertebrata)、爬行纲(Reptilia)、蛇目(Serpentiformes)。全世界现存蛇类约有3200种，分别隶属于13科，广布于世界各大洲。我国产蛇218种，其中有毒蛇66种(及亚种)，占世界蛇类的7%～10%。中国蛇的种类和数量的分布按照纬度由南向北逐渐递减，北方地区每个省份蛇的种类不到20种，其中青海和宁夏最少，中西部地区每个省份蛇的种类为21～50种，南方地区每个省份蛇的种类为51～100种，种类最多的是福建、广西和云南。全国各省、自治区毒蛇分布状况相差悬殊，以海南、云南、广东、广西、福建、台湾等6省、自治区毒蛇种类较多，毒蛇种类均在22种(或亚种)以上，尤其是福建分布毒蛇有31种，是中国毒蛇种类最多的一个省份。此外，中国的蛇类特有种 54 种，分别隶属于 4 科、25 属，占中国蛇类的 26% 左右，其中特有种分布最多的省份是广西、四川、福建和云南，而黑龙江、吉林、新疆和内蒙古则没有特有种分布。

二、外形特征

蛇身体细长，圆筒形，全身背覆鳞片，四肢退化消失。全身可分为头部、躯干部和尾部。头后至肛门前称躯干部，肛门以后称尾部。头部较扁平，躯干较长，尾部细长或侧扁或呈短柱状。头部有鼻孔一对，位于吻端两侧，只有呼吸作用。眼一对，无上下眼睑和瞬膜。无耳孔和鼓膜，但具有发达的内耳及听骨，对地表振动声极为敏感。舌虽没有味觉功能，但靠频繁的收缩能把空气中的各种化学分子黏附在舌面上，送进位于口腔顶部的犁鼻器，从而产生嗅觉。此外，尖吻蝮和蝮蛇还有颊窝，它对环境温度的微弱变化能产生灵敏反应，因此颊窝又称热感受器，这对夜间捕食有重要作用。

三、生活习性

（一）蛇的栖息环境

蛇的栖息环境因种类的不同而各不相同。蛇的栖息环境由海拔、植被状况、水域条件、食物对象等多种因素决定。某种蛇的分布地域是在适宜的生存环境条件下形成的。

1. 穴居生活　　穴居生活的蛇，一般是一些较原始和低等的中小型蛇类。穴居生活的蛇白天居于洞穴中，仅在晚上或阴暗天气时才到地面上活动觅食，如盲蛇。这些蛇都是无毒蛇。

2. 地面生活　　地面生活的蛇，也栖居在洞穴里。但它们在地面上行动迅速，觅食活动不仅仅限于晚上，白天也到地面上活动。例如，蝮蛇、烙铁头、紫沙蛇、白唇竹叶青、金环蛇等，它们一般分布较广，平原、山区、丘陵地带及沙漠中都有分布。

3. 树栖生活　　树栖生活的蛇，大部分时间都栖居于乔木或灌木上，如竹叶青、金花蛇、绿瘦蛇等。

4. 水栖生活　　水栖生活的蛇类，依其生活水域的不同，又有淡水生活和海水生活之分。大部分时间在稻田、池塘、溪流等淡水水域生活觅食的蛇类，称为淡水生活蛇类，如中国水蛇、铅色水蛇等。终生生活在海水中的蛇，称为海水生活蛇类，如海蛇科的前沟牙类毒蛇。

（二）蛇的活动规律

蛇具有昼伏夜出的特征，其活动有很大的差别。一般可以分为三类：第一类是白天活动的蛇，主要在白天活动觅食，如眼镜蛇、眼镜王蛇等，此类蛇也称为昼行性蛇类，其特点是视网膜的视细胞以大单视锥细胞和双视锥细胞为主，适应白天视物；第二类是夜晚活动的蛇，主要在夜间外出活动觅食，如银环蛇、金环蛇等，称为夜行性蛇类，其视网膜的视细胞以视杆细胞为主，适应夜间活动；第三类是晨昏活动的蛇，这类蛇多在早晨和傍晚时外出活动觅食，如尖吻蝮、竹叶青、蝮蛇等，其视网膜的视细胞二者兼有。决定蛇昼夜活动规律的因素是相当复杂的，主要有温度、饵料、光照、气候、季节等几个方面。蛇自身无做窝打洞的能力，多栖息在鼠洞、岩石缝隙、坟墓、废旧房屋和废弃窑洞中。

（三）蛇的食性和取食方式

1. 蛇的食性　　一般来说，蛇是肉食性动物，主要吃活的动物，包括从低等的无脊椎动物如蚯蚓、蛞蝓、蜘蛛、昆虫及其幼虫，到各类脊椎动物如鱼、蛙、蜥蜴、蛇、鸟及小型兽类。有的蛇偶尔也吃死的动物，但腐败的动物一般不吃。通过驯化饲养的幼蛇，人工饲养条件下，可以用肉块喂蛇，也可食死食和切碎的鱼肉块。每一种蛇都有自己的食性，有的专吃某一种或几种食物，如翠青蛇捕食蚯蚓，钝头蛇吃陆生软体动物，乌梢蛇吃蛙，眼镜王蛇主要吃蛇或蜥蜴等一两样食物。这类专食一种或少数几种食物的蛇称为狭食性蛇类。有的蛇食物种类较多，如灰鼠蛇可吃昆虫、蛙、蜥蜴、蛇、鸟、鼠类，赤链蛇可吃鱼、蛙、蜥蜴、蛇、鸟及鼠类，眼镜蛇除这些以外还会吃鸟卵等多样食物，这类蛇称为广食性蛇类。

2. 蛇的摄食方法　蛇主要借助于视觉和嗅觉捕食。通常情况下，视力强的陆栖和树栖蛇类，在觅食中视觉比嗅觉起更重要的作用；而视觉不发达的穴居和半水栖蛇类，却是嗅觉起更主要的作用。

多数蛇类一般以被动捕食方式来猎取食物。当蛇看到或嗅到猎物时，往往是隐藏在猎物附近，待猎物进入其可猎取的范围之内时，才突然袭击而捕之。毒蛇捕猎动物时，多采用突然袭击的方式咬住动物，同时将毒液通过毒牙注射到动物体内，经 2～3min 动物中毒死亡后，再缓缓将动物吞下。具有颊窝的蛇类，如竹叶青、五步蛇、蝮蛇等，其颊窝具有热敏感功能，能感知猎物，当猎物达到能捕获的距离时，头颈、身体及牙齿同时配合，进行弹射式突然攻击，可准确无误地将动物捕捉住。

蛇捕获到食物后是采取"囫囵吞枣"的方式将捕获的小动物整体吞到胃中，再慢慢消化、吸收其营养物质。吞食时间的长短，与食物的种类或大小有关，也与蛇体的大小有关。

3. 摄食频率　蛇的摄食频率与代谢的快慢和能量的需要量有关。蛇的活动量、生殖方式、个体的生理状态及食物的丰富程度均能影响其摄食频率。蛇的食欲与气温关系极大，一般蛇在冬眠和出蛰初期不摄食，夏秋及冬眠前活动频率最高，是其主要的摄食季节。7～9月为捕食频繁期，此外 5 月和 10 月是旺食时期，这与蛇的怀卵、越冬有关系。在自然条件下，蛇的忍饥耐饿能力很强，常常可以几个月，甚至一年以上不食。在人工饲养中，当环境温度为 20～28℃时，蝮蛇采食最活跃。这时，成蛇以每两周或 20d 投饲 1 次；在保证食物供应条件下，一岁的幼体体重可成倍增长；如投饲不及时或供应量不足，体重增加不及 2/3 者均不能保证最后存活。

（四）蛇的运动与感觉

1. 蛇的运动　蛇类没有四肢，是靠其特化的一些器官相互配合，以直线、波状、侧向、伸缩、跳跃等方式运动。

（1）直线运动　如躯体较大的蟒蛇、蝮蛇、水律蛇等，常常采取直线运动。这类蛇的特点是腹鳞与其下方的组织之间较疏松，由于肋骨与腹鳞间的肋皮有节奏地收缩，使宽大的腹鳞能依次竖立起来支持于地面，于是蛇体就不停顿地呈一直线向前运动。

（2）伸缩运动　腹鳞与其下方组织之间较紧密的银环蛇、蝮蛇等躯体较小的蛇类，若遇到地面较光滑或在狭窄空间内，则以伸缩的方式运动。即先将躯体的前半部抬起尽力前伸，接触到某一物体作为支持后，躯体的后半部随之收缩上去；然后又重新抬起前部，取得支持后，躯体后半部再缩上去，交替伸缩、不断前进。

2. 蛇的感觉　蛇的感觉是指蛇的视觉、听觉、嗅觉和热感觉等。

（1）视觉　蛇类的眼没有能活动的上下眼睑，蛇的眼球被由上下眼睑在眼球前方愈合而成的、一层透明的皮膜罩盖，在蛇蜕皮的时候，透明膜表面的角质层同时蜕去。盲蛇科蛇的眼隐藏在鳞片之下，只能感觉到光亮或黑暗。其他穴居蛇类的眼也比较小，视觉不发达。

（2）听觉　蛇类中耳腔、耳咽管、鼓膜均已退化，仅有听骨和内耳。因此，蛇不能接受通过空气传来的任何声音，但能敏锐地听到地面振动传来的声波，从而产生听觉。蛇类能接受的声波的频率是很低的，一般在100～700Hz（人的听觉是15～20 000Hz）。

（3）嗅觉　蛇类的嗅觉器官由鼻腔、舌和犁鼻器三部分组成，而主要的是犁鼻器和舌。犁鼻器内壁布满嗅黏膜，通过嗅神经与脑相连，是一种化学感受器。蛇的舌头有细而分叉的舌尖，舌尖经常从吻鳞的缺口伸出，搜集空气中的各种化学物质。当舌尖缩回口腔后，进入犁鼻器的两个囊内，从而使蛇产生嗅觉。

（4）红外线感受器　红外线感受器是蝰科蝮亚科和蟒科蛇类头部特有的热能感受器，蝮亚科蛇类的颊窝位于鼻孔和眼之间，左右各有一个。颊窝对于波长为0.01～0.015mm的红外线最为敏感，这种波长的红外线相当于一般恒温动物身体向外界发射的红外线。蝮亚科蛇类能感知人与动物身体发出的、极其微量的红外线。唇窝是位于蟒类吻鳞或上唇鳞表面的小型凹陷。其结构与蝮亚科蛇类的颊窝相似，也是一种红外感受器，灵敏度稍逊于颊窝。

四、牙齿

蛇牙有毒牙和无毒牙之分。无毒牙呈锥状，且稍向内侧弯曲。毒牙形状差异较大，又分为管牙和沟牙两种，管牙似羊角状，一对，能活动，内有管道；沟牙一般较短小，呈圆锥状，2～4枚，不能活动，不易看清，在牙的前面有流通毒液的纵沟。沟牙的着生位置不同，名称也不一样，若着生于上颌骨前端，称为前沟牙类。若着生于颌骨的后端，称为后沟牙类。毒牙的上端与毒腺相连，下端与外界相通。毒腺由唾液腺演变而成，位于头部两侧，口角上方，其形状大小因蛇种类而异。

蛇有有毒蛇和无毒蛇之分，两者最主要的区别在于毒蛇有毒腺和毒牙，无毒蛇则无此特征。此外，还有其他特点可供识别毒蛇和无毒蛇（表15-1）。

表 15-1　毒蛇与无毒蛇的区别

特征	毒蛇	无毒蛇
体形	较短粗	较细长
头形	较大，多呈三角形	较小，多呈椭圆形
毒牙	有	无
眼间鳞	两眼之间有大型和小型的鳞片	两眼之间有大型的鳞片
颊窝	尖吻蝮和蝮蛇有	无
瞳孔	直立或椭圆	圆形
尾巴	短，自泄殖腔后突然变得细长	长，自泄殖腔后渐细长
肛	多为一片	多为两片
体色与体纹	通体碧绿，体侧有白色或红、白色纵纹，尾尖焦红色；背面棕褐色，正中有一行紫棕色的波状脊纹；背面有2～3行交错排列的深色圆斑；全身布满黑白或黄黑相间的宽阔环纹；颈背部有眼镜样斑纹	体色多不呈鲜绿色，斑纹与毒蛇明显不同
生殖方式	多卵胎生	多卵生
行为	常蜷曲，爬行慢，安稳不惊。性凶猛，前半身能竖起，颈脖可膨胀变扁，常主动攻击人畜	多不蜷曲，爬行快，易惊恐。蛇身不能竖立，颈部不扩大变扁，很少主动攻击人

五、冬眠

蛇是变温动物，其活动、采食、饮水、繁殖和生长发育都与环境温度有关。气温在13～30℃，空气相对湿度在50%以上最适合蛇类活动。蛇到秋冬气温开始变冷时，体温也随之下降，机体的功能减退。当外界温度下降到6～8℃时，蛇就停止活动，气温降到2～3℃时，蛇就处于麻痹状态，如果蛇体温度下降至-6～-4℃时就会死亡。在自然条件下，蛇通过冬眠死亡率为35%。人工越冬则不然。在冬眠期间蛇处于昏迷状态，代谢水平非常低，主要靠蓄存的养料来供给自身有限的消耗，维持生命活动。到翌年春的4～5月，天气变暖后才苏醒过来，再回到大自然活动。为了成功地进行冬眠，穴居蛇类和一些具有钻洞习性的蛇类能把洞扩展得更深，可是大多数蛇只能利用天然的裂缝或其他动物造好的洞穴过冬。冬眠场所需要的深度取决于气候和土壤的导热率、洞口的方向和大小、主要风向及周围植被的性质和数量等。

第二节　常见蛇的种类

一、蟒蛇

蟒蛇(*Python molurus*)又名南蛇、琴蛇、梅花蛇、蚺蛇、埋头蛇、金花大蟒、黑尾蟒等。在全球已知有7种，产于我国的仅蟒蛇1种。分布于云南、福建、广东、广西、贵州和海南等地。蟒蛇大者全长6～7m，体重50～60kg。蟒蛇躯体粗大，斑纹美丽，体背和两侧有2条或3条金黄色或褐色纵纹和由30～40多条金黄色横纹转成的许多呈云豹纹斑状的大斑块。肛孔两侧有爪状后肢残余，长约1cm，雄性较雌性发达，雄蟒在交配时还用它握持雌蟒。

蟒蛇属于树栖性或水栖性蛇类，生活在热带雨林和亚热带潮湿的森林中。蟒蛇为广食性蛇类，主要以鸟类、鼠类、小野兽及爬行动物和两栖动物为食，其牙齿尖锐，猎食动作迅速准确，有时也进入村庄农舍捕食家禽和家畜；有时雄蟒也伤害人。蟒蛇有喜热畏寒的特性，冬季时，大多利用天然洞穴、岩窟或兽穴冬眠，当气温降至8℃以下即不能生存，人工饲养在室温15℃左右呈麻痹状态。一般体重在7kg以上者性已成熟，卵生，每次产卵8～22枚，多者可达40～100枚，每枚一般重70～100g，壳软而韧。有护卵性，孵化期在60d左右。寿命可达25年以上。

二、乌梢蛇

乌梢蛇(*Zaocys dhumnades*)又名乌蛇、青蛇、乌梢鞭、黄风蛇、黑风蛇等。中国除青海、内蒙古、云南、西藏外，其他各地均有乌梢蛇分布，以长江中下游较多。乌梢蛇体长1.5～2.5m，体重0.5～1.5kg，一般雌蛇较雄蛇短。乌梢蛇体背青灰褐色，各鳞片的边缘黑褐色。背中央的两行鳞片黄色或黄褐色，外侧的两行鳞片黑色，纵贯至尾。身体背方后半部黑色，腹面白色。乌梢蛇广泛生活于平原、丘陵或1600m以下的低山区，常见于田野、庭院、河岸、林下等附近。行动迅速敏捷，稍有惊动便迅速逃窜。主要以蛙类为食，也捕食鱼、蜥蜴等。性情较温顺，卵生，5～8月产卵，每次产卵13～17枚。卵径(36～45)mm×(20～30)mm，卵壳粗糙，乳白色或略带粉红色。自然温度孵化，孵化期为30d左右。幼蛇出壳后，性情凶猛，爱咬人。幼蛇在生长过程中，正常情况下每年蜕皮 3～4 次。

三、王锦蛇

王锦蛇(*Elaphe carinata*)又名黄蟒蛇、油菜花、王蛇、蛇王、锦蛇、王字头、棱锦蛇、菜花蛇、臭黄蟒等，广泛分布于长江沿岸各省和西南地区。王锦蛇体型较大，体长一般为 1.0～1.9m，体重 1～1.5kg。王锦蛇体粗壮，背鳞具强棱，头部鳞呈黄色，四周黑色，头背鳞缘及鳞沟黑色，从头部前看呈"王"字形的黑色花纹，故名王锦蛇。体背的鳞片也为黄底黑边。蛇体前半部有明显的黄色横斜斑纹约 30 条，至后半部消失，只在鳞片中央有黄斑似油菜花瓣，故又有菜花蛇之称。腹面黄色，有黑色斑纹。幼蛇背面灰橄榄色，鳞缘微黑，枕后有一短黑纵纹，腹面肉色。一般来说，王锦蛇的幼蛇色斑与成体差别很大。幼体头部无"王"字形斑纹，往往使人误以为是其他种蛇。

王锦蛇栖息于海拔 250～2240m 的山区或丘陵平原地带，行动敏捷，性情凶猛。王锦蛇以蛙、蛇为食，也吃蜥蜴、鸟及其卵、鼠类。食物匮乏时，王锦蛇甚至吃食自己的幼蛇，因此，在养殖中尤其要加以注意。卵生，产卵期为 7 月，每次产卵 8～14 枚，卵乳白色，卵径 (49～60)mm×(25～28)mm。靠自然温度孵化，孵化期为 30d 左右。王锦蛇产卵后盘伏在卵上，似有护卵行为。王锦蛇肛腺能发出一种奇臭，故有臭黄蟒之称。

四、黑眉锦蛇

黑眉锦蛇(*Elaphe taeniura*)又名家蛇、黄颔蛇、黄长虫、菜花蛇、枸皮蛇、蛇王、慈鳗蛇、双线蛇、三索蛇、花广蛇(花广)、锦蛇、称星蛇，分布于河北、山西、辽宁、江苏、安徽、浙江、江西、福建、台湾、河南、湖北、湖南、广东、广西、陕西、海南、甘肃、四川、贵州、云南、西藏。黑眉锦蛇为大型无毒蛇，成蛇体长 1.5～2m。头体背黄绿色或灰棕色，体前段有黑色梯状横纹或蝶妆纹，至后段逐渐不显；从体中段开始，两侧有明显的 4 条黑色纵带达尾端；腹面灰黄色或浅灰色，两侧黑色；上下唇鳞及下颌淡黄色，眼后有一明显眉状黑纹延至颈部，故名黑眉锦蛇。

黑眉锦蛇生活在高山、平原、丘陵、草地、园田及村舍附近，也常在稻田、玉米地、河边及草丛中活动，也能在居室内、屋檐及屋顶见到。黑眉锦蛇是无毒蛇，但性较凶暴。当受到惊扰时，即能竖起头颈，使身体呈"S"状，作攻击之势。黑眉锦蛇嗜食鼠类、鸟类和蛙类，也吃食昆虫。人工饲养条件下，一般喂以老鼠，每周投喂一次，每次投喂 4～5 只。黑眉锦蛇卵生，4～5 月交配，7 月产卵，卵数 6～13 枚，卵径(40～65)mm×(23～34)mm，卵重15～26.9g，孵化期为30d左右，但卵的孵化期受温度影响很大，最长者可达72d。仔蛇具卵齿，初生仔蛇全长 330～450mm，体重 7～12g。

五、滑鼠蛇

滑鼠蛇(*Ptyas mucosus*)又名水律蛇、马浪、草锦蛇、黄闺蛇、青水豹、山蛇，分布于浙江、江西、福建、台湾、湖北、湖南、广东、广西、海南、四川、贵州、云南、西藏等地。滑鼠蛇体长而粗大，一般在 1.5m 以上。头较长，眼大而圆，头背黑褐色，唇鳞淡灰色，后缘黑色；体背棕色，体后部由于鳞片的边缘或半鳞片为黑色而形成不规则的黑色横斑。横斑至尾部呈网纹状。腹面黄白色，腹鳞的后缘黑色，身体前段、后段及尾部的腹鳞黑色，后缘更为明显。

滑鼠蛇生活于山区、丘陵地带，白天常在近水的地方活动。多于白天在近水的地方活动，行动敏捷，受惊扰可竖起前半身并左右侧偏做攻击状。以蟾蜍、蛙、蜥蜴、鸟及鼠类为食。卵生，7月产卵，每次产卵15枚左右，卵白色，卵径(45~40)mm×(25~30)mm，平均重20.7g，孵化期72~73d，仔蛇全长366~410mm，体色偏青，孵化后18~23d开始陆续蜕皮。

六、赤链蛇

赤链蛇(*Dinodon rufozonatum*)又名火赤链、红四十八节、红长虫、红斑蛇、红花子、燥地火链、红百节蛇、血三更、链子蛇。国内除宁夏、甘肃、青海、新疆、西藏外，其他各省、自治区均有赤链蛇分布，属广布性蛇类。赤链蛇头部鳞片黑色，具明显的红色边缘，背部具黑色和红色相间的横带。体长可达1~1.8m，体重达0.4~1.4kg。

赤链蛇一般生活于田野、丘陵地带，常出现于住宅周围，能攀爬上树，多在傍晚和夜间活动。当其受到惊扰时，常盘曲成团。当无路可退时，也能昂首做攻击状。冬眠时常与蝮蛇、黑眉锦蛇、乌梢蛇等杂居。食性较广，鱼类、蛙类、蟾蜍、蜥蜴、蛇类、雏鸡、幼鸟、鼠类均可食用。在人工饲养状态下较易驯养，常以多种饵料为食。卵生，每年的7~8月产卵，每胎产卵3~16枚，孵化期为30~45d。初出壳仔蛇长23~24cm。

七、银环蛇

银环蛇(*Bungarus multicinctus*)又名白带蛇、白节蛇、吹箫蛇、寸白蛇、洞箫蛇、金钱白花蛇、雨伞蛇、竹节蛇等。分布于四川、云南、贵州、湖北、福建、台湾、广东、广西和海南等省、自治区。银环蛇头部椭圆形，稍大于颈；体全长1m左右。体背黑白横纹相间，白色横纹较窄；腹面灰白色或黄白色，具有散在的黑褐色细点。幼蛇色斑基本上同成体，仅在头后两侧出现一对浅色斑。

银环蛇栖息于平原、丘陵或山脚地带的多水之处。在稀疏树木或小草丛的低矮山坡、坟堆附近、山脚、路旁、田埂、河滨鱼塘旁、倒塌较旧的土房子下、石堆下活动。多在夜间活动，主要以鳝鱼、泥鳅、其他鱼类、蛙类、蜥蜴、蛇类、蛇卵及鼠类为食。在人工饲养条件下，银环蛇最喜食红点锦蛇类的小蛇。卵生，每年4~11月为活动季节，5~8月产卵，每次产8~16枚卵，孵化期在40d左右。出壳后的仔蛇体长250mm左右，体重6g左右。仔蛇出壳后，经7~10d即开始蜕皮。在人工饲养条件下，常见成蛇8~9月交配。传统中药材金钱白花蛇，是银环蛇仔蛇孵出后7~13d盘卷干制而成，对中风半身不遂、口面涡斜、骨节疼痛等疾病有一定疗效。银环蛇属于沟牙类神经毒的毒蛇，排毒量一般4~5mg，但毒性极强，是剧毒蛇类。银环蛇性情怯弱、胆小，很少主动袭击人。但与金环蛇相比较敏感，人稍接近，也会采取袭击动作，并易张口咬人。人被咬伤后，只有类似于蚂蚁叮咬的麻木感或微痒感觉，伤口不红、不肿、不痛，常被误认为是无毒蛇咬伤。一般在被咬1~4h后，即引起全身中毒反应，一发现症状，后果严重，常因呼吸麻痹而致死。

八、金环蛇

金环蛇(*Bungarus fasciatus*)又名金脚带、金报应、铁包金、黄金甲、黄节蛇、包铁、金蛇、玄南鞭、国公棍等，是分布在我国南方湿热地带的一种剧毒蛇。分布于云南、福建、广东、海南和广西 5 省、自治区。金环蛇头部椭圆形，稍大于颈；尾较短，末端钝圆；体全长一般 1m 左右。体背有黄环和黑环相间排列，黄环和黑环的宽狭大致相等，此环纹围绕背腹面一周。个别色变的个体黄色环纹消失或不清晰。

金环蛇栖息于山地，常见于潮湿地带及水边。畏光，多在晚上活动，白天盘曲并将头隐埋于体下。以鱼、蛙、蜥蜴、蛇及蛇卵、鼠类等为食。在人工饲养条件下，当食饵不足时，常有互相吞食的现象。卵生，一般 4 月出洞，6～7 月产卵，产卵 8～12 枚，自然温度孵化约50d 幼蛇出壳。雌蛇具有护卵行为。金环蛇有剧毒，为神经性毒。每条蛇咬物一次的毒液为90mg 左右，可以致人死亡。但一般来说，成蛇性情温和，动作较迟缓，不主动袭击人。受到惊扰时，蛇体作不规则盘曲状，将头隐埋在体下；或将身体做扁平扩展，急剧摆动体后段和尾部，挣脱而逃。但其幼蛇性凶猛，活跃。

九、眼镜蛇

眼镜蛇 (*Naja naja*) 又名膨颈蛇、吹风蛇、五毒蛇、蝙蝠蛇、琵琶蛇、犁头蛇、万蛇、扁头风、饭铲头、扁头蛇等。分布于安徽、浙江、江西、贵州、云南、福建、台湾、湖南、广东、海南等地。属于中大型毒蛇，体长一般在 97～200cm，体重 1kg 左右。眼镜蛇头呈椭圆形，有毒的沟牙位于其颌齿的前端。头体背黑色或黑褐色，颈部背面有镶白圈的黑斑，形状像眼镜，当它受惊时，可竖立前半身，此时的颈部膨扁而发出"呼呼"之声，眼镜样的斑纹相当明显，所以称为眼镜蛇。

眼镜蛇生活在海拔 30～1250m 的平原、丘陵、山地的灌木丛或竹林中，也常在溪沟、鱼塘边、坟堆、稻田、公路、住宅附近活动，是典型的昼出性活动的蛇类。天气闷热时，多在黄昏出洞活动。眼镜蛇食性较广，能吃鼠类、鸟类和鸟卵、蜥蜴类、蛇类、蛙类、蟾蜍、泥鳅、鳝鱼及其他小鱼，甚至可吞食同种的幼体。在人工饲养条件下，喂小白鼠，平均每条蛇 1 周吃鼠 2～3 只。眼镜蛇性较凶猛，但一般不主动袭击人。当其受到惊扰而激怒时，体前部 1/4～1/3 能竖起，略向后仰，颈部膨扁，头平直向前，随竖起的身体前部摆动，并发出"呼呼"声，攻击人、畜。卵生，交配期 5～6 月，产卵期 6～8 月，产卵数 7～19 枚，卵重19g 左右，孵化期 47～57d，出壳仔蛇全长 200mm 左右。眼镜蛇是剧毒蛇种之一，含神经毒、心脏毒，分离其神经毒在临床上可以用以镇痛及治疗小儿麻痹症等。

十、眼镜王蛇

眼镜王蛇 (*Ophiophagus hannah*) 又名山万蛇、过山峰、过山乌、扁颈蛇、大吹风蛇、英雄蛇、麻骨乌、蛇王、大眼镜蛇、大膨颈蛇、大扁颈蛇、黑乌梢等。分布于浙江、江西、福建、广东、湖南、海南、广西、四川、贵州、云南和西藏等地。眼镜王蛇外形似眼镜蛇，体长超过 2m，个别的个体全长达 5.5m。眼镜王蛇头背有一对枕鳞，为此蛇所特有；颈部膨扁时无眼镜蛇所具有的眼镜状斑纹，而是倒写的"V"字形白斑；体背黑褐色，喉部土黄色，腹面灰褐色；体背有窄的白色带状横斑纹 40～54 个。

眼镜王蛇栖息于平原至海拔 1800m 的高山林中，常在水旁出现，或隐匿在岩缝和树洞内，有时爬上树，后半身缠绕在树枝上，能滑翔追捕食物。昼行性，以其他蛇类和蜥蜴为食，也吃鸟类及鼠类。眼镜王蛇是我国性情最凶猛的一种毒蛇。当它受惊发怒时，颈部膨扁，能将身体前部的 1/3 竖立起来，突然攻击人或畜。毒性为混合毒。一条成年蛇一次排毒量为 300mg 左右，对人或畜危害较大。眼镜王蛇卵生，6 月产卵，产卵数 21～40 枚，多者可达 51 枚，卵长椭圆形。母蛇有护卵习性，护卵母蛇比平时更凶猛，盘伏在上层的落叶堆上，有时雄蛇也参与护卵。孵出的幼蛇全长46～64cm，体重 19～26g。护卵期是眼镜王蛇最凶猛的时期，如受到侵扰会主动攻击。

十一、尖吻蝮

尖吻蝮（*Deinagkistrodon acutus*）又名蕲蛇、祁蛇、白花蛇、大白花蛇、百花蛇、棋盘蛇、盘蛇、褰鼻蛇、扑风蛇、五步蛇、五步倒、翘鼻蛇、翻身蛇、犁头匠、懒蛇、伏草黄、瓦子格等，去内脏后干制品称为"蕲蛇"或"白花蛇"，为传统中药材，具有祛风湿、定惊搐的功效。尖吻蝮分布于安徽、浙江、江西、福建、台湾、湖北、湖南、广东、广西、四川、贵州等地。尖吻蝮头大呈三角形，吻端延长，向上突出，头顶有对称的大鳞；颈较细；体形粗壮；尾较短而细，体长一般为 1m 左右，大的可达 2m 以上。背面深棕色或棕褐色，腹面白色，有交错排列的黑褐色斑块，略呈纵行；每一斑块跨 1～3 枚腹鳞，有的斑块淡而不显，有的若干斑块相互连续而界限不清。尾后端侧扁，尾尖最后一枚鳞片尖长而侧扁，俗称"佛指甲"，也可作为本种的鉴别特征之一。

尖吻蝮栖息于山区林地的阴湿地方，爱盘伏于山区溪涧的岩石上，在丘陵地带也有分布。晚上及阴雨天较活跃，以捕食蟾蜍、蛙、蜥蜴、鸟和鼠类为主。此蛇进食后在原地方长时间盘踞可达 20 余天，故得"懒蛇"之名。卵生，8 月中旬到 9 月上旬产卵，每次产 6～20 枚，卵白色或淡乳酪色，椭圆形，壳柔韧、半透明，卵重 15g 左右。产卵后，母蛇有护卵习性。孵化期为 20～30d。初生仔蛇平均体长 217.5mm，平均重 6.88g，10d 后开始蜕皮。

十二、蝮蛇

蝮蛇（*Agkistrodon blomhoffii*）又名草上飞、七寸子、土公蛇、烂土蛇、烂肚蛇等。分布于我国的蝮蛇有两个亚种，即短尾亚种和乌苏里亚种。短尾亚种分布于辽宁、河北、陕西、甘肃、四川、贵州、湖北、安徽、江苏、浙江、江西、福建、台湾等地；乌苏里亚种仅分布在辽宁、黑龙江、吉林和内蒙古。蝮蛇体一般较短，不到 80mm。蝮蛇头呈三角形，头顶有大型对称的鳞片，鼻与眼间具颊窝。体色主要有棕色和棕红色，多随环境干燥或湿润而有浅淡或深暗的变化，有的背中线上有一条红棕色背线。

蝮蛇多生活在平原、丘陵及山区，栖息在石堆、荒草丛、水沟、坟丘、灌木丛及田野中，喜捕食小鸟。多栖息在向阳斜坡的洞穴之中，深者可达 1m 左右。蝮蛇有剧毒，性情凶猛，但平时行动迟缓，从不主动袭击人畜。小蛇活跃，喜咬人。卵胎生，一般 4～5 月结束冬眠，5～9 月交配，产仔期在 8～10 月，每次产 2～17 仔。刚出生的仔蛇就具毒牙，全长 140～170mm，很灵活，性喜咬人。

第三节　蛇类的繁殖

一、蛇的生殖类型

蛇是雌雄异体动物，一般生长发育到 3 年以后的个体达到性成熟。大多数蛇类是产卵繁殖,称为卵生型,也有一部分是产仔繁殖,称卵胎生型。

二、蛇类的发情与交配

(一)蛇的发情季节

蛇类在春季或秋季发情交配,为季节性发情动物。其发情交配期因蛇的种类而异,大多数蛇类在出蛰后不久交配,而在夏天产卵或产仔(表15-2)。蛇类在春季交配,夏季产卵或产仔,这样幼蛇才能有较长时间摄取食物,便于生长,使体内积存充足的能量,以度过第一个寒冬。显然,这是蛇类在繁殖上对环境的一种适应。

表15-2　几种蛇的交配、产卵(仔)时间

蛇种	交配时间	产卵(仔)时间	蛇种	交配时间	产卵(仔)时间
眼镜蛇	5~6月	6~8月	竹叶青	春季或秋季	7~8月
银环蛇	5~6月	6~8月	尖吻蝮	4~5月、10~12月	6~9月
金环蛇	4~5月	5月	白眉蝮蛇	5月末、8~9月	8月下旬~9月下旬
黑眉锦蛇	5~6月	7月	乌梢蛇	5~6月	7~9月

(二)发情表现

到了交配季节,雌蛇常会从皮肤和尾基部腺体发出一种特有的气味,雄蛇便靠敏锐的嗅觉找到同类的雌蛇。有些蛇在交配前有求偶表现,如眼镜蛇在交配前把头抬离地面很高,进行一连串的舞蹈动作,这种舞蹈动作可持续 1h 以上。雄蛇则用残留的后肢去搔抓雌蛇,挑逗雌蛇性兴奋。

(三)交配

交配时,雄蛇从泄殖孔伸出两侧的半阴茎,并用尾部缠绕雌蛇,如缠绳状,尾部抖动不停,雌蛇则伏地不动。蝮蛇交配时,雄蛇伏于雌蛇体背部,尾部缠绕雌蛇,每次交配,雄蛇只将一侧交接器(半阴茎)伸入雌蛇泄殖腔内,射精后雄蛇尾部下垂,使交接处分开,两蛇仍有一段时间静伏不动,以后雌雄再分开,雄蛇先爬走,雌蛇恢复活动较晚。交配后,精子可在雌蛇输卵管内存活 3~5 年之久,且精子可随时间的推移,在雌蛇排卵时与卵依次发生受精作用。因此,雌蛇在交配一次后,常可连续 3~5 年产出受精卵。

三、种蛇的选择

留作种用的蛇,是以繁殖为目的的。种蛇的选择是经济蛇类人工繁殖中的重要环节。种蛇选择涉及繁殖成活率、产出数量和质量、个体泌毒质量和数量等各个方面,同时也涉及经济效益的高与低。因此,种蛇的选择应从建场初期就开始逐步进行,必须对种蛇的规格大小、身体健康状况和蛇龄都有较严格的标准和要求。

(一)外观

理想的种蛇从外观上看应具有本品种典型特征,要求其食欲正常、体格健壮、生猛有

力、体色油亮(蜕皮时除外)、肌肉丰满、活泼好动、伸缩自如、无病、无内伤、体重适中。如发现蛇的神情呆滞，不爱伸舌头，身体瘦弱，鳞片出现干枯松散，颜色失去光泽，这种蛇可能染上疾病，不宜选作种用。幼蛇要求生活力强、开食性能好、生长迅速、花纹正常、色泽鲜艳。

(二)健康状况

一般蛇的外伤较容易用肉眼看到，轻微的外伤大多经简单治疗即可痊愈，不影响其种用。关键是查看有无内伤，查看的方法是将蛇放在地上爬行，观察其是否灵活自然；或是以两手捉住头尾自然拉直后，蛇的蜷缩能力强，说明无内伤，反之不能作种蛇。若养殖的是毒蛇，应逐条检查是否具有完整的毒牙，被拔掉毒牙的毒蛇，大多口腔红肿，难以吞咽和捕捉食物，会导致营养供给不足而逐渐衰竭而亡。

(三)体重

选择种蛇一定要体长、健壮。选购引进种蛇的规格大小一般小型品种宜每条 100～200g，中型品种每条 150～350g，大型品种每条 250～600g。

(四)繁殖性能

公蛇要求交配行为正常，与其交配的母蛇受精率高。母蛇要选择产卵多、孵化率高或产仔数量多的作为参配种蛇。

(五)雌雄鉴别与性别比例

蛇两性在外部形态上的区别不明显，但也有少许差别，雄性尾基部(靠近肛孔一段)略膨大(交接器位于其内之故)，尾的比例稍长。雌性的尾自肛孔以后骤然变细尾的比例较短。雄性的腹鳞略少于雌性；而尾下鳞则雄性稍多于雌性(图 15-1)。另外，许多雄蛇体色暗淡、模糊，且性情凶猛、暴躁，发怒时头部会呈明显的三角形；雌蛇则性情温顺，体色鲜艳，用手触摸较柔软，雌蛇头部则多见椭圆形。从外形上鉴别雌雄，并不一定准确，最科学准确的方法是检查雄蛇的交接器。其办法是：将蛇翻转过来，将蛇的背部放在一个平面上(硬一点)，而后在蛇的肛门后用手按住稍用力从尾尖向前平推。若为雄性则从泄殖腔处伸出两条布满肉质刺的交接器(图 15-2)，即一对交接器；雌蛇则无。此法同样适用于幼蛇的雌雄鉴别。有交接器外翻的就是雄蛇，没有就是雌蛇。交配时，交接器的内面翻出体外，乍看像一朵盛开的花。

蛇类自幼体到性成熟，通常需要 3～4 年时间，一般来说，小型的蛇比大型的蛇，热带的蛇比温带地区的蛇性成熟早。一条公蛇先后可以与数条母蛇交配，而一条母蛇交配 1 次后，3～5 年可连续产出受精卵。为了在养蛇场内母蛇有足够的交配机会，而又不失提供综合利用的蛇类资源，蛇场内可多留母蛇，而将公蛇汰劣留优来达到这一目的。一般来说，公蛇数占母蛇数的 1/8～1/5 即可。

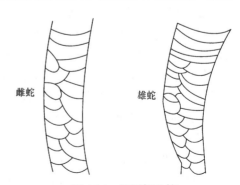

图 15-1　蛇尾部比较

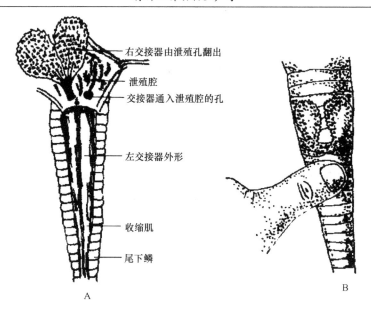

图 15-2　雄蛇交接器
A. 雄蛇交接器；B. 挤压半阴茎法

四、蛇类的产卵（仔）与孵化

（一）产卵（仔）

1. 产卵　　蛇一般在 6 月下旬～9 月下旬产卵，每年 1 窝。蛇卵一般呈椭圆形，有的较长，有的较短，大多数卵壳为白色、灰白色或浅褐色，有的浅表网布血丝，具有羊皮纸状的革质厚膜。正常的卵，外形大多端正，色泽也较为一致；异常者则畸形，卵壳过软，不对称，色泽异常等，大多难以孵出。未受精卵的外形和受精卵并无不同，这需孵上几天才可看出。各种蛇卵的长宽，随种而异，如五步蛇卵的卵径是 (40～56) mm×(20～31) mm，眼镜蛇卵的卵径是 (42～54) mm×(26.5～31) mm，银环蛇卵的卵径是 (34～46) mm×(17～19) mm，眼镜王蛇卵的卵径是 (30～44) mm×(12～20) mm。卵的长度和宽度之比，一般随雌蛇年龄的增长而会有所改变，如银环蛇，初产期显得细长，经产期显得矮胖，这与雌蛇输卵管等的粗细有关。产卵时间的长短与蛇的体质强弱和有无环境干扰有关。正在产卵的蛇如受到惊扰均会延长产程或停止产卵，停产后蛇体内剩余的卵，两周后会慢慢被吸收。

2. 产仔　　卵胎生的蛇，大多生活在高山、树上、水中或寒冷地区，它的受精卵在母体内生长发育，产仔前几天，雌蛇多不吃不喝，选择阴凉安静处，身体伸展呈假死状，腹部蠕动，尾部翘起，泄殖腔孔张大，流出少量稀薄黏液，有时带血。当包在透明膜（退化的卵壳）中的仔蛇产出约一半时，膜内仔蛇清晰可见，到大部分产出时，膜即破裂，仔蛇突然弹伸而出，头部扬起，慢慢摇动，做向外挣扎状。同时，雌蛇腹部继续收缩，仔蛇很快产出。也有的在完全产出后胎膜才破裂。仔蛇钻出膜外便能自由活动，5min 后即可向远处爬行，脐带脱落。

3. 产卵（仔）数　　蛇产卵（仔）数个体之间差异较大，不仅因种类不同而不同，也因年龄、体型大小和健康状态而有差别。不同种类蛇的产卵（仔）数也不一样（表 15-3），同一种蛇中体型大而健康的个体，产卵或产仔数要多于体小、老弱的个体。

表 15-3 几种蛇的产卵(仔)数(个)

蛇种	最多	最少	平均	蛇种	最多	最少	平均
金环蛇			8~12	蕲蛇	39	6	10~12
银环蛇	20	3	6~7	蝮蛇	17	2	2~6
眼镜蛇			10~18	乌梢蛇	17		8~12
眼镜王蛇	41		21~23	竹叶青			3~15

(二)孵化

大多数蛇产卵后就弃卵而去，让卵在自然环境中自生自灭，也有一些蛇有护卵现象，如眼镜王蛇能利用落叶做成窝穴，产卵后再盖上落叶，雌蛇伏在上面不动，雄蛇则在附近活动。蟒蛇、银环蛇、蕲蛇产卵后，也有护卵习性，终日盘伏在卵上不动。蟒蛇伏在卵堆上，可使卵的温度增高 4~9℃，显然，这有利于卵的孵化。

1. 孵化期 蛇的种类不同，卵的孵化期相差很悬殊，短则几天，长的可达几个月之久。同一种蛇，孵化期的长短与温度、湿度密切相关。在适温范围内，温度越高，孵化期越短。一般孵化温度以 20~25℃为宜，孵化湿度为 50%~90%，孵化时间为 40~50d。如果孵化温度低于 20℃，相对湿度高于 90%，孵化的时间就要延长，并有部分孵不出来；如果孵化温度高于 27℃，相对湿度低于 40%时，蛇卵因失水变得干瘪而又坚硬。

2. 人工孵化 产下的蛇卵必须及时放入孵化器内孵化。孵化器采用木箱或水缸均可。将干净无破洞的大水缸洗刷干净、消毒、晾干，放在阴凉、干燥而通风的房间内，缸内装入半缸厚的沙土。沙土的湿度以用手握成团，松开手后沙土就散开为宜。沙土上摆放三层蛇卵(横放)，缸内放 1 支干湿温度计，随时读取并调整孵化温湿度，以确保高孵化率。缸上盖竹筛或铁丝网，以防鼠类吃蛋或小蛇孵出后逃逸，用适量新鲜干燥的稻草(麦秸或羊草)浸水 1h，湿透后拧干水放在卵面上，经 3~5d 再将草湿透拧干放上，以此法调节湿度，每隔 10d 将卵翻动 1 次。整个孵化期，室温控制在 20~25℃，相对湿度以 50%~90%为宜，经 25~30d 孵化，便可从卵壳外看到胚胎发育情况。若卵胚中的网状脉管逐渐变粗，逐步扩散，说明胚胎发育良好，能孵出小蛇。若胚胎没有脉管或脉管呈斑点状且不扩散，说明胚胎已经夭折，需及时剔除。

3. 仔蛇出壳 仔蛇出壳时，是利用卵齿划破卵壳，呈 2~4 条 1cm 长的破口，头部先伸出壳外，身躯慢慢爬出，经 20~23h 完成出壳。刚出壳的仔蛇外形与成蛇一样，活动轻盈敏捷，但往往不能主动摄食和饮水，必须人工辅助喂以饵料。

第四节 蛇的饲料与饲养管理

一、蛇的饲料种类

目前养蛇场最常用的饲料主要是蛙类、鼠类和鸟类。以易获性来讲，蛙类最易获得，其次是鼠类，鸟类最不易捕捉。5~10 月可大量从野外捕捉蛙类(这种方式最容易，但不提倡)，另辟场地进行暂养，以解决饵料问题；或者是进行蛙类养殖。鼠类，一般采用饲养小白鼠的方法，但小白鼠的养殖成本，就供作为蛇类饵料而言也不便宜，最便宜的方法是与养鸡场联合，其刚孵化出的雄性鸡雏是全部要淘汰的，这是一种很好而便宜的饵料。

二、蛇的人工配合饵料

(一)蛇的配合饵料设计

目前国内还没有单位和部门进行蛇的营养需要研究，因此缺乏各类蛇的饲养标准。美国格拉迪斯·波特动物园根据蛇的营养需要，利用多种饲料原料给蛇配制的人工配合饲料所含各营养物质的比例：粗蛋白质>19%；粗脂肪>12%；粗纤维<1.5%；钙>0.6%；磷>0.5%；其他无机盐类<4%；维生素 A>3500IU/kg 饲料；维生素 D_2<440IU/kg 饲料；水<62%。经过部分养蛇场试验效果不错，因此在生产中蛇类人工配合饲料可参考上述营养物质比例设计配合饲料。

当然，对蛇类进行饵料驯化，最终使用人工配合饵料是解决蛇类食物保障的根本途径。蛇类人工饲料配方设计首先要明确蛇的营养需要，然后查阅各种原料的营养成分或实测的营养成分，按照需要计算各种原料配比。配方设计时要注意以下事项：第一，配料中蛋白质含量的高低及蛇类对蛋白质的利用效率决定蛇的生长速度。通常易于蛇类消化吸收的必需氨基酸主要来自于动物性蛋白质源，如蛙类、鱼类、动物胴体、下杂等，而蛇对以大豆粕为代表的植物性蛋白质会产生消化、吸收率偏低的现象。因此，人工配制饲料时不宜选用植物性蛋白质饲料作为主蛋白质源使用。第二，脂肪是动物的主要能量来源之一，但是饲料中含脂量不能过高，而且多选用动物性脂肪，如鱼油等。第三，蛇类在自然界一般不摄取碳水化合物，对碳水化合物的消化吸收能力不高，因此，蛇人工饲料中碳水化合物的含量不宜过高，尤其是粗纤维含量一般控制在 1.5%以内。第四，矿物质是构成机体组织的重要成分。例如，钙、磷是蛇类骨骼、鳞片的重要组成部分。饲料中钙、磷含量的缺乏会使蛇的生长下降、食欲下降、饲料转化率降低，但添加量过大时也会抑制蛇的生长。第五，维生素A和维生素D大量存在于鱼油中，蛇饲料中可加入一定量的鱼油，这既可保证维生素的需要量，又能促进蛇对钙、磷的吸收。第六，应根据蛇不同生长阶段和不同季节的营养需要及时调整配方，如在蛇的繁殖期要增加食物营养，以满足生殖需要；在夏季高温需多添加维生素 C，以提高乌梢蛇的抗应激和抗病力。第七，原料应尽量多样化，保证营养平衡，要注意原料的新鲜度，最大限度地降低饲料成本。

(二)人工配合饲料的加工

在蛇人工配合饲料加工时需注意以下几个问题：第一，蛇的舌头上没有味蕾，舌头和犁鼻器协同完成嗅觉作用。蛇舌能采集化学分子可因无嗅觉上皮而不能识别，而犁鼻器能识别但不能到口外去采集化学分子样品，两者协同而完成对化学分子的识别。为引诱蛇采食颗粒饲料，可在其中加入诱食剂从气味上来引诱蛇采食。第二，蝮亚科蛇类头部有颊窝，它通常具有双眼感受域，即左右接受红外线的范围在头前方交叉，从而根据目标——食物的体温与环境气温微小的差异测知其位置，从而准确出击。根据颊窝的作用原理，将食饵的温度适当提高，并置于暗处，有利于蛇的摄食。第三，养蛇的颗粒饲料大多制成条状或圆球状，条状的长度与直径比约为 10∶3，过长则卡喉而不便吞食。软颗粒饲料因具有可塑性，问题较小，硬颗粒饲料若黏结剂用得太多且压得太紧，食团入胃后松散开来的时间可能会长些。从便于蛇吞入考虑，软颗粒饲料可以制成以下两种：①香肠型。可用猪、羊的新鲜小肠或市售肠衣，甚至是鱼肠，以适应不同的蛇吞入。将上述小肠灌水洗后抹干，然后用漏斗将按配方配制的肉糜用竹竿导入，再用线在不同长度处扎住或分别切成不同长度的段。②长条型或圆球型。事先用塑料或木板雕出凹形模板，其内壁用砂纸打光。临用前在凹壁处撒点面粉之类，将肉糜在模中压成型。也可用手捏成圆球形。第四，配制成的人工饲料具备较好的黏弹性，既方便人工填喂，又方便经过长期驯饲后蛇的自由捕食。

三、蛇的饲养管理

(一)控制饲养环境条件

蛇是变温动物，人工养蛇只有在合适的温湿度条件下，蛇体新陈代谢才可能达到最高效率，从而蛇的生长发育速度才最高。人工养蛇在不同生理时期饲养环境温湿度的控制，可根据不同种类的蛇在野生状态下最适宜的温湿度来进行(表15-4，表15-5)。

表15-4　几种蛇生活活动的适宜环境温度(℃)

蛇种	出蛰	交配	产卵(仔)	孵化	生长发育	冬眠	死亡
乌梢蛇	20	22~27	25~30	28~32	24~32	15~17	>34或<5
尖吻蝮	11~13	13~31	—	25~30	22~30	5~10	—
银环蛇	13~15	15~18	21~28	23~32	20~30	8~10	>45或<5
蝮蛇	10~15	15~17	25~30	—	18~30	1.5~5	>45或<0

表15-5　几种蛇生活活动的适宜空气相对湿度(%)

蛇种	交配	产卵(仔)	孵化	冬眠	一般活动
乌梢蛇	68~85	72~88	50~70	70	50~60
尖吻蝮	50~60	60~70	70~90	70	—
银环蛇	30~60	50~70	70~90	70	50~65
蝮蛇	50~60	60~70	—	70~75	—

另外，蛇喜欢在安静隐蔽的环境下生活、交配和产卵(仔)。特别是产卵(仔)前后一段时间更要注意不要捕捉蛇和翻动蛇窝。

(二)幼蛇的饲养管理

蛇自卵中出壳或自母体产出至第一次冬眠出蛰前为幼蛇期。一般来说，1~3日龄的幼蛇是以吸收卵黄囊的卵黄为营养，不需投喂食饵，但需要供给清洁的饮水。幼蛇自4日龄起开始主动进食，4日龄称为开食期。

1. 开食　4日龄的幼蛇活动能力不强，主动进食能力较差，因此需要采取人工诱导开食。人工诱导开食的方法是：在幼蛇活动区投放幼蛇数量2~3倍的动物幼体饵料，造成幼蛇易于捕捉到食饵的环境，诱其主动捕食。这段时间确保每条幼蛇都能捕食到饵料动物是开食时期最重要的。

开食时，投喂蛇类喜食的动物幼体饵料，要求体小、有一定的活动能力。例如，为银环蛇提供小泥鳅、小鳝鱼等，为尖吻蝮或日本蝮提供小蛙、幼鼠或 3 日龄内的雏鸡等。还必须随时注意观察是否所有的幼蛇均已主动进食。对于体弱不能主动进食的幼蛇要分隔开来。同时，可利用洗耳球等工具给幼蛇强制灌喂一些鸡蛋或牛奶等流体饵料。强制灌喂时，除了需要注意不被幼蛇咬伤外，还要注意灌喂所用工具既要有良好的刚性，又不能伤及幼蛇。

2. 投饵　　幼蛇开食后，在 3d 内不需投饵，而在第 4～7 天时开始开食后的第一次投饵。7～20 日龄的幼蛇，饵料采用饵料动物的幼体，每隔 3～5d 投饵 1 次。每次投入的幼鼠或雏鸡之类较大型动物的数量为幼蛇数量的 1.5 倍。21 日龄以后，投饵周期与数量不变，但饵料个体可以逐渐加大。对于喜食鳝鱼、泥鳅之类的蛇来说，投饵数量一般为幼蛇数量的 4～7 倍。自开食起，每次投饵量均以幼蛇在一天内吃完为准。对于半散养等形式饲养的幼蛇来说，也需要采用以集中在运动场或某个固定场所定时投饵为宜。尤其是投喂鼠类，更应注意投喂地点，并及时清除未食的活鼠和死鼠，以防止鼠类蔓延至周围环境中造成鼠害。

3. 饲养密度　　刚出生或刚出壳的幼蛇个体较小，活动能力差，因而其密度可略大一些。例如，作为药材而饲养的银环蛇，其 17 日龄前的幼蛇便是成品，因而在饲养密度上可以略高一些，为 100 条/m² 左右；但若作为种蛇，则为 40～60 条/m²。由于蛇的种类不同，幼蛇大小各不相同，饲养者要依据所养蛇的种类、幼蛇个体的状况，调整密度。调整密度的原则是：蛇体的总面积约占养殖场地面积的 1/3，以使蛇有活动和捕食的场所。以银环蛇为例，可以采取在饲养初期 100 条/m² 的高密度，而在 10～17 日龄时捡出 40～60 条/m² 作为商品蛇，余下的继续饲养，这样可以省掉转群环节。

4. 控制温湿度　　同种蛇的温度适应范围基本上相差不多，但幼蛇对温度的适应范围略宽一些。一般来说，养殖蛇类的最适温度为 23～28℃。蛇类对于湿度的要求依种类、生长发育时期、环境温度状况等的不同而不同。若环境温度低于 20℃ 时，应采取保暖和升温措施；而环境温度若高于 35℃ 或连续数日高于 32℃ 时，应采取遮阴或降温措施，环境相对湿度保持在 30%～50% 较为适宜。当蛇进入蜕皮阶段则为 50%～70%。湿度过低，气候干燥不利于蛇的蜕皮，而蛇类往往由于蜕不下皮而造成死亡。但无论何种状况，湿度都不宜过大，一般不能超过 75%。

5. 蜕皮　　蛇自产出或出壳后 7～10d 即开始蜕皮。蛇类蜕皮与湿度关系密切。若环境过分干燥，蜕皮就较困难。此时可见有的蛇自行游入水中湿润皮肤，再行蜕皮。因此，蜕皮期环境相对湿度宜保持在 50%～70%。

(三) 育成蛇的饲养管理

育成蛇又称为中蛇，是指度过第一次冬眠出蛰后至第二次冬眠未出蛰之间的蛇。这个阶段大约 1 年整。育成蛇的饲养管理可以相对较为粗放，重点在于使蛇体健壮，为蛇的肥育或繁殖打下坚实的基础。

1. 管理方式　　育成蛇的管理方式一般采用较为粗放的半散养与散养之间的方式，也可以采用在蛇箱内饲养。首要的是为育成蛇提供较为宽松的活动场所，以使蛇在此阶段获得健壮的体魄。

2. 饲养密度　　育成蛇饲养密度依饲养方式不同略有差异，一般情况下，为 10～15 条/m²。集约化养殖状况下，为 15～25 条/m²。

3. 转群　　对于半散养蛇房内蛇池饲养的蛇类来说，将池内的育成蛇留够密度，余下的捡入另一个空的池内，即完成了转群工作。需要注意的是，转群时，注意尽量保持不拆散原来的蛇群。

4. 投饵　　育成蛇的投饵周期与幼蛇相比，可以适当延长些。一般每 5～7d 投喂一次。投饵量每次控制在 30～70g，并且随着蛇体的逐渐长大，逐渐加大投饵量。如果蛇的运动场是设置在蛇场的天然环境中，要注意鼠类饵料。投饵后两天内未食的活饵或被咬死的动物，要求全部捡出，使蛇在投饵后的第三天，至下一次投饵之间充分消化食物和运动。这样既易于控制投饵时间和投饵量，也可确保蛇类对食饵的捕食兴趣。

育成蛇的饵料必须注意质量，做好搭配。无论是广食性蛇，还是狭食性蛇，均不宜采用次次都以某一种动物作为饵料，要适当改变饵料的种类。这样可以使蛇获得比较全面的营养。

5. 其他管理　　育成蛇在温湿度及蜕皮期的管理与幼蛇管理相差无几，管理方法上基本相同。

(四)成蛇的饲养管理

经过第 2 次冬眠出蛰后的蛇称为成蛇。成蛇期开始后，蛇生长速度加快，商品蛇要进行快速育肥，然后上市。

1. 主动进食育肥

(1)密度　　进入成蛇期的蛇，蛇体较大，体型与体重在迅速增长。因此，此期蛇的密度为7～10 条/m²，组合箱高密度养殖10～15 条/m²，个别体型较大者可以减少到2～5 条/m²。

(2)投饵　　此期主要以育肥为目的，以便使蛇尽早形成产品。因此投饵频率加大，一般每3d 投饵一次，每次投饵量为蛇体重的1/5。投饵在一天内使蛇主动捕食，第二天清除未被捕食的活饵和被咬死的食饵。经过1.5～3 个月的育肥，成蛇便可以作为食用和药用产品。

2. 填饲育肥　　填饲是指利用专用填饲器将饲料填入蛇的食道内，人为强制育肥的方式。

(1)填饲饲养密度　　采用填饲方法，蛇体活动量小，密度可以适当加大一些。一般半散养蛇房内蛇池饲养，密度为10～15 条/m²。集约化组合箱饲养，密度可以加大到20 条/m² 左右。

(2)填饲方法　　蛇自第二次冬眠出蛰后的第一、二次投饵采用蛇类主动进食的方式。在第二次投饵后的第四天开始采用填饲的方式进行饲喂；或在成品蛇出场前或初加工前 2～4 周开始填饲。成蛇转入填饲的时间往往很短，此时期蛇的食道较窄，一次容纳不了很多饲料，必须采用稀料逐渐将食道撑大。一般来说，撑大食道的时间往往需要 5～7d。其方法是，在开始填饲时，混合饲料中另外加 5%～10%的水，混合并搅拌成糊状；然后隔日填饲一次，每次填湿料100g 左右。填饲 2～3 次后，混合饲料开始不额外加水，每次填饲饲料量湿重为 100～150g，每日一次。连续填饲 15～20d 即可上市或进行初加工。请注意，填饲时间不宜过长。此外，填饲阶段必须注意要给蛇有充足的饮水供应，并保持箱池的清洁卫生。

填饲只适宜于无毒蛇的育肥，不适于毒蛇与种蛇的饲喂。

(3)填饲配料　　填饲用的饲料，一般可以采用多种动物的下脚料和易于采到的动物，如鸡头、兔头、鸡鸭、鱼类的内脏、昆虫与蚯蚓等。其次，还可以适当配上 5%～10%的植物性饲料。将所有配料用绞肉机绞碎，并将植物性粉料均匀搅拌进配料之中。这样可以充分利用各种原本蛇类并不一定嗜食的动物，也可以根据蛇类营养的需求充分利用蛇类不能主动进食的静止饲料。有一点必须注意：绞碎动物下脚料时，下脚料中的骨骼一定要充分绞碎，尤其不要具有尖锐的碎骨存在，以防止划破蛇的食道。目前，填饲育肥尚处于试验阶段，尚未见到成熟的经验。因此，若对此种育肥方法感兴趣，可以选择部分药用或食用无毒蛇进行填饲试验，逐步摸索出一套切实可行的蛇类快速育肥的方法来。

(五)种蛇的饲养管理

种蛇一般宜在蛇房中进行养殖。但进入交配期时，为便于观察与管理，宜放入种蛇箱内进行饲养。初次繁殖的种蛇进入第 2 年或第 3 年的时候，逐渐成熟，并开始进入交配繁殖期。在进入交配期前2～3周，将雄蛇按比例与雌蛇放入种蛇箱内。通常1个蛇箱内可放入雌蛇10条，雄蛇2条。此间要随时观察种蛇的交配情况。随着交配期的结束，将雄蛇及时取出以防止雄蛇吞食种雌蛇。种蛇只能采取主动进食的方式进行饲养，不能采取灌喂方式。

雌蛇交配后2个月左右开始产卵，卵胎生蛇类则在交配后3～4个月开始产仔，应尽早做好产卵(仔)的各项准备工作。孕蛇一般较为温顺，容易捕捉，进行怀卵检查可以预测产卵时间，利于及时收集蛇卵进行孵化。检查时，用一只手将雌蛇的颈部轻轻捏住，另一只手从雌蛇腹部开始抚摸至肛孔，如在腹部有凸凹感，表明雌蛇已怀卵，而且凸凹处距离肛孔越近，离产卵日期越近。当凸凹处距肛门仅有 2～3cm 时，1d 内便会产卵。检查后，可将快要产卵的雌蛇关进蛇箱或产卵房内产卵。收集蛇卵时，如果发现个别发育不好、畸形的、干瘪的、有异味的、颜色不纯的畸形卵，都应弃之不要。只有把好入孵蛇卵的质量关，才会有较高的孵化出壳率和日后成活率。

(六)越冬期的饲养管理

在我国北方，蛇类进入冬眠期要略早一些，约在 10 月中下旬；而在南方，则在 11 月、甚至 12 月蛇才进入冬眠。每年秋末冬初时节，当气温逐渐下降时，蛇类便转入逐渐不甚活跃的状态。当气温降至 10℃左右时，蛇类便进入了冬眠。对于某些产于北方的蛇，耐寒能力较强，进入冬眠时的气温比此温度还要低。

无论何种养殖方式，蛇窝均应设置在高燥的地方。蛇冬眠的时候，蛇窝内的温度宜保持在5～10℃，上下偏差不宜超过 1℃。温度过高，增加了蛇体的消耗，于蛇类冬眠不利；温度过低，往往会使蛇冻死。冬眠期间，蛇窝内的湿度也是十分重要的，一般保持在 50%以下。但是，也不宜过干。在蛇的冬眠期内，除了监测温湿度外，还要定期检查蛇洞或蛇窝内蛇类敌害的状况，注意消灭蛇洞或蛇窝内的老鼠、蝎子等。同时注意，要尽量不去干扰蛇的冬眠。

春天来临的时候，气温逐渐上升，当气温上升到 10℃以上时，蛇类便逐渐苏醒过来，逐步开始活动，这便是蛇类的出蛰。北方的蛇出蛰晚些，约在 4 月上中旬，南方的蛇出蛰较早些，在 3 月初至 4 月初。

栖息在人工控温的蛇房中越冬的蛇类，在初春一旦开始活动后，室温就不能再下降。若此时再降温，蛇类就可能再次进入冬眠，使蛇类消耗大量营养，对蛇的健康不利。如一旦发现蛇类开始活动，就要采取措施，逐步升温，使蛇出蛰。为了获得更大的经济效益，人们往往打破蛇类冬眠，使蛇尽快地生长。但要注意，打破冬眠需采取逐步打破的办法。比如，今年采用晚 10d 降温，使蛇晚 10d 进入冬眠；来年采用早 10d 升温，使蛇早 10d 出蛰。这样逐年缩短蛇的冬眠时间，以达到打破蛇的冬眠，延长蛇的生长时间的目的。切不可一下子就打破蛇的冬眠，使蛇的正常生长规律陷于混乱，这样对于蛇的正常生长不利。

四、毒蛇咬伤的急救

(一)蛇毒

蛇毒为黏稠、透明或淡黄色的液体，是多种毒蛋白、酶和多肽的混合物，进入人和动物体内后，能随淋巴及血液扩散，引起中毒症状。前沟牙蛇类对人的危害较大，分别含有眼镜蛇神经毒、α-神经毒和海蛇神经毒等神经毒，可引起乙酰胆碱失去作用，造成机体的神经肌节头之间的冲动传导受阻，短时间导致中枢神经系统麻痹而死。管牙类的蛇毒中含有血循毒，可引起伤口剧痛、水肿、渐至皮下出现紫斑，最后导致心脏衰竭死亡。通常蛇毒的毒性强度与各种蛇毒的性质，以及毒蛇咬人时的排毒量有关。例如，眼镜王蛇排毒量多，毒性强；竹叶青排毒量少，毒性也小；银环蛇排毒量少，但毒性强。了解这些对有效地预防毒蛇咬伤和处理蛇伤，具有重要的意义。

(二)蛇伤的紧急处理

一般来说，毒蛇的行动大多比较缓慢，很少攻击咬人，只有当人们在工作中，无意踩到、接触蛇体或捕蛇不当时才会发生咬伤事故。因此，蛇咬伤的部位通常都在下肢的脚踝以下，其次是上肢或头、胸部。蛇类活动的最适气温是 $18\sim30℃$，所以在我国长江以南地区，$7\sim9$ 月是蛇伤发病率最高的季节，尤其在夏季闷热欲雨或雨后乍晴的天气，由于蛇洞内气压低而湿度大，毒蛇经常出洞活动，咬人致伤。

如果被毒蛇咬伤，在条件许可下应立即将蛇击毙，同时将蛇带去就医，这对根据毒蛇的种类来采取对症治疗是极为重要的。假如确是毒蛇所咬，就会在伤处留有 2 个大而深的牙痕，发红伤口灼热疼痛，在几分钟内显著肿胀，并迅速扩散肿胀范围，同时还会发生头晕、眼花、抽搐、昏睡等症状。

毒蛇咬伤的紧急局部处理原则是尽快排除毒液，延缓蛇毒的扩散，以减轻中毒症状。一般应立即在伤口上方 $2\sim10cm$ 处用布带扎紧，阻断淋巴和静脉血的回流，并隔 $15\sim20min$ 放松布带 $1\sim2min$，以免血液循环受阻，造成局部组织坏死，如注射抗蛇毒血清后，可解除结扎。结扎后，应用清水、盐水或 0.5%浓度的高锰酸钾溶液反复冲洗伤口。此外，还可使用扩创排毒(被尖吻蝮或蝰蛇咬伤不宜采用此法)、拔火罐或口吸法等排除蛇毒。紧急处理后，要及时就近求医治疗。

目前，我国在蛇毒分析和蛇伤防治方面的研究均已取得重大成就，除运用单价或多价抗蛇毒血清和 α-糜蛋白酶等特效药物治疗蛇伤外，还可采用多种草药及研制成的各种蛇药治疗。这些都极大地提高了毒蛇咬伤的治愈率。

第五节　蛇场的选择与建造

一、场址选择

蛇场建设要根据养殖规模和蛇的种类综合考虑，可因地制宜，因陋就简。场址要选在土质致密、地势高燥、背风向阳的山坡或平地，地面要有一定的坡度，以利于排水。蛇场要坐北朝南，远离交通要道和居民区，附近要有水源或有流水通过。专门提供肉食的无毒蛇，场址可选择在村庄边缘的空旷地；专门提供蛇毒的有毒蛇，场址应选择在位置较高且离村庄较远的地方，以防毒蛇外逃伤人；专门提供游人观赏的蛇，场址应选择在旅游风景区。各种蛇的栖息环境各有特点，有的穴居，有的在地面活动，有的则树栖生活。因此，养蛇的环境必须要根据养殖蛇种的不同来选择适当的环境。例如，养殖五步蛇要选择在海拔 100～200m 的小山丘到 1300m 林木繁盛的山区，环境清净，人畜出入少的地方。

二、蛇场的建造要点

蛇场建筑要坚固耐用，安全实用，既能防天敌，又能防蛇逃跑。要尽可能依据蛇的生活习性，模拟蛇的生活环境，使蛇类在园中活动、觅食、繁殖、栖息和冬眠等，如同在自然界中一样，为其生长发育和繁衍创造良好的环境条件。此外，还要根据人工养蛇的要求，修建人行道路、取毒室、蛇产品加工室、饲料动物室、办公室、饲养员休息室及观测园内小气候变化的有关设备。

（一）围墙

为防止所养的蛇逃逸，周围应砌 2.0～2.5m 高的墙，墙基应挖入地下 0.8～1.5m 深处，用水泥灌注，防止鼠类打洞，蛇从鼠洞外逃。蛇场内壁的四角应做成圆弧形，并用水泥的原色将表面处理得光滑无裂痕。围墙的顶面要宽，一般 40～50cm 即可，同时要平，顶边突出场壁两侧，以便于饲养人员行走、观察和喂食，并可以防止蛇沿墙壁翻越墙外逃。围墙设门与否，应根据蛇种而定。如饲养尖吻蝮、眼镜蛇等剧毒蛇的围墙式蛇场最好不设门，以避免开门时不小心而受其害，可在墙内、墙外各修筑砖石阶梯，内梯应离围墙 0.7m 以上并比围墙低一个阶梯，以避免蛇越出墙外，人进蛇场时可加块木板桥，不用时拉掉。如果蛇种较大时应设临时活梯，供管理人员用。离开时梯子应撤出或悬吊起来，以免蛇沿梯逃窜。如果要设门，最好是设两层门，也就是说在场内开内门，墙外开外门，门一定要紧贴地平面，关上时没有缝隙。蛇场应北高南低，北面砌蛇窝，最南面开一条浅水池，池深 30～40cm 即可，水源从场外引入，尽可能使水流动不息。进水口和出水口要加铁丝网，网孔以 1cm×1cm 以内的规格为宜。场内的小材宜选矮生灌木，彼此距离应较为均匀，勿靠近墙边。草坪的种类以株壮、耐踏、耐旱的为好，场内可放一些石块和碎砖供蛇蜕皮。蛇场内树木必须离开墙基 1.5m 以上，树冠不能伸出墙外，防止蛇沿树爬出园外。

（二）蛇窝

蛇窝应设在蛇场内地势高燥平坦的地方，以防雨水灌入，可建成坟堆式或地洞式，四壁用砖或瓦、缸做成，外面堆以泥土。蛇窝内宽约 50cm，高 50cm，顶上加活动盖，以便观察和收蛇。底面应有部分深入地下，窝内铺上沙土、稻草，注意防水、通气、保温，每个窝至少有 2 个洞口与蛇园地面相通，每个蛇窝可容纳中等大小的蛇 10～20 条。例如，一个 30m² 的蛇园，建 5 个蛇窝，可饲养尖吻蝮 30 条或蝮蛇 100 条。

（三）蛇房

蛇场也可建造蛇房，蛇房宜坐北朝南，建在地势较高处，其长度视饲养量而定，可建成地上式、半地下式或地下式，其形状可为圆拱形、方窖形和长沟形等。例如，建一个5m×4m×1.2m的蛇房，四周墙壁厚20cm，用砖砌成，上盖10cm厚的水泥板，水泥板上覆盖1m厚的泥土，除蛇房门外，其他三面墙外也要堆集0.5m厚的泥土，使外表呈墓状，房内中央留一条通道，通道出入口一端设门，用以挡风遮雨和保温散湿。通道两侧用砖分隔成许多20cm×20cm×15cm的小格。小格间前后左右相通，通道两侧还各有一条相连通的水沟，水沟两头分别通向水池和饲料池。晚上，蛇可自由地顺着水沟到水池饮水、洗澡或到饲料池捕食。蛇房还要有孔道与蛇园相通，供蛇自由出入。房内也可用木板或石板叠架成有空隙的栖息架，蛇可在空隙中栖息。

（四）越冬室

越冬室由走廊、观察室、冬眠间、蛇洞组成，每个部分由门或窗隔离开。室顶有20cm厚珍珠岩粉的保温层，再覆盖1.6m的土层。走廊与观察室呈直角，设有三道门，以防止冷空气侵入，起到调节和缓冲室内温度的作用。观察室内有照明灯和通风孔，室两侧排列多个1m³的冬眠间，每间有70cm×50cm的金属网门隔离开，以便观察和取蛇。冬眠间墙上留有通风孔，外侧底部有12cm×12cm的蛇洞通往土丘外。洞口有铁丝网活动门，防止野鼠进入吃蛇。蛇洞长约2.5m，弯曲呈"S"形，可防止冷空气直接进入。外洞口有活动挡板，可调节室内温度。

三、养蛇设备

（一）蛇箱、蛇缸

用蛇箱、蛇缸等小型饲养设施养蛇，占地面积小，室内外均可建造，简单易做，容易普及，但由于与野外自然环境相差太远，蛇类不易适应，所以只适于暂养，一般用于科学试验，特别是蛇病治疗研究。

蛇箱大小因饲养规模而异，一般每立方米空间可养1m长的蛇4～5条。一个蛇箱只能养一种蛇。例如，饲养20条眼镜蛇的蛇箱可做成2.5m×0.8m的规格。蛇箱可用木料制成，也可用砖、水泥制成，不管用什么材料，箱的内壁一定要光滑，并安装照明灯。箱顶要安装一个适合观察蛇活动的观察孔和一扇便于把毒蛇放入与取出的活动拉门，蛇箱两边要各有三个活动气窗，气窗面积占箱壁的1/3，观察孔、活动门和气窗的内面都安装上一层小孔铁丝网（箱顶也可只安装纱窗和拉门）。箱底中央固定一个短树桩或几大块石头，供蛇蜕皮时用。箱内铺一层5～6cm厚的沙土，沙土要经常更换，冬季要铺一层10cm厚的稻草，且箱外也要覆盖30cm厚的稻草。箱角放一盘水供蛇饮用和调节湿度。蛇箱养蛇简单易行，也便于观察蛇的习性，但活动范围小，不利于蛇的生长发育和繁殖，因此，蛇箱养蛇可与小型蛇园养蛇结合起来，利用蛇箱产卵和越冬，以及饲养幼蛇，平时把蛇养殖在蛇园内。

蛇缸养蛇即把一只空的、无破损的大水缸，放在干燥、阴凉和通风的房间内，缸内铺10cm以上的干燥松土，松土上垒架半缸左右干净的砖或其他空隙大的杂物，以便蛇钻进去隐蔽和栖息。在砖块上面摆放一个大小适宜的瓦钵作为饲料槽和水槽，缸口要用缸盖或木板盖严，防止蛇爬出和天敌窜入，但要留一定的空隙通风。

（二）捕蛇工具

捕捉蛇类的用具，各地采用的不同，同时捉蛇的目的不一，如饲养或制作标本，采用的用具也不同，下面介绍几种应用较为普遍的捕蛇用具。

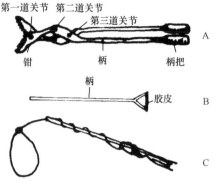

图 15-3　常用捕蛇工具
A. 蛇叉钳；B. 蛇叉；C. 蛇套

1. 蛇叉钳　　蛇叉钳由柄把、柄、三道关节和钳组成（图 15-3A），一般长 1m 左右。蛇叉钳利用三道关节的活动，握柄把时起叉的作用，张柄时起钳的作用。钳的两叶内缘有锯齿，可以加强对蛇体的固定。蛇叉钳可捕捉 5kg 以下的蛇类。

2. 蛇叉　　蛇叉是一根长 1～1.5m、前端具叉的棍棒，叉口大约成 60°角，为便于卡住而又不损伤蛇体，前端钉有坚而具有弹性的胶皮（图 15-3B）。

3. 蛇套　　用一根 1～1.3m 长的竹竿，将前端节打通，并在打通处边上钻一个洞，穿入一根双股绳，将绳的一端固定，另一端留一个活动圈套，如不用竹竿，也可用木棍代替（图 15-3C）。捕蛇时，待蛇钻入圈套，提起竹竿，活动圈套自然收紧，而将蛇套住。

（三）盛蛇器具

蛇袋用普通布制成，长 60～70cm，宽 20～25cm，袋口装上收口绳，一般用以盛装无毒蛇。盛蛇箱可用白铁皮制成。长方形，上留一插板小拉门，拉开小拉门，即可将蛇放入。毒蛇袋分为两节，上面一节用普通稍厚一点的布（20cm 长左右），下面用帆布（40cm 长左右）制成；在帆布袋上还须留一气窗，以防将蛇闷死。在布袋上端装上收口绳，切忌用松紧带。

第六节　蛇产品的生产性能与采收加工

（熊家军　李顺才）

第十六章　鳖

我国几千年前就有关于鳖的记载，但是把鳖作为一种经济动物进行人工养殖还是近代的事。20 世纪五六十年代，我国主要从事鳖的天然捕捞和少量鳖的暂养活动；70 年代才逐步开展鳖的人工养殖；90 年代中后期，随着集约化、加温快速养鳖的兴起，我国的养鳖业得到了前所未有的发展，成为世界第一养鳖大国。经过近 30 年的发展，我国鳖类动物养殖业，尤其是中华鳖，在苗种培育、生态养殖、饲料和疾病防治方面已趋向成熟。

鳖是一种味道鲜美、营养价值高的滋补食品，鳖甲、鳖血、鳖卵还是名贵的中药材。鳖肉营养丰富，蛋白质含量高。据测定，每 100g 鳖肉粗蛋白质占 16.5g。鳖肉中含有人体必需的氨基酸 10 多种，还含有丰富的维生素 A、维生素 D、维生素 E 和多种矿物质与微量元素等，对人体有很强的滋补作用。据《本草纲目》记载，鳖肉有滋阴补血、益心肾、清热消瘀、健脾和健胃等功能。现代医学则证实，鳖肉还具有一定的抗癌作用和提高机体免疫力的功能。随着我国农业产业结构的调整和人民生活水平的提高，商品鳖的市场需求量正在扩大。近年来，无公害养鳖和生态养鳖模式的兴起，以及鳖深加工的蓬勃发展，又大大提高了商品鳖的质量及其产品的附加值，商品鳖的潜在市场将会进一步扩大。因此，科学开展鳖的养殖具有良好的市场前景。

第一节　鳖的生物学特征

一、分类与分布

鳖俗称甲鱼、团鱼、圆鱼、水鱼、王八等，在动物分类学上隶属于爬行纲(Reptilia)、龟鳖目(Testudinate)、鳖科(Trionychidae)。我国分布的鳖科动物有3属5种。鼋属(Pelochelys)的鼋(P. bibroni)，分布于我国云南、广西、广东、海南、福建、浙江等省境内的水域中。在东南亚缅甸、马来西亚和菲律宾等国家及几内亚地区都有分布。山瑞鳖属(Palea)的山瑞鳖(P. steindachneri)，分布于我国贵州、云南、广东、广西和海南等地，国外见于越南。鳖属(Pelodiscus)的 3 种，即中华鳖(P. sinensis)、砂鳖(P. axenaria)和小鳖(P. parviformis)。中华鳖为广布种，除新疆、青海、宁夏和西藏尚未发现外，其他各省(自治区、直辖市)都有分布；砂鳖主要分布在湖南省桃源、平江、汝城、零陵和邵阳等县市境内；小鳖的分布区域十分狭窄，仅分布于广西东北部及邻近地区的江河、溪流之中，数量稀少，现已难觅踪影。

二、外形特征

鳖的身体宽、短、扁平，呈椭圆形，其身体结构可分为头、颈、躯干、尾部和四肢 5 部分。体表覆盖柔软的革质皮肤。有骨质的背甲和腹甲。吻部细长而尖，外鼻孔开口于吻端，眼小，外突，口宽，上下颌有角质突起，行使齿的功能。颈长，头和颈可缩入甲体内。尾短，四肢短，桨状。指(趾)间有蹼。体色随环境变化呈保护色，背侧面有黑线条状斑纹，腹部乳白色。体缘有环绕的柔软肉质称为裙边，由结缔组织构成。

三、生活习性

鳖是主要栖息在淡水中的爬行动物，在所有具有沙泥质或淤泥底质的江河、湖泊、水库、池塘及山溪的石洞里都能发现它的踪迹，尤其喜欢水质清洁、干净的泥沙环境，时常在泥滩上、岸边的树荫下、岩石边或水草茂盛的浅水地带活动、觅食。鳖的性格是喜静怕惊，喜洁怕脏，喜阳怕风。在风和日丽的天气里，鳖喜欢爬上岸或在水面漂浮物上进行日光浴，俗称晒背或晒壳，鳖通常每天要晒背 2～3h。鳖属变温动物，其体温随环境温度的变化而变化，所以对环境温度敏感。27～33℃是鳖的最适生活温度，水温 25～30℃时摄食能力最强，是生长发育最快的时段；20℃以下食欲下降，15℃以下停止摄食，活动呆滞；12℃以下即开始冬眠；超过 33℃，摄食能力减弱。鳖的生活规律一般是昼伏夜出，白天即便活动也是在水中，等到夜深人静之时，才爬上岸寻找食物。鳖是以摄取蛋白质含量较高的动物性饵料为主的杂食性动物。在自然条件下，幼鳖以水生昆虫、蝌蚪、小虾、水蚯蚓等为食；成鳖喜食螺类、泥鳅、小鱼、动物的尸体和内脏，也摄食植物性饲料，如土豆、南瓜、玉米等。鳖生性残忍且贪食、好斗，在饵料缺乏时会出现同种相残的现象，特别是大小不一的鳖养在一起，大鳖残食小鳖的情况相当严重。鳖的耐饥能力特别强，较长时间不摄食也能生存。鳖是雌雄异体、体内受精、体外孵化、营卵生生殖的动物。

第二节　鳖常见种类

人工养殖的鳖除了中华鳖和山瑞鳖两种外，还有台湾鳖、泰国鳖、黄沙鳖和日本鳖等 4 种或品种，在我国均有一定的养殖。砂鳖和小鳖由于对水质的要求很高，人工养殖的尚少。本节主要对人工养殖的 6 种常见鳖作一简要介绍。

一、中华鳖

中华鳖分布较广，在我国除新疆、青海、宁夏和西藏没有自然分布外，其他各省均有分布。但盛产区只有长江中下游及华南地区。中华鳖是我国鳖养殖品种中最常见的品种，种质纯，生长速度快，抗病能力强。

野外自然生长的中华鳖一般 4～5 龄成熟，4～5 月水中交配，14～20d 产卵，多次性产卵，至 8 月结束；通常首次产卵仅 4～6 枚。体重在 500g 左右的雌性可产卵 24～30 枚。5 龄以上雌鳖一年可产 50～100 枚。雌性在繁殖季节一般可产卵 3～4 次。卵为球形，乳白色，卵径 15～20mm，卵重 8～9g。其选好产卵点后，掘坑 10cm 深，将卵蛋产于其中，然后用土覆盖压平伪装，不留痕迹。经过 40～70d 地温孵化，稚鳖破壳而出，1～3d 脐带脱落入水生活。

二、山瑞鳖

山瑞鳖又名山瑞，属国家二级保护动物，是亚热带种类。在我国主要分布于贵州、云南、广东、广西和海南等地，国外见于越南。山瑞鳖生活于山地的河流和池塘中，以水栖小动物鱼、虾、泥鳅、螺、蚯蚓等为食，也吃些水草。外形呈圆形，与中华鳖十分相似。山瑞鳖较为肥厚，体积比一般的中华鳖大很多，头较中华鳖而言更为尖细，且颈基部两侧及背甲前缘有粗大疣粒，中华鳖的颈基部两侧及背甲前缘则无粗大疣粒。山瑞鳖3年左右性成熟，繁殖期5～8月，产卵方式与中华鳖大致相同。11月到翌年3月为冬眠期。营养与药用价值略次于中华鳖。

三、台湾鳖

台湾鳖原产于中国大陆，后经台湾人工驯养和选育而成，大陆业者习惯把从台湾引进的鳖称为台湾鳖。台湾鳖和中华鳖形态上的区别主要在稚鳖阶段，成鳖阶段非常相似。台湾鳖稚鳖腹甲多为绯红色，色斑深而明显，呈不规则分布，腹甲中央凹陷呈月牙状，中华鳖稚鳖腹甲多为白色，除有呈三角形分布的3个黑斑外，其余部位也有较小黑斑，腹甲中央凹陷呈三角形。与中华鳖相比，台湾鳖大胆、温顺，前期生长快，可自然越冬，并且冬季能少量进食，产卵量大，繁殖能力强，有利于高密度养殖，是人工养殖的优良品种。

四、泰国鳖

泰国鳖原产于泰国，其亲本情况尚不明，暂称泰国鳖。与中华鳖相比，泰国等地鳖苗腹甲表面呈蓝黑色的斑点，而内地中华鳖苗腹甲表面没有黑点；泰国等地鳖苗裙边稍窄，而内地中华鳖苗裙边稍宽。

五、黄沙鳖

黄沙鳖是中华鳖的地方种，是西江水系特有的品种，主要分布在广西、广东的西江流域，是广西地区优质的淡水水产品之一。黄沙鳖体色金黄，裙边宽厚，肌肉结实，肉质鲜美，有韧性，营养丰富，肌肉蛋白质含量和裙边胶原蛋白含量均高于中华鳖，粗脂肪含量低，是一种具有较高食用价值和营养价值的鳖。黄沙鳖不同生长阶段，其生长速度不同，刚孵化蜕壳的稚鳖生长缓慢，个体体重达50g时，生长速度加快，体重在150～1500g时生长速度更快，把握黄沙鳖快速生长的最有效时期，有利于提高黄沙鳖的生长效率。

六、日本鳖

日本鳖是中华鳖的日本品系，主要分布于日本关东以南的佐贺、大分、福冈等地，20世纪60年代初日本从我国引进江苏太湖产纯种中华鳖，经过几十年选育和提纯复壮，培育出日本鳖，1995年被引入我国进行养殖。日本鳖较中华鳖有集居习性，可集中上食台吃食，密度小反而会影响吃食和生长，很适合高密度养殖，而且对环境的巨变有一定的承受力，分池、捕捉、走动等惊动很少影响其当日的吃食与生长。日本鳖生长快，在同等条件下养成阶段的生长速度比其他鳖快，400g以上的养成阶段比中华鳖快20%；性成熟时间比中华鳖晚，繁殖能力较中华鳖强，成熟日本鳖在水温27℃时开始交配，可一年交配多年受精，在气温28℃以上时开始产卵，鳖卵孵化最适室温为30℃。

第三节　鳖的育种与繁殖

一、鳖的育种

在人工饲养过程中，如果不注重鳖种选育，长期在小范围内种群乱交，有可能产生不利于人工生产要求的遗传基因组合型，使种群小型化，个体变小，性成熟年龄出现期提早，繁殖力下降，抵抗疾病能力减弱等，严重影响人工养殖效果。为了获得体质健康、体重大、繁殖力和抗病力强的鳖，必须避免近亲交配，因为近亲交配会产生子代纯合体基因，基因型稳定、品种纯化。而杂交的杂种自交后产生的子代是杂合性基因，出现杂种优势，但这种优势不能以有性繁殖方法固定下来，还要通过交互使用近交法和杂交法（通常称回交），优势才能恢复。出现优势后代的杂种，是遗传基因的突变和重新组合，经过反复选择，才能培育出新的、理想的养殖品种。

选育亲本不要盲目和急于求成。要了解和选择两个亲本在生态学、生物学和生理学上差异大的，优中选优，使它们优良性状达到互补。产生杂交子一代后，要与亲本对照，从摄食量、生长速度、群体产量、个体大小、抗病力等方面看是否比亲本强。例如，用产于北方的雄性中华鳖为父本（它个体大、抗病力强、耐寒）与产于长江流域的雌性中华鳖为母本（它生长快，但抗病力及抗寒能力不如北方鳖）交配，经过几代选育后，定能获得生长迅速、抗病能力强、耐寒的养殖新品系。

二、鳖的繁殖

（一）亲鳖的选择

水产养殖上，把用于产卵繁殖后代的种鳖，习惯上称为亲鳖。每年 4 月，当水温达到20℃以上时鳖开始发情。交配在水中进行，交配后第 14 天开始产卵。只要温度适宜，管理得当，经14～21d可再行交配产卵。每年可产卵3～4次，多者达9次。亲鳖的年龄、体重、体质与产卵量和卵的质量都有很大关系。

1. 亲鳖的年龄　　鳖的年龄的鉴定，可把鳖肩骨上出现的有规律的疏密相间的纹理当作年轮，根据这些年轮来判断鳖的年龄。亲鳖应选用达到性成熟以后的鳖，而由于各地气候条件的不同导致鳖的性成熟年龄也不同，东北地区为6龄以上，华北地区为5～6龄，长江流域为4～5龄，华南亚热带地区为3～4龄，而台湾省南部及海南省则为2～3龄。刚刚达到性成熟的雌鳖虽然具有产卵繁殖能力，但产出的卵数少，并且卵小，大小也不均匀，孵出的鳖苗许多不能发育成健壮的幼鳖，因此只宜选作后备亲鳖加以饲养。亲鳖最好选择 8～9 龄的大鳖，在华中地区要选6龄以上的鳖作为亲鳖，其他地区根据鳖的成熟年龄依次向上加1～2龄，就是该地区选择亲鳖的年龄标准。

2. 亲鳖的体重　　在自然条件下，体重达到 0.5kg 左右的鳖就可达到性成熟，但这种鳖怀卵量少，产卵量少，而且产卵大小不一，受精率和孵化率都低，孵出的稚鳖体质差，成活率低，不宜作亲鳖。在生产实践中，一般选择体重为 0.75kg 以上的鳖作为亲鳖即可。

3. 亲鳖的体质　　繁殖亲鳖要求体质健壮、无病无伤、行动敏捷、体色正常、裙边肥厚不下垂。检查方法是：将鳖仰放在地上，如能立即将头伸出顶地撑起身体前部，并配合四肢运动使身体翻过来，而且迅速逃走者为好。还可用手指拿住鳖两侧后肢基部，如后肢有力向前伸，则为健壮者。若与以上两种情形相反，说明该鳖的体质差，有病或有内伤，均不得作为亲鳖。

(二)性别鉴定

要想选择亲鳖，首先必须知道如何分辨雌雄。鳖的雌雄，即使是刚孵出的稚鳖也较容易鉴别。因为雌雄鳖最明显的区别在于它们的尾部不同，雄鳖尾部长而尖，成熟后的雄鳖尾部能自然伸出裙边外，而雌鳖尾部短而钝，不能伸出裙边外。仅依靠这一特征即可将雌雄鳖区分开。

达到性成熟的雌雄鳖还具有以下特征：雌性的背甲没有雄性那么椭圆，身体比雄性厚，两后肢间的距离比雄性个体大；在繁殖期间，雌性泄殖孔红肿，而雄性泄殖孔无红肿现象，将其身体翻过来有时可以见到泄殖腔内有锚状交配器。同龄的雄鳖比雌鳖一般重20%左右，较高龄的雄鳖比雌鳖甚至重1倍以上。

(三)配种比例

雌雄性比以(4～5)：1为最佳，卵子的受精率和孵化率均可达90%以上。鳖生性好斗，雄性过多，会相互咬斗，导致伤残、死亡；雄性太少，则卵子的受精机会少。雌鳖过少，会影响总的产卵量。

(四)亲鳖采选时间

主要根据鳖的生态习性和当地的温度条件确定。长江流域一般以4月和10月最好。这两段时间温度适中，池塘水温在15～25℃，正值亲鳖产卵之前和产卵之后。上半年购进的鳖，如果已经成熟，只需稍微适应一下环境，经短时间的驯化培育即可用于繁殖；下半年购回的鳖，由于温度较高，还可以进行一段时间的强化培育，以保证安全越冬。酷暑与严冬应禁止采购和运输亲鳖，否则有可能造成重大损失。

(五)孵化

雌鳖交配后约14d开始产卵。产卵时间多在22时至次日4时进行。卵产出经8～24h可将卵从穴中移出进行人工孵化。采卵后应检查卵的受精及发育程度。发现卵壳顶上有一白点，其边缘清晰圆滑，卵壳鲜亮呈粉红色或乳白色，卵大而圆，则为受精发育良好，否则视为未受精或发育不良的卵，应及时剔除。可用面盆内铺1～2cm厚的沙作为收卵用具。采卵时应注意将受精卵有白点和气室的一端朝上。鳖卵在自然界的自然孵化率很低，但在人工条件下的孵化率可达70%～80%。鳖卵的人工孵化有多种方式，通常采用室内孵化器孵化和室外半人工孵化两种方式。

1. 室内孵化器孵化 孵化器采用木板或者其他适宜材料专门制作，也可利用现有的木箱、盆、桶等多种容器代替。孵化器规格以60cm×30cm×30cm左右较为适宜。孵化器底部钻好若干个滤水孔，铺5cm左右厚的细沙，然后再在沙上排放卵，卵与卵之间保持1～2cm的间隙，并根据孵化器深浅，排卵2～3层，每层卵都要在其上盖一层3cm左右的细沙，使整个卵都埋在沙中。孵化器内沙土要有 7%～8%的含水量，因此孵化期间，每隔 3～4d 喷水一次，使沙内既不积水又保持一定的湿度。孵化室内温度最好控制在 28～32℃，湿度保持在 80%～85%。这样经过 40d 左右时间的孵化，稚鳖就能破壳而出。

2. 室外半人工孵化　　孵化场地一般选择在通风干燥、排水条件好的地方，亲鳖池在坐北朝南的向阳一侧。在靠近防逃墙的地势较高处，挖几条 10cm 深的沙土沟，将鳖卵并排放在沟内，卵的动物极朝上，然后覆盖 10cm 左右的湿润沙土，沙土含水量以手捏成团、松手即散为宜。沟边插上湿度表和标牌，温度表插入 10cm 深，标牌上记好鳖卵数量和开始孵化的日期等。在孵化沟的两端用砖叠起，砖上横置几根竹竿用于遮阴挡雨。孵化温度控制在 22～36℃。在孵化期的前 30d 内不要翻卵。每隔 3d 左右均匀地洒水一次，使空气湿度保持在 80%左右。孵化后期，稚鳖即将孵出之前需在孵化场周围围上防逃竹栅，可在竹栅内地势较低处埋设水盆，盛少量水，并使盆口与地平面相平，以诱集出壳后的稚鳖入盆，便于收集。60～70d，可孵化出稚鳖。

第四节　鳖的营养与饲养管理

一、鳖的营养需求

　　鳖和其他动物一样，在生命过程中需不断地从生活环境中摄取养分，以维持生命和促使生长发育。整个养殖生长过程中，已知同种鳖类的稚体、幼体和成体的营养需要有差别，若使用天然动物性饵料，均可满足鳖对养分的需求。但若使用人工配合饲料，则应充分考虑各种营养成分的平衡，才能发挥最大生长潜力。鳖各生长阶段主要营养需求见表 16-1 和表 16-2。

表 16-1　鳖不同生长阶段的主要营养需求

生长阶段	鳖苗	鳖种	商品鳖	鳖亲本
粗蛋白质/%	50.0	47.5	45.0	46.0
粗脂肪/%	3.0	3.0	3.0	3.0
粗纤维/%	1.0	1.0	1.0	1.0
灰分/%	17.0	17.0	17.0	17.0
钙/%	2.5	2.5	2.3	2.5
磷/%	1.3	1.3	1.2	1.3

资料来源：李正军和祝新文，2011

表 16-2　鳖对饲料中部分氨基酸、矿物质、维生素的需要量(参考值)

	氨基酸/%									
	精氨酸	组氨酸	异亮氨酸	亮氨酸	蛋氨酸	赖氨酸	苯丙氨酸	苏氨酸	色氨酸	缬氨酸
含量	1.9～2.3	1.1～1.2	1.7～2.1	2.6～3.0	0.8～1.0	1.8～2.1	3.1～3.6	1.5～1.7	0.3～0.4	1.6～1.8

	矿物质/(g/t)							
	铁	铜	锌	锰	镁	钴	硒	碘
含量	150	7.5	30	15	400	0.1	0.1	0.4

续表

	维生素												
	维生素 K_1/(g/t)	维生素 B_1/(g/t)	维生素 B_2/(g/t)	维生素 B_6/(g/t)	维生素 B_{12}/(g/t)	烟酸 /(g/t)	泛酸钙 /(g/t)	胆碱 /(g/t)	维生素 C/(g/t)	维生素 E/(g/t)	叶酸 /(g/t)	生物素 /(g/t)	维生素 A/(g/t)	维生素 D_3/(万 IU/kg)
含量	15	50	50	40	0.025	65	37.5	500	300	150	0.002	0.05	0.005	5000

资料来源：李正军和祝新文，2011

二、鳖的饲养管理

鳖的养殖可分为稚鳖、幼鳖和成鳖等几个养殖阶段。通常把 50g 以下的鳖称为稚鳖阶段；体重为 50～200g 的鳖称为幼鳖阶段；200g 以上的鳖称为成鳖阶段。

(一)稚鳖的养殖

稚鳖阶段是人工饲养中最关键的阶段。刚出壳的稚鳖，身体各部功能尚不健全，如表皮幼嫩，互相争斗易咬伤，这个时期适应力相对较差，对疾病的抵抗能力弱，所以必须精心护理，加强饲喂，促进其生长，以便减少疾病的发生，降低死亡率，安全越冬。

1. 放养前的准备工作　在放养前必须要确保室外稚鳖池进排水、供热、增氧系统和防逃设施建立完善后方能放养，否则将给今后的养殖工作带来不便。池中底质宜为沙质，且细沙要用自来水冲洗干净，养殖水体还应事先用漂白粉溶液消毒，具体做法是：稚鳖池内注入新水后，用 0.01mg/L 的漂白粉溶液消毒 24h，将药液排出后用清水冲洗池壁 1～2 次，待 1～2d 后药效消失即可放养稚鳖。

由于鳖用肺呼吸，刚刚出壳的稚鳖潜水能力弱，需要游到水面呼吸空气，所以深水环境对正在生长发育的稚鳖来说是相当不利的。为了降低稚鳖呼吸时在水中的升降幅度，减少体力消耗以便促进其快速生长、适应环境，养殖水体水深控制在 25cm 左右。刚孵出的稚鳖抵抗能力较差，容易受到水霉菌和嗜水气单胞菌等病原的侵袭，因此在下池前需用 3%食盐水浸泡 10～15min 或用 0.01%高锰酸钾溶液浸泡 15min 消毒。为避免稚鳖下池后出现感冒现象，还应注意在放养时调节好放养池的水温，尽量与原池水温差不超过 2℃。

2. 稚鳖暂养　刚出壳的稚鳖体质娇弱，抵抗疾病和敌害的能力很弱。7～8 月孵出的稚鳖，室外温度较高，而晚期孵出的稚鳖，早、晚温度较低，都不宜直接放到室外稚鳖池养殖。即使温度适宜，也不宜直接放到稚鳖池养殖，而应经过一段时间的暂养，再转到稚鳖池。

(1)暂养前的消毒　稚鳖暂养之前，各种用具和暂养池都应进行消毒。消毒药物一般为生石灰、漂白粉等。稚鳖用药物浸洗后再放入暂养池。浸洗鳖体较好的药物为维生素 B_{12} 或庆大霉素，二者均浸洗半小时。前者用药量为 10kg 水加入 1～1.5mg；后者用药量为 50kg 水加入 50 万 IU 的庆大霉素。浸洗鳖体的药物一般不提倡使用高锰酸钾，因为刚出壳的稚鳖皮肤娇嫩，高锰酸钾为强氧化剂，容易烧伤皮肤。

(2)暂养池的设置　暂养池可用各种水盆，或者用可以任意调节水深的小型水泥池或水槽，池底应稍倾斜。水深应控制在浅端 2～5cm，深端 10cm 左右。水面放一些木板作饵料台，兼供稚鳖休息之用。另外，应放入一些水生植物(如水浮莲、浮萍等)，既净化水质，又可供稚鳖隐蔽。暂养密度为 100 只/m² 左右。

(3)暂养期的投喂　刚出壳的稚鳖体内尚有未吸收的卵黄，1～2d 不必喂食，而后应及时投喂。稚鳖开口饵料应精、细、软、嫩、鲜，营养全面而又易消化，鲜活饵料以水蚤为最好。全价的人工配合饲料作为稚鳖的开口饵料，营养全面，使用方便。投喂量根据饲料种类而定，一般日投量，配合饲料占体重的 4%～6%，鲜活饵料占体重的 10%～20%，同时要根据稚鳖吃食情况而增减，一般每天投喂 2～3 次。

(4)暂养期的水质、水温　稚鳖暂养期间，保持水温恒定，水质清新，并有一定量的浮游植物。

经过 1 周左右的精心暂养，稚鳖完全进入了正常摄食状态，便可放养到稚鳖池中进行稚鳖阶段的养殖。

3. 稚鳖池的要求　稚鳖池分温室内池和露天池两种，面积以 10～15m² 为宜。池深 1m，水深 0.8m，各种防逃网片的孔径不大于 1cm。稚鳖开始入池时，水深控制在 15～25cm，因为鳖要游到水面呼吸空气，稚鳖初期潜水能力弱，水浅可减少呼吸时在水中的升降幅度，防止体力消耗过大。饵料台为活动式，随着稚鳖的不断长大，分阶段加深水位，抬高饵料台板。露天池以地下式建造为好，利于搭建塑料大棚。

稚鳖池要严防强烈的光线刺激，以减少和防止相互撕咬致伤。此外，稚鳖池中应投放水花生、水浮莲、紫背浮萍等水生植物，可为鳖提供隐蔽而安静的环境，避免其互相堆集、撕咬，还可以净化水质，减少换水量。稚鳖池及池底铺填的沙和用水均需预先消毒处理，尤其是控温养鳖，因水温、气温高，放养密度大，更要注意放养前和饲养过程中的消毒。

4. 稚鳖的放养密度　放养密度视培育方式、换水及保温条件等而有较大差异。一般的水泥池、水族箱等，常见的放养密度为 40～50 只/m²，有的换水、保温条件较好而放养密度达 80～100 只/m²，饲养效果也很好。露天的、较大的饲养池，或者换水条件不够好的，放养密度应适当低些，用土池作稚鳖池，放养密度为 10～20 只/m²。

5. 稚鳖的日常管理　合理的饲养管理是提高稚鳖成活率和生长率的关键，日常管理包括投喂、水质和水温管理、筛选分养和防病等方面的内容。

(1)投喂　经过暂养后的稚鳖，在温度适宜(30℃左右)的情况下，其生长快慢和成活率的高低在很大程度上取决于饲料。稚鳖体小、幼嫩，觅食能力差，对饲料要求严格，饲养稚鳖要求选用优质、新鲜、营养全面、适口性好、蛋白质含量高的饲料，做到少量多餐，要精、细、软、嫩、易消化，达到早开食、晚停食、吃好食的目的。有条件的应尽量投喂稚鳖专用饲料或仔鳗饲料。人工培育一些鲜活饵料搭配投喂也是可行的，或者根据当地饲料来源配制混合饲料。一般稚鳖出壳后 2～3d 卵黄囊吸收完后，便开始摄食，这时可投喂一部分小红虫、摇蚊幼虫、水蚯蚓、熟蛋黄等。饲养 7d 后，可投喂新鲜的猪肝、绞碎的鲜鱼肉及动物内脏。2 月龄后逐渐投喂些植物性饲料，动物性饲料与植物性饲料的比例大致为 2∶1。稚鳖日粮的粗蛋白质含量应在 50%以上。对那些含脂肪高而不易消化的饲料如猪大肠、肉粉、蚕蛹等应尽量不喂，以免影响其发育甚至造成染病死亡。

在投喂方法上应坚持"四定"，即定时、定位、定质、定量，使稚鳖养成定时、定点摄食的习惯，高温季节可分上、下午两次投喂，秋后每天投喂 1 次。饲料粒投在饵料台上。饵料台可用木板或水泥板架到水下 2cm 处。为避免稚鳖摄食时争夺与撕咬，可多设几个投食点。投喂量可根据稚鳖的吃食情况而定，一般以稚鳖吃饱、下次投喂时无剩余为度。在水温 25～30℃的情况下，投喂量可占稚鳖体重的 10%～20%，投喂配合饲料可占体重的 5%～10%。所投饲料要求新鲜，无腐烂、霉变现象。每天投食前要对食场进行清扫，以防污染饵料和水质。

（2）水质和水温管理　　养殖水质应保持新鲜、无污染，且浮游生物丰富，水色呈黄绿色或褐色，透明度在 40cm 左右。高密度的稚鳖池 1～2d 就应换水 1 次，一般的稚鳖池也应 3～5d 换水 1 次，每次换水量为水体总量的 1/3 左右。换水时应尽量清除池中的残渣污物。新水最好含有一定量的浮游植物，以利用光合作用补充一部分氧气。

另外，水温应与原池水基本一致。水温对稚鳖的生长影响也很大。在适温条件下，稚鳖行动活跃，摄食旺盛，生长迅速。一般应尽量使水温保持或接近 30℃。然而稚鳖孵出后，当年适宜生长的时间较短，所以有必要采取适当的保温措施以延长当年生长期，提高稚鳖的成活率。在饲养过程中，应随鳖的生长而逐渐加深水体，前期水浅有利于水温升高，后期水深有利于保温。高温季节水温在 35℃时，要做好防暑工作，可加深池水，室外鳖池最好搭设遮阴棚，或投放一些水葫芦、绿萍等漂浮性水生植物，以利于稚鳖栖息，降低水温，净化水质。秋后水温低的时候，可将稚鳖移入室内，采取增温措施，使水温保持在 25～30℃，延长当年生长期，可使最后一批孵出的稚鳖在冬眠前长到 10g 以上，有利于提高稚鳖的越冬成活率。

（3）筛选分养　　由于稚鳖出壳时间的差异，其个体大小不一，即使出壳期大致相同的稚鳖，饲养一段时间后，也会出现明显的个体差异，这时就需要及时进行筛选分养，使规格相同的稚鳖养在同一池中，以利于其摄食和生长。分养前，先停食 1～2 餐。操作时要轻巧快速，避免长时间堆叠。存放稚鳖的容器中，应放少许水，但不宜太深，同时加适量药物对稚鳖进行药浴，大小分开后，立即放回鳖池，并进行水体清毒，预防疾病的发生。

（4）防病　　稚鳖放养前一般需进行药浴消毒，同时养殖池也需进行彻底的消毒处理。下池前，可用 8mg/L 高锰酸钾溶液浸泡稚鳖 20min（水温 20℃），或用 3%食盐水浸泡 10min，而养殖池则可用 10mg/L 漂白粉溶液或 150mg/L 生石灰水全池泼洒浸泡，待 7d 后药效消失放入新水备用。

在养殖期间的疾病防护则以生态防病为主，即通过及时调节水质来减少病害的侵扰。通常情况下，非生态养殖的养殖密度均较大，需定期换水并用生石灰或漂白粉交替使用进行池水消毒和水质改良，从而达到抑制病原菌滋生的目的。具体做法是：每周换水 2～3 次，并定期用 15～20mg/L 生石灰和 2～3mg/L 漂白粉溶液交替泼洒。在对外部环境消毒、改良的同时，还应积极增强稚鳖的免疫能力，通常在其饲料中加入适量维生素 E、维生素 C 就能收到较好的效果。另外，发现受伤的稚鳖要及时用紫药水涂抹伤处，防止病菌感染从而引发疾病。对于病鳖更应及时转入隔离池饲养，同时更换原池水并消毒。此外，腐败变质的饲料也能引起鳖病的发生，因此投喂的饲料必须做到优质新鲜，并注意每天清洗食台，防止水体污染引发病害。

6. 稚鳖的越冬管理　　越冬是稚鳖养殖中的一个难关。由于当年出壳的稚鳖（尤其是出壳较晚的）生长期短，个体一般较小，越冬时体重轻，体内储存的营养物质少，对外界环境的适应力差，越冬管理做得不好，就会有很高的死亡率。因此，在秋天应设法保温，以延长鳖的生长期。

加强饲养管理，投喂的饲料脂肪含量可略高些以利于稚鳖体脂的积累，增强体质，安全越冬。当水温在 15℃左右时，就应将稚鳖转入室内越冬池内越冬。选择背风向阳的室内稚鳖池作为越冬池，将水排干，池底铺泥 20cm 左右，加水 10cm 左右。每平方米放稚鳖 150～250 只，保持室温 5℃以上。如选用室外越冬池，一定要搭盖密封良好的塑料保温棚，棚顶和四周盖一些稻草，棚的两头留通风口，严寒时封严，晴天中午通风 30min 左右。有条件的则最好建立温室，利用加温设施或温泉水、工厂余热水保持水温 30℃左右，进行加温养殖。越冬期间严防室内温度时高时低，以免稚鳖从冬眠中苏醒过来，不利于冬眠。池水一般不用换，如水位下降可适当添加，但是必须使水温与越冬池内水温一致。在天气变化较大时，要及时采取防冻措施。通过多方面的科学饲养管理，稚鳖经冬眠后，一般成活率在95%左右。

（二）幼鳖和成鳖的养殖

幼鳖和成鳖的生命力较强，生活习性基本相似，在人工养殖过程中，管理方法基本相同。

1. 温室快速养殖　　头年孵出的稚鳖，经温室养殖，到年末体重基本达到50g以上，这时可进入幼鳖（成鳖）养殖时期。

（1）养殖池　　水深 1.0～1.2m，养殖水面 50～100m²，养殖水温[(28～30)±2]℃，气温 (30±2)℃。

（2）放养密度　　放养时，首先要分大、中、小不同规格分级饲养。在温室条件下，体重 50g 的鳖，放养密度为 50 只/m²；体重 100g 的幼鳖，单放密度为 20～30 只/m²；200g 以上的成鳖，因为成活率高，放养密度为 12～15 只/m²，再经 5～6 个月的饲养，体重基本达到商品鳖规格。

（3）水温控制　　这个阶段的鳖，胆子很小，养殖过程不必经常分池。鳖生长的最佳温度为30℃，有试验证明，50g 的幼鳖，在温室条件下，经过2～3 个月的饲养后，体重基本都达到200g 左右，再经 5～6 个月养殖，均可达到商品鳖规格，平均日增肉量1.5～3g。控制好水温，是温室养殖技术的关键，冬季要保温，夏季要适时放风，使水温一年四季恒定在30℃。

（4）水质管理　　管理好水质，包括换水，定时充气，培育和控制水质肥度，根据疾病发生情况，不定期向池水泼洒药物。

温室快速养殖，主要利用工厂余热、锅炉加温或温泉加热养鳖，为了节省能源和节省用水，在向池水充气的条件下，一般 1～2 个月或更长时间换水一次。定时充气，对温室快速养殖很必要，它对改善水质具有很重要的作用，充气时间以 14～15 时、晚间和黎明前为好，每次充气 2h 即可。培育和控制水质肥度，是根据池水肥度、浮游植物数量，控制水色为黄绿色、清而爽、透明度为20～40cm，低于这个标准，用10ppm①生石灰水全池泼洒，它既能杀死部分浮游植物，又能提高水的 pH，改良水质。另外，根据池内鳖的健康状况，不定期向池水泼洒药物，1 周左右向池水泼洒 2ppm 漂白粉或 1.5ppm 呋喃唑酮杀灭部分致病细菌，防止鳖因互相咬伤或抓伤，感染疾病。向池水泼洒药物的目的，主要根据池内鳖的发病情况进行，切不可乱投药。

（5）投喂管理　　投喂主要抓好"四定"原则，投喂工作中，要注意饲料的质量和配制。因为幼鳖和成鳖消化吸收能力强，在饲料中，蛋白质要占 45%左右，α-淀粉可增加到 20%左右，植物油 3%～5%，同时，除添加复合维生素和少量微量元素外，要添加 5%的甘蓝、胡萝卜等富含多种维生素的蔬菜。投饲数量以喂后 2h 吃光为好，日投喂量可占体重的 4%～5%。如果投喂其他新鲜的鱼、虾、贝肉时，也要搭配 5%左右的蔬菜和 0.5%微量元素。否则会因缺乏维生素而影响对蛋白质的吸收，降低饲料效率。总之，在这个阶段，是鳖生长的旺盛时期，摄食量很大，一定要满足鳖的营养需求。

---

① ppm. 百万分之一

温室快速养鳖，管理得好，从稚鳖养到商品鳖规格，需经过 12～14 个月，单位面积产量为 4～5kg/m²，日投喂量占体重的 3%～5%。

2. 常温养殖　　常温养殖主要指气温、水温上升后，鳖从冬眠状态中苏醒过来，移植到室外面积较小(1 亩①左右)、操作方便的幼鳖或成鳖养殖池中续养，50g 的幼鳖经春夏秋季节(4 月中旬～10 月初)培育，越冬前体重可达 200～300g。经冬季越冬，第二年再养，秋后体重可达 700g 左右，即可上市销售。100g 左右的成鳖，经春夏秋季节(4 月中旬～10 月初)的养殖，秋末体重均可达到商品鳖规格。

(1) 筛选分养和放养密度　　冬眠苏醒的幼鳖，当露天池塘水温达到 24℃左右时，要称重和筛选，按大、中、小不同规格分级饲养，这个时期的放养密度以 2.5～3.0kg/m² 为原则，经 2 个月(即 6 月底)的养殖后，体重可增加 1 倍左右，每平方米达 5kg。若小池成鳖体重 200g 左右，这时体重可达 400～500g，个体大的就可上市销售。剩下小的个体仍以放养 2.5～3.0kg/m² 计算，再继续养殖，至 9 月，体重又可增加 1 倍，达 5～6kg/m²，到 10 月均可上市销售。而原来小池中体重为 50g 的幼鳖，到 10 月，体重一般都达到 200～300g，冬天越冬后，再经过一个生长季节养殖，就可以达到商品鳖规格。

如果放养在水面较大、操作不便的池塘里，往往采取一次性低密度精养方式饲养，秋后一次性捕捞。春季水温升到 4℃左右时，放养密度为 7～8 只/m²，一养到底，即 10 月中旬左右捕捞，大的达到商品规格，可以出售。个别小的移入越冬池，第二年继续养殖，达到商品规格后再上市销售。

(2) 日常管理　　常温养殖的日常管理，诸如水质培育、控制肥度、饵料要求和疾病防治等，基本与温室养殖管理方法相同，只是由于炎夏季节，温度高，水温有时可高达 35℃以上，这时鳖将要避暑，摄食量下降，所以要在养殖池上方(包括饵料台)搭帘子遮阴降暑，或者加深水位，使水温缓慢上升，使鳖仍处于旺盛的生长期。

3. 冬季加温养殖　　当秋后水温下降到 20℃左右时，把幼鳖或成鳖从室外露天池塘内捕出，移入温室池内进行恒温快速养殖，经过一个冬天的养殖，可达到商品鳖规格上市销售，其饲养方法，室外阶段同室外露天池养殖法，室内阶段的管理方法与温室快速养殖方法的要求相同。

4. 越冬管理　　一般 11 月后水温降至 10℃以下时，鳖就成群潜居于池底泥沙中进行冬眠。鳖在冬眠过程中不吃不动，新陈代谢极为缓慢。冬眠是鳖在长期进化过程中，为适应环境条件而形成的一种特性。鳖可在室外鳖池中越冬，也可以在温度适宜的水泥池或地窖中越冬，在室内水泥池中越冬方法同稚鳖。在地窖越冬，可先在地面铺垫秸秆(如麦秸)，将鳖装入潮湿麻袋，平摆于秸秆上，再覆盖一层较厚的麦秸，以防冻伤。越冬过程中要控制适宜的低温和洗换铺盖物。为使鳖安全越冬，应做好以下几点。

(1) 加强越冬前喂养　　越冬前投喂的饵料，除保证蛋白质基本含量外，要适当多喂些含脂肪高的动物性饵料，以便使鳖多蓄积一些脂肪，增加抗御低温环境的能力。

(2) 越冬前彻底清塘　　清塘方法可用生石灰干塘清塘法，即每亩放生石灰 100kg。具体操作过程为：在池底先挖数个小坑，把生石灰倒入池内，待其分解放热时，均匀泼洒全池底，第二天用耙犁一次，松软底质，再停一周后放水，测定 pH，当 pH 在 7～8.5，水温 16℃

---

① 1 亩≈666.7m²

左右时，即可放鳖越冬。越冬期要保证越冬池水深 1.5m 左右，在北方地区，要保证冰下水深 1.5m 左右，并在雪后要扫除冰上积雪，增加冰面透明度，促进浮游植物的光合作用，增加水中溶氧。也可以用 10～20ppm 漂白粉全池底泼洒法清池，暴晒 2～3d，翻松池底，加注清水后放鳖。

(3)控制越冬水温　　　根据鳖在 15～16℃时仍具有一定活动的能力，但不摄食，12～13℃时钻入沙内冬眠的习性。如果越冬水温为 15～16℃时，鳖仍到处活动，消耗体内贮存的能量，到春末，死亡率仍很高。如果水温接近 0℃，又怕冻死，所以，水温最好能控制在 6～10℃。

(4)安静冬眠　　　当水温下降到 14～15℃时，鳖即陆续钻入池底泥沙中越冬，这时千万不要惊动它，鳖一旦被惊醒，爬出泥沙后，很难有力再钻入沙中，在底表面上的鳖，多数为死鳖。

第五节　　鳖对环境的要求和圈舍设计建造

一、鳖对环境的要求

(一)场地

选择幽静、日晒和通风良好的地方建池。这样有利于池中肥分的分解，保持良好的水质，提高鳖的食欲，达到缩短养殖周期和增加收益之效。鳖池在房舍的前边可防寒冷的北风，使鳖能安全越冬，提早摄饵，同时鳖池的南面应开阔，在高温期南风吹动下，能保持通风良好最为理想。

(二)水温

鳖在自然水温中养殖要 3～4 年才能达到 500g 以上(商品规格)。而用温水养殖加之精细的饲养管理，一年即可长到 700～800g/只。因鳖是变温动物，其代谢速率在一定适应范围内与水温呈正相关。鳖在 26～32℃摄食力强，30℃摄食最好、生长最快。低于 20℃食欲下降，15℃停食，10℃时冬眠。有时温度相差 1～2℃就可以给鳖的生长造成明显的影响。

(三)水质

鳖要求水质 pH 为 7～8.5，适宜于养鱼的水一般均可养鳖，一般除为防止池水恶化而补充缺水外，不必勤于更换水。不过在夏季水温高而池水污染时，水中滋生繁殖病原体，鳖会感染病而导致死亡，在此情况之下须更换池水。

(四)土壤

池塘的土质以砂壤土为最好。沙壤土透气性好，黏土容易板结、通气性差，养殖池的底质应无废弃物和生活垃圾，无大型植物碎屑和动物尸体，底质无异色、异臭，自然结构。底质有毒有害物质最高含量应符合《农产品安全质量无公害水产品产地环境要求》中的规定，底质应无异色、异臭，结构自然。无公害水产品生产对渔业水域土壤环境质量规定了汞、镉、铅、锌、铬、砷、六六六、滴滴涕的含量限值，其残留量应符合《农产品安全质量无公害水产品产地环境要求》的规定。

二、鳖池的设计建造

(一)总体规划

由于鳖有互相咬斗和同类残食的现象，以及不同年龄阶段其生长发育对生态环境要求不同，饲养管理也有所不同，因此必须将不同年龄、不同规格的鳖分池饲养，需分别设计建造稚鳖池、幼鳖池、成鳖池和亲鳖池。除了养鳖池以外，一个比较完善的养鳖场还必须建有排灌水系统、管理房、仓库、饲料加工房和生产用具室等。若是利用地热、工厂余热或锅炉加温等温室养鳖，则还需配备相应设备，如冷却塔、导水系统、温室房、锅炉等。

(二)养殖池的配置

稚鳖池(饲养当年孵出的稚鳖)、幼鳖池(饲养 2 龄鳖)、成鳖池(饲养 3 龄以上的商品鳖)、亲鳖池(饲养用于繁殖后代的鳖)的配比，要依据养鳖场的生产规模、设备条件、技术水平及生产方式等的不同而定。根据国内外养鳖生产的经验，一个自繁自养的商品鳖养殖场，各级养鳖池面积所占比例，依生产方式大致分为：常温自然养殖条件下，稚、幼、成、亲4种鳖池总面积之比为1：3：20：6；若稚、幼鳖控温养殖，成鳖在常温条件下养殖，则4种池的比例大致为1：3：24：12；全控温集约化养殖时，4种池的比例为1：3：10：4。

(三)鳖池的设计

鳖池要按鳖的生物学特性来设计，应具有栖息、晒背、冬眠摄食场所及防逃、防害设施，亲鳖还要具备产卵场所。鳖池根据建造用材分为 3 种：一是土池，适宜于饲养亲鳖和常温下饲养商品鳖；二是水泥池，适宜养稚、幼鳖及控温下的成鳖养殖，三是砖石水泥结构池埂、土质池底的鳖池，宜饲养各种规格的鳖。无论哪种结构的鳖池，均必须加设防逃、防害设施。池的形状不限，可依地形而建，尽量做到节约土地，合理布局，有利于生产管理。

无论是亲鳖池、成鳖池，还是幼鳖池、稚鳖池都必须建造晒背和投喂场所。建造的方式有几种：一种是在池的四周或某几段周边留出一定宽度的池埂，让鳖爬上休息、晒背或摄食；第二种是在池中央建一个小岛；第三种则是在水中放些漂浮物或搭设台子。其中以前两种方法为好。

养鳖池的面积和深度也无严格规定和统一标准，但一般来讲，鳖在幼小阶段比较娇嫩，需要精心饲养，放养密度可以高一些，水则要浅些，所以稚、幼鳖池面积应该设计得小一些；随着鳖的个体长大，放养密度逐步降低，池的面积应逐渐加大，深度也要加深。

(四)鳖池的建造

1. 稚鳖池的建造　　稚鳖池的结构可全部采用水泥和砖建造，池的面积为 10~20m²，池深1~1.2m，池底铺上5~10cm厚的泥沙土，温室内可利用温泉或锅炉加热水，水深0.5~0.8m。休息场地可采用木板或水泥板制成，在池壁的一侧做成与地面成 45°角以下的斜坡，并使斜坡伸出水面约30cm作休息场。休息场的面积约占饲养池的1/5。在渔场内养殖，稚鳖池也可用家鱼孵化环道代替，在环道底内铺上 3～5cm 的粉沙，使底面有一定的斜坡伸出水面作休息台。

稚鳖池要求比较严格，可以建一组小池，便于饲养时观察稚鳖的生活摄食情况。如果每个池的面积太大，蓄水过深，饲养的稚鳖又多，会给操作管理带来困难。

2. 幼鳖池的建造　　幼鳖对环境的适应能力比稚鳖强，池子可以建在室外。露天自然池的面积可比稚鳖池略大，每个池的面积以 20～100m² 为宜。幼鳖池可全部采用水泥和砖结构，休息场可设在四周的斜坡上，使斜坡与地成 30°左右的角，休息场地的面积均为池面积的 1/10。幼鳖池的深度以 0.5～0.8m 为宜，在池底铺 10cm 左右的粉沙后能蓄水 0.3～0.4m。幼鳖池壁不宜建得过高，否则操作管理不便。

3. 成鳖池的建造　　成鳖池是 3 龄鳖池和商品鳖池的总称。成鳖对环境的适应能力和活动能力大大增强，所以成鳖池的土建要求主要是防逃，其他方面的要求不及稚鳖池和幼鳖池严格。成鳖池宜设数个，3 龄以下的鳖最好能依其年龄分池饲养，以防鳖有弱肉强食现象，特别是在缺乏饲料或个体相差较大的情况下更是如此。

成鳖池的大小视饲养数目及鳖的大小而定。一般池的面积以 300～1500m² 为宜，深度以能蓄水 0.8～1.2m 即可。最好选用胶性土质的硬坑塘，池中心到岸边形成 30°的斜坡，便于鳖上下爬行。池底部以不漏水的泥底和沙底为好，池底的砂石不宜太大，否则易伤鳖体的皮肤而引起疾病。如是水泥底，底部应铺 30cm 厚的淤泥，便于鳖冬季潜伏。浅部宜铺泥沙，便于夏季栖息。在池塘的四周用石或砖砌成光面的围墙，墙基入土 30cm，以防鳖逃逸。池岸到围墙边应留有 1m 左右的陆地作为"晒台"，上面铺沙，作为鳖休息和产卵的场所。在池的中部堆一土山，山底用石堆砌，上覆细沙土，种植树木、作物，让鳖活动及产卵。池内还需要放养部分鱼种及螺蛳、蚌等水生生物，供其摄食。由于鳖会有自相咬斗的习性，故要大小分养，一般鳖的饲养池分为当龄池、二龄池、成鳖池和亲鳖池 4 种，三龄和四龄可全放在成鳖池中饲养。一般每平方米放养量，一龄鳖为 20～30 只，二龄鳖为 7～20 只，三龄鳖为 3～5 只，四龄至五龄鳖为 1～3 只。

4. 亲鳖池的建造　　亲鳖饲养池以自然露天池为好，宜建在僻静的地方，池的面积可根据繁殖场的规模大小而定，最好为 400～800m²，小池的面积为 100～150m²，池深 1.3m 左右，池底铺上松软的砂泥土 20～30cm，以便越冬；池内的水深 1～1.3m。池边的坡度为 30°，便于亲鳖上堤休息和产卵，并在东南岸设沙坪作为亲鳖的产卵场。放养亲鳖的密度为放养 1 只/m²（2kg 左右）。池内放有食台，供投喂饵料用，约占水面的 1/5，有一定倾斜度，一端在水中，另一端在水面上，以便亲鳖在食台上觅食，或休息或晒太阳。池边四周有 30cm 高的防逃围墙。如养殖的亲鳖数量不多，也可不必设立专用的亲鳖池，可以利用一个较小的池塘，池塘面积为 0.5～2 亩，在池塘堤埂边上设立小型产卵场，在里面铺上松软的细砂土，亲雌鳖即能爬入场内产卵。有的亲鳖放入成鳖饲养池内混养，只有在池的堤埂边设立小产卵场，亲雌鳖才能本能地爬入场进行产卵。

三、环境调控

养鳖尤其是温室养鳖过程中，环境调控包括光照、温度、水质等，其中水质调控是最基本的工作之一，本部分主要对水质调控途径作一个简单介绍。

(一)肥水

施肥主要是增加水体营养物质，促使浮游生物迅速繁衍，维持适宜的水色与透明度，为鳖提供大量适口饵料和良好环境，同时还可以降低水体透明度，增强养殖鳖的隐蔽性，防止个体间互相残杀。池塘清理消毒5~7d后，连续7d泼洒少量豆浆进行肥水，培养大量红虫、蚯蚓等鲜活饵料，其营养丰富，又不污染水质。苗种放养前和整个养殖生产过程中均可施肥，追肥宜以及时、少施、勤施为原则，常以有机肥、粪肥为主。施用前拌入生石灰，每500kg加入120g漂白粉，并堆沤发酵后再施加于水体，以减少病原体污染和水体耗氧量。施基肥时应根据池塘底质和肥料种类来确定。

(二)溶氧管理

鳖虽然是水陆两栖动物，但水体环境中的溶氧量对其影响也较明显。增大水中的溶氧量有以下两种方式。

1. 自然增氧 增大植物营养元素的浓度，提高光合作用效率，以提高自然增氧速率及数量。如用益生菌制剂加速降解有机物，提高透明度，配套使用生物有机鱼肥提高浮游植物光合作用的方法，效果较佳。

2. 人工增氧 分为机械增氧和化学增氧两类方法。增氧机增氧，这在养殖生产上广泛使用。常用的增氧机有喷水式、水车式两种。喷水式增氧机使用较普遍，主要是表层增氧，增氧效果好；水车式增氧机可起到改善底层溶氧的作用。增氧剂增氧，就是利用化学试剂，快速增加水体溶解氧。常用的增氧剂有过氧化钙(CaO_2)和活性沸石粉。其他如过碳酸钠、过氧化氢等，也都有一定效果。

(三)加注新水

鳖养殖过程中，残饵和排泄物会大量地沉积，为了维持适宜水色和水温，须及时排放老水，加注新水。注水次数和加水深度根据天气、水质、水温和放养量等条件灵活掌握。水肥或天气干旱、炎热时，加水次数和加水量可适当增加。加注新水要在喂食前或喂食2h后，加水时间不宜过长。春秋季节，每7~10d换水深度10~15cm，夏季高温季节高产池塘可以每天换水，换水深度为20cm左右，水温20~28℃的季节，每周换一次水，其他季节可少换水或不换水。雷雨或闷热天气勤换水，加大换水量，换水量不超过1/2。

(四)微生态制剂调水

微生态制剂是经过培养扩增后形成的含有大量有益微生物的制剂，在水产养殖水体常用的有益微生物种类主要有芽孢杆菌、光合细菌、硝化细菌、复合微生物菌剂(EM)等类型。施加微生态制剂，可改善和调整水体生态环境，提高养殖动物健康水平。

根据池塘水质情况，选用适宜微生物制剂进行水质改良。池塘水质过肥，选用硝化细菌；水质较瘦，选用光合细菌；水体底质环境恶化、藻相不佳，选用枯草芽孢杆菌。微生态制剂禁止与抗生素、杀菌药或有抗菌作用的中草药同时使用，在消毒药物使用5~7d后再使用微生态制剂。微生态制剂的使用浓度与方法按照产品说明进行。

(五)水质消毒

为了防止水源水带入病原体,一般水源水须在储水池沉淀净化或消毒后再灌入养殖池中使用。储水池消毒的常用方法是用 25～30mg/L 生石灰全池泼洒或 1mg/L 漂白粉全池泼洒。净化或消毒后的水从加有过滤密网的总进水口灌入养殖池,避免野杂鱼和敌害生物进入养殖池。

在日常管理中,水体每隔 10～15d 用生石灰 15～20mg/L 或漂白粉 0.15～0.25mg/L 或 0.1～0.2mg/L 二氧化氯等全池泼洒,三者交叉使用。养殖水体 pH 偏低时,泼洒生石灰次数多些,调节 pH,杀灭水中有害病菌,释放淤泥无机盐,增加水的肥度。若水质偏碱性,使用漂白粉的次数多一些。

(六)底质改良

鳖养殖过程中,经常投喂高蛋白质饲料,因此池底淤泥中营养物质含量丰富,易导致池底恶化,而且很多疾病的发生与底部环境的变化也密切相关。因此,时刻注意底层水质环境,常用底质改良剂改良水体底部环境,保证任何时候底层水溶解氧不能低于 2mg/L。

第六节　鳖产品的生产性能与采收加工

(徐怀亮)

第十七章　蟾蜍

　　蟾蜍俗称癞蛤蟆、癞刺、癞疙宝等。作为两栖类动物，蟾蜍的适应性、繁殖力和抗病性都很强，在池、田、沟、林等有水的区域均可繁衍生息。蟾蜍具有很高的药用价值，其耳后腺和皮肤腺分泌的白色浆液经收集加工制成的"蟾酥"，是我国传统的名贵药材。其去除内脏后的干燥全体及皮、舌、头、肝、胆均可入药，分别称为"干蟾""蟾衣""蟾舌""蟾头""蟾肝""蟾胆"。早在古代，我国劳动人民就开始利用蟾蜍治疗疾病。近年来，还发现蟾酥有一定的抗癌作用。以蟾酥为原料制作的中成药在我国已达数十种之多，如驰名中外的"六神丸""梅花点舌丸""季德胜蛇药""蟾力苏"等都含有蟾酥成分。此外，蟾蜍是捕食害虫的能手，一只蟾蜍半年可消灭害虫 2 万余条，防虫效果达 80% 以上。

　　20 世纪 80 年代我国开始人工养殖蟾蜍，但因技术制约，养殖低迷。近年来，对蟾酥的需求量日益增加，加上科研、教学等有关领域对蟾蜍的需求上升，同时因湿地破坏、环境污染等因素，使蟾蜍自然资源锐减，供需矛盾凸显。蟾蜍的繁殖力强，适应性广，蟾蜍养殖投资少、见效快、效益高。随着现代生物科技的迅猛发展，蟾蜍药用价值应用的不断深入，蟾蜍的开发利用和人工养殖有着广阔的前景。

第一节　蟾蜍的生物学特征

一、分类与分布

　　蟾蜍属于两栖纲（Amphibia）、无尾目（Anura）、蟾蜍科（Bufonidae）、蟾蜍属（Bufo）。蟾蜍科有约 30 属 350 多种，分布广泛，遍布除大洋洲和马达加斯加以外的世界各地。我国有 2 属 16 种（亚种），最常见的种类有中华大蟾蜍（Bufo gargarizans）、黑眶蟾蜍（Bufo melanostictus）、花背蟾蜍（Bufo raddei）等，这 3 种蟾蜍均可以提取蟾酥，也是常见的养殖种类，广泛分布于我国各地，其中最常见的中华大蟾蜍提取的蟾酥，质量最佳，有很高的药用价值。

二、外形特征

　　蟾蜍的外形和青蛙相似而体型较青蛙大，体粗壮，雌性体型较雄性大。躯体无明显颈部，可分为头、躯干、四肢三部分。头部宽短，顶部光滑；吻端厚而圆，口裂大而深，具明显的吻棱；2 个具有瓣膜的外鼻孔位于上颌背面。位于口腔底部的舌可自由翻出捕食，雄性无声囊。1 对大而突出的眼睛位于头部两侧，具上下眼睑，下眼睑向上覆盖眼球，连接薄而透明的瞬膜，眼球外突，对运动的物体较为敏感。鼻间距较眼间距小；耳位于头两侧，鼓膜呈圆形，耳后腺大而长，位于眼和鼓膜的后方，是分泌蟾酥的主要腺体。蟾蜍躯干粗短，皮肤粗糙，背部黑绿色，体侧有浅色的斑纹，腹部有棕色或黑色的花斑，背部及体侧分布有疣粒，大小不等，雌性体色较浅。附肢 2 对，前肢长而粗壮，指稍扁而略具缘膜，成年雄性蟾蟾蜍前肢拇指内侧有发达的"肉垫"，称为"婚瘤"或"婚垫"，生殖季节用以抱持雌蟾蜍。后肢短粗，宜于匍行，疣粒大而明显，趾扁，趾侧缘膜在基部相连形成半蹼。后肢是蟾蜍进行跳跃、游泳等运动的主要器官。

三、生活习性

1. 水陆两栖性　　蟾蜍为水陆两栖动物。蝌蚪生活在水中，变态后的成年蟾蜍开始进行水陆两栖生活，其耐旱能力强。蟾蜍的抱对、产卵、排精、受精、受精卵的孵化等繁殖行为及幼体蝌蚪的生活都必须在水中进行。

成年蟾蜍更喜欢陆地活动，喜欢温暖、阴暗、潮湿的环境。昼伏夜出，白天多栖息于水边草丛、房舍前后、池塘沟渠、土石洞穴、砖瓦石堆等阴暗潮湿的地方，活动较少；傍晚至清晨活跃，出来活动、觅食。另外，阴雨天活动较频繁。

2. 喜安静怕惊扰　　蟾蜍喜安静，惧怕惊扰。一旦受到惊吓，大多立即跳跃逃走或潜入水中或钻洞躲藏。蟾蜍生活环境相对固定，其生活繁殖基本上固定在一定的范围，环境嘈杂，即会迁居寻找安静的处所。喧闹的环境影响蟾蜍生长繁殖。

3. 冷血变温　　蟾蜍为冷血变温动物，代谢水平低，体温调节能力弱，主要依靠外热源来调节。其体温受环境温度的影响，随外界环境温度的上升或下降而发生相应的变化。当气温低于 10℃ 左右时，蟾蜍开始冬眠。人工养殖时，可通过加温养殖的方式打破其冬眠期，加速其生长繁殖来提高养殖效益。

4. 食性特点　　蟾蜍是典型的肉食性动物，喜食鲜活动物性饵料。蝌蚪期的食性和鱼类相似，孵出 2～3d 由卵黄囊提供营养，3d 左右后卵黄囊消耗殆尽即开始进食。蝌蚪期为杂食性，在自然状态下以浮游动植物为食，人工养殖时，投喂人工饲料如鱼粉、蛋黄、豆浆、麦麸等也能正常摄食。随着蝌蚪逐渐长大，喜欢捕食小鱼、小虾。

蝌蚪变态成蟾蜍后，只捕食活的动物，蟾蜍摄食时，多在安全、僻静的地方蹲伏不动，当捕食对象运动临近时迅速翻转出具有黏液的舌头并猛扑过去，动作快而准。以昆虫类、甲壳类、多足类及软体动物为食，其中昆虫类占主要部分。

5. 季节性繁殖　　蟾蜍繁殖具明显的季节性，一般在春夏之交进行繁殖，其繁殖季节随种类、地理分布区域、外界温度的变化而改变。在繁殖季节，蟾蜍在浅水塘或流动性不大的沟港中进行抱对，抱对时雄蟾蜍用前肢抱住雌蟾蜍腋下，刺激雌蟾蜍排卵。同时，雄蟾蜍射精，在水中完成受精作用。受精卵直径 1.5mm 左右，动物极朝上呈黑色，植物极朝下呈深棕色，一般成行地排列在管状、胶质透明的卵带内，卵带漂浮于水中或缠绕在水草上，长达几米。蟾蜍卵受精后 2～4h 开始卵裂，水温20℃，经 3～4d 孵化出蝌蚪。刚孵出的蝌蚪以前段的吸盘附着在水草上，前 2～3d 靠残存的卵黄囊供给营养，待卵黄囊吸收殆尽后即可在水中自由游泳，营水生生活。

6. 变态发育　　蝌蚪经变态后才能成为幼蟾。蝌蚪在自由生长 3 个月之后，在适当条件下即开始变态。外部形态上，尾部逐渐萎缩，最终消失，成对的附肢代替了鳍。内部器官也发生相应的变化，咽部的肺芽逐渐扩大形成双肺，最终完全取代鳃。心脏发展出两心房一心室，血液循环也由单循环转换为双循环。食性演化为吃动物性饲料，消化道有螺旋状盘曲转变为粗短的肠管，区分出明显的胃和肠。

7. 冬眠习性　　蟾蜍应对低温最有效的策略就是降低代谢水平，进入不食不动的冬眠状态。蟾蜍喜温怕冷，秋末之后，气温逐渐下降，蟾蜍活动摄食减少，当气温下降至 10℃时，蟾蜍就钻入砖瓦石堆缝隙、沙土洞穴或池塘水底开始越冬，越冬期间摄食、活动停止，靠消耗体内贮存的营养物质维持机体基础代谢需要，直至次年春天，气温回升到 10～12℃时，冬眠结束。

第二节　常见养殖蟾蜍种类

一、中华大蟾蜍

中华大蟾蜍俗称癞疙疱、癞蛤蟆、癞肚子等。体形如蛙但比蛙体型稍大，体长一般在 10cm 以上，头宽大于头长，吻端圆厚，吻棱显著；鼻孔近吻端，眼睛 1 对大而突出，位于头部两侧，眼间距大于鼻间距；鼓膜明显。躯干扁平，体粗短；前肢长而粗壮；指稍扁而略具缘膜，指关节下瘤成对；后肢粗壮而短，具 5 趾，趾略扁，趾侧缘膜在基部相连形成半蹼。雄性前肢内侧 3 指有黑婚垫。

雄性较雌性小。全体皮肤极粗糙，除头顶较平滑外，其余部分均布满大小不同的圆形疣粒。无声囊。头部两侧长有长条形隆起的耳后腺 1 对，呈"八"字形排列，该腺体能分泌出白色浆液，即"蟾酥"。在生殖季节，雄性背面多为黑绿色，体侧有浅色的斑纹；雌性背面色较浅，疣粒乳黄色，有时自眼后沿体侧有斜行的黑色纵斑；腹面不光滑，乳黄色，有棕色或黑色的细花斑。分布于东北、华北、华东、华中、西北、西南等省份。

二、黑眶蟾蜍

黑眶蟾蜍体长平均为 7～10cm，雄性略小。头部吻至上眼睑内缘有黑色骨质脊棱。皮肤粗糙，除头顶部无疣，其他部位布满大小不等的疣粒。耳后腺较大，长椭圆形。腹面密布小疣柱。所有疣上有黑棕色角刺。体色一般为黄棕色，有不规则的棕红色花斑。腹面胸腹部的乳黄色上有深灰色花斑。分布于我国宁夏、四川、云南、贵州、浙江、江西、湖南、福建、台湾、广东、广西、海南等地。

三、花背蟾蜍

花背蟾蜍体长平均为 60mm 左右。头宽大于头长；吻棱端圆，吻棱明显；鼻孔略近吻端；颊部向外倾斜而无凹陷；鼻间距小于眼间距及上眼睑宽；鼓膜椭圆形，略小于眼径之半。前肢粗短；指细，指端尖圆，深褐色；第一、二指等长，第三指最长，第四指短，末端仅达第三指远端第二关节下瘤；第二、三指微具缘膜；单个关节下瘤，内掌突较小，外掌突圆而大，后肢短，胫跗关节前达肩后端，左右跟部不相遇；足比胫长；趾端较尖，深褐色；趾侧均具缘膜，基部相连成半蹼；关节下瘤小；内蹠突大，外蹠突小。

蟾蜍皮肤很粗糙，背面密布大小疣粒，疣上有许多棕褐或深褐色小刺；雌蟾背面疣粒稀疏而较平滑；雄性头侧疣小而少；耳后腺大而扁平；口后角具大疣。腹面布满扁平疣，腹后端及股下面有较大的疣粒；跗褶显著。皮肤分泌物为黄色乳状液。主要分布于黑龙江、吉林、辽宁、河北、山东、河南、山西、陕西、内蒙古、宁夏、甘肃、新疆、青海、江苏等地。

第三节　蟾蜍的育种与繁殖

随着蟾蜍应用的深度开发，蟾蜍的需求量越来越大，而大量捕捉导致自然界中野生蟾蜍资源锐减，并影响正常的生态平衡。为满足市场的需求，进行蟾蜍的规模化养殖势在必行。而规模化养殖要求适时大量供应规格整齐的优良种苗。因此，必须采取人工繁殖的方法来解决规模化人工养殖中种苗不足的问题。

一、种蟾的来源

二、种蟾的选择

种蟾的质量决定蟾蜍的生长繁殖及蟾酥的质量。为保证种蟾的质量，必须做好种蟾选择和培育这两个环节。在选择种蟾时，需要注意以下几个方面。

1. 选择符合本品种特征的蟾蜍　　蟾蜍选种时，首先要选择适宜本地养殖的种类，且在外形上符合本品种特征的种群中选择。一般来说，蟾蜍个体越大，则生殖力越强，产生精、卵细胞的质量就越好，受精率和孵化率也就越高；个体越小，则生殖力、精卵细胞的质量、受精率及孵化率均越差。一般要求雄性有明显的婚垫，雌性腹部膨大、柔软，卵巢轮廓可见，富有弹性等。

2. 体质选择　　种蟾蜍要选择体格粗大、体质健壮、皮肤光泽、行动敏捷、食欲旺盛、无病无伤、性成熟好的个体。凡躯体及四肢被刺伤、留有伤痕或孔洞，四肢发红，肢指（趾）骨裸露，行动迟钝，皮肤无光泽、发黑或腐烂的，均不宜留作种用。

3. 年龄选择　　在年龄上应在青壮年蟾蜍中选择成熟度一致的个体，一般雄性 2～5 龄，雌性 3～5 龄。产生精、卵细胞的数量多，质量好。而且，在这个年龄范围内，随年龄的增加，产生精、卵细胞的数量也有所增加，卵的受精率也高。5 龄以上的老龄蟾蜍，精力下降，其产生精或卵细胞的数量可能不少，但受精率和孵化率均较低，不宜作种用。小于 2 龄的蟾蜍，不能产生精、卵细胞或产生的数量少，也不宜作种用。

4. 亲缘关系　　要选择亲缘关系较远的雌、雄蟾蜍作为种用。因为亲缘关系较近的雌、雄蟾蜍配对繁殖，其受精率和孵化率均较低，孵出的仔蟾畸形的多，仔蟾的成活率低，存活的个体发育不良的多，生长速度和抗病力均较差。

5. 雌雄比例　　选择种蟾蜍时，应注意合适的雌雄比例搭配。雌雄比例不当，会使受精率降低，从而影响繁殖率。若雌雄比例大，在繁殖期可能多个雌体在较短时间内发情，而雄体较少，在短时间内不可能与多个雌体抱对，即使抱对，由于间隔时间短，雄体不能产生足够的精子使卵细胞完全受精，从而降低受精；若是雄性过多，雌性过少，会造成雄蟾为争夺交配权而互相争斗导致伤残，从而影响抱对，甚至造成感染死亡。一般来说，雌雄比例以(1～2)：1 为宜，最佳比例为 1：1。

三、种蟾的运输

(一)卵块的运输

蟾蜍的卵块运输可以采用塑料桶或是帆布竹筐，先在盛装容器内放少量水，然后再将卵块放入容器，以容器内的水刚好没过卵块为宜。卵块的运输时间及距离不宜过长，以 2d 内运到为宜。运到目的地后，如有卵块粘黏，一定要及时分开，若粘黏过久，中间部分的受精卵因为缺氧导致胚胎死亡，不能孵化。

(二)蝌蚪的捕捞与运输

1. 捕捞　　可采用鱼苗网、塑料窗纱网和抄网捕捉。捕捞时，操作要小心，不要损伤蝌蚪体表。

2. 运输　　适宜运输的蝌蚪大小为20～50d的中型蝌蚪。装运前，先将蝌蚪在清水中密集停食暂养 1～2d。运输时，不要损伤蝌蚪。运输过程中伤亡的蝌蚪要及时捞出。

运输适宜水温为 15～25℃，池水温度与包装箱水温之差不高于 3℃。通常每升水可容纳 1～1.5cm 的蝌蚪 100 条，2～3cm 的 50～60 条，4～5cm 的 25～30 条。尽量缩短运输时间。

(三)幼蟾、成蟾的捕捉与运输

1. 捕捉　　捕捉时要注意人身和动物安全。既不对蟾蜍造成机械损伤，又不使人受到蟾酥的毒害。捕捉人员要戴上手套、口罩及眼镜，防止蟾酥溅入眼、鼻引起肿痛。如蟾酥不慎进入眼鼻，可用紫草煎水清洗。可采用拉网捕捉、灯光诱捕、干池捕捉、诱饵钓捕、徒手捕捉等方法。

2. 运输　　选择在 10～28℃的凉爽天气运输。每平方米包装容器运输 10g 左右幼蟾约 1400 只，20～30g 的 800 只左右，200g 的成蟾蜍 160 只左右，400g 的种蟾 100 只左右。尽量缩短运输时间。

四、种蟾的饲养

在养殖过程中，培育好种蟾蜍是搞好蟾蜍繁殖工作的前提，是促进种蟾蜍性腺发育，提高产卵量、产卵率的关键，是得到优质后代、提高蟾蜍生长速度、降低生长周期、提高经济效益的有效途径。选择优良的种用蟾蜍后，必须对其进行科学的饲养管理，以保证种蟾蜍体质健壮、繁殖力强，生产出高质量的后代，从而提高蟾蜍养殖的效益。

1. 场地的清理、整治与消毒　　在种蟾蜍放养前，要清理放养池、喂料台和整治陆地活动场所，清理后的放养池和喂料台要进行消毒，以杀灭细菌、病毒、寄生虫等，待毒性消失后，注入日晒曝气水，以池边水深 10～20cm 为宜，最好是缓流水。

2. 种蟾的放养　　种蟾蜍的放养密度要根据实际放养情况灵活掌握，根据场地的大小、养殖的数量、饵料的多少、发育的快慢、气候情况等确定放养密度。一般幼蟾蜍放养密度为 30 只/m² 左右，随着日龄的增加和个体的长大，可减少放养的密度。成年蟾蜍为 10 只/m² 左右。繁殖期放养密度为 2～4 只/m²。

3. 种蟾的饲喂　　蟾蜍饲喂应遵循定时、定质、定量的三定原则。

定时：每日饲喂 2 次，饲喂时间为 7～8 时和 18～19 时。

定质：蟾蜍主要以动物性活饵料为食，应占 70% 以上，食性驯化较其他蛙类难，但耐心细致、循序渐进的驯化，也可以使其摄食人工饵料。投喂的能量饲料不得过高，否则因体内脂肪过多而影响繁殖。

定量：日饲喂量为体重的 10%～12%。投料量依采食情况调整。

4. 日常管理

1)保证饲料品质新鲜，防止饲喂霉败变质饲料，产卵前后要增加维生素和蛋白质的供给量。

2)保证适宜的饲养密度和雌、雄比例，以保证产卵量和受精率。

3)尽量保持 18～24℃恒定水温和水质清新，如不是缓流水，要定期换水，每周换水 2 次，每次换掉池水的 1/4～1/3，炎热季节可增加换水次数，温差不大于 2℃。要随时清理池内杂物，以免水质变坏。

4)做好疾病预防，随时观察种蟾的生活情况，发现病蟾蜍要及时诊治，必要时可进行一定面积内或全场的消毒，也可进行药物预防，以免疾病传播造成损失。

5)做好防逃和敌害入侵。要保持隔离墙的完整性，防止蟾蜍逃跑和敌害侵入。

6)夏季防暑降温，冬季防寒保暖。

7)做好日常观察记录。对种蟾蜍要加强饲养和管理，做好养殖记录，发现问题及时处理，以免造成经济损失。

五、种蟾的繁殖习性

蟾蜍自然产卵、受精过程的完成，必须借助于雌、雄蟾蜍拥抱配对(简称抱对)。雄蟾蜍没有交配器，不可能发生雌雄两性交配，而是进行体外受精。抱对可刺激雌蟾蜍排卵，否则即使雌蟾蜍的卵已成熟也不会排出卵囊，最后则退化、消失。

1. 抱对　　种蟾蜍性成熟后，就要开始抱对繁殖，不同地区，第一次抱对的时间也不同，一般是在蟾蜍出蛰后，水温回升至 10℃以上时，性成熟的雌、雄蟾蜍便开始抱对繁殖。雄蟾蜍比雌蟾蜍提早 1～2 周发情。雌蟾蜍未发情时，拒绝雄蟾蜍的拥抱。在种蟾蜍抱对产卵期间，要注意保持环境安静，以免雌、雄蟾蜍受惊吓后中途散开而不产卵。

2. 产卵、受精　　雌、雄蟾蜍抱对的同时，雌蟾蜍背负雄蟾蜍在水草间爬行，并借助腹部肌肉和雄蟾蜍的搂抱收缩产卵，将卵产在水中或水域内的水草上。同时，雄蟾蜍排精，精、卵在水中结合，完成体外受精。受精后的受精卵外面有层卵胶膜包裹。待产卵、排精完毕，雄蟾蜍便离开雌蟾蜍。产卵时间一般为 10～20min。自然产卵受精的时间多集中在 4～8 时，雨天产卵少。

六、人工催产

一般情况下，性成熟的雌、雄蟾蜍能够进行正常的抱对、产卵与受精，但个别蟾蜍由于某些原因，造成雌、雄不抱对，也就不能产卵与受精。另外，在生产上为了饲养方便，按要求需要获得大量的同一规格的蟾蜍，这就要求同一池中种蟾蜍抱对、产卵的时间要集中。在这些情况下，均需要对种蟾蜍进行人工催产。

1. 催产药物　　有绒毛膜促性腺激素(HCG)、黄体生成素释放激素类似物(LRH-A)、蟾蜍脑下垂体等。HCG 和 LRH-A 有商品出售。

2. 药物使用剂量 雌蟾蜍每千克体重用蟾蜍脑垂体 6～8 个，并加 LRH-A 25μg 或 HCG 500～600IU。也可每千克体重单用 LRH-A 30μg，或 HCG 1200IU，或 15～20 个蟾蜍脑垂体。雄蟾蜍催产药物剂量减半。

3. 使用方法 在水温 22～28℃时，注射量为每千克雌蛙 5～10 个雄蛙脑垂体的提取液。LRH-A5～10μg、HCG 2500～5000IU，其混合注射液量 1～2ml。多采用臀部肌肉或腹部皮下一次注射。臀部肌内注射按 45°进针 1.5cm 左右。腹部皮下注射则用镊子夹起皮肤，按水平方向进针 2.5～3cm。注射时最好两人操作，一人用左手握住头部，并用拇指与食指夹住前肢，右手握住蟾蜍的后肢，腹部向上，防止蟾蜍后蹬跃起。另一人右手握针筒，左手压住后肢或夹起皮肤，准确进针。退针时，用左手拇指与食指按摩针孔，防止药剂外溢。注射后，按雌、雄比例 1∶1，将种蟾蜍放在产卵池水边，让其自行活动或进入水中。

4. 注意事项 催产药物的使用主要适于性成熟的蟾蜍，而没有达到性成熟的蟾蜍，其精、卵尚未生成，即使有生成，其生活力也差，强行催产后，其受精率和孵化率均较低。所以，要选择那些成熟度好、性征明显的蟾蜍进行催产，方可达到目的。另外，药物的使用剂量也可根据催产效果和实际经验灵活掌握。人工催产后一般 40h 左右开始抱对，完成体外受精。如果超过 48h，仍不抱对产卵，挤压腹部也没有卵子流出，则需要做第二次催产注射，其药物注射剂量应比第一次适当减少。

七、人工授精

人工催产的雌蟾蜍可让其与雄蟾蜍抱对后产卵受精，也可以通过人工授精的方法，使成熟的卵子和精子结合，完成受精过程。

1. 人工采精 将雄蟾蜍杀死或麻醉，用剪子和镊子剖开其腹部，取出精巢。将精巢轻轻地在滤纸上滚动除掉粘在上面的血液和其他结缔组织。再放入经消毒处理的培养皿中把精巢剪碎，每对精巢加入 10～15ml 生理盐水或 10%的 Ringer 溶液稀释，静置 10min，即制成精液悬浊液。

2. 挤卵授精 人工授精一般在药物催产后 25～40h，通过挤压雌蟾蜍腹部能排出卵子时进行。挤卵时，左手抓住雌蟾蜍，使其背部对着右手手心，手指部分刚好在其前肢后面圈住蟾蜍体，右手抓住后肢，使其伸展，然后用左手从蟾蜍体前部分轻加压力，并逐渐向泄殖腔方向移动，使卵从泄殖孔排出。将雌蟾蜍的卵子挤入刚配制好的精液悬浊液的器皿中。在挤卵的同时，另一人摇动器皿或用羽毛等柔软物品轻轻搅拌，促使精子与卵子充分接触，提高受精机会。

八、人工孵化

孵化是指受精卵在一定的环境条件下，从卵裂开始到出膜成为蝌蚪的过程。不同的养殖规模，采取的孵化方法有所不同。规模孵化时，需要专门的孵化车间；小量孵化时，可采用简易孵化池、水缸、瓷盆等容器来完成孵化。

1. 孵化设备 蟾蜍卵可建专门的孵化池进行孵化，也可以在池塘沟渠等水体设置孵化网箱或孵化框进行孵化。孵化网箱规格为 200cm×100cm×60cm。孵化框是用 1.5～2cm 厚的木板钉成 30～40cm 高的框架，框底用每 40 目的聚乙烯网钉紧。孵化时，盛卵浮于池中，入水深度为 10～15cm。

2. 孵化前的准备　　孵化前首先清理孵化池内的杂物及淤泥，用清水冲洗干净后，对孵化池进行消毒处理，待毒性消失后，在池内注入经光照曝气的水，水底铺垫 10cm 厚的沙，水深 15～20cm。

3. 卵块的采集与孵化　　在繁殖季节，每天早中晚巡查种蟾池，发现卵块应及时采集移至孵化设备内孵化。收集、搬运和倒卵时不能颠倒卵块方向。倒卵动作切忌过大。倒卵时，切忌从高处往下倒，否则，容易使卵带的方向倒置或重叠而降低孵化率。

4. 孵化期的管理　　孵化过程中要抓好如下管理。

（1）孵化的密度　　微流水 6000～8000 粒/m² 水面；非缓流水孵化，3000～5000 粒/m² 水面。

（2）孵化水温　　水温宜控制在 18～30℃，最大温度为 10～32℃。要保持孵化期间水温相对稳定。

（3）孵化环境　　在孵化过程中，应及时清除滞留杂物，随时捞出坏死卵粒，防止影响卵的正常孵化。孵化环境要安静、避风、向阳，但不要强光直射。

（4）出孵和出苗　　在环境条件良好时，受精卵经 3～4d 发育至心跳期，胚胎即可孵化出膜，即孵化出蝌蚪，这一过程称为出孵。孵化期要做好孵化记录，如孵化池号、水温、水深、入孵时间、卵的数量、孵出时间、孵化率、孵化中出现的问题等，以便管理和查阅。

第四节　蟾蜍的营养与饲养管理

一、蟾蜍的营养需要

二、人工配合饲料

人工配合饲料是根据蟾蜍各个生长阶段的营养需要，利用多种饲料按一定比例配合并经科学加工制成的饲料。

1. 人工配合饲料的优点　　能提供全面均衡的营养物质，满足不同生长发育时期蟾蜍对蛋白质、氨基酸等营养成分的要求。可按蟾蜍体型大小，制作适合其摄食的不同规格的饲料，并可添加诱食性物质，以提高适口性及食欲。在配合饲料中可掺入适量的药剂，以防治病害，提高蛙的成活率。投喂方便，省工省时，且易贮藏，一年四季均可供应，摆脱了自然条件的影响。保型性好，在水中保存的时间较长，减少了对水的污染及饲料的浪费，提高了饲料的利用率，从而降低了生产成本。

2. 人工配合饲料的原则

（1）科学性　　以满足营养需要为依据，考虑蟾蜍的摄食习惯来配制饲料。

（2）经济性　　选取饲料原料要因地制宜，充分利用当地的饲料资源，以减少运输费用，降低养殖成本，也可养殖饵料动物、诱捕昆虫等，以降低饲养成本。

3. 人工配合饲料的造粒要求

（1）稳定性　　膨化颗粒饲料要求能在水面漂浮 6h 不散。

（2）颗粒大小　　蝌蚪配合饲料的颗粒要求直径小于 1.5mm，长度大于 4mm。成蟾膨化颗粒饲料的直径为 6～8mm，长度为 30mm。

4. 饲料加工　　无论哪种加工方法，均需将原料粉碎，过 50～60 目筛，计算复合维生素和微量元素的添加量，用玉米粉或大麦粉作为载体，混匀，并与其他品种饲料均匀搅拌或于饲料机内搅拌均匀。

（1）粉料　　粉料一般用于蝌蚪的饲喂，但粉料无漂浮性，易沉底，大量沉积于池底时，易使水体变质。因此，一方面要计算用量，另一方面要使用喂食盘，食盘以浸入水中5～10cm 为宜，既防止饲料迅速沉底污染水体，又易于清除剩余料。

（2）膨化颗粒料　　膨化料的加工首先将各种原料粉碎，过 60 目筛，然后添加黏合剂混匀，混合过程中加一定量的水，使原料湿度保持在 20%～22%，待均匀搅拌粘合成团，放入膨化机膨化，然后制成颗粒状并风干备用。一般幼蟾颗粒直径为 0.2～0.4cm，成蟾颗粒直径为 0.5～0.8cm。

三、饲养管理

蟾蜍一生要经过蝌蚪、幼蟾蜍及成蟾蜍等不同的发育阶段，不同的发育时期生理特点不同，饲养管理的侧重点也不一样。

（一）蝌蚪培育

蝌蚪培育是指把刚孵化出膜的蝌蚪培育到幼蟾的过程。蝌蚪的饲养管理十分重要，它关系到蝌蚪饲养的成活率、生长发育快慢、体质、变态及幼体蟾蜍的生长发育等。所以，要加强蝌蚪的饲养管理，以保证变态后的幼体蟾蜍发育良好、体质健壮。

1. 放养前的准备　　刚孵出的蝌蚪，身体细弱，适应环境和抵抗敌害的能力差，所以要做好放养前的准备工作，采取相应有效的措施养好蝌蚪。蝌蚪孵出后，需要经过 10～15d 的发育，才能将蝌蚪由孵化池转移至蝌蚪池。按照这个时间，根据季节情况，提前做好蝌蚪池的清池、消毒、培育浮游生物等工作。

（1）清池　　对土池，蝌蚪放养前 1 个月将水排干，挖走池底淤泥，暴晒池底。然后在蝌蚪放养前 5～7d 清池、消毒。对水泥池，放养前 4～5d，用清水洗刷干净，在池底垫一层泥土，并在阳光下暴晒 1～2d 后注入新水，培肥水质。

（2）消毒　　先排干池水，用生石灰 50～75kg/亩或漂白粉 5～10kg/亩，撒匀后注水 6～10cm。带水消毒用生石灰 125～150kg/亩或漂白粉 15～20kg/亩或茶饼 25kg/亩。

2. 蝌蚪的暂养和放养　　蝌蚪孵化出膜后，幼小体弱，摄食能力差，对外界环境反应敏感，不宜转池，需暂养10～15d 后，方可转入蝌蚪池饲养。蝌蚪孵出 3～4d 后开始采食，此时可投喂蛋黄，投喂量按每 1 万只蝌蚪 1 个蛋黄计算。先将鸡蛋煮熟，剥出蛋黄，弄碎投喂。

水质合适即可进行放养。放养时，按蝌蚪的日龄、大小、强弱分级分池进行饲养。放养密度：15～30 日龄为 500～800 只/m²，30 日龄至变态成幼蟾蜍之前为 200 只/m²，变态过程中为 50～100 尾/m²。

3. 饲养　　转入蝌蚪培养池中饲养的蝌蚪，主要采食浮游生物，除蝌蚪池中培育的浮游生物外，根据需要可加入由专门的浮游生物培育池中提供的小浮游生物。另外，也可加入一些动植物饲料粉，如鱼粉、蚯蚓粉、豆粉，以及玉米糊、切碎的嫩菜叶等。干粉饲料在投喂前要用温水浸泡，待吸水后才能饲喂，以免蝌蚪食后消化不良，致使蝌蚪患消化道疾病。在活饵缺乏时，可投喂配合饲料。配合饲料的营养全价，饲料利用率高，饲料成本低。

(1)饵料供应 蝌蚪的饵料供应，一是直接培肥水体，增加浮游生物数量，培肥要施足基肥，可用生物肥 4～5kg/亩，并根据水色、透明度适当追肥，追肥生物为 1～2kg/亩。施肥选择晴天上午撒施于池中，闷热天气不要施肥。二是人工投饵补饲，15～50 日龄用豆渣、麦麸、米糠、切碎的植物嫩叶、蚕蛹、蝇蛆、蚯蚓等人工饵料，同时投喂一些浮游动物、植物等。50 日龄以后以动物性饲料为主。

(2)饵料投喂

1)投饵次数。30 日龄以前，每天上午 8 时投饵 1 次，30 日龄以后每天上午 8 时和下午 15 时各投饵 1 次。

2)投喂量。一般为蝌蚪体重的 7%～10%。每 1 万只蝌蚪每日投饵量，30 日龄以前 0.4～2kg；30 日龄以后 2.1～12kg。每次投喂，要注意观察蝌蚪的采食情况，投喂 2h 后，若剩余料过多，说明投喂量大，要适当减料。如没有剩余料，说明投喂量不足，要适当加料。

3)投喂方式。有全池匀洒和设置饵料台投喂两种方式。人工投喂培养的浮游生物或豆浆采用全池匀洒方式。设置饵料台，投饵一般每2000～3000 只蝌蚪设 1 个饵料台。饵料台面积约 1m²，安放在水面下约 20cm 处。

4. 管理

(1)密度合理 合理的养殖密度和按日龄大小、体质强弱等分群，是饲养蝌蚪的关键，其直接影响到蝌蚪的生长发育。根据营养、日龄、气候、场地大小等制订合理的饲养密度。最好将相同规格的蝌蚪一起放养。一般在蝌蚪 20～30 日龄时按大小、强弱分一次群，50～60 日龄时再分一次群。

(2)稳定水温 水温是影响蝌蚪正常生长发育与变态的因素之一，适于蝌蚪生长发育的水温是 16～28℃，最适水温为 18～24℃。要保持水温在正常范围，以保证蝌蚪的良好发育。

(3)调节水质 水质的好坏也直接影响蝌蚪的生长发育与成活率。池水溶氧量不低于 6mg/L。水体要求中性，pH 在 6.5～7.5，含盐量不高于 1%。水要有一定的肥度和浮游生物量。非缓流水养殖时，根据水质和气温情况，每周换水 1～2 次，每次换掉水体的1/3～1/2。

(4)控制水深 水深保持在 30～60cm 即可。

(5)定期巡池 每天早、中、晚巡池 3 次。注意观察敌害、采食、活动、病害等情况。发现问题及时处理。

(二)幼蟾的饲养管理

幼蟾的饲养管理是指完全变态后幼蟾的当年培育过程。蟾蜍约需要 16 个月的时间才能发育成熟。

1. 放养 放养时，要将幼蟾放在池边，让其自行爬入水中，不能倾倒，以免造成伤亡。要注意尽量将日龄、大小、强弱相同的幼蟾一起放养，有利于群体发育和管理。控制放养密度，放养刚变态的幼蟾蜍 100～150 只/m²，30 日龄左右的 80～100 只/m²，50 日龄左右的 60～80 只/m²，50 日龄以上的 30～40 只/m²。

2. 投食 幼蟾放养后，有一个对新环境的适应期，适应期内要投以活饵料，待适应新环境后开始驯食，防止应激反应，引起幼蟾机体不适，造成不食、饥饿或抵抗力降低而发病或死亡。投食遵循定时、定位、定质、定量的原则，每日投饵1～2 次，投饵 1 次宜在下午

4 时，投饵 2 次则于上午 9 时、下午 4 时各 1 次。投喂量为幼蟾体重的 5%～10%，配合料按体重的 5%～7%计。

3. 管理

(1)控制饲养密度   初放养时，幼蟾密度一般为 100～150 只/m²，随着幼蟾的生长，可随时降低饲养密度，8～10 月龄时，降低至 10～30 只/m²。也可根据实际情况来决定饲养密度，但不可过密，饲养密度大时，投料要充足，以免争食相残。

(2)调节水质   及时清理剩余料，防止水质变坏。定期消毒水池，消毒剂要严格按说明使用。注意换水，每 1～2d 换水 1 次，每次换 1/5～1/3，水温相差不大于 2℃。

(3)巡查   经常观察池周围状况，如有无污染源、有无敌害等，保证养殖区安静。注意池内或活动场所内有无病、弱或死蟾蜍，发现要及时清理，调查原因，及时治疗，并做好记录。

(4)越冬   气温下降到 10℃以下时，蟾蜍便要进行冬眠，不吃也不活动。越冬方式通常有两种，一是水下越冬，二是洞穴越冬。水下越冬保持水深 80～100cm，防止结冰，水底淤泥 30～50cm，水池上方可盖塑料大棚或稻草棚，以确保蟾蜍安全越冬。洞穴越冬，可在陆地活动场所挖地窖，窖底铺湿沙土，定期检查。

(三)成蟾蜍的饲养管理

越冬后的幼蟾蜍经过一段时间的生长发育，即可达到体成熟和性成熟，作为种用或刮浆用。

1. 放养前的准备   放养做好前场地的整理与蟾池的消毒。首先清除陆地活动场所的杂物、有害动物等，并种植农作物或蔬菜，搭建遮阴篷，安装诱虫灯，设置一些多孔洞的砖块石堆以供蟾蜍栖息，检查防护网或隔离墙的完整性，为蟾蜍创造一个安静的、草木丛生和潮湿的陆地环境。同时，对蟾池进行整理与消毒，具体方法同蝌蚪期。

2. 放养   在蟾蜍食性驯化完 1 个月后放养，也可在幼蟾蜍 3～4 月龄时放养。放养密度小蟾蜍 30～50 只/m²，接近成蟾时 10～30 只/m²。放养时大小分群。放养前对蟾体用市售消毒剂或 2%食盐水进行浸浴消毒，以预防疾病。

3. 饲养管理   投饵要营养全面，数量充足。活饵料丰富时，以投活饵为主。养殖量大，以投喂配合饲料为主。日投饵量活饵为蟾蜍体重的 10%～15%，配合饲料为体重的7%～10%。投饵量的确定原则与幼蟾蜍相同。每天饲喂 2 次，时间为上午 8～9 时和下午17～18 时。管理方法同幼蟾。

第五节   蟾蜍对环境的要求和养殖场设计建造

一、蟾蜍对环境的要求

1. 温度   蟾蜍为变温动物，温度的变化会影响到蟾蜍的活动和采食量，温度适宜，蟾蜍的活动增加，采食次数及采食量也就相应增多。春天，当气温达 12℃以上时，蟾蜍的活动量开始增加；夏季，当气温在 20℃以上，蟾蜍的活动和采食量也增多，利于蟾酥的采收，但温度不可过高，否则会使其皮肤散失过多的水分，影响呼吸。而秋末，温度逐渐降低，蟾蜍的活动也减少，为越冬作准备。气温低于 10℃时，开始冬眠。

2. 湿度

(1)蝌蚪期　　蝌蚪期蟾蜍离不开水体，即使短时间离开水体也会因此致死。

(2)幼蟾蜍和成蟾蜍　　蟾蜍喜潮湿，它的皮肤角质化程度低，防止水分蒸发的能力较差，同时皮肤又兼有呼吸的功能，因而过于干燥的环境可使蟾蜍脱水，腺体分泌减少，皮肤干燥，不利于呼吸和机体代谢，从而影响蟾蜍的生存。

3. 光照　　蟾蜍喜阴暗，一般夜间、阴雨天气活动频繁，而日照强光会使其躲入洞穴、草丛，长时间日照和干旱天气会影响其活动和采食，从而影响其生长发育。在自然条件下，日照的季节性变化，调节着蟾蜍性腺的活动。

4. 水质

(1)溶氧量　　对于水中卵的孵化、蝌蚪的生存和变态及幼体的发育等影响较大。一般保持每升水中含 6mg 以上的氧即能满足蝌蚪生长发育的需要。人工养殖时，要尽量利用缓流水或使用增氧机，以提高水的溶氧量。

(2)pH　　水的酸碱度直接影响蝌蚪和蟾蜍的生存，适宜的水体 pH 为 6.8～8.8。

(3)含盐量　　水中的盐酸盐、硫酸盐、碳酸盐和硝酸盐等通过水的密度和渗透压而对蟾蜍产生影响。水的适宜含盐量应在 1%以下，否则会影响蝌蚪及蟾蜍的生存。

(4)营养状态　　自然环境中，往往生存有大量的浮游生物、微生物和高等的水生植物(水草等)，适量的浮游生物可为蝌蚪及蟾蜍提供饵料，适量的水草利于蝌蚪和幼蟾栖息，也利于成蟾产卵和卵的孵化。但要注意，如果水质过肥，而且又在高温季节，水中容易滋生有害病菌，影响蝌蚪及蟾蜍的生长和发育。

二、养殖场设计建造

(一)场址选择

选择场地应考虑的因素有水源及其排灌、电力、交通、通信、土质、周围环境、场地的大小等。

1. 水源　　蟾蜍是水陆两栖动物，本身喜潮湿，而且其产卵、孵化及蝌蚪的生存完全离不开水，所以养殖场地必须建立在水源充足的地方，且水质符合养殖要求。

2. 电力　　只有良好的电力供应才能保障养殖设备(如排水、喷灌、灯光诱虫、饲料加工等设施)的正常运转和利用。

3. 交通、通信保障　　良好的交通条件可保障供给品的购运和产品的销售，而方便快捷的通信利于日常管理和信息的捕获，从而在市场中获得较好的经济效益。

4. 土质　　养殖场以建在保水性能良好的黏质土壤上最好，既可保水，又利于蟾蜍的活动。

5. 周围环境　　养殖场应建在靠近水源、排灌方便、通风、向阳、安静及草木丛生、利于昆虫等滋生的环境中。

(二)养殖场的布局设计

一个规模的蟾蜍养殖场包括产卵池、幼蟾池、成蟾池、运动场、贮水池、孵化池、蝌蚪池、活饵料培育场、饲料加工场、加工车间、贮备室、药品室、水电控制室、办公室、宿舍等。

蟾蜍养殖池根据用途可分为种蟾蜍(产卵)池、孵化池、蝌蚪池、幼蟾蜍池和成蟾蜍池。对于自繁自养的商品蟾蜍养殖场，种蟾(产卵)池、孵化池、蝌蚪池、幼蟾蜍池和成蟾蜍池的面积比例为 5：0.05：1：10：20。养殖池一般建成长方形，长与宽的比例为(2～3)：1。

(三)建筑要求

1. 防逃防鼠 以蟾蜍逃不出去为标准，一般设置双层防逃措施，内层以塑料布、沙网等光滑物防止蟾蜍逃出，外层用石棉板、水泥板，既防逃又防鼠，中间过道铺平砂土。鼠类可采用防鼠墙、防鼠沟、电猫、药饵等综合防治。

2. 遮阴避雨 常用塑料、遮阴网、石棉瓦、草棚等遮阴避雨，雨季防止蟾蜍久被雨淋。

3. 有隐蔽场所 池内要放置一定数量的隐藏物，如放置带枝的树叶或石堆、瓦片。

4. 适宜的温湿度 温度最好控制在 18～20℃。夏季主要是防暑，地面温度不要超过25℃，超过时要及时遮阴、喷水、通风降温，10 月中旬以后要注意防寒，要及时越冬。不同时期的蟾蜍对湿度的要求不同，变态幼蛙对湿度的要求最大，以后逐渐降低，变态幼蛙为85%～90%，1～2 月龄幼蛙为 80%～85%，3 月龄以上为 70%～80%。

(四)养殖池的建造

蟾蜍养殖池根据用途可分为产卵池、孵化池、蝌蚪池、幼蟾培育池、成蟾池。

1. 产卵池 又叫种蟾池，用于饲养种蟾和供种蟾抱对、产卵。产卵池可采用土池或水泥池，多用土池。长方形或方形，面积为 5～20m²，池深 80cm，水深 40～60cm，池内设置占池面积 1/3 的饲料平台，池上搭棚遮阴。在产卵池周围要设置 3 倍面积的种蟾陆地活动场所，场地上堆积一些砖石或种植多叶植物、藤木瓜菜、杂草、花卉等，供蟾蜍栖息。

2. 孵化池 孵化池面积一般为 3～4m²，池深 40～50cm，水深 15～20cm，池上搭棚保温。

3. 蝌蚪池 面积为 5～20m²，长方形或方形，池深 60～80cm，水深 20～40cm，池中水面放养一些水浮莲、槐叶萍等水生植物。

4. 幼蟾培育池 幼蟾培育池采用土池养殖为好，长方形，面积为 20～40m²，池深60～80cm，水深 20～40cm。在池中设陆岛或饵料台，或架设黑光灯诱虫，以增加饵料来源。

5. 成蟾池 面积为 20～50m²，长方形，池深 1m，水深 30～50cm，水面与陆地面积比为 1：(3～5)，陆地上种树、草坪、农作物或蔬菜，搭篷并建多孔洞的假山供蟾蜍栖息，安装诱虫灯招引昆虫。

第六节 蟾蜍产品的生产性能与采收加工

(韩 庆)

第十八章　蛙

人工养殖蛙类已有近百年的历史，最早的养殖蛙类是牛蛙，19 世纪末 20 世纪初始于美国，其次是日本和古巴，中国台湾省 1922 年开始试养蛙类。中国内地人工养蛙始于 20 世纪 50 年代末，相继从日本、古巴引进牛蛙进行养殖。80 年代初，蛙类作为一种新型养殖动物在国内兴起，养殖品种逐渐增加。除牛蛙外，又开始养殖沼泽绿牛蛙（美国青蛙）、虎纹蛙、林蛙等。蛙类以昆虫为食，是农业、林业的忠诚卫士，保护蛙类是保护生物多样性、维护生态平衡、发展生态农业的重要举措。在保护蛙类资源的同时，发展蛙类养殖生产会取得明显的经济效益和社会效益。蛙肉细嫩，营养丰富，味道鲜美，是一种高蛋白、低脂肪、低胆固醇的食品；蛙肉性凉、味甘，具有清热解毒、壮阳利水、补虚止咳、活血消积、健胃补脑的功效。尤其是林蛙雌蛙的输卵管，又称哈士蟆油，具有润肺养阴、补肾益精、补脑益智、提高人体免疫力及美容养颜、抗衰老等功效，是一种驰名中外的贵重药材。

蛙类繁殖率高，养殖方法简单，适于大面积饲养。开展蛙类养殖，可促进蛙类综合利用与深加工产业发展，是调整农村产业结构、发展生态农业的举措之一。

第一节　蛙的生物学特性

一、分类与分布

蛙类属脊索动物门（Chordata）、脊椎动物亚门（Vertebrata）、两栖纲（Amphibia）、无尾目（Anura）、蛙科（Ranidae）。蛙类由于皮肤裸露，不能有效地防止体内水分的蒸发，因此它们一生离不开水或潮湿的环境，怕干旱和寒冷。所以大部分生活在热带和温带多雨地区，分布在寒带的种类极少。不同蛙种，其分布区有明显的地域性。我国的蛙类有 130 种左右，目前国内人工养殖的蛙类主要有牛蛙、沼泽绿牛蛙、虎纹蛙、林蛙、棘胸蛙、棘腹蛙等。

二、外部形态

蛙类成体和幼体有着完全不同的外形。成体无尾，可以明显地分为头、躯干和四肢三大部分。幼体生活在水中，外形似鱼，身体分头、躯干和尾三部分。

（一）成体的外形特征

1. 头部　　一般呈三角形，与躯干部无明显界限。口较宽大，眼位于头背部或头两侧。眼的后方有一圆形或椭圆形薄膜，称鼓膜，盖着鼓室，是蛙的耳，能够传导声波，使蛙产生听觉。外鼻孔位于上颌背侧前端。大多数种类的雄性咽喉部位有囊状突起，称声囊。某些种类的声囊在外形上能观察到，称外声囊（如虎纹蛙、黑斑蛙等）；在外形上不易观察者，称内声囊（如牛蛙、沼泽绿牛蛙、林蛙等）。

2. 躯干部　　鼓膜之后泄殖腔孔之前为躯干部，是蛙体中最大的部分，短而宽，其腹部容纳了蛙体大部分内脏。

3. 四肢　　躯干部着生四肢，前肢短，有四指，指间无蹼。雄蛙的第一指内侧有膨大的肉垫，生殖季节特别发达，称为婚姻瘤或抱雌肉瘤。蛙后肢粗壮、长大，具5趾，趾间有蹼，但不同种类或性别其发达程度不同，它是蛙类跳跃、游泳的主要器官。

4. 皮肤　　蛙类的皮肤上通常有一定轮廓、形状及一定部位的增厚部分，称褶或腺。皮肤隆起增厚形成纵列的窄长褶者，有颞褶、背侧褶、跗褶；分散的细褶称肤褶或肤棱，若不成褶状，则在一定部位成明显的腺体，如颌腺、胫腺等。此外，皮肤上还有排列不规则、分散或密集的皮肤隆起，隆起大而表面不光滑的称瘰粒，隆起小而光滑的称疣粒，更小的为痣，有的则成小刺状。

（二）幼体的外形特征

性成熟后的成蛙在水中雌雄抱对、产卵和排精，卵在水中受精后形成受精卵。受精卵经一系列的胚胎发育，形成蝌蚪。刚孵出的早期小蝌蚪，口部尚未出现孔道，不摄取食物，靠胚胎的卵黄维持生命。眼与鼻孔依次出现，头的下面有吸盘，借此可固着在水草上；头侧有外鳃执行呼吸功能，尾细长。不久口部出现，吸盘消失，外鳃萎缩。随着咽部皮肤褶与体壁的愈合而成为鳃盖，体表保留一个出水孔。出水孔位于体左侧或腹面中部或在腹面后方。呼吸功能由鳃腔内的鳃执行。此后随着肺的发生，蝌蚪可游到水面上直接呼吸空气。蝌蚪身体两侧的皮肤上有感觉器，能感受水压、气压。肛门位于腹面体尾的交界处。蝌蚪长到一定程度，在适当的条件下开始变态，其内部结构逐渐变化，四肢逐渐显露，尾部逐渐萎缩，最终消失，此时蝌蚪已变成幼蛙。幼蛙经过进一步发育，身体长大，生殖腺发育成熟，即为成蛙。

三、生活习性

（一）栖息环境

蛙类是一种水陆两栖动物，蝌蚪必须生活在水中，而成体都需要生活在近水的潮湿环境中。干燥、无水、阳光直射的环境是适宜蛙类生存的。不同蛙类具体的生活环境又有差异。蛙类有三种生活类型，即水栖型、陆栖型和树栖型。水栖型又分静水生活型、流水生活型和湍流生活型；陆栖型又分为溪边生活型、草丛生活型和土穴生活型；树栖型不再细分。牛蛙、美国青蛙、虎纹蛙和黑斑蛙属于静水生活型，林蛙属于草丛生活型，棘胸蛙属于流水生活型。

（二）冷血变温

蛙类是一种冷血变温动物，体温随环境温度的变化而变化。蛙类对环境温度有各自的要求，各种蛙对极限温度的耐受力存在差异。而蛙类都有避开不良环境的行为，如蝌蚪常有密集的趋温反应。当高温来临时，大多数蛙类便寻找水域或钻到物体下面甚至土中，以躲避高温。寒冷袭来时就进入冬眠。

（三）呼吸习性

蛙类幼体——蝌蚪生活在水中，用鳃呼吸。初期用外鳃呼吸，后期外鳃消失，变成4个内鳃。蝌蚪变态成幼蛙后，内鳃消失，生出一对囊状的肺，可从空气中呼吸氧气。然而肺的构造简单，由肺所呼吸的氧气不能满足蛙的需要，要借助皮肤来呼吸，皮肤呼吸所吸取的氧气，占总呼吸量的 40%，而呼出的 CO_2 主要靠皮肤排出。尤其在冬眠期几乎全部靠皮肤呼吸。皮肤呼吸的必要条件是皮肤湿润，干燥的皮肤不能进行气体交换。

（四）摄食习性

1. 蝌蚪的食性　　蝌蚪的摄食方式与鱼类相似，将粉状食物与水同时吸入口腔，然后将水从鳃裂处压出，食物被吞下。蝌蚪是杂食性的，以吃植物性食物为主，动物性食物为辅，但不同的种类，其食性不同。

（1）草食性　　一般生活在湖泊、池塘、溪边的种类以草食性为主，它们使用角齿啃食，把柔软的植物组织啃下来食用，如棘胸蛙。

（2）滤食性　　生活在水面或水底的蝌蚪，大多是滤食者，它们滤食细菌、小型原生动物和有机碎屑。这些食物随着呼吸水流进入蝌蚪口中而被滤食。

（3）同类相残与肉食性　　有些蝌蚪有同类相残的习性。某些种类只在某些时候取食同类，如雨蛙科的动物有时在很小的水体中产卵，但由于水体太小，食物供给很有限，于是产生了蝌蚪取食同种或其他种类的卵的习性。有些种类的蝌蚪有吞食水中动物尸体或死亡同类的习性。

2. 幼蛙和成蛙的食性　　无尾两栖类动物成体都是捕食性动物，而且只捕食活的动物，它们主动地寻找猎物或被动地等猎物靠近到一定距离时而突然捕捉它们。捕食主要依赖视觉。事实上它们对运动中的任何物体都有反应。然而也有例外，如虎纹蛙可取食死的动物尸体，显然它们可能凭借嗅觉和味觉器官觅食。

蛙类在陆地上使用舌头捕捉猎物，在水中直接用下颌捕捉猎物。蛙类在一年中的活动时间及昼夜捕食时间因气候条件和蛙种本身的生态特性而有差异。中国林蛙一般白天捕食，在夜间无论有无月光均不取食；棘胸蛙、棘腹蛙、虎纹蛙多在晚上取食，白天较少。

绝大多数蛙类的成体以昆虫为主要食物，约占总食物的 75%，在昆虫中最多的是鞘翅目昆虫，其次是双翅目昆虫和膜翅目昆虫。幼蛙与成蛙食性的差别主要是食物大小的差别。

（五）繁殖习性

1. 雌雄异体　　蛙类是雌雄异体的两性动物，两性存在较显著差异，包括体型大小、婚垫、体色、声囊、指的长度、蹼的发育程度等。雌蛙产卵于水中，雄蛙排精，卵子在体外水中受精，受精卵在水中发育，卵孵化后形成蝌蚪仍在水中生活，蝌蚪变态以后变成幼蛙。

2. 性成熟年龄　　不同的蛙性成熟年龄有很大差异，长的 4～5 年，短的只有几个月。例如，牛蛙、沼泽绿牛蛙、棘胸蛙为 1～2 年，林蛙为 2～3 年。同一种蛙在不同的温度等条件下也有变化。

3. 繁殖季节　　蛙类繁殖有一定的季节性，一年中以 4～7 月最多。例如，牛蛙产卵期为 4 月下旬～9 月中旬，水温在 24～28℃时，4～6 月最多。前期产卵一般叫春产，后期产卵叫秋产。各种蛙类产卵季节的差异主要受温度制约，如林蛙产卵适宜水温是 8～11℃，临界水温是 5℃。个别种类可能受降水影响。

4. 求偶与抱对　　在繁殖季节，雄蛙通过鸣叫吸引雌蛙前来抱对。当有雌蛙靠近时，雄蛙会一边发出短促、洪亮的鸣叫声，一边追逐雌蛙，进行抱对。抱对时雄蛙的前肢紧紧抱住雌蛙的前肢腋部，雄蛙头部向下紧贴于雌蛙头后体背部，同时后肢收缩盘曲，身体伏于雌蛙的背部。抱对时头部露出水面，四肢及躯干浸没于水中。抱对后才开始产卵，在雌蛙产卵的同时，雄蛙排精，精、卵在水中结合形成受精卵。

5. 产卵次数及产卵量 蛙的产卵期越长，年产卵次数越多。有些种类为一次产卵类型，即卵巢中的卵子同时成熟，一次产完，如牛蛙、中国林蛙。有些种类属多次产卵型，即卵巢内有几种大小不同的卵子，分批成熟，多次产卵，如棘胸蛙。产卵数量种间差异很大，如牛蛙一次可产 2 万粒以上，但林蛙一次产 1000～2000 粒。

蛙类卵子一般呈圆球形，其大小差异很大，小者直径 1mm，大者 4～5mm，卵外有胶膜。卵的动物极含色素较多，颜色较深，一般为黑色、棕黑色或褐色，植物极颜色较浅，呈淡黄色或乳白色。受精卵一般动物极朝上，植物极向下。受精卵在水中发育成幼体(蝌蚪)，经过变态而成为成体。

第二节 蛙 的 种 类

一、牛蛙和沼泽绿牛蛙

1. 牛蛙 牛蛙(*Rana catesbeiana*)原产于北美，是一种体型较大的食用蛙类，因其鸣声洪亮似牛叫，故名牛蛙。分布于北到加拿大，南到美国佛罗里达州的北部，经引种养殖已扩大到许多国家和地区，是目前国内养殖蛙类的主要品种，产量高。牛蛙体背绿棕色，有暗棕色斑纹，腹部灰白色，有暗灰色斑纹。牛蛙性好动，喜跳跃，适应性强，大江南北的池塘、沟渠、水库、林地、庭院、防空洞和室内养殖均获成功。它能在自然低温条件下安全越冬。成蛙体重 500～1000g，高者可达 2000g，体长 18～20cm。

2. 沼泽绿牛蛙 沼泽绿牛蛙(*Rana grylio*)又名美国青蛙、猪蛙，原产于北美，是继牛蛙之后我国引进的又一大型蛙类。其外部形态、生活习性与牛蛙很相似，比牛蛙略小，一般体重 450～600g，最大可达 1200g，体长 13cm 左右。沼泽绿牛蛙肉味道略优于牛蛙。二者养殖技术大同小异。牛蛙与沼泽绿牛蛙的比较见表 18-1。

表 18-1 牛蛙和沼泽绿牛蛙的比较

项目	牛蛙	沼泽绿牛蛙
头	头宽阔扁平，嘴圆，鼓膜大，眼大，略凹	头小，嘴尖，鼓膜小，眼小，凸出
体表	皮肤粗糙，呈深绿色斑状，有水波浪形的感觉，背部有不规则斑纹，腹部白色有斑	皮肤光滑，头部绿中带黄，与躯干部颜色对比鲜明，背部有较少的圆形点状斑纹，腹部银白色
躯体及四肢	个体大，躯体及四肢均较长	个体稍小，躯体及四肢都很短
性情及叫声	性好动，善跳跃，稍有声音即潜入水底。叫声大	性情温和，懒惰，不怕人。叫声小
生长速度	幼蛙期生长较慢，达到 75g/只时，生长速度加快，最大规格为 1500g/只	幼蛙期生长迅速，达到 400g/只时，生长速度降低，最大规格为 800g/只
适应性	耐寒能力弱，低于 12℃ 即开始冬眠	耐寒能力强，低于 5℃ 开始冬眠
抗病力	易患红腿病	抗病力较强

二、虎纹蛙

虎纹蛙(*Rana rugulosus*)又称泥蛙、水鸡、田鸡等，隶属于虎纹蛙属(*Hoplobatrachus*)。在我国主要分布在华东、华中、华南和西南各省。虎纹蛙皮肤粗糙，布满大小疣粒。体色呈土黄色或黄绿色略带棕色，背部与体侧有不规则的黑色斑纹，类似虎皮。腹面白色，四肢有明显的横纹。趾端尖圆，趾间具全蹼。头宽而扁，呈三角形。前肢粗壮，指垫发达，呈灰色。雄蛙第一指内侧有一强大发黑的肉垫，称婚姻瘤。雄蛙具外声囊 1 对。成蛙体长可达10～12cm，体重 100～250g。

三、林蛙

林蛙(*Rana sylvatica*)，俗称哈士蟆、油蛤蟆、红肚田鸡等。我国分布有中国林蛙(*Rana chensinensis*)、东北林蛙(*Rana dybowskii*)、桓仁林蛙(*Rana huanrenensis*)等 18 个林蛙物种。其中，东北林蛙经济价值最大，其主产区在辽宁、吉林和黑龙江三省。林蛙外形似青蛙，鼓膜显著，上有黑色三角斑，体背黄褐色或棕褐色，并有"人"字形黑色斑纹，腹面乳白色，散有红色斑点，四肢有横纹。雄蛙个体小，但前肢粗壮，拇指内侧有发达的黑色婚垫。成蛙的体重在 30～50g，最大者有 70～80g，体长在 8～13cm。东北林蛙不但蛙油产量高而且质量好，在冬眠初期输卵管占体重的 15%～20%，一直被认为是正品蛤士蟆。

四、棘胸蛙

棘胸蛙(*Rana spinosa*)又叫石蛙，主要分布在湖北、安徽、江苏、浙江、江西、湖南、福建、广东、香港和广西，是我国特产的大型野生蛙。其皮肤粗糙，外表丑陋，雄蛙全身(除腹部外)排布着许多长短不一的窄长疣和小圆疣，体侧和四肢背面小圆疣长着小黑刺，尤其胸部满布着显著大刺疣，故得名棘胸蛙。雌蛙仅在体背、体侧和四肢背面等部位有分散状的小圆疣和少量的小黑刺，胸腹光滑，无疣也无刺，这是雌雄鉴别的主要特征。棘胸蛙一般为黄褐色、深棕色或黑褐色，成蛙体重 250～350g，最大 500g。体长 10～13cm，个别达 15cm。

第三节 蛙的育种与繁殖

各类蛙的繁殖过程及技术大同小异，下面以牛蛙为例，介绍蛙类的人工繁殖技术。

一、亲蛙的选择和培育

(一)选择时间

亲蛙(种蛙)选择最好在上一年秋末商品蛙出售时，或人工繁殖前期，即 3 月下旬选择。

(二)选择标准

从原产地引进经选育的牛蛙亲蛙或蝌蚪、幼蛙经专门培育成的亲蛙；国家确认的良种场生产的蝌蚪、幼蛙，经专门培育成的亲蛙。注意近亲繁殖的后代不得留作亲蛙。

牛蛙性腺发育，从孵出蝌蚪到性成熟，一般需8～9个月。从体重上选择，牛蛙雄蛙体重350g以上，雌蛙体重400g以上。但实际上，牛蛙性成熟也因温度、饵料、养殖方式的不同有很大的区别，亲蛙以2～4龄的成蛙为宜。要求发育良好，体格健壮，无病无伤，活动灵活。雌蛙腹部膨大柔软，4月上旬用手捏住牛蛙头部提起时，腹腔内卵巢下坠明显，泄殖孔口有轻度充血。雄蛙前肢婚姻瘤结实，体色鲜亮。引进的亲蛙应经检疫，不得带有传染性疾病。

（三）亲蛙培育

1. 池塘（网箱）消毒　亲蛙放养前10d左右进行池塘（网箱）消毒，网箱置于水中浸泡。

2. 雌雄鉴别　牛蛙的雌雄鉴别见表18-2。

表18-2　牛蛙的雌雄鉴别

部位	雌蛙	雄蛙
咽喉部	灰白色，无声囊	黄色，有声囊
鼓膜	和眼径同大或稍大	比其眼径大一倍
前肢	第一指不发达	第一指甚发达（婚姻瘤）
鸣声	鸣声（咔咔）低	鸣声高，似牛叫（啊嗡）

3. 亲蛙消毒　放养时应对亲蛙进行药物消毒，可用3%～4%食盐水溶液浸浴15～20min，或10～20mg/L高锰酸钾溶液浸浴15～20min。

4. 饲养管理　按1～2只/m²的密度，雌雄分开，放入培育池，经2～3d适应后，开始摄食。前期保证充足的饵料，以小鱼、泥鳅、黄粉虫、虾、蚯蚓、螺等天然活饵料为主，辅以人工配合饲料，促进性腺发育。后期发情一般不投喂饵料。

动物性饲料日投喂量为亲蛙体重的5%～6%，产卵期投喂量为体重的7%～8%；配合饲料的日投喂量一般为体重的2%～3%。投饵量应根据天气和前一天的吃食情况灵活掌握，每天分上午、下午两次投喂。颗粒配合饲料及块状动物内脏的最大长度应小于亲蛙口裂宽度的1/2，泥鳅及小鱼虾等全长应小于亲蛙躯干长的1/2。亲蛙池每2～3d换1/2左右的水；发现蛙病及时治疗；防偷、防敌害和防逃。

二、蛙的产卵与收集

当气温上升至20℃时，雄蛙不断鸣叫，说明雌蛙即将产卵。一般雄蛙比雌蛙提前1～2周发情。临近产卵时，将雌雄蛙按1:1或(1.5～2):1的比例并入产卵池。

产卵池面积可大可小，一般每个产卵池的面积以10～20m²为宜，以便于观察和收集卵块。但至少要保证每对种蛙占1m²水面。产卵适地的水深10～13cm，其他地方水深50～80cm。池的四周要留有一定的陆地，池中建一小岛，作为蛙类取食和栖息之地，池周陆地（或小岛）上种植阔叶乔木或其他植物作为隐蔽物。池中种植一些水生植物，以利于种蛙产卵。

（一）产卵时间及条件

长江中下游地区，牛蛙初产期一般在4月下旬，盛产期为5月，终产期为7月初，也有的延迟到9月。蛙产卵一般在晴天或雨转晴的凌晨前后进行。

牛蛙产卵的环境条件：安静、背风、行人稀少，岸边长有水草。卵呈圆球形，直径为

1.0～1.5mm，外包胶质卵膜。卵粒产出不久其细胞核会自动移位（一般 1h），即动物极朝上（黑色），植物极朝下（白色）。要求水中溶氧量不低于 4mg/L。产卵适宜水温：牛蛙 20～30℃；林蛙 8～11℃。

（二）人工催产及授精

牛蛙自然产卵时间早晚不一，如想使其产卵提前且时间一致，便于管理，可用药物进行人工催产。催产药物有蛙类的脑垂体（PG）、黄体生成素释放激素类似物（LRH-A）、鱼用绒毛膜促性腺激素（HCG）等。

人工催产的雌蛙可让其与雄蛙抱对后产卵受精，也可通过人工授精的方法，完成受精过程。人工授精一般在药物催产 30～40h 后，用手挤压雌蛙腹部能顺利排出卵子后进行。首先，杀死雄蛙，取出精巢，剪碎，加生理盐水（一对精巢加 10～15ml）即成精子悬液；同时将卵挤入盛有精液的器皿中，边挤边摇动器皿或用羽毛等柔软物搅动。5～10min 后换清水，此时可见卵外胶质膜膨胀。1h 后，如卵已受精，则黑色的动物极自动转向上方，而乳白色的植物极转向下方。温度为 22～28℃时，受精率达 95%；水温低于 18℃或高于 32℃时，受精率大大降低。

（三）蛙卵的收集

蛙产卵后应及时收集卵块，用剪刀将卵块周围和卵块下面与卵块相连的杂草全部剪断并拣出，然后用盆从卵块边沿开始，轻轻将卵块收入盆内，转入孵化池或孵化箱内进行孵化。

采卵注意事项：牛蛙受精卵外的胶膜柔软滑腻，黏性强，遇粗糙物容易粘连且会伤及胚胎，不宜用抄网等粗糙物打捞；采卵时要注意方向，保持蛙卵的黑点朝上；采卵时不要惊动正在产卵的亲蛙。

三、蛙卵的孵化

（一）孵化设备及密度

孵化设备可为土池、水泥池、孵化网箱、盆、缸等。孵化池可采用长 3～4m、宽 2～3m、高 0.8m 的规格，池下方设出水口，有条件的可在池上方铺设进水管及进水开关，水深保持 0.4～0.6m。放卵时要注意保持产卵的原样，即黑点朝上。同一批次的卵同池孵化。

土池孵化时，卵的密度为 2500～3000 粒/m²；水泥池，5000～6000 粒/m²；孵化网箱，10 000～15 000 粒/m²。受精卵密度过大，池水耗氧量增高，水的溶氧量降低，受精卵孵化率就会下降。

（二）孵化时间

当水温 19～22℃时，3.5～4d 孵出；水温 25～31℃时，2.5d 孵出。孵化率一般在 80%以上。水温接近高限或低限时，孵化速度加快或变慢，但畸形胚胎增加。牛蛙受精卵的致死高温为 36℃，生理零度为 11℃。孵化期间若水温发生急剧变化（±5℃），胚胎会出现畸形甚至死亡。

（三）孵化管理

要求水质清洁无污染，pH6.8～8.5，盐度低于 0.2%，水中溶氧量≥5mg/L。采用缓慢的流水充氧，若用静水孵化，则应用沸石增氧。可通过在水泥池上加盖防雨、遮挡日晒塑料薄膜等设施，或使用电热棒，使孵化水温恒定在 23～25℃（林蛙为 16～18℃）。强烈的阳光直射和暴晒会严重影响受精卵的孵化。另外，刚孵出的蝌蚪不能立即转池，孵出后 7～8d 开始摄食。

第四节 蛙的营养与饲养管理

一、蛙的营养需要与饲养标准

1. 蛋白质及氨基酸 蛙类对蛋白质和氨基酸的需求量随着发育阶段、个体大小、年龄及环境因子，如水温、溶氧量等的不同而变化。一般认为，粗蛋白质的需要量：蝌蚪期为20%～30%，幼蛙为 40%～50%，成蛙为 30%～40%，种蛙在 50%以上。不同种的蛙类之间也有很大差异。例如，牛蛙的幼蛙在 25～30℃时，由于食量大，生长快，要求饲料中蛋白质含量在 45%以上；种蛙在水温 24℃时，要求饲料中粗蛋白质含量在 58%以上。

2. 脂肪 蛙类对脂肪没有特殊要求，一般配合饲料中的粗脂肪含量为 3%～5%即可。

3. 碳水化合物 碳水化合物是蛙类所需热能的主要来源。由于蝌蚪的肠道中含有纤维素酶，能将纤维素分解成单糖加以利用。而幼蛙和成蛙肠道中缺少纤维素酶，难于消化纤维素。所以蝌蚪饲料中粗纤维含量一般为 5%，幼蛙和成蛙要低于 5%。

4. 矿物质 蛙类在任何条件下，不可缺少矿物质。一般在饲料中加入 2%～5%的骨粉、贝壳粉即可满足 Ca、P 的需要；饲料中添加 0.2%的食盐能满足 Na、Cl 的需要。蛙类需要的微量元素以市售的微量元素添加剂的形式添加 0.01%即可。

5. 维生素 维生素是蛙类新陈代谢过程中所必需的一类物质。若缺乏维生素常导致参与生化反应的某些酶的活性降低，生命活动紊乱，最终导致生理机能失常，出现一些病症。例如，缺乏维生素 A 时，牛蛙的头背部、皮肤会失去光泽，出现白花纹，眼睛变成白色，不食不动，最后死亡。这是蛙类养殖中必须高度重视的烂皮病。一般在饲料中注意定期加喂鱼肝油、复合维生素 B 片等，以满足蛙类对维生素的需要。

目前我国尚无蛙类的饲养标准，国内专家参照淡水鱼的饲养标准，设计和筛选出了沼泽绿牛蛙全价膨化颗粒饲料配方，其配方中的营养指标见表18-3。此标准仅供生产实践参考。

表 18-3 参考性饲养标准

指标	含量	指标	含量	指标	含量	指标	含量
消化能/(MJ/kg)	10.87	亮氨酸/%	1.22	维生素 E/(IU/kg)	8	胆碱/(mg/kg)	1350
粗蛋白质/%	25～26	异亮氨酸/%	0.6	维生素 K/(mg/kg)	0.5	生物素/(mg/kg)	0.08
粗纤维/%	5	苯丙氨酸/%	0.7	维生素 B$_1$/(mg/kg)	1.5	Fe/(mg/kg)	48
Ca/%	0.82	酪氨酸/%	0.54	维生素 B$_2$/(mg/kg)	5.3	Zn/(mg/kg)	46
P/%	0.66	苏氨酸/%	0.71	维生素 B$_6$/(mg/kg)	3.9	Mn/(mg/kg)	5.4
赖氨酸/%	1.59	缬氨酸/%	0.80	维生素 B$_{12}$/(mg/kg)	0.005	Cu/(mg/kg)	3.7
蛋氨酸/%	0.56	组氨酸/%	0.41	烟酸/(mg/kg)	35	I/(mg/kg)	0.1
胱氨酸/%	0.41	(甘氨酸+丝氨酸)/%	1.26	泛酸/(mg/kg)	5.1	Mg/(mg/kg)	0.35
色氨酸/%	0.71	维生素 A/(IU/kg)	3800	叶酸/(mg/kg)	0.3	Se/(mg/kg)	0.11
精氨酸/%	1.31	维生素 D/(IU/kg)	1000	维生素 C/(mg/kg)	9.9	胡萝卜素/(mg/kg)	7.5

资料来源：郑建平，1997

二、蛙的人工饲料配制

虽然在自然环境中，绝大多数蛙类（幼蛙和成蛙）只取食活的动物，但在人工饲养条件下，只要饲料激活或对蛙类加以驯食，蛙类也能主动取食配合饲料。

（一）饲料设计的原则

总体要求是首先要根据蛙类的营养需要、饲料营养价值及经济指标来确定饲料配方；其次是进行适当的技术处理，使之能浮在水面，为蛙类摄食。

1. 原料　　对于大多数蛙类成体，应以动物性原料为主，植物性原料为辅。对于蝌蚪则可以植物性原料为主，动物性原料为辅。

2. 适口性和漂浮性　　适口性好，蛙类才会取食，不至于厌食。由于蛙类一般喜欢在浅水中取食（林蛙除外），故人工饲料应有良好的漂浮性。

3. 防病　　可在饲料中加一些防病的药物，以防疾病的发生。

（二）饲料的加工工艺

为使蛙类饲料具有较好的漂浮性，通常将饲料进行膨化处理，制成膨化饲料。一般的工艺流程如下。

1）根据配方称取原料。

2）将植物性原料膨化后粉碎，动物性原料粉碎；将营养添加剂、诱食剂、黏结剂预混合。

3）将上述原料一并放入搅拌机混合，并加入一定量的水，使原料湿度达 20%～22%。

4）送入膨化机膨化，切成颗粒状。经烘干或晒干至水分低于 12% 后冷却、包装。刚变态的幼蛙饲料粒径为 1～2mm，幼蛙饲料的粒径为 2～3mm，成蛙饲料的粒径为 4～6mm。

蝌蚪的人工配合饲料制作简单，只要将原料粉碎混合即可。

（三）幼蛙、成蛙的活体饵料

一般蛙类两眼间距较大，以致对静物形不成焦距，只能捕捉活食。但有些蛙类经驯食后可摄取静止食物，如牛蛙、沼泽绿牛蛙和棘胸蛙等。虎纹蛙则不需驯食即可摄食静止饲料。而林蛙只能摄取活动的饵料，如黄粉虫、无菌蝇蛆、蚯蚓等。其中用黄粉虫养殖林蛙已在生产上广泛应用。林蛙活饵料与增重之比一般为（8～10）：1。

三、牛蛙的饲养管理

（一）各类养殖池的建造

蛙场应选在水源充足，排灌方便，没有对水质构成威胁的污染源，自然环境僻静，交通便利的地方。池上方设阴棚，池堤种树，池中植挺水植物。一般朝向是东西为长，南北为宽。四周建 1.5m 高的围墙或围网等作防护。养殖设施见表 18-4。

表 18-4 牛蛙的养殖设施

设施类别		池塘或网箱水面面积/m²	陆地面积：水面面积	水深/cm	坡度③
池塘①	产卵池	30~200	1：(2~3)	50~80	1：2.5
	孵化池	1~5	—	30~50	—
	蝌蚪饲养池	40~200	1：3	50~100	1：1.5
	幼蛙饲养池	5~30	1：2	30~60	1：2.5
	成蛙饲养池	2~300	1：(1~2)	50~100	1：3
网箱②	产卵箱	1~15	—	30~50	
	蝌蚪培育箱	5~20	—	50~100	
	成蛙饲养箱	8~24	—	30~50	

注：①池塘防逃围墙一般高度 1.5m。②网箱通常采用纱窗网布缝制，也可采用聚乙烯网片，网目以不逃逸饲养对象为宜。网箱规格一般为 3m×4m、4m×4m、3m×5m 等，网箱面积一般不超过 20m²，网箱高 1.5m。③指池的周围和陆岛靠水处筑成的斜坡

(二) 蝌蚪培育

1. 蝌蚪生长　蝌蚪适宜生长的水温为 20~30℃，pH6.5~7.5，水中溶氧量≥5mg/L。由于气温、水温、密度及饵料等的不同，蝌蚪的生长速度及变态时间也不同。如当温度在 22℃以上时，蝌蚪才能完成变态发育，并以在 30℃时的变态率最高。

刚孵化出的牛蛙蝌蚪，体长 5~6mm，体重 3~5mg。在适宜水温条件下，牛蛙蝌蚪的体长、体重见表 18-5。蝌蚪体重在 8~9 周龄达到最大值，而后体重逐渐下降，至变态完成后，又逐渐提高。

表 18-5　牛蛙蝌蚪的体长和体重

周龄	体长/cm	体重/g	周龄	体长/cm	体重/g
1	0.89	0.01	6	8.01	5.48
2	1.35	0.04	7	11.91	15.93
3	1.88	0.08	8	15.11	24.36
4	2.62	0.40	9	15.79	23.14
5	5.84	2.93			

资料来源：李春梅等，2011

2. 蝌蚪池的消毒　水泥池消毒：生石灰 50~100g/m² 或漂白粉 10g/m²，也可用其他氯制剂。土池消毒：生石灰 90~110g/m² 或漂白粉 7.5~15g/m²。网箱消毒：漂白粉 1g/m³，消毒时，先算准放置网箱水体的水量，然后将漂白粉消毒液泼洒到放置蝌蚪网箱的水体中。此消毒属于预防消毒，一般在蝌蚪放养进网箱前 2~3d 进行一次即可。

消毒后，放入 10~20 只蝌蚪进行"试水"，若 24h 后蝌蚪正常存活，说明消毒药剂的毒性完全消失。相反，若有死亡则应推迟 1~2d 后再放蝌蚪。

3. 施肥、注水　蝌蚪入池前 4~5d，每 667m² 施粪肥 300kg，或绿肥 400kg。有机肥须经发酵腐熟并用 1%~2% 生石灰消毒。培育前期，保持水深 40~50cm。

4. 放养密度　7 月底以前孵出的蝌蚪称早繁蝌蚪，适当稀养、促进变态。8 月以后孵出的蝌蚪称迟繁蝌蚪，适当密养，推迟变态。放养密度见表 18-6，在整个蝌蚪期内一般要分

养、疏散 2～3 次。

表 18-6 牛蛙蝌蚪的放养密度

蝌蚪类型	日龄	土池和水泥池/(只/m²)	网箱/(只/m²)
早繁蝌蚪	30 日龄前	800～1000	2500～3000
	30 日龄至变态	200～300	1000～1500
迟繁蝌蚪	30 日龄前	1500～2000	3000～3500
	30 日龄至变态	200～300	1000～1500

5. 蝌蚪消毒 蝌蚪要求规格整齐，无伤，无疾病。体质健壮，能逆水游动。离水后跳动有力。蝌蚪放养前用 3%～4% 食盐水溶液浸浴 15～20min，或 5～7mg/L 硫酸铜和硫酸亚铁合剂(5∶2)浸浴 5～10min。

6. 蝌蚪饲喂 蝌蚪出膜后 7d 内均不需投喂任何饵料，从第 8 天起可喂熟蛋黄或人工配合膨化料。饵料包括天然饵料(浮游生物)和人工饵料。其中，植物性饵料可用黄豆粉、玉米粉、豆腐渣、花生饼、麸皮等配制而成。动物性饵料用鱼粉、肉骨粉、猪血粉及脱脂蚕蛹等配制而成。

从开食～10 日龄，用熟蛋黄、豆浆；10～50 日龄，以植物性饵料为主；50 日龄之后，以动物性饵料为主。注意不要投喂干性粉末饵料，以免引发气泡病。

投喂方式：前期全池均匀泼洒(10 日龄前)，后期设饵料台，驯食。每池设两个饵料台(面积 1m²)，放入水面下 20cm 位置。

投饵时间：2 次/d，上午和下午。

投喂量：配合饵料(干粉)投喂量为蝌蚪体重的 5%～7%，饵料中粗蛋白质的含量在 35%，每次投喂以 3h 左右吃净为宜。

7. 变态控制及管理 从孵化至变成幼蛙的时间约 70d，慢的长达 120d 以上。早繁蝌蚪在变态早期适量增加动物性饵料，降低饲养密度，使其经 75～85d 变态为幼蛙。至年底长成商品规格出售，或以较大体重安全越冬。迟繁蝌蚪应减少投饵、增加密度或加注井水降温等措施，使其以大蝌蚪的形态越冬，翌年 4～5 月变态。

蝌蚪变态的两个关键时期：一是后肢伸出期。养至 30d 左右，长出后肢芽。肺逐渐发育，可浮出水面吸取空气中的氧。此时蛙的活动范围大，容易互相残杀，必须减小饲养密度，同时多提供一些栖息物。二是前肢伸出期。养至 70d 左右，前肢伸出，此时已不再吃食而仅依靠吸收尾部的营养。由鳃呼吸逐渐转变为肺呼吸，不能久潜水中。当 90% 以上的蝌蚪变成幼蛙时，可集中捞起转入幼蛙池。变态完成后，应投喂活饵料。

蝌蚪变态阶段是最危险时期，管理上稍有疏忽，就会造成大批死亡。变态期管理的关键是协助及时登陆。具体措施是：降低蝌蚪池水位，由 70～80cm 降至 20～30cm，暴露一部分池边的滩地和池中土墩供其登陆；池中放置一些木板、塑料泡沫板等水上漂浮物，使变态蝌蚪登上木板等物呼吸空气，以便安全地变态为幼蛙。

(三)幼蛙及成蛙的饲养管理

幼蛙是指尾部吸收完成变态，登陆后至性成熟前的小蛙，其体重大小不等。

刚变态的幼蛙体重约为蝌蚪重量的 1/2。个体间相差很大，小的仅 5～7g，经蝌蚪越冬后变态的可达 15～20g。变态后的幼蛙，经 2 个月的饲养，一般体重可达 50～100g，在 25～120g 变动。当体重达 300g 以上时，即进入性成熟阶段，称为成蛙。之后生长明显减慢。可选留一部分体大、体质健壮、活泼的成蛙作为种蛙，剩余的则作为食用商品蛙出售或加工处理。

1. 幼蛙池消毒　　药物一般为漂白粉和生石灰，用法用量和蝌蚪池完全相同，消毒时间应于幼蛙放养前 7～10d 进行。幼蛙池一般放养变态后 2 月龄以内的小蛙，而后转入成蛙池。

2. 放养密度　　要求幼蛙规格整齐，体质健壮，体表无伤痕，富有光泽，无畸形。池塘放养密度参见表 18-7。网箱放养密度为池塘的 2～3 倍。按蛙体大小适时分级饲养。

表 18-7　牛蛙幼蛙的放养密度

体重/g	密度/(只/m²)	体重/g	密度/(只/m²)
5～25	120～100	50～100	80～60
25～50	100～80	100～300	60～20

3. 驯饲　　变态后的幼蛙应及时驯食，一般在变态后的 5～7d 或幼蛙体重达 15～20g 时进行。驯食的原理是使饲料在水中移动，让幼蛙误以为是活饵料，从而完成摄食。通过逐渐减少小型活体动物投喂量，增加动物肉、内脏和膨化配合饲料投喂比例的方法，一般 1～2 周后幼蛙主动采食配合饲料和非活体饵料。具体方法如下。

（1）用活饵带动死饵法　　用活饵的运动来带动死饵，使死饵活化。即将活饵与死饵混拌后投放在饵料盘内投喂。或将活饵与漂浮的死饵混拌后，投放在水中饲料框内。

（2）滴水带动法　　在饵料框上方装一水桶，打开桶上装好的水阀，使水均匀地滴到饵料框内，激活漂浮的死饵，使蛙误以为是活饵而吞食。

（3）直接驯食法　　即不使用任何引诱物，直接投漂浮干饵喂蛙的方法。使用该法时，蛙的放养密度要加大，待蛙饥饿 1～2d 后，将适口的干饵投在水面上，借助牛蛙的活动带动水的波动，从而使漂浮着的饵料活动让蛙吞食。

4. 幼蛙投饲及日常管理　　刚变态的幼蛙以黄粉虫、小鱼苗、小虾类等小型动物活体作饵料为宜，并逐渐训练吃死饵。变态后 1 月龄的幼蛙活饵与死饵的比例为 2∶1，1.5 月龄幼蛙为 1∶1，3 月龄可全部喂死饵。

变态后的幼蛙经过 6 个月生长，体重可达 250g 左右，体长约 12cm。至 1 年体重可达 500g 以上。食用蛙的饲料以颗粒膨化饲料为主。投料时可把饲料放在池内陆地上或浅水中，每天饲喂 3 次，每次投喂的饲料以 2～3h 吃完为宜。在 22～28℃ 条件下，配合饲料的投喂量占蛙体重的 2%～3%。新鲜动物性饵料因水分含量高，投喂量在 10%～15%。

此期管理的重点是防病、防逃、防敌害、防相互蚕食。有条件的地方，可以进行加温养殖，一年可生产两批商品食用蛙。

幼蛙的日常管理包括以下几个方面。

1）水质管理。经常加注新水，保持水质清新，不能过肥。

2）防暑防寒。夏季遮阴、冬季保温。

3）防病防害。每天投饵时注意观察蛙摄食和活动状况，若有病蛙，对症下药；幼蛙的主要疾病是腐皮病，主要敌害是老鼠和蛇。

4) 及时分养。及时分池分规格饲养，避免大蛙吃小蛙。

5. 成蛙的饲养管理　　成蛙管理与幼蛙基本相同。成蛙池内建蛙巢，一般在池边水陆交界处，用石棉瓦构筑，按 50～60 只成蛙配建一个即可。由于成蛙活动能力强，善跳跃，故应特别注意围墙的维修工作，防止外逃。夏季要做好遮阴，防高温和强光的照射。在陆地上要常洒水，以保持潮湿。

成蛙个体大，吃食量多，保证供应充足的优质适口饵料，控制适宜的环境温度。投饵量依据成蛙实际索饵量而定。饵料台上吃剩的饵料要及时清除，以防腐烂、污染水质、传播病虫害。成蛙吃食多，排泄的废物也多，要经常保持水质不被污染。成蛙的养殖密度随成蛙体型大小及养殖管理水平、水温、水质等因素而调整，一般的密度是：300～500g 的为 10～20 只/m²，500g 以上的为 10 只/m²。

（四）越冬管理

1. 蝌蚪的越冬　　蝌蚪在水中越冬。当水温在 15℃以上时，蝌蚪能正常摄食，当水温低于 10℃时停止取食。蝌蚪的抗寒力强，但处在变态过程或变态前后的大蝌蚪，抵抗寒冷的能力差，死亡率高。整个越冬期要保持一定的水深。若为静水需100cm深，流动的水需50cm深。要有补水增氧设施。水的溶氧量以7～8mg/L为宜，低于3.8mg/L蝌蚪会窒息死亡。pH 为 7～9，pH<6 的酸性环境，蝌蚪易死亡。保持一定的水温，水温在 5℃左右，越冬死亡率低。

2. 幼蛙、成蛙的越冬　　越冬场地要避风向阳，静谧，湿润。越冬池水深 100cm 以上，越冬池底应有10～20cm厚的淤泥；网箱的水深约50cm。秋季室外水温降至10℃前将蛙移入越冬场地。牛蛙安全越冬的适宜温度是：环境气温控制在 12～20℃，水温控制在 10～16℃。应注意水质、防治敌害生物和防止水面结冰。春季室外水温回升并稳定在 10℃以上后，方可解除越冬环境。

四、林蛙的饲养管理

（一）养殖场建设

当前，林蛙养殖模式主要有三种：第一种是半人工养殖；第二种是全人工养殖；第三种是人工综合养殖。

半人工养殖有两种方式：一是封沟养蛙，先把沟和山林封起来，达到水丰林茂，在越冬池的下方用塑料布围到两山的半山腰，使林蛙活动在这样的环境中，同时人工孵化蝌蚪、喂养，以提高效益；另一种是围栏养殖林蛙，主要是把孵化池、越冬池、山林全部用塑料布封起来，采用自然孵化、人工管理、补充食物等方法，提高林蛙的回收率。

全人工养殖是从林蛙的繁殖到幼蛙、成蛙的喂养与管理，都是在人为控制下进行，优点是成蛙回捕率高，但养殖成本比较大。

人工综合养殖主要是根据当地的自然环境条件特点和养殖者的经济能力来进行养殖。在自然条件好的地方，以半人工养殖为主，对于经济条件好的养殖者可以同时辅以对成蛙的全人工喂养，以及进行人工围栏养殖；在缺乏自然资源环境的条件下，经济能力充裕的养殖者可以通过人工创造适合林蛙生存的环境，进行成蛙的全人工养殖。

1. 养蛙场的基本条件

(1)水源　　蛙场必须有清洁充足的水源，冬季最严寒的季节，上面结冰，下面还要有流水，能保证林蛙安全越冬。理想的水源是在养蛙场范围内有1条或数条长年不断的山涧溪流或者小河贯穿。养蛙场须远离大型水库，否则捕捞成蛙非常困难。注意不能污染河水，防止蝌蚪与林蛙大量死亡。污水还易大量繁殖水蛭，吸食林蛙血液，使冬眠林蛙大批死亡。

(2)森林　　森林是养蛙的重要条件之一。树种以阔叶林为好，树龄最好在15年以上，林分的郁闭度在0.6以上为好，密度以能遮挡直射阳光、有适当散光为好，能维持林蛙皮肤湿润，有利于皮肤呼吸，主要树种如榆树、椴树、山胡桃、桦树、杨树、柞树等上层林；下层林以生长适当灌木，有适当杂草，地面有较厚的枯枝落叶，有利于昆虫生殖生长，又有利于林蛙活动取食，如榛树、忍冬、山梅花等；若杂草丛生，密度过大则不利于林蛙活动。面积的大小依据种蛙或蝌蚪的数量来定。目前一般的养殖技术条件，每100对种蛙大约需要1hm²的放养场。而作为一个养蛙基本生产单位，一般要有20～50hm²的有效放养面积。

(3)山岭　　人工养殖要避免林蛙外逃，所以最好有自然山岭阻隔，如高山连接形成山梁，两山夹一沟形成天然围墙。分水岭的相对高度在150m以上，且离繁殖场和越冬地3～4km或以上，以南北或东南至西北走向的"口袋沟"为最佳，面积在50hm²以上，沟内植被为乔、灌、草相结合，枯枝落叶层较厚，沟内有1条或数条山涧溪流，山溪常年流水，一般宽1～3m，水深20～50cm的小河流比较合适，水流量为0.1～0.4m³/s。沟谷较宽阔，应在200～500m。过宽幼蛙上山路远、消耗能量，过窄阳光不充足，不利于提高沟内河流温度。沟内林下光线应暗淡，湿度大，盛夏季节温度较低。

(4)食物　　蛙场宜选择在昆虫大量繁生、能够大量供给林蛙天然食物的地方。

另外，林蛙养殖场离村庄远一些为好，防止居民用水对河流的污染及家禽对林蛙的食害。

2. 养蛙场的修建　　养殖场除适宜的自然条件外，还要进行人工修建，补充自然条件之不足，这样更有利于林蛙卵孵化、生长与休眠等。每放养1000对种蛙，繁殖场的面积大约为1500m²，这里包括饲养池水面积1000m²，池埂、灌水渠、排水渠等占500m²。同时在越冬场内修建一座看护房，以便于对林蛙的看护和管理。

(1)补建适合幼蛙活动的场所　　首先，在孵化池的周围或空旷地、荒地、沟谷两侧栽植速生阔叶树林，如垂柳、钻天柳、速生杨树等；其次，在沟口建立围墙，防止林蛙外逃；最后，在蛙场内空地种植水稗草或堆积腐叶烂草，引诱昆虫产卵繁殖，供幼蛙食用。

(2)建产卵孵化、蝌蚪饲养池

1)产卵孵化池：面积以20m²为宜，即以宽1.5～2m、东西长10m、水深30cm为好。水池周围修筑宽60cm、高50cm的土埂，进水和排水口设在水池一侧，以造成大面积的静水区。如果土壤保水性能差，可在池内铺设塑料薄膜，然后再铺3～5cm厚的细纱。为了防止早春低温的侵袭，还可以在池面上罩一塑料棚膜。蝌蚪孵化池的数量可依据具体生产规模而定，一般以每平方米放置5～6个卵块计算。产卵孵化池一般使用10d左右，而后改为蝌蚪饲养池。

2)蝌蚪饲养池：一般以长10m、宽4m为宜，数量按每平方米放养2000只蝌蚪计算。水深50cm，四周修池埂，高50～60cm，池底要平坦，并铺上表土，便于肥水培养浮游生物，近池埂处多铺点土，使水浅，提高水温，便于蝌蚪取食活动。水池中央修锅底坑，防止因缺水使蝌蚪旱死。

(3)冬眠池　　尽量利用蛙场内的深水水域，如天然深水坑、深水湾及小型水库等。如果天然水域过浅，必须加以改造，或人工修建冬眠池。冬眠池规格为 30m×30m 或 30m×50m，形状可根据具体情况而定，水深必须保证 2m 以上，这样在河水冰封时，水池上面结冰，下面还有水，林蛙就在水下石块隐蔽物下进行冬眠。

若进行全人工养殖尚需修建幼蛙、成蛙的防逃设施、遮阴及补湿设施和生产人工饵料。

(4)防逃设施　　最理想的防逃设施是用砖砌成养蛙池，池高 80～100cm，内壁用水泥抹光。也可用塑料薄膜、玻璃钢、预制板等作防逃材料。用塑料薄膜地上部分高 80～100cm，地下部分埋实，不能留有空隙。每隔 2m 打一个木桩，将塑料薄膜固定。四周拉上防鸟网，顶部覆盖遮阴网进行全封闭养殖，场地大小以 30 对种蛙占地 70～140m² 推算。在封闭的场地内，可根据具体情况，再围成若干个养殖圈，以便于管理。每个养殖圈 100m²，在圈的中央挖一个 20m² 的水池，水位 30～40cm，该池作为孵化池、蝌蚪池和变态池共用，水池的四周做成斜坡，以便变态后的幼蛙能顺利上岸。陆地面积与水面面积之比：幼蛙为 10：1，成蛙为(15～20)：1。

(5)遮阴和喷雾设施　　蛙圈内距离地面 0.5～1.5m 处设喷雾和遮阴装置，可用遮阴网、竹帘、草帘或树枝等遮阴，郁闭度控制在 0.7 左右。在蛙场周围栽植阔叶林，池内栽植高棵大叶植物，防止日光直射蛙体，池内种植杂草以招引昆虫，同时也利于林蛙隐蔽栖息。

由于树木不能迅速成荫，可以在养殖场内栽 2m 高的木桩、竹竿、小水泥柱或铁管，上面用铁丝相互牵拉，栽种良种葡萄，然后再种植爬藤植物，如丝瓜、南瓜等遮阴。另外，养殖范围内除孵化、越冬池以外的陆地都要栽种花卉树木、中药材等灌木丛甚至蔬菜等绿色植物。夏秋高温，土层表面干燥时要用背负式喷雾器喷水保湿降温。面积大的可装旋转喷淋器，地表温度最好控制在 30℃ 以内。每块场地的中间地面要略高于周边，渗水性能要好。

(二)蝌蚪的培育

1. **蝌蚪的发育与变态**　　蝌蚪刚孵出时没有眼、嘴，身体全黑不透明，不能吃食，靠自身体内卵黄生活。1～2d 后，形成嘴，同时眼、鼻孔张开，蝌蚪开始活动，3d 以后开始吃食，主要以水中腐殖质为主，另外还有植物残体碎屑和一些低等藻类，发育到 30d 吃食量达到最大。发育到 40d 开始出现后肢，体长 36mm，尾长 25mm，消化器官已经非常发达。发育到 48～58d 出现前肢，体长、尾长开始缩短。前肢出现 3d 左右体长缩为 15mm，尾缩短为 9mm。此时幼蛙登陆，尾部逐渐消失，至此，蝌蚪完全变态为幼蛙，一般变态率可达 80%。

2. **饲料与投饵方法**　　蝌蚪出生 3～5d 以卵胶膜为食，此时可不投饵料或适量投入熟豆浆。在以后的 5d 内，以熟蛋黄和豆浆为主，后期适量投入煮熟的蔬菜。10d 后以烫熟的麸皮、玉米粉混合饲料和煮熟的蔬菜、嫩草叶为主，间或添加一些动物性饲料，投放量以在下一次投食前吃完为宜，投放时应多点投放。在烫熟后的麸皮和玉米粉的混合饲料中，适当加入多种维生素和微量元素，一般不向水中撒饵，以免池水污浊。而是将饵料放在饵料台上，饵料台可以用木料做成 5～10cm 的木盘固定在水中。

近年来，借鉴养鱼技术管理水，配制全价配合饲料，大大提高了蝌蚪的体重(表18-8)，但也相应地提高了饲料成本。人工喂养蝌蚪，能明显缩短变态时间，提高变态时的体重，比自然条件下蝌蚪提前 5～10d 上山。

表 18-8　蝌蚪饲料的变化及养殖效果

年份	饲料	平均体重/g
2005 年以前	玉米面、野菜等(熟制)	蝌蚪 1.0，变态幼蛙 0.5，入蛰前 2.5
2005~2010 年	简易配合饲料(玉米、面粉、鱼粉等烫熟)+野菜(煮熟)+维生素等	蝌蚪 1.2，最大 1.6，变态幼蛙 0.6，入蛰前 3.2
2011 年至今	全价配合饲料	蝌蚪 1.6，最大 2.5，变态幼蛙 0.8，入蛰前 4.5

资料来源：佟庆等，2013

3. 水质和水温管理　　水质和水温等对蝌蚪的生长发育有明显影响，平时池水要保持稳、静，以利于提高水温，并保持一定的水位，防止水干而晒死蝌蚪。应经常换水以保持水质清新、氧气充足，如发现多数蝌蚪经常将头露出水面，表明可能缺氧。当蝌蚪与水面垂直时，表明缺氧严重。换水时的温差以不超过 2℃为宜。在雨天要注意排洪，以免冲垮池埂，冲走蝌蚪。换水时不要夹带大量泥沙。整个蝌蚪饲养期都要防止水质污染。

　　蝌蚪发育初期，气温较低，这时可通过调节灌水提高水温。白天、晴天浅灌水，水深 15~20cm；晚上、阴雨天深灌水，水深 30cm。蝌蚪期的适宜水温为 18~20℃，在此温度内蝌蚪生长良好，变态率达 83%以上。

　　蝌蚪发育中期，水温要控制在 25℃左右，超过 28℃，蝌蚪就会大量死亡。因此，气温高时要深灌，气温低时要浅灌。蝌蚪达 1 月龄时，生长速度快，新陈代谢旺盛，取食量也大，耗氧量也高，要加强灌水，保证水质清新和充足的溶氧量。

4. 放养密度　　饲养池中蝌蚪的投放密度以 1000~1500 只/m² 为宜，密度过大，造成蝌蚪生长发育迟缓，成活率低。密度过稀，浪费水面。为了节约饲养池，也可以采取先密放再疏散的放养方法。

5. 防止蝌蚪流失和防除天敌　　要经常检查出水口的纱网，及时除去纱网上的淤泥、杂草，破损的纱网要及时更换，并要牢牢固定好，以防止蝌蚪流失；蝌蚪期的敌害较多，老鼠、家鸭、野鸭都能大量取食蝌蚪，同时也要注意人工捕杀蝌蚪。

6. 蝌蚪变态期的管理　　6 月中下旬，大批蝌蚪进入变态期，即蝌蚪腹部收缩，摄食大为减少。蝌蚪进入变态期的主要特征是蝌蚪在水中经常作垂直上下运动，并将头部浮出水面。这是蝌蚪在变态开始后，由鳃呼吸转化为肺呼吸进行的适应性锻炼。可以从饲养池中将蝌蚪送往变态池，变态池的水温以 20~25℃为宜，水温低于 15℃四肢发育缓慢，水温高于 28℃易死亡。

　　进入变态期的蝌蚪在尾还没完全被吸收时，常在水边活动，受惊吓时逃入水中，此时其肺已发育完全，鳃已退化，而皮肤的呼吸功能还不完善，此时要特别注意这种呼吸方式的改变和由水栖转向水陆两栖的改变。

　　变态中的幼蛙不能长期潜于水中，需提供登陆休息的场所，如用一些木板、棍棒、树枝等物作为上岸的跳板。同时在岸边设置一些可藏身之处，如树枝、秸秆等，在池埂上每隔 2m 左右放置一些豆腐渣、蒿草等招引昆虫，以备变态后的幼蛙食用。

(三)幼蛙、成蛙的饲养管理

1. 全人工养殖

(1)放养前准备　　养殖区的消毒：养殖区消毒可以通过日常喷水时定期加消毒剂来完

成。一般可以用 5ppm 的 $KMnO_4$ 或 3ppm 的漂白粉喷洒整个养殖区。但是撒完生石灰或漂白粉以后要过一个星期才可以把蛙放入养殖场地。

放养密度：根据环境条件、人工饵料的保证程度、天然饲料的丰富程度及越冬前预期长成规格等灵活掌握。一般刚登陆的幼蛙，每平方米放养 250～300 只；1 个月左右，每平方米放养 150～200 只；登陆 2 个月左右，每平方米放养 80～100 只。成蛙商品蛙每平方米放养 40～60 只，后备种蛙每平方米放养 20～30 只。

(2)投饵量、时间及次数　　幼蛙的日投饵量初期按幼蛙群体总重的 8%～10% 投喂，以后依幼蛙个体大小、水温、气温高低、饵料质量优劣和摄食情况灵活掌握。成蛙的日投饵量一般按成蛙体重的 10%～12% 投喂即可，视具体情况酌情增减。

鉴于自然条件下野生蛙的捕食规律，在 4～7 时和 16～20 时林蛙活动频繁，是捕食的高峰时间，此时投喂最好，即每天投喂 2 次。

投喂的饵料要新鲜，营养丰富全面，饲料品种多样化，严禁投喂发霉、腐败变质的饵料，在投喂上做到定时、定位、定质和定量。投放时应将食物投放到固定的投饵地点，不要放在阳光直接照射的地方，当幼虫蠕动时，林蛙就会捕食。为了避免活饵料死亡和逃逸，要注意投放的数量，如饲喂黄粉虫时以每只成蛙投喂 5～6 龄的黄粉虫 3～4 条为宜。要在多处投放，分布均匀，一般应尽量投放在林蛙经常活动的地方，以减少食物浪费。

另外，在林蛙喂养期还要进行人工补充饲料，以降低成本，如灯光诱引昆虫；利用垃圾、动物粪便、谷物壳、秸秆等人工繁殖昆虫；种植蜜源植物招引昆虫等。

(3)日常管理　　注意天气变化：晴天少雨时要经常喷雾或洒水，以保持场地湿润，一般喷雾时间在 10 时和 14 时进行。幼蛙、成蛙陆地生活期的适宜温度为 18～28℃。

加强看护：防止人畜等对围栏的破坏，防止野鸭、鹰、乌鸦、蛇、鼠类等天敌的危害。

建立林蛙防逃措施等：幼蛙、成蛙养殖池均需要设防逃障。阴雨天、大雾天，尤其是在大风、雷雨等恶劣天气情况下，要注意看护，以防损失。

2. 半人工养殖　　半人工养殖的优点是：投资小，可结合承包荒山、荒地进行生产。其缺点是：看管较困难，易逃逸，回捕率低。

(1)放养密度　　根据养蛙场的位置、大小及养虫的多少，在不同养蛙场内放养的密度是不同的，一般 $1hm^2$ 山林可放养林蛙 5000 只左右。

(2)食物　　半人工养殖饵料，一是来源于天然昆虫，二是来源于人工投喂的昆虫，其中以天然昆虫为主。刚变态上山的幼蛙需要投放少量食物，供其捕食。为了减少食物损失，要将食物放在与地面相平的木板或者是用塑料布做成的投饵台上，对于刚变态的幼蛙，投喂的幼虫也要小，喂食刚蜕皮 2 次的黄粉虫小幼虫。当幼蛙能够自动寻找食物时，就停止投喂人工食物，让其独立生存。成蛙可直接放养到山林。但为了增加放养场内昆虫的数量，可以用诱虫灯或激素等吸引昆虫，还可以堆积一些动物粪便、蒿草等招引昆虫。

(3)日常管理　　加强放养场地的巡视和看护：放养后要精心看护管理，除了防止人为偷捕外，要随时对林蛙的天敌——蛇、鼠、黄鼬等进行捕杀和清除，用声响、假人等赶走害鸟。

随时对人工辅助设施如防逃障、水池等进行检查维修，发现问题及时处理。

控制非放养蛙类的数量：蟾蜍、青蛙、树蛙等与林蛙有共同的食性和栖息环境要求，在饵料和生活空间上存在着竞争。因此要随时将其成蛙和幼蛙捕出，移送到远离放养地的农田或林地中去，将其卵团和蝌蚪移送到远离放养地的水域中去，减少其放养地内的数量，避免与林蛙争夺放养场地的食物和空间。

(四)越冬期的管理

1. 越冬池越冬　　基本条件：低温(2～4℃)，高氧(>5.5mg/L)，微流(水体微弱流动)。为此要做好以下工作。

(1)做好林蛙越冬前的准备工作　　按标准规格新建越冬池；如果利用原有塘坝、水坑越冬的，要将塘坝加大加深，尽量铲除淤泥和杂草，以减少有机耗氧，防止有害气体发生。彻底清除越冬水源中的害鱼。水中布设供林蛙藏身的掩蔽物如树根、大块石头等。

(2)越冬池消毒　　在每年林蛙入池之前用 1.5ppm 的漂白粉或 0.7ppm 的 $KMnO_4$ 对越冬池进行消毒。

(3)放养密度　　越冬池内放入的林蛙数量不能超过200～300 只/m²。

(4)可以进行笼装水库越冬　　将林蛙装在铁笼中，铁笼的规格为 70cm×60cm×50cm 或者 70cm×60cm×60cm，铁笼四周用铁网或纱网围成，每笼可放成蛙 500～700 只，幼蛙 1000～1200 只，笼内还应放些草把等杂物，供蛙潜伏。雌雄蛙可混装，也可以单装，放入水深 1.5m 深处越冬，并将笼子固定。

应用此法必须经过浅水暂养，即在林蛙冬眠前暂时将其放于浅水处贮存。暂养池一般采用水泥底，塑料布围墙，设对角线式进、出水口，并拦网防逃，保持水深 20～30cm，池底放些树枝、木块、砖头等杂物供蛙栖息。将捕到的 3～4 龄种蛙放入暂养池中。暂养密度为 600～700 只/m²。进入 11 月中旬，当水温和气温分别下降到 5℃和 8℃以下时，将林蛙放入铁笼中，再放到深水中即可冬眠。

(5)满足林蛙越冬期对溶解氧的需要　　若为活水越冬池，因自然流水不断，水中溶氧能及时得到增补，冬季不会发生成批死蛙现象。目前，养蛙的越冬池多数为死水(也叫止水)越冬池。冬天水源干涸，没有活水流经越冬池，溶解氧得不到补充，水中含氧量的降低速度逐月加快。到 1 月水中含氧量仅 4mg/L(林蛙正常越冬需要量为 6mg/L)左右。特别是蛙在水的底层越冬，而池水缺氧往往是先从底层开始，水中的溶氧量上多下少，对蛙越冬期的威胁非常大。

解决越冬池溶解氧不足的问题，可采取以下三种方法：一是越冬池蓄水量要充足，秋分前后要蓄满水，水深不低于 2.5m。按 150 只/m² 的要求，水面面积不能太小。二是蛙、鱼一池越冬时，因蛙、鱼争氧，越冬鱼量应控制在每立方米水体 0.2kg 为宜，比正常量减少一半。并要尽量清除野生杂鱼，以减少耗氧因素。三是整个越冬期要精心管理，定期观察蛙的越冬情况。因水生动物对缺氧非常敏感，严重缺氧时(如溶解氧降到3mg/L 水以下)，在冰眼附近可看到水蚤等水生昆虫。因此，打开冰眼时，观察水生昆虫是否上游，可作为推断水中溶氧多少的标志。

严重缺氧时，可抽取附近的水源注入越冬池中补氧，或打冰眼补氧。冰眼打在深水处，每 667m² 水面打一个宽 1.5m、长 3m 的冰孔。顺着主风向排开，借风力的作用形成水浪，加速氧向水中溶解，以提高补氧效果。为防止冰眼重新结冰，夜间可用草帘子遮盖起来。

(6)及时清除积雪　　每年封冻以后林蛙开始向水位较深的地方集中，如越冬池有大量林蛙，一定要随时扫除积雪，增加池内阳光，增加氧气。

(7)林蛙在越冬池或水库越冬的管理主要是调整水位，防止严冬断水，越冬期水位要保持冻层下有 1m 的深水层，最低不得少于 80cm，水要处于流动状态。

2. 越冬窖越冬　　基本条件：低温（1～5℃），高氧（保证空气流通），高湿（地表湿度 80%～90%）。

越冬窖可以建成类似于一般的菜窖，但为了防止鼠害，也可建成砖石结构。在窖的上方一定要留有通气孔和进出口。在越冬窖越冬的林蛙必须经过浅水贮存，之后才可以放入越冬窖，放入时间北方地区大约在 11 月中下旬。在越冬窖越冬时，若窖的面积较大，可以在地面上铺设一层厚的泥沙，上面铺放一层树叶，喷足水之后放一层林蛙，蛙上再铺放一层树叶。注意放蛙时不要过于集中，要留有一定的空隙。若窖的面积相对较小，而蛙的数量较多时，可在窖内搭设三层或四层的架子，每一层都可以供林蛙越冬。对于越冬窖不能防止鼠害时可用小缸装林蛙越冬，一层树叶一层林蛙，最上面的树叶要厚一些，装完之后向缸内喷一定数量的水，然后缸口用铁丝网盖好。

林蛙在越冬窖越冬时主要是控制好温度、湿度，注意通风，防止鼠害。温度控制在 1～5℃，湿度一般应达到 80%～90%，窖内温度不宜过高，要经常通风，及时换水，以防缺氧。另外，越冬窖内不要放置白菜、土豆等青菜，以防止产生有毒气体；同时要经常检查，发现死蛙，立即清除，并查找原因，采取补救措施。

在翌年春季温度上升时应及时打开窖门，通风换气、降温，到清明前后，应及时将蛙送到温度适宜的水中，否则会因窖内温度过高而出现死亡现象。

（五）林蛙的天敌及防除措施

林蛙的天敌较多，在其生长发育的不同时期有不同的天敌，主要有野鸭、鹰、乌鸦、蛇类、鼠类、黑斑蛙、水蛭等。其中野鸭之类的水禽主要吞食蛙卵和蝌蚪，家禽啄食上岸的幼蛙，鹰、乌鸦、蛇类等主要捕食上山的成蛙，鼠类、黑斑蛙主要捕食幼蛙，狐狸在山上河边捕食成蛙，水獭捕食入水后的成蛙。

对于老鼠可用鼠药或电猫捕杀；防止鸟类简单的办法是在饲养池旁边、养殖场内竖几个草人并套上衣服等方法将鸟吓飞，或用鸟网捕捉等方法。水獭、黄鼬等兽类应采用诱捕法，如用铁夹、套子等捕杀。蛇类是林蛙的主要天敌，应在春天蛇将出蛰行动时集中力量捕杀，并要尽力清理蛙场，除去场内树木残根、石堆等，使之无藏身之地。各种鱼类主要危害卵和蝌蚪，要在蛙场总入口处安装篦子，以防鲫鱼、鲤鱼、鲶鱼等有害鱼类进入蛙场。另外，黑斑蛙对林蛙危害很大，要随时捕杀。

第五节　蛙产品的采收与加工

（杨桂芹）

第十九章 黄　　鳝

黄鳝，又名鳝鱼、长鱼、田鳗或无鳞公主，是我国重要的淡水名优经济鱼类，广泛分布于我国的河道、湖泊、沟渠、塘堰、水库及稻田的各类淡水水域中。在我国南方地区，黄鳝一直被视为上等菜肴，其肉质细嫩，味道鲜美，营养丰富，且具有药用功能，因此被认为是滋补佳品。随着国内外市场对黄鳝需求量的增加，农田耕作制度的改变和农药的使用，黄鳝的自然资源量锐减，因此，进行黄鳝人工养殖具有重大意义。我国黄鳝人工养殖始于20世纪80年代末，随着养殖技术的改进，特别是养殖模式的创新，人工养殖发展非常迅速，目前已逐步形成黄鳝产业体系。

第一节　黄鳝的种类与品种

一、分类与分布

黄鳝(*Monopterus albus*)分类学上隶属于脊椎动物亚门(Vertebrata)、硬骨鱼纲(Osteichthyes)、辐鳍亚纲(Actinopterygii)、合鳃目(Synbranchiformes)、合鳃科(Synbranchidae)。合鳃科包括5个属，共17种，而我国仅有黄鳝属内黄鳝这一个种。

黄鳝具有很强的适应能力，广泛分布于东南亚及其附近的大小岛屿。我国除西部高原地区外，其他各地均有黄鳝分布，尤其是长江流域和珠江流域更是盛产黄鳝之处。国外黄鳝主要分布于韩国、泰国、日本、老挝、马来西亚、印度尼西亚、菲律宾和印度等地。在澳大利亚北部和美国东西部等地区也有黄鳝分布。

二、常见养殖种类

目前尚无经农业部全国水产原种和良种审定委员会认定的黄鳝育成品种发布，养殖的大多为野生种。

黄鳝主要分为黄、白、青、赤、黑等种，其中青、黄两种黄鳝的生命力较强。另外，脊侧和颈部发黄的品质也较好。黄斑鳝个体较大，体色较黄，全身分布有不规则的褐黑色大斑点，性格也较为凶猛。黄斑鳝的摄食强度大，因而生长速度也快。青斑鳝又称麻鳝，个体较小，体色为青灰色，体表有细密的斑纹，生长速度相对较慢。还有一种是青黄斑鳝，其背部颜色偏青，生长速度比青鳝快，处于黄斑鳝与青斑鳝之间。红色鳝，又称火鳝，生长较慢。

第二节　黄鳝的生物学特征

一、外形特征

黄鳝体形细长，头部和身体前端呈圆筒状，向后逐渐侧扁，尾部尖细。黄鳝的体长为头长的 11～14 倍，头长为吻长的 5～6 倍。最大的个体可达 70cm 以上，体重约 1.5kg。

黄鳝体表光滑无鳞片，多黏液，体侧多呈灰黑色，腹部多为黄褐色，全身散布有不规则的黑色斑点或斑纹，腹部有网状的血丝分布。鳍条退化明显，背鳍、臀和尾鳍连在一起，仅有不明显的低皮褶，无胸鳍和腹鳍。

黄鳝头部膨大，吻端尖，前端略呈锥状。口大，上颌稍突出，唇部发达，口裂延伸至眼睛后缘。上下颌及口盖骨上有绒毛状的细齿。眼细小，为皮膜所覆盖，侧上位，有不同程度的退化，因此视觉不发达。鳃和口基本融合，位于头部下方呈一缝形，鳃孔连成横裂位于喉部。黄鳝有两对鼻孔，前鼻孔位于吻端，后鼻孔位于眼前缘上方，鼻孔内有发达的嗅觉小褶，嗅觉极为灵敏。

二、生活习性

黄鳝的适应性很强，在各种水域中几乎都能生存，多数生活在静水水域如池沼、塘堰、沟渠、湖泊、稻田和水库中，在水流较缓的溪流、江河缓流处也有生存，但深水和流水的水域相对较少。

黄鳝属底栖鱼类，喜欢在洞穴或水草中栖息。黄鳝栖息的洞穴，一般在水下 5～30cm 处，以便能随时呼吸到氧气。生活在稻田里的黄鳝，大多数栖息于田基附近约 30cm 的范围内，穴道延伸至田基。

黄鳝通常白天潜伏于洞中，夜间外出觅食。黄鳝是以肉食性为主的杂食性鱼类，食量较大，日摄食量占体重的 1/7 左右。黄鳝主要以嗅觉和触觉作为摄食的主要感觉器官。天然水域中，稚鳝(体长 25～100mm)主要以轮虫、枝角类、桡足类和原生动物等浮游动物为食，有时也摄食黄藻、裸藻、硅藻等浮游植物；幼鳝(体长 100～200mm，性腺未成熟)和成鳝(体长 200mm 以上)主要以水生昆虫、小鱼虾、鳅蚌、幼蛙等为食，食物缺乏时也摄食浮游生物、浮萍、丝状藻类和有机碎屑等。在饲料缺乏时，规格大的黄鳝也蚕食比其规格小的个体。

黄鳝摄食以噬食为主，即食物不经咀嚼就咽下，遇到大型的食物时，先咬住并以旋转身体的办法迅速将食物咬断，然后吞食，摄食后即以尾部迅速缩回洞中。黄鳝也很耐饥饿，长时间不摄食也不会死亡，但是身体会消瘦，体质减弱，抵抗力下降，易患病。

黄鳝的摄食强度与水温密切相关。黄鳝的天然生活水温为 5～30℃，适宜水温为 15～30℃，最适宜水温为 22～28℃。当温度高于 32℃时，黄鳝常钻入洞穴避暑，温度高于 35℃会出现中暑症状，严重的甚至大批死亡；低于 5℃时则潜入泥土深层冬眠。寒冷时，黄鳝能潜入干涸栖息地达 30cm 越冬数月。当气温回升到 15℃左右时，开始出洞觅食。

黄鳝的生长受到性别、年龄、生态条件等因素的影响。通常雌鳝的生长快于雄鳝，性成熟前快于性成熟后，不同地区生长速度也有所差别。黄鳝在野生条件下生长较慢，人工养殖条件下生长较快。在人工条件下养殖，当年的鳝苗至越冬时体长可达到 16cm，体重达到 13g，越冬后到第二年的五月初，最大体重可达 130g，这样的生长速度要比野生条件下快 2～6 倍。

第三节　黄鳝的繁殖特征与人工繁殖

一、黄鳝的繁殖特征

(一)黄鳝的性逆转

黄鳝具有性逆转现象,即黄鳝在前半生为雌性,后半生为雄性,其中间转变阶段叫雌雄间体。黄鳝这种性别的改变与体长和年龄有关,中小个体主要是雌性,而较大个体为雄性,雄鳝是由产卵后的雌鳝转变而来,且该转变不可逆转。一般体长 24cm 以下的个体均为雌性,24～30cm 的个体雌性占 90%以上,30～36cm 的个体雌性占 60%左右,36～38cm 的个体雌性占 50%,38～42cm 的个体雄性占 90%左右,42cm 以上则几乎全部为雄性。从年龄看,通常 1～2 龄的全为雌性,2 龄为性转变起点,3 龄雌雄个体大致相同,4～5 龄大部分为雄性,5 龄以上全部为雄性。

黄鳝在性分化前同时存在雌性和雄性生殖腺原基,注入外源雄激素后,可以诱导黄鳝体内雄激素增加,抑制雌激素的分泌,从而诱导黄鳝性转化。自然条件下雄鳝的性成熟时间较长,一般为 2～3 年,而经诱导处理后的雄鳝,则不需要经过雌鳝产卵过程即可逆转,所以其性腺成熟较快,一般为几个月至一年时间,从而大大缩短了雄鳝的性成熟年龄。黄鳝胚胎后期及仔鳝进行雄激素处理,可以使性转化提前。对产卵后的雌鳝使用雌激素处理可推迟其性逆转时间几个月至一年之久;对未产过卵的雌鳝采用雌激素处理可使其生长加快,体重增加,也可增加怀卵量,多产鳝苗。

(二)黄鳝的性腺发育

1. 性腺的发生与分化　　黄鳝的性腺发生与分化分为生殖原基的出现及其发育时期(10d)、生殖腺开始分化时期(26d)、左右生殖腺合并时期(30d)、单一生殖腺时期(90d)、生殖腺分化结束时期(150d)5 个时期。

2. 卵巢的发育

(1)卵巢的形态部位　　黄鳝卵巢为单管状器官,由系膜悬于体腔右侧。发育早期呈细管状,位于右侧中肾腹侧,与肠管并行。卵巢前部与肝脏尾部、脾脏相连,左后侧与膀胱毗邻,尾部直接与泄殖孔相接。性成熟时体积明显增大,充满腹腔后部。卵巢被膜由内外两层结缔组织构成,被膜伸入卵巢形成皱褶。相邻生殖褶之间为卵巢腔,其内存在不同发育时期的卵细胞。

(2)卵巢的发育分期　　根据黄鳝卵细胞发育状况,可将卵巢发育分为 6 个时期。

Ⅰ期:卵巢白色,透明,细长,肉眼不见卵粒,尚不能区别雌雄,解剖镜下可见透明细小的卵母细胞,卵径为 0.08～0.12mm。黄鳝长 6cm 左右时,可见到该期卵巢。

Ⅱ期:卵巢仍为白色透明,但比Ⅰ期粗,肉眼看不到卵粒,解剖镜下可见到 0.13～0.17mm 大的卵母细胞。体长约 15cm 的黄鳝体内可以见到该期卵巢。

Ⅲ期:卵巢淡黄色,肉眼可以见到卵粒,解剖镜下可见圆形或不规则形的卵母细胞中充满卵黄颗粒,卵径为 0.15～0.22mm,此时黄鳝体长可达 15～25cm。

Ⅳ期:卵巢粗大,卵粒明显增大,大小不一,颜色由淡黄转为橘黄色,解剖镜观察能见到卵母细胞中充满卵黄颗粒，核已逐渐边移，卵径达 2.2～3.4mm。此时黄鳝体长为 15～30cm，少数可达 40cm 以上。

Ⅴ期：卵巢粗大，其中充满橘黄色圆形卵粒，卵粒内充满排列致密的卵黄球，卵粒在卵巢内呈游离状，卵径达 3.4～3.7mm，此时卵已成熟。

Ⅵ期：成熟卵已排出，卵巢内尚留有未成熟的卵粒，卵母细胞开始退化，卵黄颗粒胶液化，卵膜上产生皱褶、断裂，与卵泡区脱离，卵泡膜增厚。

3. 精巢的发育　　雌雄间体黄鳝精巢刚开始组建时，肉眼可见性腺内有许多卵粒，部分卵母细胞开始退化。性腺中除卵母细胞外，出现两条结缔组织纵隔（即形成将来的精小叶），在其边缘分布有散在的精囊，内有与雌鳝同期发育的精细胞，在一些偏雄性个体中，卵母细胞大多退化，精巢纵隔发达。其中的精囊密集，精细胞发育程度与雄性基本相同。

（三）怀卵量与成熟系数

怀卵量就是怀卵的数量，它反映生物体的繁殖能力。黄鳝的怀卵量最少为 200 粒左右，最多可达 1000 粒左右，一般为 300～800 粒，怀卵量和黄鳝的年龄、体重及产地有密切关系。这是因为生态环境的优劣差异使各地区黄鳝的生长速度大相径庭，在相同的环境下不同品种的黄鳝生长速度也不一样。按个体体重对比，每克体重的怀卵量为 5～20 粒。

成熟系数是指性腺（卵巢或精巢）重量与体重之比，即成熟系数(%)=性腺重量(g)÷鳝体空壳重(g)×100%，其实质是说明黄鳝性腺发育的程度。黄鳝的成熟系数随季节的变化而不同。1～3 月，卵巢经历了Ⅰ～Ⅲ期的发育阶段，4 月下旬卵巢发育到Ⅲ～Ⅳ期，成熟系数显著上升。5 月中旬至 7 月底卵巢由Ⅳ期转入Ⅴ期，卵巢重量大幅增加并达到顶点。黄鳝临产前的雌鱼成熟系数为 20%左右。产卵后至 12 月，成熟系数明显下降。雌鳝成熟系数在 1%～29%变化，雄鳝成熟系数为 0.04%～0.275%。

（四）繁殖行为及产卵

亲鳝的自然产卵特征为首先建立繁殖洞，繁殖洞具有隐蔽、护卵、防沉、供氧等作用。繁殖洞分前洞和后洞两种，前洞产卵用，后洞较细长，洞口进去约 10cm 处比较宽阔，洞的上下距离约 5cm，左右距离约 10cm。当雌鳝所怀卵粒发育到游离状态时，其高突的腹部便呈现半透明的桃红色。雌鳝表现极为不安，常出洞寻找异性，一旦发现雄鳝跟踪，便回头相迎，一起回洞筑巢。黄鳝为短期的一夫一妻制，如果此时另有雄鳝靠近纠缠，原雄鳝即会发出猛烈攻击。产卵前，雌雄亲鳝吐泡沫筑巢，然后雌鳝将卵产于巢上，一旦发现繁殖洞内布满泡沫，就说明 1d 左右产卵。雄亲鳝在卵上排精，卵在泡沫上受精孵化发育。

黄鳝卵巢中的卵细胞发育不整齐，依据卵径大小，可以将所有卵细胞分为 3 个卵径群，各卵径群的卵细胞发育程度不同，产出体外的时间也不同。黄鳝一年内只在夏季出现一次产卵高峰；除繁殖季节外，卵巢均处于卵黄发生期早期阶段，在非产卵季节不能发育成熟。因此黄鳝在一年内只有一个产卵季节。

雄鳝有护卵习性，在天然水域中雄鳝在泡沫巢上排精后，会一直守护到仔鳝出膜并等仔鳝的卵黄囊消失，能自由游泳摄食为止。在此期间，即使雄鳝受到惊动也不远离，甚至还会奋起攻击来犯者。雌鳝一般在产卵后就离开繁殖洞。

一般认为，黄鳝的繁殖季节依不同地区不尽相同。在长江中下游地区，繁殖集中在 5～

9月，产卵盛期为6～7月；在黄河以北地区，繁殖集中在6～9月，产卵盛期为7～8月；在珠江水域，繁殖集中在4～7月，产卵盛期为5～6月。

二、黄鳝的人工繁殖

随着黄鳝养殖业的发展和扩大，仅靠捕捉天然苗种已不能满足养鳝业发展的需求矛盾，进行人工繁殖是十分有效的解决途径。目前进行的黄鳝的人工繁殖一般采用全人工繁殖和半人工繁殖两种方式。

（一）黄鳝的全人工繁殖

1. 亲鳝的选择

（1）黄鳝亲本的来源　　黄鳝亲本主要来自三个方面：一是组织人员在天然水域中捕捞，注意捕捞时避免鳝体受伤。二是到市场上采购无伤、无病、活力强、体色鲜艳、有光泽的黄鳝。三是从养殖场中挑选符合要求的黄鳝作亲本，进行重点培育。

（2）亲本的选择　　雌鳝亲本选择体长30cm左右、体重150～250g的个体较好。成熟的雌鳝腹部膨大呈纺锤形，个体较小的成熟雌鳝腹部有明显的透明带。体外显现卵巢轮廓，用手触摸腹部可感到柔软而富有弹性，生殖孔明显突出，红润或显红肿。雄鳝亲本应选择体长40cm以上、体重200～500g的较好。雄鳝腹部较小，几乎无突出感觉，两侧凹陷，体形柳条状，或呈锥形，腹面有血丝状斑纹，生殖孔不突出，轻压腹部，能挤出少量透明状精液。

（3）雌雄比例　　一般情况下，黄鳝亲本的雌雄比例为2：1。但是人们为了提高黄鳝繁殖的受精率，也采取雌雄各半的搭配比例。

2. 亲鳝的培育　　
亲鳝的培育池采用水泥池，池底须铺上30cm左右的疏松烂泥。用土池必须经过改造，以符合黄鳝生殖的要求。池面上应加盖纱窗，以防止黄鳝逃跑。池水深15cm左右。设置饵料台。培育期要经常换水，保持水质清新，溶氧充足。池中养少量浮水植物如水葫芦、水浮莲等，以利黄鳝遮阴避光。亲鳝的放养数量，依培育池和饵料及管理等条件而定。一般20m²的培育池，放养雌亲鳝140～160尾，雄鳝60～80尾。投喂蚯蚓、蝇蛆等蛋白质高的优质饲料，进行强化培育，并经常加注新水，以促进黄鳝性腺的发育。一天投喂2次，饲喂量为黄鳝体重的3%～10%，傍晚一餐量要多些。催产前夕应停喂一天。

3. 黄鳝的人工催产　　
凡是适合鱼类的催产激素对黄鳝一般都适用。其中以黄体生成素释放激素类似物（LRH-A）和绒毛膜促性腺激素（HCG）效果较好。和四大家鱼相比较，黄鳝所需催产剂量较大且效应时间较长。

注射分体腔注射和肌内注射两种方式。具体操作是用生理盐水溶液将催产剂充分溶解，按LRH-A 0.3μg/g体重、HCG 2～3IU/g体重剂量，每尾亲鳝注射量以0.5ml为宜，一般不超过1ml。注射时要两人配合，一人用毛巾或纱布握住黄鳝，擦干注射部位的水分。体腔注射法由一人将鳝体按住，使腹部朝上，下面用毛巾垫好，双手固定鳝体，另一人将针头朝鳝头方向，与鱼体保持45°～60°角，于卵巢前方刺入体腔中0.5cm，将注射液慢慢地推入鳝腹腔中，抽出针头时用酒精棉球紧压在针眼处，轻轻揉动以避免注射液流出。针头不能插入太深以免刺伤内脏，但也不能太浅，否则针头会脱开。肌内注射部位选择在侧线以上的背部肌肉处，注射时一人将鳝体侧卧在毛巾上，针头朝头部方向刺入0.5～1.0cm，将注射液慢慢推入肌肉中，针头拔出后也用酒精棉球消毒。一般腹腔注射效应较快，故采用较多。

4. 黄鳝的人工授精　　人工授精前进行排卵检查。具体操作为捉住亲鳝，用手触摸腹部，由前向后滑动，如感到卵粒已经游离或有卵粒排出，则表明已经开始排卵。也可以进行人工挤卵，即将开始排卵的雌鳝取出，一只手垫好干毛巾，握住前部；另一只手由前向后挤压腹部，部分亲鳝即可顺利挤出卵粒，但多数亲鳝会出现生殖孔堵塞现象，此时可用小剪刀在泄殖孔处向里剪开一个 0.5～1.0cm 的小口，然后再将卵挤出，连续挤压 3～5 次，直到挤空为止。

与此同时，将雄鳝精液挤出盛入另一容器。也可将雄鳝杀死取精，以生理盐水稀释备用。具体操作为将雄鳝杀死，取出精巢，将其中一小块放在 400 倍以上的显微镜下观察，如发现精子活动正常，即可用剪刀把精巢剪碎。

将精液和卵粒以被取亲鳝尾数 1：(3～5)的比例混合，可用消毒过的羽毛充分搅拌，然后加入任氏溶液 200ml(配方：NaCl 0.78g，NaHCO$_3$ 0.0021g，KCl 0.02g，CaCl 0.021g，dH$_2$O 100ml)，放置 3～5min，再加清水洗去精巢碎片和血污，将反复清洗后的受精卵进行孵化。

5. 黄鳝的人工孵化　　黄鳝的受精卵密度大于水，属沉性卵，无黏性，自然繁殖时受精卵附着在亲鳝吐出的泡沫产卵巢上，漂浮在水面孵化出苗。人工孵化时要选择合适的孵化器，并加强管理，才能顺利孵出鳝苗。

(1)孵化器的选择　　孵化器应根据产卵数量和当时当地的条件进行选择。如果数量少，可选用玻璃缸、瓷盆、水族箱和小型网箱等孵化器，一般稳定在 10cm 左右水位即可。如果大批量生产，则要采用孵化缸、孵化桶、孵化环道等孵化设施。孵化时使水从孵化工具的底部进入，由上部溢出(上部用纱布挡住卵不溢出)，使受精卵不断翻滚，既不溢出受精卵，又不落入水底，以免缺氧引起死亡。

(2)孵化期管理　　孵化前用 20mg/L 高锰酸钾浸泡受精卵 15～30min 进行消毒。并在孵化器中适当加入抗生素以防止病菌滋生；及时清除未受精的卵，勤换水，保持良好的水质；黄鳝孵化水温一般 22～32℃均可，最适水温 28～30℃。在孵化过程中，要尽量保持水温稳定；整个孵化过程一定要注意保持水中的溶氧量大于 2mg/L。

(二)黄鳝的半人工繁殖

黄鳝半人工繁殖，就是选择亲鳝，按一定雌雄比例投放于土池或水泥池中，或者投入养鳝池所划出的一角中，培育到繁殖季节，选出性腺发育好的亲鳝按一定的雌雄比例注射药物催产，不进行人工授精，任其自行产卵、受精、孵化，随后捕仔鳝单独培育。这种繁殖方法称为半人工繁殖。

第四节　黄鳝的营养与饲养管理

一、黄鳝的营养需求

(一)黄鳝对蛋白质的营养需求

由于黄鳝对蛋白质的需求量受养殖环境、养殖模式、发育阶段和蛋白源等多种因素的影响，成鳝最佳生长所需饲料中蛋白质含量为 35.7%，最适能量蛋白比为 31.6～38.9。

黄鳝对蛋白质利用率与蛋白质本身质量即必需氨基酸含量及比例相关。与其他水产动物类似，黄鳝的生长发育也需要异亮氨酸、亮氨酸、赖氨酸、蛋氨酸、苏氨酸、苯丙氨酸、精氨酸、组氨酸等 10 种必需氨基酸。黄鳝肌肉成分分析表明，必需氨基酸的含量占氨基酸总量的 40.98%，目前有关黄鳝氨基酸营养需求研究较少，主要作为诱食剂添加于饲料中，在黄鳝饲料中适量添加氨基酸(如 10%的精氨酸、丙氨酸，1%的苯丙氨酸)可促进黄鳝摄食。

(二)黄鳝对脂肪的营养需求

一般认为黄鳝饲料脂肪含量为 3%～10%。适量添加脂肪能够节省饲料蛋白质而相应节约养殖成本。当饲料中脂肪含量过高时，虽然一段时间内会降低饲料系数，但长期摄食高脂肪饲料会使黄鳝产生代谢系统紊乱，导致鳝体脂肪沉积过多，产生脂肪肝，进而影响蛋白质的消化吸收，降低其他营养物质的利用，并导致机体抗病能力下降，最终影响机体生长。饲料中脂肪含量不足或缺乏，饲料中的蛋白质就会有一部分作为能量被消耗掉，导致饲料蛋白质利用率下降；同时还会发生脂溶性维生素和必需脂肪酸缺乏症，从而影响生长，造成蛋白质浪费和饵料系数升高。因此，脂肪含量适宜，黄鳝才能充分利用，实现黄鳝养殖的最佳效果。

黄鳝对脂肪的消化率很高，最适合的脂肪是鱼油，鱼油等脂肪相对蛋白质而言价格较低廉，在不影响黄鳝生长的情况下，可以适当提高脂肪含量来降低成本。脂肪内的不饱和脂肪酸是黄鳝生长所必需的营养物质，对机体具有重要的生理调控功能，对免疫系统也有一定的调节作用。不同脂肪酸对黄鳝的生长影响不同，亚麻酸($C18:3n-3$)是黄鳝增重率和增长率的第一限制因子，亚油酸($C18:2n-6$)是影响黄鳝肥满度的主要因子，二十碳五烯酸(EPA)+二十二碳六烯酸(DHA)对黄鳝肝体指数产生一定的影响，饲料中添加上述 4 种脂肪酸，对黄鳝成活率影响不显著，但显著提高黄鳝机体的非特异性免疫能力。

饲料中卵磷脂含量对黄鳝的生长速度、饲料系数、肌肉及肝脏脂肪含量均有影响。随着饲料中卵磷脂含量的添加，黄鳝生长加快，饲料系数降低。卵磷脂最适添加量为 5%时，黄鳝生长率较高，饲料系数较低，肝脏脂肪含量较少。

(三)黄鳝对碳水化合物的营养需求

关于黄鳝对饲料中碳水化合物营养需求量的研究较少。水产动物根据食性不同，对碳水化合物的消化能力有差异，饲料中碳水化合物含量过高，对鱼类的生长和健康不利。根据黄鳝的食性，其饲料中碳水化合物的建议水平一般为 10%～30%，纤维素含量小于 5%。碳水化合物在黄鳝体内部分转化为糖原或脂肪储存起来，在停止摄饵或摄饵不足时转化为能量维持生命活动，因此对维持黄鳝正常的生长具有显著的意义，某些种类的碳水化合物对提高黄鳝机体免疫力也十分重要。

(四)黄鳝对维生素的营养需求

黄鳝的维生素 A 缺乏症表现为尾端的角质化坏死。维生素 D 与动物体内的钙、磷相关，维生素 D 缺乏时，动物骨骼系统会发生病变，阳光有助于机体合成维生素 D，但黄鳝的生活习性决定其接触阳光相对较少，容易发生维生素 D 缺乏症，如身体折叠式弯曲的畸形等，这就要求黄鳝饲料中应适当补充维生素 D。维生素 E 对提高黄鳝的繁殖性能有重要作用。维生素 K 的缺乏则有可能引起黄鳝的凝血功能障碍，导致出血症。硫胺素和核黄素的缺乏会使黄鳝发育不良，头大颈细、消瘦，不易进洞，食欲丧失。

(五)黄鳝对矿物质的营养需求

矿物质是构成黄鳝器官组织的重要物质，同时也是维持黄鳝机体渗透压、酸碱平衡等正常生理活动不可缺少的营养物质。钙和磷在黄鳝代谢过程中，特别是骨骼形成和维持酸碱平衡中起重要作用，此外，钙还参与肌肉的收缩、血液的凝固、神经传递、渗透压调节和多种酶的反应过程。磷在糖和脂肪的代谢中起重要作用，还参与能量转化、维持细胞的通透性及生殖活动的调控。镁除了参与黄鳝的骨骼形成外，还是很多酶如磷酸转移酶、脱羧酶和羧基转移酶等的激活剂。缺乏镁元素的黄鳝食欲减退、生长缓慢、活动呆滞，并会导致死亡率增高。铜是黄鳝红细胞生成和保持活力所必需的，是细胞色素氧化酶和皮肤色素的成分。锰是磷酸转移酶和脱羧酶的激活剂，也是维持正常生殖所必需的。锰缺乏时会引起生长缓慢、体质下降、生殖能力降低。铁是构成血红蛋白和肌红蛋白的重要元素，参与氧和二氧化碳的运输，在呼吸和生物氧化过程中起重要作用。锌参与核酸的合成，也是很多酶的组成部分。饲料中锌的含量对黄鳝的食欲、生长率和死亡率都有影响，还会影响组织中锌、铁和铜的含量。

二、黄鳝的养殖管理

(一)苗种的培育管理

1. 池塘消毒　　鳝苗入池之前 7～10d 消毒。药物清池应选择在晴天进行，消毒前先把池内过多的水排出，只留 5～10cm 深的水，清池消毒的药物以生石灰为好，因为生石灰不仅能杀死病原体和敌害，还能起到施肥和改良水质等作用。使用时，先将生石灰放入水桶溶化成生石灰乳剂，趁热向全池均匀泼洒，用量为 0.1～0.15kg/m²。也可以使用漂白粉消毒，用量为 20～22kg/m²。

2. 施肥培水　　培水的目的主要是为鳝苗进池提供适口的饵料生物。在药物清池后 2～3d 注入少量新水，把一定数量的经过发酵的畜禽粪肥或有机堆肥拌和适量软土压底施入苗种池，泥肥比例 8∶1，厚度为 5cm 左右，施肥量控制在 0.5kg/m²，施肥培水应在鳝苗入池一周前完成。

3. 苗种放养

(1)鳝苗质量鉴别　　苗种放养前要进行鳝苗的质量鉴别，选择体质好的进行培育。首先要观察鳝苗的逆水能力，孵化池中，将水搅动形成漩涡，能沿水中漩涡逆水游泳者质量较好，无力抵抗卷入波涡者质量差；也可通过观察顶风游泳的能力来选择，将鳝苗舀到白色瓷盆中，口吹水面，体质好的会顶风游泳，体弱者游动迟缓或卧伏水底；在无水状态下观察鳝苗的挣扎能力，体质好的鳝苗，在无水条件下会不停滚动挣扎，体呈"S"形，体弱者则无力挣扎，仅头尾部扭动；体质好的鳝苗还有以下特征：大小规格整齐，颜色鲜嫩，肥满匀称，游动活泼，体表无伤，无寄生虫，体质差者则相反。

(2)鳝苗放养　　鳝苗放养时间一般是施肥 7d 后，此时浮游生物生长繁殖旺盛，可提供大量适口饵料，放养时应避开正午强烈阳光，选择上午 8～9 时或下午 16～17 时为宜。放养密度视培育池条件而定，水泥池以 300～400 尾/m² 为宜，水泥池循环放养密度可相应提高。放苗时要调节水温，温差不能超过 3℃。鳝苗进池后经 15d 左右时间饲养，体长长至 3cm 左右时，进行第一次分养，密度由原来的 400 尾/m² 左右减至 150～200 尾/m²。鳝苗再经 1 个多月的饲养，体长为 5～5.5cm 时，进行第二次分养，这时的密度为 100 尾/m²，以后根据情况确定是否进行第三次分养。

4. 饵料投喂　　鳝苗孵出后 5～7d，消化系统就可发育完善，开始觅食。第一次分养前，鳝苗饵料以天然的活体小生物为主，如大型枝角类、桡足类、水生昆虫、水蚯蚓和孑孓等，最喜食水蚯蚓和水蚤。因此在鳝苗放养前，必须用有机肥肥水，培育大型浮游生物。人工饲料以剁碎的蚯蚓为主，也可以投喂一部分麦麸、米饭、瓜果、菜屑等食物；经过半个月左右饲养，体长达 3cm 左右，可进行第一次分养，此时可投喂蚯蚓、蝇蛆和杂鱼肉浆，也可少量投喂麦麸、米饭、瓜果和菜屑等食物。日投 2 次，上午 8～9 时和下午 16～17 时各投喂一次，日投喂量为体重的 8%～9%；第二次分养后，可投喂大型的蚯蚓、蝇蛆及其他动物性饲料，也可喂配合饲料，日投饲量为体重的 6%～8%。当培育到 11 月中下旬，一般体长可达到 15cm 以上的鳝种规格。

5. 日常管理

1) 温度调节，夏季水温较高，日照强烈，可在鳝池上搭设丝瓜、扁豆等攀缘性植物遮阴，池中可适量放养水生植物，如水浮莲、水葫芦、水花生等，水位一般 10cm 左右，高温季节适当加深，不超过 15cm。

2) 水质调节，要保持池水有适当肥度，提供饵料生物，同时，要注意适时添换水，防止水质过肥，保持水体新鲜。

3) 经常巡池检查，每天早、中、晚都要巡池，观察鳝苗的生长情况。平时要加强检查防逃设施，以防鳝苗逃逸。及时增氧，保证水体溶氧充足。

4) 预防病害，及时清除水体的有害生物，对养殖过程中可能出现的某些病害如水霉病等，要及时利用消毒剂、抗生素等预防治疗。

(二) 成鳝的养殖管理

1. 放种前准备　　新砌的水泥池表面对溶氧具有强烈的吸附作用，会导致水体溶氧大幅下降及钙离子沉积，不利于鳝种生长，因此放养前需脱碱。其方法是提前半个月左右灌水入池浸泡，然后将水全部换掉；也可每吨池水加钙肥(过磷酸钙)1kg，或加入酸性磷酸钠 20g 浸泡 2d，还可用 10%冰醋酸洗刷池表面，然后浸泡 3～5d 等。如果利用网箱养殖，应该在鳝种放养前一周，提前将网箱下插架设完毕，这样可使网衣上形成一道由丝状藻类组成的生物膜，避免鳝种进网后擦伤皮肤。同时也使网衣上的一些不利于黄鳝生长的物质提前释放出来。放养前需移植水草，为黄鳝提供栖息地，还可起到净化水质及遮挡强烈的阳光等作用。适宜移植的水草有水花生、水葫芦等，水草的面积为 70%～80%。

2. 鳝种选择　　选择鳝种时，应将鳝放在一个中型水盆中，健康的鳝种表现为游动快，用手抓时挣扎厉害，体表无伤无病；若水盆面积较小，盆中绝对密度大时，健康鳝很快将头部竖起，而体弱鳝或伤鳝、病鳝在水盆中反应迟缓，头部竖起也缓慢无力，或根本竖不起头部。大部分病鳝种看起来浑身无力，头大、颈细、体瘦，还有一些表现为尾部发白或肛门上方有块状溃疡，或身体有白毛(水霉菌)，体表黏液很少或根本无黏液，选择时要注意剔除。

3. 鳝种放养　　每年春季，水温上升到 15℃以上可以投放鳝种。鳝种投放前可用 10～15g/m² 浓度的高锰酸钾溶液浸泡 10～20min，在浸泡过程中剔除受伤、体质衰弱的个体，并进行大小分级。鳝种 25～50g/尾，放养时要求规格一致。放养密度视水体条件、饲料状况、饲养水平等因素而定，一般为 2～5kg/m²。

放养前要将鳝种进行药浴消毒杀菌。将鳝种放置在 3%～4%的食盐水中药浴 10min；或者用高锰酸钾药浴，浓度为 10mg/kg，化水后将鳝种放入含有高锰酸钾的水中 5～8min。药浴可在鳝池边进行，先将配制好的药液倒入敞口容器内，然后将鳝种浸入。

4. 饲料投喂

（1）驯饲　　对于野外捕捞的鳝种，需要进行人工驯食。驯食的具体方法是，对于刚放入网箱的黄鳝，头 2～3d 不投饲，让其呈饥饿状态，第四天或第五天傍晚开始投喂少量黄鳝喜食的蚯蚓、螺蛳、蛙肉或蚌肉，放于进水口或饵料台，投喂量为黄鳝体重的 1%～2%。驯食期间逐渐掺入来源比较充足的其他饲料，如配合饲料等。黄鳝的视力较弱，摄食活动主要依赖于嗅觉、触觉和听觉。因此在驯食阶段，要做到定时、定位、定量。同时可以用一定的响声来驯食，实践证明，经过响声训练的黄鳝，只要听到驯食时的响声（如敲盆声），就会纷纷聚集于食台附近准备摄食。

（2）投喂方法　　饵料投喂要做到"四定"。①定时，水温在 20～28℃时，上午 8～9 时、下午 14～15 时各投喂 1 次，水温在 20℃以下或 28℃以上时，每天上午投喂 1 次。②定量，水温在 20～28℃时，鲜活饵料为黄鳝总体重的 5%～10%，配合饲料为 2%～3%，水温在 20℃以下、28℃以上时，日投喂鲜活饵料为黄鳝总体重的 4%～6%，配合饲料为 1%～2%。投喂后 2～4h 还吃不完，要将残食捞出，以免污染水质。③定质，饲料要新鲜无毒，动物性饲料最好是鲜活的，如不是鲜活的一定要煮熟，病死的动物肉、内脏和血液制品不要投喂。配合饲料要求营养全面，适口性好，稳定性好，发霉变质的饲料不能投喂。④定位，鱼类对特定的刺激容易形成条件反射。因此固定投饲地点，可防止饲料散失，有利于提高饲料利用率和了解养殖鱼类的吃食情况，并便于食场消毒、清除残饵，保证养殖鱼类的吃食卫生。

5. 日常管理

（1）水质管理　　主要目的是维持良好水质，保持适中的酸碱度；及时添换水，稳定水位，黄鳝对温差较为敏感，因此添换水时温差不要超过±3℃；设置增氧机适时增氧，防止缺氧浮头。生产实践中，一般把"肥、活、嫩、爽"作为良好水质的标准，这也是水质调控的目标。

（2）水草管理　　水草不仅可以净化水质，还能为黄鳝提供庇护所。在养殖过程中，由于饲料的投喂，水质较肥，水草不用特别管理，可正常生长，对枯死或腐烂的水草要及时捞出。在池塘养殖或敞口网箱中，要防止水草枝叶长出倒檐或网箱外，给黄鳝外逃创造条件，因此，对长高的水草要割短。

（3）疾病预防　　定期做好消毒和驱虫工作。生长旺盛季节每半个月左右进行一次药物预防，采取体外消毒消炎与内服相结合的方法。外用药物有每立方米水体用生石灰 25kg 或漂白粉 1g；网箱养殖用漂白粉或二氧化氯挂篓（袋）1 次，每只网箱挂 2 个袋，每袋放药 150g。内服药物有土霉素混饲口服，剂量为 20mg/kg，氟苯尼考、恩诺沙星、诺氟沙星等混饲口服，剂量为 20mg/kg，连用 3～5d。

（4）防逃及其他　　黄鳝善于逃逸，因此要注意巡池，查看进排水口防逃设施有无损坏，池壁池底防逃檐有无破损，雨天要防止雨水流入池中，以免黄鳝趁涨水逃逸。网箱养殖要注意经常清洗网箱，防止箱体破损造成黄鳝逃逸。或因网箱堵塞造成缺氧。注意天气变化，大风大雨来临前要及时检修箱体和进行固定工作，及时调节水位。食台上残饵须及时清除。

第五节　黄鳝对环境的要求和圈舍设计建造

一、黄鳝对环境的要求

黄鳝的整个生命过程都在水中完成，水体环境不仅是黄鳝赖以生存的空间，还为黄鳝提供了维持生命活动的各种物质，黄鳝的生长发育与其所处水环境息息相关，因此，要养好黄鳝必须控制好水体环境。具体环境要求如下。

(一)温度

黄鳝对温度相对敏感，不耐低温，也不耐高温，其适宜生长的温度为 15～30℃，最适温度为 23～28℃。当水温过高时，黄鳝摄食下降，在野外生长条件下，会钻入温度较低的底泥或洞穴。在人工养殖环境中，若池底为水泥或砖石结构，高温会使黄鳝浮游于水面，长时间高温会导致其死亡；水温过低也会影响其生长，当水温降至 13.5℃以下，黄鳝停止摄食，10℃以下时则开始冬眠。因此，适当采用冬季升温、夏季降温的控温措施，既可以有效延长黄鳝的生长时间，又能有利于其保持良好体质。

(二)溶氧

溶氧对于在水中呼吸的鱼类来说至关重要。黄鳝的口咽腔黏膜上皮有丰富的血管分布，是一种可在空气中进行气体交换的辅助呼吸器官。因此，黄鳝可在水中溶解氧较低时将头部伸出水面呼吸空气，对短时间低氧有较高的耐受性。一般认为，适温条件下，溶氧维持在 3mg/L 以上，摄食旺盛，饲料利用率高，生长速度较快；如果溶氧长时间低于 2mg/L，会导致其摄食减少，活动异常，严重影响其生长，甚至引发大批死亡。

(三)营养盐

在自然水域中，植物，尤其是浮游植物为初级生产者，为各种水生动物提供饵料，而植物的生长取决于水体中营养盐的含量及比例。人工养殖条件下，由于放养密度较大，饵料主要靠人工投喂，但也需要注意控制水体中营养盐的含量与配比，来调控水体中浮游植物的生长，一方面为黄鳝提供额外的饵料，另一方面通过光合作用吸收二氧化碳，增加溶氧，改善水质。在营养盐中以氮、磷含量最为重要，如果水体中氮、磷含量偏低，就会影响浮游植物的生长。

(四)有机物

养殖水体中的有机物主要来源于养殖动物排泄物、残饵及水生生物残骸、光合作用产物、细胞外产物等。这些有机物可作为黄鳝饵料生物如原生动物、大型水蚤、桡足类等水生生物的食物，也可以直接被黄鳝摄取，因此，其存在对黄鳝的养殖具有一定意义。但如果有机物过多，则会增加耗氧，败坏水质，降低水体的酸碱度，影响黄鳝的生长。在养殖水体中，适宜的有机物耗氧量是 20～40mg/L，如超过 50mg/L，应该及时添换新水，改善水质。

（五）pH 及其他

黄鳝喜栖息于松软多腐殖质的环境中，在中性或偏酸性的水体中生活较为适宜，一般认为水体 pH 大于 7.2 或小于 6.5 时会影响其生长。pH 过低，不仅会使黄鳝摄食量减少，消化率降低，生长受到抑制，也会降低鱼体血液 pH，使其携氧能力下降，严重影响生长。酸性水体还会引起病原微生物大量滋生，增加病害爆发风险。如果 pH 过高，黄鳝表现为急躁不安，不摄食，如长时间如此，会损伤鳃组织，并导致皮肤溃烂，甚至碱中毒死亡。因此新建水泥池要经脱碱处理后才能使用，用生石灰消毒时，要注意池水 pH 的变化。此外，黄鳝对盐度较为敏感，高盐度不利于其生长。

（六）有害物质

养殖水体中常见的有害物质是硫化氢和氨。硫化氢的来源有两个：①水体内的硫酸盐、亚硫酸盐等，在微生物作用下进行还原，生成硫化氢。②水体内含硫有机物（如含硫氨基酸、磺氨酸等）在厌氧菌作用下，降解形成硫化氢。硫化氢是水产动物的剧毒物质，可使健康鱼体急性中毒死亡。随硫化氢浓度的升高，鱼虾的生长速度、体力和抗病力都将减弱，严重时会损坏鱼虾的中枢神经。养殖水体中硫化氢的浓度应该严格控制在 0.1mg/L 以下。

养殖水体中产生的氨的来源有三个：①含氮有机物的分解产生氨；②水中缺氧时，含氮有机物被反硝化细菌还原产生氨；③水生动物的代谢以氨的形式排出体外。氨氮同样对鱼类具有较强毒性，对一般养殖鱼类来说，水体中非离子氨浓度超过 0.1mg/L 被认为鱼类慢性中毒，导致摄食减少，增重率降低；而当浓度升至 0.2～2mg/L 时则可能引发鱼类急性中毒。

二、圈舍设计建造

（一）苗种培育池建造

苗种培育池选用小型水泥池，要求水源充足、水质良好、排灌方便、安静、避风向阳，面积以 10～20m² 为宜，池深 20～30cm，池底加土 5cm 左右，上沿要高出地面 20cm 以上，以防雨水漫池逃苗。水池应设进、排水口，并用筛绢网片罩住。

（二）成鳝养殖设施建造

1. 无土网箱养殖设施　深水无土网箱养鳝，一般是在水面较宽阔、水位较深的水域中设置网箱，网箱浸水深度为 70cm 左右。网箱可做成长方形，面积为 15～25m² 较佳。网箱通常由网衣、框架、撑桩架、沉子及固着器（锚、水下桩）等构成。网衣常用聚乙烯网片制成，网目规格为 30 目左右。网箱可以是全封闭式的，即箱面用网片封死，也可为敞口网箱，但在箱口要求加设倒檐，防止黄鳝外逃。网箱还需要部分附属设施，包括食台、栈桥等。食台是供黄鳝摄食饲料用的小台。一般用木板制成小长方形的框状，框底由聚乙烯网片或筛绢布编织而成，食台固定在箱内水面下 0.1～0.2m 处。一般每 10m² 左右的网箱设置 1～2 个食台，20m² 以上的面积可设置 2～3 个食台。栈桥对于规模养鳝较为重要，它是供管理人员在网箱之间进行操作的纽带和桥梁。栈桥可用木桩、竹桩搭成，桥面宽度和所用材料要使管理人员在桥上能顺利进行各项操作。

2. 土池养殖设施 土池宜建在土质坚硬的地方，面积视养殖规模而定。从地面向下挖 30～40cm，挖出的土堆在池边做埂，埂高 40～60cm、宽 80～100cm，埂要打紧夯实，池底也要夯实，有条件的最好在池底铺设 1 层无毒塑料薄膜，在薄膜上堆放 20～30cm 厚的泥土，池埂上可以种植一些攀缘植物。

3. 工厂化流水水泥池养殖设施 养殖设施建于室内为宜，用水泥、砖石块砌成，池面积 2～5m²，池壁高 40cm 左右，池埂宽 20～40cm，池壁顶部砌成"T"字形出檐，既可防止黄鳝逃逸，又可避免鼠蛇的侵入。在池的相对位量设直径 3～4cm 的进水孔 1 个和排水孔 2 个，进水孔与池底等高，排水孔一个与池底等高，另一个高出池底 5cm，进、排水管都装有金属网罩以防逃。可采用若干池并成一排，几排池子排列在一起，每排水泥池两边分别设有进排水水渠和出水水渠。池外围建一圈外池壁，高 80～100cm，设有总进水口和总排水口(图 19-1)。

4. 有土静水水泥池养殖设施 先在平地下挖 30～40cm 深，挖成土池后，池壁用砖块、石块、砂浆砌好，用水泥填缝，池角砌成弧形，池壁要高出地平面 10cm 以上，防止雨水直接流入池子，池壁顶部同样砌成"T"字形防逃。池底最好是水泥底，如果建池处土质较硬，黄鳝无法钻洞，也可以在池底和池坡处加一层厚 5cm 以上的三合土并夯实。池深一般 80～100cm，其中水深 10cm，水面以上留 30～50cm，土深 30～40cm，土层为含有机质较多的土壤，土层软硬要适中，使黄鳝能打洞而洞口又不会闭塞。离池底 30～40cm 处开进水口，排水口一般安装在池底，以能将水全部排出为宜，在池底以上 10cm 高处安装一个溢水口，孔口都要用细网目筛绢罩住。

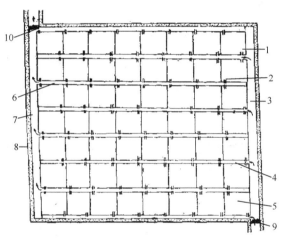

图 19-1 工厂化流水水泥池

1. 水池进水管；2. 小池排水管；3. 总进水渠；4. 进水支渠；5. 养殖池；6. 出水支渠；7. 总排水渠；8. 外池壁；9. 进水防逃网；10. 出水防逃网

三、环境调控

(一)水温的调控

对于夏季较高的水温，一般采用遮阴降温措施，如池边搭遮阴棚架，上盖遮阴物，或种植瓜果类，使其枝藤爬上棚架。另外，加水、冲水、换水也是夏季降低水温的措施之一。秋末气温不断下降，黄鳝生长减慢甚至停止生长，此时可在鳝池上面用透明塑料薄膜搭设人工保暖棚，既可保持正常光照，又能有效减缓热量散失，提高水温。

(二)水质的调节

养殖过程中,随着饲料的投入,残饵粪便日益堆积,水体有机物含量大幅增加,病原微生物逐渐滋生,因此,必须及时对水质进行调控,在生产实践中,常把"肥、活、嫩、爽"作为优质池水的水质标准。"肥"是指水体中植物所需营养素含量丰富,水中浮游生物(主要是浮游植物)含量多,池水呈茶褐色或油绿色。"活"是指水体有活力,水色早晚变化大,早上淡,下午浓,也就是"早清晚绿",这样的水中浮游生物繁殖旺盛,适口性饵料含量丰富,氧气含量比较高。"嫩"是指水体颜色鲜艳不老("老"是指水色常呈黄褐色、淡白色或深蓝色,且水色明显有日变化),浮游生物处于生长期,水表无漂浮的水华。"爽"是指水质清爽,无浑浊感或者肮脏感,透明度 25~30cm。生产上常用换水和泼洒石灰水的方法来实现。在正常情况下,夏季 1~2d 换水 1 次(有条件的可以微流水),每 7~10d 泼 1次生石灰水,使 pH 保持在 7.0 左右;春秋两季,每 3~5d 换水 1 次。注入水与原池水的温差不能超过±3℃。

(三)有害物质的去除

1. 硫化氢的去除　①曝气法:在偏酸性条件下(一般要将 pH 调整到 6 以下),将池水与空气充分接触,即可除去硫化氢。②氧化法:利用氧气、氯气等氧化剂,将硫化氢氧化成硫黄或者硫酸。③生物法:在水体中加入光合细菌等微生物,利用生物氧化作用,将硫化氢氧化成硫黄或者硫酸。

2. 氨的去除　①离子交换法:利用天然沸石和离子交换树脂可去除铵离子。②生物处理法:在氨氮含量较高的水体中加入硝化细菌、芽孢杆菌等微生物,通过硝化作用和脱氮作用,可将氨氮去除。

第六节　黄鳝的捕捞、暂养与运输　

（茆达干　方星星）

第二十章 泥　　鳅

泥鳅，也称鳅鱼，其肉质细嫩，味道鲜美，营养丰富，享有"水中人参"的美誉。泥鳅含有人体所需的各类氨基酸及微量元素，且氨基酸的组成比例与世界卫生组织和联合国粮食及农业组织规定的理想蛋白质模型较为接近，其黏液中还含有多糖、抗菌肽和超氧化物歧化酶等生物活性物质，因此泥鳅兼具药用保健功能，对肝炎、糖尿病、跌打损伤、痔疮、水肿等病都有一定的疗效。此外，由于泥鳅独特的生物学特性及对一些污染物的敏感性，其也成为毒理学研究中较为理想的实验材料，可作为指示生物监测河流和湖泊的污染程度。

我国泥鳅养殖始于20世纪50年代中期，但受制于当时的社会环境、消费观念、消费水平及养殖技术等因素，养殖规模并不大，多为庭院或坑池养殖。此后一直进展缓慢，直至20世纪90年代，随着渔业结构的调整和特种水产养殖业的兴起，泥鳅养殖才有了较大发展，养殖范围不断扩大，养殖面积和产量也不断增加，并围绕这一养殖对象形成了较为完整的上下游产业链。现今泥鳅已成为我国重要的淡水经济鱼类之一，是我国出口日本、韩国的主要淡水鱼类，因此泥鳅养殖具有广阔的发展前景。

第一节　泥鳅的种类与品种

一、分类与分布

泥鳅在分类上属鲤形目(Cypriniformes)、鳅科(Cobitidae)。鳅科鱼类的主要特征为体呈圆筒形或纺锤形；口下位或亚下位，须3～6对，咽齿1行；眼下刺存在或缺失。鳅科鱼类现已知有26属、177种，分为沙鳅亚科(Botiinae)和花鳅亚科(Cobitinae)两个亚科。前者2对吻须聚生于吻端，尾鳍后缘深分叉；后者2对吻须分生于吻端，尾鳍后缘外凸呈圆弧形。

我国鳅科鱼类多隶属于花鳅亚科，主要是花鳅属(Cobitis)、泥鳅属(Misgurnus)和副泥鳅属(Paramisgurnus)。分布于我国境内的泥鳅属共有3种：黑龙江泥鳅(M. mohoity)、北方泥鳅(M. bipartitus)和泥鳅(M. anguillicaudatus)，其中泥鳅也称真泥鳅。黑龙江泥鳅仅分布于黑龙江水系，北方泥鳅主要分布于黄河以北的内蒙古、黑龙江及辽河上游地区，泥鳅则除西部高原外，在全国各地均有分布。副泥鳅属则仅有大鳞副泥鳅一种鱼，主要分布于长江、嘉陵江和岷江水系，辽宁省辽河中下游、黄河、黑龙江等水域，台湾也有分布。

二、养殖种类

迄今为止，泥鳅育种虽取得了一定进展，但尚没有经农业部全国水产原种和良种审定委员会认定的育成品种发布，养殖的大多为当地野生或杂交品种，其中又以副泥鳅属的大鳞副泥鳅和泥鳅属的泥鳅最为常见。大鳞副泥鳅由于体侧扁，呈暗黄色，俗称黄板鳅、黄扁鳅或黄鳅；泥鳅由于体略圆短，呈青灰色，俗称青圆鳅、黑鳅或青鳅。与泥鳅相比，大鳞副泥鳅个体生长速度更快，生产投资回报率更高，是我国泥鳅出口的主要品种，泥鳅的消费市场则主要以国内为主。

近年来，我国台湾水产科技工作者以我国的台湾、大陆及泰国、缅甸、柬埔寨、越南、老挝等东南亚国家泥鳅品种进行种间杂交、选育而成的台湾泥鳅，是水产界公认的优良人工选育品种。台湾泥鳅的生物学特性和鳅科鱼类相似，不过与大鳞副泥鳅和泥鳅相比，其营养价值更高，个头也更大，成鳅体重一般在50g以上，部分可达300g，目前已知最大的台湾泥鳅重达600g。自2012年被引入大陆以来，台湾泥鳅的养殖即获得迅猛发展。

第二节　泥鳅的生物学特征

一、外形特征

泥鳅身体细长，背鳍之前略呈圆筒形，背鳍之后侧扁。头较小，吻部较尖，吻长小于眼后头长。体长为体高的6.1～7.9倍，为头长的5.4～6.7倍。头长为吻长的2.4～3.1倍。尾柄长为尾柄高的1.2～1.4倍。口下位，口裂深弧形。唇厚，上、下唇在口角处相连，上唇有2～3行乳头状突起，下唇面也有乳头状突起，但不成行；上颌正常，下颌匙状。口周围有须5对，分别为2对吻须、1对颌须、2对颏须。口须长短不一，最长可达或超过眼后缘，短者仅至前鳃盖骨。前、后鼻孔紧靠在一起。眼小，侧上位。鳃孔小，鳃裂至胸鳍基部，鳃完全但鳃耙不发达，呈细粒状。鳃盖膜连于颊部。

头部无鳞，体被细圆鳞，侧线完全但不明显，侧线鳞数为141～150。胸鳍小，下侧位。腹鳍短小，起点与背鳍起点相对或稍后，距胸鳍较远。尾鳍后缘圆弧形，尾柄上下游尾鳍退化鳍条延伸向前的鳍褶，上方的鳍褶达到臀鳍的上方，下方的鳍褶约达到臀鳍末端处。

泥鳅体背部及体侧2/3以上部分为灰黑色，散布有不规则的褐色斑点，体侧下半部及腹部灰白色或淡黄色。胸鳍、腹鳍、尾鳍灰白色，尾鳍及背鳍具有黑色小斑点，尾鳍基部上方有明显的黑色斑点。因栖息环境不同，体色变异较大，有时即使在同一环境中生活的泥鳅，体色也有很大差异。

大鳞副泥鳅体形酷似泥鳅，但鱼体较粗短，尾柄长为尾柄高的0.8～1.2倍。尾柄皮褶棱特别发达，与尾鳍相连。体侧的黑色斑更细小，散布更密集，尾鳍基后方无黑色斑点。口须较长，最长的颌须后伸可达鳃盖骨，外吻须后伸可达眼的下方。

二、生活习性

1. 栖息特点　　泥鳅属温水性底层鱼类，多栖息在静水或缓流水的池塘、沟渠、湖泊、稻田等浅水水域中，有时喜欢钻入泥中，所以栖息环境往往有较厚的软泥。尤喜欢生活于中性或偏酸性（pH 6.6～7.2）的水体中。

泥鳅在水的底层生活。它对环境的适应能力非常强，既能在水中游泳，又能钻到底泥里。它昼伏夜出，白天钻到底泥里休息。晚上出来在水底寻找食物。由于长期生活在黑暗的环境中，它的视力极度退化。但是，它的感觉却很灵敏，泥鳅的感觉主要是触觉，靠触须来寻找食物。另外，它的侧线系统也很发达和灵敏，可以依照它们来感觉水的变化，逃避敌害。

2. 耐低氧特性　　泥鳅对低氧环境的耐受性远胜一般鱼类，可生活在溶氧量极低的水或淤泥中。这与其具有特殊的辅助呼吸器官有关，除了正常的鳃呼吸之外，泥鳅的肠和皮肤也有呼吸作用，其中肠呼吸为泥鳅特有的呼吸方式。当水温高、气压低或密度过大、水体中含氧量很低时，泥鳅就游到水面吞取空气进行肠呼吸，而且溶氧越低，吞取频率越高，其呼吸量甚至可占全部呼吸量的 1/3 以上，因此泥鳅即使在水中溶解氧低于 0.16mg/L 时仍能存活。

3. 喜温性　泥鳅的适温范围较广，10～30℃均能生长，超出此温度范围，泥鳅活力显著减弱，几乎不摄食，在自然条件下，泥鳅会潜入泥中进行冬眠和夏眠。一旦水温达到适宜温度时，便又会复出活动摄食。当水温为 25～28℃时，泥鳅活力最强，生长最快。

4. 夜食性　自然条件下，泥鳅大多白天潜伏，傍晚到半夜间才出来觅食，但在产卵期和生产旺盛期间白天也摄食，冬眠和夏眠时对光线也没有明显的反应。在人工养殖条件下，经过驯养的泥鳅这一特性可以改变。

5. 杂食性　泥鳅为偏动物食性的杂食性鱼类，且食性很广，主要食物包括昆虫幼虫、小型甲壳动物、藻类及高等植物碎屑、水底腐殖质等，也喜食鱼卵。在人工养殖条件下，蚯蚓、蚕蛹、畜禽下脚料、鱼粉、米糠、麦麸、酒糟、豆饼、豆渣及蔬菜渣等也可作为饵料投喂。与其他鱼类混养时常以其他鱼类的残饵为食。

在生长发育的不同阶段，泥鳅摄取的食物种类也有所不同。体长 5cm 以下时以摄食原生动物、轮虫、枝角类、桡足类等适口性动物饵料为主；长至 5～8cm 时则转为杂食性，主要摄食甲壳类、摇蚊幼虫、丝蚯蚓、蚬子、幼螺、水生昆虫等底栖无脊椎动物，同时摄食丝状藻、硅藻、植物的碎片及种子等。长至成鱼时食物中植物性饵料较多，如水生植物种子、嫩芽及淤泥中的腐殖质等。

泥鳅摄食以夜间为主，尤喜上半夜外出觅食。如果环境安静，有时白天也出来活动。泥鳅的摄食方式为半主动式，只有当食物进入其触须感知的范围内时才主动出击。泥鳅的摄食受水温的影响较大，水温 15℃以上时，摄食量逐渐增加，进入其最适水温范围内时，摄食最旺盛。

三、生长特性

泥鳅属小型鱼类，自然条件下生长较为缓慢，刚孵出的鳅苗体长 3～4mm，1 个月后可达 3cm，半年后可长到 6cm 左右，体重 3～5g，1 年内体长可达 8～10cm，体重 6～8g，2 年内可长至 10～12cm，体重 10～15g。雌雄泥鳅的生长存在一定差异。最大个体雌鳅体长可达 21cm，体重 100g，而雄鳅体长 17cm，体重 50g。

在人工养殖条件下，泥鳅的生长速度与饵料、养殖密度、水温、性别、规格和发育时期等密切相关。一般刚孵出的泥鳅苗经 20d 左右即可长至 3cm 以上，1 龄个体可达 8～10g，2 龄个体就可达 25～30g 的商品鱼规格。

第三节　泥鳅的人工繁殖

作为一种具有广阔养殖前景的小型经济鱼类，早期泥鳅的苗种主要来源于天然水域，但近年来随着市场需求的增加及野生资源的下降，天然苗种已不能满足日益发展的养殖需求，因此开展泥鳅的人工繁殖就具有十分重要的意义。

一、泥鳅的繁殖特点

(一)性腺发育

泥鳅的生殖腺为精巢和卵巢。在发生上，是由原始生殖细胞和生殖嵴共同构成的。泥鳅原始生殖细胞最初出现在原肠晚期预定中胚层内，体节中胚层与侧板中胚层分离后而位于侧板中胚层。随着胚胎进一步发育，原始生殖细胞沿着脏壁中胚层从消化道腹侧迁移到背面，进入系膜两侧的背壁上皮形成的生殖嵴，与生殖嵴共同组成未分化的生殖腺。

泥鳅的性腺发生于受精后的第 16 天，但早期性腺形状两性有所不同。将要发育为卵巢的原始性腺表现为体积快速增大，横截面变宽，向体腔中间靠拢，最终在肠道背部愈合，因此成体雌性仅具一个卵巢；而将要发育为精巢的原始性腺则呈两端尖中间稍突的梭形，增生并不明显，分布于体腔两侧。泥鳅卵巢分化早于精巢，于 40 日龄卵巢即开始分化，至 55 日龄卵巢分化完全；而精巢于受精后 55d 左右开始分化，100d 左右才分化完全。

泥鳅性成熟雄鳅较雌鳅早，雄鳅最小性成熟个体体长 6cm 以上。雄鳅的 1 对精巢，位于腹腔两侧，呈不对称带状，右侧的精巢比左侧的长而窄，重量也稍轻。当雄鳅体长为 9～11cm 时，精巢内的精子约有 6 亿个。雌鳅幼时卵巢为 1 对，至成体时则愈合为 1 个，由前端向后端延伸。雌鳅怀卵量因个体大小不同而有很大差异，一般怀卵量在 8000 粒左右。最小性成熟个体怀卵量约 2000 粒，随体重和体长的增加，其怀卵量有明显的增加趋势，最多时可超过 6.5 万粒。由于卵子在卵巢内的成熟度不一致，每次排卵量仅为怀卵数的 50%～60%。

(二)繁殖周期

泥鳅一般为 2 龄性成熟，为多次产卵性鱼类。长江流域泥鳅生殖季节在 4 月上旬，水温达 18℃以上时开始产卵，直至 8 月，产卵期较长，盛产期在 5～6 月。每次产卵需时较长，一般 4～7d 才能排卵结束，每个个体都是一次性将体内的成熟卵全部排出体外。产卵结束后，卵巢继续生长，当年 11 月至翌年 1 月，所有泥鳅的卵巢中又有成熟的卵母细胞，此时可再次产卵，因此泥鳅可一年产卵 2 次。

(三)繁殖习性

泥鳅产卵活动往往在雨后、夜间或凌晨，常选择有清水流的浅滩，如水田、池塘、沟渠等，作为产卵场。产卵前，时常有数尾雄性泥鳅追逐一尾雌性泥鳅，并不断用口吸吻雌鳅的头、胸部位。如此反复，发情渐达高潮。当雌鳅临近产卵时，一尾雄鳅拦腰环绕紧紧卷住雌鳅，挤压雌鳅腹部激发排卵，雄鳅随后排精，进行体外受精。这一动作能重复多次，因个体大小不同而次数不等，个体大的可在 10 次以上。产卵后的雌鳅腹鳍后方体侧会留下一个近似圆形的白斑，即为产卵斑。

泥鳅受精卵呈卵黄色、圆形，具有比较弱的黏性，可黏附在水草、石块上，随着水流的波动，极易从附着物上脱落沉到水底。一般水温为 19～24℃时，经 2d 孵出嫩苗。孵出的仔鱼，常分散生活，并不结成群体。

二、亲本的选择和培育

(一)亲本的来源

当前，用于人工繁殖的泥鳅亲本主要有三个来源：一是从天然水域中捕捉；二是从市场上收购；三是从人工养殖的泥鳅成体中进行选留。这些不同来源的亲本各有其优缺点，但在实际生产上，无论哪一种来源的亲本在应用于后续操作前，均须经过严格筛选，并经过一段时间的精心培育之后才能使用。

(二)雌雄鉴别

泥鳅雌雄区别表现在个体的大小和胸鳍的形状上。雌鳅个体明显大于雄鳅，胸鳍较短，鳍的前端较圆钝，呈扇形，成熟时腹部膨大、饱满，有透明感，生殖孔开放；雄鳅胸鳍窄而长，第 1 鳍条末端上翘，第 2 鳍条基部有一骨质薄片，在生殖期胸鳍追星明显，生殖孔外突微红而膨大，用手挤压腹部有白色精液流出。

(三)亲本的选择

泥鳅一般 2 龄成熟，作为亲本最好选择 3 龄以上，体长 15～20cm，体重 30～60g，体质健壮、无病无伤、性腺发育良好的大个体。雄鳅个体最好和雌鳅相称，也可略小于雌鳅。如果按此标准进行选择时亲本数量不够，体长 13cm 以上、体重 15～20g 的雌性个体，以及体长 10cm 以上、体重 12g 以上的雄性个体也可选用。经过强化培育后，泥鳅性腺一般发育良好，但在人工催产前，还需再次对亲本进行选择。

已经产过卵的雌鳅在身体腹面两侧会毫无例外地各留下一道近圆形的白斑状伤痕，为产卵斑，因此在选择亲本时，腹鳍上方有白斑的雌鳅应予以剔除。此外，经过长距离运输或室内暂养时间过长的成鳅也不适于进行人工催产。

(四)亲本的培育

泥鳅的亲本培育一般在专用亲本培育池中进行，少数情况下也可利用网箱进行培育。由于泥鳅的繁殖特性与多数鱼类不同，亲本培育工作应在人工繁殖前 8 个月即开始准备。把经过筛选的亲本按雌雄比 1：(1～2)放入培育池中进行强化培育，放养密度以 10 尾/m² 左右较为适宜。

培育期间主要投喂高蛋白质配合饲料，日投喂量为亲本体重的 3%～5%；也可以投喂动物碎肉、鲜鱼肉糜、鱼粉等动物性饲料并辅以少量米糠、麦麸及鲜嫩水草等植物性饲料，日投喂量为亲本体重的 5%～8%。由于泥鳅喜欢夜间觅食，投喂应以傍晚为主。培育期间应适当追肥，粪肥应充分发酵后施放，并经常补充新水以调节水质，使水质保持肥、活、爽。每 3～5d 冲水 1 次，每次换水 1/4～1/3。池中可种植水草，保持良好的培育环境。

三、泥鳅的人工催产

当发现亲本培育池的个别雌、雄泥鳅有追逐现象后，就可以进行人工催产了。目前，能够用于泥鳅人工繁殖的催产激素种类较多，有鲤鱼或鲫鱼的脑垂体(PG)、人绒毛膜促性腺激素(HCG)、黄体生成素释放激素类似物(LRH-A)和马来酸地欧酮(DOM)等。实践表明，单一激素种类的催产效果均不理想，而且成本较高，因此多采用几种催产剂混合注射的方法进行催产，如 LRH-A(2μg)+ DOM(1mg)、HCG(100IU)+ LRH-A(5μg)、HCG(50IU)+ LRH-A(0.25μg)+ DOM(0.2mg)等，具体的组合和剂量在实际生产上可根据亲本的大小及性腺发育程度进行适当调整。催产剂用 0.9%生理盐水进行稀释，现配现用，采用一次性注射，每尾注射 0.5ml，雄鱼剂量减半。

人工催产可通过肌内注射或腹腔注射进行。肌内注射时要露出背部，针头朝向头部方向，与鱼体呈 45°角，扎入侧线与背鳍之间的肌肉中，进针深度以 0.2cm 为宜。腹腔注射则需将泥鳅翻过身来，腹部朝上，在腹鳍或胸鳍基部进行注射，注射角度与进针深度同肌内注射。为防止进针太深，可在针头的基部套上胶管，只露出 0.2~0.3cm 的针头。

泥鳅行动活泼，身体较滑，很难抓捕，因此在注射时需要用毛巾将泥鳅包住并掀开毛巾一角露出要注射的部位进行注射，也可以使用少量的麻醉剂先将泥鳅麻醉后再进行注射。常用的麻醉药有利多卡因、普鲁卡因和间氨基苯甲酸乙酯甲磺酸盐(MS-222)等。注射催产剂后，立即放入产卵池，泥鳅很快就会苏醒。

人工催产最好安排在晴天的下午或傍晚进行，这样亲鳅正好在第二天凌晨或上午发情产卵，有利于生产操作。同时，夜晚环境较为安静，亲鳅产卵受到的干扰也较少。催产注射后应每隔一段时间观察亲鳅的活动情况，尤其是临近效应时间更应密切关注。

四、泥鳅的人工授精和自然受精

(一)效应时间

泥鳅在注射催产剂后至达到发情高潮的时间称为效应时间。效应时间的长短与亲鳅的成熟度、激素的种类和剂量及水温等有关。在其他条件相同的情况下，水温越高，效应时间越短。水温为 20℃时，效应时间为 15~20h；水温为 21~23℃时，效应时间为 13h；水温为 25℃时，效应时间为 11h 左右。因此可根据催产时水温的高低来推算泥鳅的发情产卵时间，以便合理安排人工催产和授精等工作。

(二)人工授精

在雌雄亲鱼追逐频繁、发情达到高潮时，便可捞起亲鳅，擦干鱼体，进行人工授精。用大拇指和食指轻压雌鳅腹部，使成熟卵子流入预先洗净、擦干的盆内，同时挤出雄鳅精液滴入其中，混合均匀。若雄鳅精液难以挤出，可剖开腹部，用镊子取出精巢，用剪刀将其剪碎研磨，加入格林氏液或 0.7%生理盐水进行搅拌，制成精液稀释液倒在卵上，然后将盆轻轻摇晃，并用羽毛搅拌均匀使其充分受精。

在进行人工授精的过程中，如果发现雌鳅挤不出卵子，则不要硬挤，可另换一条雌鳅，把这条雌鳅放入水中继续发育，留待下次再用。

(三)自然受精

泥鳅个体小，绝对怀卵量少，且属于多次成熟产卵鱼类，批量繁殖时采用人工授精费时费力，对鱼体损伤也较大。通过专门建立产卵池，创造人工环境，布设鱼巢，将经过人工催产的雌雄泥鳅按一定比例投入其中，诱使其在上面自然产卵受精，然后收集受精卵进行孵化，可有效克服人工授精的不足。

产卵池面积不宜太大，以便于操作管理，3～15m² 即可，水深保持 15～20cm。亲本培育池或其他较小的土池、水泥池，甚至水箱、木桶等经简单改造后均可用作产卵池。池内种植适量的水生植物如蒿草、稗草等，水面上可放养水葫芦、浮莲等。在产卵池四周或中央，架设经过清洗消毒的棕榈片或杨柳须根，作为人工鱼巢。在鱼巢下方还需设置盛卵纱框以接收脱落下来的受精卵，盛卵纱框放入时需用石块压住。已附有受精卵的鱼巢和盛卵纱框要及时取出以防被吞食，同时要放入新的鱼巢，为尚未产卵的泥鳅提供产卵场地。

泥鳅的自然产卵受精也可在网箱内进行。网箱可架设于产卵池或孵化池内。架设于产卵池内的网箱一般为单层，网目为 5 目，网箱内固定有人工鱼巢，将经过人工催产的亲鳅按雌雄比 1∶（1.5～2.0）放入网箱，用微流水刺激，到了效应时间，泥鳅便开始发情产卵。产卵结束后将网箱和泥鳅一起拿走，用虹吸法或排水法取出受精卵。架设于孵化池内的网箱一般为双层，外层网箱采用 80 目的筛绢制成，内层网箱为 5 目，便于产后卵粒落入外层网箱中。内外层网箱之间留有一定空隙，网箱要尽量展平，以便产后卵粒均匀分布，防止卵粒堆积，影响孵化率。

五、泥鳅卵的孵化

泥鳅受精卵的孵化方式因获得受精卵的方式不同而有所不同。卵粒人工授精后可附着鱼巢或网片后进行孵化。具体操作是，取清水一桶，将鱼巢平铺桶底，然后一人轻轻抖动鱼巢，同时搅动水体，另一个徐徐将卵粒倒入桶中，使卵粒均匀上巢。对网片的操作与之类似。自然繁殖受精卵由于已经附着于鱼巢或网片，这一步可以省略。

附着受精卵的鱼巢可采用多种孵化方法，一般经过石灰消毒的鱼池即可，不必另设孵化池。如果数量集中而较多时，可另建孵化池。也可用网箱孵化，网箱面积以 5～10m² 为宜，网壁高出水面 30cm，水深不超过 50cm，孵化密度为 400～600 粒/L。采用纱框盛卵的，盛卵纱框浮起后即可作为孵化框，自由漂浮在静水或微流水中进行孵化。如经过脱黏处理，也可用孵化缸、孵化槽或孵化环道进行孵化。具体采用何种孵化方式应按生产规模大小而定。

在整个孵化管理过程中，要随时注意孵化水体的情况，应经常测水体的温度、溶氧等数据，观察受精卵和孵出鱼苗的发育情况，清除水体中的污物和敌害生物。孵化用水要求水质清新，溶氧丰富，pH 7.0 左右。生产实践表明，采用预先充气增氧后的浅水、微流水的孵化效果比深水、静水好。孵化时要避免震荡，以免受精卵脱落。在鱼苗出膜达到平游时，适当减少充气量，以免鱼苗因运动量过大消耗体力，影响成活率。

受精卵在水温 20～30℃时都能正常孵化，以 25～28℃较为适宜。水温过低或过高均会影响孵化率及成活率，增加畸形率和死亡率。为避免胚胎因水温波动而引起死亡，孵化用水温度不宜超过 30℃。水温对孵化时间也有较大影响：20～21℃时，出膜时间为 50h；24～25℃时，出膜时间为 30～35h；27～28℃时，出膜时间为 25～30h。

第四节　泥鳅的饵料与饲养管理

泥鳅属杂食性鱼类，饵料来源广泛，但不同生长阶段对饵料或饲料的营养需求有所不同。人工养殖泥鳅目前大都以天然动物性饵料为主，经过驯化也可以投喂人工配合饲料。不同来源的饵料或饲料种类不仅影响泥鳅的生长和发育，还会影响鱼体的营养成分。

一、仔鱼的饵料

这一阶段是鳅苗从内源性营养转向外源性营养的关键阶段，如果饵料不足，会造成仔鱼生长速度和存活率明显降低。初孵的仔鱼由于不能在水中自主活动，以内源性物质卵黄囊为唯一的营养来源。随着眼、口、消化道和鳍等与初次摄食有关的器官的迅速发育，泥鳅仔鱼开始主动摄食。在适宜水温条件下，出膜 2d 后泥鳅仔鱼即可开口摄食，初次摄食率为36%，此时进入混合营养期，4d 后卵黄囊全部消失，完全依赖于外源性营养，必须进行人工投喂，泥鳅仔鱼的饥饿不可逆点为 8～9 日龄。

泥鳅仔鱼的开口饵料比较广泛，蛋黄、豆浆、鱼粉、轮虫和藻类等均可作为开口饵料。研究表明，投喂藻类和轮虫可以使泥鳅仔鱼具有更高的存活率和生长速度，但以轮虫为主要饵料并补充适当的蛋黄和小球藻的仔鱼最为健壮且规格整齐。因此，在实际生产上如有条件可专池培育单胞藻类或轮虫进行投喂，适当辅以蛋黄。为了增加蛋黄在水体中的悬浮时间，以便仔鱼和轮虫摄食及降低对水质的污染，可用 80～100 目筛绢对其进行过滤。

二、稚、幼鱼的饵料

泥鳅稚鱼的最佳开口饵料为小型浮游动物，早期仍为轮虫，在全部摄取食物中的数量比例和重量比例可达90%以上。轮虫的粗蛋白质含量较高，粗脂肪含量仅次于鸡蛋黄，而且含有大量稚鱼所必需的不饱和脂肪酸，营养价值较高，可满足这一阶段稚鱼的营养需求。随着稚鱼的进一步生长发育，其口径也相应增大，运动能力逐步增强，个体稍大的浮游动物，如枝角类和桡足类逐渐成为其主要的食物来源，两者在食物中的重量占比可达95%左右。因此在生产上一般采用施肥法培育水质，以繁育泥鳅喜食的饵料生物。在鳅苗放养前一周，施用经过腐熟发酵的有机肥，如牛粪、鸡粪、猪粪等，用量为 200～300kg/亩。经过 5～6d，小型浮游动物尤其是轮虫便可达到高峰，水色多呈黄绿色，此时即可投放鳅苗。如果当年天气偏低，轮虫形成的高峰期可能会推后，相应的鳅苗投放也应延后。轮虫繁殖高峰期往往能维持 3～5d，之后因水中食物减少、枝角类侵袭及鳅苗摄食等，其数量会迅速降低，这时要适当追施肥料。

在泥鳅稚鱼阶段即可对其进行驯化，投喂人工饲料。投喂前须将饲料经 40 目粉碎机粉碎，然后用水调成稀糊状，沿池边泼洒即可。随着鳅苗的长大，投饵量应相应增加。已有研究表明，泥鳅幼鱼饲料中脂肪的适宜需要量水平为 7.68%～10.03%，最适需要量为 7.68%，适宜的蛋白质含量为 34.31%～39.68%。当鳅苗体长超过 5cm 时，会转为杂食性，因此食物种类应更为丰富，可补充投喂煮熟的米糠、麦麸、菜叶等，拌以绞碎的动物内脏，则会使鳅苗长势更好。

三、成鱼的饵料

无论是在天然还是养殖状态下，泥鳅的生长速度均取决于食物的数量和质量。人工养殖时，通常除了施肥培育天然饵料外，还应投喂配合商品饲料以加快泥鳅的生长。由于泥鳅为生活于水中的变温脊椎动物，部分代谢产物如氨氮还可由鳃直接排入水中，也可利用鳃和皮肤直接吸收水中无机离子，因此泥鳅生产所需要的能量消耗较低，对一些常见矿物质元素的需求也较畜禽为低，但对蛋白质的需求较高，泥鳅饲料中蛋白质的含量一般为 30%～36%，脂肪含量则仅为 5%～12%。出于适口性考虑，粒径一般在 2.3mm 左右。在实际生产上也可就地取材自行配制饲料喂养，常见配方为：50%小麦粉、20%豆饼粉、10%米糠粉、10%鱼粉或蚕蛹粉、7%血粉、3%酵母粉。配合饲料加水捏成团状或块状的黏性料投放在食台上。

四、泥鳅的饲养管理

(一)放养密度

仔鱼的培育一般在水泥池内进行，放养密度为 2500 尾/m² 左右；待长至体长 1.0～1.5cm 的稚鳅后，可转入土池进行进一步培育，放养密度为 15 万～30 万尾/亩。当鳅苗大部分长至 3cm 左右的夏花鱼种后，就要及时进行分养，进行大规格鱼种的培育，以免密度过大和生长差异扩大影响生长，此时密度应控制在 100～200 尾/m²。如进行成鱼养殖，放养密度应进一步降低，控制在 50～100 尾/m² 为宜。在实际生产上，放养密度还应根据池塘条件、鱼种质量、饲料供应、管理水平及预计产量等进行合理调整。

(二)饲料投喂

根据泥鳅不同的发育或饲养阶段，进行不同的投喂。鳅苗下塘后的第一周，每天上午 8 时和下午 3 时左右泼豆浆两次，用量为黄豆 2.5～3.5kg/亩，可在豆浆中适量增补煮熟鸡蛋黄、鳗料粉和脱脂奶粉等。一周后，开始补充粉碎的饲料，用量根据鳅苗的肠胃充盈度来决定。一般早期每天 2～3kg/亩，分两次投喂。当泥鳅对投饵形成条件反射时可加大投饵量。水温 15℃时，投喂量为鱼体重的 2%；25～28℃时为 3%～4%；30℃以上，则不喂或少喂。每天上午、下午各一次。经常观察泥鳅吃食情况，以 1～2h 吃完为好。另外，还要根据天气情况及水质条件酌情投喂。投喂中应坚持"定点、定时、定质、定量"之四定原则。

(三)日常管理

在日常管理中应坚持巡塘并做好巡塘记录，每天早、中、晚巡塘 3 次。密切注意池水的水色、天气变化和泥鳅的活动、病害情况，如发现鳅苗或鳅种有浮头迹象，应加开增氧机或加注新水，没有增氧机的塘口可沿池塘四周洒增氧剂。每日观察饵料投喂后的摄食状况，并做好相应调整，及时捞出残饵和死鳅防止其腐烂，以免败坏水质，传染病害。定期测定池水各项理化因子，可通过在水体中种植水生植物、换水或使用环境改良剂等措施保持水质状况的稳定。对池塘、鱼体、饵料台和工具等应经常消毒以预防疾病的发生。进出水口加密网装置，防止敌害生物进入池中。经常清除池边杂草，检查防逃设施有无损坏，发现漏洞及时抢修，注意随时消灭池中的有害昆虫和青蛙。

第五节 泥鳅的养殖模式及其建造

目前，国内泥鳅的养殖模式比较多样，主要有池塘养殖、水泥池养殖、网箱养殖和稻田养殖等，既可以单养，也可以多品种混养。由于养殖模式的不同，对养殖设施的建设或改造要求也各不相同。

一、池塘养殖

用于泥鳅饲养的池塘应光照充足、水质良好、交通便利，底质为壤土或黏土。面积可大可小，以 1～3 亩为宜，池深 1m 左右，水深保持在 0.5m 左右，池壁夯实无渗漏。沿池四周用 40 目网绢围住，网片下埋 30～40cm，上端高出最高水位 20～30cm，用木桩或水泥柱将网绢上下纲的绳子固定。设置独立的进、排水口，进水口高出水面 20～25cm，进、排水管用密眼网布包裹，防止泥鳅逃逸。为方便捕捞，池中设与排水口相连的鱼溜，其面积约为池底的 5%，比池底深 30～50cm。鳅种放养前 15d 还应用漂白粉或生石灰对池塘进行清塘消毒，待药效消失后方可放养泥鳅苗种。

二、水泥池养殖

水泥池可以建成地下式、地上式或半地上式，池壁多用砖、石砌成，水泥光面、壁顶设约 12cm 的防逃倒檐，池底先打一层"三合土"，其上铺垫一层油毛毡或加厚的塑料膜，以防渗漏，然后再在上面浇一层 5cm 厚的混凝土。养殖池的面积、形状、大小可根据具体地理位置、现场条件和计划养殖规模等决定。长方形池的池底向短边应有 2%～3%的倾斜度；圆形养殖池的底面中心为全池最低处。水泥池池深要求 1.5m 以上，池壁要高出池水面 50cm 以上。

在池子最低处设排水口，直径 10～20cm，其上用直径 60～80cm、高度 1.0～1.2m 的圆桶状滤网罩住，既避免因吸附污物影响排水，又不伤鱼。在池外的排水口，可设一活动的竖立圆管，池水从该管上部排出，管的高度即池水的深度，可根据需要设计管的高度。进水口应高于池水水面，水源如为地表水，进水口应用 40 目滤网罩住。

为了防止夏季太阳的暴晒和高温，水泥池上方宜搭建遮阴网，或者架设丝瓜棚，这样不仅适合泥鳅的遮光性，在炎热的夏季还可起到降温作用，也可产出一定量的丝瓜等。

三、网箱养殖

养泥鳅的网箱一般由聚乙烯无结节网片构成，网目 40～60 目（以鳅苗不能逃出为准），规格以长 4m、宽 2.5m、高 1.8m 或长 5m、宽 3m、高 2m 的结构箱多见，面积为 10～20m²。网箱的上下钢绳直径 0.6cm，钢绳要结实，底部装有沉子。网箱可用竹篙或木桩固定上、下面的四角，网衣沉入水中 50～80cm。无土养鳅的网箱，上沿距水面和网箱底部距水底应各为 50cm 以上。有土养鳅的网箱，水位要求稍浅，网箱上沿距水面 50cm，底部着泥，底层铺上 20cm 厚的粪肥、泥土，先铺粪肥 10cm，再铺泥土 10cm。箱内放水葫芦或水花生，放养数量以覆盖箱内的 2/3 水面为宜。在整个生长季节，若放养的植物生长增多，需及时捞出，始终控制水草占有约 2/3 水面。为了防止白鹭等敌害生物对泥鳅的伤害，可以在网箱上面架设网目为 3cm 的聚乙烯网片。

养殖网箱可置于有微流水的河沟或水体较大的池塘、湖泊或者稻田。放在有流水的水体中时要选择流速较小的地方，且水位不能有太大的涨落差。放在池塘的网箱要求设置在水深 1.5m 以上、水面面积在 500m² 以上的池塘。放在稻田的网箱要先在稻田的一边挖深沟，要求水深在 1m 以上，深沟的长宽以能放下网箱为准。网箱无论设置于何种水体，网箱养殖的总面积都不宜超过整个水体面积的 1/3。

四、稻田养殖

选择水质良好、排灌方便、日照充足、温暖通风和交通方便的稻田进行养鳅最为适宜。土质要求微酸性、黏土、腐殖质丰富为好。田块不宜过大，一般 1～3 亩即可。放养鳅种前，要加高、加固田埂。田埂至少要高出水面 30cm，且斜面要陡，堤埂要夯实。堤埂内侧最好用木板或水泥板挡住，进、出水口也要用聚乙烯网片拦好，高出埂面 20～30cm，起防逃作用。

在稻田内开挖鱼沟，修筑鱼凼(小坑塘)，鱼沟与鱼凼相通，既有利于养鱼，又可增强稻田抗旱保收能力。视田块大小及形状可挖成"一"形沟、"T"形沟、"井"形沟、"十"形沟或"田"形沟等。沟宽 50cm、深 30cm 或至硬度层，大田在沟的交叉处开长 200cm、宽 100cm、深 70～100cm 的鱼凼，供泥鳅在晒田时栖避之用，做到沟沟相通。鱼沟、鱼凼的面积占稻田面积的 5%～10%。

<h2 style="text-align:center">第六节　泥鳅的捕捞、暂养与运输 </h2>

（茆达干　付立霞）

第二十一章　蜜　　蜂

养蜂历史悠久，早在 7000 年前就在西班牙发现山崖上的取蜜壁画。2000 万年前，我国东部温带区即有蜜蜂存在。殷商甲骨文中就有"蜜"字记载，证明了早在 3000 年前我国人们已开始取食蜂蜜。中华蜜蜂最早的饲养记载是在 3 世纪的书籍中。蜜蜂能为人类提供大量的天然营养食品和保健医药品、化工工业的原料、出口商品，还能为农作物授粉，提高农产品的产量和质量，又能起到维持生态平衡、改善生态环境的作用。

我国是世界上的养蜂大国，蜂群数量、蜂蜜产量、养蜂从业人员和蜂蜜出口 4 个指标均居世界前列。改革开放以来，我国养蜂业经历快速发展、巩固提高和稳步增长三个阶段。蜂产品是国计民生和外贸出口不可取代的商品。目前全国生产商品蜂产品的蜂群近 700 万群，蜂蜜年出口量达 7 万余吨，蜂王浆年出口量达 300～400t，分别占世界贸易量的 1/3 和 4/5。

养蜂业不与种植业争土地和肥料，也不与养殖业争饲料，具有投资小、见效快、用工省、无污染、回报率高的特点，是农业的一个重要有机组成部分。养蜂是造福人类和社会的"甜蜜"事业，是农民增收致富的一条途径。因此，发展养蜂业具有重要的意义。养蜂业发展的必然趋势是实现现代化、标准化、科学化养蜂，促进蜂业产业化，提高蜂产品质量安全。

第一节　蜜蜂的生物学特性

一、分类与分布

蜜蜂属在分类学上隶属节肢动物门（Arthropoda）、昆虫纲（Insecta）、膜翅目（Hymenoptera）、蜜蜂科（Apidae）、蜜蜂属（*Apis*）。全世界均有分布，而以热带、亚热带种类较多。目前，蜜蜂属公认有 9 个种，即西方蜜蜂、东方蜜蜂、小蜜蜂、大蜜蜂、黑小蜜蜂、黑大蜜蜂、沙巴蜂、苏拉威西蜂、绿努蜂。我国有 6 个蜜蜂种，即大蜜蜂、黑大蜜蜂、小蜜蜂、黑小蜜蜂、东方蜜蜂和西方蜜蜂。前 4 种为野生蜂种，在我国南海、广西和云南有分布；后两种又包括许多地理品种，每个地理品种又分为若干个生态型。同种内各地理品种间可相互交配，种与种之间不能杂交。

二、外形特征

蜜蜂体长 8～20mm，黄褐色或黑褐色，生有密毛。头与胸几乎同样宽。触角膝状，复眼椭圆形，有毛，口器嚼吸式，后足为携粉足。两对膜质翅，前翅大，后翅小，前后翅以翅钩列连锁。腹部近椭圆形，体毛较胸部少，腹末有螯针。

三、蜜蜂群的组成

蜜蜂是一种社会性昆虫，以蜂群的形式生存和发展。蜂群是由蜂巢和许多蜜蜂组成的高效、有序整体。一群蜂通常由形状各异、内部结构特点明显、分工明确的三型蜂组成，见图21-1。它们之间相互依赖，分工合作，成为一个和谐完整的蜂群。在正常情况下，一个蜂群包括一只蜂王、成千上万只工蜂和数以百计的雄蜂。

蜂王　　雄蜂　　工蜂

图21-1　蜂群内的三型蜂

1. 蜂王　　蜂王是由工蜂建造王台用受精卵培育而成的，是蜂群内唯一生殖器官发育完善的雌性蜂，其主要任务是产卵和控制群体。蜂王腹部比工蜂、雄蜂发达，而翅膀却短而窄，只能盖住其腹部的 1/2～2/3。蜂王的口器已经退化，必须完全由工蜂来饲喂。在产卵期间，工蜂给蜂王饲喂蜂王浆，使蜂王保持快速的代谢能力。蜂王的自然寿命可达 5～6 年，但其产卵能力以 1～2 年最强。蜂王分泌的蜂王物质激素可以抑制工蜂的卵巢发育，并且影响蜂巢内工蜂的行为。

2. 工蜂　　工蜂在蜂群中的数量最多，体型最小，是由受精卵发育而成、生殖器官发育不完全的雌性蜂。工蜂从外表看最明显的是周身绒毛和引人注目的三对足，前肠中的嗉囊特化为蜜囊，以便贮存花蜜。工蜂负责的工种包括日常的采蜜、采花粉、育王、育子、筑巢、蜂巢守卫等。一般来说，1～3 日龄承担保温孵卵、清理产卵房的工作；3～6 日龄承担调剂花粉与蜂蜜、饲喂大幼虫的工作；6～12 日龄承担分泌蜂王浆、饲喂小幼虫和蜂王的工作；12～18 日龄承担泌蜡造脾、清理蜂箱和夯实花粉的工作；18 日龄以上承担采集花蜜、水、花粉、蜂胶及巢门防卫的工作。在采集季节，工蜂平均寿命只有 35d 左右，而秋后所培育的越冬蜂，一般能生存 3～4 个月，甚至 5～6 个月。

3. 雄蜂　　雄蜂是由未受精卵发育而成的，它的主要职责是在巢外与婚飞的处女王交配，无采集能力。雄蜂具有一对突出的复眼和发达的前翅。它的螫针系统已退化，所以不能行刺。雄蜂具有无界性，可以任意进入每一个蜂箱内，而不被守卫阻止，这种特性可以避免近亲交配。在交配季节，性成熟的雄蜂会自动聚集在某地空中，招引处女王。当处女王接近时，所有雄蜂都会尽力去追逐处女王，只有最强壮的那只雄蜂才能获得与处女王交配的机会。交配后，雄蜂由于生殖器官拉出，会立即死亡。在蜂群的繁殖期间，一个蜂群可达数百只雄蜂。在蜜源充足的情况下，雄蜂寿命可达 3～4 个月。在蜜源粉缺乏或新王已经产卵时，工蜂便不再照顾雄蜂，将其驱逐于边脾或箱底，甚至拖出巢外饿死。清除在蜂群中无用的雄蜂，对蜂群生命的延续是有利的。

四、发育特性

蜜蜂是完全变态的昆虫，三型蜂都经过卵、幼虫、蛹和成蜂 4 个发育阶段。

1. 发育过程

（1）卵　　香蕉形，乳白色，卵膜略透明，稍细的一端是腹末，在巢房底部，稍粗的一端是头，朝向巢房口。卵内的胚胎经过 3d 发育孵化为幼虫。

（2）幼虫　　白色蠕虫状，起初呈"C"字形，随着虫体的长大，虫体伸直，头朝向巢房。在幼虫期由工蜂饲喂。受精卵孵化成的雌性幼虫，如果在前 3 日饲喂的蜂王浆里有蜂蜜和花粉的幼虫浆，它们就发育成工蜂，如果在幼虫期被不间断地饲喂大量的蜂王浆，将发育成蜂王。工蜂幼虫成长到 6 日末，由工蜂将其巢房口封上蜡盖。封盖巢房内的幼虫吐丝作茧，然后化蛹。封盖的幼虫和蛹统称为封盖子，有大部分封盖子的巢脾称为封盖子脾。工蜂蛹的封盖略有突出，整个封盖子脾看起来比较平整。雄蜂蛹的封盖凸起，而且巢房较大，两者容易区别。工蜂幼虫在封盖后的 2 日末化蛹。

(3)蛹　　蛹期主要是把内部器官加以改造和分化，形成成蜂的各种器官。逐渐呈现出头、胸、腹 3 部分，附肢也显露出来，颜色由乳白色逐步变深。发育成熟的蛹，脱下蛹壳，咬破巢房封盖，羽化为成蜂。

(4)成蜂　　刚出房的蜜蜂外骨骼较软，体表的绒毛十分柔嫩，体色较浅。不久骨骼即硬化，四翅伸直，体内各种器官逐渐发育成熟。

2. 三型蜂的发育期　　蜜蜂在胚胎发育期要求一定的条件，如适合的巢房、适宜的温度(32～35℃)、适宜的湿度(75%～90%)，以及得到经常的饲喂、有充足的饲料等。在正常情况下，同品种的蜜蜂由卵到成蜂的发育期大体是一致的。如果巢温过高(超过 36.5℃)，发育期将会缩短，甚至发育不良，翅卷曲，或中途死亡；巢温过低(32℃以下)，发育期会推迟，或受冻伤。中华蜜蜂的发育期略短，工蜂的发育期约为 20d，意大利蜜蜂工蜂的发育期为 21d。掌握发育日期，了解蜂群未封盖子脾和封盖子脾的比例(卵、虫、蛹的比例约为 1：2：4)，就可以知道蜂群发展是否正常，也便于安排人工育王的工作日程。

五、信息交换特性

成千上万只蜜蜂组成的蜂群能井然有序地生活，蜜蜂之间除依靠接触和声音交流外，人们发现蜜蜂还通过舞蹈和信息素等进行交流。

(一)蜜蜂的信息素

信息素是昆虫的外分泌腺分泌到体外的化学物质，通过个体间的接触或空气传播，作用于同种的其他个体，引起特定的行为或生理反应，所以又称为外激素。同种个体间传递的信息素，对它们说来是一种特殊"语言"，接受的个体能了解其中含有的信息密码，从而产生有利于群体的行为或生理反应。

1. 蜂王信息素

蜂群有产卵蜂王时，蜜蜂巢内外活动秩序井然，一旦失去蜂王，工蜂的采集活动就急剧下降，许多工蜂在巢内外乱爬。这表明工蜂通过某种信息了解到蜂王的存在。

(1)蜂王上颚腺信息素　　蜂王上颚腺信息素对工蜂有高度的吸引力，能抑制工蜂卵巢发育和阻止建造王台，在空中释放，可诱使雄蜂发情。侍卫蜂用口器或触角从蜂王处取得上颚腺信息素，然后它们作为信使，通过饲料把信息素传给其他工蜂。

(2)蜂王背板腺信息素　　为蜂王所特有，工蜂没有。其主要机能是使工蜂识别它的信号，同时也有抑制建造王台和阻止工蜂卵巢发育的作用。蜂王在空中离雄蜂 30cm 以内，背板腺信息素对雄蜂有强吸引力，还能刺激雄蜂的交配活动。

(3)蜂王跗节腺信息素　　蜂王和工蜂的跗节腺分泌物，又称脚印信息素，可抑制强群筑造王台。

(4)蜂王科氏腺信息素　　科氏腺是位于蜂王螯针腔内的一小群细胞。蜂王伸出螯针时，科氏腺分泌物流到螯针的多刺膜上，对工蜂有高度吸引力。

(5)蜂王直肠信息素　　1～14 日龄处女王的粪便中含有邻-氨基苯乙酮，对蜜蜂有驱避作用。

2. 工蜂信息素

(1)工蜂上颚腺信息素　有外来工蜂(盗蜂)入侵，或有外来蜂王进入蜂巢时，蜜蜂常用上颚咬住入侵者，使2-庚酮标记在"敌体"上，引导其他蜜蜂去攻击。接受到这种信息素的本群工蜂，往往也分泌2-庚酮，使其浓度增加，吸引来更多富于攻击性的工蜂。

(2)工蜂告警信息素　工蜂蜇针腔科氏腺分泌的告警信息素主要成分为乙酸异戊酯，蜇刺时留在"敌体"上，引来更多的蜜蜂蜇刺。

(3)工蜂纳氏腺信息素　主要成分为具芳香气的含氧萜类。它是一种导航信号，引导蜜蜂找到巢门入口，引导蜜蜂飞到饲料源。它可调整分蜂团的运动，使无蜂王的蜂团向有蜂王的蜂团运动，引导飞散的蜜蜂找到蜂王。纳氏腺信息素与蜂王上颚腺信息素一起，对分蜂团起稳定作用。

(4)工蜂跗节腺信息素　工蜂将跗节腺信息素涂在巢门口，引导本群蜜蜂找到巢门。工蜂似乎也将附节腺信息素标记在采集地点，加强对其他采集蜂的吸引。

(5)工蜂蜡信息素　新筑造的巢脾有一种特殊的香味，主要成分为具挥发性的醛类和醇类。它可刺激蜜蜂的采集和贮藏行为。

3. 雄蜂信息素　雄蜂信息素也由上颚腺产生。性成熟的雄蜂婚飞时，在选定的地点上空成群飞翔，释放信息素，引诱处女王飞来。

4. 蜂子信息素　其主要作用是抑制工蜂卵巢发育，可使工蜂"嗅到"幼虫的存在，便于工蜂区别雄蜂幼虫和工蜂幼虫。老熟幼虫的信息素促使工蜂将其巢房封上蜡盖，利于化蛹。它还能刺激蜜蜂采集和激活工蜂的舌腺。

(二)蜜蜂的舞蹈

德国生物学家卡尔·冯·弗里希在最终经过一系列的实验之后，认为蜜蜂通过摇摆舞来指明食物方位。首先，摇摆的方向表示采集地点的方位，它的平均角度表示采集地点与太阳位置的角度。当太阳和蜜源在同一方向时，蜜蜂在纵向摆尾舞的头朝上。当太阳在蜜源相反方向时，则头朝下跑。当蜜源在太阳左边时，蜜蜂舞蹈的直跑线与地球引力线成逆时针方向的角度。当蜜源在太阳的右边时，蜜蜂舞蹈的直跑线在地球引力线的右边成顺时针方向的角度。其次，第二个信息是有关食物的距离，而这靠摇摆的持续时间来决定。蜜蜂摇摆的时间越长，说明食物地点越远，据推测分析，其换算方法是距离每增加100m，蜜蜂摇摆的时间要增加75ms。弗里希将这两部分信息称为蜜蜂的"舞蹈语言"。蜂巢内其他蜜蜂看到舞蹈后，会变得更加兴奋，而且会学其跳舞的方式，看过5～6遍之后，就会立即飞往食物地点。

第二节　养殖蜜蜂的品种

一、中华蜜蜂

中华蜜蜂又称中蜂、华蜜蜂、中华蜂、土蜂，是东方蜜蜂的一个亚种，是中国独有的蜜蜂当家品种，有利用零星蜜源植物、采集力强、利用率较高、采蜜期长、适应性、抗螨抗病能力强及消耗饲料少等特点，适合中国山区定点饲养。一只优良的中蜂蜂王在产卵期每昼夜可产卵 1500 粒左右，平均寿命为 3～5 年，最长的可达 8～9 年。2006 年，中华蜜蜂被列入农业部国家级畜禽遗传资源保护品种名单。

1. 分布　　全国均有分布，在西南部及长江以南省区，以云南、贵州、四川、广西、福建、广东、湖北、安徽、湖南、江西等省区数量较多。中蜂饲养量有 200 多万群，约占全国蜂群总数的 1/3。

2. 外形　　中华蜜蜂工蜂吻长平均 5mm。工蜂腹节背板黑色，有褐黄环，全身被灰色短绒毛，喙长 4.5～5.6mm。蜂王体长 14～19mm。雄蜂一般为黑色或黑棕色，全身被灰色绒毛。工蜂体长 10～13mm，雄蜂体长 11～13.5mm，蜂王体长 13～16mm，南方蜂种一般比北方的小。

3. 习性　　中华蜜蜂飞行敏捷，嗅觉灵敏，出巢早，归巢迟，每日外出采集的时间比意大利蜂多 2～3h，善于利用零星蜜源。抗蜂螨和美洲幼虫腐臭病能力强，但容易感染中蜂囊状幼虫病，易受蜡螟危害，喜欢迁飞，在缺蜜或受敌害威胁时特别容易弃巢迁居，易发生自然分蜂和盗蜂，不采树胶，分泌蜂王浆的能力较差，蜂王日产卵量比西方蜜蜂少，群势小。中华蜜蜂泌蜡能力强，造脾能力强，喜欢新脾，经常毁弃自己苦心营造的巢脾，而不厌其烦地重新泌蜡造脾。多数中华蜜蜂群每年自然分蜂一次，当秋季群势较大、蜜源条件较好时，还可进行第二次分蜂。

中华蜜蜂定向力较差，容易迷巢，这种习性和长期在野外生活、群体间距大、接触机会少有关，但对人为管理不利。

4. 生产性能　　中华蜜蜂工蜂善于利用零星蜜粉源，是我国华南、西南地区发展养蜂的理想品种。每群蜂年产蜂蜜 10～20kg，蜜汁浓稠、香味浓郁。蜂蜡色泽白、品质好。泌浆能力差，不适宜于生产蜂王浆。

二、意大利蜜蜂

意大利蜜蜂（意蜂）是我国饲养的主要蜜蜂品种，除在华南亚热带地区越夏困难，在中国各地均有饲养，广泛饲养于长江下游、华北、西北和东北的大部分地区。意蜂越冬性能不如东北黑蜂和其他欧洲黑蜂。

1. 形态特征　　个体比欧洲黑蜂略小。腹部细长，腹板几丁质为黄色，绒毛为淡黄色。工蜂腹部第 2～4 节背板的前缘有黄色环带。体色较浅的意蜂常具有黄色小盾片，特浅色型的意蜂仅在腹部末端有一棕色斑，称为黄金种蜜蜂。工蜂的喙较长，平均为 6.5mm；腹部第 4 节背板上绒毛带宽度中等，平均为 0.9mm；腹部第 5 背板上覆毛短，其长度平均为 0.3mm；肘脉指数中等，平均为 2.3mm。

2. 生活习性　　意蜂一般比较温顺，在提脾翻转检查时，能保持安静，分蜂性非常弱。蜂群育虫力特强，从早春直至深秋都能保持大面积子脾，特强的蜂群在仲夏仍能很好地工作。它的造脾性能优越，蜜盖洁白，可以生产巢蜜。意蜂分泌王浆的能力特强，并善采贮大量花粉。在夏秋，往往采集较多树胶。清巢能力强，抗巢虫。但意蜂以强群越冬，食料消耗大。在较高纬度地区，越冬困难。早春育虫时，工蜂往往受冻损失，因而春季群势发展迟缓。若夏季流蜜不佳，由于消耗大，容易出现饲料短缺的问题。

由于意蜂的群势很强，又非常机敏，因此在流蜜良好的情况下，意蜂能表现出特别优越的采集力。然而，这种特殊的机敏性，也会导致盗性。意蜂定向力和抗病力弱。

3. 生产性能　　产蜜和生产王浆能力强，是蜜浆兼产型的理想品种。意蜂适于追花夺蜜，突击利用南北四季蜜粉源。在主要蜜源花期中，一个生产群日产蜜超过 5kg，一个花期产蜜可超过 50kg。其产浆性能是所有蜜蜂品种中首屈一指的，经选育的优秀品系，年群产王浆可达 5～7kg。意蜂也适于生产蜂花粉、蜂胶、蜂蛹及蜂毒等，生产性能堪称全面。

三、欧洲黑蜂

1. 形态特征　　欧洲黑蜂体大，腹部宽，舌短(5.7～6.4mm)，几丁质深黑色且一致，少数在第 2 和第 3 腹节背板上有黄色小斑，但不具黄色环带。覆毛长，绒毛带窄而疏。雄蜂的腹部绒毛棕黑色，有时黑色。肘脉指数(由蜜蜂前翅上两条脉纹相接点的位置变化反映出来的数据)小，平均为 1.5～1.7。工蜂体长 12～15mm，腹部粗壮，背板黑色，绒毛深棕色，喙长平均为 6.4mm。

2. 生活习性　　欧洲黑蜂育虫节律平缓，春季群势发展较慢，夏季以后可发展成强群，分蜂性较强；采集树胶较多，非常节约饲料，采集勤奋，能利用零星蜜源，善于采集夏秋季蜜源；怕光，检查时蜜蜂乱爬。爱螫人，不易迷巢，不爱作盗，越冬性强，适合寒冷地区饲养。蜂王的产卵力较强，春季群势发展平缓，善于采集夏秋季的主要蜜源。蜜房封盖呈干型或中间型。易感染幼虫病和遭受蜡螟为害，抗孢子虫病和抗甘露蜜中毒的能力强于其他蜂种。

3. 生产性能　　欧洲黑蜂可用以进行蜂蜜生产，在春季，产蜜量不如意大利蜂和卡尼鄂拉蜂，但在蜜源较贫乏地区，其他蜂种常耗尽所有贮蜜，黑蜂一般能提供一些余蜜。由于它的育虫能力不强，春季发展慢，产蜜量显得不如其他蜂种，因此，近代养蜂业一般不愿选用黑蜂。

四、卡尼鄂拉蜂

卡尼鄂拉蜂又名卡尼阿兰蜂，简称卡蜂，原产于巴尔干半岛北部的多瑙河流域，在中国养蜂生产中发挥着重要作用。

1. 形态特征　　卡尼鄂拉蜂个体大小和体形与意大利蜂相似。腹部细长，几丁质黑色，绒毛密集。喙长 6.4～6.8mm(平均 6.6mm)；肘脉指数为 2.7(1.8～5.5)。蜂王棕黑色，少数蜂王腹节背板上具棕色斑或棕红色环带。雄蜂黑色或灰褐色。工蜂绒毛多呈棕灰色。

2. 生活习性　　卡尼鄂拉蜂采集力很强，善于利用零星蜜源，采集花粉能力比意蜂差。产卵力较弱，气候、蜜源等自然条件对育虫节律影响明显。早春外界出现花粉时便开始育虫，繁殖快；夏季只有在蜜粉充足的情况下才保持一定面积的育虫期；晚秋育虫量和群势急剧下降，很难保持强群越冬。分蜂性强，不易维持强群，但通过选育可以改变，蜜源条件不良时很少发生饥饿现象，节约饲料。性情较温驯，不怕光，定向力强，不易迷巢，很少作盗，抗病力强。较少采集树胶，在纬度较高地区越冬性能良好。

3. 生产性能　　卡尼鄂拉蜂产蜜力强，在群势相同的情况下，其产蜜量高于意大利蜂 20%～30%，是较理想的生产蜂蜜的蜂种。生产王浆和花粉能力较差。和其他蜂种杂交后，可表现出较显著的杂交优势，产卵力、哺育力和采集力都有不同程度的提高，收到很好的增产效果。蜜房为干型，可生产洁白美观的巢蜜。

五、高加索蜜蜂

1. 形态特征　　高加索蜜蜂蜂王腹部背板有黑色和褐色环节两种，绒毛灰色。雄蜂腹部背板黑色，胸部绒毛黑灰色，个体粗壮。工蜂个体大小、体形与卡尼鄂拉蜜蜂相似。腹部背板黑色，第 1、2 背板有棕黄色斑。吻长 6.7mm（6.5～7.2mm），第 3、4 背板总长 4.64mm（4.50～4.78mm），肘脉指数为 2.1（1.8～2.39），跗节指数为 58.23（54.02～62.44）。

2. 生活习性　　高加索蜜蜂性情温驯，不怕光，开箱检查时比较安静。采集能力强，善于采集深花冠蜜源植物，既能利用大宗蜜源，也能利用零散蜜源。善于采集树胶，造脾能力较强。秋季对外界条件变化敏感度低，断子晚，工蜂活动频繁，容易秋衰。耐寒能力较强，越冬性能优于意大利蜜蜂，但低于卡尼鄂拉蜂。定向能力差，易迷巢，盗性强。易感染孢子虫病，易患甘露蜜中毒病。蜜房封盖为中间型。

高加索蜜蜂春季育虫节律平缓，蜂群发展较慢，夏季产育能力较强，分蜂性较弱，维持较大群势，在炎热季节可保持较大面积子脾。

3. 生产性能　　高加索蜜蜂产蜜量高于意大利蜂，正常年在椴树蜜期 15 框蜂的群势，群产蜂蜜 60～100kg，产王浆量和花粉量低于意大利蜂，群产花粉 2～3kg。

第三节　蜜蜂的育种与繁殖

一、蜜蜂的选种　

二、蜂王的诱入

蜂群的蜂王突然丧失，或蜂王衰老、残伤、产卵力下降需要更换，在人工分蜂组织新蜂群及引进优良种蜂王时，都要诱入蜂王。蜂王分泌的信息素，使蜜蜂能够识别本群蜂王和陌生蜂王。蜜蜂遇到陌生蜂王就会攻击，因此诱入蜂王时要保证蜂王的安全。在更换蜂王时，先把淘汰的蜂王取出，如果给强群更换蜂王，淘汰其蜂王后，可把蜂群分成两部分，先给部分诱入蜂王，释放蜂王后，再将另一部分合并。给无王群诱入蜂王时，要把其巢内的王台全部毁除干净。在诱入蜂王前两天，对被诱入的蜂群进行奖励饲喂，则蜂群容易接受诱入的蜂王。诱入蜂王后，不要急于开箱检查。每日在箱外观察蜜蜂的活动情况，如果巢前没有蜜蜂来回乱爬，巢前附近地面未发现蜂王尸体，蜜蜂采蜜、采粉活动正常，就是诱入成功的表现。

三、自然分蜂及其对分蜂的控制

当气温温暖、外界蜜粉源充足、蜂群群势强大时，蜂群就会培育雄蜂和新蜂王。在新蜂王快出房前数日，蜂群中的老蜂王就会停止产卵，收缩腹部。在晴暖的天气，蜂群中的老蜂王连同部分工蜂一起涌出巢门，飞离原巢，寻找新的场所营造新巢。这种蜂群自然分家的现象就称为自然分蜂。自然分峰对蜜蜂种群的繁荣意义重大。分蜂活动可使蜂群数量增加和分布区域扩大，促进蜜蜂种群繁荣。但是，分蜂对养蜂生产则影响很大。在分蜂的准备期间蜂群呈"怠工"状态，减少采集、造脾和育虫，限制蜂王产卵，在蜂学术语中称为分蜂热。如果分蜂热发生，将使原群的群势损失一半以上，所以，控制分蜂热成为蜜蜂饲养管理中的关键技术之一。

1. 分蜂前的准备　　分蜂一般在春季发生。蜂王领蜂群 2/3 的成员迁移，将王位让给另一只蜜蜂。在侦察蜂外出寻找合适的筑巢地点时，分蜂的蜂群在原来的蜂巢附近休息。

分蜂的准备过程顺次包括造雄蜂房、培育雄蜂、造王台、蜂王在台基内产卵、培育蜂王等。蜂巢内出现分蜂台基后，工蜂逼迫蜂王到台基中产卵，并开始减少对蜂王的哺育，以使蜂王的腹部收缩，蜂王产卵逐渐减少。分蜂王台封盖前后，工蜂停止对蜂王提供王浆，蜂王腹部进一步收缩，以适应分蜂时飞翔的需要。工蜂减少出勤，停止造脾，许多工蜂聚集在巢内的空处、巢脾的上角。若工蜂在巢门前大量集结，呈挂"垂髯"，则分蜂将在近期发生。

从造雄蜂房到出现王台的时间不等，可能与蜂种、季节、营养等因素有关。分蜂通常发生在新王出台前，多在王台封盖后的 2～5d，个别蜂群早的可在王台封盖前 2d，迟的可在王台封盖后的 7d。非正常情况下，分蜂能提前或推迟发生。如在人为长期采取毁台的干扰下，蜂王在分蜂台内产下卵后就可能发生分蜂。因下雨等外界环境不适合分蜂时，工蜂将成熟的王台毁除，以延迟分蜂。

在蜜蜂饲养管理中，可根据分蜂过程的发展阶段预测分蜂。造雄蜂房和培育雄蜂是分蜂的早期预报，预示分蜂的准备活动已开始。出现分蜂王台是分蜂的中期预报，蜂群即将出现分蜂热。蜂王产卵减少，甚至停产，腹部缩小。工蜂怠工或停止采集活动，一般情况下将在半个月内发生分蜂。蜂群中出现封盖王台，则是分蜂的紧急预报，分蜂将在一周内发生。蜜蜂在巢门口结团，出现"蜂胡子"，如发现箱内四壁有许多腹部鼓鼓的已吸饱蜜的蜜蜂，说明分蜂发生在即。

2. 控制自然分蜂的措施 在生产季节，发生自然分蜂，会影响工蜂的采集积极性，从而影响蜂群的产量。在蜂群的饲养管理过程中，要随时预防蜂群发生自然分蜂，具体措施如下：随时用产卵力强的新蜂王更换强群里的老蜂王；适时扩大蜂巢，为发挥蜂王的产卵力和工蜂的哺育力创造条件，使巢内不拥挤；在非流蜜期，酌情用强群里的封盖子脾换取弱群中的卵虫脾，加大强群的巢内工作负担；蜂群强大后，及早开始生产王浆；外界蜜粉源比较丰富时，及时加巢础框造脾，使蜂群贮存饲料和剩余蜂蜜不受限制；炎热季节注意给蜂群遮阴，扩大巢门和蜂路，改善蜂箱的通风条件；检查蜂群时，注意割除封盖的雄蜂，毁除自然王台。

对于已经出现分蜂热的蜂群，要根据强势强弱和蜜源条件酌情处理，控制分蜂的发生，使之恢复正常状态。具体可采用如下方法。

（1）调换子脾 把有分蜂热的蜂群中全部封盖子脾提出来，抖去蜜蜂，除净王台，与弱群和新分群中的卵虫脾对换，并按蜂量酌加空脾或巢础框。由于工蜂的哺育负担加重，巢内不再拥挤，其分蜂倾向自然消失。

（2）模拟分蜂 一种方法是先把有分蜂热的蜂群移到旁边，在原址放一个空巢箱。在空巢箱的中间放一张卵虫脾，再用巢础框装满，上面加隔王板和空继箱。然后把有分蜂热蜂群的蜂王和工蜂都抖落在这个新放的巢箱巢门口，将其巢脾上的王台除净后放在继箱内。当蜂王和工蜂爬进蜂箱后，由于隔王板的阻挡，蜂王则留在充满巢础框的巢箱内。部分工蜂也留下来陪伴蜂王，部分工蜂则通过隔王板到继箱中去照顾蜂儿。另一种方法是不搬动原群的蜂箱，直接提出其全部子脾，补以空脾和巢础框，把蜂王和工蜂抖落在巢门口，让其爬进蜂箱，将子脾除净王台后，分放到其他群里。当蜂王和工蜂恢复常态以后再酌情补以子脾。

（3）蜂群易位 在外界有蜜源的情况下，工蜂大量出巢采集时，先将有分蜂热蜂群里的王台消除干净，再与弱群互换位置。然后根据这个弱群的现有蜂量，用有分蜂热蜂群中的部分封盖子脾予以补充。

四、蜂群的合并

蜂群的合并就是把两群或多群蜜蜂合并组成一个蜂群。强壮蜂群是获得蜂产品高产的基础，而且管理方便。原则上应将弱群合并入强群，无王群合并入有王群。蜜蜂凭借灵敏的嗅觉，能够辨别本群的蜜蜂和其他群的成员。如果随意把不同群的蜜蜂合并，就会引起互相斗杀。

1. 直接合并　　　直接合并适用于主要蜜源植物流蜜期。这时，各个蜂群都采集同样的蜜源，浓烈的蜜味使各群群味基本相同。同时蜜源丰富，蜜蜂放松了警惕，容易合并。早春，刚搬出越冬室的蜂群也容易合并。把有王群的巢脾连蜜蜂调整到箱内一侧，将被并群的巢脾连同蜜蜂放入另一侧，两部分巢脾间隔一框的距离，或者中间插上隔板隔开。合并蜂群时，可向箱内喷一些烟，或者喷少许白酒，混淆两者的群味。也可向两群喷洒蜜水，其中加点香精更好。次日，把两群的巢脾靠拢，多余的巢脾抖落蜜蜂后提出，盖好箱盖即可。

2. 间接合并　　　间接合并是使两群蜜蜂逐渐接触，或者待群味混合后合到一起。间接合并安全可靠。傍晚，取下合并群的箱盖和副盖、覆布，铺上一张扎有许多小孔的纸张，上放一空继箱，把被并群的巢脾连同蜜蜂放入继箱内，盖好箱盖。蜜蜂把纸张咬穿，两群就自然合并了，然后整理蜂巢。也可在巢箱和继箱间加一个铁纱盖，经过 2～3d，两群群味混合后，撤去铁纱盖，将蜂群合并。炎热天气合并蜂群要注意继箱的通风透气。

第四节　蜜蜂的营养与饲养管理

一、蜜蜂的营养需要

二、蜜蜂的四季管理技术

我国大部分地区，蜂群的停卵阶段在冬季，春季是恢复产卵、发展和分蜂阶段，而南方，炎暑是停卵阶段，秋季则是恢复和发展阶段。所以蜜蜂的四季饲养管理，应因时因地制宜，灵活运用。

（一）春季管理

春季管理是指蜂王恢复产卵、蜂群恢复发展到主要采蜜期前的管理。在我国大部分地区，蜂王在立春前后开始产卵，新蜂逐渐地更替越冬老蜂，并随着气温的不断增加和蜜粉源的出现，群势不断发展，一般经过 2～3 个繁殖周期，才能形成强群。蜂群的春季管理，应着重解决低温和蜂群迅速繁殖之间的矛盾。

1. 加强保温　　　早春气温低，日夜温差大，又常出现寒流霜冻等，如保温不好，蜜蜂为维持幼虫发育所需温度，就要大量吃蜜，并加大活动，使越冬蜂过分劳累而提早死亡，这不仅造成饲料的过量消耗，也会引起蜂群春衰，严重的还可能冻死幼虫和蛹。

春季加强保温的主要方法是：撤出多余的巢脾，使蜜蜂集中，做到每张巢脾上布满蜜蜂。将箱内空隙装满保温物，并及时换晒，提高和保持巢内的温度。箱缝和纱窗部分用纸或泥糊严。群势中等以下的弱群，最好采取双群夹箱饲养，即两群合养在一个巢箱内，中间用隔板隔开，分别从巢门出入。根据气温变化调节巢门，春季巢门应适当缩小，气温 8℃以上无风天气才能让蜜蜂外出排泄飞行。尽量少开箱检查，待大部分蜂群的蜂已飞出巢外活动，才能选择 10℃以上气温的中午开箱抽查部分蜂群，动作要轻，速度要快。等气温到 14℃，外界有一些蜜源时才能进行全面开箱检查。

2. 奖励饲喂　时间最好在外界出现少量粉蜜源时再开始进行，遇寒潮时应暂停，以免刺激蜜蜂外出飞行，从而造成工蜂冻死。奖励饲喂量要少，次数要勤，否则巢内贮蜜过多，又会限制蜂王的产卵。早春蜂群排泄飞行后，要及时加入粉脾，使每框蜂有 100~150g 花粉，不足的饲喂蜜粉糖饼或其他花粉代用品。

3. 扩大卵圈，调脾加脾　蜂王产卵圈的大小对蜂群的增殖速度关系很大。将蜂王已产满了卵的巢脾前后对调，使卵圈迅速扩展到全框。如果后部是封盖蜜，或者产卵圈受到外圈封盖蜜的限制，就需要用开水烫热的快刀割开蜜盖，让蜜蜂把贮蜜移到巢脾外缘，以便扩大产卵圈。到子脾三框时，卵圈常是两大一小，可将小的调到中间，巢脾上贮蜜过多时，应该适当分离。

当气温回升，早期的蜜源植物开花，蜂王产卵速度加快时，可适当地加入空巢脾，使脾略多于蜂。开始时加入使用过一两年的巢脾，空巢脾要加在蜜粉脾和子脾中间，即子脾的外侧，外界有较好蜜、粉源时，可加入新脾或半成脾，空脾可加在子脾的中间。当蜂群采集大量蜜粉的时候，可以加巢础框，让蜜蜂泌蜡造脾产卵。经过四五次加脾后，形成脾多于蜂的状态，在蜂巢保温良好的情况下，每个脾上有五成蜂就可以了。如不扩大蜂巢，蜂数老是密集，会引起分蜂热。

（二）夏季管理

夏季是主要采蜜期，这时除少数分蜂群和弱群外，多数是强群。因此，夏季管理实际上是流蜜期的管理。

1. 主要采蜜期前的准备工作　要在主要蜜源期前两个半月就开始，更换老王，选用产卵力高的新王，加强饲养管理，促进蜂群繁殖，培养强群。修造巢脾，及时加继箱，在主要采蜜期，每个生产群都要有 16 张以上的巢脾供蜂王产卵和贮备粉蜜用，这些巢脾要在主要蜜源到来前利用辅助蜜源早造、多造，尽可能地多造多用新脾。当巢箱的蜂数比较拥挤，蜂数在7~8框甚至以上，巢脾大部分被蜂和蜜粉占用时应加第一继箱。一般加继箱后的5~7d 要做一次全面检查，毁除改造王台，调整蜂巢，视群势陆续添加巢脾或巢础框。

2. 主要蜜源期的管理　为了解决采蜜和繁殖的矛盾，在组织采蜜群时应掌握"强群取蜜，弱群繁殖""新王群取蜜，老王群繁殖""单王群采蜜，双王群繁殖"和因时因地制宜的原则。采蜜群在采蜜期前抽出部分子脾，在采蜜期中补充封盖子脾，采蜜期结束要及时调整蜂巢，抓好恢复和增殖工作。中蜂群势过强，易起分蜂，虽群势小也能采蜜，但产量很低，因此一般用5~6框足蜂，8~10张脾的强群采蜜。流蜜期应加强蜂巢的空气流通，加速蜂蜜中水分蒸发，以减轻蜜蜂的酿蜜工作。可以将巢门全部打开，箱盖和箱身通气，窗门也要打开，放宽继箱内粉蜜脾的距离，扩大蜂路，巢箱中可留二三张巢脾的空位，以利通风。

安排取蜜时间，适时取蜜，保证蜂蜜的质量。蜜蜂把蜜房封盖约 1/4，或相当一部分蜜房收口呈鱼眼睛状，且在抖蜂时，下部未封盖蜜房蜜汁不飞溅，这是蜂蜜成熟的标志。主要流蜜期一般每3d取蜜1次，分别抽取蜜脾，换入空脾。准备空箱，内装空脾，逐群用空脾换取成熟蜜脾。在主要蜜源的大流蜜期，也可整继箱地换取蜜脾。巢箱中的贮蜜也应定期采收，让蜂王增加产子。带封盖子的蜜脾，应先进行摇蜜，摇蜜时要小心，不可碰压脾面，并及时归还蜂巢保温。带幼虫的蜜脾，取蜜时容易将幼虫分离出来，应暂缓取蜜，否则，要特别小心轻摇。取蜜的时间一般都在早上进行，在蜜蜂采蜜最繁忙的时候取蜜会干扰蜜蜂的工作，还易混进当天采集的未成熟蜂蜜。其他管理工作流蜜期每隔 5～7d 要对巢箱全面检查一次，发现王台和台基应立即毁弃，不能疏忽遗漏。应结合取蜜削弃雄蜂巢房。在流蜜期结束前，巢内要留足饲料蜜，以备天气不好或转地时使用。

(三)秋季管理

抓好秋季管理是保证蜂群安全越冬和来年蜂群发展的重要基础。

1. 培育适龄越冬蜂　　培育适龄越冬蜂，要在最后一个主要采蜜期的初期着手进行。可用新王替换产卵差的老王，在大流蜜期要去子脾上的贮蜜，选用适合产卵的新脾等办法，尽量扩大产卵区。流蜜结束时，抽出多余的蜜脾，适当补给空脾，保持蜂脾相称，加强巢内保温和奖励饲养，促进蜂王产卵。但气温较低时要控制蜂王产卵，因气温低，后期出的工蜂没能进行排泄飞行，对越冬不利。为了能保证越冬的群势，可以把 2～3 个弱群同箱饲养，越冬前选留一个蜂王合并蜂群。

2. 贮备越冬饲料　　选留封盖蜜脾是秋季管理的一个主要工作，可在全年最后一个主要采蜜期第一次取蜜时，选留四五个巢脾平整、无雄蜂房、繁殖过几代蜂的巢脾，放在继箱的边上，并扩大蜂路，到第二次取蜜时，这些蜜脾都已封盖，可以提出来存放。一次留不足的可在第二次再留，留蜜脾的数量视蜂群越冬期的长短而定，一般每框越冬蜂留一个蜜脾，严寒地区可多留，冬季转到南方的蜂场可少留。越冬饲料蜜脾要保存好，放在凉爽通风的地方，为防止巢虫危害，可用硫黄等药物熏杀，方法是每个继箱放 8 个蜜脾，几个继箱放在空巢箱上，箱内点燃硫黄，关严巢门，最上面继箱上盖好纱盖和大盖，各箱间缝隙糊严。也可将几个存蜜脾的继箱放在一个强群上，让这个群蜂保管，直到越冬时使用。

3. 贮藏巢脾　　秋季从蜂群中抽出的巢脾，要用刮刀刮净巢脾上的蜂胶和蜡屑，用快刀削平突起的房壁，再用 5% 的新洁尔灭水溶液喷雾消毒，待药液风干后存放，妥善保管。贮藏巢脾一般用继箱，每箱放 8 个，根据巢脾质量好坏，将蜜脾、半蜜脾、粉脾、空脾、半成脾等分别存放，贮藏前用硫黄或二硫化碳熏蒸 2～3 次，最好配备紫外线消毒设备。

(四)冬季管理

冬季白天气温不超过 10℃时蜜蜂就停止飞翔。箱内的蜜蜂开始结团，强群比弱群结团迟些。有较多的适龄越冬蜂，并有充足的饲料，用蜜脾给蜂群布置好蜂巢，做好蜂巢内外的保温包装工作，保持安静，蜂群能够安全越冬。

1. 越冬蜂巢的布置　　越冬蜂巢总的要求是蜂数适当密集，便于结团，放置的蜜脾要求整齐、浅褐色。单王群越冬一般中间放 2～3 张重量较轻的小蜜脾，两侧各放 1～2 张大蜜脾。双王群越冬蜂箱中间放隔板，把较轻的两张蜜脾各放在隔板的两侧，隔板与蜜脾间蜂路或空间较大，较重的蜜脾放在外侧，这种布置可使两个小蜂团结在隔板两边，形成一个大蜂团，有利于冬季保温和春季蜂王产卵。继箱越冬 8 框足蜂以上的强群，继箱内放大蜜脾，巢箱内放小蜜脾和空脾。

2. 巢内保温　　冬季蜂巢内视地区和群势进行适当的保温，巢内保温，一般在蜜脾外放保温隔板，外侧放保温框或草、棉等保温物，纱盖上面盖几张保温吸湿良好的纸或盖布，再上面盖草蒲和棉垫等保温物。盖好箱盖，蜂箱的纱窗、缝隙等要糊严。

3. 室外越冬的保温　　室外越冬的蜂群，在地面结冰以后要进行保温外包装。室外越冬场地，应选择背风向阳、比较干燥的地方，包装一般用草帘把蜂箱的左右和后面围住，箱底垫草，箱间、箱盖上面和蜂箱后面视温度再加草或草垫，冬季气温低于-15℃的地区，蜂箱的前面只留巢门通气外还要用草帘等包装，严冬再用培雪、培土等方法加强保温。目前严寒地区也多采用室外越冬。

4. 室内越冬　　室外开始结冻后，把蜂箱放在室内离地面40cm以上的放蜂架上，一般放三层蜂，强群在下，弱群在上，要求室温保持在-4～4℃，相对湿度为75%～85%，保持室内黑暗和安静。

5. 越冬蜂群的管理　　越冬蜂群既要注意保温，又要注意空气流通，防止蜂群受闷，一般来说宁冷不热。在没有蜂团一侧，把后箱角纱盖上的覆布或纸折起一角以便通气。越冬蜂巢整理好后，要尽量保持蜂群安静，不要轻易开箱检查，晴天要给蜂群遮阴，可用木板条、棉絮等物轻轻地挡在巢门外，防止蜜蜂受阳光刺激飞出巢冻死。冬季每十来天，用铁丝钩把箱底死蜂掏出，防止堵住巢门，逐群进行箱外观察，听蜂团的声音，看巢门内外是否有水汽，检查死蜂是否腹部胀大、潮湿，以判断蜂群是否受冻、受闷，是否消化不良等。

第五节　蜜蜂对环境的要求和蜂场建设

一、蜜蜂对环境的要求

养蜂场所的环境条件与养蜂的成败和蜂产品的产量密切相关。养蜂场地周围2.5km半径范围内，全年至少要有一两种大面积的主要蜜源植物，同时，还要有多种花期交错的辅助蜜源、粉源植物。依赖辅助蜜源植物可以培养壮大蜂群，造脾或生产蜂王浆，利用流蜜量大的主要蜜源可大量生产蜂蜜。养蜂场地要求背风向阳，地势高燥，不积水，小气候适宜。蜂场周围的小气候，直接影响蜜蜂的飞行、出勤和收工时间及植物的泌蜜，最好能做到冬春可防寒风吹袭，夏季有小树遮阴，免遭烈日暴晒。西北面最好有院墙或密林，山区应选在山脚或山腰南向的坡地上，背面有挡风屏障，前面地势开阔，阳光充足，场地中间有稀疏的小树。高寒山顶、经常出现强大气流的峡谷、容易积水的沼泽荒滩等地不宜建立蜂场。蜂场附近应有清洁的水源，若有长年流水不断的小溪，更为理想，可供蜜蜂采水。蜂场前面不可紧靠水库、湖泊、大河，以免蜜蜂被大风刮入水中，蜂王交尾时也容易落水溺死。在污水源附近不可设置蜂场。

蜂场的环境要求安静，没有牲畜打扰，没有振动。在工厂、铁路、牧场附近和可能受到山洪冲击或有塌方的地方不宜建立蜂场。农药场或农药仓库附近放蜂，容易引起蜜蜂中毒，也不宜建场。在糖厂或果脯厂附近放蜂，不仅影响工厂工作，还会引起蜜蜂伤亡损失。蜂群摆放地点应远离产生工业废气污染严重的工厂、矿区及严重空气污染的大城市。蜂场周围大气质量应符合下列要求：空气中总悬浮颗粒物日平均≤0.30mg/m³；二氧化硫日平均≤0.15mg/m³；二氧化碳日平均≤0.12mg/m³；氟化物日平均≤1.80μg/(dm² · d)。蜂场附近要有良好的水源，水质符合畜禽的饮用水标准。蜂场周围3km内无以蜜、糖为生产原料的食品厂，化工厂，农药厂及经常喷洒农药的果园。

一个蜂场放置的蜂群以不多于 50 群蜂为宜，蜂场与蜂场之间至少应相隔 2km，以保证蜂群有充足的蜜源，并减少蜜蜂疾病的传播。注意查清附近有无虫、兽敌害，以便采取防护措施。

二、蜂群的排列

新开辟的养蜂场地，首先要清除杂草，平整土地，打扫干净，然后陈列蜂群。蜂群有单箱排列、双箱排列、方形排列、分组排列、三箱排列、一条龙排列等多种排列方式。蜂群排列的基本要求是便于蜂群的管理操作和蜜蜂识别本群蜂箱的位置。蜂群数量较少的，可以采取单箱单列或双箱并列；蜂群数量较多的蜂场，采取分行排列，各行蜂箱互相交错陈列，群距 1m，行距 2～3m，距离较宽为好。中蜂群宜散放，也可 2～3 群为一组，分组放置，各群或组之间的距离宜大。交尾群或新分群应散放在蜂场边缘，使巢门朝向不同的方向，并且适当地利用地形、地物，以便于蜜蜂识别自己蜂箱的位置。如果是转地放蜂途中，在车站、码头临时放置蜂群，可以一箱挨一箱地排成圆形或方形。冬季越冬或春繁期，可紧靠并列，以便蜂群保温取暖。

蜂箱的巢门朝南，或东南、西南方向，可使蜜蜂提早出勤，低温季节有利于蜂巢保温。蜂箱用砖块、石块、木架等垫高 20～30cm，以免地面湿气侵入蜂箱，使箱底霉烂，并可防止敌害潜入箱内危害蜂群。蜂箱应左右放平，后面垫高 2～3cm，防止雨水流入蜂箱，也便于蜜蜂清扫箱底。

三、蜜蜂育种场建设要求

1. 蜜蜂育种场环境　　蜜蜂育种场空气质量要求符合空气质量功能区二类区；水源充足，水质符合幼畜禽的饮用水标准；育种场周围 6km 内无以蜜、糖为生产原料的食品厂，化工厂，农药厂及喷洒农药的果园或山林；育种场周围蜜粉源植物较为丰富，有一种以上主要蜜粉源植物，各种辅助蜜粉源植物基本连续不断；在山区，育种场周围 10km 内不应有其他蜂场。在平原地区，育种场周围 18km 内不应有其他蜂场。

2. 基础设施和蜂群规模　　蜜蜂育种场须建有蜜蜂人工授精室、蜜蜂形态测定室、蜂病检测室、育种资料室、越冬蜂窖等；交尾场应地势开阔，面积不小于 3000m²；育种场拥有种蜂群 100 群以上，年育种能力在 1000 只以上。

<h2 style="text-align:center">第六节　蜜蜂产品的生产性能与采收加工 </h2>

（肖定福）

第二十二章　蝎　子

在我国，对蝎子资源的利用已有 2000 余年的历史了，人工养蝎主要养殖东亚钳蝎，又称马氏钳蝎，开始于 20 世纪 50 年代初期，但当时效果并不好，主要由于钳蝎养殖必要相关知识的缺乏。20 世纪 70 年代，国内开展人工养蝎的研究。20 世纪 80 年代，在山东、河南等地出现第一次人工养蝎的热潮，但由于大多养殖户缺乏技术指导，真正成功并坚持下来的为之甚少。20 世纪 90 年代，养蝎技术才逐步成熟，并走向产业化和规模化。

蝎子是一味十分名贵的中药材，在《开宝本草》及《本草纲目》中均有记载。现代中医药学研究证明，蝎毒是全蝎药用的主要有效成分，是一种含多种元素的毒性蛋白。临床上广泛用于治疗癫痫、风湿、偏头痛、破伤风、肺结核、皮炎、淋巴结核、烧伤等症，特别是在治疗中风、半身不遂、疮疡肿毒及抗肿瘤等方面效果尤为显著。除药用外，蝎子还可以作为滋补食品用，已成为一种重要的保健食品。另外，蝎子还可制作成工艺品，深受青少年的喜爱。

第一节　蝎子的种类与品种

一、分类与分布

蝎子属于节肢动物门(Arthropoda)、蛛形纲(Arachnoida)、蝎目(Scorpiones)。目前，世界上蝎目动物有 18 科，115 属，1200 多种；其中钳蝎科有 45 属，600 余种。

世界上，除了南北极及其他寒带地区外都有蝎子分布，但在不同的地方，其种类与毒性略有不同。在非洲分布的蝎子基本都有毒；而在法国南部、美国、墨西哥、地中海北岸和中美洲分布的蝎子几乎无毒。

二、常见的蝎子种类

在我国，常见的蝎子种类主要有以下几类。

(一)东亚钳蝎

东亚钳蝎(*Buthus martensii*)又称马氏钳蝎、远东蝎，是我国的主要蝎种，其后腹部尾节上的纵沟形状与问荆的茎相似，故有问荆蝎之称。成年蝎体长 60mm 左右，具复眼 1 对，单眼 3 对，栉装器有 16～25 枚。广泛分布于我国大部分地区。

(二)斑蝎

斑蝎(*Isometrus* spp.)的主要特征是体细，尤其是后腹部尾节特别细长。成年雄蝎长 45mm，雌蝎约 70mm。主要分布于我国台湾省。

(三)山蝎

山蝎(*Hottentotta alticola*)的特征是蝎体赤褐色,后腹部尾节无明显纵沟。主要分布于我国中部各省。

(四)十腿蝎

十腿蝎(scorpio)又称全蝎或伏牛山天蝎,肚瘪,背色黑,腹部多呈黄绿色,喜碱性土壤,产仔较多,母性强,喜食蜈蚣、蜘蛛等。主产于河南、湖北和陕西华阴。

第二节　蝎子的生物学特征

目前,我国人工养殖的主要为东亚钳蝎,其他蝎子养殖较少,下面就东亚钳蝎的生物学特性加以介绍。

一、外形特征

东亚钳蝎的体表被有高度几丁质化的硬皮,整个身体形似琵琶,背面绿褐色,腹面浅黄色。成年蝎体长 5~6cm;雌蝎体长约 52mm,体宽 0.8~1cm;雄蝎体长约 48mm,体宽 1~1.5cm。

图 22-1　东亚钳蝎

东亚钳蝎由头胸部、前腹部和后腹部三部分构成,头胸部又称为前体,头胸部和前腹部合在一起,称为躯干部,呈扁平长椭圆形;前腹部又称为中体,前腹部和后腹部又统称为腹部;后腹部又称为后体,后腹部分节,呈尾状,因此也称为尾部(图 22-1)。

二、生活习性

(一)生活史

东亚钳蝎为变温动物,具有较强的环境适应性,生命力十分顽强。在环境适宜的条件下,一年不食也不死。蝎子寿命一般为 8 年左右,其中性成熟期为 3 年,繁殖期为 5 年。人工养殖蝎与野生蝎的生活史基本相同,且人工养蝎使蝎受到良好的保护和管理,因而其生长发育和繁殖都优于野生蝎,使得从仔蝎到成蝎从 3 年提早到 3~8 个月,每年繁殖次数从 1 次提高到 2 次。

蝎子具有变温动物的共同特性,在自然状态下,一年中可分为以下 4 个阶段。

1. 生长期　蝎子的最佳生长期,从每年的 4 月上旬(清明)至 9 月上旬(白露),约 150d,是蝎子全年营养生长和生殖生长最好的阶段。清明过后,气温逐渐回升,气候逐渐转暖,大多数昆虫复苏出蛰。蝎子的食物来源逐渐增多,在此期间,蝎子的活动逐渐活跃,其中以 6 月中旬(夏至)到 8 月下旬(处暑)最为活跃,是营养生长和生殖生长的高峰时期。蝎子的交配产仔也大都发生在这个时期。

2. 填充期　蝎子为越冬作准备的时期,从 9 月下旬(秋分)至 10 月下旬(霜降),约 45d。在此期间,蝎子积极积累和贮存营养,并进行躯体脱水。秋分以后,气温下降,野生蝎食量大增，并尽量饱食，以将摄取的营养转化为脂肪贮积起来，用以顺利度过休眠期和复苏期，在此期间，蝎子生长发育缓慢。

3. 休眠期　蝎子处于休眠状态的时期，从 11 月初(立冬)至第二年 2 月中旬(雨水)，约 120d。在此期间，野生蝎的生长发育完全停滞，新陈代谢降到最低水平，并进入休眠状态。立冬以后，气温逐渐下降，野生蝎停止采食，蝎子新陈代谢处于很低的水平，大多潜伏在距地面 20～30cm 深的洞穴内，身体抱成一团，缩拢起触肢与步足，尾部上卷，蛰伏越冬。

4. 复苏期　处于休眠状态的野生蝎开始苏醒出蛰的时期，从 3 月上旬(惊蛰)至 4 月上旬(清明)，约 40d。"惊蛰"以后，气温逐渐回升，野生蝎开始由静止状态逐渐进入活动状态，但由于早春气温较低，且昼夜温差较大，蝎子对外界环境的抵抗力较弱，消化能力和代谢能力也较差，因此蝎子的活动时间和活动范围也不大。在此期间，蝎子昼出夜伏，仅凭借躯体所具有的吸湿功能吸取环境中少量的水分，靠消耗填充期所贮积的营养物质和食入少量的风化土来维持生命。

(二)个体生长发育史

1. 个体生长　蝎子，卵胎生(假胎生)动物，性成熟过程，虽不经历变态过程，但需要经过 6 次蜕皮。野生的东亚钳蝎完成这一生长发育周期，大约需要 3 年的时间。

幼蝎的个体生长发育与蜕皮现象关系紧密。每蜕 1 次皮，幼蝎体长便迅速增加，体重和体积增大，体色也随之有所变化，一般在 7 月中旬至 8 月初繁殖产仔。

1 龄蝎，龄期 3～5d。幼蝎刚出生时身体体长约 1cm，体重约 0.02g，乳白色，体柔软且略显肥胖，附肢和尾部折叠于身体腹面，但很快相继展开，呈现出蝎的形状。1 龄蝎趴在母蝎背上，依靠消耗自己体内残留的卵黄为生，不自己取食，并排排列于母蝎背两边，且避开母蝎头部及附肢，以免妨碍母蝎的活动。小蝎一般不在母蝎背上爬行。当气温在 25～28℃时，幼蝎从出生至第 1 次蜕皮约需 5d；当气温达到 30℃以上时，仅需 3d 左右即从 1 龄蝎进入 2 龄蝎。

2 龄蝎，龄期为 60d 左右。与 1 龄蝎相比，体形和体色均发生明显变化。体色由原来的乳白色变为淡褐色，同时体形变得细长，体长增至 1.5cm 左右，体重达到 0.025g 左右。到 9 月下旬前后开始进行第 2 次蜕皮，在此期间，蝎体变化不大，但身体各部分的特征变得更加明显。体色变为褐色后，经 5～7d，幼蝎便离开母蝎背部独立生活。幼蝎的活动能力增强，尾针可以蜇刺，并能排出少量毒液，有捕食小虫的能力，既可在夜间活动，又可在白天活动。

3 龄蝎，龄期为 8～9 个月，9 月中旬蜕皮发育成 3 龄蝎，体长即由 1.5cm 增加到 2cm 左右，体重也增加到大约 0.5g。3 龄蝎，捕食能力增强，取食量增加，体形迅速增长，体重也随之明显增加。3 龄蝎进食达到高峰期，贮积足够的营养准备越冬，10 月下旬进入冬眠，翌年清明前后起蛰，翌年 6～7 月，体重达到高峰，然后进行第 3 次蜕皮。

4 龄蝎，体色转变为灰褐色，体长达 2.7～3cm，体重达 0.8～1g。同年 8～9 月再进行第 4 次蜕皮，长成 5 龄蝎，体长增加至约 3.5cm，体重也进一步增加，然后进入冬眠。

5 龄蝎，在第 3 年 6～7 月蜕一次皮，变成 6 龄蝎，体长增至 4～4.5cm；9 月前后蜕最后一次皮，变为 7 龄蝎，即长成成蝎，体长达到 5cm 左右。成蝎以后不再蜕皮，因此体长也不再增加，但体形可以变粗，体重也可略有增加。一般到第 3 年末即达到性成熟，到来年夏天开始繁殖。

与一般动物不同，蝎子在个体生长过程中体长随蜕皮呈跳跃式增加，而体重则是呈渐进增长的。据此，我们可以比较准确地判断蝎龄。

2. 蜕皮　　蜕皮是节肢动物共有的生物学过程，是蝎子个体发育过程中与生长紧密联系的一个重要生物学现象，同时也是一种生长行为。蝎子体外包被坚硬的几丁质外骨骼，限制动物体的生长发育及体型增大，动物在发育过程中不断将旧的外骨骼蜕掉，换上新的外骨骼，以便增大体型。

蝎子的蜕皮尽管是必然的过程，但也必须具备适宜的先决条件，才能保证进行正常蜕皮。首先，营养充分。其是保证蝎体正常生长发育、贮存能量、积累养分和体积增大的关键。若营养不当，幼蝎的生长发育就会变得迟缓，蜕皮的时间也相应推后。其次，环境条件适宜。平均气温在 25～35℃、土壤湿度 10%～15%时，对蝎子的蜕皮最有利，高温高湿不利于蜕皮，甚至会造成死亡。最后，密度适中。蝎口密度过大时，往往会造成蜕皮时间分散，且密度越大，蜕皮时间差异也越大，甚至发生相互蚕食的现象。

蝎子在蜕皮前，一般均有明显的征兆。多数情况下，大约在蜕皮前一周即停止取食，躲在僻静的地方，活动几乎停止，体表粗糙，体节清晰，腹部增大，并进入一种半休眠状态。1 龄蝎由于尚未离开母体，其蜕皮活动比较特殊，1 龄蝎蜕皮时，用尾刺钩住母体的体节间隙，头部朝下倒悬，通过体躯的不断扭动，迫使头胸部的旧表皮首先破裂，然后借体躯继续扭动及重力作用，逐渐蜕出整个蝎体，并自母体掉落在地面上，然后又马上爬上母背。以后的各次蜕皮则主要借助外物进行，在蜕皮时，蛹常用步足抓住石块、砖瓦、泥土等作为固着点，并借肌肉的收缩产生躯体扭动，使旧表皮自头胸部背面首先开裂，将头胸部先蜕出，然后依次蜕出前胸部和后腹部。刚蜕皮后的蝎子蝎体明显增大，身体柔软并有光泽，肌肉细微，抗逆力差，极易遭受天敌或其他蝎子的侵袭和残食。

蝎子蜕皮的时间较长，一般需 3h 以上。幼蝎的第 1 次蜕皮时间较整齐，但以后几次蜕皮，由于生活条件的不同，个体间生长发育极不一致，造成蜕皮时间参差不齐，甚至会相差 3 个月以上。

（三）习性

1. 活动规律　　在白天，蝎子有时在窝穴内可能会随温度变化进行垂直运动，但一般并不经常爬出地面进行采食，而是隐藏在蝎窝内。在夜间，蝎子的活动逐渐活跃起来，尤其是在晴朗、无风的夜晚，蝎子到地面上捕食、饮水、交尾等活动更为活泼。蝎子在夜晚的活动，以 20～23 时为高峰时期，主要由于活体的小型动物较少活动，比较容易猎获，而且本身也相对比较容易逃避多种天敌的袭击和干扰。蝎子夜间活动一般到午夜之前停止，但因为气温降低所致少数可延续到凌晨 3 时左右，再回窝栖息。

2. 冬眠习性　　蝎子和其他变温动物一样，具有冬眠的习性。从每年的 10 月下旬开始，随着气温逐渐降低，蝎子在自然界活动几乎完全停止，新陈代谢降低，不吃不动，蛰伏于窝内，进入越冬阶段，到翌年 4 月出蛰，恢复活动。蝎子的冬眠习性，是在自然状态下对环境长期适应和选择的结果，但在人工饲养条件下，完全可以改变这种习性，打破冬眠习性，从而加快蝎子的发育速度。

3. 内部种群关系　　自然界中的野生蝎和人工养殖条件下的家养蝎，都是以若干个体组成的种群生活在同一环境中。因此蝎群长期生活在同一环境中，产生了既互利合作又相互抑制的关系。

(1)种群内的互利合作关系 当种群密度较低或适宜时，所有蝎子个体都有自己适宜的生存空间，这时个体间大多友好相处。其中，母蝎的护仔行为是典型。母蝎产下仔蝎后，仔蝎都会爬到母背上，寻求保护。此时母蝎担负着保护仔蝎的责任，警惕性很高，严防仔蝎受到伤害。仔蝎之间也和睦相处，并服从母蝎的管理和保护，基本不会发生强行挣脱保护的现象。当密度适宜时，蝎群内个体间能保持和睦关系。在蝎窝内，一蝎一室，相安无事；在外出捕食时，也各自为政、互不干扰。

(2)种群内的相互抑制关系 当蝎群密度过大时，食物供应、活动空间、栖居环境等紧张时，就会引起种群的自疏作用，即通过种群内的相互制约作用，达到降低种群密度的目的，从而达成一种新的平衡。蝎子的自疏作用包括4个方面：自相残杀、互相干扰、争夺食物和污染环境。

自相残杀主要是食物的缺乏导致的，主要表现为大蝎吃小蝎、壮蝎吃弱蝎、正常蝎吃正在蜕皮中的蝎等，严重时甚至还会引起母蝎残食刚出生的仔蝎。互相干扰主要是蝎群密度过大引起的，主要表现为蝎子生长发育过程中的相互干扰，拥挤碰撞，既影响蝎正常蜕皮生长，也影响取食增重，致使生长发育速度迟缓，同时在母蝎繁殖期间，还会影响母蝎情绪，使受精、胚胎发育和产仔过程受到干扰，造成死胎、死仔，降低繁殖率。争夺食物是由食物缺乏造成的，主要表现为个体间争夺食物，互相打斗、排斥，影响正常取食，造成蝎子营养不良。污染环境主要表现在蝎群密度过大时，排泄的粪便、遗存的食物堆积，死亡的个体腐烂，造成蝎窝内环境污染，病原微生物滋生，也影响蝎子的正常生长发育。

4. 取食习性

(1)食物种类 蝎子为肉食兼食植物性多汁食物的动物，个体较小，喜食软体多汁的小动物，如黄粉虫、地鳖虫、蟋蟀、蚯蚓和鼠妇等。在人工饲养条件下，黄粉虫是较理想的饵料。新鲜肉类如猪肉、牛肉、蛙肉、鱼肉、鸡肉、蛇肉、兔肉等都是蝎子喜食的食物。在缺食的情况下，也可食用多汁、青绿的瓜、果及幼嫩的蔬菜，或可供给配好的食料作补充。

(2)取食方式 蝎子在捕食时，发现目标后，隐蔽并迅速接近，张开触角的钳，逼近猎取物，然后突然钳住猎物，尾刺同时刺向猎物，待猎物被杀死不再挣扎后，用螯肢将其撕裂，蝎子取食是靠口中的唾液来实现的。这是因为在蝎子的唾液中含有分解酶，能将捕食到的幼虫，用钳指夹住触及口边，然后用能伸缩的螯肢将虫体撕烂，唾液也随之吐在上面，将其分解成浆液后再吸吮。取食一般在巢穴外进行，部分食物带回巢内继续食用。蝎子取食的路线较固定，重复运动在同一路线上，其活动范围一般在几平方米之内。

(3)蝎子对水的摄入 蝎子获取水分主要有三种途径：第一，通过进食获取大量的水分，如黄粉虫体内含水量达60%左右；第二，利用体表、书肺孔从潮湿大气和湿润土壤中吸收水分；第三，蝎子体内物质代谢过程中生成一些水分。其中前两个途径是蝎子体内水分的主要来源。蝎子在不同生长发育阶段所需的水分也不同，其中在蜕皮期和生长旺盛期，需水量较大。

(4)蝎子的食量与耐饥饿能力 蝎子的耐饥能力极强，其胆小畏光、视力很差、行动不灵活、捕食能力低等生理功能，致使其在自然界中时饱时饥，从而在长期进化过程中形成特别的生物学特性。一般情况下，蝎子只需5～7d捕食1次即可，饱食后可维持10d以上不再取食。在环境适宜时，蝎子能在不给食、不供水情况下，存活 4～5 个月甚至更长时间，但其无法正常生长发育。

第三节　蝎子的繁殖

一、雌雄鉴别

成蝎的雌雄差别较为明显，可根据以下特征进行辨别。

1. 长短不同　　雌蝎个体比雄蝎略长，雌蝎体长在 5.2cm 以上，而雄蝎体长约 4.8cm。

2. 钳的粗细、长短不同　　雌蝎的钳细长，可动指的长度与掌节宽度比为 2.5∶1；雄蝎的钳粗短，可动指的长度与掌节宽度比为 2.1∶1。

3. 触肢可动指的基部不同　　雌蝎该部位的内缘无明显隆起，而雄蝎的此部位有明显隆起。

4. 生殖厣的硬度不同　　雌蝎的生殖厣较软，雄蝎的较硬。

5. 尾部宽度的比例不同　　雌蝎的躯干宽度超过尾宽的 2～2.5 倍，而雄蝎不到 2 倍。

6. 胸板的下边宽度不同　　雌蝎胸板的下边比较宽；雄蝎较窄。

7. 栉状器齿数不同　　雌蝎为 19 对，雄蝎一般为 21 对。

二、繁殖特性及繁殖过程

1. 性成熟　　蝎子的性发育与个体生长发育是同步进行的，当个体生长及行为发育基本完成时，性发育也就成熟了。蝎子性成熟的标志是交配行为的发生。野生蝎一般需要 26 个月左右达性成熟，而人工饲养条件下的蝎子，只需 12～18 个月即可达到性成熟。雄蝎发育稍快，一般性成熟比雌蝎早 2 个月。

2. 发情　　野生母蝎一年发情一次，家养母蝎一年发情两次。一次是在 5～6 月的产前发情，另一次是在母蝎产仔后，仔蝎脱离母背不久，在 8 月前后的产后发情。雄蝎每年也有两次发情期。

3. 交配　　野生蝎在每年的 5～8 月交配，有两次交配期，产前交配多在 5～6 月，至 7～8 月产仔；产后交配在 8～9 月，即在母蝎产仔后 15d 左右，当初生幼蝎第 1 次蜕皮脱离母体自行活动后，母蝎就会发情，进入第 2 个交配期。一只雄蝎一次只能和 1～2 只雌蝎交配，特别强壮的最多也只能交配 3 只雌蝎。之后，雄蝎要过 3～4 个月后，才能同雌蝎交配。

蝎子的交配一般发生在晚间光线较暗的地方，交配活动的适宜温度为 22～34℃。交配前雌蝎自体内释放出性诱激素，吸引雄蝎；性成熟的雄蝎随时都有发情现象，表现为极度不安，将后腹部翘起，来回摆动并追逐雌蝎。之后，雄蝎用触肢的钳指紧紧钳住雌蝎的钳指，相互摆动，拖来拖去，转圈爬走，形同跳舞。交配时雄、雌蝎尾部同时上翘，并不停地摆动。雄蝎腹下的两片栉板不断地摆动，探索着地面的情况，当探寻到平坦的石片或坚硬的地面时，便停下来(约 15min)。随后雄蝎全身抖动，将雌蝎拉得更紧，头与头相接触，并翘起第 1 对步足，两足有节奏地交替着抚摩雌蝎的生殖厣及其前区部位。紧接着雄蝎尾部上下抽动摇摆，随后将生殖厣打开，腹部抖动着接近地面，自生殖厣中产出精荚并牢固地黏于地面上；然后雄蝎抖动着后退，并慢慢抬起前腹部，随之将精荚全部抽出，倾斜固着于地面，与地面约成 70°角；与此同时，雌蝎的生殖厣也已打开，雄蝎将雌蝎向前拉，当前移的雌蝎生殖厣触及精荚瓣的尖端时，精荚的上半部便刺入生殖腔内，精荚瓣破裂，逸出精液，进入雌蝎生殖系统的纳精囊中，即完成交配过程。

交配完成后，雌蝎后退，挣脱雄蝎，未进入生殖腔的精荚抽出，遗落于地面，但也有精荚全部进入生殖腔而不复出者。雄蝎若不迅速离开，就有被咬伤或被吃掉的危险。有的在交配时，雄蝎虽排精荚，但不能完成受精，这时的精荚多直立于地面，如用镊子轻轻一夹精荚基部，便有乳白色精液自精荚瓣溢出。

雌蝎经一次交配后，接受的精子可在体内长期贮存并存活，因此可连续产仔 1 年以上；但若得不到连年交配，其产仔数量和成活率都会下降。交配后的雄蝎，在自然状态下也会有一小部分死亡。

4. 妊娠　　在自然条件下，卵在交配后的翌年 6~7 月才发育成熟。头年交配进入纳精囊的精液顺输卵管流动，到达卵巢各部位，与附在管道上的卵子结合，受精卵开始发育进入妊娠期。

蝎子属卵胎生动物，受精卵在雌蝎体内发育。在25~30℃的环境下，胚胎经35~45d发育。在胚胎发育过程中，卵壳由灰黄色逐渐转变为浅灰色，体积也不断增大，当长到 1/2 麦粒大时，卵壳开始退化，胚胎逐渐发育成仔蝎形状；至卵壳退化变薄成白色透亮、且仔蝎背板甲纹明显出现时，即标志着胚胎发育成熟和在母体内孵化过程的结束。孕蝎的妊娠过程必须处于温暖的环境中，胚胎发育才能正常进行。当温度在 15℃以下时胎儿发育迟缓，温度低于 5℃时，胎儿发育停滞。

5. 产仔　　临产的孕蝎，通常在产前3~5d停止进食，可以透过饱满的前腹部，看到发育成熟的卵胎。产前孕蝎十分不安，通常在石块或瓦片下、背光安静且潮湿的地方产仔。临产时，孕蝎第三、四对步足伸直，第一、二对步足向内合抱，头胸部和前腹部向前倾斜，近于地面，栉板下垂，生殖厣打开，仔蝎依次产于两步足之合抱内，一般不接触地面。每 4~5 只幼蝎为一批，并有规则地排成一扇形。当孕蝎受到外界干扰时，则所产的小蝎有时排列并不一定规则。小蝎刚产出时，其附肢和尾部折叠于腹面形成一个椭圆形，如一粒大米，外包白色黏液状的膜，当小蝎体表的液体干后，便可伸展活动，沿着母蝎的触肢和头胸部爬到母蝎的背上。头部朝外，有些母蝎会把爬不上来的弱蝎和卵块吃掉。此时母蝎已完全恢复了常态，后髓部向上弯曲，时刻保护着背上的幼蝎。

在环境适宜时，健壮的母蝎每产仔 4~5 只后，大约间隔 30min 再产第二批、第三批……每产一仔需 1~5min，如果温度在 37℃以上，一胎产完只需 20~30min。一胎可产 15~35 只，平均 25 只左右，个别高产者可达 40~60 只。如果有几只同时产仔而受到干扰影响时，则有的母蝎会将背上的小蝎抛弃。而这些被抛弃的小蝎往往会集中到 1 只母蝎背上，有时在 1 只母蝎背上可多达 70~80 只小蝎。

6. 护仔行为　　母蝎在负仔期间，不吃不动，专心护仔，十分警觉，若有仔蝎离开或不慎跌落，母蝎会用触肢将仔蝎轻轻钳住，诱导其重新返回母蝎背上。遇到天敌或气候恶劣时，母蝎会背负着小蝎迁移、躲藏到比较安全的地方栖息。当遇到极其严重的情况时，为抵御外敌和挣扎逃脱，母蝎便会暂时将仔蝎摔掉，待平静时仔蝎再重新返回到背上；但也会有一些无力爬回母背的仔蝎，它们或因失去母蝎保护而很快死亡，甚至会被母蝎吃掉。

第四节　蝎子的营养与饲养管理

一、蝎子的饲养管理

蝎子喜食多汁体软的昆虫，如蚊、蝇、螳螂、蚯蚓、蚂蚱和蜘蛛等动物，也喜食碱土和麦麸等。动物性饲料可以通过灯光诱捕，或通过饲养土鳖、蟋蟀、肉蛆等获得。

1. 供料　投饲时，应做到定时、定量、定点投放，不要随意改变投放时间、地点。一般是从冬眠苏醒起到再冬眠前，每天 17～19 时投放饲料，翌日清晨取出剩余饲料，并清洗食盒备用，避免因剩余饲料霉变、腐败污染环境，导致疾病蔓延。食盒常选用白铁皮或三合板等原料，制作边高 1cm 的长方形[15cm×(15～50)cm]或三角形(42cm×30cm×30cm)放于活动场地、养殖室的墙角处或栖息堆体上。在供给活昆虫时，要"满足供应，宁余勿欠"，供给混合料时，应"限量搭配，宁欠不余"。

2. 供水　向蝎池内供水，通常有以下 4 种方法。

(1)湿性海绵供水　将1～5cm厚的大块海绵在水中浸湿，拧去过多的水，盖在蝎池的蝎窝表面或盛水器内放入浸透清水的海绵，让蝎子直接爬在海绵表面吸附水分，而且也改良蝎窝的干湿度，1～2d 换一次。

(2)水盒供水　在水盒中盛水，放入碎石或一些布片，将水盒放在蝎池底，让其自由饮吸。

(3)空气湿度调节　向地面洒水或向空间喷雾。也可以在炉子上放一盆水，让蒸发的水汽来调节空气中的湿度。

(4)粗口瓶供水　用粗口瓶盛水后加放一条厚布条，布条一端放于瓶内直至瓶底，另一端悬挂于瓶外，水沿布条缓慢浸出，以供蝎子吸吮。

二、常温养蝎的四季管理

(一)春季管理

早春气温较低，刚复苏出蛰的蝎子，活动与消化能力差，在此期间不必供食。当气温回升到 25℃以上时，蝎子夜间出穴活动开始变得频繁，要及时投食给水，防止因食物不足造成被同类残食，同时还要注意调节土壤湿度。既要做到及时投喂，又不应过早给食，主要由于蝎子消化能力差，易造成消化不良甚至膨胀死亡。

(二)夏季管理

夏季，蝎子夜间出穴活动和觅食频繁，是蝎子活动和生长繁殖最旺盛的时期。立夏以后，即可开始供食，但如果昼夜温差仍然很大，可适当推迟几天。供食时应根据具体情况，决定饲料的种类和供给量，一般每隔3～5d供食一次。芒种后，蝎子进入最适生长期，蝎子的活动量、采食量、生长发育速度都明显提高，食物和饮水供给次数要适当增加，保证食物和饮水充足。小暑以后，蝎子进入繁殖期，雄蝎准备交尾，雌蝎准备妊娠产仔，在此期间应以活食、肉食为主，最好投喂土鳖虫。并注意加强通风换气，及时清除蝎巢中剩余食物，以免其霉败变质导致环境污染。

(三)秋季管理

立秋后，首先应做好 1 龄蝎的母仔分群工作；其次应增加肉食饲料，保证蝎子储备充足的营养，为蝎子冬眠作准备。同时，应降低环境湿度和饲料中的含水量，减少蝎体水分用以增强蝎体抗寒能力，从而安全过冬。

(四)冬季管理

霜降以后，气温骤降，蝎子停止活动进入冬眠。冬眠期应注意防寒保暖，室外养蝎，可用稻草或麦秸泥将蝎窝封严，达到保暖效果。同时，应做好灭鼠工作，防止老鼠捕食蝎子。

三、种蝎的饲养管理

(一)配种期的饲养管理

配种期一般为6～9月，雄、雌蝎按1：(5～8)的比例混合养殖。该阶段应充足投饲蝎子喜食的鲜活、多汁软体的饲用动物，以满足其营养需要。温度应控制在 32～38℃，空气湿度为 70%～80%，活动场湿度为 18%～20%，蝎窝湿度为 15%～17%，饲养密度以 300～500 只/m² 为宜。保持安静和较暗的环境，促使顺利交配。经常观察，发现交配后，应及时分开雄、雌蝎子，以免雌蝎咬伤雄蝎。

(二)妊娠期的饲养管理

钳蝎受精卵的生长发育需要充足的营养物质，所以应注意保证营养供给。同时应保持环境的安静，防止母蝎受到刺激而造成流产现象。当透过腹壁看见成熟的胚胎后，将其单养于产房中，避免外界干扰。孕蝎适宜生活的条件为温度28～38℃，空气湿度50%～60%，活动场湿度 18%～20%，蝎窝湿度 5%～10%。孕蝎对水需要量较大，应保证供应，否则会因缺水食仔特别是弱仔蝎。

(三)产仔期的饲养管理

产仔期，即从母蝎临产开始到仔蝎伏背生活，再到母仔分开各自能独立生活为止，共7～13d。在此期间母仔均不采食，仔蝎依靠卵黄生存，而母蝎凭借体内贮存的能量过渡，其主要任务就是保护仔蝎。

四、幼蝎的饲养管理

幼蝎期是指从仔蝎离开母蝎背上独立生活到成体前这一段时期。仔蝎离开母蝎背上后，体色由乳白色逐渐变成橘红色，此时需尽快将母仔分开，避免母蝎伤害仔蝎，将仔蝎转入专养池饲养。蝎子寻食开始后，注意食物供给，不应过多或过少。2 龄蝎开食时口器小，捕食能力差，活动范围非常有限，喜食幼嫩多汁软体小动物或者吮吸其体液。若投饲较大的活体昆虫，它基本无法捕食，易因营养不良而造成死亡。一般以无菌蝇、小飞蛾、蚊虫、小黄粉虫、肉虫及奶粉、蛋黄粉等最合适。适宜温度为 25～38℃，湿度为 50%～60%。冬季温度较低，应注意防寒保温，其冬眠最适温度为 0～4℃，以防冻死或风干。及时将母仔分离，以免母蝎残食仔蝎。3～4 龄蝎应将雄雌分群饲养，且严格控制蝎子密度。自然条件下平面饲养适宜密度：2 龄蝎 5000 只/m² 以上，3～4 龄蝎 3500～5000 只/m²，5～6 龄 1000 只/m²。幼蝎由于体小身轻，外逃能力很强，因此要注意防止其外逃。

五、商品蝎的饲养管理

商品蝎，即成蝎，对食物要求不高，除了投饲鲜活饲用动物外，可以选用人工配合饲料。增加投饲量，让蝎子尽可能多采食，以增大商品蝎的规格。温度应控制在 25～39℃，湿度为 45%～70%，饲养密度为 500～1000 只/m²。

第五节　蝎子对环境的要求和圈舍设计建造

一、蝎子对环境的要求

(一)栖息环境

蝎产于温热带，蝎子喜在偏碱性土壤中群居生活，喜暖，喜温，但又怕涝、恶湿、畏光、怕闹。喜欢生活在冬暖夏凉的黑暗安静处，白天常在避风干燥、树木少、光线充足的山坡石缝、墙缝、碎石缝口等潮湿阴暗处或土穴中，对不良环境和疾病有很强的适应力和抵抗力。一旦遇到恶劣环境如缺水、缺食或过于潮湿或遇有天敌等还有迁徙的习性。

(二)生活规律

蝎子胆小怕惊，怕光，怕风，喜静，喜群居，多在固定的禽穴内结伴定居，并有识群的能力。一旦条件适宜，就会成群结队外逃，寻找新居。有昼伏夜出的习性，为夜行性肉食性动物。寻食、饮水及交尾活动多在夜间进行。

圈养的蝎子一旦受惊，便会在生活和繁殖方面产生被动，尤其是蝎子在产仔前后。

圈养中的冬龄蝎，出逃能力都很强，它们会利用缝隙出逃，也会集结成堆，彼此搭梯，用互相吊拉的方法出逃，如不及时发现和采取措施，其可在一夜之间大部分逃离饲养室。

(三)温度

蝎子是变温动物，它的体温不但随着外界变化而变化，活动也受到温度的直接影响。温度对蝎子的生活有一定影响，它的交配、产仔、生长、发育及休眠均需适宜的温度。蝎子生长发育的最适温度为 25～38℃，在这个温度下蝎子最为活跃，觅食多、生长快，雌雄的交配、产仔也多在这个时候进行。当气温低于 25℃时，蝎子的生长发育会受到抑制。它在 10℃ 以下休眠，休眠期间为 0～7℃较好。温差不要波动太大，如果经常在-5～12℃波动，就容易死亡。在生长期间，如果气温低于 20℃，就会延长雌蝎体内的孵化期和停止交配。

(四)湿度和降水

湿度实质上就是水的问题。水分是蝎子维持生命活动的介质，如消化作用的进行、营养物质的运输、废物的排出及体温的调节等都与水分直接相关；也是影响蝎子种群数量动态的重要环境因素。不同种类的蝎子和同种蝎子的不同发育阶段，都有其一定的适湿范围，高湿或低湿对其生长发育，特别是对其繁殖和存活影响较大。同时，湿度和露水还可通过天敌和食物间接地对蝎子发生影响。蝎子对水分的要求是：活动场所喜稍偏于潮湿，相对湿度以65%～75%为宜；栖息的窝穴宜稍偏于干燥，相对湿度以15%～18%为宜；休眠期间窝穴的湿度以10%～12%为宜。

这里所说的湿度有两方面的含义：①大气湿度，又称相对湿度，指周围环境的大气湿度。大气湿度偏低或偏高，都会影响蝎子对水分的获取。②土壤湿度。土壤湿度指蝎窝内土壤的含水率。蝎子绝大部分时间居于蝎窝内，土壤湿度的高低对蝎子生命活动影响很大。蝎子在正常的环境中，对潮湿呈负趋性，总是爬向干燥的一端。但当窝内长期干燥、体内缺少水分时，便呈正趋性，大多聚集于较湿的一端。

(五)光照

蝎子是一种对光比较敏感的生物，昼伏夜出，喜暗怕光，尤其害怕强光刺激。但它们也需要一定的光照度，以便吸收太阳的热量，促进新陈代谢，提高消化能力，加强抗病能力，加快生长发育的速度，以及有利于胚胎在孕蝎体内解化的进程，促进胚胎正常发育，提高蝎子的成活率。据报道和观察，蝎子对弱光有正趋势，对强光有负趋势，但它们最喜欢在较弱的绿色光下活动。因此，在人工饲养环境中应创造一个光线较暗的环境。

(六)土壤

土壤与蝎子的关系十分密切，它既能通过生长的植物对蝎子发生间接的影响，又是蝎子生活的场所。土壤内环境与地上环境虽然密切相关，但有其特殊性，是一种特殊的生态环境，土壤的温度、湿度(含水量)、机械组成、化学性质、生物组成等综合地对蝎子发生作用。

所以说，蝎子好静，好暗，怕动，怕震，怕污染。人工养蝎就是根据蝎子的自然生活习性，人为创造最适合于蝎子生长发育的环境条件，保证蝎子的环境需求。

二、圈舍设计建造

(一)建造蝎窝的注意事项

1)符合蝎子的生活习性，尽可能和蝎栖息的自然环境相似，以利于蝎的生长繁殖。

2)蝎子是喜温动物，蝎房与蝎窝要建在地势高燥、坐北朝南、向阳温暖避风、饵料来源充足、排水方便、土质结构良好、阳光充足、环境安静的地方。

3)蝎子需要保持一定湿度，不论何种养殖方式，地面都要铺些湿土，并要有水池等供水设备。

4)为防止蚂蚁侵扰或老鼠打洞，窝底要用砖铺砌。

5)要远离农药和化肥，也不能使用农药与化肥污染过的建筑材料，忌用生石灰。

6)安装防雨设施，但不能用油毡作顶，以免受沥青气味的影响。

7)饲养密度：一般房养每平方米可养成龄蝎500只、中龄蝎1000只、2～3龄蝎10 000只。

（二）蝎窝的建造

人工养蝎分室外、室内和温室饲养三种。选择确定养蝎场地，应根据蝎的生活习性，结合自身情况进行。

饲养场可以造于室内和室外，宽 1.5m，长不限，用砖石或土坯砌成。筑高 10m 的围墙，在围墙上斜嵌上 1.8cm 宽的光滑玻璃或其他光滑物，以防蝎子外逃。围墙正面留一门，供人进入管理。室顶最好用塑料薄膜覆盖，以便有充足的阳光，保证场地有较高温度。场内四周或中央可用石块和泥垒成窝，供蝎子活动隐藏。泥土以深色、中性或微碱性为宜，石块以黑色片状为宜。房养可选择较高的地方，建一个高 2m、长 3m、宽 3m 的平房，用土坯砌，切忌用生石灰。下开一门，不留窗户。在门的两侧与后墙离地面约 15cm 高处，各留两个 25cm 高、6cm 宽的小洞，以便晚上放灯引诱昆虫，同时可使空气流通，便于蝎子出入。蝎房内用土坯堆砌至顶。墙基应做若干个小孔，供蝎子出入。在坯外四周距墙根 30cm 处，用水泥和石灰修一条深30cm、宽30cm 的三角形水沟。沟内放清洁水，供蝎子饮用，并防止蝎子逃跑。蝎房要力求冬暖夏凉，保持房内温度 20～30℃，土壤湿度 25%以下，使蝎子能四季繁殖生长，争取不进入冬眠。房内要防止青蛙、壁虎、蛇、鸟等敌害。用石块或土坯砌墙时，石块之间或土坯之间保留一定空隙，中间填充小石子，作为蝎子栖息场所。墙的外面则用泥封严。

蝎子房也可利用人不住的闲房、闲棚。房顶用玻璃砌成斜面，既能封挡，又可防雨。内用土坯砌成一定空隙，上放小瓦片，以增大蝎子栖息活动面积。窗门均需用塑料纱或铁纱封挡。

养蝎池内的地面上用砖砌。一般高 1m、宽 1m 的蝎池，能放养蝎、2.5kg。池壁和池底均要砌严实，并抹上水泥。池底要砌成 3 个角高、1 个角低的倾斜状，供积水用，池上用铁纱罩严，池内布置与房养相同。

室内饲养还可采用罐养、盆养、缸养、箱养及温室养等饲养方式。罐养一般用罐头瓶作蝎窝。盆养时，用大盆一个，盆内盛水，于大盆中放一小盆，小盆内放养土块，盆口覆盖铁纱罩，将蝎子放在小盆里饲养，此法宜于小型饲养。缸养、箱养方法同盆养。温室恒温饲养是将蝎房建在朝南向阳干燥之地。附近树林宜少，以保证阳光充足。蝎房建成半地下式，温度保持在 25～30℃。

人工养蝎的各种方法都要求具备温暖、干燥、避风、防逃、防天敌、易摄食及便于越冬、便于观察等条件。有条件的养蝎场要分巢饲养，如交配室、产仔室、幼蝎室、2～3 龄室、雄蝎室、雌蝎室等。

第六节 蝎产品的采收与加工

（杨胜林）

主要参考文献

白庆余, 金梅. 2001. 蛇类养殖与蛇产品加工. 北京: 中国农业大学出版社

白庆余. 1998. 经济蛇类的养殖与利用. 北京: 金盾出版社

白秀娟. 2007. 养貂手册. 北京: 中国农业大学出版社

曹文广. 1994. 实用犬猫繁殖学. 北京: 中国农业大学出版社

陈梦林. 2002. 特种经济动物常见病防治. 上海: 上海科学普及出版社

陈全勇, 张萍. 1999. 特种经济动物养殖指导. 北京: 科学普及出版社

陈盛禄. 2001. 中国蜜蜂学. 北京: 中国农业出版社

陈谊, 康鸿明. 2002. 肉鸽高效生产技术手册. 上海: 上海科学技术出版社

陈宗刚, 张文. 2015. 蟾蜍圈养与利用技术. 北京: 科学技术文献出版社

初兆万, 初世伟, 梁瑞青, 等. 2006. 养甲鱼新技术. 济南: 山东科学技术出版社

崔青曼, 袁春营. 2009. 中华鳖健康养殖技术. 石家庄: 河北科学技术出版社

戴鼎震. 2002. 肉鸽生产大全. 南京: 江苏科学技术出版社

东北林业大学. 1986. 养鹿学. 北京: 中国林业出版社

高文玉. 2008. 经济动物学. 北京: 中国农业科学技术出版社

高翔. 2002. 特种经济动物养殖实用新技术. 北京: 中国农业出版社

高玉鹏, 任战军. 2006. 毛皮与药用动物养殖大全. 北京: 中国农业出版社

龚月生. 2010. 饲料学. 咸阳: 西北农林科技大学出版社

谷子林, 秦应和, 任克良. 2013. 中国养兔学. 北京: 中国农业出版社

谷子林. 2001. 第三讲 獭兔的饲料与营养. 农村科技开发, (3): 34-35

韩昆. 1993. 中国养鹿学. 长春: 吉林科学技术出版社

韩占兵. 2014. 鹌鹑养殖关键技术. 郑州: 中原农民出版社

何艳丽. 2014. 肉用野鸭高效养殖技术一本通. 北京: 化学工业出版社

侯广田. 2003. 肉鸽无公害饲养综合技术. 北京: 中国农业出版社

华树芳. 2009. 貂标准化生产技术. 北京: 金盾出版社

黄权, 王艳国. 2005. 经济蛙类养殖技术. 北京: 中国农业大学出版社

吉林省质量技术监督局. 2015. 家养梅花鹿营养需要. 吉林省地方标准 DB22/T 2258—2015

计成. 2012. 动物营养学. 北京: 高等教育出版社

贾荣涛. 1998. 蝎子无冬眠养殖技术. 郑州: 河南科学技术出版社

江苏省淡水水产研究所. 2011. 中华鳖养殖一月通. 北京: 中国农业大学出版社

蒋洁. 1993. 新疆马鹿饲养技术. 乌鲁木齐: 新疆科技卫生出版社

劳伯勋. 2011. 中国养蛇学. 合肥: 安徽科学技术出版社

李爱杰. 1996. 水产动物营养与饲料学. 北京: 中国农业出版社

李春梅, 王晓清, 巫旗生, 等. 2011. 牛蛙蝌蚪的生长特性研究. 湖北农业科学, 50 (22): 4678-4681

李福昌. 2009. 家兔生产学. 北京: 中国农业出版社

李福昌. 2011. 肉兔饲养标准. 山东省地方标准 (DB37/T 1835—2011)

李和平. 2009. 经济动物生产学. 哈尔滨: 东北林业大学出版社

李鹄鸣, 王菊凤. 1995. 经济蛙类生态学及养殖工程. 北京: 中国林业出版社

李顺才. 2011. 蟾蜍养殖新技术. 武汉: 湖北科学技术出版社

李顺才. 2012. 宠物犬驯养与疾病防治. 北京: 化学工业出版社

李顺才. 2013. 经济蛇类养殖与开发利用. 北京: 化学工业出版社

李顺才. 2014. 中华大蟾蜍养殖与开发利用. 北京: 化学工业出版社

李铁栓. 1999. 特种经济动物高效饲养技术. 石家庄: 河北科学技术出版社

李正军, 祝新文. 2011. 团鱼养殖新技术. 成都: 四川科学技术出版社

李忠宽. 2001. 特种经济动物养殖大全. 北京: 中国农业出版社

刘洪云. 2002. 工厂化肉鸽饲养新技术. 北京: 中国农业出版社

刘涛, 赵永旭. 2012. 天山马鹿不同饲养阶段日粮配合探讨. 新疆畜牧业, (7): 43-44

刘务林. 1996. 麝·熊. 北京: 中国林业出版社

刘晓颖, 陈立志. 2010. 貉的饲养与疾病防治. 北京: 中国农业出版社

刘玉升, 何凤琴. 2003. 蝎子 家蝇. 北京: 中国农业出版社

刘志霄, 盛和林. 2007. 中国麝科动物. 上海: 上海科学技术出版社

马达文. 2012. 黄鳝、泥鳅高效生态养殖新技术. 北京: 海洋出版社

马金成, 董佩郎. 2005. 爱犬养护与训练大全. 沈阳: 辽宁科学技术出版社

马丽娟. 1998. 鹿生产与疾病学. 长春: 吉林科学技术出版社

马连科, 徐芹. 2000. 蛇类养殖技术. 北京: 中国农业出版社

马美湖. 1996. 实用特种经济动物养殖技术. 长沙: 湖南科学技术出版社

马玺, 赵玉华. 2001. 高营养珍禽美国鹧鸪及其营养需要. 畜禽业, (5): 36-37

马泽芳, 崔凯. 2013. 毛皮动物饲养与疾病防制. 北京: 金盾出版社

马泽芳. 2001. 梅花鹿. 哈尔滨: 东北林业大学出版社

马泽芳. 2004. 野生动物驯养学. 哈尔滨: 东北林业大学出版社

牟秀林. 1996. 鳖及其人工养殖新技术. 大连: 大连出版社

穆秀梅. 2014. 轻松学养鹤. 北京: 中国农业科学技术出版社

倪勇, 朱成德. 2005. 太湖鱼类志. 上海: 上海科学技术出版社

潘红平, 曾卫军. 2014. 蟾蜍高效养殖技术一本通. 北京: 化学工业出版社

潘良言. 2001. 特种经济动物饲养. 上海: 上海教育出版社

朴厚坤, 王树志, 丁群山. 2006. 实用养狐技术. 北京: 中国农业出版社

秦荣前. 1994. 中国梅花鹿. 北京: 中国农业出版社

任东波, 王艳国. 2006. 实用养貉技术大全. 北京: 中国农业出版社

任青峰, 阎锡海. 1999. 经济动物养殖学. 银川: 宁夏人民出版社

任战军. 2003. 人工养麝与取香技术. 北京: 金盾出版社

盛和林. 1988. 中国鹿类动物. 上海: 华东师范大学出版社

盛和林. 2007. 中国麝科动物. 上海: 上海科学技术出版社

司亚东. 2003. 黄鳝实用养殖技术. 北京: 金盾出版社

孙森, 马泽芳. 1996. 药用动物养殖学. 哈尔滨: 东北林业大学出版社

孙森. 1995. 药用动物饲养学. 哈尔滨: 东北林业大学出版社

佟庆, 刘志田, 高凤林. 2013. 林蛙产业的现状、养殖技术进步和问题. 水产养殖, (5): 42-46

佟熠仁, 谭书岩. 2007. 狐标准化生产技术. 北京: 中国农业出版社

汪建国, 凌去非, 李义, 等. 2015. 泥鳅高效养殖与疾病防治技术. 北京: 化学工业出版社

王冬武, 邓时铭, 李成. 2013. 鳖生态养殖. 长沙: 湖南科学技术出版社

王科武. 2013. 黄鳝生态养殖. 长沙: 湖南科学技术出版社

王力光, 董君艳. 2000. 犬的繁殖与产科. 长春: 吉林科学技术出版社

王琦. 2002. 野鸭养殖与加工. 北京: 中国农业大学出版社

王倩, 任战军, 刘成理, 等. 1996. 药膳经济动物养殖技术. 北京: 中国农业出版社

王伟, 吴家炎. 2006. 中国麝类. 北京: 中国林业出版社

王卫民, 樊启学, 黎洁. 2010. 养鳖技术. 2版. 北京: 金盾出版社

王祥生. 2001. 爱犬驯养与疾病防治大全. 北京: 中国农业出版社

王艳丰, 张丁华. 2015. 野鸭高效养殖关键技术问答. 北京: 化学工业出版社

王永生. 2004. 麝香生产技术. 北京: 中国农业出版社

卫功庆, 尹云厚. 2015. 药用动物养殖学. 北京: 中国农业大学出版社

吴占福. 2006. 肉鸽无公害标准化饲养技术. 石家庄: 河北科学技术出版社

吴宗文, 高启平, 吴青, 等. 2011. 黄鳝养殖新技术. 成都: 四川科学技术出版社

吴宗文, 张发扬. 1996. 特种水生经济动物养殖新技术. 北京: 中国农业出版社

谢祥京, 王松林. 1987. 特种经济动物的饲养与利用. 长沙: 湖南科学技术出版社

熊家军, 刘兴斌. 2008. 特种经济动物饲养与产品加工. 北京: 中国农业出版社

熊家军. 2014. 高效养肉鸽. 北京: 机械工业出版社

徐晋佑. 1997. 特种经济动物的饲养与利用. 广州: 广东科学技术出版社

徐兴川, 高光明, 蒋火金. 2010. 黄鳝集约化养殖与病害防治新技术. 北京: 中国农业出版社

徐在宽, 徐青. 2013. 黄鳝高效养殖技术精解与实例. 北京: 机械工业出版社

徐在宽, 许青. 2015. 泥鳅高效养殖技术精解与实例. 北京: 机械工业出版社

杨菲菲, 熊家军, 梁爱心. 2013. 泥鳅养殖管理技术精解. 北京: 化学工业出版社

杨福合, 高秀华. 2004. 特种经济动物营养需要量与饲料评定//中国畜牧兽医学会. 动物营养研究进展论文集. 北京: 中国农业科学技术出版社

杨桂芹. 2000. 经济动物养殖技术. 北京: 中国林业出版社

杨宁. 2002. 家禽生产学. 北京: 中国农业出版社

杨宁. 2010. 家禽生产学. 2 版. 北京: 中国农业出版社

杨森华, 王琦. 2002. 蟾蜍养殖与利用. 北京: 金盾出版社

杨正. 1999. 现代养兔. 北京: 中国农业出版社

叶重光, 周忠英. 2000. 鳖病防治图说. 北京: 中国农业出版社

余林生. 2006. 蜜蜂产品安全与标准化生产. 合肥: 安徽科学技术出版社

余四九. 2003. 特种经济动物生产学. 北京: 中国农业出版社

余有成. 2005. 肉鸽养殖新技术. 咸阳: 西北农林科技大学出版社

曾志将. 2009. 养蜂学. 2 版. 北京: 中国农业出版社

张德群. 2000. 彩图解说鳖病防治. 合肥: 安徽科学技术出版社

张宏福, 张子仪. 1998. 动物营养需要与饲养标准. 北京: 中国农业出版社

张华. 2004. 鹌鹑生产技术指南. 北京: 中国农业大学出版社

张立新, 李连业. 1990. 特种经济动物饲养. 济南: 山东科学技术出版社

张守发. 2004. 药用动物高效养殖 7 日通. 北京: 中国农业出版社

张玉, 吴树清. 2004. 特种经济动物养殖学. 呼和浩特: 内蒙古人民出版社

张志明. 2001. 实用水貂养殖技术. 北京: 金盾出版社

张中印, 陈崇羔. 2003. 中国实用养蜂学. 郑州: 河南科学技术出版社

赵万里. 1993. 特种经济禽类生产. 北京: 农业出版社

郑建平. 1997. 美国青蛙全价配合颗粒膨化饲料的研制与加工. 饲料研究, (1): 20-21

郑兴涛, 邴国良. 2004. 茸鹿饲养新技术. 北京: 金盾出版社

钟诗群, 庞守忠. 1998. 鳖高效养殖技术. 南京: 江苏科学技术出版社

周碧云, 薛镇宇. 2009. 黄鳝高效益养殖技术(修订版). 北京: 金盾出版社

周天元, 赵淑芬. 1989. 黄鳝高密度快速养殖技术. 上海: 上海科学普及出版社

周燕侠. 2005. 黄鳝的人工繁殖技术研究. 南京: 南京农业大学硕士学位论文

周元军, 王永习, 刘良柱. 2003. 图说鹧鸪饲养技术. 北京: 中国农业出版社

Hill R A, Barrett L, Gaynor D. 2003. Day length, latitude and behavioural (in) flexibility in baboons (*Papio cynocephalus ursinus*). Behavioural Ecology & Sociobiology, 53(5): 278-286

Khan A A, Qureshi B U D, Awan M S. 2006. Impact of musk trade on the decline in Himalayan musk deer *Moschus chrysogaster* population in Neelum Valley, Pakistan. Current Science, 91(5)：696-699

LY/T2197—2013.2013.野生动物饲养管理技术规程　貉

Meng X, Perkins G C, Yang Q, et al. 2008. Relationship between estrus cycles and behavioral durations of captive female alpine musk deer. Integr Zool, 3(2)：143-148

National Research Council(NRC). 1994. NRC 家禽营养标准. 9 版. 蔡辉益，文杰，杨禄良，等译. 北京：中国农业科学技术出版社

Qi W H, Li J, Zhang X Y, et al. 2011.The reproductive performance of female forest musk deer (Moschus berezovskii) in captivity. Theriogenology, 76(5)：874-881

Ruckstuhl K E, Festa-Bianchet M, Jorgenson J T. 2003. Bite rates in Rocky Mountain bighorn sheep(*Ovis canadensis*)：effects of season, age, sex and reproductive status. Behavioral Ecology & Sociobiology, 54(2)：167-173